U0201503

Natural Product Biosynthesis
Chemical Logic and Enzymatic Machinery

天然产物生物合成
化学原理与酶学机制

（美）克里斯托弗 T. 沃尔什　　　唐　奕　　主编
Christopher T. Walsh　　　Yi Tang

胡友财　译

化学工业出版社
· 北京 ·

内 容 提 要

　　本书概述了天然产物的主要类别，详细讨论了六类天然产物形成的化学原理，介绍了天然产物生物合成途径中关键酶的结构生物学、功能和机制，并对基因组依赖和非基因组依赖的天然产物发现的主要方法进行了总结。本书彩色印刷，版面精美，内容丰富，对于有兴趣更好地理解天然产物是如何由简单的初级代谢合成砌块组装而成的高年级本科生、研究生和科研人员来说，是一本必不可少的教材和工具书。

Natural Product Biosynthesis: Chemical Logic and Enzematic Machinery, 1st edition/by Christopher T. Walsh and Yi Tang
ISBN 9781788010764
Copyright© Christopher T. Walsh and Yi Tang 2017. All rights reserved.
Authorized translation from the English language edition published by the Royal Society of Chemistry.

北京市版权局著作权合同登记号：01-2020-2506

图书在版编目（CIP）数据

　　天然产物生物合成：化学原理与酶学机制/（美）克里斯托弗 T.沃尔什（Christopher T. Walsh），（美）唐奕（Yi Tang）主编；胡友财译. —北京：化学工业出版社，2020.8（2024.8重印）
　　书名原文：Natural Product Biosynthesis：Chemical Logic and Enzymatic Machinery
　　ISBN 978-7-122-36941-3

　　Ⅰ.①天…　Ⅱ.①克…　②唐…　③胡…　Ⅲ.①生物合成-研究　Ⅳ.①Q945.11

　　中国版本图书馆CIP数据核字（2020）第083848号

责任编辑：李晓红　　　　　　　　　装帧设计：王晓宇
责任校对：王素芹

出版发行：化学工业出版社（北京市东城区青年湖南街13号　邮政编码100011）
印　　装：北京建宏印刷有限公司
710mm×1000mm　1/16　印张38¾　字数779千字　2024年8月北京第1版第4次印刷

购书咨询：010-64518888　　　　　　　售后服务：010-64518899
网　　址：http://www.cip.com.cn
凡购买本书，如有缺损质量问题，本社销售中心负责调换。

定　　价：328.00元　　　　　　　　　　　版权所有　违者必究

Natural Product Biosynthesis
CHEMICAL LOGIC AND ENZYMATIC MACHINERY
天然产物生物合成：化学原理与酶学机制

序

    药用天然产物是人类同疾病长期斗争过程中不断积累并保存下来的宝贵财富，是现代药物研发和创新的重要源泉，其在"回归自然"的世界潮流中焕发出强大的生命力，展示出广阔的发展前景。传统天然产物研究围绕天然产物的化学结构、合成和生物功能开展研究工作，取得了举世瞩目的成果。而天然产物的产生通常是由其生物合成基因决定的，即基因很大程度上决定了天然产物的化学结构。

    天然产物生物合成的化学原理和酶学机制研究是从基因和蛋白水平阐明其生物合成机制，解析合成途径中各个基因的功能，即研究自然界是如何通过一定的规律、精巧地形成各种复杂的天然产物，是生命科学和药学领域的前沿课题。这些研究涉及生物合成途径及其关键合成酶基因表达调控、代谢网络调控等在分子、细胞和个体不同水平的生物合成调控理论和技术的研究。在此基础上就有可能将不同来源的生物合成相关的代谢途径模块化，并在底盘细胞上进行组装，设计合适的生物合成途径，提高代谢途径的效率，降低大规模生物催化反应的成本，实现各种重要天然产物的高效生物合成和规模化生产。即天然产物的生物合成研究构筑了天然产物合成生物学的坚实基础。

    本书是由美国斯坦福大学的 Christopher T. Walsh 教授和美国加州大学洛杉矶分校的 Yi Tang 教授在多年科研积累和总结的基础上，根据本领域及相关学科领域的最新研究成果编写而成。为了便于国内读者阅读，中国医学科学院药物研究所胡友财研究员对该书进行了翻译。本书可作为从事天然产物研究、生物制药、合成生物学等相关领域的广大师生和科研工作者的专业参考书以及相关专业研究生的教材。我衷心地向读者推荐，这是一本值得仔细研读的专业书籍。

于德泉

中国医学科学院药物研究所

2020 年 7 月

译者前言

天然产物是新药发现的重要源泉。随着化学生物学、基因组学、生物信息学、分子生物学、分子遗传学与天然产物化学的不断发展与交叉融合，天然产物的研究出现了新的发展机遇与挑战。在近二十年来，成千上万的微生物基因组和植物基因组不断被测序，如何利用这些基因组数据来高效地发现自然界中的新天然产物，以及它们在生物体内如何形成与调控，有何生理与药理作用，这些问题已成为后基因组时代天然产物研究的重点和热点。《Natural Product Biosynthesis: Chemical Logic and Enzymatic Machinery》就是一本关于在基因和蛋白水平上阐释天然产物生物合成的教科书级的完整专著，它汇集了研究天然产物的发现与生物合成的现代方法与基础知识。

本书首先从生物合成角度概述了天然产物的主要类别，然后详细讨论了六种不同类别天然产物形成的化学原理，并介绍了天然产物生物合成途径中关键酶的结构生物学、功能和机制，最后对基因组依赖和非基因组依赖的天然产物发现的主要方法进行了总结和讨论。本书的信息量非常大，对于那些有兴趣更好地理解天然产物是如何由简单的初级代谢合成砌块组装而成的高年级本科生、研究生和科研人员来说，它都是一本必不可少的教材和工具书。

我们与化学工业出版社合作，承担了本书的翻译工作。希望本书的出版能够加深本领域科研人员对天然产物的发现与生物合成研究模式的理解，并掌握天然产物生物合成过程中的化学原理与酶学机制。

在翻译过程中，我们尊重原著的行文方式和叙述风格，力求翻译准确科学。但由于水平所限，疏漏及不妥之处在所难免，殷切希望广大读者批评指正。

感谢中国医学科学院药物研究所天然药物活性物质与功能国家重点实验室的部分工作人员和研究生（柏健、闫道江、刘冰语、张亚龙、张乐、张晨、刘安安、刘家旺、钟贝芬、张禧林、郑晓明、谢丽媛）参与了部分翻译工作。同时感谢西南大学邹懿教授、上海交通大学唐满成教授、福建师范大学李力教授、中国科学院微生物研究所尹文兵研究员和刘玲研究员、中国海洋大学李德海教授以及浙江大学毛旭明教授等参与译稿的校对。感谢中国医学科学院药物研究所于德泉院士为本书作序。

最后，我们向化学工业出版社的领导和编辑表示衷心感谢，他们在本书的策划、翻译和出版过程中付出了饱满的热情与辛勤的劳动。

胡友财

中国医学科学院药物研究所

2020 年 7 月

Natural Product Biosynthesis
CHEMICAL LOGIC AND ENZYMATIC MACHINERY

天然产物生物合成：化学原理与酶学机制

前 言

　　天然产物这个词对不同的受众有不同的影响。一方面，基于"天然的就是好的"这个简单且由来已久的前提，消费者对天然有机食品、补品和保健食品的兴趣持续存在。对于化学家和药学家（研究天然药用物质的专家）而言，天然产物的研究共同涉及分子本身，其分离、结构表征与初始功能表征（化学家）以及它们在人类急、慢性疾病治疗中的作用（药学家）。在最近几十年中，特定的天然产物，如渥曼青霉素、布雷菲德菌素、星形孢菌素、trapoxin 等很多天然产物，已成为细胞生物学家研究信号转导、细胞生长和分裂、蛋白质分泌以及细胞凋亡的几乎所有方面的有力工具。

　　从历史上看，天然产物在民间医学中已使用了至少 4500 年，可追溯到早期的埃及和苏美尔的文字记录。从 19 世纪最初的几十年开始，化学家开始分离纯的生物碱。以 1817 年的吗啡开始，标志着延续了几千年使用含多种混合物的植物提取物变成使用纯的单分子制剂的第一个主要转折点。在过去的两个世纪中，来自植物、真菌和细菌的天然产物库的表征推动了有机化学的许多概念和实践的进展。这些工具包括质谱分析仪和复杂的二维高场核磁共振（NMR）等分析工具，贯穿了天然产物全合成的黄金时代。对于药物化学家而言，不同类别天然产物的骨架已成为新药半合成及全合成方法的起点和 / 或灵感（例如从鬼臼毒素到依托泊苷，从星形孢菌素转化为很多合成的杂环蛋白激酶抑制剂）。

　　第二个主要转折点激起了天然产物领域的复兴，它就是过去二十年中成千上万个微生物基因组可被获取以及一些植物基因组探索的开始。对天然产物生物合成能力的生物信息学分析，又称基因组挖掘，已成为化学、生命科学和医学交叉领域的核心学科。除了将提及的微生物生物合成基因是簇集的（因此更容易被发现、查询和整体迁移）这个前提外，生物信息学分析还显示，许多放线菌、黏细菌和真菌均具有约 30 ～ 50 个可预测的聚酮化合物、非核糖体肽以及萜烯生物合成基因簇。在标准实验室培养技术下，此类菌株通常产生 1 ～ 5 种天然产物；因此，要探索的天然产物的范围立即增加了一个数量级。假设在接下来十年左右的时间内发现 20000 个微生物基因组序列，这将为所示的三类天然产物提供约 10^6 个生物合成基因簇，其中有 99% 以上尚未被研究。此外，大量植物和真菌生物碱以及植物衍生的苯丙素类化合物并未计算在上述预测中。

在这个天然产物研究复兴的时期，可以通过许多研究途径来发现自然界中未被发现的新分子。在许多治疗领域，从感染性疾病（β-内酰胺类抗生素，红霉素，四环素，氨基糖苷类）到癌症（长春新碱，紫杉醇）、免疫抑制剂（环孢菌素，雷帕霉素，FK506）、降血脂药（洛伐他汀），天然产物成为确有疗效的新药的主要贡献者。天然产物的未知骨架将在多大程度上继续阐明新的治疗方式，这是后基因组时代的一个挑战，同时也是新的机遇。

本书涵盖了主要类型天然产物（聚酮化合物，肽，核苷，类异戊二烯/萜类化合物，生物碱，苯丙素和糖苷）的生物合成。本书的编写不是百科全书式的，也不是阐明每一种亚型天然产物或有趣的化学官能团，而是将每一种天然产物结构类型所遵循的化学原理加以整理，因为它们都是由初级代谢产物的合成砌块组装而成。在每一类天然产物中都讲述了几种简单的反应类型，有些在初级代谢中常见，有些在次级代谢途径中比初级代谢途径更频繁出现。

在上述提及的七种天然产物中，只有聚酮类化合物（PK）和非核糖体肽（NRP）两种是在酶装配线上构建的，其中生长链作为硫酯共价连接到载体蛋白结构域上。杂合的非核糖体肽-聚酮骨架包含一些自然界中最具治疗意义的分子（雷帕霉素，FK506，博来霉素，埃博霉素），它们在 PK 和 NRP 杂合装配线上被合成。聚酮酶化学的主要反应是用于 C—C 键形成的迭代性脱羧硫代克莱森缩合反应，其本质上是碳负离子化学。

而异戊二烯类/萜类化合物作为目前最多的一类天然产物，拥有超过 5 万个已知分子，是由利用可扩散的底物、中间体和产物的酶组装而成的。该类化合物的化学原理基本上是碳正离子化学。这种方式始于从 Δ^2-异戊烯基-PP 合成砌块开始的烯丙基碳正离子的形成，通过烷基化缩合形成特定骨架，在该骨架上阳离子会诱导一些剧烈的骨架重排。从三萜类的角鲨烯和 2,3-氧化角鲨烯环化成为四环和五环产物骨架，使得由阳离子驱动的反应流继续进行，并突出了 C—C 键形成反应中双键 π 电子的亲核作用。

与产物骨架中基本不含氮原子的聚酮化合物、异戊二烯类和苯丙素类化合物相反，肽、核苷和生物碱中所含的氮是这几类物质的核心。数量最多同时也是结构上最多样化的一类天然产物包括生物碱，部分原因是它们是根据杂环中至少有一个碱性氮的最低标准来进行实验定义的，该标准源于游离碱和盐形式之间来回变化的分离方案。生物碱的范围从简单的单环胺到极其复杂的骨架：鸦片类、有毒物质士的宁、抗疟的奎宁、二聚的抗肿瘤药长春花生物碱——长春碱和长春新碱。

这几类天然产物骨架成熟的普遍特征之一是通过加氧酶对新生产物骨架进行修饰。加氧酶很少用于初级代谢途径，甾体类除外（而且由于存在过多的植物甾体骨架，人们可能会将甾体归为初级代谢和次级代谢之间的桥梁）。相比而言，加氧酶常在植物和微生物次级代谢产物的成熟过程中发挥作用。一个特别明显的例子是在 C_{20} 的异戊二烯类化合物紫杉二烯周围引入八个氧原子，从而生成微管蛋白抑制剂和抗卵巢癌药物紫杉醇。

我们对加氧酶进行了详细介绍，这是因为加氧酶不仅是天然产物酶学机制的关键因素，而且在碳自由基的形成和均裂的 C–C 键形成中发挥作用。我们注意到在许多情况下，分子氧还原可生成酶结合的高价氧铁，从而引发底物 C–H 键均裂。在某些情况下，分子内 C–C 或 C–X 键的形成与纯粹的羟化产生竞争。在这些情况下，氧气的输入是隐性的，但反应流是基于自由基的，这与聚酮类化合物和异戊二烯类化合物中异裂的 C–C 键形成流相反。苯丙素类化合物木脂素骨架也是通过苯氧自由基二聚酶学机制构建的。

另外两章专门讨论酶的类别，这些酶通常不会在其他主题中作为天然产物生物合成的特征被提及。其中之一是 S-腺苷甲硫氨酸（SAM），其功能不是大家熟知的作为 $[CH_3^+]$ 的供体来进攻共底物的亲核试剂，而是作为自由基引发剂，继续通过自由基中间体形成 C–C 键。在两种极端情况下（需氧时使用 O_2，而厌氧时使用 SAM 和四铁/四硫簇酶），自由基化学在各种天然产物骨架的 C–C 键形成过程中发挥作用。

第二个重点章节涉及天然产物糖苷。糖通常被视为天然产物成熟后再需考虑的物质，基本上在每一类天然产物的定位、溶解性和功能活性方面都有许多用途。由生物合成基因簇中编码的酶催化的特定脱氧己糖和氨基脱氧己糖的生物合成证明了这些途径中糖基部分的重要性。葡萄糖或核糖作为亲电试剂在 C1′ 处被激活的化学原理揭示了所有糖基化天然产物都通过 C1′ 连接的原因。

本书的最后部分探讨了天然产物分离的策略，从历史上重要的药用天然产物的分离到后基因组时代面临的如何从几十万个未验证的基因簇中优选出可产生新骨架和新活性的基因簇的挑战。鉴于遗传学、基因组学、合成生物学、异源表达和基因簇激活等新方法的深度融合，考虑到当前这些技术可能很快就会过时，因而我们不会对某一项技术进行深入介绍。相反，我们是进行概述，并提出关于标准建立的战略性问题，以增加发现具有新颖结构和功能特性的天然产物的可能性。

致　谢

我们衷心感谢加州大学洛杉矶分校（UCLA）的 John Billingsley 为整本书提供的原创插图，特别是每章篇头插图；感谢 UCLA 的 Yang Hai 博士提供了各个章节中所涉及的蛋白和肽的晶体结构。唐奕同时感谢他实验室的其他成员，包括 John，Nicholas Liu，Leibniz Hang，Sunny Hung 和 Yan Yan 为这些章节做的校对工作。

作者简介

沃尔什教授曾在麻省理工学院和哈佛医学院任教，目前在斯坦福大学的 ChEM-H 研究所工作。唐奕是加州大学洛杉矶分校化学与生化工程系和化学系教授。他们已经发表了三百多篇有关主要天然产物生物合成的研究论文。他们的研究小组阐明了可用于组装聚酮化合物、非核糖体肽和翻译后修饰的新蛋白、氧化异戊二烯骨架、肽基核苷和真菌生物碱的化学原理和新型酶。通过对真菌基因组进行测序以鉴定新的生物合成基因簇，工程酵母细胞中的异源表达、过量生产、分离和结构表征，他们在几类天然产物中鉴定了基因，由基因编码的酶和新颖的次级代谢产物的结构。丰富的研究经验和专业知识使他们成为《天然产物生物合成：化学原理与酶学机制》的最佳作者人选。

Christopher T. Walsh

Chem-H, Stanford University, USA

Email: cwalsh2@stanford.edu

Yi Tang

Chemical and Biomolecular Engineering,

Chemistry and Biochemistry, UCLA, USA

Email: yitang@ucla.edu

沃尔什谨以此书献给 Diana，Allison，Thomas 和 Sean

唐奕谨以此书献给 Minlei，Melody，Connor 和 Justin

Natural Product Biosynthesis
CHEMICAL LOGIC AND ENZYMATIC MACHINERY

天然产物生物合成：化学原理与酶学机制

目 录

第 I 部分　天然产物简介

第Ⅳ部分　基因组非依赖性和基因组依赖性的天然产物发现

第 I 部分
天然产物简介

这一部分从生物合成角度介绍天然产物的六种主要结构类型，其中不少类型包含上万种不同的分子。这六种主要结构类型分别是聚酮类、具有稳定小分子骨架的多肽类、异戊二烯/萜类、生物碱类、核苷类以及苯丙素类代谢产物。

本章的目的不是提供所有结构亚型和不同分子种类的详细信息（事实上罗列超过300000 个分子几乎是一项不可能完成的任务）。我们只是试图通过一些例子来说明一些在构建特殊合成砌块（又称构造单元）时所遵循的化学原理，和构建特殊天然产物骨架中碳碳键或碳氮键的本质，以及催化特征性生物转化的酶的有限类型。这或许有助于事先了解本书中未直接涵盖的化学分子的装配（或组装）方式以及辨别化学分子中未知的反应类型。

在构建次级代谢产物骨架结构和官能团复杂性的过程中，每一类化合物都遵循着不同但合理的化学规则，这基本与通过初级代谢产生典型的合成砌块是一致的。通常来说，控制不同代谢流的酶作为掌控者放行一个或多个初级代谢产物流入特定的途径中，从而产生最终的天然产物。

本章重点介绍酶的反应类型，这些反应通常出现在次级代谢过程中而很少出现在初级代谢中。在构建所有六类天然产物的最终结构、官能团类型和极性大小方面，最重要的是多种加氧酶的作用，它们中很多是铁依赖的催化酶，但也有一些是利用维生素 B_2 核黄素作为辅酶。天然产物中普遍存在的另一种反应是糖基化，它通常发生在代谢产物成熟的后期。

第三种要详细介绍其作用机理的分子是 S-腺苷甲硫氨酸（SAM）。SAM 是生物体内主要的甲基供体。它可以把其他的 [CH_3^+] 或 [CH_3^-] 转移到共底物上，这取决于底物的需要和铁-硫簇的存在，铁-硫簇可以充当自由基机理路径下的单电子引发剂。碳碳键的构建作为生物合成的重要组成部分，其异裂和均裂两种方式也将在后续的章节详细讨论。

吗啡

奎宁

青霉素N

洛伐他汀

具有重要治疗价值的著名天然产物

第 1 章 天然产物骨架的主要类型及生物合成酶学机制

1.1 引言

天然产物广义上可被定义为自然界中发现的任何分子。有机化学和药物化学界通常把天然产物定义为来自某种代谢途径的分子量小于1500Da的有机小分子（参考本章专题1.1）。本书也使用这个定义。这种限定的代谢途径也叫做次级代谢途径，它并非在所有的生物体中都存在，也不是生命活动所必需的。产生这些天然产物的生命有机体包括微生物如细菌、海藻、真菌以及各种各样的植物。

这些来自特定代谢途径的天然产物可能会为其生产者带来某种形式的益处或者保护作用。然而，这些天然产物的生理功能可能各不相同，并且分离这些天然产物的化学家通常也不清楚它们的生理功能。此外，已经分离的多种类型的天然产物要么在人类医学史上显示了有用的药理活性，要么完全相反，即通过不同的机理显示其对哺乳动物的毒性。

现如今，对于购买食品、化妆品、药品、保健品、甚至衣服和家具的消费者而言，"天然的"这一形容词总是会引起一种强烈的积极共鸣。这种共鸣的产生，在某种程度上可能是源于我们对弥漫在周围环境中的众多合成和非生物材料的一种反应，也可能是因为天然的产品让我们感觉回到人类过去的时代，在那个时候，自然界为人类提供更简单的生活方式所需要的产品与自然有着更紧密的依赖与和谐关系。有这么一个假说（据不完全调查），认为人类是伴随着那些能产生天然物质和小分子的植物和微生物共进化的，并且二者相互适应。这种关系导致人们几千年来不仅学会了避免使用有毒物质，而且能利用天然提取物来治疗疾病。

从大约200年前开始一直到现在，化学家们先后致力于从植物、真菌和细菌中分离具有生物和药理活性的物质，表征它们的分子结构，并把有用的分子制成纯化合物。至今，大约有32000个化合物来源于中药，包括抗疟药青蒿素（artemisinin）（2015

年诺贝尔化学奖表彰了青蒿素的发现）。与此同时，《Dictionary of Natural Products》数据库中记录了约 21 万个纯天然分子的信息（Rodrigues, Reker *et al.* 2016）。自 19 世纪头几十年以来，天然产物一直是八代化学家们构建和合成化合物的灵感来源（Jurjens, Kirschning *et al.* 2015）。据估计，50% 的天然产物仍然无法人工合成，尤其是具有刚性结构的环系天然产物中还有多达 80% 没有被合成出来（Rodrigues, Reker *et al.* 2016）。

图 1.1 展示了八种分离到的天然产物的结构和它们的药理活性。麦角胺（ergotamine）、蝴蝶霉素（rebeccamycin）、筒箭毒碱（tubocurarine）和吗啡（morphine）作为外源物

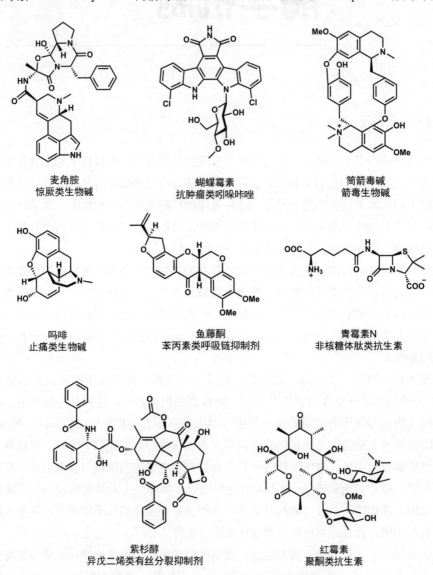

图 1.1　八种已分离鉴定的天然产物及其生物活性

质在人体中具有多种生物学功能。所有这4种分子中都含有氨基酸衍生的骨架，大体上可以把它们归类为生物碱类化合物，这是因为它们具有在环系中嵌入一个或多个碱性氮的特征。从结构上看，吗啡与麦角胺的麦角酸四环部分结构相似度很高，而抗肿瘤药蝴蝶霉素的吲哚咔唑骨架与含有箭毒性的筒箭毒碱无明显相似性。

除了四环的麦角酸起始单元外，麦角胺也是通过非核糖体肽合成酶装配线上的三种氨基酸：L-丙氨酸、L-脯氨酸和L-苯丙氨酸组装而成（第3章）。类似地，双环抗生素青霉素中的氮原子来源于非核糖体途径生成的三肽化合物氨基己二酰-半胱氨酰-D-缬氨酸型（Walsh and Wencewicz 2016）。

图1.1中余下的三个分子来自另外三类不同的天然产物家族。具有抗癌作用的微管阻断剂紫杉醇（taxol）来源于二萜。作为紫杉醇形成后期的烷烃中间体，紫杉二烯（第4章）经过高度氧化和多步酰化后生成紫杉醇。红霉素（erythromycin）是一种古老的抗生素，它由一个十四元的大环内酯和一对脱氧糖构成。大环内酯上的取代方式来源于聚酮合成酶装配线（第2章）。第8个化合物是鱼藤酮（rotenone），一种线粒体呼吸阻滞剂，是一种植物苯丙素类天然产物（第7章）。

紫杉醇和鱼藤酮的骨架结构中没有氮原子，反映了它们与生物碱和青霉素具有明显不同的合成砌块和装配线合成规则。显然，天然产物骨架结构中氮（特别是碱性氮原子）的存在与否，将会影响代谢产物的物理性质及其功能，并且是进行亚类定义的关键性因素。

在过去的150～200年里，很多天然产物，尤其是几十种特殊化合物因其多样的生物活性已经成为治疗剂或成为化学结构设计的灵感来源，这使得它们受到研究人员的关注。表1.1仅仅总结了已知数十万种天然产物中的11种化合物的药理活性。在当代有治疗价值的天然产物中，洛伐他汀（lovastatin）通过靶向胆固醇生物合成的限速酶来降低胆固醇的含量；免疫抑制剂雷帕霉素（rapamycin）和环孢菌素（cyclosporine）有可能是目前最重要的人类治疗先导化合物。洛伐他汀的生物合成在第2章有介绍，环孢菌素和雷帕霉素的介绍则在第3章。

表1.1　具有广泛药理活性的天然产物

药理活性	活性天然产物	药理活性	活性天然产物
毒素	鱼藤酮	免疫抑制	雷帕霉素，环孢菌素
抗生素	青霉素，红霉素	抗肿瘤	长春新碱
降低胆固醇	洛伐他汀	止痛剂	吗啡，大麻酚
震颤	烟曲霉震颤素		

估计上述已经发现的天然产物数量大概在30万至60万之间。其中有四分之三是从植物中分离出来的，表明了植物对次级代谢产物的巨大贡献；剩下的则是微生物代谢产物。但是，目前无法估计还有多少天然产物会被发现，也无法预测是否还会发现更多

新的分子类型。在未来，随着更多植物基因组被测序，也许可以给出更准确的预测。

1.2 初级代谢和次级代谢产物

初级代谢产物是维持生命活动所必需的分子。一定程度上，它们由生物大分子（核酸、蛋白质、多糖和脂类）的合成和降解而形成。它们同样参与能量产生和储存的途径，包括糖酵解、柠檬酸循环、芳香化合物生物合成、氨基酸代谢、磷酸戊糖途径以及其他代谢途径。

次级代谢产物出现在某种细胞或某种生物体的特有代谢途径中（Demain and Fang 2000），比如植物通过合成防御性小分子（植物抗毒素和植物抗菌素）来对捕食者作出响应（Schenk, Kazan *et al.* 2000; War, Paulraj *et al.* 2012）。它们可能代表着在初级代谢中未发现的特殊分子类型。天然产物，作为次级代谢途径的最终代谢产物，其骨架往往比初级代谢产物复杂得多，这正是源于其生物合成过程中碳碳键的形成。

初级代谢途径和次级代谢途径之间通常有一门控酶，它的作用是使初级代谢流转向次级代谢途径。例如，木脂素（lignan）（第 7 章）是木本植物中的一类关键的结构性聚合物。它在植物内含量丰富，仅次于纤维素。其基本碳骨架结构来源于蛋白源氨基酸——苯丙氨酸。其中负责把 L-苯丙氨酸转化成苯丙烷类代谢产物的第一个门控酶是苯丙氨酸脱氨酶。在第 7 章我们将介绍这种酶，它拥有一个不寻常的共价链接的辅因子，从而通过一个低能量的途径，在 α 和 β 位碳消除 NH_3 生成肉桂酸。

类似地，乙酰辅酶 A 羧化酶和丙酰辅酶 A 羧化酶分别产生丙二酸单酰辅酶 A 和 2S-丙酰辅酶 A，它们同时参与初级代谢和次级代谢途径，通过这些途径可生成聚酮类天然产物。丙二酸单酰辅酶 A 在生物体内有两条代谢途径，一条形成脂肪酸（主要途径），另一条是形成聚酮化合物（条件性途径）。2S-甲基丙二酰辅酶 A 不用于脂肪酸合成，但却是红霉素（erythromycin）装配线上关键的延伸底物。

图 1.2 列出了一组初级代谢产物，它们是第 2 ~ 7 章中讨论的多种结构类型天然产物的合成砌块。葡萄糖是细胞中最常见的糖，而葡萄糖-L-磷酸衍生物是将葡萄糖掺入到糖基化天然产物的切入点：这部分是第 11 章的主题。

异戊烯基焦磷酸的一对同分异构体，即 Δ^2 和 Δ^3 的双键异构体，通过首尾相连的烷基化连接方式形成了超过 5 万个异戊二烯类天然产物。当这类分子从植物中分离出来时，它们自始至终一直被归为萜类化合物（Pichersky, Noel *et al.* 2006）。30 个碳的 2,3-氧化角鲨烯是从初级代谢产物转化为次级代谢产物（三萜）的临界状态，其在酶的直接环化作用下产生成百上千的甾醇类天然产物（具体见第 4 章）。

L-色氨酸（Trp）和 L-苯丙氨酸（Phe）这两种芳香性氨基酸是每个独立的活细胞和有机体中成千上万蛋白质的重要合成砌块。它们也用于非核糖体肽装配线。如图 1.2 所示，它们还分别是 D-(+)-麦角酸（lysergic acid）和二聚的木质素 (+)-松脂醇

（pinoresinol）的合成砌块（第 5 章和第 7 章）。

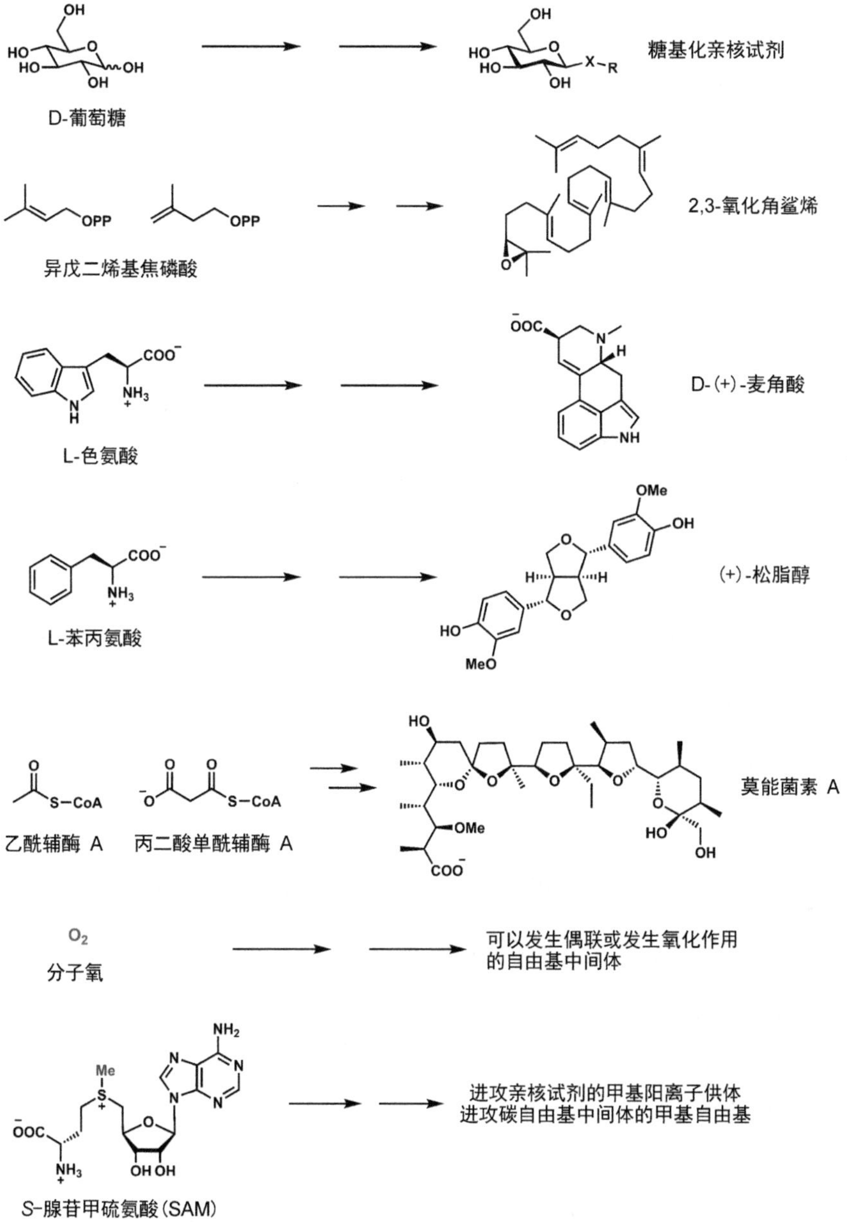

图1.2　初级代谢产物作为特定类型天然产物的合成砌块

如图 1.2 所示，二碳的乙酰辅酶 A 及三碳的羧基化产物丙二酸单酰辅酶 A 是初级代谢中的关键酰基硫酯，也是数量庞大且结构多样的聚酮类天然产物的起始基元。图 1.2 所示的具有抗真菌活性的离子载体化合物莫能菌素（monensin），它与其他聚酮亚类的区别在于其分子骨架中含有呋喃环和吡喃环的聚醚结构。

图 1.2 给出了初级代谢产物中的另外两个分子：分子氧（O₂）和 *S*-腺苷甲硫氨酸
（SAM）。O₂ 是一种普遍的共底物，可以对第 2 ～ 8 章出现的所有主要天然产物进行
修饰，以至于单独在第 9 章中专门讨论了其化学原理和已经进化为有选择性还原活性
的酶催化剂。

S-腺苷甲硫氨酸是初级代谢和次级代谢途径中一种重要的反应物，其结构中的三取
代硫阳离子连接到甲硫氨酸残基和腺苷残基上。我们注意到，SAM 作为甲基供体在异
戊二烯、聚酮、生物碱、肽和苯丙酸框架的多种共底物氧、氮和碳亲核试剂中反复使
用。其中大多数都涉及 [CH₃⁺] 的转移。还有一类重要的甲基转移是作用到底物上的惰性
碳中心，这些将在第 10 章详细解释，该章中重点介绍自由基中间体（包括 [CH₃˙]）。

1.3 聚酮类天然产物

图 1.3 显示了五种结构独特的不同亚型的聚酮类天然产物：多环芳烃、大环内酯、

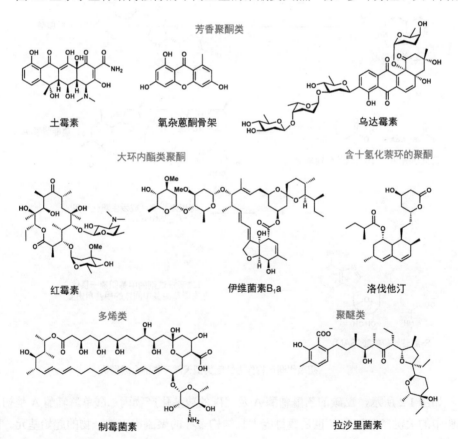

图 1.3　聚酮天然产物的五种不同亚型：芳香聚酮类、大环内酯类、含十氢化萘的聚酮、多烯类、聚醚类

含十氢化萘环的分子、多烯以及含呋喃和吡喃醚环的聚醚。如第 2 章所述，所有这些亚类都是通过相同的原理构建的，即它借鉴了脂肪酸生物合成中的化学和蛋白质原理。从这个意义上说，这是一个很好的从初级代谢途径到一系列次级代谢途径的切入点。

土霉素（oxytetracycline）、氧杂蒽酮（xanthones）和乌达霉素（urdamycin）这三种芳香型代谢产物代表着稠合的芳香型多环聚酮类天然产物的大亚群。它们都是由含聚酮基的酰基链（因此被称为聚酮）以共价形式与酰基载体蛋白结合而成。这类链是有反应活性的，它可提供用作碳负离子的烯醇，并经分子内羟醛缩合反应以及芳构化脱水，从而形成特征性的芳香多环结构。

抗生素红霉素和抗寄生虫药伊维菌素（ivermectin）都属于聚酮的大环内酯亚类，它们大环核心结构中的氧上连有脱氧糖单元。这类结构通常包括 12 ～ 22 个原子的大环内酯环，可用于连接包括糖基在内的各种不同取代基，从而作用于生物靶标。

洛伐他汀的特点是存在十氢化萘双环系统。这是一小部分聚酮代谢产物的分子特征，提示在其生物合成途径的某个阶段存在狄尔斯 - 阿尔德（Diels-Alder）[4+2] 环化反应。

制霉菌素（nystatin）代表了一类具有多烯基团的聚酮化合物，它的结构中含有 6 个双键。多烯结构使大环具有刚性，有助于它插入到病原真菌的细胞膜内。图 1.3 中的最后一个结构是具有杀虫活性的钾离子载体拉沙里菌素（lasalocid）。这类聚酮的显著特征是含有环醚，其中拉沙里菌素结构中含一个五元呋喃环和六元吡喃环。

我们将深入研究碳碳键形成的共有策略，这种策略使得碳链的延伸过程中生成了所有这些聚酮亚类的核心骨架。在所有聚酮合酶和脂肪酸合酶中，碳亲核试剂均来自丙二酸单酰硫酯的硫代克莱森缩合反应。酰基硫酯的羰基是碳碳键形成过程中的亲电伴侣。我们还将观察到如何对这种缩合反应产生的起始 β-酮酰基 -S-载体蛋白进行修饰，从而在各种类型的成熟聚酮骨架中形成一系列羟基（–OH）、亚甲基（CH_2）和双键（CH=CH）官能团。

图 1.4 展示了两种被发现且应用最广泛的聚酮类抗生素类型，以红霉素为代表

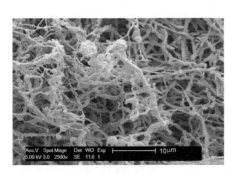

糖多孢红霉菌

龟裂链霉素

图1.4

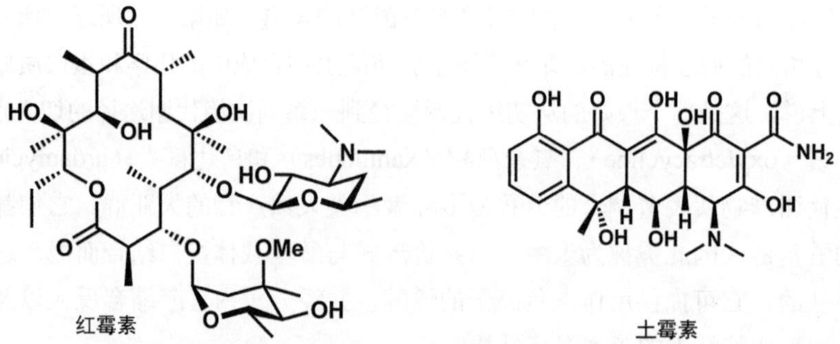

图 1.4　丝状链霉菌是土壤中聚酮的主要产生菌，其中，糖多孢红霉菌（*Saccharopolyspora erythraea*）是红霉素的来源菌；龟裂链霉菌（*Streptomyces rimosus*）产生土霉素

糖多孢红霉菌的菌丝体电子显微图由剑桥大学的 Jeremy Skepper 提供；龟裂链霉菌的照片由乌克兰利沃夫伊凡弗兰科国立大学（Ivan Franko National University of Lviv, Ukraine）的 O. Gromyko 博士提供

的大环内酯类和以土霉素为代表的芳香类，它们都是来源土壤细菌的代谢产物。糖多孢红霉菌（*Saccharopolyspora erythraea*）产生大环内酯类抗生素，而金黄色链霉菌（*Streptomyces aureofaciens*）和龟裂链霉菌（*Streptomyces rimosus*）则形成四环素骨架类型。

1.4　肽类天然产物

构成蛋白质和小肽骨架的肽键，在生理水介质中具有化学稳定性。然而，它们易受各种各样蛋白酶的影响，这些蛋白酶能将蛋白质和多肽水解为氨基酸。对于生物体而言，有多种策略可以将蛋白质或多肽转化为长期存在的低分子量天然产物。

这些策略包括生成环肽来阻止氨肽酶和羧肽酶的作用。侧链的修饰以及非蛋白源氨基酸的从头利用可以使侧链产生具有抗蛋白水解作用的肽键。在第 3 章中将会介绍 cyanobactin 中的侧链与噁唑环和噻唑环的杂环化，以及大环化形成的高度变形的 cyanobactin 骨架，尽管其蛋白来源不同，但仍表现为稳定的小分子（图 1.5）。特别是杂环化作用将容易被蛋白酶水解的酰胺键转化为具有蛋白酶抗性的杂环骨架。

生成肽类天然产物的补充途径包括非核糖体肽合成酶催化的途径（Walsh and Wencewicz 2016）。这种构建分子的原理与聚酮合成酶的原理是类似的。延伸中的肽链作为硫酯共价结合到肽基载体蛋白上。在这种情形下，常见的链伸长方式是形成碳氮键而不是碳碳键。氨酰基载体蛋白上的胺基作为亲核试剂亲核进攻上游的肽基硫酯羰基。成熟链的释放完全类似于聚酮合酶的释放逻辑，通常是通过大环化作用产生紧凑的大环内酰胺和大环内酯类化合物。第三个方面，非核糖体肽合成酶（NRPS）组装线使用了许多非蛋白源氨基酸作为基本模块，以构建化合物结构和功能的多样性。在非核糖体肽类天然产物 kutzneride A 中，所有六种构建模块均为非蛋白源氨基酸（图 1.6），其骨架类型为大环内酰胺。这两种结构特点都使这种由根系相关细菌产生的抗真菌天然产物具有蛋白酶抗性。

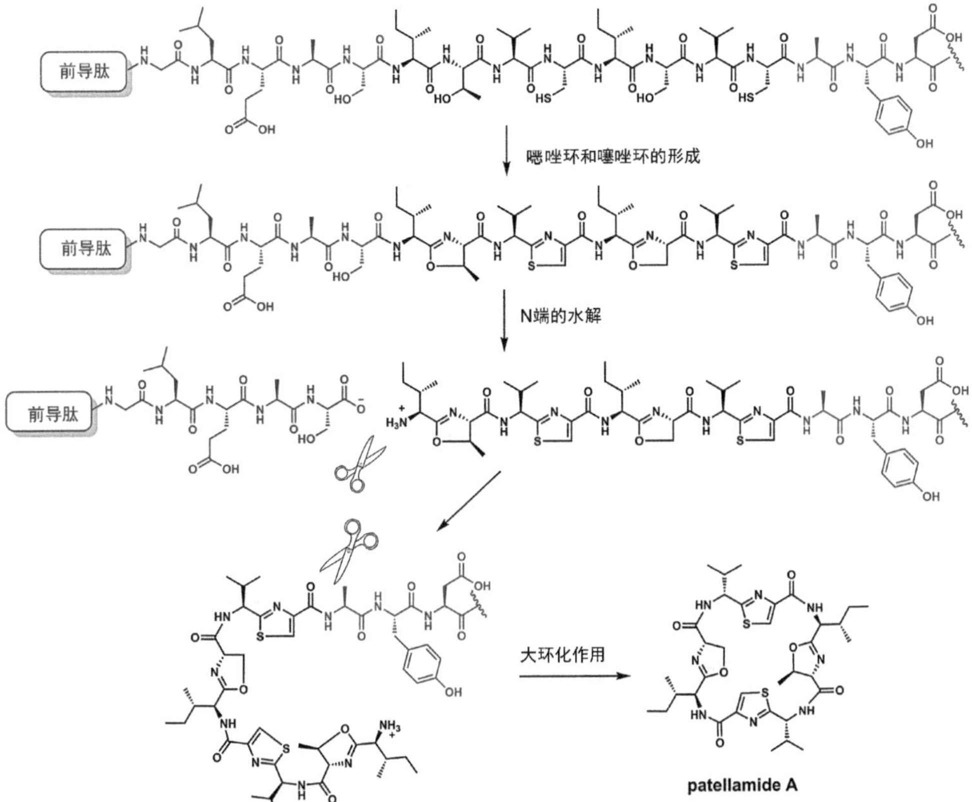

图1.5 Cyanobactin 的生物合成涉及丝氨酸（Ser）、苏氨酸（Thr）和半胱氨酸（Cys）侧链的杂环化，以及蛋白酶水解切断修饰后的骨架片段并通过环化形成大环内酰胺类化合物

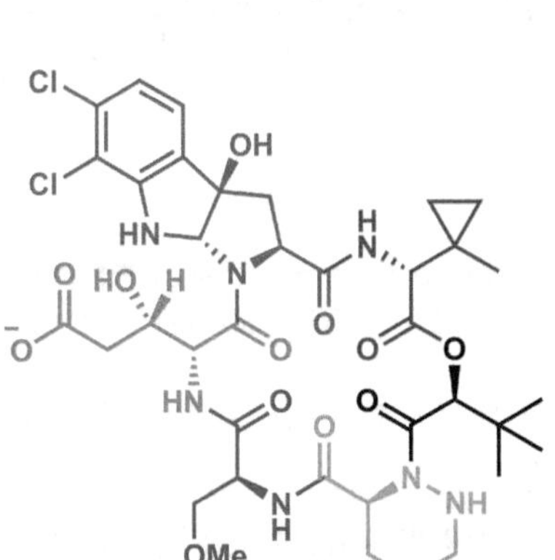

图1.6 Kutzneride A（一种非核糖体六肽内酰胺化合物）是完全由六种非蛋白源氨基酸合成砌块构建的

图 1.7 和图 1.8 展示了另外两种非核糖体肽代谢产物的例子。外用抗生素乳膏 polysporin 包含三种非核糖体肽：多黏菌素 B（polymyxin B）、杆菌肽（bacitracin）和短杆菌肽 A（gramicidin A）（图 1.7）。图 1.8 展示了全球最畅销的抗生素——4,5-稠合的双环青霉素及其下游代谢产物 4,6-稠合的双环头孢菌素，它们都是由非核糖体肽合成酶控制生产的真菌代谢产物。

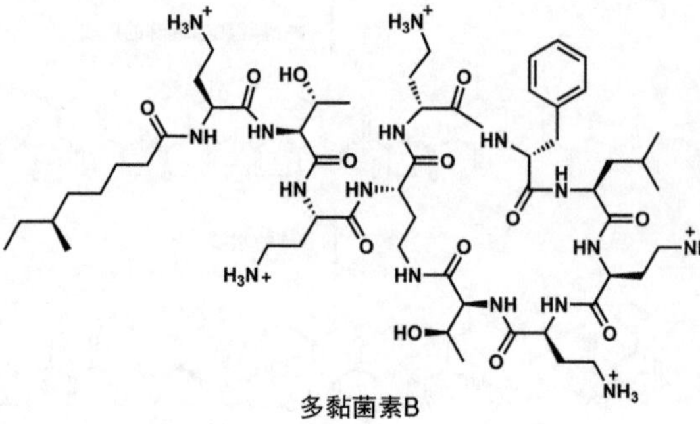

多黏菌素B

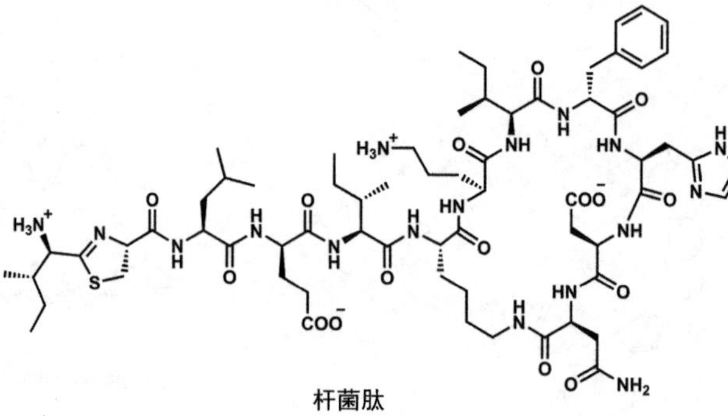

杆菌肽

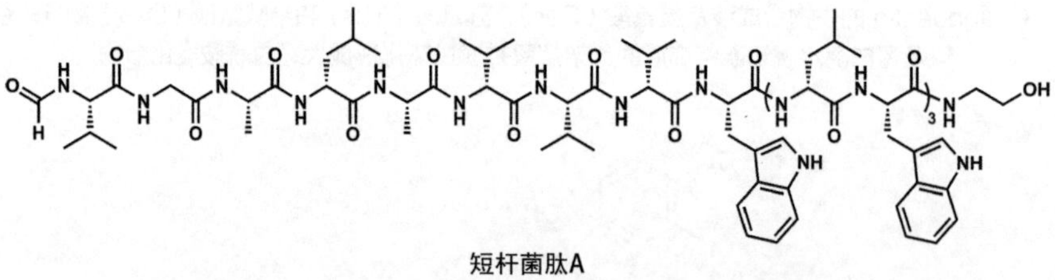

短杆菌肽A

图 1.7　外用抗生素软膏 polysporin 包含三个活性非核糖体肽类抗生素：多黏菌素 B、杆菌肽和短杆菌肽 A，它们都可破坏细菌细胞壁的生物合成或膜的完整性

聚酮类和非核糖体肽是唯一两类经装配线化学原理和蛋白机制形成的天然产物，下面将提到其他主要类别的天然产物沿用不同的化学组装原理。

另一方面，由于 PKS 和 NRPS 装配线均使用载体蛋白作为常见的栓链单元，因此，微生物学会趋同进化并构建杂合的装配线也就不足为奇了。图 1.9 提到五种这样的杂合天然产物，反映了聚酮和非核糖体肽的不同组合。其中最著名的可能是免疫抑

制药物雷帕霉素（rapamycin）和 FK506。博来霉素和埃博霉素 D 虽然不是一线药物，

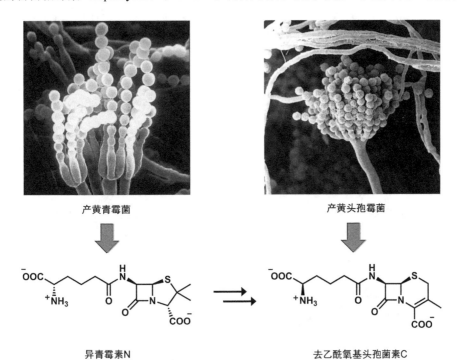

图1.8　异青霉素 N（isopenicillin N）来源于真菌产黄青霉菌（*Penicillium chrysogenum*），是首个含有 4,5- 稠合的 β-内酰胺环系的生物合成代谢产物；去乙酰氧基头孢菌素 C（desacetoxy-cephalosporin C）是产黄头孢霉菌（*Acremonium chrysogenum*）产生的扩环 4,6-双环头孢菌素类抗生素。这两种抗生素均来源于线性的非核糖体三肽：氨基己二酰-L-半胱氨酸 -D- 缬氨酸

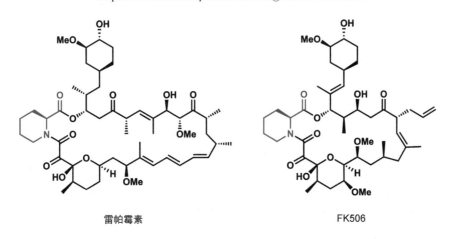

图1.9

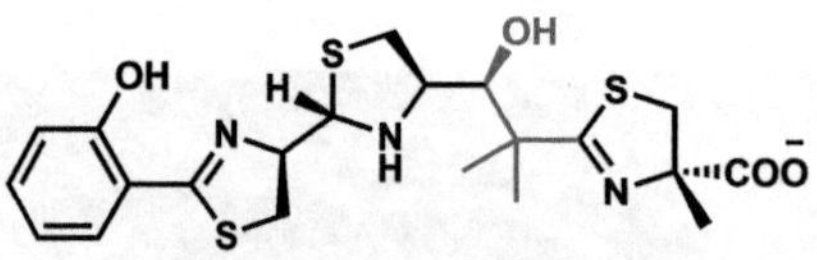

耶尔森杆菌素

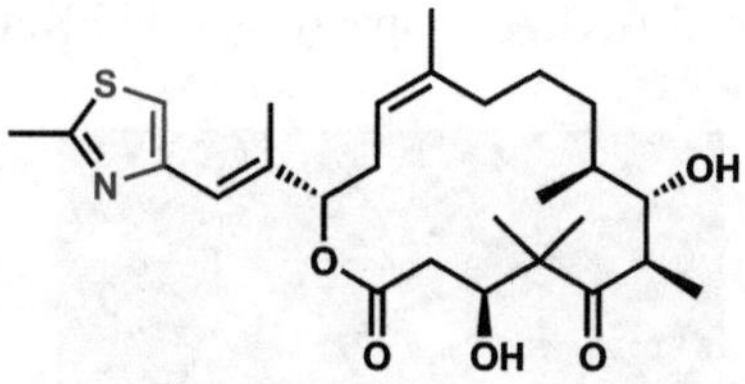

埃博霉素D

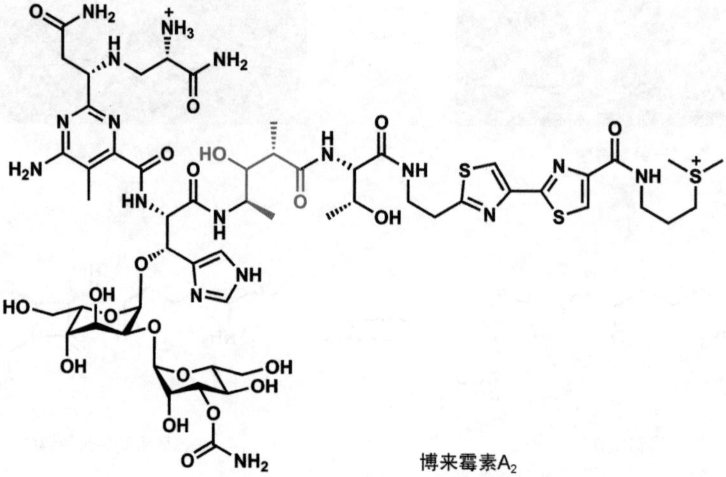

博来霉素A$_2$

图 1.9　杂合的非核糖体肽 - 聚酮类骨架：雷帕霉素、FK506 和埃博霉素 D 的肽类部分以蓝色显示，
突出其骨架主要来源于聚酮；博来霉素 A$_2$ 和鼠疫杆菌铁载体耶尔森杆菌素的聚酮部分以红色标识，
提示这两个分子主要来源于肽类

但都具有抗癌活性。第五个分子耶尔森杆菌素（yersiniabactin）是鼠疫耶尔森氏菌
（*Yersinia pestis*）的毒力因子，起铁螯合剂的作用。杂合的 NRP-PK 和 PK-NRP 装配
线将在第 3 章介绍。

1.5　异戊二烯 / 萜类天然产物

由异戊烯基焦磷酸的一个或两个 Δ^2 和 Δ^3 同分异构体组成的天然产物家族被认为
是由单一结构起源的最大天然产物群。迄今为止，已分离出 5 万多个异戊二烯类分子
（Lange 2015）。其中，有少量的来源于细菌，真菌次之，但大多数还是来源于植物。过
去由于以植物为研究中心，这就导致了作为异戊二烯类代谢产物的萜类化合物多是以
植物命名的。碳链构建的核心步骤是：Δ^2- 异戊烯基焦磷酸（DMAPP）失去两个磷酸基
形成烯丙基碳正离子，并被 Δ^3-异戊烯基焦磷酸（IPP）末端双键的 π 电子俘获（图1.10）。
在这种头 - 尾相接的烷基化模式下，异戊烯基链每次增长 5 个碳单元。在萜烯命名中，
C$_{10}$ 分子为单萜，C$_{15}$ 分子为倍半萜，C$_{20}$ 分子为二萜，C$_{30}$ 分子为三萜，依此类推。

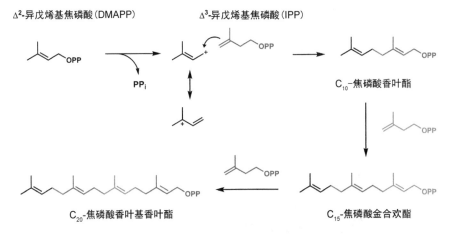

Δ²-异戊烯基焦磷酸(DMAPP)　　　Δ³-异戊烯基焦磷酸(IPP)

C₁₀-焦磷酸香叶酯

C₂₀-焦磷酸香叶基香叶酯　　　　　　　C₁₅-焦磷酸金合欢酯

图 1.10　异戊二烯链每次延伸 5 个碳，在增长的 Δ³ 碳链上添加 Δ²-IPP 单元

萜烯 / 异戊二烯的生物化学过程主要是由 Δ²- 异戊烯基底物产生的烯丙基碳正离子所引发的反应。在很多情况下，最初的烯丙基碳正离子在正电荷淬灭之前发生分子内重排（通过相邻质子的消除形成双键，通过水的加成生成醇，或通过单键的迁移）。图 1.11 显示了一小部分单萜和倍半萜类天然产物，它们是通过这种酶导向的阳离子重排形成的。维生素 A 醛（即视黄醛）、抗疟药青蒿素的前体青蒿酸（artemisinic acid）和类胡萝卜素番茄红素（lycopene）也是由异戊二烯焦磷酸的异构体合成的。如图 1.12 所示，活性代谢物青蒿素的植物源是青蒿。从青蒿酸到青蒿素的转化显然涉及多步加氧酶的作用，包括插入跨环的内过氧化物，这提示氧气在天然产物的成熟骨架形成过程中发挥着关键作用。

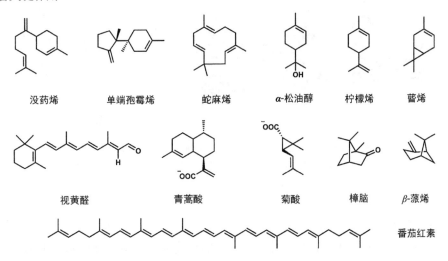

没药烯　　　单端孢霉烯　　　蛇麻烯　　　α-松油醇　　　柠檬烯　　　蒈烯

视黄醛　　　青蒿酸　　　菊酸　　　樟脑　　　β-蒎烯

番茄红素

图 1.11　萜类 / 异戊二烯类天然产物超过 50000 种，是最大的天然产物类别。C₁₀ 分子是单萜，C₁₅ 分子是倍半萜，视黄醛是 C₂₀ 二萜醛，番茄红素是类胡萝卜素家族中的 C₄₀ 多烯

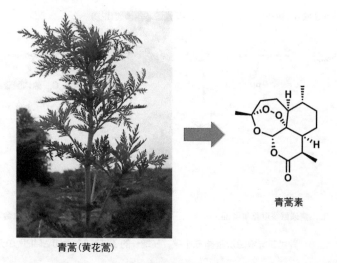

青蒿素

青蒿(黄花蒿)

图1.12　青蒿是抗疟药青蒿素的来源，含环内过氧化物的高度氧化的骨架是一种不寻常的结构特征

　　紫杉醇作为广泛使用的抗癌药物主要来自太平洋红豆杉，最近也从英国红豆杉的针叶中获得。紫杉醇的 6-8-6 的三环核心是 C_{20} 二萜骨架（图 1.13），它通过碳正离子重排发生高度变化。其起始二萜为紫杉二烯。随后经过一系列后修饰加氧酶作用，在八个碳上发生氧化。其中，四个羟基发生酰化后形成终产物紫杉醇。

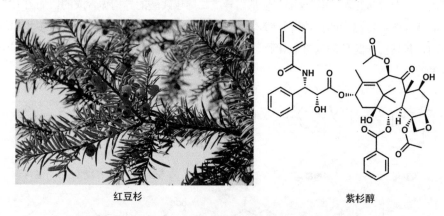

红豆杉

紫杉醇

图1.13　紫杉醇是一种 C_{20} 二萜，它是通过分子内重排形成 6-8-6 三环核心，并进一步发生多位点氧化和酰化。紫杉醇通过抑制有丝分裂在临床上发挥抗癌作用
图片由 Jason Hollnger 提供，并可通过下面网址的网络相册获得
（https://creativecommons.org/licenses/by/2.0/legalcode）

　　本文介绍萜类化合物结构和功能多样性的最后一个例子是 β-胡萝卜素，即维生素A醛（图 1.14）的前体，它是一种胡萝卜素的异构体。如图 1.14 所示，水稻缺乏胡萝卜素是因为无法将 C_{40} 前体——八氢番茄红素（phytoene）转化为类胡萝卜素。作为转基因大米的代表，黄金水稻引发了广泛的争议，因为在其基因操作过程中替换了

两个基因。

β-胡萝卜素

图 1.14 黄金大米包含两个分别编码八氢番茄红素合成酶和脱氢酶的转基因，这两个酶可使植物能够产生视黄醛（retinal）的前体物质 β- 胡萝卜素（图中黄色大米），而视黄醛是视觉色素中一种吸光发色团物质
图片来源：菲律宾国际水稻研究所。许可：CC- BY- 2.0（https://creativecommons.org/licenses/by/2.0/）

1.6 生物碱

　　与不含氮原子的聚酮类和异戊二烯类天然产物相比，生物碱类的定义是至少含有一个碱性氮原子的杂环产物。多肽类天然产物，无论是来自蛋白质前体，还是来自 NRPS 装配线，它们虽然都含有氮原子，但许多都是以肽或酰胺键等非碱性原子的形式结合在一起。我们将在第 5 章和第 12 章中提到，生物碱中氮原子的碱性可以通过在有机相和水相之间反复分配来进行分离，这取决于胺的 pH 值和质子化状态。

　　图 1.15 显示了三种不同类型的简单生物碱骨架，分别来自三种不同的氨基酸初级代谢产物。虽然五碳的二元氨基酸 L-鸟氨酸不被嵌入蛋白质中，但它是精氨酸代谢的中心代谢产物，也是南美古柯植物中提取的可致人上瘾的成分——可卡因（cocaine）的前体。赖氨酸是双环的栗精胺（castanospermine）的前体。酪氨酸是鸦片中抗痉挛和血管舒张的分子——罂粟碱（papaverine）的前体。这三种含氮环系与图 1.16 中出现的一些生物碱分子截然不同，这也印证了一个普遍的观点，即自然界在其生产次级代谢产物过程中构建了许多不同类型的稠合五元环和六元环。图 1.16

还说明了由不含氮原子的其他天然产物构建的环状骨架。

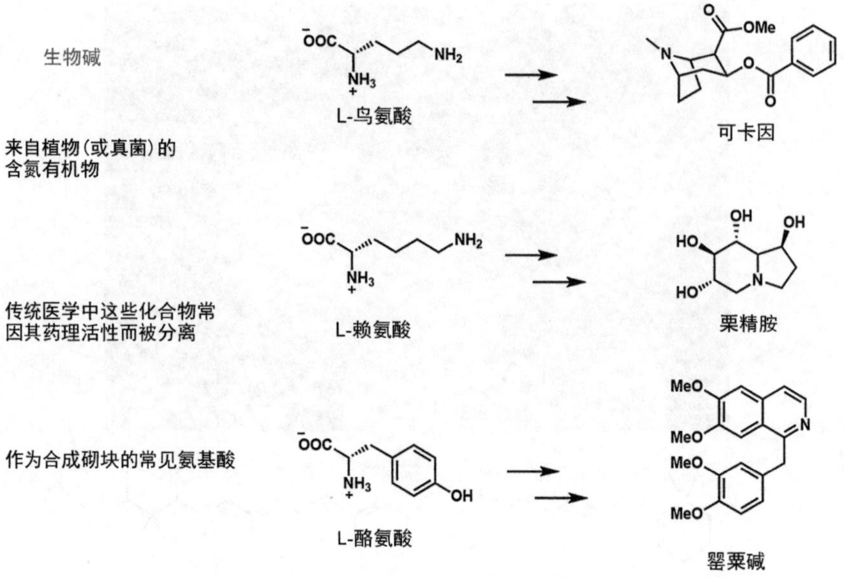

图 1.15　生物碱利用初级代谢产物氨基酸作为代谢的合成砌块
可卡因来源于鸟氨酸，栗精胺来源于赖氨酸，罂粟碱来源于酪氨酸

　　图 1.16 中描述的生物碱包括来自苏格兰金雀花的四环结构抗心律失常药物鹰爪豆碱以及具有截然不同四环骨架的 D-(+)- 麦角酸。图 1.16 中最复杂的生物碱骨架是二聚的简箭毒碱，这是南美箭毒中的一种毒性成分。事实上，许多生物碱因其对脊椎动物的毒性而为人所知，其中包括来自南美箭毒树的高度复杂的六环分子——士的宁（图 1.17）。

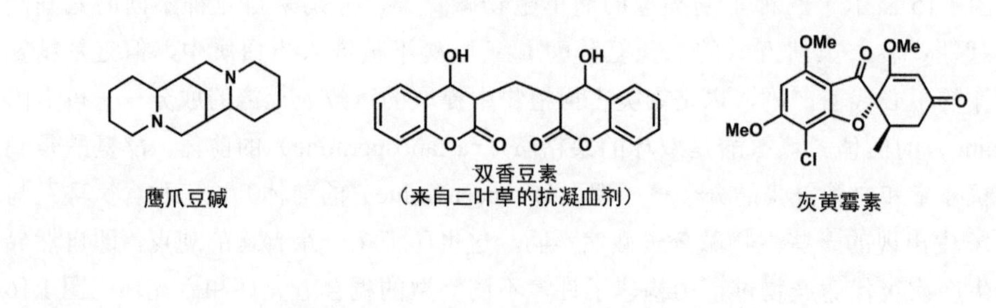

D-(+)-麦角酸　　　　　青蒿素　　　　　四氢大麻酚(THC)

鹰爪豆碱　　　　双香豆素　　　　灰黄霉素
　　　　　　（来自三叶草的抗凝血剂）

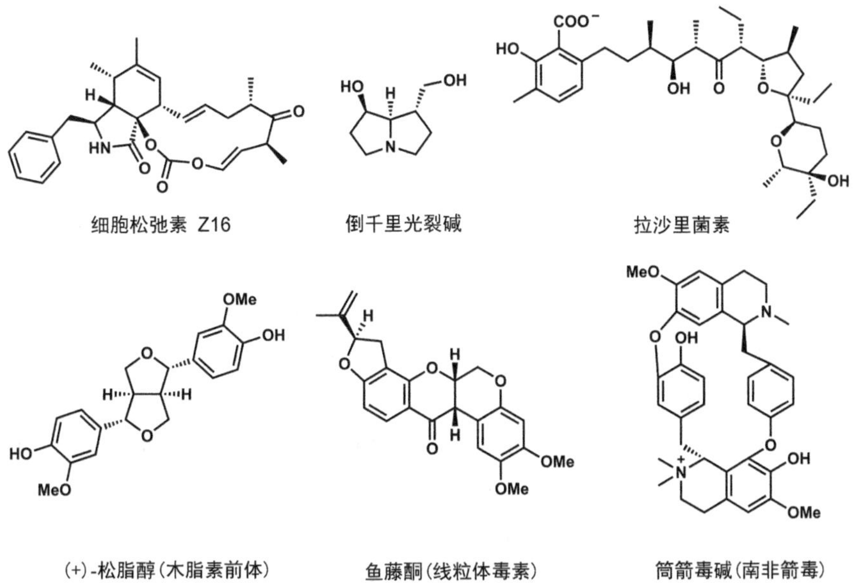

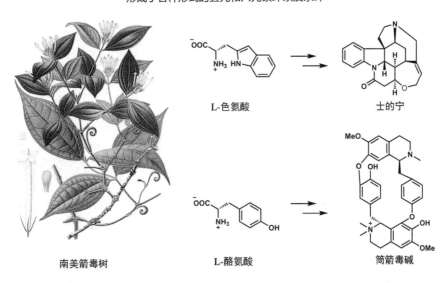

COO⁻
HO
OH
O
H
HN
细胞松弛素 Z16
倒千里光裂碱
拉沙里菌素
OMe
MeO
(+)-松脂醇(木脂素前体)
鱼藤酮(线粒体毒素)
筒箭毒碱(南非箭毒)
N

图 1.16　天然产物在构建刚性结构和官能团从而与靶标相互作用的过程中形成了各种形式的五元和六元碳环以及杂环

南美箭毒树
L-色氨酸
士的宁
L-酪氨酸
筒箭毒碱

图 1.17　南美箭毒树是几种有毒生物碱（包括士的宁和筒箭毒碱）的来源

有一大类生物碱是由两种天然产物生物合成途径聚合而成的：色氨酸途径和萜烯 / 异戊烯基途径。这类生物碱就是所谓的吲哚萜类生物碱，包含一千多种化合物，其中四种如图 1.18 所示。值得一提的是，该生物碱类型中不仅含有麦角酸，同时还含有植物来源的文多灵（vindoline）、长春质碱（catharanthine）和细胞松弛素 Z16（cytochalasin Z16）（图 1.16），以及具有螺环结构的真菌生物碱 spirotryprostatin A。

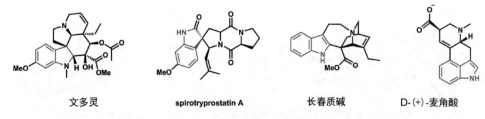

| 文多灵 | spirotryprostatin A | 长春质碱 | D-(+)-麦角酸 |

图 1.18 吲哚单萜和二萜生物碱具有复杂多变的结构

这类复杂的吲哚萜类生物碱，从化学角度来看，大都来自色氨酸的吲哚环（及其脱羧产物色胺）作为亲核试剂对多个碳进行亲核进攻。从而在吲哚环的 C2 和 C3 位成环，产生三环的 β-咔啉，后者将进一步被修饰。在不同的植物体系中，色胺与糖基化的萜烯醛——裂环马钱素之间缩合产生异胡豆苷（strictosidine）（图 1.19），它

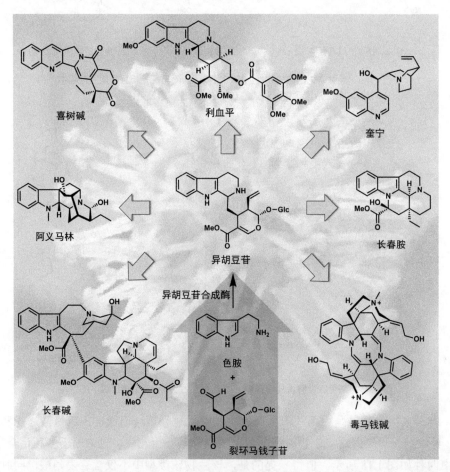

图 1.19 异胡豆苷合成酶催化色胺和裂环马钱素之间的缩合反应，这是通过一种类似曼尼希缩合反应的皮克特-斯宾格勒（Pictet-Spengler）反应。产生的三环 β-咔啉类化合物异胡豆苷是植物中超过 1000 种吲哚萜类生物碱的前体。图示的背景是产喜树碱的喜树（*Camptotheca acuminata*）的花

是下游一千多种吲哚萜类生物碱的核心前体。第 8 章讨论了吲哚萜类生物碱的生物合成途径。

1.7　含嘌呤和嘧啶的天然产物

嘌呤和嘧啶的氮杂环是构建 RNA 和 DNA 的关键合成砌块和信息单元。它们是初级代谢的起点。此外，还有一些核苷独立发挥功能，用作核酸的合成砌块。它们可以在核酸的碱基上、在糖上、或在 5′ 位置进行修饰，以在不同的生物环境中发挥作用。它们的装配原理将在第 6 章讨论。

1.8　苯丙素

与生物碱中次级代谢途径均来自氨基酸初级代谢产物类似，所有植物中的苯丙素类化合物都是由蛋白质合成中的 L- 苯丙氨酸代谢流分支而来。不同的是，在生物碱中，碱性氮是组装和后续功能的核心，而苯丙氨酸中的氮在生成苯丙素类化合物的第一步就被丢失。图 1.20 显示了苯丙氨酸如何转化为抗哮喘生物碱麻黄素而保留氨基。相比之下，生成所有苯丙素的门控酶，即苯丙氨酸脱氨酶，通过消除氨得到不含氮的肉桂酸。肉桂酸是以黄烷酮为代表的天然产物家族中关键的九碳（C_9）单元，它们的结构中通常不含氮。

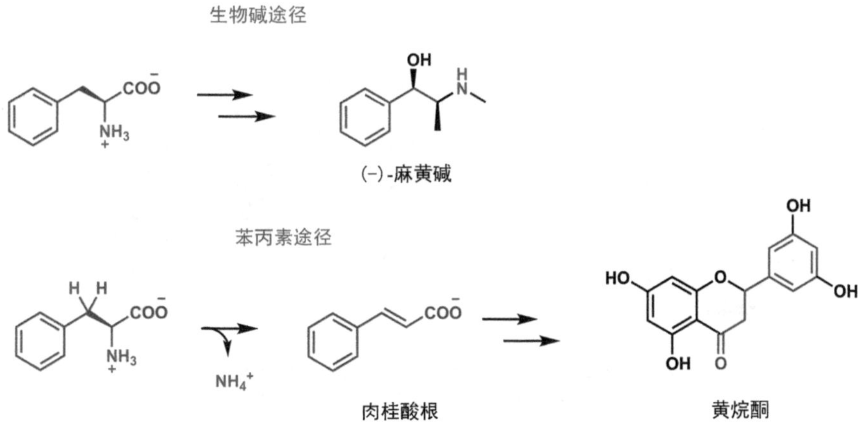

图 1.20　L- 苯丙氨酸同时是生物碱和苯丙素类代谢产物的合成砌块

以麻黄碱的形成为例，生物碱中保留了碱性氮原子。在苯丙素代谢产物中，氨基被门控酶苯丙氨酸脱氨酶消除，肉桂酸是苯丙素代谢产物家族中所有下游 C_9 代谢产物的合成砌块

我们将在第 7 章中介绍，苯氧自由基在肉桂酸转化为许多二聚木脂素的过程中十分活跃，例如，图 1.16 中的松脂醇（pinoresinol）。这些木脂素二聚体可以通过过氧

化低聚形成木质素，木质素是木本植物中的主要聚合物。通过肉桂酸也可以生成查尔酮类、二苯乙烯类和黄烷酮类化合物，其中之一如图 1.20 所示。肉桂酸的 9 碳骨架也可以作为多种氧杂环的来源，包括三叶草中的抗凝剂双香豆素（见图 1.16）。

黄酮类化合物一旦被植物合成，它们扮演着多种生理角色，包括防御食草动物。它们也可以被氧化或重排成花青苷，如天竺葵色素-3-*O*-葡萄糖苷或金鱼草苷（aureusin）。如图 1.21 所示，这两种色素可以让某些水果和花分别呈现红色和黄色。颜色对于吸引授粉昆虫很重要。图 1.21 还说明了天然产物的颜色可以来自其他类型的化学成分，包括类胡萝卜素、番茄红素和新叶黄素产生的红色和黄色。天然生物碱中提取的阳离子型化合物 portulacaxanthin 和甜菜苷（betanin）体现了另一种产生可见发色团的方式。

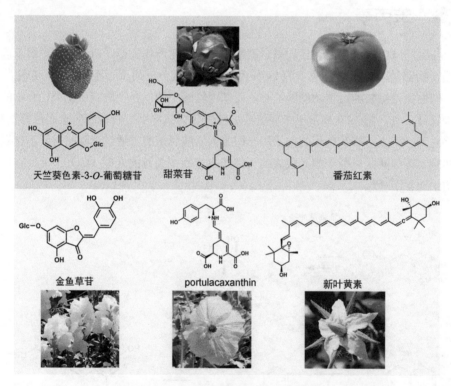

图 1.21　水果和花的颜色可以来自不同类型的化学生色团，包括花青苷、
橙酮、类胡萝卜素和阳离子共轭的甜菜苷类
改编自 Pichersky, E. and E. Lewinsohn (2011). "Convergent Evolution in Plant
Specialized Metabolism". *Annu. Rev. Plant Biol.* **62**.

1.9　糖基化的天然产物

到目前为止，本章所提到的所有种类的数千种天然产物都是以糖基化的形式出现的。大多数情况下大家关注的是天然产物的非糖部分，即苷元部分，糖部分通常被忽略。然而，考虑到糖基化的普遍性，以及糖能够满足活性、定位、溶解和运输的要求，第 11 章将专门讨论在天然产物中形成特定己糖的原理和机制，以及催化糖基转移的酶。图 1.22 中列出了由糖构成的主要天然产物类型。这些三糖型氨基糖苷［图中显示的是妥布霉素（tobramycin）］，自 70 年前从链霉菌中被发现以来，它们一直是治疗人类细菌感染十分有效的抗生素。红霉素作为一种活性抗生素，只有当骨架连上两个脱氧己糖后，它才能通过在核糖体 50S 亚基上阻断细菌的蛋白合成来发挥作用。万古霉素（vancomycin）和博莱霉素（bleomycin）都是糖肽类化合物，分别是抗生素和抗肿瘤药物。上述四种分子中，糖的类型虽然并不多（主要是己糖型葡萄糖、甘露糖或半乳糖），但是一种特殊的脱氧或氨基脱氧糖对靶标具有重要的识别作用，与葡萄糖及其同系物发生明显的疏水或亲水性平衡。

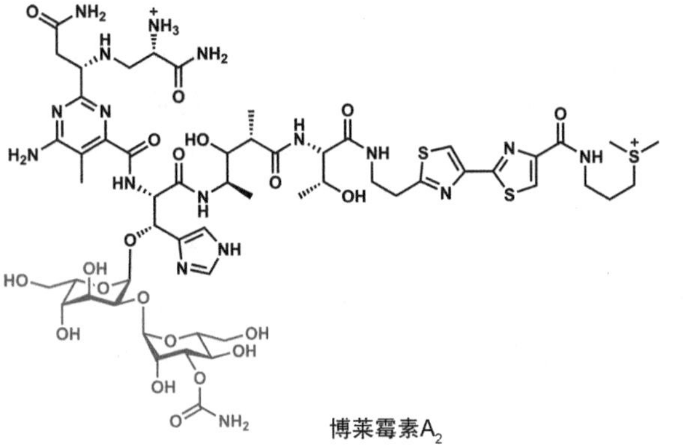

博莱霉素A₂

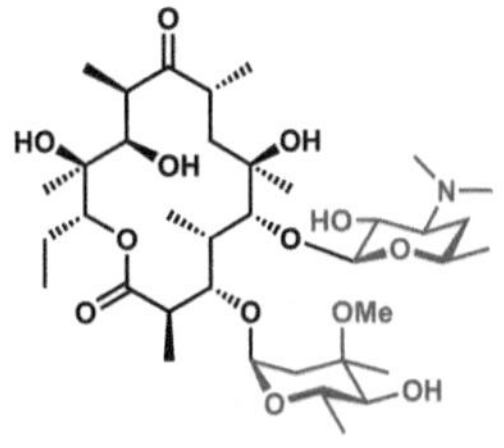

红霉素

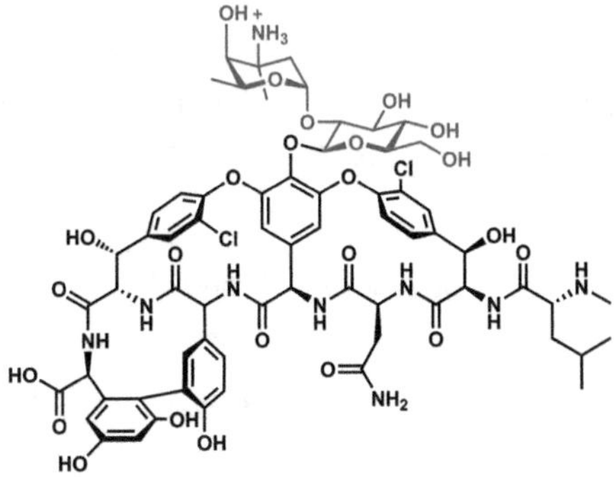

万古霉素

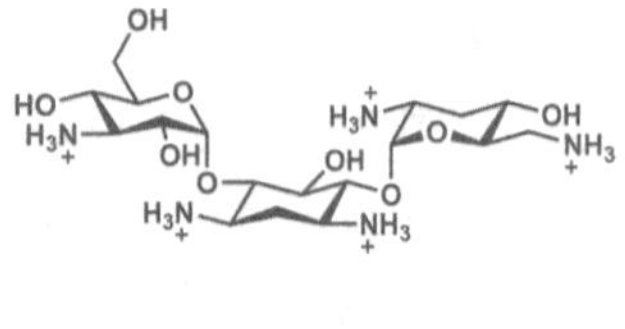

妥布霉素

图 1.22　糖基化的天然产物结构，包括氨基糖苷类抗生素家族的三糖化合物妥布霉素、糖基化的聚酮红霉素、糖基化多肽抗生素万古霉素和 NRP-PK 杂合的抗肿瘤药物博莱霉素 A₂

专题 1.1　小分子天然产物

通常，次级代谢产物通常属于小分子范畴。"小"是一个主观的标准。对于大多数有机化学家来说，分子质量在 300 ～ 500 Da 之间的分子定义为小分子。此外，对于药物化学家来说，这是作为人类口服药物分子量基本上限。在本卷中，我们将包括 RNA、DNA、蛋白质和多糖在内的生物聚合物排除在次级代谢产物的定义之外，它们绝不是小分子天然产物。

尽管如此，具有生物活性的天然产物有广泛的分子组成和分子量。大量细菌可以从两个质子和两个电子出发获得氢气。这些氢化酶可以在初级代谢过程中充当释放电子的通道，同时也释放出氢气。它们通常在生物体的混合微生物群落中被捕获，这些生物体发挥着与氢化酶相反的作用，它们使用氢气作为能源。根据这个标准，分子质量为 2 Da 的氢气是最小的天然产物。

氢化酶有很多种，它们都以铁原子为催化中心，但也有些以镍为中心，有些以双铁为核心。有一种是铁原子位于典型的 Fe_4S_4 簇中，其他的都是双铁簇的一部分（插图 1.V1），其中包含三个一氧化碳分子（CO）和两个氰化物离子作为铁的配体。此外，还有一种尚未确认的配体。一氧化碳和氰化物的来源是一分子酪氨酸，这将在第 10 章具体解释。如果把氰化物看做一种天然产物，在这种情况下，当生产乙烯以及当氰苷释放氰化物而起植物防御作用的时候（第 10 章），氰根离子将被视为另一个小分子量的天然产物，它的分子质量为 26 Da，而 CO 也才 28 Da。

质量为 26 Da 的另一个次级代谢产物，是催化果实成熟的激素——乙烯（C_2H_2），它是由植物中 S-腺苷甲硫氨酸在一系列条件下产生的（详见第 9 章）。厌氧细菌可以利用 H_2 作为能源来产生天然气，甲烷（CH_4，$M=16$）可能是分子量第二小的天然产物。哺乳动物细胞可以在一氧化氮合酶作用下将精氨酸中的一个氮原子转化为一氧化氮。一氧化氮作为一种信号传导因子，通过与鸟苷酸环化酶的血红素辅因子结合影响平滑肌张力。

第 2 章中讨论的许多聚酮类化合物的分子质量都在小于 500 Da 的范围内，但是海洋聚醚毒素可以超过这个范围，裸藻毒素（brevetoxin）的分子质量为 895 Da，海葵毒素（palytoxin，$C_{129}H_{223}N_3O_5$）的分子质量为 2680 Da，这超出了天然小分子的定义范围。具有杂环的多肽（详见第 3 章）用于构建蛋白酶的稳定性。一些分子如异青霉素 N（$M=359$）和头孢菌素 C（$M=415$）口服具有活性（有合适的侧链），而其他更大的肽类药物结构是不能口服吸收的，需要静脉注射，包括抗生素万古霉素（$M=1449$）和达托霉素（daptomycin，$M=1621$）以及免疫抑制和抗排斥药物环孢菌素 A（$M=1203$）。

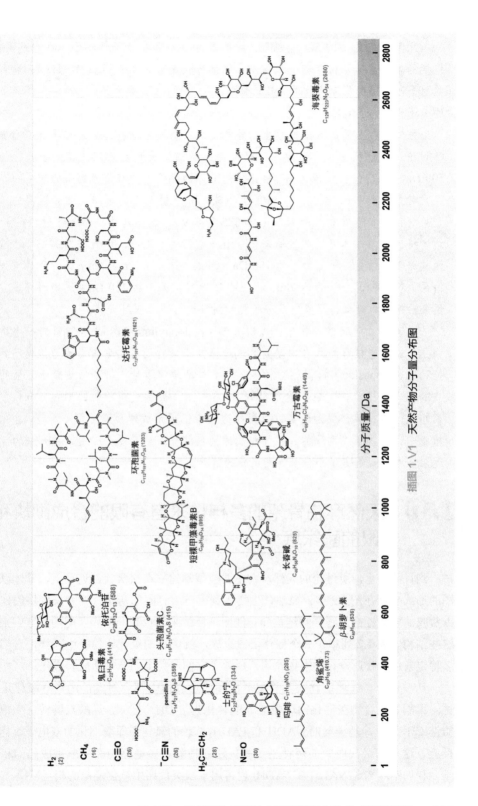

插图 1.V1　天然产物分子量分布图

几乎所有已知的 5 万个萜类/异戊二烯分子都在分子量小于 500 的范围内，包括简单的单萜、倍半萜、二萜以及线性三萜角鲨烯（$C_{30}H_{50}$，$M=411$），后者是数百个四环甾醇代谢产物的直接前体。另一方面，C_{40} 的聚异戊二烯-β-胡萝卜素的分子质量为 536 Da。

另外两种主要的天然产物生物碱和苯丙素类代谢产物，分别在第 5 章和第 7 章讨论。在杂环中含有至少一个碱性氮原子的数千种生物碱，其分子质量都在 500 Da 下。这包括镇痛药吗啡（μ-阿片受体的配体）和有毒性的士的宁（一种神经元甘氨酸受体的拮抗剂）。常用生物碱中分子量最大的是靶向微管蛋白的二聚型抗癌药物长春碱和长春新碱（$M=825$ 和 849），这些药物需静脉注射。在第 11 章中将提到，甾体可以通过糖基化来增强它们的水溶性，而且每增加一个己糖单元其分子质量相应也增加了约 180 Da。因此，地高辛（digoxin）是一种具有强心效果的糖苷，其分子量为 780，由三个洋地黄毒糖（约 420 Da）连接而成。它被用来治疗心力衰竭，尽管它的分子量相对较大，但口服可吸收。

在苯丙素类天然产物中，鬼臼毒素（podophyllotoxin）是木脂素的一个特殊例子，通过肉桂醇酚氧自由基的区域选择性二聚化而成。鬼臼毒素为抗癌药物依托泊苷（etoposide）提供核心骨架，为了满足治疗用量，需要采集数十万盾叶鬼臼的根。依托泊苷，分子量为 589，难溶于水，被制成磷酸盐的形式。与鬼臼毒素相比，肉桂醇合成砌块可以二聚并进一步低聚形成木质素（第 6 章），在木本植物中，这些合成砌块的异构体组成的网状结构可达数千分子量，并形成力学强度层。木质素超出了小分子天然产物的范畴。

1.10 天然产物骨架的多样性来自有限的合成砌块和有限的酶家族

到目前为止，所讨论的天然产物主要类型都建立在次级代谢途径上，具体以示意图的形式显示在图 1.2 中。显然，生物体利用一组有限的初级代谢合成砌块创建了令人赞叹的多样性的最终产物结构和官能团。反过来，也有一组相匹配的酶家族来创建这些结构。表 1.2 列举了 8 个催化蛋白家族，就像在初级代谢途径中一样，它们在许多特定条件的代谢途径中发挥作用，反映了它们对特定功能的适应和进化。

几乎每一类天然产物在其骨架形成和成熟过程中都会对官能团进行氧化还原修饰。聚酮类化合物在催化循环中把 β-酮转化为 β-OH，把 α/β-烯酰双键转化为饱和脂肪键 CH_2–CH_2，是经典的 NADH 和 $FADH_2$ 依赖的氧化还原酶催化的双电子氧化还原反应。这是初级代谢中的两种主要氧化还原辅酶。参考脂肪酸中非常成熟的相似酶学，我们不难知道 NADH 和 $FADH_2$ 也可用于次级代谢中氧化还原的相互转换。

表 1.2　在天然产物结构形成过程中，用于建立骨架多样性的有限的酶和化学反应类型

氧化还原酶	醇—酮—酸
脱羧酶	脱去羧基
羟醛缩合和克莱森缩合	C—C 键的形成
C—N 缩合催化	C—N 酰胺键的形成，氮杂环的形成
转移酶	增加甲基，酰基或糖基
异戊二烯合酶	头对尾和头对头烷基化
环氧水解酶	形成呋喃和吡喃环
曼尼希（Mannich）反应	胺烷基化

此外：
● 多种类型的氧化反应
● 增加了一些稀有酶类

在生物碱的生物合成途径中，氨基酸合成砌块常常发生脱羧反应生成相应的胺。这些反应是由标准的利用磷酸吡哆醛（pyridoxalphosphate）作为结合辅酶的氨基酸脱羧酶催化的。从某种意义上说，脱羧酶作用于初级和次级代谢的交汇处。

在每次聚酮合酶（PKS）介导的碳链延伸过程中，碳碳键形成的克莱森（Claisen）缩合反应在机理上与脂肪酸生物合成中的 FAS 酶相同，因此它们不是次级代谢途径所独有的，而是在其中反复使用的。在芳香稠合的三环和四环骨架形成过程中，由芳香化醛缩酶催化的分子内脱水环化反应在其他醛缩酶反应中虽然也存在，但在次级代谢途径中却形成了其独特的结构。

在非核糖体肽合成酶装配线上，唯一的链延长机制是酰胺键的生成。负责缩合的功能域与酰基转移酶（如氯霉素乙酰转移酶）是同源的。作用于天然产物苷元的糖基转移酶已经进化到能够识别这些特定的共底物，这些底物在初级代谢过程中落在糖基转移酶的折叠结构中。

根据初级代谢和次级代谢边界的定义，我们认为异戊烯转移酶跨越了这样一个边界。在异戊二烯/萜烯链上延伸成 C_{10} 的焦磷酸香叶酯（GPP）、C_{15} 的焦磷酸金合欢酯（FPP）和 C_{20} 的焦磷酸香叶基香叶酯（GGPP），这种"从头到尾"的烷基化反应是生成 5 万个异戊二烯类天然产物的关键反应。但是 FPP 和 GGPP 也是翻译后蛋白的异戊烯基供体（Walsh 2005）。同样，FPP 与角鲨烯的头-头缩合形式也处于初级代谢和次级代谢途径的交汇处。在生成胆固醇的过程中，一组氧化角鲨烯环化酶的作用可以产生羊毛甾醇，而胆固醇是真核细胞膜的主要成分。在第 4 章中将会提到，一系列独特的角鲨烯/2,3-氧化角鲨烯环化酶创造了成百上千的具有甾醇骨架的特定代谢产物。

1.11　次级代谢途径中一些值得注意的和不寻常的转化

　　那么，有哪些酶可以催化初级代谢过程中没有的化学转化呢？有人可能认为是成对的环氧化酶和环氧水解酶催化聚酮类的聚醚代谢产物中一系列的呋喃环和吡喃环的形成（图 1.23）。同样值得注意的是一些假定的狄尔斯 - 阿尔德酶，比如在洛伐他汀

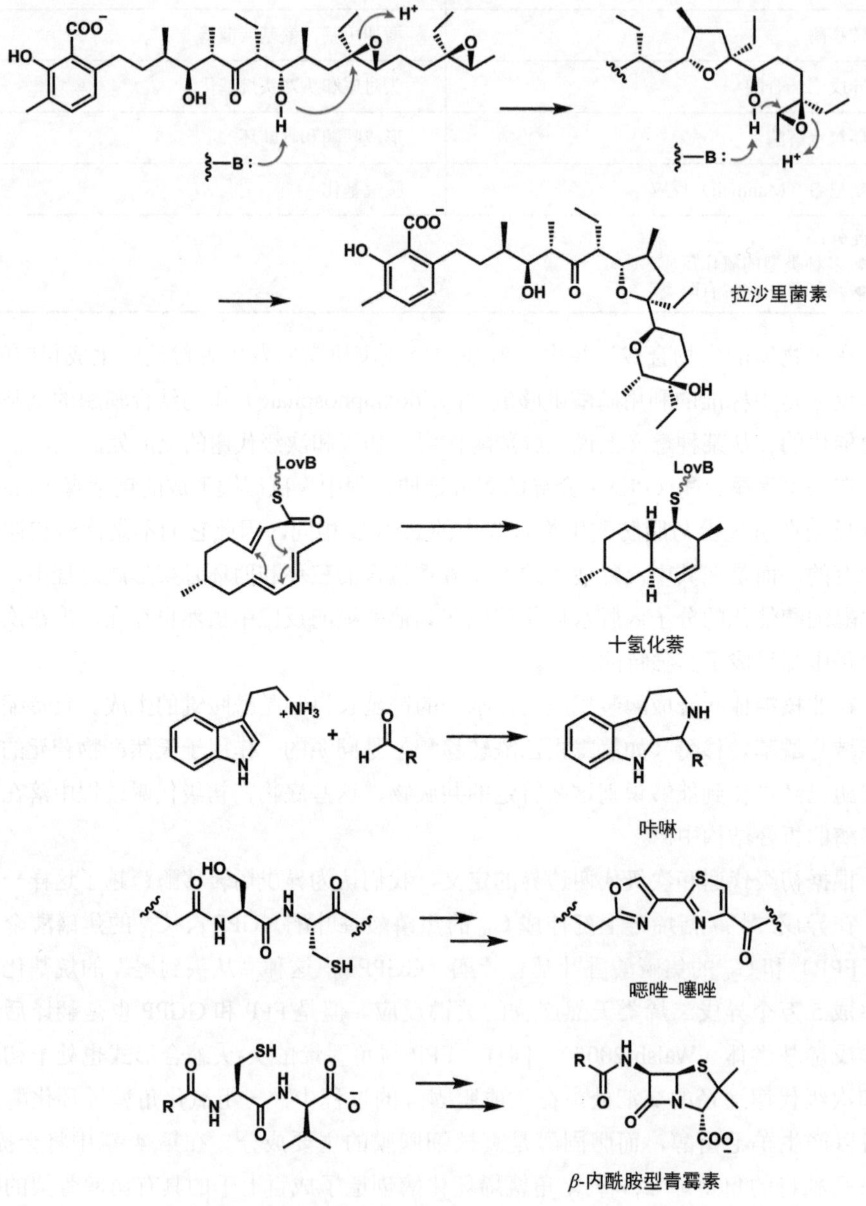

拉沙里菌素

十氢化萘

咔啉

噁唑-噻唑

β-内酰胺型青霉素

图 1.23　天然产物生物合成过程中五个值得注意的转化

形成过程中产生十氢萘环的酶和在多杀菌素（spinosyn）形成过程中构建稠合的 5-6-5 三环体系的酶。皮克特-斯宾格勒反应类型的曼尼希反应可把吲哚转化为三环的 β- 咔啉（例如异胡豆苷合成酶），在初级代谢中没有与之类似的反应。

苯丙氨酸脱氨酶作为苯丙素类代谢途径中所有分子的门控酶，以不寻常的自组装方式从三个活性位点残基连接一个 5-亚甲基咪唑-4-酮（MIO）辅因子，从而实现将 L-苯丙氨酸转化为肉桂酸的功能。

将丝氨酸和苏氨酸残基转化为噁唑和甲基噁唑，以及将半胱氨酸转化为噻唑是迄今为止次级代谢途径中化学反应的独特例子。值得一提的是，这种侧链和肽链上都发生改变的五元杂环可以通过对初生蛋白的翻译后催化机制获得或通过非核糖体肽合成酶获得它。最后，把线性三肽氨基己二酰 -L-半胱氨酸-D-缬氨酸转变成双环的 β-内酰胺是一个了不起的成就（所有这些例子见图 1.23），该反应同时会消耗共底物中的一分子氧。

我们将在第 10 章中讨论 S-腺苷甲硫氨酸，当它分解成甲硫氨酸和 5'-脱氧腺苷时，可以向惰性碳传递 $[CH_3^{\cdot}]$ 自由基信号。这不同于裂解成 S-腺苷同型半胱 [氨酸时，$[CH_3^{+}]$ 向亲核共底物转移的传统反应模式（见图 1.27）。

1.12　广泛存在于天然产物生物合成途径中的加氧酶

在次级代谢过程中，加氧酶肯定有一席之地。它们在次级代谢途径中比在初级代谢途径中要丰富得多。

虽然高等真核生物是需氧生物，但大部分的氧代谢的还原通量发生在线粒体呼吸链末端酶的细胞色素氧化酶活性位点上。在这个氧化酶内，O_2 经四电子还原成两分子水，并释放出大量的能量，最终储存在三磷酸腺苷（ATP）分子中，以驱动许多细胞的化学转化。有一些氧化底物的酶可以将 O_2 经两电子还原为 H_2O_2，但这些底物氧化酶通常位于过氧化物酶小室中，而过氧化氢酶也存在其中以降低过氧化氢副产物的毒性。初级代谢中加氧酶的相对缺乏可能反映了在大气被充分氧化之前，厌氧生物中初级代谢途径进化的历史。

相反，我们将在第 2 ～ 8 章中描述每种主要类型天然产物的成熟过程中加氧酶的关键作用，并在第 9 章中将分述的例子整合，该章描述了影响 O_2 反应活性的异常因素。通常来讲，O_2 是一种三线态分子，它与细胞和组织中发现的自旋配对的有机分子反应很慢。

自然界已经进化出两条并行的策略以单电子传递形式来活化 O_2。一条途径涉及氧化还原活性的过渡金属，主要是 +2 价或 +3 价氧化态的铁，以加氧酶的基态形式存在（图 1.24）。加氧酶中的铁原子最常见于血红素辅因子的赤道面，属于细胞色素 P450 家族 [450 指 Fe(Ⅱ)-CO 配合物的最大吸收值]。另一种形式是非血红素活性位点中的铁原子，其中两个组氨酸和一个谷氨酸或天冬氨酸的羧酸盐侧链提供酶活性位点的三个配体（图 1.24）。最常见的共底物分子是 α-酮戊二酸，占据了铁原子活性位点的第 4 和第 5 配体位置。

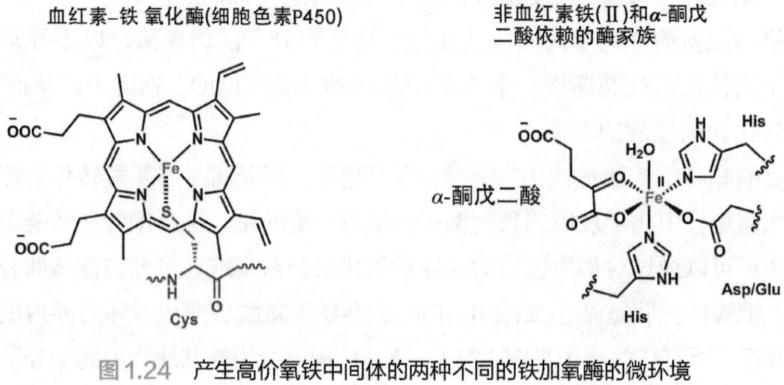

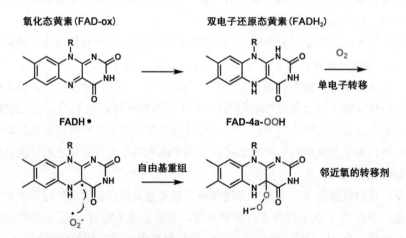

图 1.24　产生高价氧铁中间体的两种不同的铁加氧酶的微环境

　　根据需要还原激活 O_2 的第二种方式是使用基于维生素 B_2 的黄素辅酶作为 O_2 的单电子传递通道。黄素类化合物的三环异咯嗪环系（如 FAD）可以一次接受两个电子直接生成 $FADH_2$，也可以通过黄素半醌型 FADH˙ 一次接受一个电子。$FADH_2$ 与氧反应生成一个超氧自由基和一个 FADH˙，可以再重组为 FAD-4a-OOH（图 1.25）。黄素过氧化氢是共底物的供氧体。我们将在第 9 章中介绍，铁加氧酶是比黄素加氧酶更强的氧转移剂。因此，化学上惰性的碳的氧化通常由铁加氧酶催化的。

氧化态黄素(FAD-ox)　　　　　　　　双电子还原态黄素($FADH_2$)

FADH ·　　　　　　　　　　　　FAD-4a-OOH

O_2
单电子转移

自由基重组　　　　　邻近氧的转移剂

O_2^-

图 1.25　FAD 辅酶的 $FADH_2$ 氧化态通过单电子传递与 O_2 迅速反应，生成的 FADH˙ 和超氧负离子（O_2^-）重组，使 FAD-4a-OOH 成为与底物邻近的氧转移剂

1.13　天然产物生物合成中的碳 - 碳键

　　由于次级代谢产物骨架结构的复杂性，许多源自单体合成砌块的天然产物的组装都涉及碳-碳（C–C）键的形成。通常有两种类型：C–C 键可以通过异裂或均裂途径构

建或分解（图 1.26）。异裂是双电子途径，需要碳负离子和碳正离子作为共底物。均裂是利用一对碳自由基的单电子转移途径。C–C 键形成的异裂方式在初级代谢和次级代谢中均占主导地位。

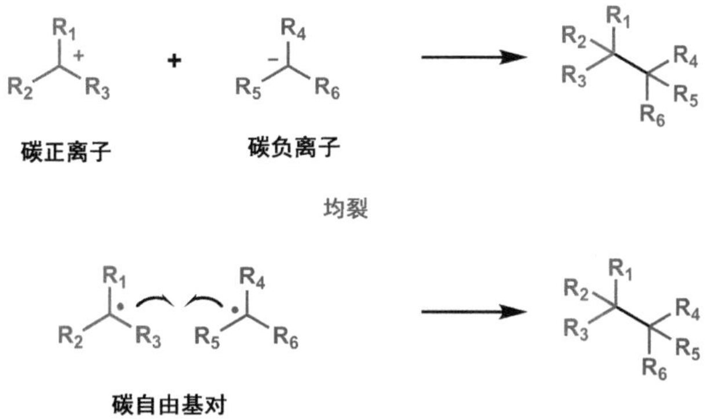

异裂

碳正离子　　　　　　碳负离子

均裂

碳自由基对

图 1.26　酶法形成 C–C 键的两种有限方式

异裂机理涉及碳负离子和碳正离子，均裂途径涉及成对的碳自由基

然而，有两种情况，以碳为中心的自由基是酶促生成的。第一种是加氧酶催化，这些催化剂在天然产物形成过程中普遍存在（第 9 章）。第二种是另一类氧化作用：S-腺苷甲硫氨酸在厌氧环境中可产生自由基（第 10 章）。

图 1.27 展示了两个例子。其一是好氧的例子：吗啡生物合成途径中消耗 O_2 的酶将 R- 网状番荔枝碱（reticuline，又称 R- 牛心果碱）转化为四环产物萨卢它定（salutaridine）。

好氧模式：

R-网状番荔枝碱　　　　　　酚氧双自由基

自由基偶联

萨卢它定　　　　　　　　　　吗啡

图 1.27

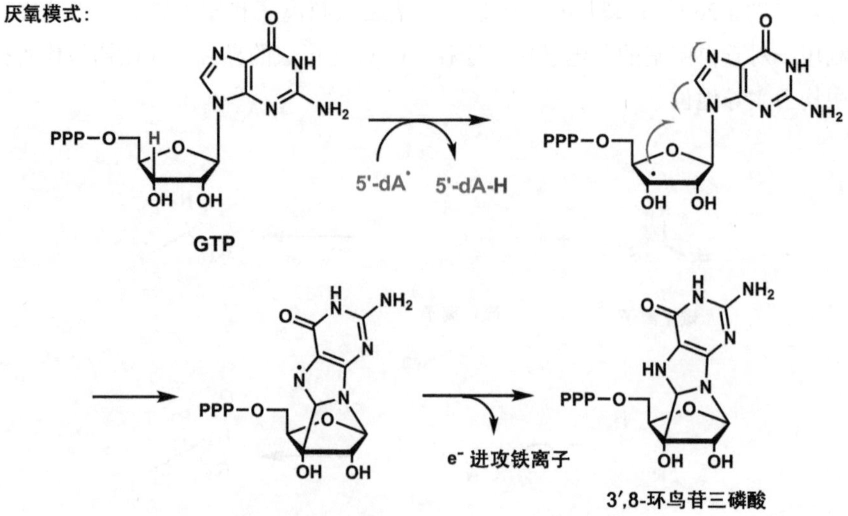

厌氧模式：

GTP

e⁻ 进攻铁离子

3′,8-环鸟苷三磷酸

图1.27 自由基偶联产生的 C–C 键：好氧与厌氧反应模式

吗啡生物合成过程中 R-网状番荔枝碱以 O_2 依赖的形式转化为萨卢它定。B 环的形成涉及一对自由基（酚氧自由基）偶联形成 C–C 键。钼蝶呤（molybdopterin）辅酶生物合成途径中生成 3′,8- 环鸟苷三磷酸的过程涉及 S-腺苷甲硫氨酸均裂引发的自由基化学

形成 B 环的过程中连接 A 环和 C 环所新形成的 C–C 键是来自两个碳自由基的分子内偶联。第二个是厌氧的例子：其中鸟苷三磷酸（GTP）在酶作用下转化为 3′,8-环鸟苷三磷酸。这也是两个碳自由基的偶联，但自由基的产生者不是氧气，而是 S-腺苷甲硫氨酸，它通过裂解成甲硫氨酸和 5′- 脱氧腺苷自由基来产生自由基（第 10 章）。

容易产生的碳负离子包括烯醇化物以及脂肪酸和聚酮链延伸过程中最经典的硫酯烯醇化物（图 1.28）。酚氧负离子代表了一种变换形式，其碳负离子共振形式可以作为亲核试剂，例如在苯酚邻位发生碳甲基化。异戊二烯骨架形成的早期，异戊烯基焦磷酸 Δ^3 的区域异构体的 π 电子在以头 - 尾相连形式的链延伸中作为碳亲核试剂。第四个例子是色氨酸和色胺的吲哚环作为碳负离子，如图 1.29 所示的 C3 碳负离子，这部分将在第 8 章中详细介绍。

初级代谢和次级代谢过程中亲电性碳最丰富的来源是醛和酮形式的氧化态碳，以及硫酯活化的羧基。醛通常比酮更少见，但在生物碱生物合成中，醛是将吲哚转化为三环咔啉的皮克特 - 斯宾格勒反应的特征性底物。酮是聚酮酰基链中最主要的亲电基团，它在芳香代谢产物如四环素（tetracycline）和道诺霉素（daunomycin）中发生分子内羟醛缩合反应。

作为最常见的天然产物类型，异戊二烯 / 萜类化合物家族利用烯丙基碳正离子 Δ^2- 异戊烯基焦磷酸作为起始单元，发生成千上万的分子间和分子内偶联反应（图 1.29）。在特定的酶对初始烯丙基碳正离子进行区域和立体选择性淬灭前，烯丙基碳

正离子可以发生重排以产生结构多样性。拟南芥的巴查烷合酶可催化 2,3-氧化角鲨烯生成一系列四环的甾体结构，这表明在亲电环化过程中生成了 14 个不同的碳正离子（第 4 章）。在其他天然产物的类型中，类似的碳正离子驱动的骨架重排并不多见。

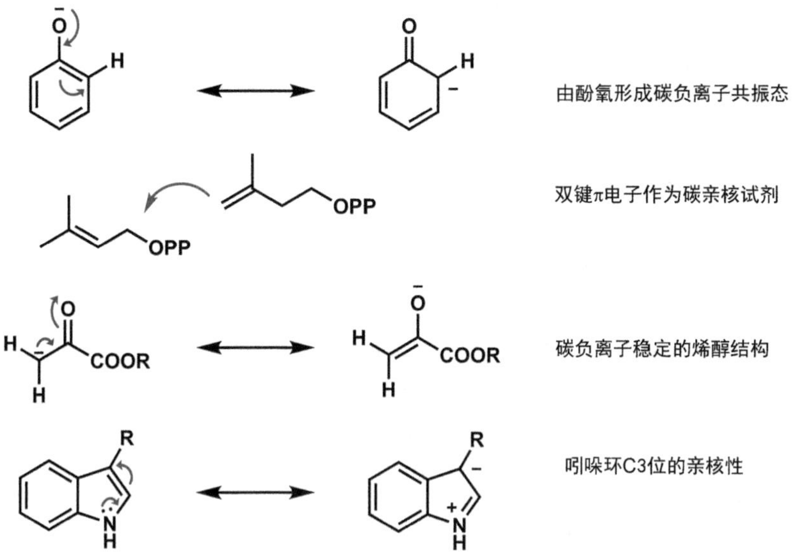

由酚氧形成碳负离子共振态

双键π电子作为碳亲核试剂

碳负离子稳定的烯醇结构

吲哚环C3位的亲核性

图 1.28   次级代谢途径中动力学上可及的碳负离子用于异裂型 C—C 键形成

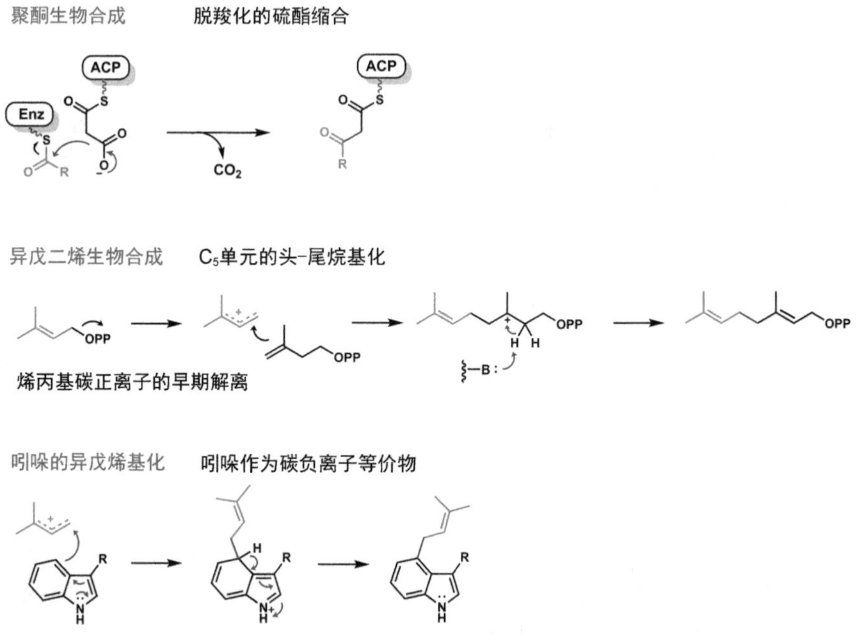

聚酮生物合成   脱羧化的硫酯缩合

异戊二烯生物合成   C$_5$单元的头-尾烷基化

烯丙基碳正离子的早期解离

吲哚的异戊烯基化   吲哚作为碳负离子等价物

图 1.29   天然产物组装过程中 C—C 键形成的三种反应类型

1.14　同位素标记实验验证生物合成假说

在 20 世纪下半叶，随着初级代谢途径的解析基本完成，且特定途径的合成砌块变得清晰，第 2 ～ 8 章描述的主要类型天然产物组装的化学原理开始呈现。对于这些次级代谢途径，含有稳定重原子同位素的合成砌块的获取为喂养研究（这些研究通常在微生物中进行）提供了核心试剂，以确定这些片段在成熟的复杂天然产物骨架中是如何连接的。

用于喂养研究的两种经典的起始底物分别是在特定碳上用 ^{13}C 标记的葡萄糖分子以及在 C1、C2 上双重标记 ^{13}C 的乙酸分子（确保可测定碳原子的连贯性或用于生物合成分离）。天然产物分子中通常含有 99% ^{12}C，只有 1% 的 ^{13}C，但这 1% 的天然丰度足以让我们其对进行 ^{13}C- NMR 分析（通过合成可以得到更高的丰度）。三氘代的乙酸分子 CD_3COOH 和氧 18（^{18}O）标记的乙酸分子 $CH_3C^{18}O^{18}OH$ 也很有用（图 1.30）。氘氢和氧 18 原子在相邻的碳原子上形成诊断性的裂分信号，从而可以推断出生物合成机理，并确定乙酸单元的 C–H 和 C–O 键在嵌入最终代谢产物时是否保持完整。

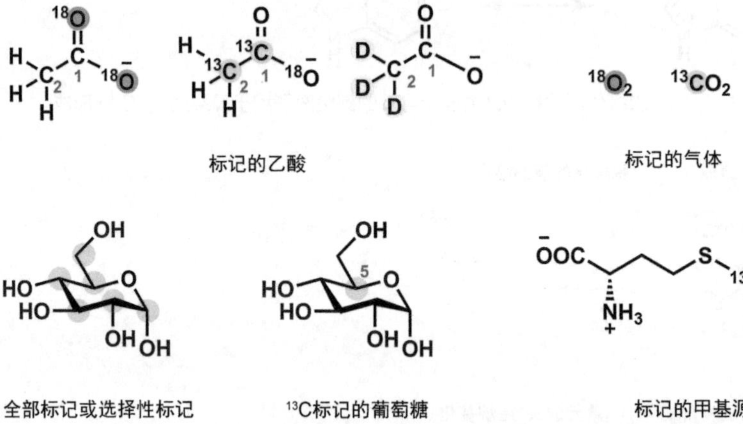

标记的乙酸　　　　　　　　　　　标记的气体

全部标记或选择性标记　　　　^{13}C标记的葡萄糖　　　　标记的甲基源

图 1.30　天然产物标记研究中常用的同位素

在过去的几十年里，随着对主要类型天然产物代谢途径假说的完善，基于同位素标记的喂养实验在生物合成中变得不那么重要了。在后基因组时代尤其如此，基因簇中开放阅读框生物信息学的预测提供了关于有效化学原理和酶学机制的高通量信息。但是，现在某些情况下，同位素标记的实验仍然是必不可少的。最近的一个例子是利用 [^{13}C - 甲基]-蛋氨酸探索海洋甲藻的花中产生聚酮毒素的生物合成途径。由于有些鞭毛藻的基因组大小是人类基因组的 100 倍，基因组挖掘在鞭毛藻中一直很困难。由于鞭毛藻染色体的形态特征，转录组和蛋白质组的研究也比较困难，因此，同位素标记已成为聚酮类螺亚胺毒素（spiroimine toxins）途径解析的首选方式（Anttila, Strangman *et al.* 2016）。

我们将在后面的三章中举例说明基于同位素实验的作用，以揭示实验结果如何确定和激发生物合成假说。对该主题特别感兴趣的读者可能希望阅读这些示例，即使这里只是一个简短的摘要。事实上，最近的一篇综述（Bacher, Chen *et al.* 2016）描述了方法学上的进步，特别是围绕使用 [$^{13}CO_2$] 进行脉冲追踪研究的进展，仍然可以在整个生物体喂养实验中发挥作用。

第 2 章展现了一个聚酮化合物的例子，其中使用了 ^{13}C 和 ^{18}O 作为标记，该实验的背景是制定 Cane-Celmer-Westley 规则（Cane, Celmer *et al.* 1983），以理解莫能菌素和相关的聚醚代谢产物中呋喃环和吡喃环骨架生成的化学规则。第 4 章涉及最大的天然产物家族——萜烯 - 异戊二烯类，该章将介绍 ^{13}C - 乙酸的同位素标记来区分异戊烯基焦磷酸异构体的形成是通过经典的甲羟戊酸途径（MVP）还是非经典的甲基赤藓糖醇磷酸（MEP）途径而来。第 8 章中将具体介绍第三个例子，展示聚酮和苯丙素杂合的成分山奈酚（一种植物黄酮二糖苷）的同位素标记方式。

在生物合成中利用同位素的方法研究其机理问题，从而反映其潜在实用价值的例子还有一个，就是在枯草芽孢杆菌（*Bacillus subtilis*）产生的双肽抗生素溶杆菌素（bacilysin，L-丙氨酸 -L-抗荚膜菌素）的生物合成过程中（图 1.31），利用 5-[^{13}C]葡萄糖的标记实验来解决一个区域选择性的问题（Parker and Walsh 2012）。如图所示，抗荚膜菌素（anticapsin，2,3-环氧-4-酮-环己基丙氨酸）是由葡萄糖通过莽草酸途径的中间体分支酸根（chorismate）和预苯酸根（prephenate）产生的。预苯酸有两个前手性烯烃。为了确定酶 BacA 在脱羧过程中是否只对其中一个起区域特异性作用，将 5-[^{13}C]- 葡萄糖喂养一株积累分支酸的产气杆菌（Parker and Walsh 2012）。通过 ^{13}C-NMR 分析分离得到的分支酸，发现其具有预期的 1,5,8-[^{13}C]-标记形式 [图 1.31（B）]。

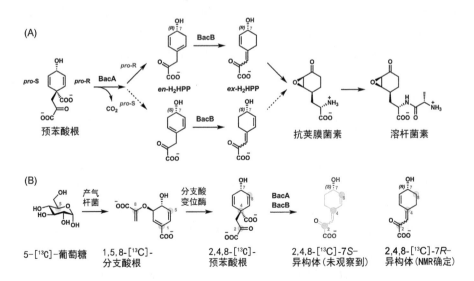

图 1.31　利用标记的前体来研究溶杆菌素生物合成中烯烃异构化的区域选择性

将分离得到的分支酸与纯化的分支酸变位酶共培养，可得到 2,4,8-[^{13}C]-标记的分支酸[图 1.31（B）]。此时，将纯化的预苯酸加入纯的 BacA 和 BacB 酶中，在生成溶杆菌素的过程中只得到 2,4,8-[^{13}C]-7R-外环 H_2-羟基苯丙酮。这些数据最终表明，BacA 只异构化了预苯酸的 7R-双键，同时避免了芳构化（芳构化是 BacA 家族的预苯酸脱羧酶的默认功能），这一结果很难用其他方法确定。

1.15 对天然产物检测和表征的方法

关于天然产物的结构表征可以分为三个时期。最早至少可以追溯到公元前 2600 年的苏美尔人，一直到 19 世纪初。在这大约 4400 年的时间里，具有生物活性和治疗作用的天然产物主要使用的是粗提取物或植物混合物。当时是一个盛行民族植物学（Soejarto, Fong *et al.* 2005）、药用植物经验学，以及民族药理学（Acharya and Shrivastava 2008）的时期，因为世界各地的文化差异，各种植物在当地具有其独特的本土药用价值。

第二个时期跨越了大约 200 年，从 1800 年到 20 世纪末。在那个时期，天然产物学从原始植物提取物发展到纯化合物的分离。最早的六种生物碱是在 1816—1826 年的十年间（见第 5 章）分离到的，这将天然产物的标准从萃取物中表征不充分且混合的分子变为纯化后单一的分子。尽管用于小分子结构测定的分析和测试的工具发展已有一个半世纪的历史，但对分子结构的确定依然落后于分离方法几十年。20 世纪下半叶，随着 1940 年至 1960 年间微生物来源抗生素的发现，纯天然化合物的发现爆发性地从植物来源扩大到微生物来源。

第三个时代是目前的后基因组时代，基因组测序一天内可以完成 5 ～ 10Mb 的微生物基因组数据（第 13 章）。在过去的二十年里，成千上万的真菌和细菌基因组被测序，而在不久的将来，可能还会有更多。在这些基因组中，有 30 ～ 50 个生物合成基因簇仅用于聚酮类、非核糖体肽和萜烯这三类天然产物，因此，我们有理由认为，生物信息学预测的其他数以百万计的基因簇将很有研究价值。在常规的实验条件下，这些基因簇大多是沉默的，它们的激活、表达以及编码的小分子天然产物的鉴定是合成生物学和异源宿主优化正努力解决的焦点问题（第 13 章）。

图 1.32 概述了目前用于检测和激活数万个微生物生物合成沉默基因簇（BGCs）的四个阶段。第一阶段是基因组学，这是在前期选择感兴趣的微生物（可能是一种新出现的病原体，也可能处于一个非常规且未被充分研究的生物环境中）并测定基因组序列。第二阶段是基因组挖掘，这是一项生物信息学的工作，它基于对此类通路中开放阅读框（ORFs）类型的已知信息，对主要类别天然产物所预测的基因簇进行分类。第三阶段是分子生物学以及迅速发展的合成生物学，将基因簇（包括任何骨架后修饰步骤）置于适当的环境中从而实现最终产物的激活和表达。所要研究的基因簇的优先

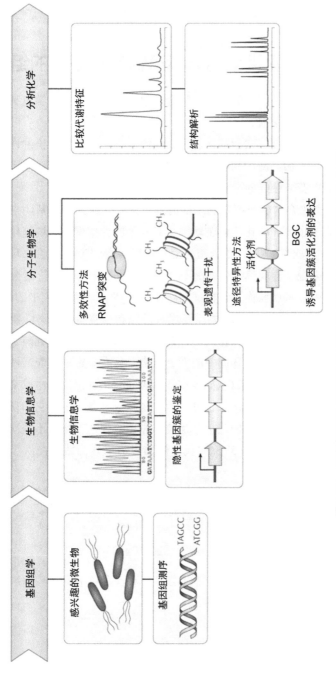

图 1.32 目前检测和激活数万个沉默的微生物生物合成基因簇的原理的示意图

经麦克米伦出版公司许可转载：Nature Reviews Microbiology（Rutledge, P. J. and G. L. Challis. "Discovery of Microbial Natural Products by Activation of Silent Biosynthetic Gene Clusters". Nat. Rev. Microbiol. **13**: 509），版权（2015）

级别可以根据研究团队的具体目标而定。第四阶段是检测任何特定基因簇产物的一套分析化学技术。如果发现任何新的分子，它们的结构通常是结合质谱和二维核磁共振的信息来确定，如果仅用这两种手段无法解决，还需要通过 X 单晶衍射来确定。

1.16　小结：不同类型的天然产物具有不同的组装原理

当我们开始分析主要类型天然产物生物合成中的化学原理和酶学机制时，我们注意到其中存在不同的组装原理。

对于聚酮和非核糖体肽，它们都是通过在酶的装配线上使用共价键合的硫酯来实现其组成单体的依次添加。新产物的释放通常是通过水解或大环化，然后经过一系列专门的后修饰酶加工变成最终的产物。

异戊二烯 / 萜类化合物的特征是利用烯丙基碳正离子作为亲电基团来发生分子间的烷基化。碳正离子也可异构化从而驱动广泛的分子内骨架重排。烷基化的主要模式是通过头-尾自缩合形成 C_{15} 和 C_{20} 的长度，然后可以转变到头-头缩合来环合成甾醇和何帕烷骨架。一般来说，异戊烯基化的酶不会与任何反应中间体共价结合。

在生物碱家族中，碱性氮作为亲核试剂是各种 C–N 键形成反应中的关键反应体。亚胺和烯胺的形成促进 C–C 键的形成。曼尼希反应和皮克特 - 斯宾格勒反应是一种复杂的转化反应，可以用来构建稠合的环骨架。异戊烯基化吲哚生物碱生物合成的核心是吲哚作为碳亲核试剂在其双环周围的六个碳位上具有丰富的反应活性。在吲哚骨架上形成 C–C 键的过程中，C_5 和 C_{10} 的异戊烯基焦磷酸是理想的亲电试剂。

严格地说，嘌呤和嘧啶杂环化合物可归为生物碱。但是，由于它们在初级代谢中发挥非常重要的作用，以至于它们几乎总是被当作初级代谢产物而不是次级代谢产物来看待。尽管如此，杂环、糖和 5′-位取代的修饰揭示了修饰核苷在次级代谢中的独特地位。

苯丙素组装的原理似乎与生物碱相反。两者都是始于氨基酸合成砌块，但是苯丙素的形成首先是 L- 苯丙氨酸脱胺，消除碱性氮原子。事实上，大多数的苯丙素类化合物结构中都没有氮原子。

加氧酶在这一系列天然产物中起着关键作用，从产生酚和邻苯二酚形式的肉桂酸（如 4- 羟基肉桂酸），到随后生成的酚氧自由基到木脂素和木质素。加氧酶也是将黄烷酮氧化成各种花和水果中色素的关键。

1.17　卷尾

鉴于已知的天然产物（超过 30 万个分子）数量庞大，以及更多来自真菌和细菌基因组生物信息学预测的化合物将被发现，我们很难非常详尽或全面覆盖所有天然产物的生物合成。

相反，我们努力展示主要类型天然产物的精选例子，以说明化学键形成、小分子骨架的修饰和成熟过程中的化学原理，特别是在产生结构复杂性方面。我们重点研究在次级代谢途径中发挥作用的主要类型的酶催化剂，同时也关注能够生成和断裂碳碳键和碳氮键的酶。氧化还原反应在天然产物骨架的成熟过程中发挥重要作用。因此，这些作用以及加速这些反应的酶，在特定的天然产物类别中进行了重点说明。

虽然化学方法（分离、结构表征、全合成和半合成）在历史上主导了天然产物生物合成领域，但是当前和未来，在努力寻找和重绘天然分子的生物合成途径的过程中，需要用到更广泛的科学技能。基因组时代使生物信息学专家、合成生物学家、代谢途径重建和基因表达的专家与化学家组成多学科的团队，形成全面的合作关系。

至于究竟有多少新的分子骨架和类别未被发现，这亟待我们来回答。据估计，我们已经发现的化合物都不到天然小分子实际数目的 10%。它们（未被发现的化合物）将具有哪些新的生物活性？它们在机体中起什么生理作用？它们还有多大潜力继续作为特定生物活动的探针，并作为新的治疗药物的灵感来源？

拓展阅读：在编写本书的过程中，我们是基于 P. Dewick 主编的书：*Medicinal Natural Products, a Biosynthetic Approach, 3rd Edition*, 2009（John Wiley and Sons），这本书覆盖了大范围的分子类别和生物合成的化学机制，以及学术评论，特别是关于植物代谢产物的评论。

在本书后面的章节中提供的许多参考文献都是最近的综述文章，其中许多都发表在 *Natural Product Reports* 杂志上。如果读者想要更深入地钻研特定主题，它们是进入相关研究文献的切入点。

有些读者可能还想查阅 2010 年出版的十卷系列的 *Comprehensive Natural Products II*（Mander and Liu 2010）。它的篇幅有 7388 页，但目前的价格（截至 2016 年 6 月）约为 6000 美元，这使得它难以对个人普及。

参考文献

Acharya, D. and A. Shrivastava (2008). *Indigenous Herbal Medicines: Tribal Formulations and Traditional Herbal Practices*. Jaipur, India, Avishkar Publishers.

Anttila, M., W. Strangman, R. York, C. Tomas and J. L. Wright (2016)."Biosynthetic Studies of 13-Desmethylspirolide C Produced by Alexandrium ostenfeldii (= A. peruvianum): Rationalization of the Biosynthetic Pathway Following Incorporation of (l3)C-Labeled Methionine and Application of the Odd-Even Rule of Methylation". *J. Nat. Prod.* **79**(3): 484-489.

Bacher, A., F. Chen and W. Eisenreich (2016). "Decoding Biosynthetic Pathways in Plants by Pulse-Chase Strategies Using (l3)CO(2) as a Universal Tracer dagger". *Metabolites* **6**(3): 21-45.

Cane, D. E., W. D. Celmer and J. W. Westley (1983). "Unified stereochemical model of polyether antibiotic structure and biogenesis". *J. Am. Chem. Soc.* **105**: 3594-3600.

Demain, A. L. and A. Fang (2000). "The natural functions of secondary metabolites". *Adv. Biochem. Eng./Biotechnol.* 69: 1-39.

Jurjens, G., A. Kirschning and D. A. Candito (2015). "Lessons from the synthetic chemist nature". *Nat. Prod. Rep.* **32**(5): 723-737.

Lange, B. M. (2015). "The evolution of plant secretory structures and emergence of terpenoid chemical diversity". *Annu. Rev. Plant Biol.* 66: 139-159.

Mander, L. and H. W. Liu, eds. (2010). *Comprehensive Natural Products II: Chemistry and Biology,* Elsevier Science.

Parker, J. B. and C. T. Walsh (2012). "Olefin isomerization regiochemistries during tandem action of BacA and BacB on prephenate in bacilysin biosynthesis". *Biochemistry* **51**(15): 3241-3251.

Pichersky, E., J. P. Noel and N. Dudareva (2006). "Biosynthesis of plant volatiles: nature's diversity and ingenuity". *Science* **311**(5762): 808-811.

Rodrigues, T., D. Reker, P. Schneider and G. Schneider (2016). "Counting on natural products for drug design". *Nat. Chem.* **8**: 531-541.

Schenk, P. M., K. Kazan, I. Wilson, J. P. Anderson, T. Richmond, S. C. Somerville and J. M. Manners (2000). "Coordinated plant defense responses in Arabidopsis revealed by microarray analysis". *Proc. Natl. Acad. Sci. U. S. A.* **97**(21): 11655-11660.

Soejarto, D. D., H. H. Fong, G. T. Tan, H. J. Zhang, C. Y. Ma, S. G. Franzblau, C. Gyllenhaal, M. C. Riley, M. R. Kadushin, J. M. Pezzuto, L. T. Xuan, N. T. Hiep, N. V. Hung, B. M. Vu, P. K. Loc, L. X. Dac, L. T. Binh, N. Q. Chien, N. V. Hai, T. Q. Bich, N. M. Cuong, B. Southavong, K. Sydara, S. Bouamanivong, H. M. Ly, T. V. Thuy, W. C. Rose and G. R. Dietzman (2005). "Ethnobotany/ ethnopharmacology and mass bioprospecting: issues on intellectual property and benefitsharing". *J. Ethnopharmacol.* **100**(1-2): 15-22.

Walsh, C. T. (2005). *Posttranslational Modification of Proteins: Expanding Nature's Inventory.* Englewood, Colorado, Roberts and Company.

Walsh, C. T. and T. Wencewicz (2016). *Antibiotics Challenges, Mechanisms, Opportunities.* Washington DC, ASM Press.

War, A. R., M. G. Paulraj, T. Ahmad, A. A. Buhroo, B. Hussain, S. Ignacimuthu and H. C. Sharma (2012). "Mechanisms of plant defense against insect herbivores". *Plant SignalingBehav.* 7:1306-1320.

第 II 部分
六类天然产物

该部分将在第 2 ～ 8 章对六类主要天然产物的结构类型分别进行讨论。

由于在生物合成装配线的化学原理和酶学机制上的相似性，首先介绍的是聚酮类化合物（第 2 章）和肽类化合物（第 3 章）。在这类装配线上，待添加的单体单元和增长的酮基 / 肽基链作为共价硫酯中间体连接在载体蛋白结构域上。其他类型的天然产物（异戊二烯 / 萜类、生物碱、苯丙素类）的生物合成不适用于装配线原理，而是通过收集并组装可自由扩散的中间体来实现。

聚酮类化合物涵盖相当多的结构类型，重点在于如何将常见的链延伸硫代克莱森缩合反应用于构建此类独特的分子骨架。所有聚酮骨架中硫酯烯醇的化学反应主导着链延伸过程。

聚酮亚类包括诸如四环素和道诺霉素的稠合四环芳香骨架类，以及包括红霉素、非达霉素和伊维菌素的大环内酯类化合物。含十氢化萘的洛伐他汀以及多杀菌素的 5-6-5 三环系统的生物合成可能是通过狄尔斯 - 阿尔德生物酶催化的。聚醚组成了聚酮类化合物的一种基本亚型，其中环氧化物中间体通过酶催化的开环反应形成呋喃和吡喃。抗癌活性的烯二炔类聚酮的标志性骨架反映了四条不同生物合成装配线的融合。

非核糖体肽类天然产物，例如万古霉素、环孢菌素、青霉素和头孢菌素是通过装配线硫酯原理和酶学机制产生的。它们的装配线可以使用数十种非蛋白源氨基酸合成砌块来构建侧链官能团的多样性。许多 NRPS 装配线和第 2 章讲述的 PKS 装配线都是通过大环化来释放产物，而产生的环骨架对于生物活性至关重要。对聚酮化合物、非核糖体肽以及杂合的 PK-NRP 和 NRP-PK 代谢产物中核心骨架的修饰来说，常用的策略是通过特定的后修饰酶进行装配线下的修饰。产生肽衍生的稳定小分子骨架的补充策略涉及核糖体产生的前体肽的限制性蛋白水解。这类肽片段通常被大环化并包含其他刚性化学键。它们包括羊毛硫肽类化合物中的硫醚键以及 cyanobactin 类和噻唑肽类抗生素中的噁唑和噻唑杂环。

最大一类天然产物被认为是基于异戊二烯的分子，也称为萜烯，反映了植物科学在表征这类天然产物中的重要性。萜类生物合成途径的早期步骤主要涉及两类 C–C 键的形成。首先是 Δ^2-异戊烯基焦磷酸与 Δ^3-异戊烯基焦磷酸之间的头尾烷基化缩合，一次延伸五个碳原子。Δ^2 伴侣分子是烯丙基碳正离子的最适来源，它们可以驱动许多种分子内的骨架重排，特别是在 C_{10}、C_{15} 和 C_{20} 层面上。

C–C 键形成的第二种类型是成对的 C_{15}-焦磷酸金合欢酯或 C_{20}-焦磷酸香叶基香叶酯之间的头对头烷基化缩合，分别生成角鲨烯和八氢番茄红素。然后角鲨烯的环化产生数百种环状三萜，包括甾族化合物。八氢番茄红素并不发生高度环化，而是产生类胡萝卜素和维生素 A。

聚酮类化合物和异戊二烯类天然产物基本上都不含氮原子，而生物碱含有至少一个碱性氮原子，通常带有杂环。氮原子的引入可能通过起始单元中使用初级代谢中常见的六种氨基酸。亚胺和烯胺的化学反应在 C–C 键的构建中发挥作用。生物碱的生物合成中许多更复杂的化学转化涉及加氧酶介导的自由基化学。吲哚 - 萜类生物碱单设一章（第 8 章），部分着重于研究吲哚环作为碳亲核体在双环系统周围六个位置上的反应性，并探讨了将吲哚骨架构建含有最多七个稠合的环体系中。

嘌呤和嘧啶构成一小类天然产物（第 6 章）。这些氮杂环是 RNA 和 DNA 的合成砌块，因此对于生命中的信息大分子至关重要。初级代谢中的生物合成途径可以直接生成核苷，因此游离碱形式的杂环（如著名的生物碱咖啡因）反映出核酸碱基经酶催化与糖断裂。多种嘌呤和嘧啶类次级代谢产物在这类骨架的三个部分中的一个或多个部分发生生物合成上的变化：核酸碱基，糖或连接到糖（通常是 D-核糖）5′-端的取代基。这些分子中有些是抗病毒的，有些是抗寄生虫的，有些是抗菌的。

苯丙素类次级代谢产物（第 7 章）广泛分布于植物代谢中。L-苯丙氨酸是进入这些途径中的唯一的初级代谢产物。与利用氨基酸的胺作为关键反应物来构建复杂骨架的生物碱不同，苯丙氨酸的氨基在第一步中被消除生成苯丙素。植物就是利用这类 C_6-C_3 骨架并结合系列加氧酶反应来生成含酚的对羟基肉桂醇、松柏醇和芥子醇，即单木质醇。它们可通过产生苯氧自由基，引发二聚化生成木脂素，以及低聚化生成木质素（木本植物中主要的结构支撑聚合物）。

在 Ⅲ 型聚酮合酶作用下经一组单独途径由肉桂酰辅酶 A 代谢流生成二苯乙烯和查尔酮。查尔酮环化产生黄酮类化合物，它们是形成许多骨架类型的切入点，包括防御性物质，例如植物抗菌素（phytoanticipin）和植物抗毒素（phytoalexin），以及花青苷色素。

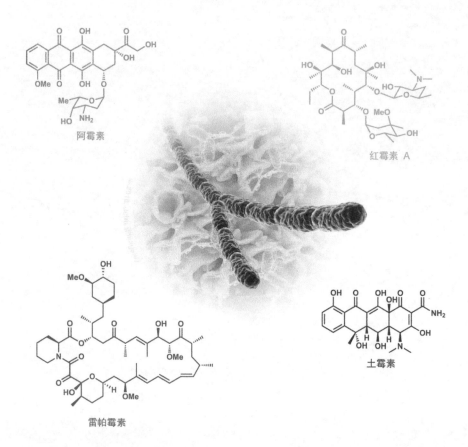

阿霉素

红霉素 A

雷帕霉素

土霉素

从土壤放线菌中分离得到的药用聚酮化合物

版权（2016）John Billingsley

第 **2** 章　聚酮类天然产物

2.1　引言

本书要讨论的第一大类天然产物是由聚酮组成的系列分子（Dewick 2009; Mander and Liu 2010）。第一个由 Collie 于 1893 年合成并鉴定结构的聚酮分子是结构简单的 5-甲基-1,3-间苯二酚（Staunton and Weissman 2001）。1955 年，Birch 利用放射性示踪剂研究 6-甲基水杨酸时，提出了聚酮是来自乙酸衍生单元经首尾缩合的假说（图 2.1）。他们先后使用 ^{13}C 双标记的乙酸盐、三氘甲基乙酸酯和 ^{18}O 标记的乙酸同位素异构体开展喂养实验，结果经核磁共振（NMR）分析，为这类天然产物的多种骨架类型的生物合成途径提供了详细的假说。

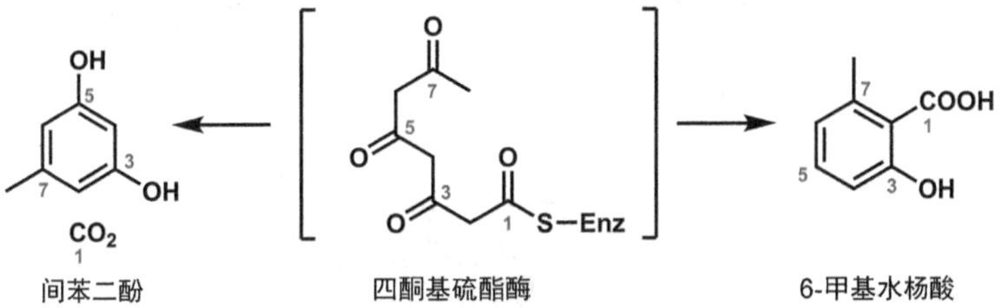

图 2.1　间苯二酚和 6-甲基水杨酸：两个具有历史意义的酚性聚酮

聚酮作为一类复杂的天然产物，在对它的几种可能的定义中，有一种是基于生物合成的，即终产物来源于聚酮中间体。这对芳香性聚酮而言是有合理依据的，包括纳皮拉霉素 A（napyradiomycin A）中的双环四氢萘核（图 2.2），其特征是经过四酮基硫酯中间体。这也适用于抗癌药物道诺霉素（daunomycin）的生物合成（图 2.3），其中，线型的九酮基硫酯酶中间体经历三次羟醛环化和一次硫代克莱森缩合，以释放出特征性稠合芳香四环骨架。然而，对于其他结构类型的聚酮，包括如图 2.4 所示的红霉素、伊维菌素、洛伐他汀、雷帕霉素、拉沙里菌素和制霉菌素（nystatin），则情况并非如此。它们在组装过程中产生的是单酮中间体，而非聚酮中间体。

图 2.4 中的各个分子除多西环素（doxycycline）外均是通过迭代型缩合进行生物合成，其中涉及 β- 酮酰硫酯酶中间体，这与芳香性聚酮类似。然而，最初的 β-酮基

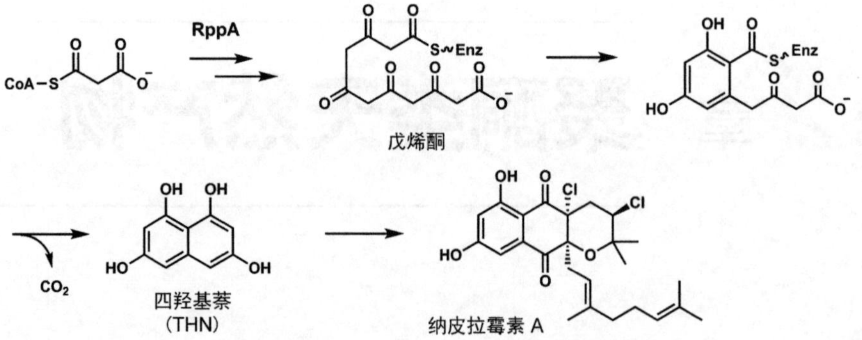

图2.2　纳皮拉霉素A中的四羟基萘核来自四酮基硫酯酶中间体

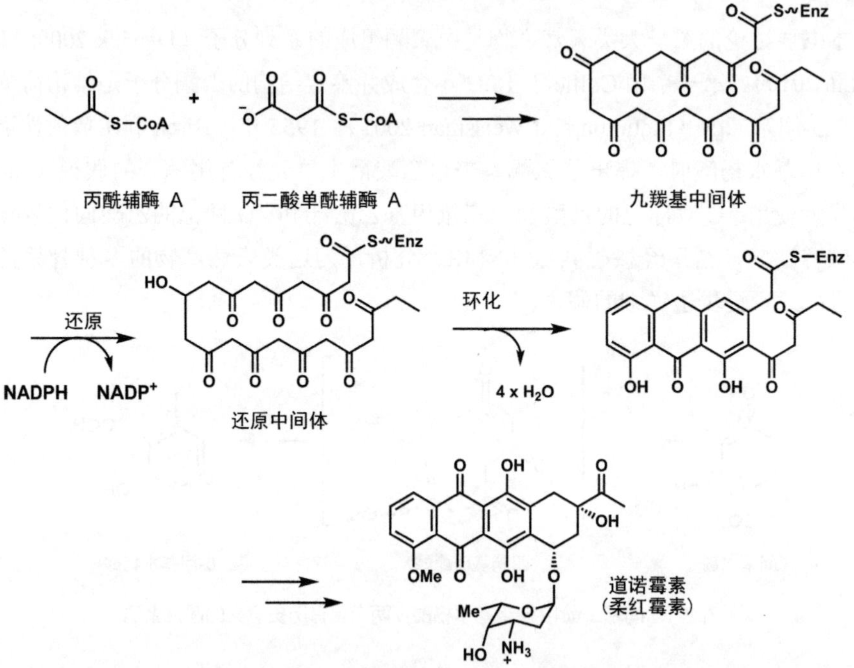

图2.3　抗癌药物道诺霉素中稠合的四环芳香骨架是由共价的十酮基硫酯酶
（含有九个酮羰基）经过分子内羟醛缩合而成

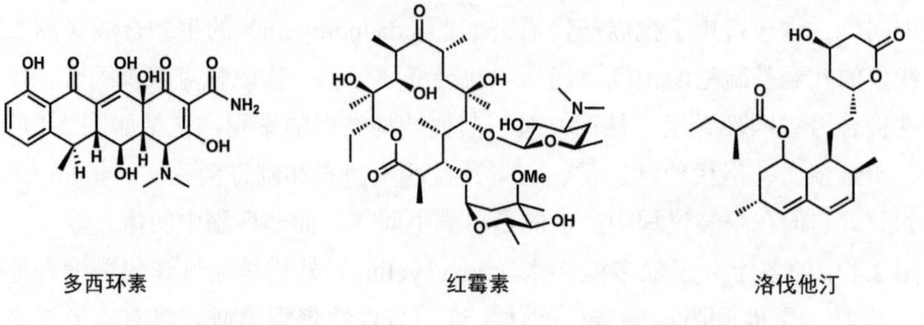

多西环素　　　　　　　　红霉素　　　　　　　　洛伐他汀

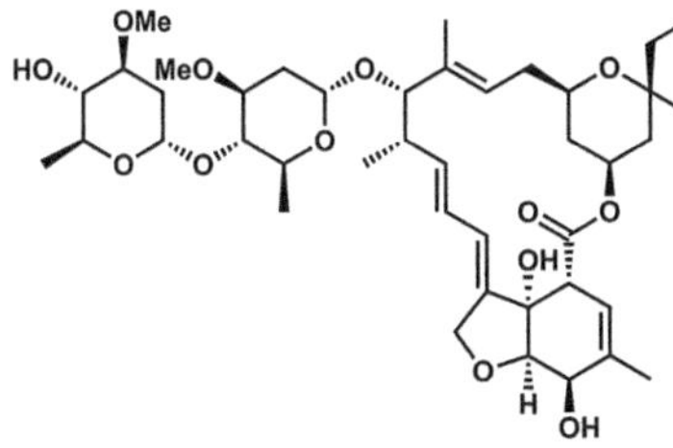

伊维菌素B₁a

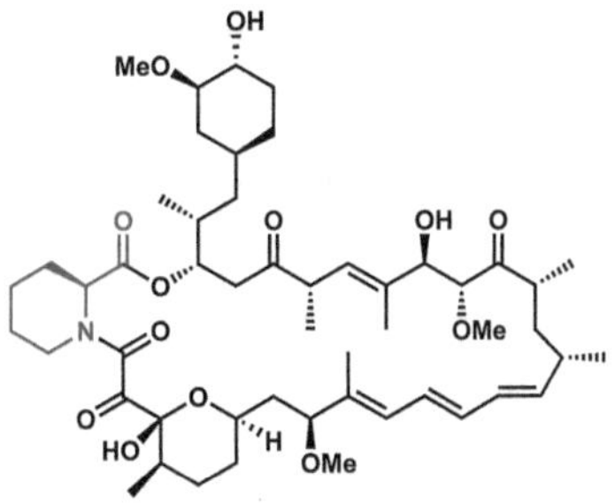

雷帕霉素

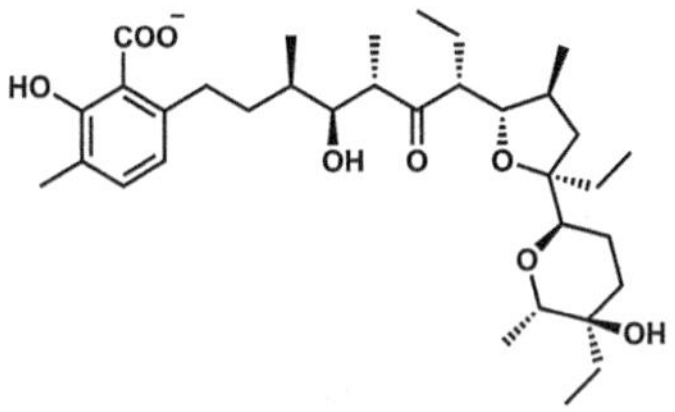

拉沙里菌素

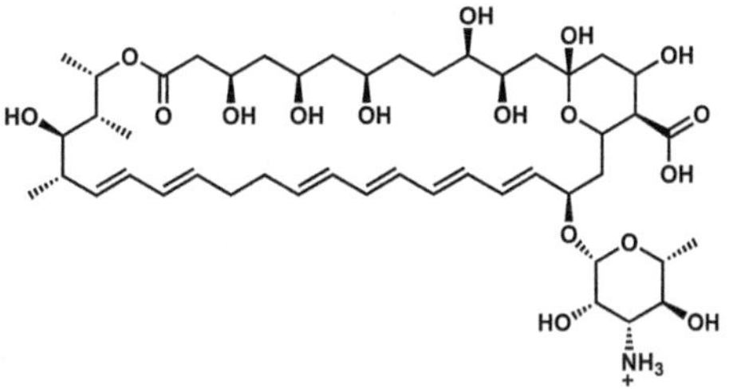

制霉菌素

图 2.4　具有治疗价值的七种不同聚酮骨架

可历经三种连续的酶促反应：还原成 β-OH 酰硫酯，醇脱水生成 α,β- 烯酰硫酯，然后饱和化生成 β-CH₂ 基团；之后再进行下一轮迭代性链延伸。因此，这一过程避免了聚酮中间体的生成。在本章后面的章节中还会继续研究这两种极端的催化过程。由于制霉菌素和红霉素（图 2.4）的最终骨架结构中各个羟基和烯烃功能基依然存在，显然它们的生物合成中 β-酮基只经历了部分而非全部的三步后修饰。

2.2　聚酮类化合物具有多种多样的骨架结构和治疗价值

图 2.5 列出了若干特定分子亚型的聚酮类化合物。代表性的大环内酯类包括抗生素红霉素以及驱虫剂伊维菌素（以及杀虫剂多杀菌素；见图 2.29）。含六个双键的制霉菌

聚酮化合物中值得注意的骨架类型：多种化学物质	
大环内酯类化合物	红霉素类
多烯类化合物	制霉菌素类
芳烃	四环素，柔红霉素
[4+2] 环化	洛伐他汀，多杀菌素
聚醚	拉沙里菌素，裸藻毒素
聚酮－非核糖体肽杂合	雷帕霉素，埃博霉素（epothilones）
聚酮－萜类杂合	贯叶金丝桃素（hyperforin），烟曲霉素（fumagillin）

图 2.5　聚酮类化合物的亚型

素是多烯类抗真菌药亚群的代表，而多西环素则代表了四环芳香类抗生素。含十氢化萘的洛伐他汀是最畅销的降胆固醇药的灵感之源，它由 [4+2] 环化形成，很可能是通过酶催化的狄尔斯 - 阿尔德反应而成（多杀菌素也是这样）。兽药拉沙里菌素的结构中包含一个呋喃环和一个吡喃环，这是构成海洋毒素聚醚亚类聚酮化合物的原型环结构。

雷帕霉素是一种广泛使用的免疫抑制剂，它是大环内酯类化合物，但也包含了嵌入聚酮骨架的氨基酸合成砌块（又称构造单元）：哌啶甲酸。这是一种聚酮 - 非核糖体肽杂合结构的例子。在下一章中详细介绍完非核糖体肽合成酶（nonribosomal peptide synthetase）装配线的原理之后，会对这一亚型进行讨论。图 2.5 所示的最后一种亚型也代表了两种不同类型的天然产物生物合成途径的交叉，即异戊烯基（第 4 章）与聚酮骨架。第 4 章和第 9 章讨论异戊烯基化和氧化后修饰策略时，将分别介绍贯叶金丝桃素和烟曲霉素的生物合成。

以上对不同亚型聚酮化合物的生物活性和药理活性进行了简明的部分枚举，从中可以清楚地看出这些分子具有非常广泛的治疗作用。快速浏览图 2.4 中的结构也可以看出它们富含含氧取代基，却几乎完全不含氮原子（尤其是在聚酮核心骨架中）。这种不均衡现象也体现出聚酮生物合成是使用缺少氮原子的乙酰硫酯和丙二酸单酰硫酯作为合成砌块。在接下来的章节中，将研究如何使用氨基酸合成砌块以相似的装配线原理来构建富氮的多肽骨架。最后，作为介绍性评论，我们特别指出聚酮的生物合成途径是碳负离子的化学过程，其中提供亲核试剂和硫酯作为 C–C 键组装所需的亲电性碳伴侣，这一过程中乙酰基和丙二酰基被吸收并成为复杂分子骨架的一部分。

2.3　作为脂肪酸和聚酮类化合物合成砌块的乙酰辅酶 A、丙二酸单酰辅酶 A 及丙二酸单酰 -S- 酰基载体蛋白

图 2.6 以示意图的形式显示了二碳的乙酸盐同时是脂肪酸（如 C_{16} 棕榈酸）和六种各式各样聚酮骨架［从 myxopyronin A 到外用抗生素莫匹罗星（mupirocin）］的源头。尽管这对实际涉及的酶化学来说过于简化，但核心思想是乙酸酯合成砌块的两个碳原

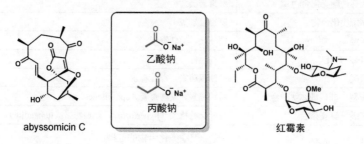

abyssomicin C　　乙酸钠　丙酸钠　　红霉素

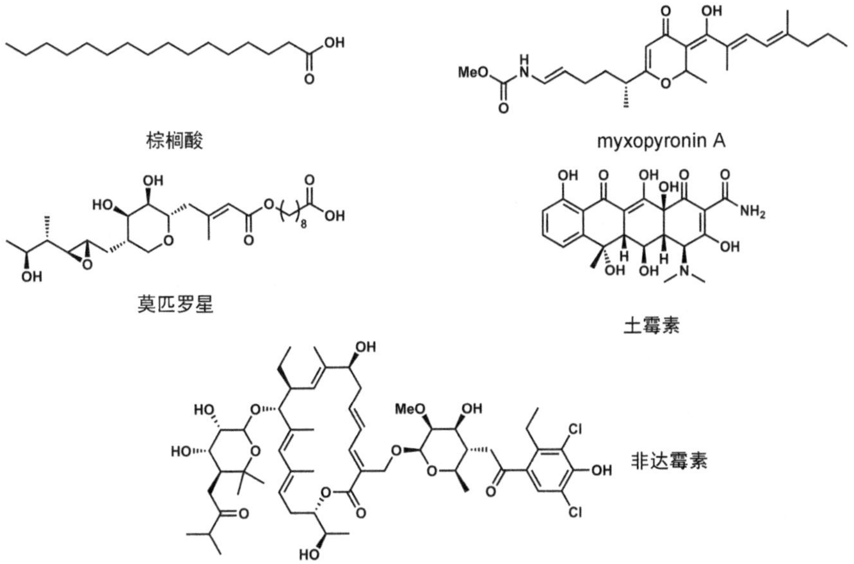

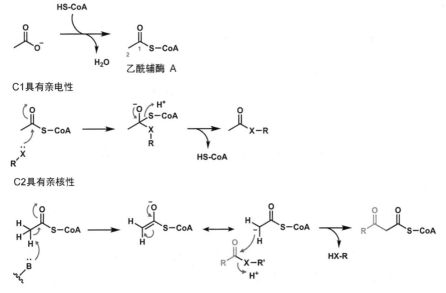

棕榈酸

myxopyronin A

莫匹罗星

土霉素

非达霉素

图 2.6　二碳的初级代谢产物乙酸（活化成乙酰辅酶 A 形式）
是所有脂肪酸和聚酮类化合物的合成砌块

子在 C_2 单元进行迭代性链延伸过程中是保持相连的状态。

　　事实上，初级代谢和次级代谢途径中的大部分乙酰基代谢是要通过硫酯乙酰辅酶
A。作为硫酯，乙酰基的 C1 位具有亲电性，而 C2 位具有潜在的亲核性，这是因为
C2 碳负离子作为硫酯烯醇盐具有稳定性（图 2.7）。对于脂肪酸和聚酮两者的生物合

HS-CoA

H_2O

乙酰辅酶 A

C1具有亲电性

HS-CoA

C2具有亲核性

HX-R

图 2.7　乙酰辅酶 A 在乙酰基部位被双重激活：C2 作为硫酯烯醇盐稳定的
亲核性碳负离子，C1 作为以硫酯键连接的亲电性羰基

成，乙酰辅酶 A 通常作为起始单元，而延伸单元则是丙二酸单酰辅酶 A。

　　丙二酸单酰硫酯可通过酶催化的脱羧反应不可逆地脱去 CO_2，直接生成乙酰辅酶 A 的 C2 位碳负离子。CO_2 的丢失在生物合成路径中驱动了碳负离子的形成。脱羧性的硫代克莱森缩合是脂肪酸和所有亚类聚酮化合物的链延伸中唯一的反应类型。图 2.8 也展示了如何在乙酰辅酶 A 羧化酶（参与脂肪酸和聚酮生物合成的第一个酶）作用下，由乙酰辅酶 A 经过 ATP 依赖的羧化反应生成丙二酸单酰辅酶 A（Broussard, Price et al. 2013）。当乙酰辅酶 A 羧化酶产生丙二酸单酰辅酶 A，丙二酰基团被转移到硫醇上，再被脂肪酸合酶（FAS）和聚酮合酶（PKS）所利用，其中该硫醇是连在一个称之为酰基载体蛋白的 8 ～ 10 kDa 蛋白质经翻译后修饰的侧链上（Majerus, Alberts et al. 1965; Majerus, Alberts et al. 1965; Vagelos, Majerus et al. 1966）。这些问题将在下一节中进行详尽描述。

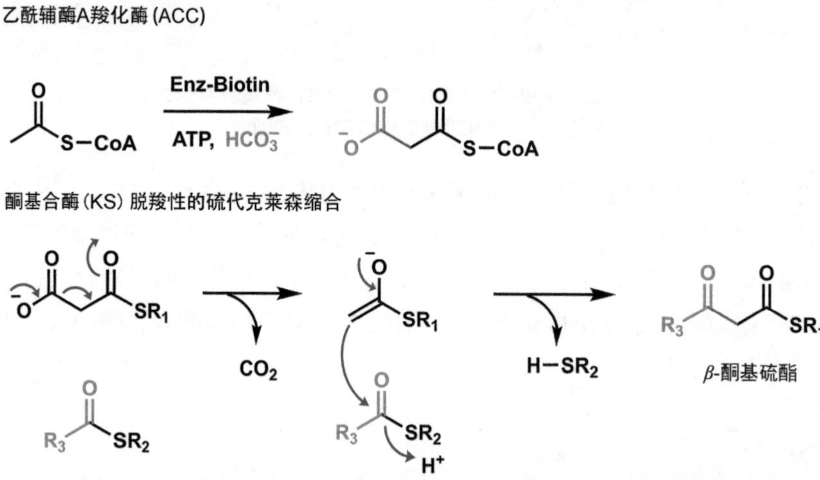

乙酰辅酶A羧化酶(ACC)

酮基合酶(KS) 脱羧性的硫代克莱森缩合

图 2.8　在含生物素的乙酰辅酶 A 羧化酶（脂肪酸和聚酮生物合成的门控酶）作用下将乙酰辅酶 A 进行 ATP 依赖性的羧化反应生成丙二酸单酰辅酶 A。脂肪酸和聚酮在碳链延伸过程中用到的 C2 碳负离子来自丙二酸单酰 -S-ACP

2.4　脂肪酸生物合成原理及酶学机制适用于聚酮合酶

　　脂肪酸生物合成是所有自由生命体的主要代谢途径。其合成砌块、化学原理和酶促机制似乎也适用于微生物和植物中聚酮组装的特定次级代谢途径（Hopwood and Sherman 1990）。

　　脂肪酸生物合成的核心特征包括将硫酯键中的延长酰基链与含 80 ～ 100 个残基和 4 个螺旋束的蛋白结构域［被称为酰基载体蛋白（ACPs）］共价连接（图 2.9）。硫醇是丝氨酸 ACP 域 / 亚基中一个特定侧链上翻译后引入的磷酸泛酰巯基乙胺部分的末端（图 2.9），而酰基链是上载到硫醇上并在其上不断延伸。而磷酸泛酰巯基乙胺支链是由易得的初级代谢产物辅酶 A 经过专门的磷酸泛酰巯基乙胺转移酶作用而得到（Lambalot, Gehring *et al.* 1996; Beld, Sonnenschein *et al.* 2014）（图 2.10）。载脂蛋白上全载体蛋白的启动子将 –SH 基团安置在酰基链组装的部位，这是任何 FAS、PKS 或非核糖体肽合成酶发挥功能的一个重要前提（第 3 章）。装配线上每一个 *apo*-ACP 都必须全部转换为末端为巯基的形式，以便装配线运行。

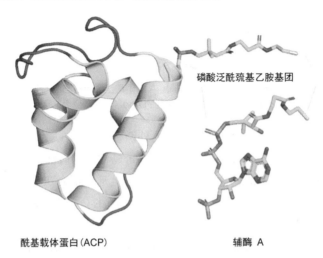

磷酸泛酰巯基乙胺基团

酰基载体蛋白(ACP)　　　　　　　　　　　辅酶 A

图 2.9　酰基载体蛋白（ACP）：自主折叠的 80～100 个残基（8～10kDa）结构域 / 亚基，这些亚基必须在特定丝氨酸侧链上发生翻译后的磷酸泛酰乙胺化，使其成为脂肪酸合酶和聚酮合酶的活性的全酶形式

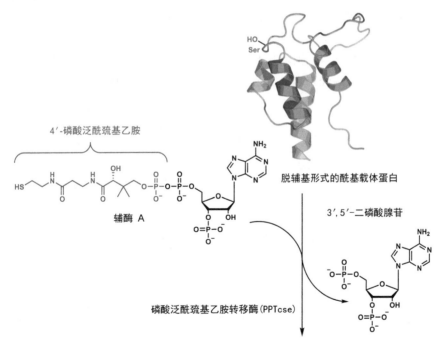

图 2.10

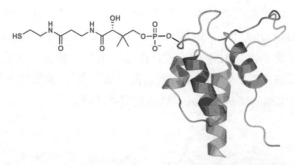

全酶形式的酰基载体蛋白(PPTCse)

图 2.10　磷酸泛酰巯基乙胺转移酶将底物辅酶 A 的磷酸泛酰巯基乙胺部分转移到一个特定丝氨酸残基的亲核 −OH 侧链上，使得无活性的 *apo*-ACP 转变为有活性的 *holo*-ACP

与 PKS 装配原理相比，FAS 催化具有另外两个特点。在每次缩合过程中，丙二酸单酰-S-ACP 发生脱羧性硫代克莱森反应引起链延伸，同时伴随 CO_2 的丢失，这是缩合过程中引发 C−C 键形成的化学策略。每一次链延伸都会在不断增长的酰基链上增加一个 C_2 乙酰基单元。通常，七次链延伸循环产生 C_{16} 棕榈基，而八次循环产生 C_{18} 硬脂链。

在 FAS 介导的每次缩合循环中都会生成的初始产物是延伸了两个碳的 β- 酮酰基-S-ACP。在每一次循环中都会发生从 β-C=O 到 β-CH_2 的三步酶促转化，随后进行下一次的链延伸（图 2.11）。因此，每个酮基合成酶（KS）结构域 / 亚基都伴随有酮基还原酶（KR）、脱水酶（DH）和烯酰还原酶（ER）结构域 / 亚基，它们相继发挥作用：β-酮基在辅底物 NAD(P)H 存在下被 KR 结构域还原为 β-羟基酰-S-ACP。脱水酶结构域夺取其中一个酸性 α-氢，消除其 β-OH，以生成与酮基硫酯共轭的 α,β-烯烃。由于共轭结构的存在，该烯烃末端具有亲电性，能够从 ER 酶活性位点的 $FADH_2$ 接受一

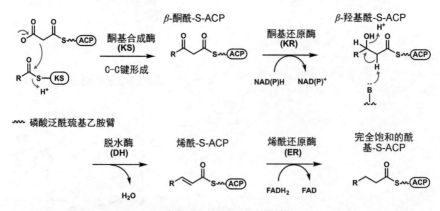

图 2.11　脂肪酸合成酶在每一次链延伸循环中发生的对新生 β-酮酰-S-ACP 的三步酶修饰
酮基还原酶（KR）首先起作用，然后是脱水酶（DH），最后是
烯酰还原酶（ER），从而生成完全饱和的亚甲基链

个 H，生成饱和的酰基-S-ACP。KR 和 ER 各自都向刚刚添入的 C₂ 单元加上两个电子。

最终结果是将初始的 β-C=O 转化为 β-CH₂ 基团，通过 CH₂–CH₂ 单元的延伸实现链的延长。经过八次链延伸循环之后，产物会是完全饱和的酰基-S-ACP（硬脂酰-S-ACP）。这与脂肪酸合成的生理作用完全一致，用于存储还原性底物（reducing equivalents），直到细胞需要回收还原性碳及其伴随的电子，以用于某些其他形式的细胞进程。

长链饱和脂肪酸是通过通常位于 FAS 蛋白 C 末端的硫酯酶（TE）结构域将其从硫酯键释放出来。全长的酰基链被 TE 结构域/亚基中的活性位点 Ser-OH 侧链攻击，将酰基硫酯转化为酰基氧酯。TE 是丝氨酸水解酶系（一种酶超家族，可产生酰基-O-Ser-酶中间体并通常在释放步骤中将它们水解成游离酸）的一部分（图 2.12）。脂肪酸之后可被转化为各种储存形式，包括甘油三酯和磷酸甘油基磷脂。

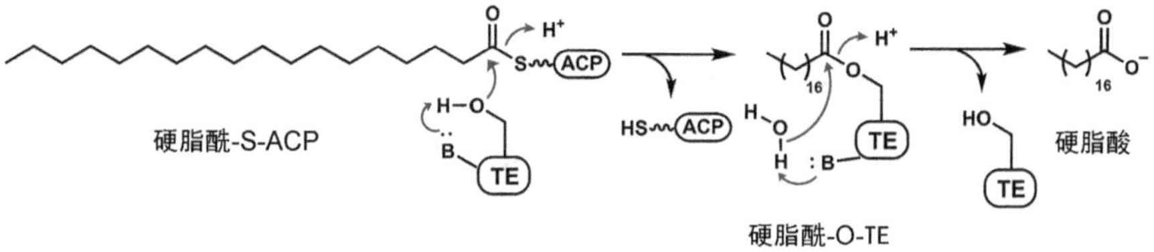

图 2.12　脂肪酸合酶的硫酯酶（TEs）可作为嵌入的结构域或独立的亚基水解释放饱和的全长 C₁₆ 和 C₁₈ 酰基链，生成游离脂肪酸

2.5　聚酮合酶（PKS）

虽然 PKS 生物合成酶模拟了功能性 FAS 催化酶所遵循的大部分化学原理和酶促机制，但它主要区别在于每次链延伸过程中产生的链延伸的 β-酮酰-S-ACP 未被完全还原。

该化学过程的一种极端情况是三种加工酶（KR，DH，ER）均不存在。每次链延伸循环都会向不断增长的链中引入一个酮基。如上所述，四羟基萘和道诺霉素生物合成的 PKS 酶向不断延伸的酰基-S-ACP 单元分别引入四个酮基和九个酮基。在接下来的章节我们还会讲到，这些聚酮链极易缩合，脱水和芳构化，从而使线性聚酮链转变成多环骨架。

该化学过程的另一种极端情况是 KR、DH 和 ER 三种修饰酶均存在，并在催化循环中发挥作用。在这种情况下刚刚引入的二碳单元将处于 CH₂–CH₂ 氧化态，这类似于脂肪酸单元。

从保留官能团的角度来看，如果一种或多种后修饰酶不全或不存在则更有意义。图 2.13 中的假设性说明显示，如果 KR 结构域/亚基不起作用，则 β-酮基将会保留在延伸的酰基链中。类似地，如果第二种酶即脱水酶（DH）不起作用 / 不存在，则β-OH 官能团将在随后的链延伸过程中会一直存在。最后，如果第三种修饰酶（ER）不存在，那么烯烃将会被保留。

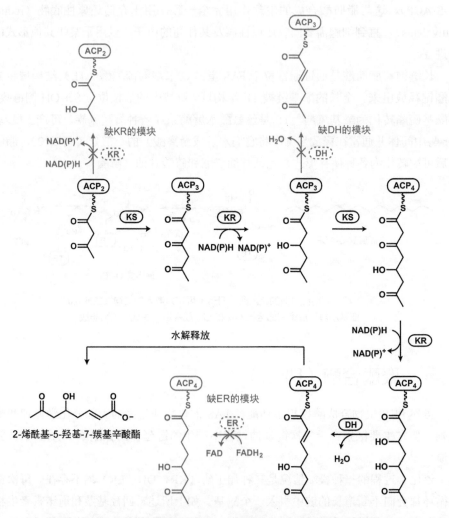

图 2.13　聚酮合酶链延伸循环过程中，β- 酮酰基链的不完全修饰可导致酮基、羟基或烯烃取代基在延伸链中得以保留

在图 2.13 的 2-烯酰基-5-羟基-7-酮基-辛酸酯实例中，三种官能团均存在。这个例子展示了 PKS 链延伸循环中不完全还原的价值，它可以产生三种官能团中的任何一种，从而用于发生化学反应，与靶点相互作用，并且通常可使聚酮骨架多样化。

聚酮骨架没有演变为储存能量的分子，而是显示出该三类官能团系列呈现其他的生物学功能。纵观图 2.2、图 2.3 和图 2.5 中的聚酮结构，很快可以看到酮、醇和烯烃官能团分布于聚酮分子中。

在学习聚酮主要亚类的生物合成之前，还有另外三点需要强调。

2.5.1 聚酮合酶（PKS）中其他酰基辅酶 A 底物

第一点涉及 PKS 酶与 FAS 酶的底物，特别是链引发和链延伸所需的不同合成砌块。在特定 PKS 组装线上进行链引发时，各种酰基-S-CoA 底物都可替代乙酰辅酶 A。例如，红霉素是以丙酰辅酶 A 作为起始单元（参见图 2.22）。四环素（tetracycline）组装线（参见图 2.17）始于丙二酸单酰-S-ACP，而雷帕霉素则始于环己烯基-S-ACP。从图 2.22 中的脱氧红霉内酯 B 合成酶组装线所示，2S-甲基丙二酸单酰-S-CoA 是链延伸时丙二酸单酰-S-CoA 最常见的替代者。这将在每次催化循环中引入一个 C_3 而非 C_2 延伸单元，同时引入一个手性中心。其他丙二酸单酰辅酶 A 衍生物如羟基丙二酰基辅酶 A 和氨基丙二酰基辅酶 A 则不常用（Khosla, Gokhale *et al.* 1999）。

2.5.2 多蛋白装配体的组合

第二个特征涉及 PKS 蛋白和同源 FAS 蛋白的排列组合。Ⅰ 型 PKS 和 FAS 具有所有的组成型结构域［KS-ACP-KR-DH-ER、TE 和酰基转移酶（AT）］，它们在具有多个自主折叠结构域的大分子蛋白质中串联在一起（Schweizer and Hofmann 2004）（图 2.14）。Ⅱ 型 FAS（White, Zheng *et al.* 2005）和 PKS 装配体具有链引发、延伸和终止所需的组成型蛋白，它们是独立的，可分别纯化并且仅有瞬时的相互作用。我们推测独立存在的 Ⅱ 型组成型蛋白是基因融合之前发生的早期进化解决方案，从而使蛋白以顺式（Ⅰ 型）而非反式（Ⅱ 型）形式相互作用，这样可提高链组装的动力学效率。

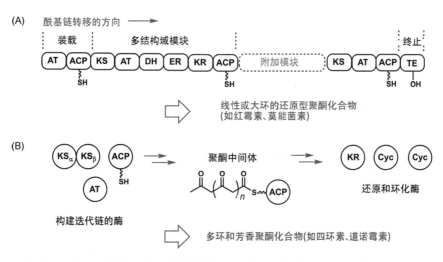

图 2.14 （A）Ⅰ 型 PKS 具有模块化组合：每个结构域使用一次；（B）迭代型 PKS：一套单独的催化结构域和载体蛋白结构域在链延伸的每次催化循环中迭代使用

还有第三种组合亚型，即Ⅲ型 PKS，它在植物中发挥作用以生成查尔酮和芪类化合物。在第 7 章中苯丙素类代谢产物的生物合成部分会提到它们。Ⅲ型 PKS 是单一蛋白，它利用游离的丙二酸单酰辅酶 A 作为延伸单元，而非丙二酸单酰-S-ACP 蛋白结合延伸单元，并且尽管预测该催化酶亚类约有 900 种，产生的产物基本均为查尔酮 /芪类化合物骨架。

2.5.3　PKS 链终止模式

Ⅰ型 PKS 装配线最下游的 TE 结构域和Ⅱ型 PKS 装配线中的游离 TE 可以水解释放酰基-O-TE 链，这完全类似于在 FAS 系统中发挥作用的 TE 催化酶。图 2.15 显示了一组代表性的线性聚酮骨架。莫能菌素装配过程中出现游离羧酸盐，但许多其他化合物经历了装配线后的多种酶催化修饰步骤，使得新生的羧化产物转化为最终的天然产物。不过聚酮核心仍然是线型的，而非大环结构。

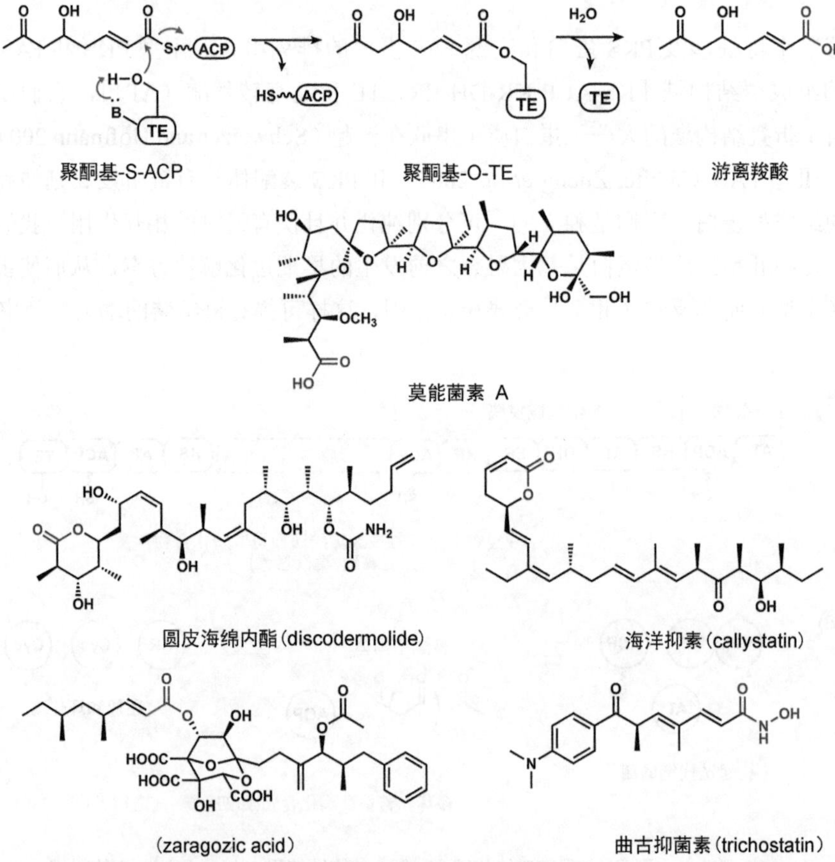

聚酮基-S-ACP　　　　　　　　聚酮基-O-TE　　　　　　　　游离羧酸

莫能菌素 A

圆皮海绵内酯（discodermolide）　　　　　　海洋抑素（callystatin）

（zaragozic acid）　　　　　　曲古抑菌素（trichostatin）

图 2.15　PKS 终止模式：一种主要的机制是水解全长聚酮 -O-TE 酰基酶以释放游离羧酸（莫能菌素）。它们随后可在装配线下偶联反应中被修饰，以生成内酯（圆皮海绵内酯，海洋抑素）、酯（zaragozic acid）和异羟肟酸（曲古抑菌素）

另一方面，大部分 PKS 的 TE 是大环化的。水被排除在活性位点之外或者未处于动力学位点，它与酰基链中的分子内亲核剂竞争性进攻酰基 -O-TE。我们曾经提及聚酮链中不含氮原子，特别是碱性胺，因此上述分子内亲核试剂几乎都是醇基或碳负离子，它们是稳定的烯醇化物的一部分。

参与大环内酯环化生成十四元（红霉素），十六元（泰乐菌素）或十八元大环内酯（非达霉素）的醇（图 2.16）是在缺乏功能性 DH 催化域的链延伸循环中保留下来的醇基。与之相比，Ⅱ型 PKS 释放土霉素的步骤（图 2.17）被认为是经历了两步过程，

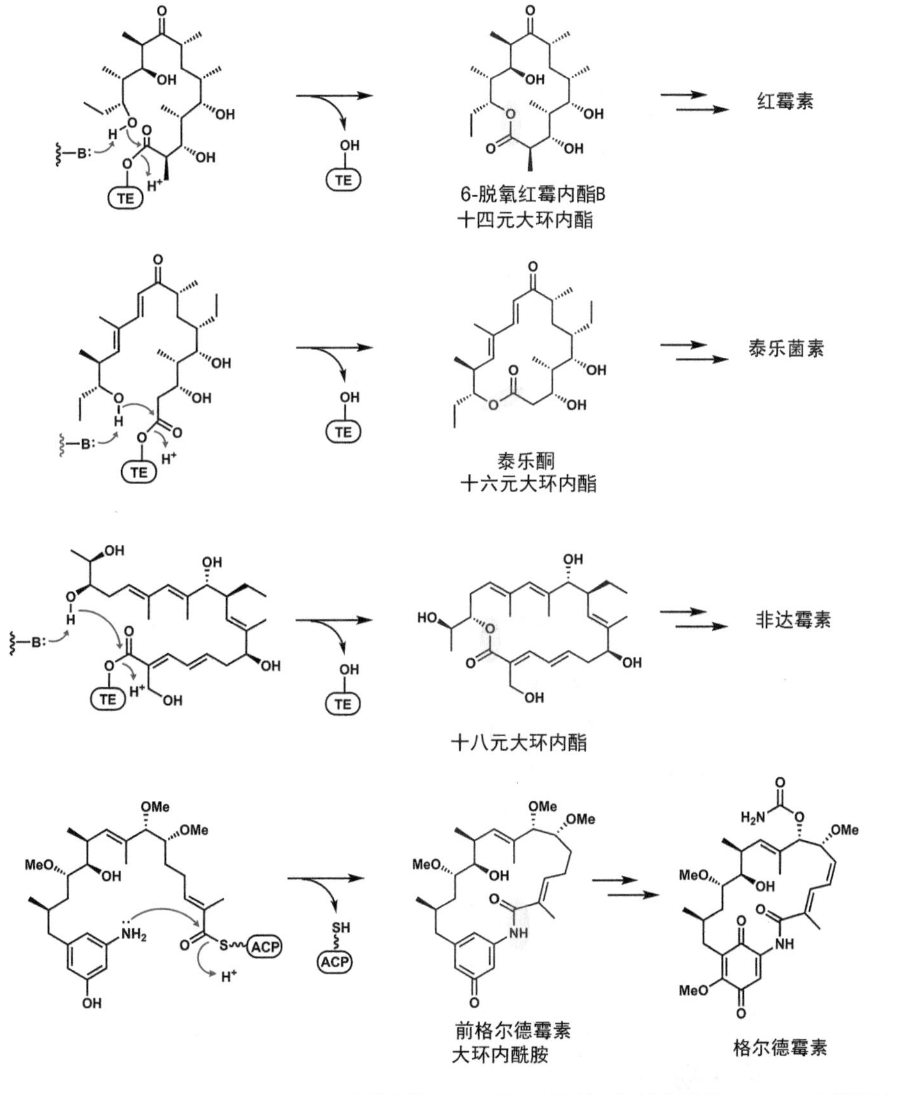

6-脱氧红霉内酯B
十四元大环内酯

红霉素

泰乐酮
十六元大环内酯

泰乐菌素

十八元大环内酯

非达霉素

前格尔德霉素
大环内酰胺

格尔德霉素

图 2.16 聚酮合酶的 TE 结构域是大环化的催化域。通过分子内羟基内部捕获酰基 -O-TE 导致链释放，从而产生用于合成 6- 脱氧红霉内酯 B 的十四元大环内酯，用于合成泰乐酮的十六元大环内酯和非达霉素形成中所需的十八元内酯。当合适的分子内亲核试剂是胺时，则可产生如格尔德霉素所示的大环内酰胺

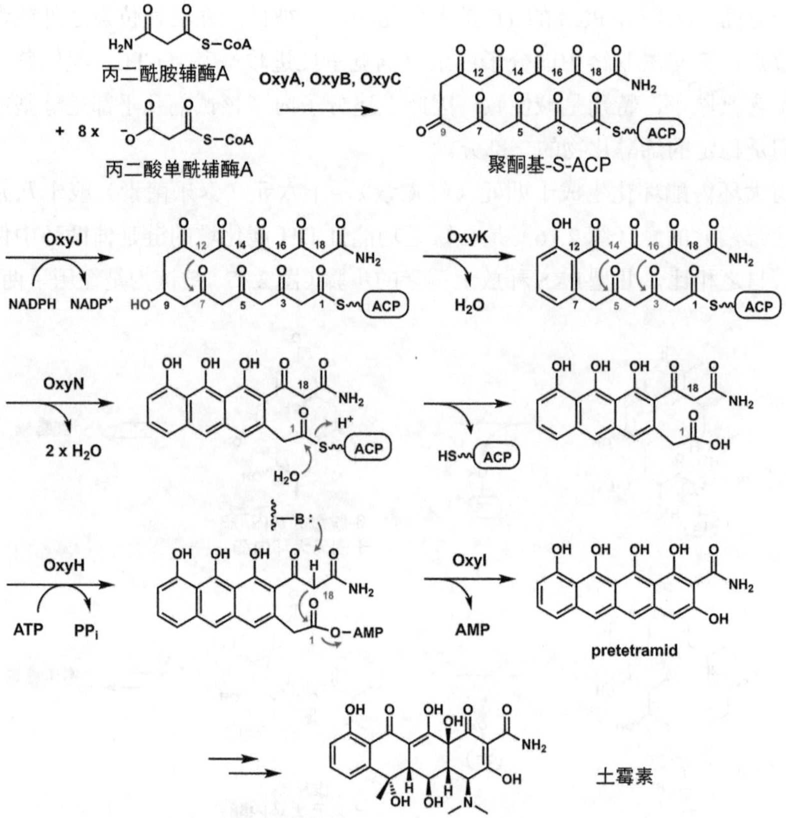

图 2.17　四环素的 II 型 PKS 的聚酮酰-S-ACP 中 C9 酮羰基先被还原引起 C7-C12 的羟醛缩合和脱水，从而形成第一个芳环。随后 C5-C14、C3-C16 和 C1-C18 的 C-C 键发生同样的反应，释放出 pretetramid。释放步骤涉及 C-C 键而非 O-C 键或 N-C 键的形成。这是通过 C18- 烯醇化物进攻 C1 位羧基引起克莱森缩合而实现的

其中三环产物首先经自发水解被释放。然后羧酸盐被活化为酰基-O-腺苷酸，从而可以进行克莱森缩合，其中 C18 位上两个氢中的一个以质子形式被夺取，产生稳定的烯二酸盐碳负离子作为亲核试剂进攻 C1 位羧基。这一过程可形成四环的 pretetramid，它是四环素类化合物生物合成途径中的第一个游离中间体。

2.6　主要聚酮结构的生物合成

2.6.1　土霉素生物合成：在 C7-C12 或 C9-C14 引发环化的芳香聚酮化合物

双环、三环和多环芳香聚酮骨架，包括纳皮拉霉素的四羟基萘核（参见图 2.2）、

道诺霉素（图 2.3）和土霉素（图 2.17），均是由最小的 PKS 酶促结构域经过不断延长聚酮链来构建的（Zhan 2009，Pickens and Tang 2010，Zhou，Li *et al.* 2010，Zhang，Pang *et al.* 2013）。此处不存在用于还原酮基使产生的 *β*-OH 脱水，或还原任何 *α,β*- 烯烃的修饰酶。

这类聚酮化合物非常活泼，容易发生分子内羟醛缩合，如果缺乏同时物理上和动力学上的保护，则可能脱离正常的合成途径。

这些由酶控制的聚酮硫酯会经历定向的、区域特异性的分子内羟醛缩合和硫代克莱森环化释放步骤，这一步骤通常由作用于结合酰基链的伴侣蛋白所介导。在细菌芳香 PKS 合成酶中，十酮基硫酯酶有两种环化模式来产生主要的四环骨架（Zhou, Li *et al.* 2010）。

最常见的环化方式是通过形成 C7-C12 键产生第一个芳环，如图所示的四环素（图 2.17）和杰多霉素（jadomycin，图 2.18）的 PKS 都是如此。这两个化合物的 PKS 合成中，氧化还原酶先催化 C9 位酮基还原为醇（褐红色），之后才发生第一次分子内羟醛缩合。除此之外，以上反应可避免 C9 作为亲电性伴侣发生羟醛反应，从而建立有利于芳香化环化脱水的线型折叠构象。第二个环的形成是来自另一次羟醛缩合，是在芳香化的伴侣酶作用下 C14 位碳负离子进攻 C5 处的酮基。第三个环则源自第三次羟醛缩合，由 C16 进攻 C3。而由 C18 进攻 C1 引发的羟醛缩合和链释放的硫代克莱森反应可能是自发的。如图 2.17 所示，该反应释放的产物是四环的 pretetramid。道诺霉素芳香骨架的构建中也经历类似的过程。

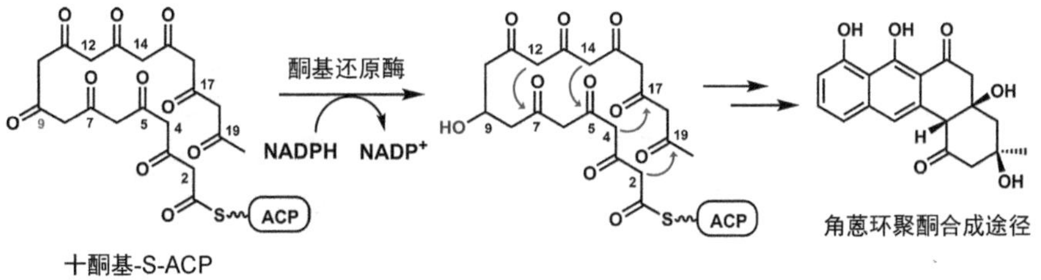

图 2.18　角蒽环聚酮（angucycline）杰多霉素前两个环的环化遵循与四环素相同的区域特异性原则，然后分道形成 C4-C17 和 C2-C19 的碳碳键以产生角四环芳香骨架

对于角四环骨架（角蒽环聚酮），最具代表性的是杰多霉素 PKS。如图 2.18 所示，它将十酮基硫酯酶折叠成不同的构象。与四环素途径一样，前两个环由 C12 和 C7 以及 C14 和 C5 之间的羟醛缩合产生。第三个环的连接方式比较独特，它是由 C4 处的碳负离子进攻 C17 酮基而成。这一 C-C 键连接构成角蒽环聚酮的角型连接。第四个环由 C2-C19 间的羟醛缩合产生，而非克莱森反应，因此必须有单独的释放步骤。

形成芳香聚酮化合物中第一个环的第二种连接方式是 C9-C14，这在特曲霉素（tetracenomycin）生物合成中 TrmN 酶发挥作用时可体现（图 2.19）（Zhou, Li *et al.*

2010）。如图 2.19 所示，在这种情况下，聚酮酰基-S-PKS 不会催化 C9 酮基还原，而且它必须处在与 C14 亚甲基位点相对的位置上。羟醛缩合和脱水芳构化产生 A 环（C14–C9）。而第二个环的形成是由 C16 进攻 C7 酮基，之后 C5 与 C18，C2 与 C19 连接成环。链释放步骤是水解过程，释放四环羧酸新生产物 Tcm F2，它再经历一系列装配线下修饰形成最终产物特曲霉素（图中未显示）。

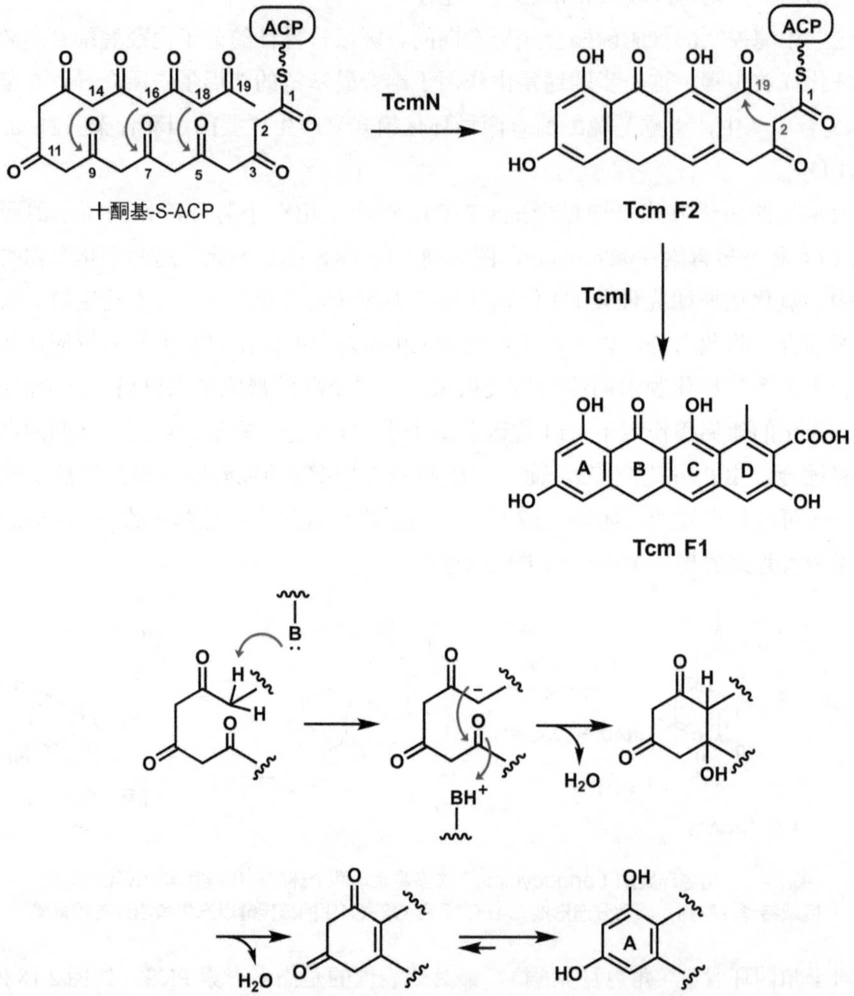

图 2.19 四环芳香聚酮化合物特曲霉素中的聚酮-S-ACP 在 TcmN 环化酶的活性位点以独特的线型构象折叠。通过分子内羟醛缩合在 C9 和 C14 之间（C9 未被还原成 –OH）形成第一个 C–C 键。之后三个环的连接方式为 C7–C16、C5–C18 和 C2–C19。最终释放出线型的四环骨架，但其取代基处于与 pretetramid 中取代基不同的位置

图 2.19 的底部详细展示了构建 A 环的羟醛缩合如何通过随后的环己烯二酮脱水和互变异构形成芳香环，从而生成芳香二酚。

2.6.2 真菌芳香聚酮化合物：在 C2-C7、C4-C9 或 C6-C11 间引发的环化

真菌聚酮合酶往往是更复杂的蛋白，其催化和非催化结构域的边界不易预测。但三环的降散盘衣酸（norsolorinic acid）——黄曲霉毒素合成途径中的一个中间体，其形成机理却得到充分研究（Korman, Crawford *et al.* 2010）。环化的特异性取决于 PKS 内的产物模板（PT）结构域（Crawford, Korman *et al.* 2009）。它将己酰基辅酶 A 起始单元经七轮链延伸产生八酮基-S-酶。环形成的区域特异性和时机涉及两次连续的羟醛缩合，先是在 C4–C9 之间，之后是 C2–C11 之间。然后 TE 结构域介导 C14–C1 硫代克莱森缩合型链环化并释放出三环的降散盘衣酸 [图 2.20（A）]。

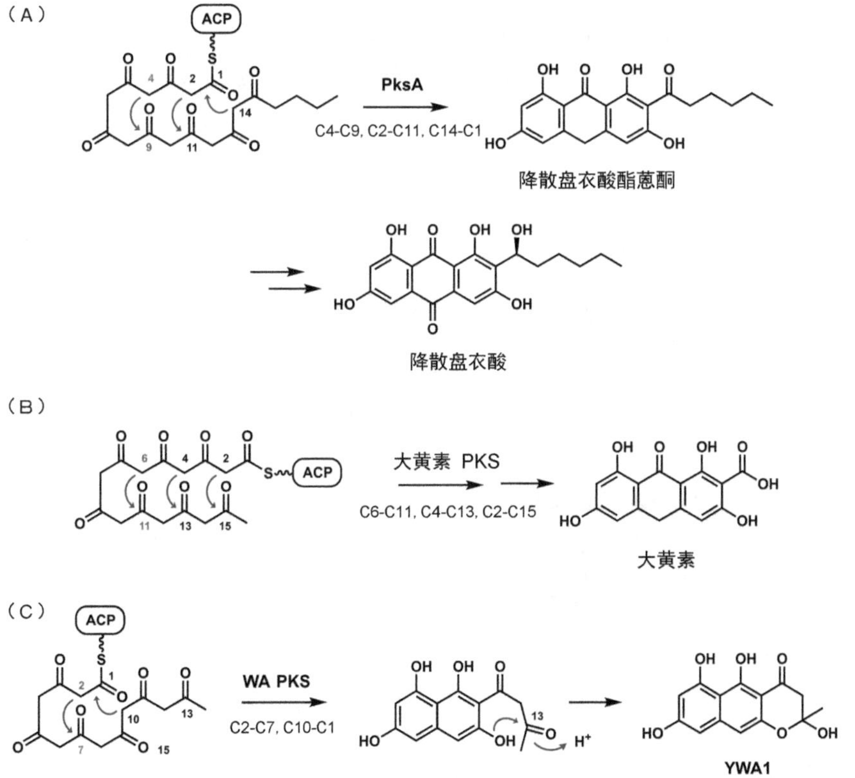

图 2.20 形成真菌芳香聚酮化合物第一个环时存在的三种不同的区域特异性：（A）来自真菌的迭代型降散盘衣酸合酶在一个独特的构象异构体中折叠七酮基酰基 -S-ACP 链，从而经第一次羟醛缩合产生 C4–C9 间的 C-C 键，然后 C2-C11 和 C14-C1 的连接，释放出三环产物；（B）在以大黄素为代表的真菌三环蒽醌的形成过程中，环化是始于 C6-C11 间的 C-C 键，接着是 C4-C13 和 C2-C15 的连接。（C）在萘并吡喃酮 YWA1 的形成过程中，环化始于 C2-C7 间的羟醛缩合，然后通过 C10-C1 克莱森环化释放出产物。释放的产物之后可自发环化形成三环半缩醛吡喃酮

相反，以大黄素为代表的真菌三环蒽醌经历了第一个环的芳构化、羟醛反应、环化脱水过程，它是先形成C6—C11键，而非C4—C9键，这反映了酶活性位点中独特的非环型折叠方式（Zhou, Li *et al.* 2010）。这为后两个芳环的构建保留了空间，并提供与降散盘衣酸酯骨架不同的连接方式 [图2.20（B）]。

线型萘并吡喃酮YWA1形成过程中存在环化区域选择性的另一种情况 [图2.20（C）]，即通过 WA 的 PKS 中 PT 结构域催化C2—C7羟醛环化形成第一个环。接着进行C10—C1克莱森样环化以形成第二个环并释放出萘中间体，它在溶液中经自发形成吡喃酮从而产生YWA1。

若干细菌芳香化酶/环化酶的结构已通过 X 射线晶体衍射 [图2.21（A）] 鉴定（Tsai and Ames 2009; Ames, Lee *et al.* 2011; Lee, Ames *et al.* 2012; Caldara-Festin, Jackson *et al.* 2015），它可用于解释C7—C12 和C9—C14 间引发的羟醛缩合反应。类似地，考察 PksA 的 PT 结构域中引发 C6—C11 和C4—C13 环化的环化腔 [图2.21（B）和（C）] 可以帮助我们深入了解其选择性规则，并为重塑其特异性提供指导（Crawford and Townsend 2010）。

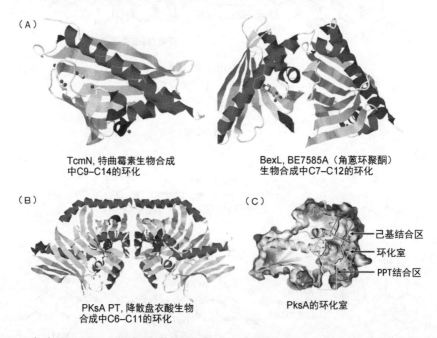

（A）

TcmN，特曲霉素生物合成
中C9—C14的环化

BexL, BE7585A（角蒽环聚酮）
生物合成中C7—C12的环化

（B）

（C）

己基结合区
环化室
PPT结合区

PKsA PT，降散盘衣酸生物
合成中C6—C11的环化

PksA的环化室

图 2.21 （A）催化不同环化模式的细菌芳香化酶/环化酶的结构。TcmN 和 BexL 的结构分别源自 PDB 条目中 2RER 和 4XRW；（B）催化真菌特异性环化模式的真菌 PksA 的 PT 结构域腔的结构，是源自 PDB 条目中的 3HRQ；（C）PksA 的 PT 环化室

经麦克米伦出版有限公司许可转载自：Crawford J. M., T. P. Korman, J. W. Labonte, A. L. Vagstad, E. A. Hill, O. Kamari-Bidkorpeh, S.-C. Tsai and C. A. Townsend, "Structural basis for biosynthetic programming of fungal aromatic polyketide cyclization." *Nature*, **461**, 1139. 版权 (2009)

在后面章节中讨论的所有聚酮亚类与上述芳香 PKS 的作用机制不同，其中，至少一些催化循环涉及对每次酮基合成酶反应生成的 β-酮的进一步加工。虽然在链延伸

过程中偶尔带有酮官能团，但纵观本章中聚酮化合物的各种非芳香性骨架，可以发现成熟的 PK 酰基链中主要还是呈现羟基和烯基官能团。

2.6.3 聚酮大环内酯类：Ⅰ型装配线原理和机制

上述图 2.16 提到在红霉素、泰乐菌素和非达霉素生物合成途径中从各自的 TE 结构域中经大环内酯化方式分别释放 C_{14}、C_{16} 和 C_{18} 聚酮链。在每种情况下，酰基 -O-TE 酶活性位点中的非环型酰基链必须折叠，从而仅有一个侧链 -OH 成为具有催化能力的亲核试剂。在链延伸循环过程中，这三条 PKS 组装线均利用多个甲基丙二酸单酰辅酶 A 延伸单元从而在 β-碳上引入甲基支链。红霉素和泰乐菌素装配线所使用的起始单元是丙酰辅酶 A，而非乙酰辅酶 A，但对非达霉素而言，由于它的生物合成未被阐明，它的起始单元尚不明确。

由脱氧红霉内酯 B 合成酶（DEBS）这种原核Ⅰ型 PKS 装配线是由三种蛋白亚基 DEBS1、DEBS2 和 DEBS3 组成（图 2.22）（Donadio, Staver *et al.* 1991; Haydock, Dowson *et al.* 1991; Cane 2010）。DEBS1 具有启动模块和两个延伸模块。DEBS2 具有两个延伸模块，而 DEBS3 具有第五个延伸模块以及终止模块，其末端为大环化的 TE 结构域。这七个模块各自具有专门的 ACP 结构域，用于不断延伸的酰基链的共价结合 [此处可用单个字母 T 结构域（硫醇化）缩写来代替 ACP 三个字母] 以及 KS 结构域，用于在每次链延伸循环中形成新的 C–C 键。每个模块还含有一个酰基转移酶（AT）结构域，用于转移甲基丙二酸单酰辅酶 A 上的甲基丙二酰基，从而形成甲基丙二酰

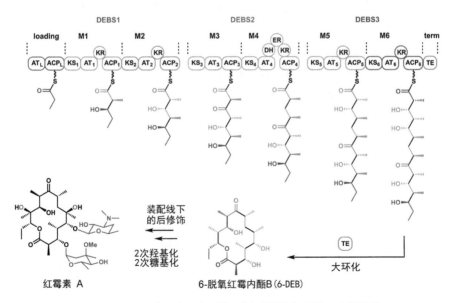

图 2.22　DEBS 的三个蛋白亚基，含七个模块的Ⅰ型 PKS 装配线

基-S-ACP。因为甲基丙二酸单酰辅酶 A 是延伸单元，所以在将它作为延伸单元的每次链延伸过程中都会产生手性甲基。此外还有三个修饰酶结构域（KR，DH，ER）差异性地分布于后六个模块中。

实际上，假设所有 KR、DH 和 ER 结构域都是有功能的（事实上的确如此），人们可以根据它们存在与否来了解不断增长的聚酮酰基链中官能团的性质。因此，模块 2（第一个延伸模块）仅有一个 KR 修饰结构域，因而 β-OH 官能团在后续链延伸过程中将一直保留。模块 3 也只有一个 KR 结构域，因而第二个 OH 也会保留在不断延伸的链中。

在 DEBS2 中的两个模块中，第一个模块中没有修饰酶结构域，因此酮基保留在链上。而第二个模块具有全部三种修饰酶，因此新生成的酮基经四电子还原生成 CH_2。模块 6 和 7 是处于 DEBS3 中，且都仅含 KR 修饰酶，用于传递 β-OH 基团。在转移至最终的大环内酯化 TE 结构域之前，全长聚酮酰基链到达终止模块，此时该链带有 4-OH 官能团，一个酮和立体异构的 6 位甲基。这样，14 个碳原子中有 13 个带有官能团。C13-OH 定向进攻 C1 硫酯羰基导致酰基-O-TE 的链释放。

释放的产物是 6-脱氧红霉内酯 B，它不具有抗菌活性。相反，它必须经历如图 2.23 所示的三类装配线下的化学修饰。在图中所示的五步酶修饰反应中，两步反应是通过细胞色素 P450 型单加氧酶进行的，详情见第 9 章。有两步反应是经糖基转移酶催化，在 3-OH 和 5-OH 取代基处加入脱氧糖。糖基化反应在第 11 章中会单独讨论。第五步反应是在 S-腺苷甲硫氨酸依赖性转移反应中对碳霉糖（mycarosyl sugar）进行 O- 烷基化。最终代谢产物红霉素 A 是细菌核糖体 50S 亚基上肽基转移酶中心的强效抑制剂（Walsh and Wencewicz 2016）。大环内酯是红霉素的核心骨架，脱氧糖残基与 23S 核糖体 (r)RNA 产生高亲和性的关键相互作用。

通过比较 I 型 PKS 的装配线，DEBS 装配线原理可推广用于其他许多大环内酯化合物的生源分析。如前所述，大环内酯化不是共价的聚酮化合物 –O-TE 链断开的唯一途径，但是对于构建可能对许多生物靶标具有更高亲和力的环状紧凑骨架结构来说，这是特别有用的途径。在例如红霉素、泰乐菌素和非达霉素骨架中，高密度的官能团也使得官能团与不同类型生物靶标间的相互作用出现构象约束。

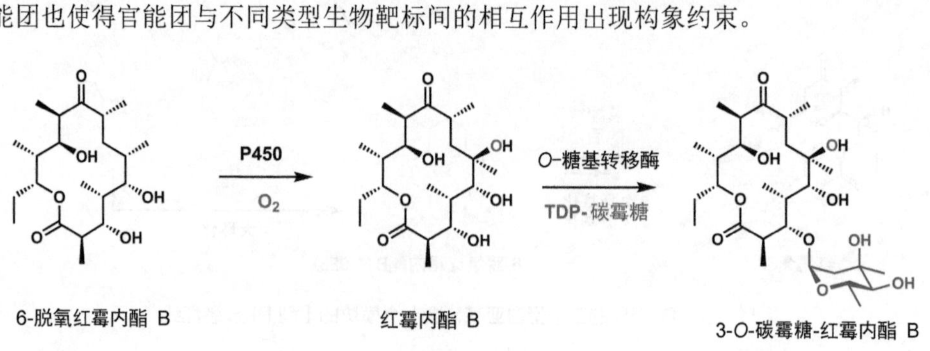

6-脱氧红霉内酯 B   P450 / O_2 红霉内酯 B   O-糖基转移酶 / TDP-碳霉糖   3-O-碳霉糖-红霉内酯 B

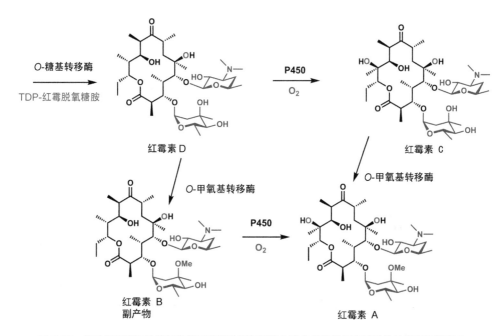

图 2.23　五个装配线下的修饰酶将无活性的脱氧红霉内酯 B 转化为具有活性的抗生素红霉素 A

2.7　聚酮合酶装配线上或线下经 [4+2] 环化而成的聚酮类化合物：协同进行还是逐步进行？

据推测，图 2.24 显示的七种天然产物都是通过共轭二烯与另一双键或三键之间发生 [4+2] 环化形成六元环而得到的。它们都具有聚酮骨架，包括毛壳球菌素（chaetoglobosin），它是一种生物碱-聚酮杂合分子。Macrophomate 具有单一的芳香六元环，而洛伐他汀和氯丝菌素（chlorothricin）具有双环的十氢萘环。十氢萘环可能是 [4+2] 环化的标志。在过去十年中已经证实，至少其中一些是协同进行的，体现了狄尔斯 - 阿尔德催化酶的作用。15 年前（Stocking and Williams 2003）人们对于狄尔斯 -

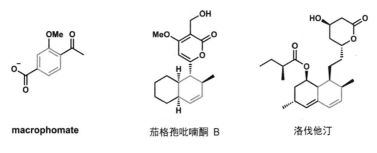

macrophomate　　　　　茄格孢吡喃酮 B　　　　　洛伐他汀

图 2.24

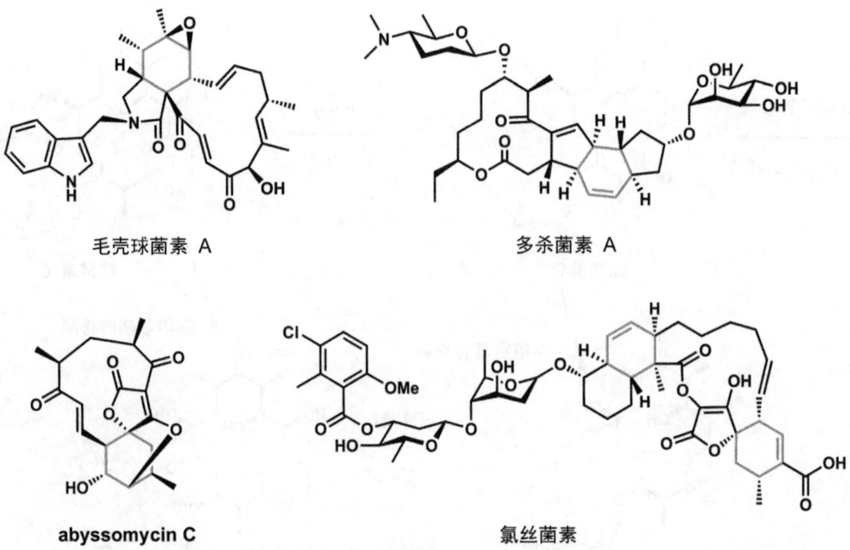

毛壳球菌素 A

多杀菌素 A

abyssomycin C

氯丝菌素

图 2.24　含有可能在装配线上由狄尔斯-阿尔德环化酶催化形成的骨架单元的七种天然产物

阿尔德环化酶是否存在仍持谨慎怀疑的态度，而多杀菌素形成（Kim, Ruszczycky *et al.* 2011）和 abyssomycin 生物合成（Byrne, Lees *et al.* 2016）过程中 SpinF 的存在成为支持这种说法的证据。

多杀菌素装配过程中的酶 SpnF 和 SpnL 在一对连续反应中构建 5-6-5 三环体系。其中 SpnF 尤其令人感兴趣是它加速了非酶促的 [4+2] 环化形成 6-5 环，而 SpnL 同样非同寻常，它通过 Rauhut-Currier 型反应机理构建第三个环（5-6-5）（Aroyan, Dermenci *et al.* 2010; Kim, Ruszczycky *et al.* 2011）。

2.7.1　洛伐他汀

洛伐他汀与红霉素和四环素一样，可能是最著名的聚酮天然骨架之一，主要是因为它作用于限速步骤 HMG-CoA（3-羟基-3-甲基-戊二酰辅酶 A）还原酶而具有阻断胆固醇生物合成的活性。这激起了整个心血管治疗领域对于合成他汀类药物的兴趣以模拟洛伐他汀的作用（Tobert 2003）。如图 2.25 所示，洛伐他汀生物合成中有两个 PKS 蛋白平行工作，形成洛伐他汀的两个分子片段（Xie, Watanabe *et al.* 2006; Campbell and Vederas 2010; Xu, Chooi *et al.* 2013）。LovF 以乙酰辅酶 A 作为起始单元，从丙二酸单酰辅酶 A 中加入一个二碳单元，在新加上的酮旁边进行甲基化，然后将新生的 β-酮彻底还原为 β-CH$_2$ 以释放支链甲基丁酰辅酶 A。它将在最后一步中被酰基转移酶 LovD 酯化成莫纳可林 J（monacolin J）骨架（Campbell and Vederas 2010, Xu, Chooi *et al.* 2013）。

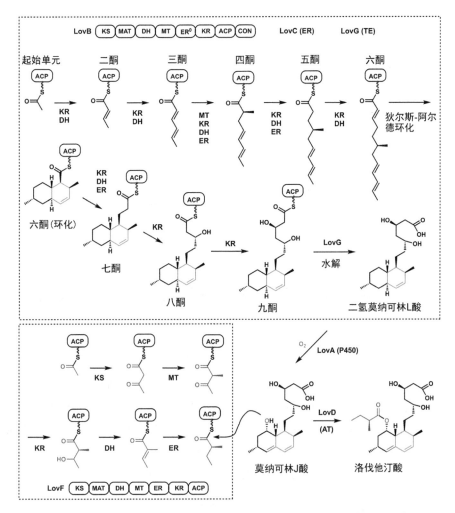

图 2.25　洛伐他汀 PKS 装配线展现了两种 PKS 酶 LovB 和 LovF 之间的协同作用。十氢化萘是在六酮基-S-酶作用阶段形成

　　洛伐他汀主要骨架的构建是由单个模块 PKS 蛋白 LovB 完成，它通过八次循环迭代，每次加入丙二酸单酰辅酶 A，从而在 ACP 结构域上构建链形的九酮基-S-硫酯骨架。LovB 上的 ER 结构域虽然存在但不具有活性。该装配线需要单独的 ER 蛋白 LovC（Ames, Nguyen *et al.* 2012）的参与，它以反式形式与 LovB 协同作用，但仅在聚酮酰链延伸的特定阶段才会发挥作用。

　　如图 2.25 所示，LovB 上的 KR 和 DH 结构域在第一次和第二次延伸循环中起作用，产生三酮基-S-LovB，它可以携带二烯继续延伸。在接下来的两次延伸循环中，LovC 参与其中，并产生饱和单元，因此二烯一直保留在五酮片段上。在下一次延伸循环中，LovC 对新生的六酮基链不起作用，从而使得与共轭二烯分开的第三个烯烃得以保留。该图显示了随后的结构域参与了七烯酮到九酮基的酶促过程，之后通过

TE 蛋白 LovG 水解释放产生二氢莫纳可林 L（dihydromonacolin L）（Xu, Chooi *et al.* 2013）。再通过 P450 酶 LovA 引入一个羟基和另一个双键，从而形成莫纳可林 J，并与 LovF 产物偶联得到洛伐他汀。

2- 烯酰基与 8,10-二烯基之间环化形成十氢化萘是在六酮基-S-酶处发生。一种可能的机制是经过单个 [4+2] 环化过渡态（狄尔斯 - 阿尔德反应）（图 2.26）（Witter and Vederas 1996）。

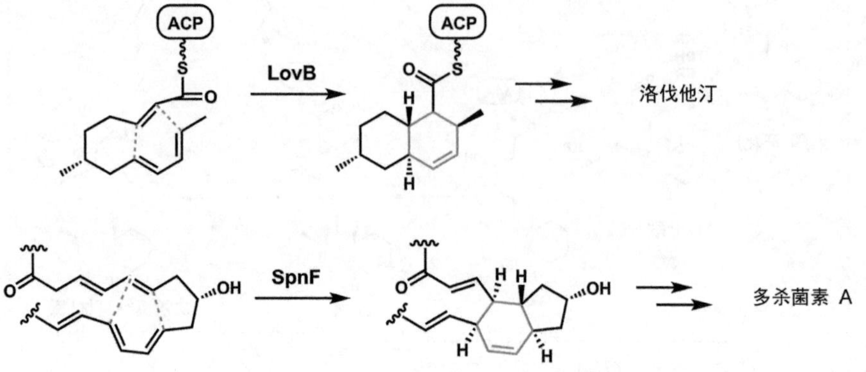

图 2.26　洛伐他汀和多杀菌素途径中酶介导的狄尔斯 - 阿尔德环化

图 2.26 也展示了在多杀菌素杀虫骨架成熟期间可能发生的狄尔斯 - 阿尔德环化（Kim, Ruszczycky *et al.* 2011）。尽管 AbyU 酶在产生 abyssomycin 中间体螺 4- 羟基乙酰乙酸内酯部分（spirotetronate moiety）的环己烯环（图 2.27）时所起的作用被据理力争是"天然的狄尔斯 - 阿尔德环化酶"（Byrne, Lees *et al.* 2016），但要确定成环反应是否真正以单一协同过渡状态形式发生仍需详细的机理分析。

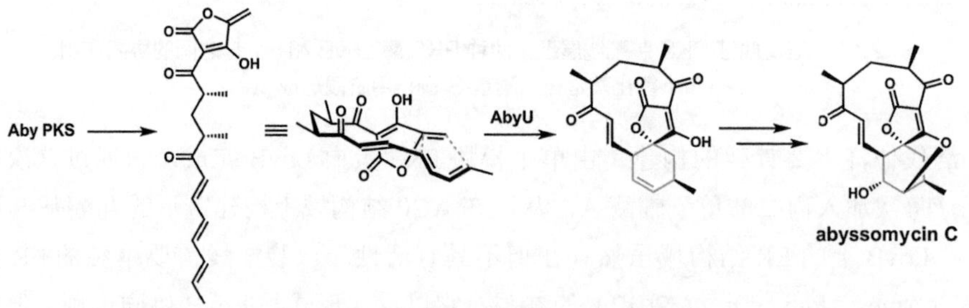

图 2.27　Abyssomycin 中"狄尔斯 - 阿尔德环化酶"AbyU 催化螺
4- 羟基乙酰乙酸内酯部分的环己烯环的形成

2.7.2　Sch210972：CghA 的立体化学控制原则

最近有学者研究了来自真菌毛壳菌（*Chaetomium globosum*）的含十氢化萘和

特特拉姆酸（tetramate）的天然产物 Sch210972（图 2.28）的生物合成。Sch210972作为阻断人免疫缺陷病毒（HIV）与人 T 细胞上的 CCR5 受体结合的分子而引起了人们的兴趣。它的生物合成基因簇已被鉴定，产物的结构已通过光谱分析确认，重要的是，十氢化萘的绝对立体化学已通过 X 射线分析进行了确证。CghA 被确定是催化 [4+2] 环加成反应的酶。破坏 *cghA* 基因可导致产物生成减少 30 倍，但是出现的新产物被证实是 [4+2] 环化的另一立体异构体（Sato, Yagishita *et al.* 2015）。如图 2.28 所示，CghA 立体特异性地催化内型加合物的形成，而并未检测出外型加合物的生成。当酶未产生时，内型加合和外型加合的产物以 2∶1 的比例（可能反映出两种过渡态的能量）形成总量的 1/20。

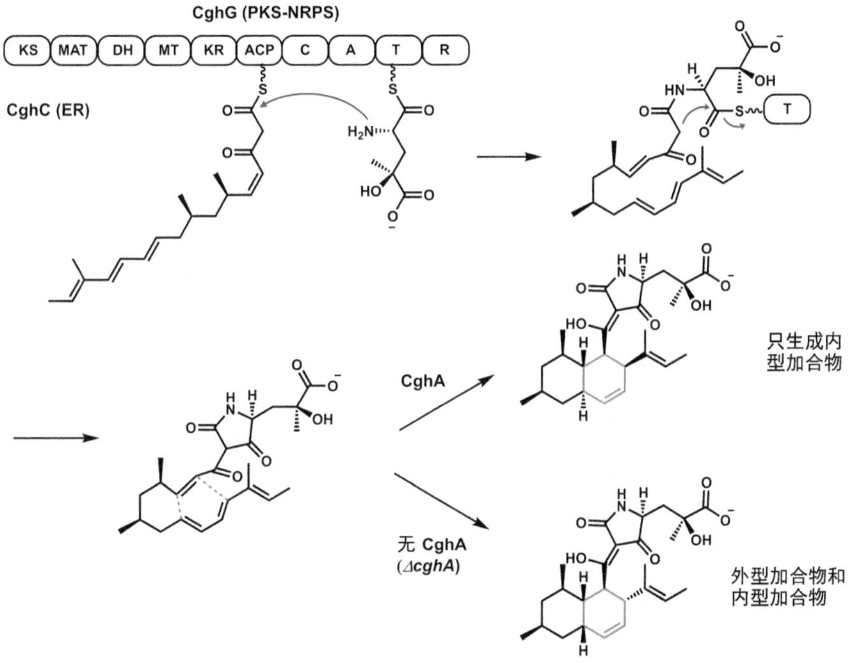

图 2.28　用于 Sch210972 合成的 PKS-NRPS 杂合装配线
可催化 [4+2] 环化和迪克曼（Dieckmann）缩合释放步骤
Sch210972 形成过程中酶 CghA 引导所有反应通量流向内型过渡态；
在 *ΔcghA* 菌株中，外型加合物产物伴随内型加合物一起形成

虽然这些结果并未明确地说明十氢化萘是否经单一狄尔斯 - 阿尔德过渡态而成（无论是同步还是异步），但它们确实表明该酶具有明显的立体化学选择性。在这个以及之后多杀菌素的例子中，SpnF 加速了另一种缓慢的非酶催化的 [4+2] 环加成，可能是酶"仅仅"加速了非酶环加成的速率。上述所有这些天然产物在形成十氢化萘的热力学可能是一体的，即反应在没有蛋白催化剂的情况下可缓慢进行，而有酶时可被加速，并且以可立体化学控制的形式来保存有用原料以进行后续的反应步骤。立体化学

控制能在多大程度上改变化学键形成的机理，例如，从逐步反应到协同反应，或与之相反，这对一般类别的环加成而言是尚不明确的。

2.7.3　多杀菌素：SpnF 作为狄尔斯 - 阿尔德环化酶？

图 2.29 显示了通过硫酯与多杀菌素合成酶的 ACP$_{10}$ 上磷酸泛酰巯基乙氨基链的最下游聚酮链的结构。由 TE 结构域催化的大环内酯化释放产生 22 元大环内酯，从而生成第一个含有一个二烯基团和两个独立的烯烃双键的可溶性产物。一组装配线下

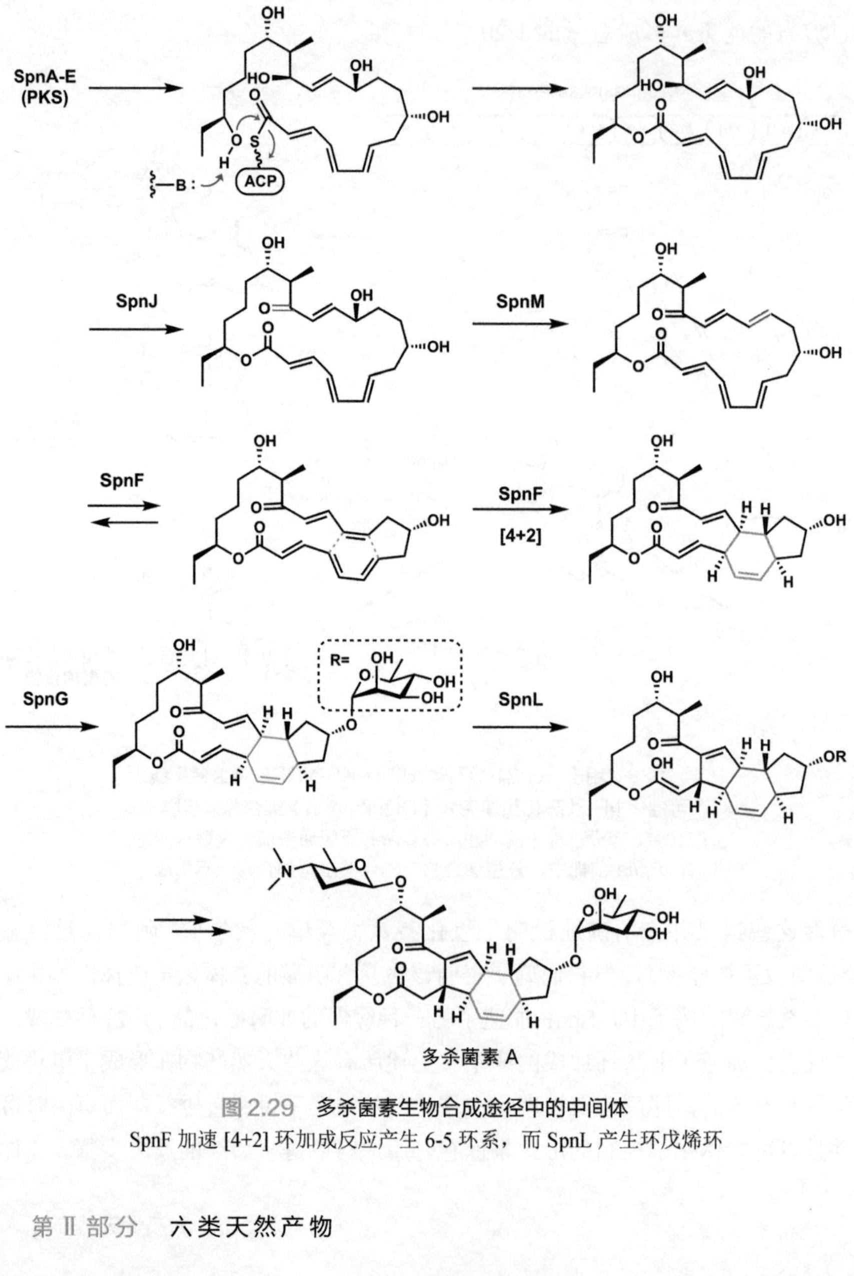

多杀菌素 A

图 2.29　多杀菌素生物合成途径中的中间体

SpnF 加速 [4+2] 环加成反应产生 6-5 环系，而 SpnL 产生环戊烯环

的其他九个酶发挥作用以产生成熟的多杀菌素 A 结构。SpnF 已经被分离出来并鉴定了结构（Fage, Isiorho *et al.* 2015），同时研究表明 SpnF 可使缓慢的非酶环化反应加速（Kim, Ruszczycky *et al.* 2011）（图 2.26，图 2.30）约 60 倍。但是要注意，二烯和亲二烯体的特定构型使其产生双环 6-5 环系，而非洛伐他汀骨架中的 6-6 双环十氢化萘环系。

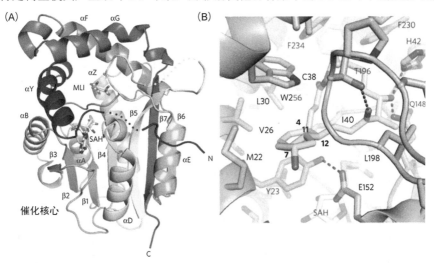

图 2.30 结合 SAH（A）及产物模拟进入活性位点区域（B）的 SpnF 结构

经麦克米伦出版有限公司许可转载自：Fage C. D., E. A. Isiorho, Y. Liu, D. T. Wagner, H.-W. Liu. and A. T. Keatinge-Clay (2015). "The structure of SpnF, a standalone enzyme that catalyzes [4+2] cycloaddition". *Nat. Chem. Biol.*, **11**: 256. 版权 (2015)

据推测，与酶结合的 SpnF 底物（图 2.29）是转化成更高比例的 *s-cis* 构象异构体以满足跨环 [4+2] 环化的需要。鉴于该反应可以非酶促形式发生，其速率是 SpnF 催化速率的 1/500，因而它在溶液中也一定能发生。SpnF 具有 SAM 依赖性甲基转移酶的折叠，但它并不催化任何甲基化反应，即使它是与 *S*-腺苷同型半胱氨酸（SAH，*S*-adenosylhomocysteine）分子共纯化出来，并在酶的 X 衍射结构中可看到（图 2.30）。虽然含有 SpnF 产物的晶体尚未被报道，但图 2.30（B）显示的模型展现了它如何在 SpnF 活性位点进行结合。结构和机理的研究为确定 SpnF 催化的环加成是否真的是狄尔斯 - 阿尔德单步或多步过程奠定了基础。Fage 等人（2015）提到："SpnF 可以通过多种方式促进环加成：①除去底物周围的水分子；②稳定活性几何构型，可能是通过降低 C5-C6 的 *s-cis* 构象相对于其他构象的能量；③增强亲双烯体的反应活性；T196 处于与 C15 羰基形成氢键的位置，并通过 C11-C15 π-系促进电子密度的排斥。

通过量子力学计算和动态模拟对 SpnF 催化反应的计算分析，显示这一反应无法明确地推断为协同过程或逐步反应过程（Patel, Chen *et al.* 2016）。根据计算，狄尔斯 - 阿尔德路线是合理的，但 [6+4] 环加成也合理。虽然还没有观察到这样的产物，但快速的科普（Cope）重排（图 2.31）会得到已观察到的 [4+2] 产物。这一分析结果结合后面两部分要讲述的斑鸠霉素（ikarugamycin）途径中通过完全不同的化学策略得到相似的 5-6-5 三环体系，提示我们对大自然用于加速天然产物合成过程中碳环形成的化学原理还需进行深入的研究。

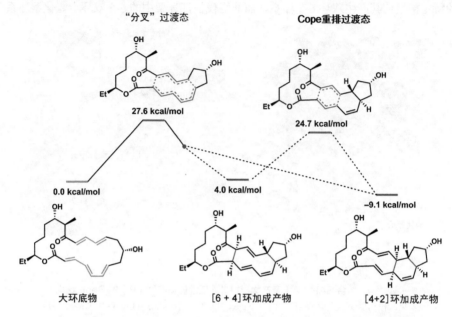

图 2.31　对生成 [4 + 2] 产物过程中 SpnF 过渡态和 [6 + 4] 环加成中间体的能量计算

吉布斯自由能以 kcal/mol 表示。数据转载自：Patel A., Z. Chen, Z. Yang, O. Gutiérrez, H.-W. Liu, K. N. Houk and D. A. Singleton (2016). "Dynamically Complex [6+4] and [4+2] Cycloadditions in the Biosynthesis of Spinosyn A". *J. Am. Chem. Soc.*, **138** (11): 3631.

2.7.4　茄格孢吡喃酮

　　茄格孢吡喃酮（solanapyrone）是由真菌茄链格孢（*Alternaria solani*，一种引起马铃薯和番茄枯萎病的微生物）产生的聚酮化合物。其结构中嵌入的十氢化萘表明可能存在狄尔斯-阿尔德环化酶［参见（Walsh and Wencewicz 2013）的摘要］。事实证明，将远离二烯部分的醇氧化成酮后，与烯烃（通过中间的芳环系统成为亲双烯体）的最低未占分子轨道的电子接触足以引发形成十氢化萘的反应。图 2.32 展示了一条推测的狄尔斯-阿尔德路线，但该路线尚未得到证实。

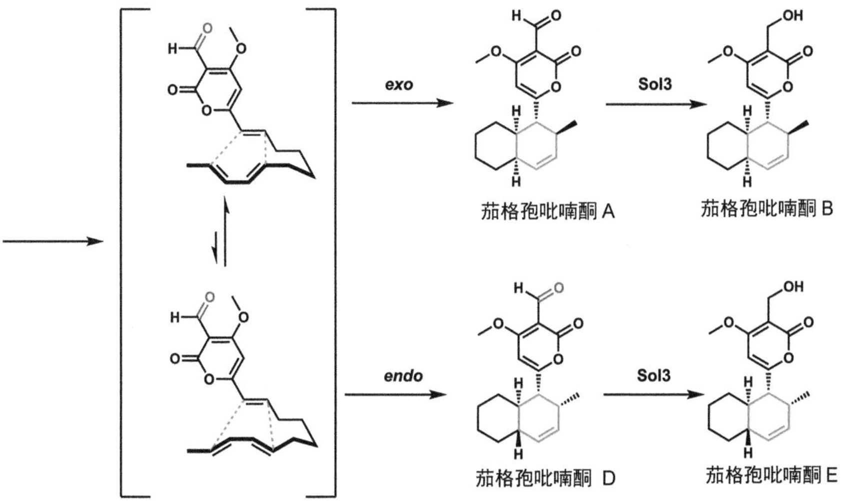

图 2.32　Prosolanapyrone II 在发生狄尔斯 – 阿尔德环化之前其远端的醇被氧化成醛

专题 2.1　一条生物合成途径中的两种 [4+2] 环化类型

吡咯吲哚霉素（pyrroindomycin）的五环核心结构包含十氢化萘系统和 6,5-螺环特特拉姆酸（图 2.V1）。值得注意的是，最近已经证明这两种双环系统都是由串联的 [4+2] 环化所产生（Tian, Sun *et al.* 2015）。螺环特特拉姆酸使人联想到 abyssomycin 形成过程中类似由 AbyU 装配的类似的螺 4-羟基乙酰乙酸内酯类化

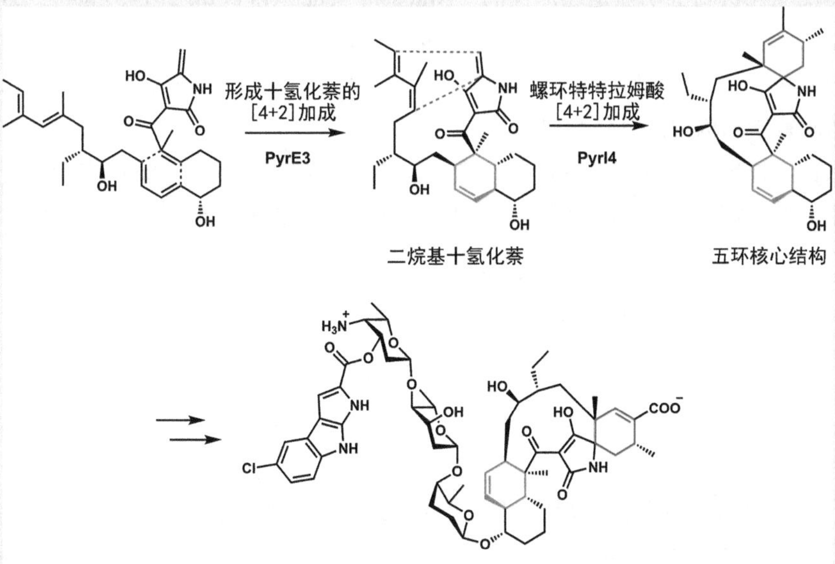

图 2.V1　串联的 [4+2] 环加成反应形成吡咯吲哚霉素

合物，而洛伐他汀及其他代谢产物中的装配的是十氢化萘环系。

这是迄今为止两类公认的通过酶催化的 [4+2] 环化反应合成的环系类型。如图 2.V1 的底部所示，最近研究发现这两种环系是在同一途径中依次形成，分别由 PyrE3（十氢化萘的形成）和 PyrI4（螺 4-羟基乙酰乙酸内酯）催化。据推测，PyrE3 首先作用于从 PKS-NRPS 杂合装配线上释放的新生产物，然后 PyrI4 作用于含二烷基十氢化萘的骨架。

PyrE3 含有 FAD，但其辅因子在十氢化萘形成过程中并没有起氧化还原作用。PyrI4 并不需要辅因子。它们作为装配线下的后修饰酶一起构建了吡咯吲哚霉素（pyrroindomycin）的五环核心结构。PyrE3 和 PyrI4 中的任何一个或两个是否充当狄尔斯 - 阿尔德环化酶，如作为熵阱，或逐步构建核心结构仍有待确定。但作者指出，如果它们涉及狄尔斯 - 阿尔德途径，二烷基十氢化萘将是内型选择性的，而螺丁内酰胺环化将是外型选择性的。PyrI4 的同源蛋白在若干微生物基因组中被检测到，有时会与 PyrE3 的同源蛋白同时出现，这表明自然界存在形成 spirotetronate 和十氢化萘的酶家族。

2.7.5　与多杀菌素中相同的三环系统的其他分步构建方案

斑鸠霉素和相关多环丁内酰胺大环内酯类化合物中的 5-6-5 稠合三环体系是分步构建的。尽管与多杀菌素具有相同的 5-6-5 稠合三环核心结构，但形成上述核心结构的环化反应在机制上明显是还原性的（Antosch, Schaefers *et al.* 2014; Zhang, Zhang *et al.* 2014）。首先形成 5-6 元环，接着形成第三个环（图 2.33 中右侧的环戊烷），这都需要 NADPH。图中推测的反应机制显示了来自两种 NADPH 辅酶中的氢化物最终出现在斑鸠霉素结构中的具体位置。

来自海洋链霉菌的三个基因的组合就足以在异源宿主 *S. lividans* TK64 中产生斑鸠霉素（参见第 13 章关于基因簇异源表达的概述）（Zhang, Zhang *et al.* 2014）。IkaA

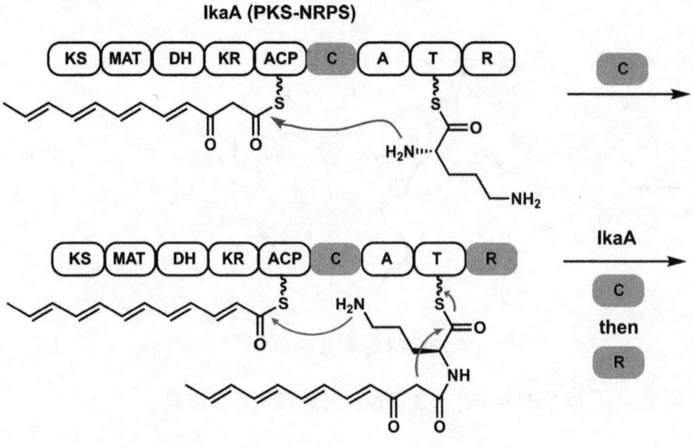

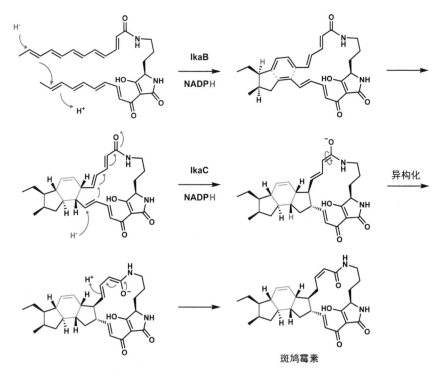

图 2.33　斑鸠霉素中的 5-6-5 三环体系的分步构建

是聚酮合酶-非核糖体肽合成酶的杂合体（PKS-NRPS），其中的每个模块各自用于合成如图 2.33 所示的线型产物。据推测之后 IkaB 和 IkaC 两者作为二氢烟酰胺依赖性还原酶能够影响图中所示的 Michael 式环化反应。

第一次环化推测是通过在一条链的共轭多烯的末端加氢而引发的，其伴随着与相邻的多烯链上的多烯末端形成 C–C 键。类似的氢化引发的环化将构成与前两个环稠合的第三个环（环戊烷）。显然，这是一种独特的化学原理和来自多杀菌素系统的特殊酶组合，这反映了碳环结构的多功能性。顺便说一句，我们注意到 IkaB 在生成5,6- 双环骨架时，也以异乎寻常的路线闭合了大环内酰胺。这与噻唑类多肽抗生素（thiazole peptide antibiotics）（其生物合成将在下一章中阐述）中三噻唑基吡啶核心（trithiazolylpyridine core）结构形成时的反应时机类似。

如图 2.34 所示，斑鸠霉素是多环特特拉姆酸大环内酰胺（polycyclic tetramate macrolactams，PTM）家族中的一个。它们具有两个或三个稠合环，其中大环内酰胺中5-5 双环以及 5-5-6 和 5-6-5- 三环部分具有不同构型。与斑鸠霉素的原理和机制类似，这些化合物的生物合成是以还原环化的模式，通过一种酶起作用（双环）或两种还原酶依次起作用（三环）。

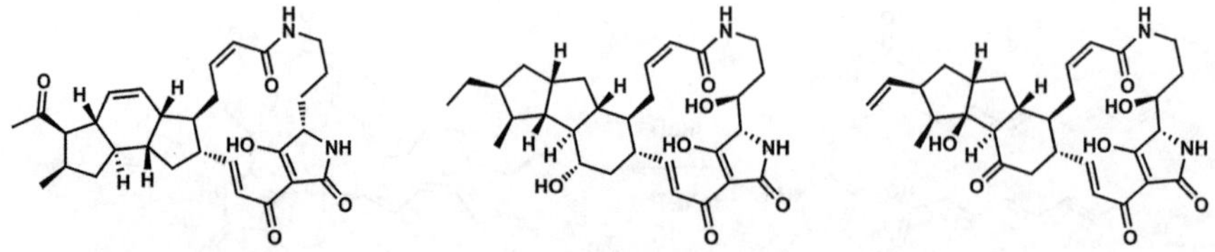

clifednamide A　　　　二氢嗜麦芽菌素（HSAF）　　　　frontalamide A

图 2.34　其他具有稠合多环系统的含特特拉姆酸的大环内酰胺类

2.8　多烯亚类的聚酮化合物

抗真菌分子制霉菌素（nystatin）是由含 19 个模块的 I 型 PKS 装配线负责合成（Brautaset, Sekurova et al. 2000）（图 2.35）。类似的 PKS 装配线产生同类抗真菌药物两性霉素 B（amphotericin B）（结构未显示）（Caffrey, Lynch et al. 2001）。这 19 个模块分布在六种蛋白上，这使得 PKS 亚基彼此之间必须产生成对的相互作用，从而使聚酮链按照既定顺序进行加工。也就是说，NysB 必须与 NysA 相互作用，NysA 作为上游伴侣，而 NysB 作为下游伴侣，分别用作链延伸的受体和供体。类似的蛋白 - 蛋白之间的差异性和选择性亲和力也适用于 NysC、NysI 和 NysJ，以及它们在该装配线上的上游和下游伴侣。这种识别特性是所有此类多蛋白装配线的必要特征，这适用于本章中的 PKS 复合体和下一章中的 NRPS（Weissman and Muller 2008; Weissman 2015）。

这是一个非常复杂的生物合成装配线，其中 91 个功能域分布在六种蛋白的 19 个模块中，组成超过 3000 kDa 的蛋白，涉及超过 3000 个氨基酸残基。生产菌诺尔斯氏链霉菌（Streptomyces noursei）花费了大量的 ATP 来构建制霉菌素装配线，因此推测最终产品应该具有很大的代谢价值。

模块 4、5、7、8、9、10 缺少 ER 结构域，因此会在生长链中累积六个双键，并在链上形成构象刚性（这些适用于狄尔斯 - 阿尔德环化酶类的环化）。烯烃的存在赋予了制霉菌素和两性霉素的类名为多烯类抗生素。它们可嵌入真菌膜并破坏膜的完整性，导致细胞死亡，但因为可以嵌入高等真核生物的细胞膜而产生毒性。如图所示，结构中的糖残基对于其发挥生理活性至关重要，它是装配线下修饰的产物。

微生物生产多不饱和脂肪酸（包括双键以非共轭型 1,4- 顺式排列或共轭型 1,3- 反式排列的化合物）过程中涉及不同的 PKS 组装原理（Jiang, Zirkle et al. 2008）。它们是利用 II 型单模块 PKS（Okuyama, Orikasa et al. 2007）以迭代方式进行。例如，黏细菌（myxobacterial）的 PKS 酶 PuFA 产生 $\Delta^{5,8,11,14,17}$-C_{20} 五烯酸以及 C_{22} 同系物 $\Delta^{4,7,10,13,16,19}$- 二十二碳六烯酸（哺乳动物多不饱和脂肪酸的同系物）（Gemperlein, Garcia et al. 2014）。

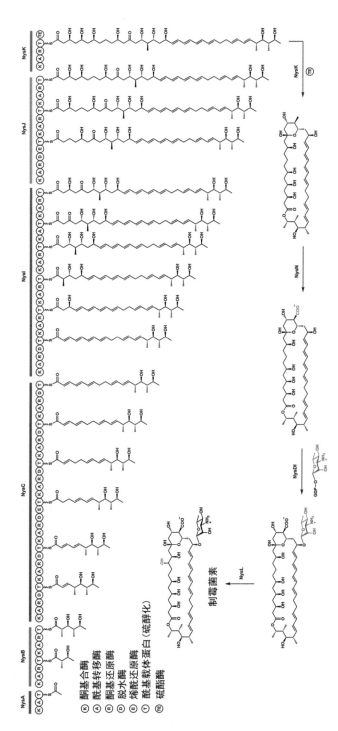

图 2.35　多烯大环内酯类抗真菌药剂制霉菌素是由含 91 个结构域的六重白 19 模块装配线所合成

特别值得关注的是一类迭代 PKS，它用于制备生成烯二炔抗生素的聚烯烃前体〔图 2.36（A）〕。它先形成 3-OH, 4,6,8,10,12,14- 十六烯酰基-ACP 结合中间体，之后

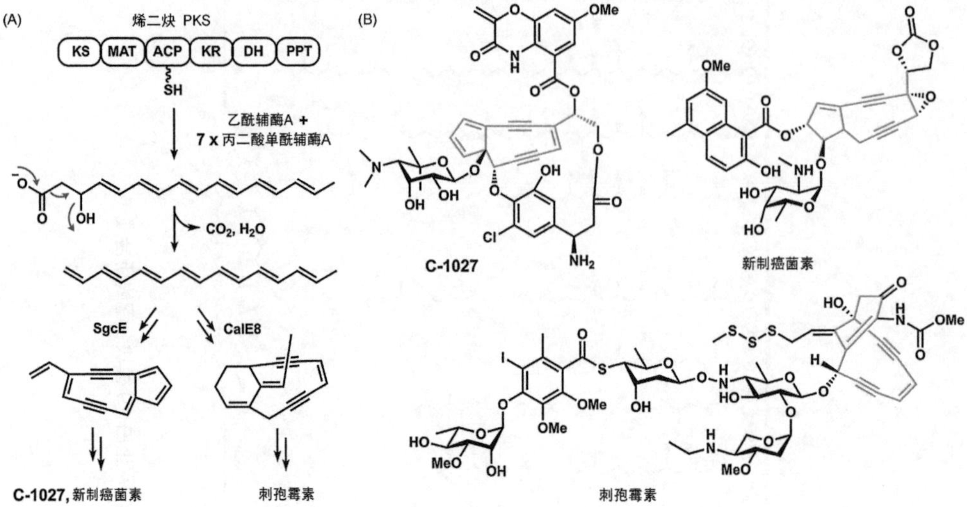

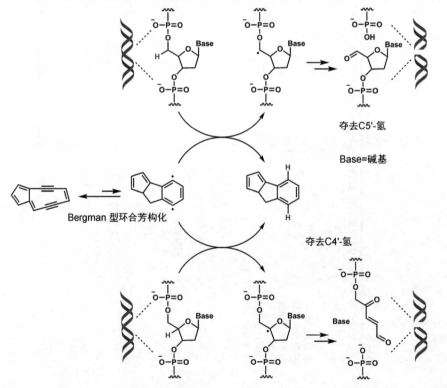

图 2.36　多不饱和脂肪酸变形而成的烯二炔

（A）来自烯二炔基因簇的单 PKS 模块释放共轭七烯化合物 1,3,5,7,9,11,13-十五碳七烯，它被推测是九元烯二炔环的前体；（B）代表性的九元烯二炔类天然产物

图 2.37　与 DNA 结合的分子中的烯二炔自由基通过 Bergman 型环合芳构化生成苯双自由基，导致链断裂

经释放并脱羧生成 1,3,5,7,9,11,13-十五碳七烯（Zhang, Van Lanen *et al.* 2008）。基于这点，人们认为该类聚烯烃是双环九元烯二炔类天然产物的近端前体（Liu, Christenson *et al.* 2002）［图 2.36（B）］。诸如埃斯培拉霉素（esperamicin）、新制癌菌素（neocarzinostatin）、C-1027 和刺孢霉素（calicheamycin）等分子具有药用价值，这是因为烯二炔与 DNA 结合，并且作为前体形成芳香族双自由基（图 2.37）（Van Lanen and Shen 2008）。

　　为了组装出完全成熟的烯二炔天然产物骨架，需要投入四条汇聚的天然产物途径。如图 2.38 所示，C-1027 的不饱和烯二炔核心结构的产生要经历 PKS 产生的多烯中间体，分支酸（chorismate）环化所衍生的苯并噁唑啉酯，氨基酸代谢产生的氯-β-酪氨酸（chloro-β-tyrosine）以及经糖基转移酶所形成的脱氧己糖（在第 11 章中讨论）（Liu, Christenson *et al.* 2002）。

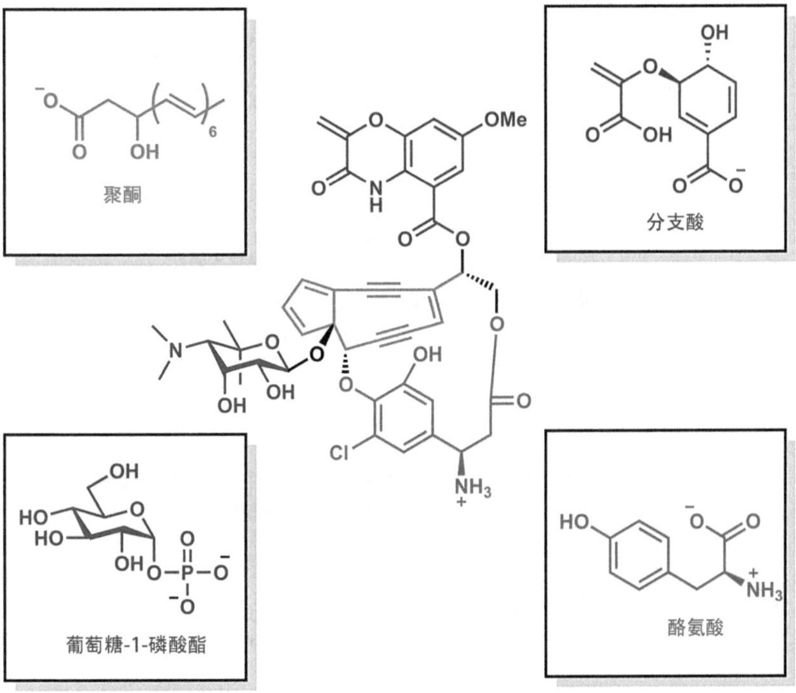

图 2.38　烯二炔 C-1027 的产生需要汇聚来自不同初级合成砌块的若干途径

2.9　源自聚酮的聚醚类代谢产物

　　相当多的聚酮代谢产物含有环醚结构（Gallimore 2009; Liu, Cane *et al.* 2009）。所述的环可以是五元环到九元环，但到目前为止最常见的是如图 2.39 所示分子中含有的五元呋喃环和六元吡喃环。我们将讨论拉沙里菌素和异拉沙里菌素（isolasalocid）

以及相关的钾离子载体莫能菌素中的成环反应，还有雪卡毒素（ciguatoxin）中生成稠合醚环的可能途径。图 2.40 显示了适用于这些聚酮醚链的六种常见的醚环形成机

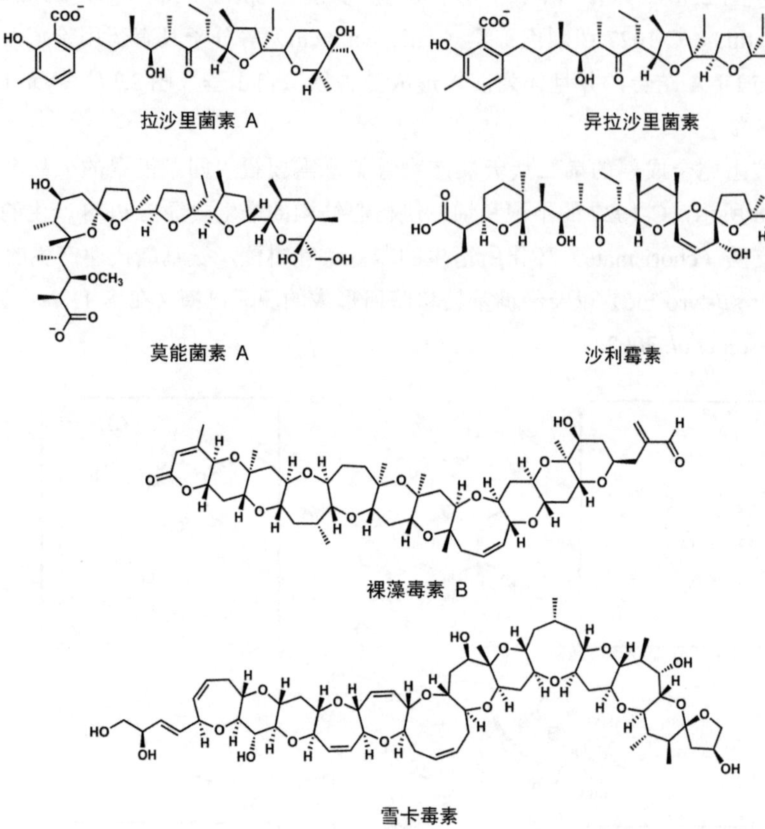

拉沙里菌素 A

异拉沙里菌素

莫能菌素 A

沙利霉素

裸藻毒素 B

雪卡毒素

图 2.39　含有环醚（聚醚类）的聚酮类化合物包括拉沙里菌素、莫能菌素、
沙利霉素（salinomycin）和具有 13 个稠环醚的雪卡毒素

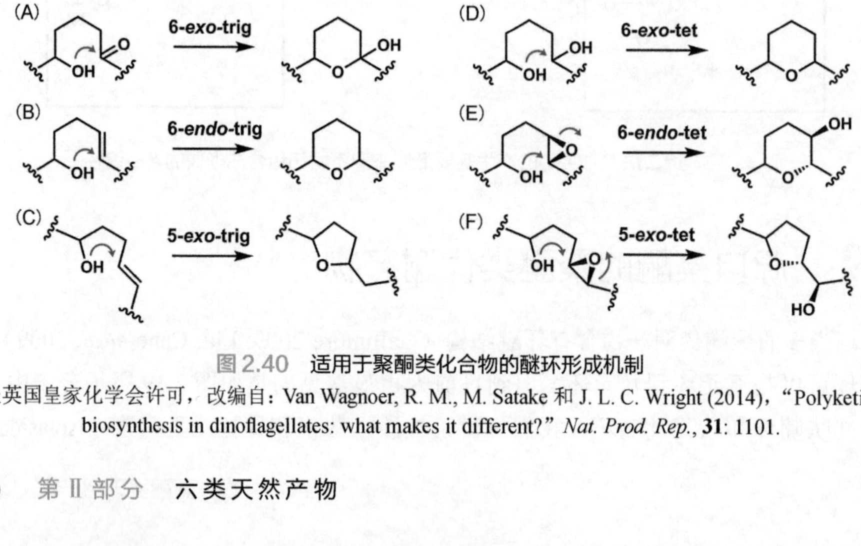

图 2.40　适用于聚酮类化合物的醚环形成机制

经英国皇家化学会许可，改编自：Van Wagnoer, R. M., M. Satake 和 J. L. C. Wright (2014)，"Polyketide biosynthesis in dinoflagellates: what makes it different?" *Nat. Prod. Rep.*, **31**: 1101.

制，并引入了环化命名法（Baldwin 1976; Baldwin, Thomas *et al.* 1977; Van Wagoner, Satake *et al.* 2014）。路径（A）通过 OH 环外进攻羰基形成六元吡喃环（6-*exo*-trig）。路径（B）是规范的 6-*endo*-trig 通路，因为被进攻的烯烃碳是 sp² 碳。路径 E 和 F 涉及将烯烃先转化为环氧化物，然后通过邻近的 OH 基团以 6-*endo*-trig 或 5-*exo*-tet 模式开环，分别得到吡喃或呋喃。这些途径许多与下面提到的酶学相关。

沙利霉素中的 A 环是由 6-*endo*-trig 途径形成。该酶催化 β-OH-酰基硫酯脱水生成 α,β-共轭烯酰硫酯，它可作为吡喃环形成过程中的亲电试剂，由 C7-OH 进攻共轭体系的 C3 末端（Luhavaya, Dias *et al.* 2015）。具有蛋白磷酸酶抑制剂活性的毒素冈田酸（okadaic acid）的骨架结构中含有七个环醚（Van Wagoner, Satake *et al.* 2014）。如图 2.41 所示，冈田酸的形成用到三条途径。第一对吡喃螺环的形成分别涉及对酮和烯烃的进攻。环 CDE 中稠合的 5-6-6 三环醚体系包括一个环氧化物中间体（来自先前酶催化的烯烃环氧化）以及 OH 作为离去基团被置换而形成的呋喃环。第二对螺吡喃涉及以 6-*exo*-trig 方式进攻酮，然后是以 6-*exo*-tet 方式置换 OH 取代基。

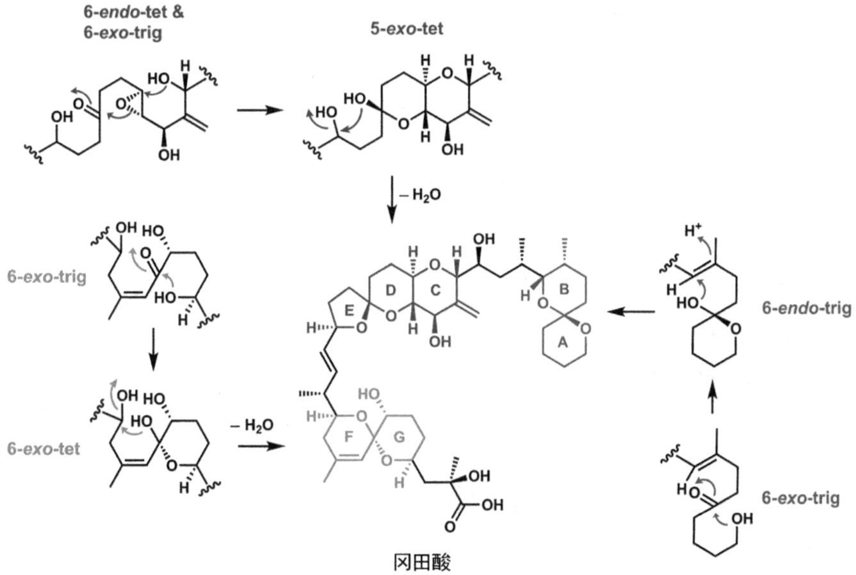

图 2.41 冈田酸中七个环醚形成的三种途径

分别如图 2.42 和图 2.43 所示，离子载体化合物莫能菌素和拉沙里菌素是通过环氧化和环氧化物开环这一串联途径进行加工（Migita, Watanabe *et al.* 2009）（Oliynyk, Stark *et al.* 2003）。这个两步过程最初是由 Cane、Celmer 和 Westley 于 1983 年作为当时所有已知聚醚将遵循的生物合成原理而提出来的（Cane, Celmer *et al.* 1983）。作者们利用同位素（见第 1 章中的图 1.32）标记模式，将三重标记的乙酸 CH₃–[¹³C¹⁸O₂H] 和丙酸 CH₃CH₂–[¹³C¹⁸O₂H] 饲喂进入莫能菌素的三烯前体中，然后掺入带有三个呋喃环和两个吡喃环的最终产物莫能菌素（图 2.42）。在 $^{18}O_2$ 的化学回补实验中，结果显示这三个 ^{18}O 氧最终出现在 2 号和 3 号呋喃环以及莫能菌素的末端吡喃环中。这种方式提示其形成过程经历了三烯 - 三环氧化物的化学过程，后来的研究证实了三烯作为新生产物存在以及环氧酶的最终作用。这一研究结果也适用于预测并促进聚醚骨架的后续发现（Vilotijevic and Jamison 2009）。

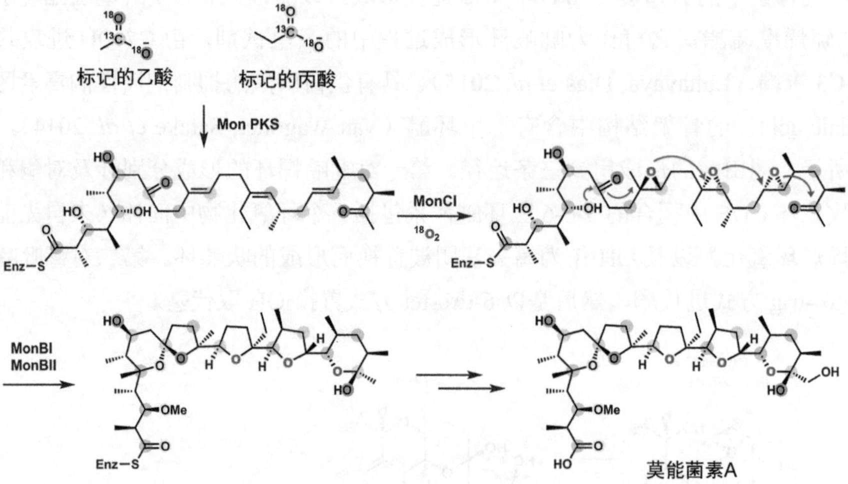

图 2.42 莫能菌素 A 生物合成过程中从烯烃到环氧化物再到吡喃和呋喃环
图中显示了 Cane 研究的标记结果

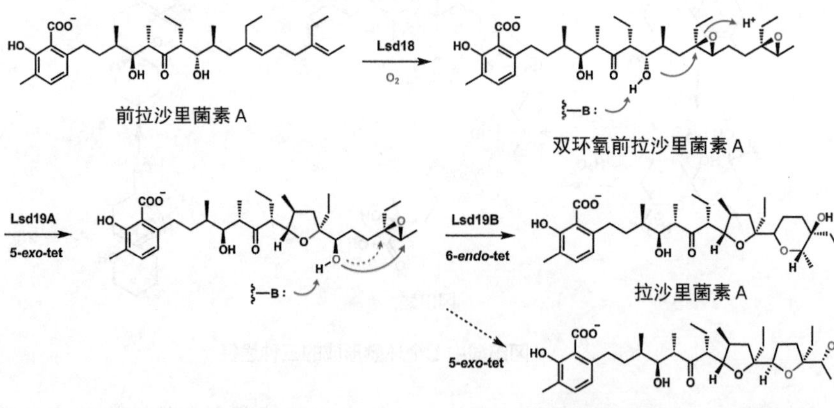

图 2.43 拉沙里菌素 A 生物合成中从烯烃到环氧化物再到吡喃和呋喃

这一过程发生了两步串联化学反应：黄素酶诱导的串联双键环氧化（使人联想到第 4 章中的角鲨烯环氧酶），以及之后的不依赖辅因子的环氧化物水解酶，它实际上是环醚形成的催化酶。

对于拉沙里菌素，酶 Lsd18 和 Lsd19 适用于上述两步催化原理。在 Lsd19 的催化下，通过分子内邻近的 -OH 打开双环氧化物，同时产生呋喃环和吡喃环（Minami, Shimaya *et al.* 2012）。类似地，在莫能菌素成熟过程中，通过黄素加氧酶 / 环氧化酶作用于三个指定的双键，产生三环氧化物，通过一组环氧化物水解酶的作用产生五环的醚结构。

拉沙里菌素环氧化物水解酶 / 醚形成酶 Lsd19 的机制和结构已经得到研究，以评估它如何与底物结合以促进热力学上不利的 6-*endo*-tet 途径，使其优先于 5-*exo*-tet 途径发生（生成拉沙里菌素）（Minami, Shimaya *et al.* 2012）（Hotta, Chen *et al.* 2012）（图 2.43）。

拉沙里菌素和莫能菌素的结构中分别含有两个和五个环醚，这与来自海洋甲藻（dinoflagellate）PKS 装配线的裸藻毒素（Baden 1989; Turner, Higgins *et al.* 2015）或雪卡毒素（Nicholson and Lewis 2006）中的 11 个稠合醚环相比似乎非常简单（图 2.39，图 2.44）。（注意嵌入雪卡毒素分子中的八元和九元环醚）。由于宿主生产者遗传学和蛋白生物化学的障碍，这些复杂的海洋来源稠合聚醚骨架（一类离子通道阻滞剂）（Baden 1989）的合成机制或结构上的生物合成细节尚未被研究。

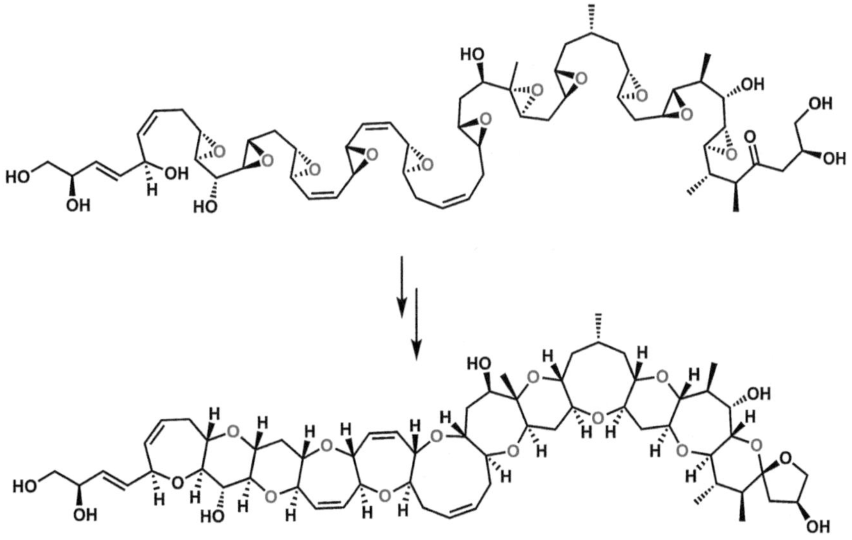

雪卡毒素

图 2.44 推测环氧化物水解酶通过解开十一环氧中间体发生串联环化形成雪卡毒素中的稠合聚醚骨架

当最终能获得纯化的酶时，这些串联反应是如何协同进行的，它们从哪里开始（例如，以推测的环氧化物环为引发剂），某些双键而非其他双键的环氧化选择性是如何确定的，以及串联反应的方向性如何进行，这些都仍有待确定。

2.10　聚酮与其他天然产物在合成途径上的融合

正如我们在后续章节中将提及的其他类型的天然产物，其生物合成途径可以并且确实会发生融合来产生新的途径和功能。这可以通过不同类型的合成砌块在组装的早期阶段发生，如图 2.38 中所示的烯二炔 C-1027 的起始单元的不同来源。除聚酮核心结构之外，氨基酸如酪氨酸、糖磷酸如葡萄糖 -1- 磷酸酯和芳香族化合物的中心前体分支酸都被征用于 C-1027 的合成（Van Lanen and Shen 2008）。

合成途径也可以在后期阶段融合。图 2.45 显示了贯叶金丝桃素和 Δ^9- 四氢大麻酚（tetrahydrocannabinol）的结构，这两个分子是聚酮和异戊烯基化（第 4 章）生物合成机制的杂合体。贯叶金丝桃素的聚酮部分用蓝色绘制，而四个异戊二烯单元用红色表示。第 4 章会对贯叶金丝桃素的生物合成原理进行详细介绍。四氢大麻酚也是具有相同配色方案的聚酮 - 异戊二烯杂合体，它对人的药理作用完全不同于贯叶金丝桃素，它的生物合成机制同样会在第 4 章中进行介绍。这两个化合物的生物合成都是由 PKS 酶构建芳香核心结构，之后进行异戊烯基化修饰。

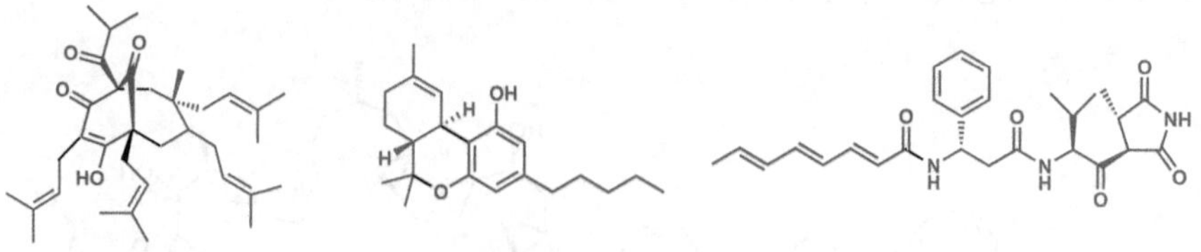

贯叶金丝桃素　　　　　　　　四氢大麻酚　　　　　　　　　andrimid

图 2.45　不同天然产物生物合成途径的融合产生
贯叶金丝桃素、四氢大麻酚和 andrimid

图 2.45 中显示的第三个分子是抗生素 andrimid（Feredenhagn, Tamura *et al.* 1987），它是聚酮装配线（蓝色）和非核糖体的氨基酸单元（红色）的杂合体。非核糖体肽合成酶是下一章的主题。

Andrimid 是细菌乙酰辅酶 A 羧化酶的有效抑制剂（Clardy, Fischbach *et al.* 2006），是本章开头所述的脂肪酸和聚酮类化合物生物合成中的第一个公认的酶，因此它似乎是一个适合在结尾时讨论的例子。Android 骨架的两个部分是由 PKS 酶促机制提供。其中一部分是多不饱和的 2,4,6-辛三烯酸酯，它作为起始单元，而另一个丙二酰基位于某些氨基酸片段之间。苯丙氨酸残基实际上是 β-Phe，是由具有特殊辅因子的苯丙氨酸变位酶（Heberling, Masman *et al.* 2015）催化生成。该辅因子在苯丙氨酸脱氨酶（作为一大类苯丙素类天然产物的门控酶）中也有发现（第 7 章）。Andrimid 中的甲基琥珀酰胺尾部是该化合物的药效团，它模拟了靶蛋白的生物素辅因子（Liu, Fortin *et al.* 2008）。

专题 2.2　伊维菌素、洛伐他汀、红霉素、四环素和阿霉素

聚酮家族的天然产物产生了许多已被发现可用作人类治疗药物的分子。图 2.V2 展示了其中的五个分子。

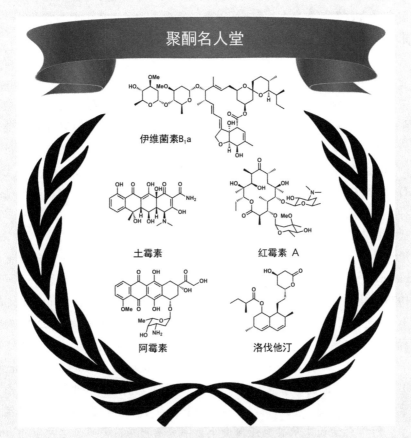

聚酮名人堂

伊维菌素B₁a

土霉素

红霉素 A

阿霉素

洛伐他汀

图 2.V2　改变世界的五个聚酮类代谢产物

在 20 世纪 40 年代和 50 年代的抗生素发现黄金期分离出的红霉素和四环素是广谱抗生素。糖基化的大环内酯伊维菌素已成为治疗河盲症的首选药物。阿霉素是一系列相关的芳香糖苷之一，它靶向 DNA 而用作一种抗癌方案。洛伐他汀导致了半合成他汀类药物的出现，它们已成为心血管领域最畅销的药物用于降低胆固醇水平。

红霉素是在 1952 年以四种相关分子的复合物形式被从土壤细菌糖多孢红霉菌 (*Saccharopolyspora erythraea*) 中分离得到。红霉素 A 是这个天然产物家族中活性最强的形式，它被用于治疗人呼吸道感染。该化合物含有一个十四元的大环内

酯环，环上有两个对抗菌活性至关重要的去氧糖取代基。它靶向细菌核糖体 50S 亚基中的肽基转移酶中心，从而阻断细菌的蛋白质合成。在它数十年的使用过程中，细菌已经进化出各种耐药机制，包括外排泵和 50S 核糖体亚基中 rRNA 的突变。为了解决天然产物药效降低的问题，药物化学家制造了半合成或合成的第二代（阿奇霉素、克拉霉素）、第三代（泰利霉素）和第四代（索利霉素——在晚期临床开发中）大环内酯类抗生素（Walsh and Wencewicz 2016）。

四环素类化合物是在 20 世纪 40 年代中期被分离出来，而金霉素和土霉素的商业化是在 20 世纪 40 年代末和 50 年代初。它们也是源自聚酮。然而，作为稠合的芳香四环结构，它们具有与聚酮化合物的大环内酯亚类完全不同的骨架。第 2 章的正文部分详细介绍了共价连接到酰基载体蛋白上的聚酮硫酯是如何经过环化脱水芳构化，从而释放出稠合芳环骨架。四环素也靶向细菌核糖体，但作用于小的 30S 核糖体亚基中特定位点的 16S rRNA 区域。它们一直是世界卫生组织（WHO）列出的基本药物，并在霍乱流行病治疗方面具有历史意义。与其他抗生素一样，四环素的广泛应用导致了耐药性的产生，这使得化学家们合成第二代和第三代药物分子来对抗耐药。

阿维菌素（avermectin）是聚酮大环内酯的另一个例子。它是由阿维链霉菌（Streptomyces avermitilis）产生，并存在于来自日本某高尔夫球场的一个样本库中，1975 年由日本北里研究所送给默克的抗寄生虫药科学家（Omura and Crump 2004）。在优化阿维菌素性质的结构 - 活性关系研究过程中，发现 22,23-双键的还原产生了更稳定的化合物，这就是伊维菌素。默克研究小组认识到伊维菌素通过杀死致病性寄生虫旋盘尾线虫（Onchocerca volvulus）（Ottesen and Campbell 1994）而具有治疗河盲症的潜力。该药物后来还发现对淋巴丝虫病（象皮病）有效。默克公司向 40 多个国家捐赠了该化合物，每年大概有 6000 万人接受延长治疗方案。阿维菌素尚未从其他任何微生物中分离出来，表明了这种生物合成装配线的稀有性。北里研究所所长 Satoshi ōmura 和默克寄生虫团队负责人 William Campbell 因为伊维菌素的发现和开发共享了 2015 年诺贝尔医学奖。

阿霉素：临床上也称之为多柔比星（doxorubicin），是蒽环类药物道诺霉素的 14- 羟基衍生物，它可阻断人类细胞中的拓扑异构酶 2（Yang, Teves et al. 2014）。多柔比星对癌细胞和正常细胞没有选择性，但依赖于肿瘤细胞更快的生长速率以达到选择性毒性 / 治疗指数。多柔比星被认为是通过平面蒽环嵌入 DNA 碱基对之间，并且通过自由基氧化还原循环来破坏 DNA。多柔比星是多种类型肿瘤的化疗方案的一部分，包括与长春新碱和地塞米松联合治疗多发性骨髓瘤。

蒽环类药物是糖基化的芳烃，它们遵循四环素组装的生物合成原理。将非环状聚酮硫酯中间体在装配线硫酯酶结构域活性位点折叠，以引起区域特异性的环化，从而产生观察到的取代模式。道诺霉素是 20 世纪 50 年代由意大利公司 Farmitalia 从波赛链霉菌（*Streptomyces peucetius*）中分离出来。为了提高发酵产量，对该菌株的诱变还产生了一种新的衍生物，即 14- 羟基道诺霉素，其被命名为阿霉素以表达对亚得里亚海的致敬。该名称后来改为多柔比星。阿霉素具有比道诺霉素更好的治疗指数，但两者都具有剂量限制性的心脏毒性，这可能源自该组织中的氧化还原循环和自由基生成。

洛伐他汀：到 20 世纪 70 年代，抑制胆固醇生物合成中的限速酶羟甲基戊二酰辅酶 A 还原酶已成为预防冠心病新策略的目标。Akira Endo 从桔青霉（*Penicillium citrinum*）中发现了微生物代谢产物康帕定（compactin），并表明它可以阻断 HMG CoA 还原酶的活性。1978 年，默克公司的一个小组从土曲霉（*Aspergillus terreus*）中发现一类相关的微生物代谢产物，最初命名为美维诺林（mevinolin），后来更名为洛伐他汀。它通过了临床研究并显示在通过阻断胆固醇合成来降低胆固醇水平方面非常有效（Tobert 2003）。洛伐他汀于 1987 年获得美国食品和药物管理局（FDA）的批准并成为一类新药，并迅速发展为半合成他汀类药物家族，该类药物已成为最广泛使用的心血管药物，2014 年全球销售额达 290 亿美元。

2.11　装配线下的后修饰酶

在研究本章中若干类型聚酮化合物的生物合成机制的化学原理和酶促反应的过程中，我们注意到延长的聚酮酰基链仍然作为硫酯结合在特定 PKS 的 ACP 结构域上时，即可发生修饰反应的几个例子。它们被称为"装配线上"修饰。

最著名的"装配线上"修饰是在任何给定的延伸循环中由 KR、DH 和 ER 结构域催化的反应。芳香族 PKS 催化酶缺乏所有这三种，并因此只能构成最简单的纯聚酮合酶。所有其他聚酮合酶都进行不同程度的修饰，因为它们在延伸循环中不同程度地掺入酮基还原酶、脱水酶和烯酰还原酶的作用，如 DEBS 的 7 模块组装线或制霉菌素的 19 模块组装线。

第二类线上修饰反应出现在洛伐他汀装配线中，其中顺式（*cis-*）形式的 ER 结构域是无功能的，并且 LovB 上的生长链与游离 ER 相互作用，使得二烯和一个单独的烯烃持续存在，并在链延伸的六酮基阶段经历本章前面提到的形成十氢化萘的 [4+2] 反应。

我们还注意到 TE 结构域以不同机制释放聚酮链，包括线性酸、环内酯或内酰胺、或者还原的醛或醇。

在许多（如果不是大多数）情况下，PKS 装配的新生产物不是代谢终产物。它们通常不具备成熟产物的生物学活性。成熟步骤通常通过专门的装配线下修饰酶起作用，这些酶通常编码在 PKS 结构域和亚基的生物合成基因中。因而通过及时控制库存就可以通过协同调节来启动对制造活性终产物所需的全部基因。

"装配线下"修饰是采用初级代谢共同的反应。它们包括酰化、烷基化、糖基化、异戊烯化、氧化还原和加氧作用。脱氧红霉内酯 B 生成活性抗生素红霉素 A 的成熟过程如图 2.23 所示，图中介绍了六种装配线上修饰类型中的三种。加氧作用发生在 C6 和 C12，糖基化发生在 C3 和 C5，甲基化发生在碳霉糖基的 3′-OH。

类似地，尽管在图 2.17 中没有提到，但是当新生成的 pretetramid（不具有抗生素活性）被转化为土霉素时，会发生装配线下甲基化和加氧作用。多烯类抗真菌药制霉菌素在经历过 19 个模块 PKS 装配线的 91 个结构域后，仍需要经过装配线下的糖基化来获得活性（图 2.35）。

我们将在第 9 章中讨论加氧酶的主题，在第 10 章中讨论 S-腺苷甲硫氨酸依赖性甲基化，在第 11 章中讨论糖基化机制，这些都将用于衡量它们在生物合成中的核心作用。

甲基化理论上是一个碳单元的烷基化。正如在贯叶金丝桃素和四氢大麻酚中所指出的，异戊烯化以五碳单元或其倍数单元的形式发生。这些是第 4 章的主题。初级和次级代谢中的大多数酰基化涉及对作为乙酰基供体的乙酰辅酶 A 的乙酰化。然而，我们将在下一章中讨论替考拉宁成熟时的长链酰化，在第 4 章中也会提到紫杉醇四酰化时的长链酰化。

具有重大意义的一类著名的"装配线下"修饰是从 ACP 结构域的硫酯键释放后的烯烃环氧化，诸如拉沙里菌素和莫能菌素链（图 2.42 和图 2.43）。随后酶催化环氧开环，产生这些离子载体的特征性环醚片段，它们被认为是更复杂的稠环醚类海洋毒素的前体。

有些修饰酶能够介导"一次性"装配线下化学转化，这些酶值得进一步关注。SpnF（图 2.29）在多杀菌素核心结构中催化产生 5-6-5 三环体系所展示的狄尔斯 - 阿尔德环化酶活性，就是这样一个值得关注的例子。

我们将在第 3 章中提到，非核糖体肽骨架是（唯一）由多模块酶装配线合成的其他主要类别的天然产物。装配线下修饰酶在产生具有生物活性的终产物时也起着类似的促进化合物成熟的关键作用。

本书要介绍的所有其他类型的天然产物包括类异戊二烯（第 4 章）、生物碱（第 5 章和第 8 章），嘌呤和嘧啶（第 6 章）和苯丙素（第 7 章）都不是建立在类似的酶装配线上。它们都涉及可溶性的途径中间体，因此装配线下酶修饰的概念并不适用于这几类化合物。

参考文献

Ames, B. D., M. Y. Lee, C. Moody, W. Zhang, Y. Tang and S. C. Tsai (2011). "Structural and biochemical characterization of ZhuI aromatase/cyclase from the R1128 polyketide pathway". *Biochemistry* **50**(39): 8392-8406.

Ames, B. D., C. Nguyen, J. Bruegger, P. Smith, W. Xu, S. Ma, E. Wong, S. Wong, X. Xie, J. W. Li, J. C. Vederas, Y. Tang and S. C. Tsai (2012). "Crystal structure and biochemical studies of the trans-acting polyketide enoyl reductase LovC from lovastatin biosynthesis". *Proc. Natl. Acad. Sci. U. S. A.* **109**(28): 11144-11149.

Antosch, J., F. Schaefers and T. A. Gulder (2014). "Heterologous reconstitution of ikarugamycin biosynthesis in E. coli". *Angew. Chem. Int. Ed.* **53**(11): 3011-3014.

Aroyan, C. E., A. Dermenci and S. J. Miller (2010). "Development of a cysteine-catalyzed enantioselective Rauhut-Currier reaction". *J. Org. Chem.* **75**(17): 5784-5796.

Baden, D. G. (1989). "Brevetoxins: unique polyether dinoflagellate toxins". *FASEB J.* **3**(7): 1807-1817.

Baldwin, J. E. (1976). "Rues for Ring Closure". *J. Chem. Soc., Chem. Commun.*

Baldwin, J. E., R. Thomas, L. Jruse and L. Silberman (1977). "Rules for Ring Closure: Ring Formation by Conjugate Addition of Oxygen Nucleophiles". *J. Org. Chem.* **42**: 3846.

Beld, J., E. C. Sonnenschein, C. R. Vickery, J. P. Noel and M. D. Burkart (2014). "The phosphopantetheinyl transferases: catalysis of a posttranslational modification crucial for life". *Nat. Prod. Rep.* **31**(1): 61-108.

Brautaset, T., O. N. Sekurova, H. Sletta, T. E. Ellingsen, A. R. StrLm, S. Valla and S. B. Zotchev (2000). "Biosynthesis of the polyene antifungal antibiotic nystatin in Streptomyces noursei ATCC 11455: analysis of the gene cluster and deduction of the biosynthetic pathway". *Chem. Biol.* **7**(6): 395-403.

Broussard, T. C., A. E. Price, S. M. Laborde and G. L. Waldrop (2013). "Complex formation and regulation of Escherichia coli acetyl-CoA carboxylase". *Biochemistry* **52**(19): 3346-3357.

Byrne, M. J., N. R. Lees, L. C. Han, M. W. van der Kamp, A. J. Mulholland, J. E. Stach, C. L. Willis and P. R. Race (2016). "The Catalytic Mechanism of a Natural Diels-Alderase Revealed in Molecular Detail". *J. Am. Chem. Soc.* **138**(19): 6095-6098.

Caffrey, P., S. Lynch, E. Flood, S. Finnan and M. Oliynyk (2001). "Amphotericin biosynthesis in Streptomyces nodosus: deductions from analysis of polyketide synthase and late genes". *Chem. Biol.* **8**(7): 713-723.

Caldara-Festin, G., D. R. Jackson, J. F. Barajas, T. R. Valentic, A. B. Patel, S. Aguilar, M. Nguyen, M. Vo, A. Khanna, E. Sasaki, H. W. Liu and S. C. Tsai (2015). "Structural and functional analysisof two di-domain aromatase/cyclases from type II polyketide synthases". *Proc. Natl. Acad. Sci. U. S. A.* **112**(50): E6844-6851.

Campbell, C. D. and J. C. Vederas (2010). "Biosynthesis of lovastatin and related metabolites formed by fungal iterative PKS enzymes". *Biopolymers* **93**(9): 755-763.

Cane, D. E. (2010). "Programming of erythromycin biosynthesis by a modular polyketide synthase". *J. Biol. Chem.* **285**(36): 27517-27523.

Cane, D. E., W. D. Celmer and J. W. Westley (1983). "Unified stereochemical model of polyether antibiotic structure and biogenesis". *J. Am. Chem. Soc.* **105**: 3594-3600.

Clardy, J., M. A. Fischbach and C. T. Walsh (2006). "New antibiotics from bacterial natural products". *Nat. Biotechnol.* **24**(12): 1541-1550.

Crawford, J. M., T. P. Korman, J. W. Labonte, A. L. Vagstad, E. A. Hill, O. Kamari-Bidkorpeh, S. C. Tsai and C. A. Townsend (2009). "Structural basis for biosynthetic programming of fungal aromatic polyketide cyclization". *Nature* **461**(7267): 1139-1143.

Crawford, J. M. and C. A. Townsend (2010). "New insights into the formation of fungal aromatic polyketides". *Nat. Rev. Microbiol.* **8**(12): 879-889.

Dewick, P. (2009). *Medicinal Natural Products, a Biosynthetic Approach.* UK, Wiley.

Donadio, S., M. J. Staver, J. B. McAlpine, S. J. Swanson and L. Katz (1991). "Modular organization of genes required for complex polyketide biosynthesis". *Science* **252**(5006): 675-679.

Fage, C. D., E. A. Isiorho, Y. Liu, D. T. Wagner, H. W. Liu and A. T. Keatinge-Clay (2015). "The structure of SpnF, a standalone enzyme that catalyzes [4þ2] cycloaddition". *Nat. Chem. Biol.* **11**(4): 256-258.

Feredenhagn, A., S. Tamura, P. Kenny, H. Komura, Y. Naya, K. Nakanishi, K. Nishiyama, M. Sugiura and H. Kita (1987). "Andrimid, a new peptide antibiotic produced by an intracellular bacterial symbiont isolated from a brown planthopper". *J. Am. Chem. Soc.* **109**: 4409-4411.

Gallimore, A. R. (2009). "The biosynthesis of polyketide-derived polycyclic ethers". *Nat. Prod. Rep.* **26**(2): 266-280.

Gemperlein, K. R. S., R. Garcia, S. Wenzel and R. Muller (2014). "Polyunsaturated fatty acid biosynthesis in myxobacteria: different PUFA synthases and their product diversity". *Chem. Sci.* **5**: 1733- 1741.

Haydock, S. F., J. A. Dowson, N. Dhillon, G. A. Roberts, J. Cortes and P. F. Leadlay (1991). "Cloning and sequence analysis of genes involved in erythromycin biosynthesis in Saccharopolyspora erythraea: sequence similarities between EryG and a family of S-adenosylmethionine-dependent methyltransferases". *Mol. Gen. Genet.* **230**(1-2): 120-128.

Heberling, M. M., M. F. Masman, S. Bartsch, G. G. Wybenga, B. W. Dijkstra, S. J. Marrink and D. B. Janssen (2015). "Ironing out their differences: dissecting the structural determinants of a phenylalanine aminomutase and ammonia lyase". *ACS Chem. Biol.* **10**(4): 989-997.

Hopwood, D. A. and D. H. Sherman (1990). "Molecular genetics of polyketides and its comparison to fatty acid biosynthesis". *Annu. Rev. Genet.* **24**: 37-66.

Hotta, K., X. Chen, R. S. Paton, A. Minami, H. Li, K. Swaminathan, Mathews II, H. Watanabe, K. N. Oikawa, Houk and C. Y. Kim (2012). "Enzymatic catalysis of anti-Baldwin ring closure in polyether biosynthesis". *Nature* **483**(7389): 355-358.

Jiang, H., R. Zirkle, J. G. Metz, L. Braun, L. Richter, S. G. Van Lanen and B. Shen (2008). "The role of tandem acyl carrier protein domains in polyunsaturated fatty acid biosynthesis". *J. Am. Chem. Soc.* **130**(20): 6336-6337.

Khosla, C., R. S. Gokhale, J. R. Jacobsen and D. E. Cane (1999). "Tolerance and specificity of polyketide synthases". *Annu. Rev. Biochem.* **68**: 219-253.

Kim, H. J., M. W. Ruszczycky, S. H. Choi, Y. N. Liu and H. W. Liu (2011). "Enzyme-catalysed [4þ2] cycloaddition is a key step in the biosynthesis of spinosyn A". *Nature* **473**(7345): 109-112.

Korman, T. P., J. M. Crawford, J. W. Labonte, A. G. Newman, J. Wong, C. A. Townsend and S. C. Tsai (2010). "Structure and function of an iterative polyketide synthase thioesterase domain catalyzing Claisen cyclization in aflatoxin biosynthesis". *Proc. Natl. Acad. Sci. U. S. A.* **107**(14): 6246-6251.

Lambalot, R. H., A. M. Gehring, R. S. Flugel, P. Zuber, M. LaCelle, M. A. Marahiel, R. Reid, C. Khosla and C. T. Walsh (1996). "A new enzyme superfamily-the phosphopantetheinyl transferases". *Chem. Biol.* **3**(11): 923-936.

Lee, M. Y., B. D. Ames and S. C. Tsai (2012). "Insight into the molecular basis of aromatic polyketide cyclization: crystal structure and in vitro characterization of WhiE-ORFVI". *Biochemistry* **51**(14): 3079-3091.

Liu, T., D. E. Cane and Z. Deng (2009). "The enzymology of polyether biosynthesis". *Methods Enzymol* **459**: 187-214.

Liu, W., S. D. Christenson, S. Standage and B. Shen (2002). "Biosynthesis of the enediyne antitumor antibiotic C-1027". *Science* **297**(5584): 1170-1173.

Liu, X., P. D. Fortin and C. T. Walsh (2008). "Andrimid producers encode an acetyl-CoA carboxyltransferase subunit resistant to the action of the antibiotic". *Proc. Natl. Acad. Sci. U. S. A.* **105**(36): 13321-13326.

Luhavaya, H., M. V. Dias, S. R. Williams, H. Hong, L. G. de Oliveira and P. F. Leadlay (2015). "Enzymology of Pyran Ring A Formation in Salinomycin Biosynthesis". *Angew Chem., Int. Ed.* **54**(46): 13622- 13625.

Majerus, P. W., A. W. Alberts and P. R. Vagelos (1965). "Acyl Carrier Protein. 3. An Enoyl Hydrase Specific for Acyl Carrier Protein Thioesters". *J. Biol. Chem.* **240**: 618-621.

Majerus, P. W., A. W. Alberts and P. R. Vagelos (1965). "Acyl Carrier Protein. Iv. The Identification of 4′-Phosphopantetheine as the Prosthetic Group of the Acyl Carrier Protein". *Proc. Natl. Acad. Sci. U. S. A.* **53**: 410-417.

Mander L. and H. W. Liu, eds. (2010). *Comprehensive Natural Products II: Chemistry and Biology.* Elsevier Science.

Migita, A., M. Watanabe, Y. Hirose, K. Watanabe, T. Tokiwano, H. Kinashi and H. Oikawa (2009). "Identification of a gene cluster of polyether antibiotic lasalocid from Streptomyces lasaliensis". *Biosci. Biotechnol. Biochem.* **73**(1): 169-176.

Minami, A., M. Shimaya, G. Suzuki, A. Migita, S. S. Shinde, K. Sato, K. Watanabe, T. Tamura, H. Oguri and H. Oikawa (2012). "Sequential enzymatic epoxidation involved in polyether lasalocid biosynthesis". *J. Am. Chem. Soc.* **134**(17): 7246-7249.

Nicholson, G. and R. Lewis (2006). "Ciguatoxins: Cyclic Polyether Modulators of Voltage-gated Ion Channel Function". *Mar. Drugs* **4**: 82-118.

Okuyama, H., Y. Orikasa, T. Nishida, K. Watanabe and N. Morita (2007). "Bacterial genes responsible for the biosynthesis of eicosapentaenoic and docosahexaenoic acids and their heterologous expression". *Appl. Environ. Microbiol.* **73**(3): 665-670.

Oliynyk, M., C. B. Stark, A. Bhatt, M. A. Jones, Z. A. Hughes-Thomas, C. Wilkinson, Z. Oliynyk, Y. Demydchuk, J. Staunton and P. F. Leadlay (2003). "Analysis of the biosynthetic gene cluster for the polyether antibiotic monensin in Streptomyces cinnamonensis and evidence for the role of monB and monC genes in oxidative cyclization". *Mol. Microbiol.* **49**(5): 1179-1190.

Omura, S. and A. Crump (2004). "The life and times of ivermectin - a success story". *Nat. Rev. Microbiol.* **2**(12): 984-989.

Ottesen, E. A. and W. C. Campbell (1994). "Ivermectin in human medicine". *J. Antimicrob. Chemother.* **34**(2): 195-203.

Patel, A., Z. Chen, Z. Yang, O. Gutierrez, H. W. Liu, K. N. Houk and D. A. Singleton (2016). "Dynamically Complex [6þ4] and [4þ2] Cycloadditions in the Biosynthesis of Spinosyn A". *J. Am. Chem. Soc.* **138**(11): 3631-3634.

Pickens, L. B. and Y. Tang (2010). "Oxytetracycline biosynthesis". *J. Biol. Chem.* **285**(36): 27509-27515.

Sato, M., F. Yagishita, T. Mino, N. Uchiyama, A. Patel, Y. H. Chooi, Y. Goda, W. Xu, H. Noguchi, T. Yamamoto, K. Hotta, K. N. Houk, Y. Tang and K. Watanabe (2015). "Involvement of Lipocalin-like CghA in Decalin-Forming Stereoselective Intramolecular [4þ2] Cycloaddition". *ChemBioChem* **16**(16): 2294-2298.

Schweizer, E. and J. Hofmann (2004). "Microbial type I fatty acid synthases (FAS): major players in a network of cellular FAS systems". *Microbiol. Mol. Biol. Rev.* **68**(3): 501-517.

Staunton, J. and K. J. Weissman (2001). "Polyketide biosynthesis: a millennium review". *Nat. Prod. Rep.*

18(4): 380-416.

Stocking, E. M. and R. M. Williams (2003). "Chemistry and biology of biosynthetic Diels-Alder reactions". *Angew. Chem., Int. Ed.* **42**(27): 3078-3115.

Tian, Z., P. Sun, Y. Yan, Z. Wu, Q. Zheng, S. Zhou, H. Zhang, F. Yu, X. Jia, D. Chen, A. Mandi, T. Kurtan and W. Liu (2015). "An enzymatic [4þ2] cyclization cascade creates the pentacyclic core of pyrroindomycins". *Nat. Chem. Biol.* **11**(4): 259-265.

Tobert, J. A. (2003). "Lovastatin and beyond: the history of the HMG-CoA reductase inhibitors". *Nat. Rev. Drug Discovery* **2**(7): 517-526.

Tsai, S. and B. Ames (2009). "Structural Enzymology of Polyketide Synthases". *Methods Enzymol.* **459**: 17-47.

Turner, A. D., C. Higgins, K. Davidson, A. Veszelovszki, D. Payne, J. Hungerford and W. Higman (2015). "Potential threats posed by new or emerging marine biotoxins in UK waters and examination of detection methodology used in their control: brevetoxins". *Mar. Drugs* **13**(3): 1224-1254.

Vagelos, P. R., P. W. Majerus, A. W. Alberts, A. R. Larrabee and G. P. Ailhaud (1966). "Structure and function of the acyl carrier protein". *Fed. Proc.* **25**(5): 1485-1494.

Van Lanen, S. and B. Shen (2008). "Biosynthesis of enediyne antibioitcs". *Curr. Top. Med. Chem.* **8**: 448-459.

Van Lanen, S. G. and B. Shen (2008). "Biosynthesis of enediyne antitumor antibiotics". *Curr. Top. Med. Chem.* **8**(6): 448-459.

Van Wagoner, R. M., M. Satake and J. L. Wright (2014). "Polyketide biosynthesis in dinoflagellates: what makes it different?". *Nat. Prod. Rep.* **31**(9): 1101-1137.

Vilotijevic, I. and T. F. Jamison (2009). "Epoxide-opening cascades in the synthesis of polycyclic polyether natural products". *Angew. Chem., Int. Ed.* **48**(29): 5250-5281.

Walsh, C. T. and T. Wencewicz (2016). *Antibiotics Challeneges, Mechanisms, Opportunities.* Washington DC, ASM Press.

Walsh, C. T. and T. Wencewicz (2016). *Antibiotics Challeneges, Mechanisms, Opportunities.* Washington DC, ASM Press, ch. 16.

Walsh, C. T. and T. A. Wencewicz (2013). "Flavoenzymes: versatile catalysts in biosynthetic pathways". *Nat. Prod. Rep.* **30**(1): 175-200.

Weissman, K. J. (2015). "The structural biology of biosynthetic megaenzymes". *Nat. Chem. Biol.* **11**(9): 660-670.

Weissman, K. J. and R. Muller (2008). "Protein-protein interactions in multienzyme megasynthetases". *ChemBioChem* **9**(6): 826-848.

White, S. W., J. Zheng, Y. M. Zhang and Rock (2005). "The structural biology of type II fatty acid biosynthesis". *Annu. Rev. Biochem.* **74**: 791-831.

Witter, D. J. and J. C. Vederas (1996). "Putative Diels-Alder-Catalyzed Cyclization during the Biosynthesis of Lovastatin". *J. Org. Chem.* **61**(8): 2613-2623.

Xie, X., K. Watanabe, W. A. Wojcicki, C. C. Wang and Y. Tang (2006). "Biosynthesis of lovastatin analogs with a broadly specific acyltransferase". *Chem. Biol.* **13**(11): 1161-1169.

Xu, W., Y. H. Chooi, J. W. Choi, S. Li, J. C. Vederas, N. A. Da Silva and Y. Tang (2013). "LovG: the thioesterase required for dihydromonacolin L release and lovastatin nonaketide synthase turnover in lovastatin biosynthesis". *Angew. Chem., Int. Ed.* **52**(25): 6472-6475.

Yang, F., S. S. Teves, C. J. Kemp and S. Henikoff (2014). "Doxorubicin, DNA torsion, and chromatin dynamics". *Biochim. Biophys. Acta* **1845**(1): 84-89.

Zhan, J. (2009). "Biosynthesis of bacterial aromatic polyketides". *Curr. Top. Med. Chem.* **9**(17): 1958-1610.

Zhang, G., W. Zhang, Q. Zhang, T. Shi, L. Ma, Y. Zhu, S. Li, H. Zhang, Y. L. Zhao, R. Shi and C. Zhang (2014). "Mechanistic insights into polycycle formation by reductive cyclization in ikarugamycin biosynthesis". *Angew. Chem., Int. Ed.* **53**(19): 4840-4844.

Zhang, J., S. G. Van Lanen, J. Ju, W. Liu, P. C. Dorrestein, W. Li, N. L. Kelleher and B. Shen (2008). "A phosphopantetheinylating polyketide synthase producing a linear polyene to initiate enediyne antitumor antibiotic biosynthesis". *Proc. Natl. Acad. Sci. U. S. A.* **105**(5): 1460-1465.

Zhang, Q., B. Pang, W. Ding and W. Liu (2013). "Aromatic Polyketides Produced by Bacterial Iterative Type I Polyketide Synthases". *ACS Catal.* **3**: 1439-1447.

Zhou, H., Y. Li and Y. Tang (2010). "Cyclization of aromatic polyketides from bacteria and fungi". *Nat. Prod. Rep.* **27**(6): 839-868.

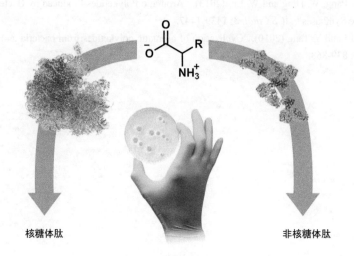

多肽类天然产物可以由核糖体途径和非核糖体途径合成
（PDB IDs：4ZXH 和 4V88）

第3章 多肽来源的天然产物

3.1 引言

原核生物和真核生物都可以生物合成具有多种生物活性的小肽，从信号分子到抗生素，从免疫抑制剂到天然免疫制剂。一些多肽是前体蛋白的水解片段，而其他的多肽是由非核糖体肽合成酶装配线所产生，这种产物几乎完全来自细菌和真菌，其装配原理（图 3.1）类似于第 2 章中详述的聚酮合酶的装配线。在该图中，链霉菌属（*Streptomyces*）细菌中的发育成形素（developmental morphogen）SapB 和抗生素高硫青霉素（thiocillin）（均显示在图的右侧）是前体蛋白翻译后修饰的产物；而达托霉素（daptomycin）、黏菌素（colistin）、万古霉素（vancomycin）和异青霉素 N（isopenicillin N）则是由非核糖体肽合成酶装配线上的酶所合成（见第 15 章，Walsh and Wencewicz 2016）。显然，这两种策略都可以产生骨架和官能团的复杂性（Nolan and Walsh 2009）。

增加肽骨架稳定性的一组主要生物合成策略包括将平常无环、线型和构象上呈柔性松弛的肽链环化成紧凑的环状结构，例如通过不同大环化模式得到的五种肽类天然产物（Walsh 2004）（图 3.2）。我们将主要关注各种环化模式及其酶学机制，但通常多肽环化的结果是蛋白酶对其水解能力的降低，以及对生物靶标（包括蛋白质、核酸和脂质）亲和力的增加。短杆菌素（tyrocidine）的第 1 位苯丙氨酸残基（Phe$_1$）的游离氨基捕获第 10 位缬氨酸残基（Val$_{10}$）的羧基形成头尾之间的大环内酰胺化。抗生素达托霉素在第 4 位苏氨酸残基（Thr$_4$）的侧链羟基和第 13 位犬尿氨酸残基（kyneurinine$_{13}$）的羧基之间形成大环内酯结构。抗生素万古霉素的七肽骨架通过两个芳基醚和一个碳碳键直接偶联，显著降低构象柔性并在苷元部分形成与细菌细胞壁靶标发生高亲和力相互作用所必需的杯状结构。高硫青霉素具有核心的三噻唑基吡啶结构，在其生物合成的最后一步产生吡啶环，同时形成大环化。第 5 个例子是外用抗生素杆菌肽（bacitracin），它通过第 6 位赖氨酸残基（Lys$_6$）的 N$_6$ 原子攻击第 12 位天冬酰胺残基（Asn$_{12}$）的羧基产生侧链大环内酰胺化。

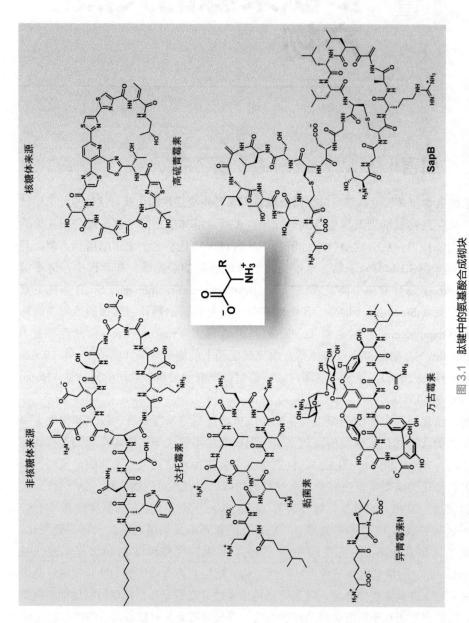

图 3.1　肽链中的氨基酸合成砌块

红色部分的骨架（SapB、高硫青霉素）来自蛋白质前体的翻译后修饰；蓝色部分的结构
是在非核糖体肽合成酶装配线上生成（黏菌素、万古霉素、异青霉素 N 和达托霉素）

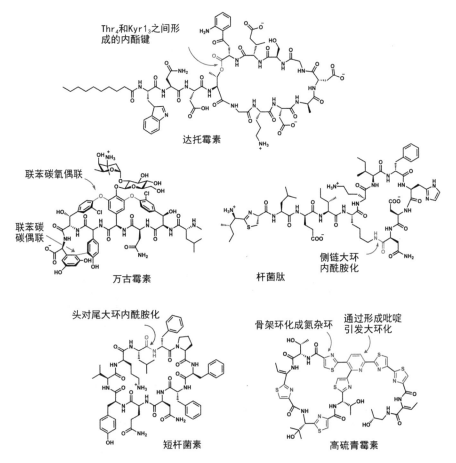

图 3.2 杂环和大环肽骨架可以来自核糖体途径或非核糖体肽合成酶途径
（多种大环化模式赋予了肽骨架的刚性）

增加肽骨架稳定性的另一种策略是将丝氨酸、苏氨酸或半胱氨酸侧链分别杂环化为噁唑、甲基噁唑和噻唑，将易被水解的肽键转化为对蛋白酶稳定的五元杂环（图3.3）。这些五元杂环通过蛋白质翻译后修饰（Schmidt, Nelson *et al.* 2005）或 NRPS 组装线形成，例如霍乱弧菌（*Vibrio cholerae*）产生的铁载体弧菌素（vibriobactin）和鼠疫耶尔森氏菌产生的耶尔森杆菌素（Crosa and Walsh 2002）。这些反应的机制将在图3.10 中详细讨论。

与核糖体的蛋白合成不同，非核糖体肽合成酶装配线还可以采用第三种策略，就是选择、活化和掺入数百种非蛋白源氨基酸（Walsh, O'Brien *et al.* 2013）。后面将详细探讨这三种策略。

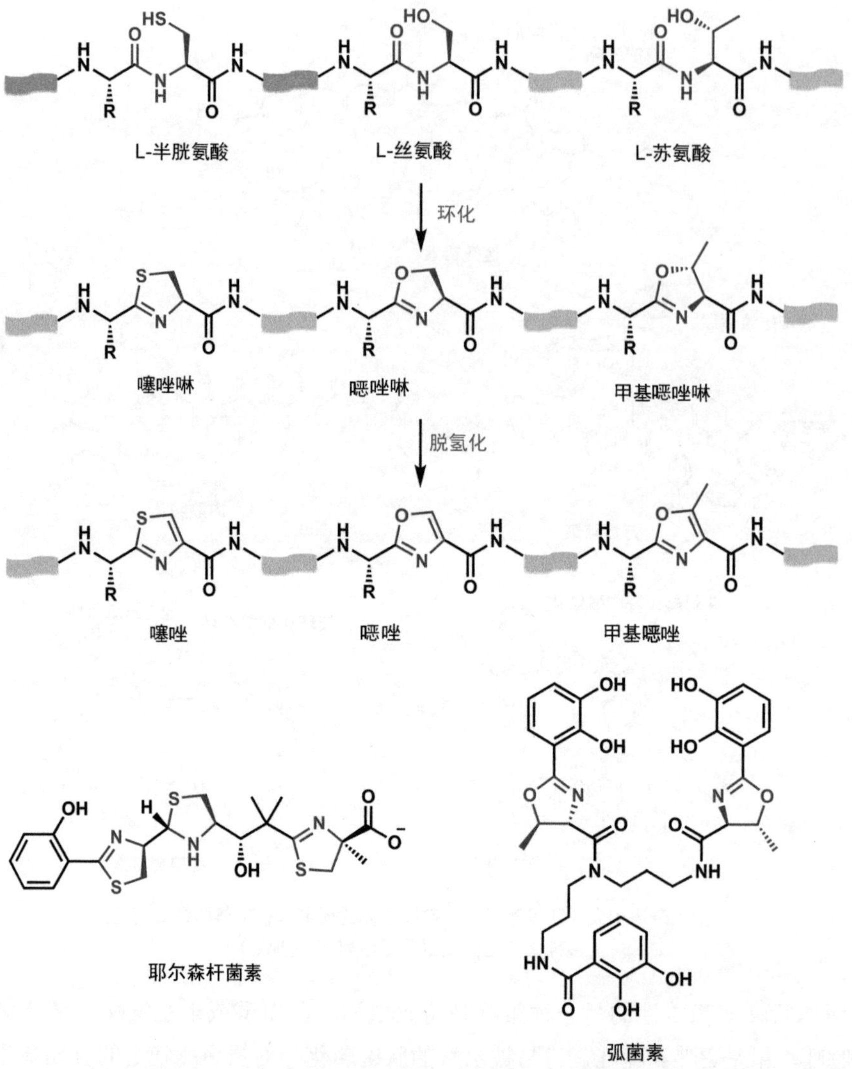

L-半胱氨酸　　　　　**L-丝氨酸**　　　　　**L-苏氨酸**

噻唑啉　　　　　　　噁唑啉　　　　　　甲基噁唑啉

噻唑　　　　　　　　　噁唑　　　　　　　甲基噁唑

耶尔森杆菌素

弧菌素

图 3.3　丝氨酸、苏氨酸和半胱氨酸残基的侧链可以杂环化为噁唑啉和噻唑啉，并氧化芳构化为噁唑和噻唑。这些杂环可以通过核糖体途径和非核糖体途径形成

3.2　核糖体与非核糖体氨基酸的寡聚特性

　　核糖体是高效的 RNA 机器，以每秒 10 ～ 30 个肽键的速率聚合氨基酸产生多肽。核糖体以信使 RNA（mRNA）作为模板，决定掺入肽链中的氨基酸的种类和顺序。大多数生物中只有 20 种标准的蛋白源氨基酸用于核糖体合成多肽，而个别生物的核糖体可利用硒代半胱氨酸（selenocysteine）和吡咯赖氨酸（pyrrolysine）作为第 21 种和第 22 种合成砌块。氨基酸由同源的氨酰基转移 RNA（tRNA）合成酶来选择，并

以混合羧酸-磷酸酐的氨酰基-AMP 形式活化。氨酰基-AMP 被转移至氨酰基-tRNA 合成酶的活性位点中的同源 tRNA 上，产生热力学活化而动力学稳定的氨酰基-tRNA（氧酯），可在核糖体 50S 亚基的肽基转移酶中心形成肽键并使肽链延伸。

相比之下，非核糖体肽合成酶装配线不依赖任何 mRNA 或其他 RNA 模板（图 3.4）。NRPS 模块中每个腺苷酰化结构域的特异性决定了哪种氨基酸被选择和激活。腺苷酰化结构域利用 ATP 将氨基酸活化为氨酰基-AMP，同时产生焦磷酸，其原理与氨酰基-tRNA 合成酶相似。随后，腺苷酰化结构域将氨基酸单元转移至酰基载体蛋白结构域上的硫醇基团上，这些硫醇基团位于 NRPS 模块中酰基载体蛋白结构域上的磷酸泛酰巯基乙胺支链末端。非核糖体肽合成酶途径与核糖体途径合成多肽的过程相比，主要有两个不同：一、掺入不断增长的肽链中的氨酰基团是硫酯形式，而非氧酯；二、氨酰基团与每个肽基载体蛋白共价连接，随着肽链的增长，肽基链被转移到下一个下游肽基载体蛋白结构域上，在这里新进入的氨酰基单元充当亲核试剂形成酰胺键，这与核糖体沿 mRNA 移动延长多肽链的机制不同。肽基载体蛋白结构域类似于宏观装配线，延长的肽基硫酯链位于这些结构域上，肽基载体蛋白结构域在 NRPS 装配线中越靠近下游，肽链就越完整。当全长肽链到达最下游的模块时，它的硫酯键被各种分子内（例如大环化）和分子间（例如水解）途径催化断裂，并释放出环状或线型肽产物。

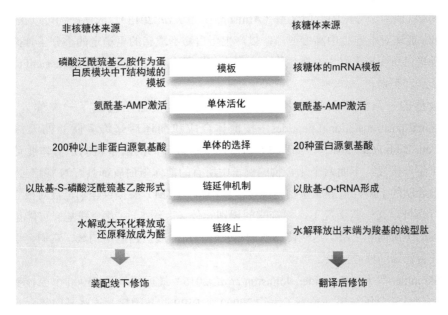

图 3.4　核糖体途径和非核糖体途径合成多肽的特征，以肽类抗生素为例

由于 NRPS 装配线不使用氨酰-tRNA 合成酶，并且它们的氨酰基特异性腺苷酰化结构域已经趋同进化，NRPS 酶除了可以使用 20 种蛋白源氨基酸外，还可以选择多达 200 多种不同的非蛋白源氨基酸（Walsh, O'Brien *et al*. 2013）。它们包括 *β*-丙氨酸，

γ-氨基丁酸，特别是 δ-氨基乙二酸，它们会在氨基乙二酰-半胱氨酰-缬氨酸合成酶 [aminoadipyl-cysteinyl-valine (ACV) synthetase] 部分将被提到。最后，虽然核糖体释放出的新生肽链通常都是在 C 末端残基处具有游离羧酸，但我们将提到 NRPS 装配线上全长肽链的释放具有几种特殊化学途径。肽链的水解释放是一种途径，但多肽通过肽链内部捕获亲核性胺或羟基直接进行大环化，从而可以获得生物活性必需的环状骨架。我们将提到非核糖体肽的生物合成基因簇像聚酮化合物生物合成基因簇（第 2 章）一样，通常都包括编码用于新生多肽骨架成熟的专用修饰酶的基因。非核糖体肽的生物合成基因簇还可能包括编码非蛋白源氨基酸的基因（Hubbard 和 Walsh 2003）。

在介绍非核糖体肽装配原理之前，先举几个核糖体生成的蛋白质经翻译后修饰成为稳定的小分子配体骨架的实例。

3.3 使新生蛋白具有变形紧凑骨架的翻译后修饰：RIPPs

核糖体产生的多种蛋白质可通过特定的酶促反应进行加工，用于特定的翻译后修饰，然后被另一组特异性蛋白水解切割，并通过专用蛋白泵从分泌细胞运送到细胞外空间和 / 或用于分泌的专门区室（Arnison, Bibb *et al.* 2013）。成熟产物可以在侧链、骨架和 / 或端对端连接中高度变形，以产生蛋白酶不敏感的更稳定的小分子骨架。虽然这种蛋白质变形多发生在微生物中，但由芋螺所产生的芋螺毒素（cone snail toxins）也属于这一类别。

最近的一篇综述将经过多种特殊加工的新生蛋白质编成了一类称为 RiPPs（ribosomal posttranslational peptides，核糖体合成和翻译后修饰多肽）的天然产物（Arnison, Bibb *et al.* 2013）。如图 3.5 所示，根据翻译后的酶学机制，前体肽可以分为几个特征区段。下面六个化合物的例子中所有的前体蛋白质都具有 N 端信号序列，位于前导肽的上游，前导肽蛋白质翻译后修饰酶（PTM）酶提供识别位点对核心肽区域进行修饰。在一些情况下，修饰酶的识别元件（大约 5 ～ 20 个残基）可能位于核心序列的下游而非上游。这些修饰酶通常包含蛋白酶或蛋白酶结构域，它们会切割甚至环化被修饰的核心区域。

Skinnider 等人（Skinnider, Johnston *et al.* 2016）最近报道了 65000 个原核基因组的生物信息学分析结果，预测了大约 30000 个 RiPP 肽基因簇，这些基因簇含有编码前体蛋白和能将新生蛋白转化为稳定肽产物的修饰酶基因。他们认为这 30000 个基因簇可能编码出 2200 个独特的成熟肽骨架，这将大大扩展这类微生物天然产物的数量。这表明 RiPP 类的基因组挖掘有望发现远远超出下节将介绍的新颖骨架和新生物活性的天然产物。

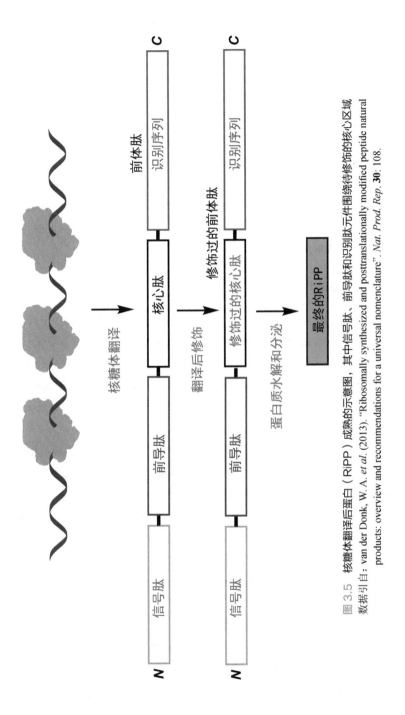

图 3.5 核糖体翻译后蛋白（RiPP）成熟的示意图，其中信号肽、前导肽和识别肽元件围绕待修饰的核心区域

数据引自：van der Donk, W. A. et al. (2013). "Ribosomally synthesized and posttranslationally modified peptide natural products: overview and recommendations for a universal nomenclature". *Nat. Prod. Rep.* **30**: 108.

3.3.1 羊毛硫肽类

研究最深入的 RiPP 类天然产物是羊毛硫肽化合物（lantipeptides），它们是以双功能的、含硫醚的氨基酸羊毛硫氨酸（lanthionine）及其同类甲基羊毛硫氨酸（methyl lanthionine）来命名。丝氨酸或苏氨酸残基在翻译后加工过程中经过净 α,β-脱水反应生成脱氢-丝氨酸（Dha）/脱氢苏氨酸（Dhb）残基并产生硫醚。半胱氨酸残基的侧链硫醇基可以在酶催化下攻击缺电子的烯烃末端产生硫醚桥接残基（图 3.6）。羊毛硫肽化合物乳链菌肽（nisin）最初是根据抗生素活性而纯化到的，而 SapB（参见图 3.1）是链霉菌中的发育信号分子。乳链菌肽中的五个硫醚桥以特定的拓扑结构和定向性将其限制为对脂质 II 具有纳摩尔级的亲和力的折叠构象，脂质 II 是细菌细胞壁肽聚糖生物合成中的限制性载体分子（Hsu, Breukink et al. 2004）。根据 AntiSMASH 第 2 版和第 3 版的预测，细菌基因组测序已发现数百种羊毛硫肽类化合物，表明这类 RiPP 广泛参与了细菌的生理学活动。

3.3.2 Cyanobactins

Cyanobactins 被定义为来自蓝藻细菌物种的核糖体来源的小环肽（McIntosh, Donia et al. 2009; Jaspars 2014; Martins and Vasconcelos 2015）。在经过杂环化、氧化和/或异戊烯基化（见第 4 章）后，它们从前体蛋白上以翻译后的形式释放。在化学合成和生物合成均被研究过的第一组 cyanobactins 中就包括 patellamide A 和 patellamide C（图 3.7）。它们是由海洋海绵菌落中的细菌共生体-原绿藻（*Prochloron didemni*）所产生（Schmidt, Nelson et al. 2005）。

PatE 基因编码一个 71 个氨基酸残基的蛋白，含有八肽序列 VTACITFC（图 3.7 中黑色表示）和 ITVCISVC。第一个是 patellamide C 的前体，第二个是 patellamide A 的前体，这表明在组合生物合成过程中，一种蛋白质前体可以产生两种 patellamide。值得注意的是，四个半胱氨酸（Cys，每个 patellamide 中有两个）已经转化为五元芳杂环噻唑，而三个苏氨酸（Thr）残基和一个丝氨酸（Ser）残基分别处于甲基噁唑啉和噁唑啉的二氢芳氧化态，似乎它们已经在形成噁唑的过程中被阻断。在每种产物中，八个残基中的四个（Ser，Thr，Cys）已经转变为杂环，与 PatE 前体蛋白中未发生改变的侧链交替连接。

除了杂环化，第二个值得注意的特征是杂环已嵌入 patellamide A 和 patellamide C 中的大环内酰胺环中。如图 3.7 所示，patellamide A 和 patellamide C 的肽骨架首先发生杂环化，然后由生物合成簇基因编码的蛋白酶 PatG 进行了水解切除和环化。许多其他的已知的 cyanobactin 类化合物同样显示具有特征性的杂环和大环特征（图 3.8）。一些多肽经过翻译后修饰在肽链的丝氨酸、苏氨酸和酪氨酸残基上发生异戊烯基化，从而影响这些肽骨架的亲水性（McIntosh, Donia et al. 2011）。这些 cyanobactin 类化合

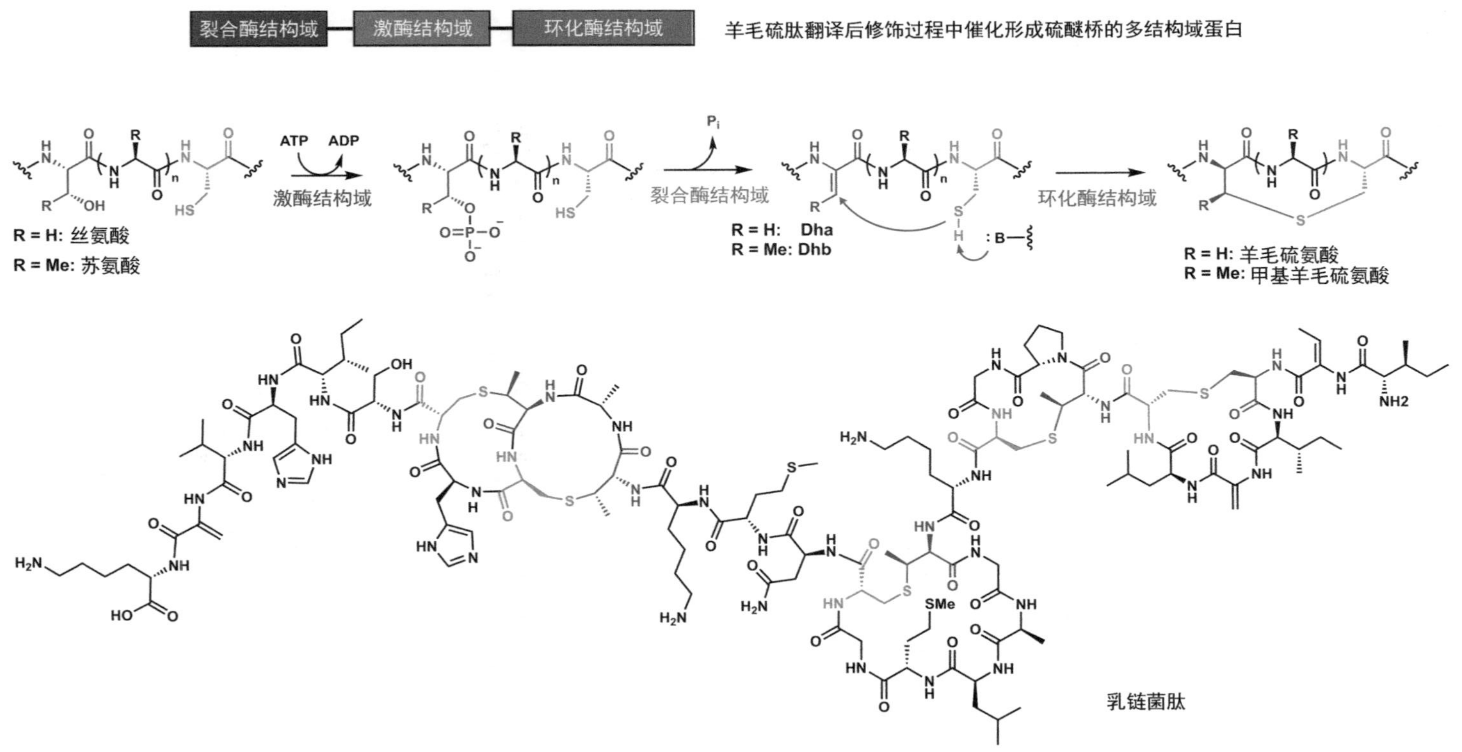

裂合酶结构域
激酶结构域
环化酶结构域
羊毛硫肽翻译后修饰过程中催化形成硫醚桥的多结构域蛋白
ATP
ADP
激酶结构域
R = H: 丝氨酸
R = Me: 苏氨酸
P_i
裂合酶结构域
R = H: Dha
R = Me: Dhb
环化酶结构域
R = H: 羊毛硫氨酸
R = Me: 甲基羊毛硫氨酸
乳链菌肽

图 3.6 羊毛硫肽在转录后翻译过程中，将丝氨酸和苏氨酸残基分别转化为脱水丙氨酸和脱氢苏氨酸，随后与半胱氨酸残基的硫醇反应，得到双功能氨基酸羊毛硫氨酸（来自丝氨酸）和甲基羊毛硫氨酸（来自苏氨酸），并产生稳定的硫醚键

物和下面提到的线型杂环多肽中的修饰酶/加工酶的识别位点由前导肽和识别序列所决定。

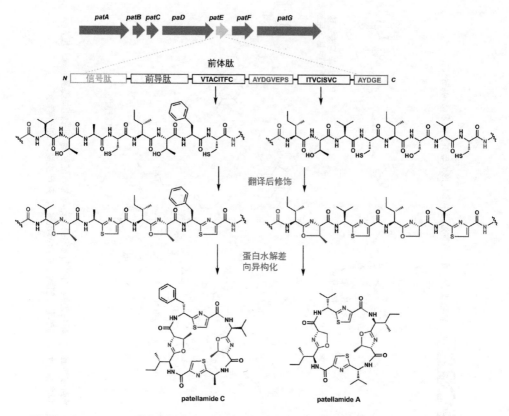

图 3.7 Cyanobactin 类化合物 patellamide A 和 patellamide C 的结构。产生 patellamide A 和 patellamide C 的八肽序列嵌入在含有 71 个氨基酸残基的前体蛋白 PatE 中

ulithiacyclamide

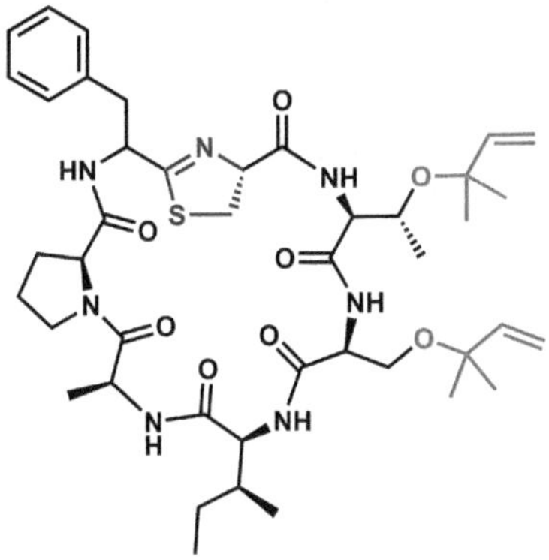

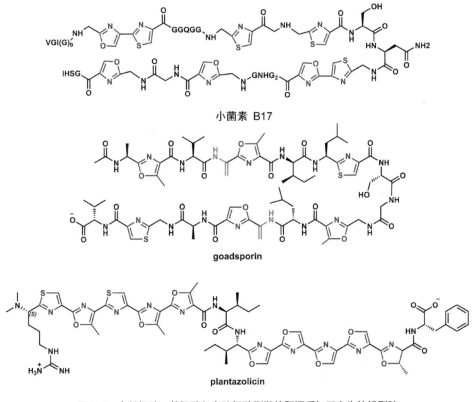

trunkamide 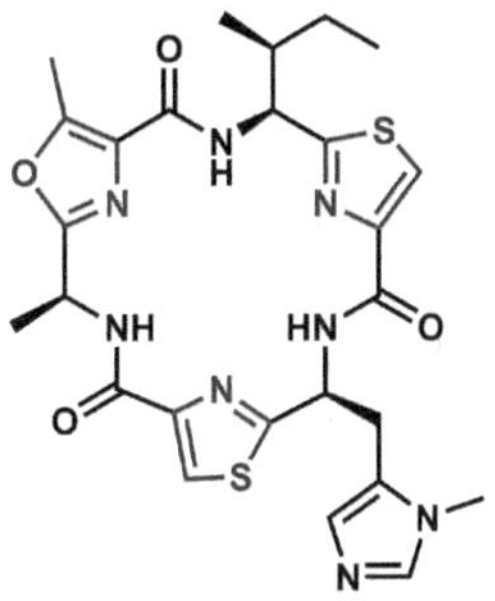　　　　　　　　**microcyclamide**

图 3.8　一系列不同的具有代表性的其他 cyanobactin 类杂环 / 大环肽骨架

3.3.3　线型杂环肽

小菌素 B17

goadsporin

plantazolicin

图 3.9　由丝氨酸、苏氨酸和半胱氨酸侧链的翻译后加工产生的线型肽

图 3.9 显示了另外三个代表性的线型而非环状的多肽，从其结构展示了 cyanobactin 和 lantipeptide 类天然产物翻译后加工的原理。小菌素 B17（microcin B17）（Li, Milne *et al.* 1996）是一种细菌 DNA 促旋酶抑制剂，goadsporin 是一些链霉菌菌株的发育成形素（Onaka, Nakaho *et al.* 2005），而 plantazolicin 是一种窄谱的炭疽芽孢杆菌（*Bacillus anthracis*）抑制剂（Scholz, Molohon *et al.* 2011）。

对小菌素和相关系统的后修饰酶的研究揭示了催化产生杂环的机理（Dunbar, Melby *et al.* 2012）。如图 3.10 所示，丝氨酸侧链与上游羰基加成产生四面体加合物过渡态，该加合物的含氧阴离子随后攻击共底物（cosubstrate）ATP 并被磷酸化。随

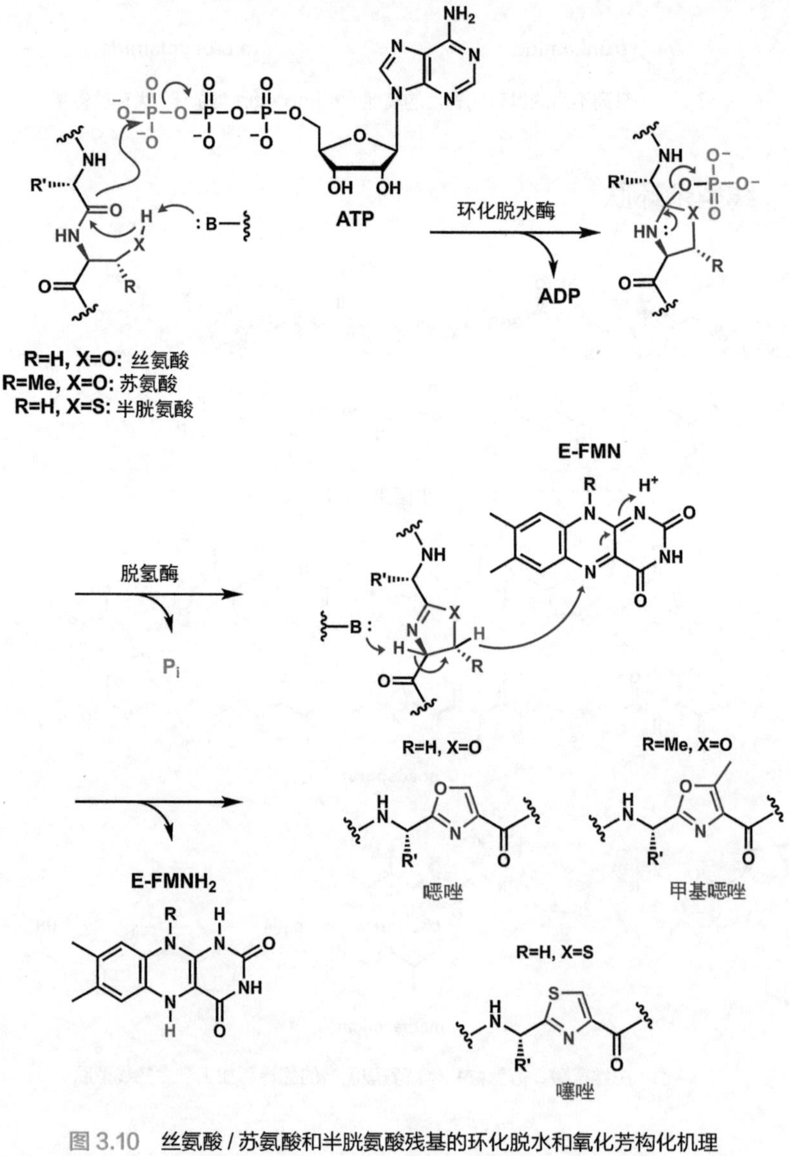

图 3.10　丝氨酸/苏氨酸和半胱氨酸残基的环化脱水和氧化芳构化机理

后，消除磷酸酯可产生噁唑啉。通过类似的方式可以使苏氨酸残基生成甲基噁唑啉，半胱氨酸残基生成噻唑啉。使噻唑啉生成噻唑以及使噁唑啉生成噁唑的氧化还原酶使用结合的黄素单核苷酸（FMN）作为质子受体以产生芳杂环系统（Li, Milne *et al.* 1996; Milne, Eliot *et al.* 1998）。噻唑的形成比噁唑快约 100 倍，这就导致了在 patellamides 中已经形成噻唑，而苏氨酸和丝氨酸残基却仍处在噁唑啉氧化态。Plantazolicin 由五个杂环直接相连产生受限的构象。而 goadsporin 结构表明，两个脱氢丙氨酸残基与噻唑和噁唑相伴。脱氢丙氨酸的产生可能与羊毛硫肽类的翻译后修饰相似：侧链丝氨酸残基被磷酸化之后进行 α-氢、β-磷酸消除，分子内闭合和焦磷酸盐消除从而形成噁唑啉环（参见图 3.6）。

3.3.4 含噻唑基、噁唑基和吡啶环的肽骨架

如图 3.11 所示，目前已分离出 80 多种含有吡啶或二氢吡啶核心结构的多肽类天然产物，它们与 2 ～ 3 个噻唑 / 噁唑取代基以特征性 2,3 或 2,3,6 模式进行偶联（Bagley, Dale *et al.* 2005）。吡啶和噻唑 / 噁唑的 2 位和 3 位可嵌入大环中产生 26 元的高硫青霉素，29 元的 GE2270A 或 35 元的伯尔尼霉素（berninamycin）。高硫青霉素和伯尔尼霉素通过靶向结合细菌 50S 核糖体上的特定位点发挥抗生素作用（Kelly, Pan *et al.* 2009）。值得注意的是，29 元大环 GE2270 A 和同系物通过阻断延伸因子 EF-Tu 及其作为 GTP 的类似物影响氨酰基-tRNA 与核糖体的结合活性，从而阻断蛋白质合成

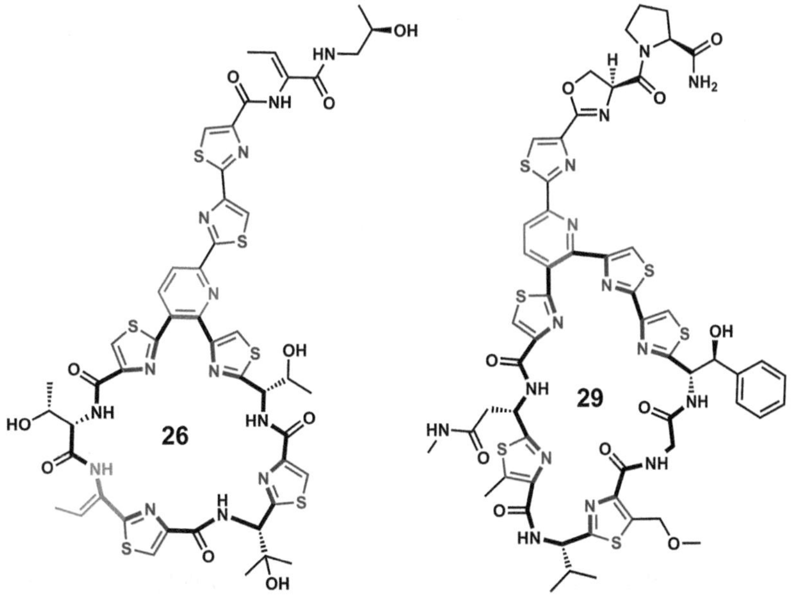

高硫青霉素　　　　　　　　　　GE2270 A

图 3.11

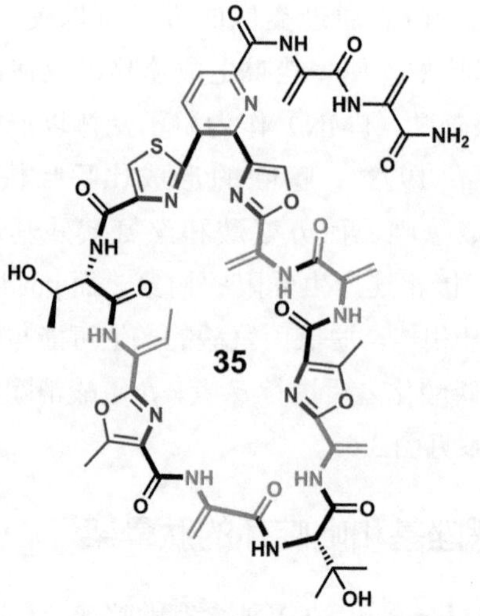

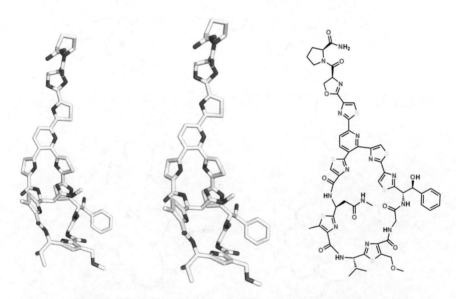

伯尔尼霉素

图 3.11　含有中心吡啶环的噻唑肽，在 26、29 或 35 元大环的核心处
以 2,3-双环或 2,3,6-三环模式修饰

（Liao, Duan *et al.* 2009; Walsh, Acker *et al.* 2010）。GE2270 A 与 EF-Tu 的晶体的三维结构如图 3.12 所示（Parmeggiani, Krab *et al.* 2006）；注意与中心吡啶环连接的三噻唑环是螺旋结构而非平面结构，因而产生了生物功能所必需的特定结构。

图 3.12　三噻唑基吡啶核心结构具有非平面几何构型，其所嵌入的位置决定了大环的结构
与 EF-Tu 结合的 GE2270 A 的三维结构来自 Yang Hai 博士提供的 PDB 条目 2C77

这些噻唑肽类抗生素的遗传和基因组分析表明，其成熟骨架来自核糖体产生的蛋

白质的 C 末端，如图 3.13 中的伯尔尼霉素所示（Malcolmson, Young *et al.* 2013）。成熟的伯尔尼霉素同时具有噻唑 / 噁唑环以及脱氢丙氨酸和脱氢氨基丁酸，反映了伯尔尼霉素前体中丝氨酸残基的两种翻译后加工方式（图 3.13）。

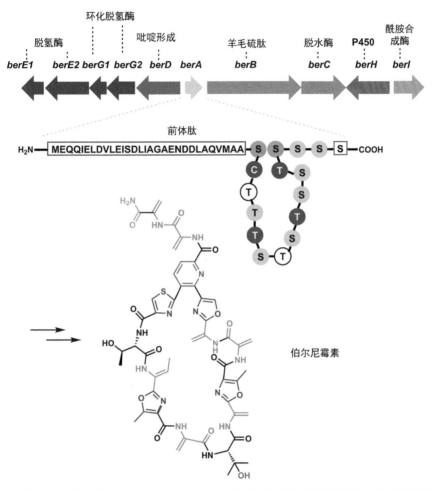

图 3.13　伯尔尼霉素基因簇的示意图以及由新生 47 个残基的蛋白质生成成熟的抗生素骨架的翻译后加工

数据来自 Malcolmson, S. J., T. S. Young, J. G. Ruby, P. Skewes-Cox and C. T. Walsh (2013). "The posttranslational modification cascade to the thiopeptide berninamycin generates linear forms and altered macrocyclic scaffolds". *Proc. Natl. Acad. Sci. U. S. A.* **110**(21): 8483.

对高硫青霉素骨架成熟过程的分析表明，吡啶环的形成是在后期发生，由两个脱氢丙氨酸残基头尾连接，脱水，随后通过芳构化释放出前导肽。吡啶环的形成是典型的 [4+2] 环加成（Wever, Bogart *et al.* 2015），同时形成了大环化（图 3.14）。

硫链丝菌素（thiostrepton）是一种具有复杂结构的，作用靶点为 50S 核糖体的抗生素类的代表（图 3.15）。中心的吡啶环（红色）具有 2,3,6- 三噻唑取代模式，是氧化态的四氢吡啶而非完全芳香化的状态。部分上游前导肽作为第二个大环连接在吡啶环上，其中含有双环喹啉酸（粉红色），由前硫链丝菌素初生蛋白中的色氨酸残基修饰得到。

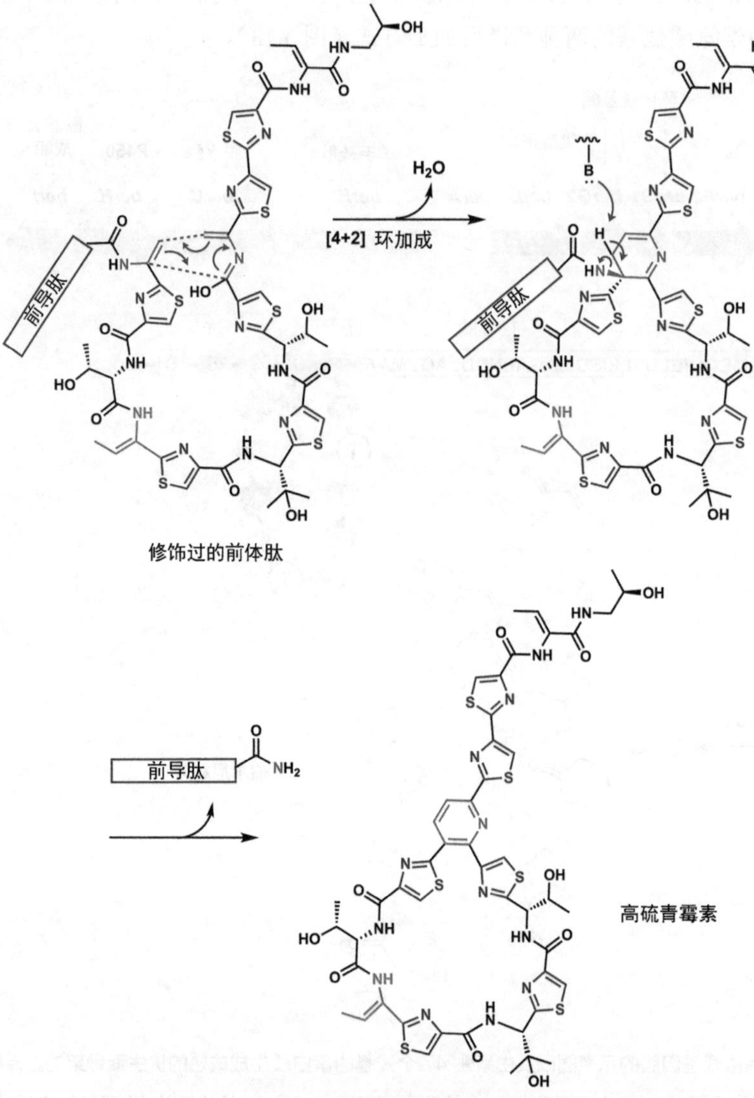

图 3.14　吡啶环的形成是产生三噻唑基吡啶核心结构中的最后步骤，
同时产生嵌入了吡啶的大环。前导肽在吡啶环的芳构化中被切除

3.3.5　波卓霉素和 polytheonamide

　　图 3.16 展示了 polytheonamide A 的结构，它是一个含有 48 个氨基酸残基的多肽，它的 18 个 D 型氨基酸残基与 L 型氨基酸残基在核心骨架上交替连接，产生可以作为跨膜孔的螺旋（Hamada, Matsunaga *et al.* 2005）（图 3.17）。图 3.16 还展示了微生物代谢产物波卓霉素（bottromycin）的结构，初看上去，polytheonamide A 和波卓霉素 A 并不适

合放在一起讨论，但它们都是翻译后修饰的产物，特别是在惰性碳中心上发生甲基化。

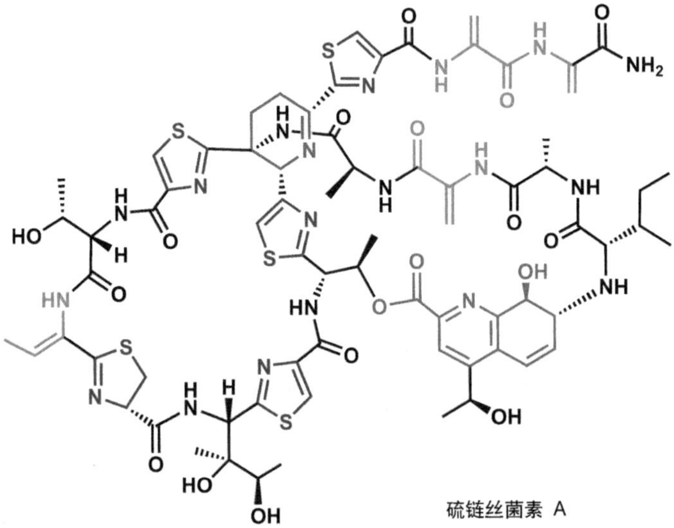

硫链丝菌素 A

图 3.15　硫链丝菌肽在其三噻唑基核心结构（棕色）上具有四氢吡啶（红色），
并且仍保留一部分上游前导肽作为第二个大环

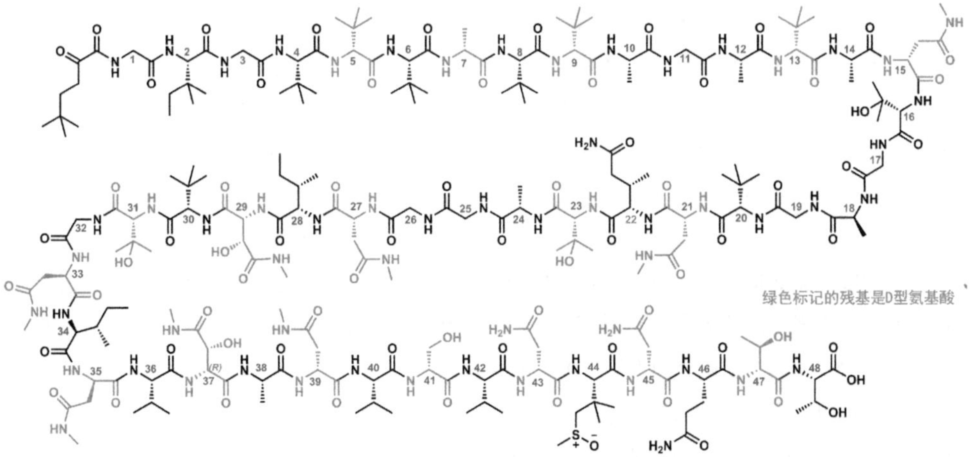

polytheonamide

绿色标记的残基是D型氨基酸

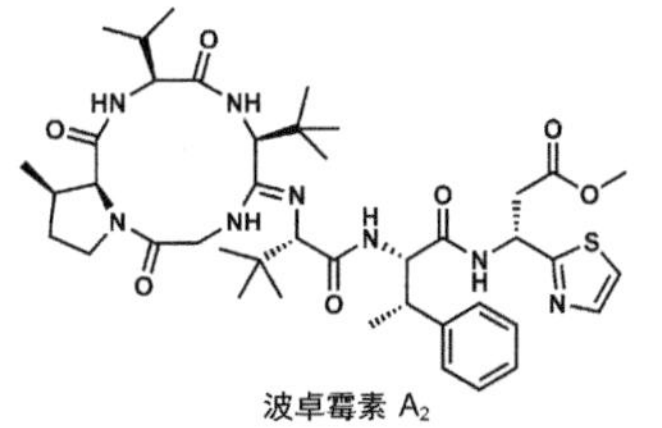

波卓霉素 A₂

图 3.16　Polytheonamide A 是一种 48 个残基的肽离子通道，在其前体蛋白的翻译后加工过程中引入了
17 个 D 型氨基酸残基；波卓霉素同样经历一组特殊的翻译后修饰，包括在 5 处惰性碳位点进行甲基化

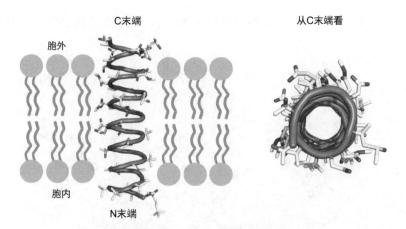

图 3.17　由于 D 型氨基酸残基和 L 型氨基酸残基交替延伸，polytheonamide
产生了可以跨越细胞膜并充当离子孔道的螺旋构象

图像来自 Yang Hai 博士提供的 PDB 条目 2RQO

核糖体类天然产物修饰过程中，通过蛋白酶作用去除上游序列。在波卓霉素的例子中，蛋白酶去除了 N 末端的甲硫氨酸，第 1 位甘氨酸残基（Gly_1）的氨基得以活化，与第 4 位缬氨酸残基（Val_4）的羧基之间催化生成亚胺，最终产生 12 元的大环亚胺（Crone, Leeper *et al.* 2012; Gomez-Escribano, Song *et al.* 2012; Hou, Tianero *et al.* 2012）。接下来是经历 4 次碳甲基化，在图 3.18 中用紫色表示。每次甲基化反应消耗两分子的共底物 *S*-腺苷甲硫氨酸，并且被甲基化的碳原子上的一个自由基中间体与来自第二个被消耗的 SAM 的甲基自由基配对。第 10 章详细介绍了这些机制。另一方面，推测波卓霉素天冬氨酸侧链的甲酯基团是来自于 $[CH_3^+]$ 作为亲核基团从 SAM 转移到羧酸上的常规途径。推测噻唑的形成是通过内部形成四面体加合物，随后发生上述的脱水和脱氢反应。

Polytheonamide 的翻译后加工过程更为特殊。前体蛋白的第 96 号和 97 号氨基酸残基间经蛋白酶水解断裂后，剩下 48 个氨基酸残基中的 18 个氨基酸经原位差向异构化由 L 构型转换为 D 构型（图 3.19）（Freeman, Gurgui *et al.* 2012）。外消旋化或差向异构化的机制目前尚不明确。异酰胺转化到平面碳负离子过渡态后，会伴随 α-氢的立体结构随机返回，因此该过程必须由酶催化才能使 L 型氨基酸特别稳定地达到特定构象。除了 18 个 α-碳发生差向异构化之外，还有 22 个碳原子被甲基化，主要发生在缬氨酸和异亮氨酸残基的惰性 β-碳位置，因此可能通过 SAM 自由基机制进行反应（并在第 10 章中讨论）。

3.3.6　芋螺毒素

芋螺（cone snails）是捕鱼高手，它们刺中小鱼并给它们注入以多肽为主的毒素混合物，称为芋螺毒素（conotoxins）。其中的三种毒素（Akondi, Muttenthaler *et al.*

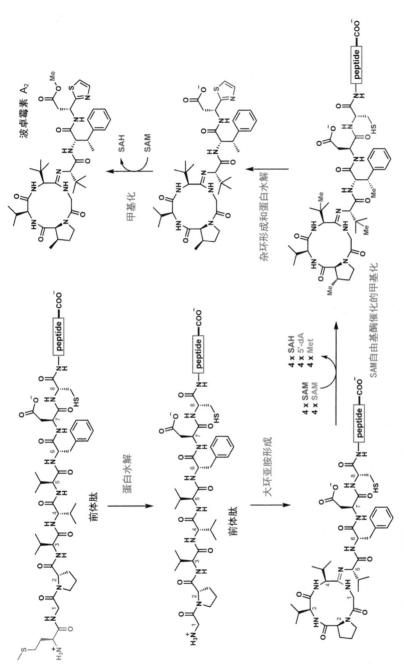

图 3.18 来自前体肽的波卓霉素 A_2 的生物合成所涉及的重要翻译后修饰。最值得注意的是，在生物合成过程中，SAM 自由基甲基转移酶消耗八分子的 SAM，使 4 个惰性碳发生甲基化。有关 SAM 自由基酶的作用机制，请参见第 10 章。另一分子的 SAM 被当作常规的甲基源用于在最后一步途径中产生甲酯

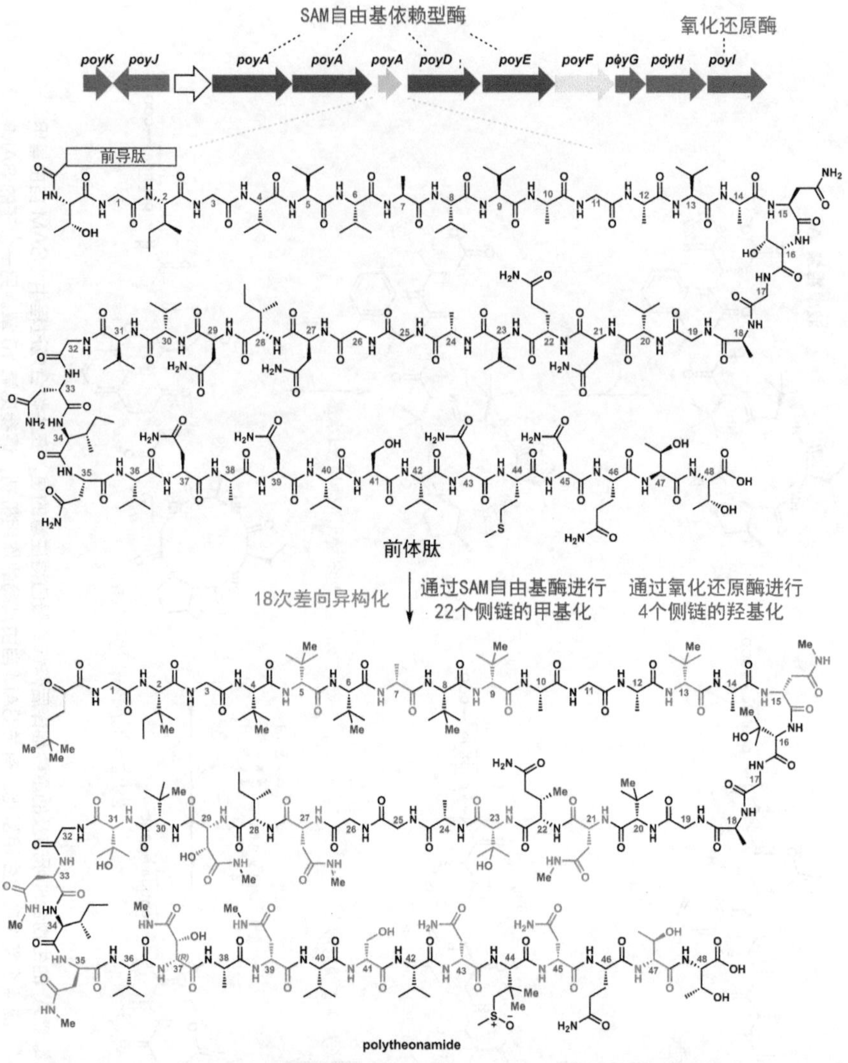

图 3.19　在含有 48 个氨基酸残基的 polytheonamide 核心肽翻译后修饰过程中，前体肽的 18 个 L 型氨基酸残基外消旋化 / 差向异构化为 D 型氨基酸残基

2014）如图 3.20 所示。其中 contulakin-G 和芋螺肽-MrlA（conopeptide-MrlA）因其环化的焦谷氨酸（5-氧代脯氨酸）残基使其具有封闭的 N 末端。而 conantokin-G 是一种侧链谷氨酸转化为 γ-羧基-谷氨酸的代表性芋螺毒素。它们结构中的丙二酸可螯合钙离子并通过构象重排从而产生膜活性形式。

3.3.7　鹅膏菌素和鬼笔环肽

最后一例经选择性水解蛋白质前体而得到的修饰肽骨架是一对蘑菇毒素（Vetter

1998）：鹅膏菌素（amanitin）（Hallen, Luo *et al.* 2007）和鬼笔环肽（phalloidin）（Lynen and Wieland 1937）（图 3.21）。鹅膏菌素是一种环状的八肽大环内酰胺，它是由死亡天使蘑菇（*Amanita bisporigera*）中 35 个氨基酸残基的蛋白质前体在脯氨酰寡肽酶（prolyloligopeptidase）作用下发生切除 / 转肽而产生。鹅膏菌素在 RNA 聚合酶的起始和延伸阶段显示强效抑制作用。鹅膏菌素的显著特征是氧化的半胱氨酸与 6- 羟色氨酸的吲哚 C2 位置之间发生偶联，从而产生双环骨架。这也证明了氧化反应在翻译后修饰过程中发挥作用，包括产生羟基脯氨酸残基和双羟基化异亮氨酸残基。半胱氨酸-O-色氨酸的偶联时机、是否涉及自由基中间体以及半胱氨酸侧链硫在连接过程中处于何种氧化状态尚不明确。

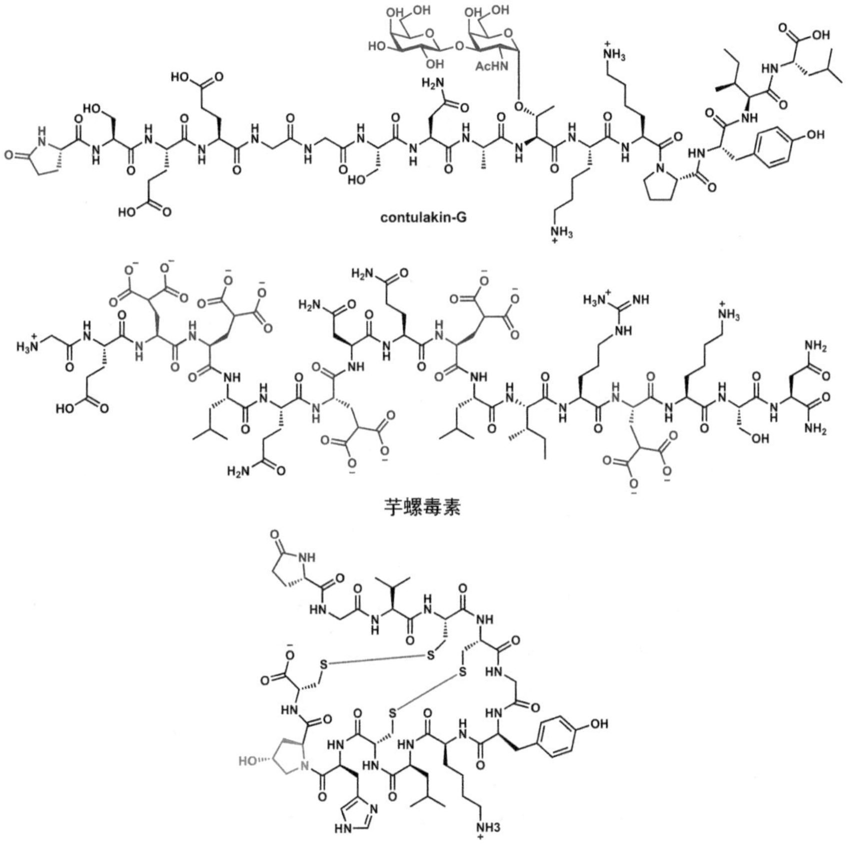

图 3.20 捕食者芋螺经过前体蛋白的翻译后修饰产生一组修饰的肽类毒素

死帽蕈（death cap mushroom）中的鬼笔环肽是通过与 F- 肌动蛋白纤维结合并阻止其解聚从而表现毒性。肝脏因选择性转运毒素，是对鬼笔环肽损伤最敏感的器官。鬼笔环肽是一种双环的七肽，具有类似的半胱氨酸 - 色氨酸环偶联结构，但是色氨酸的 C6 位没有被羟化且半胱氨酸硫原子没有被氧化。同时，一些位置的苏氨酸残基已异构化为 D 型。脯氨酰内肽酶还参与鬼笔环肽前体中七肽的切除和环化。

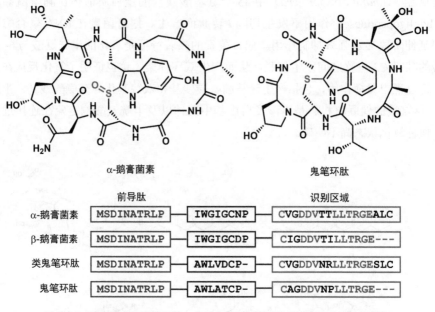

α-鹅膏菌素   鬼笔环肽

	前导肽		识别区域
α-鹅膏菌素	MSDINATRLP	IWGIGCNP	CVGDDVTTLLTRGEALC
β-鹅膏菌素	MSDINATRLP	IWGIGCDP	CIGDDVTILLTRGE---
类鬼笔环肽	MSDINATRLP	AWLVDCP-	CVGDDVNRLLTRGESLC
鬼笔环肽	MSDINATRLP	AWLATCP-	CAGDDVNPLLTRGE---

图 3.21 鹅膏菌素和鬼笔环肽：分子内氧化偶联产生蘑菇毒素的刚性肽骨架

专题 3.1 稻曲菌素（Ustiloxins）：来自核糖体前体的真菌环肽

　　黄曲霉（*Aspergillus flavus*）和其他曲霉属真菌的基因组挖掘主要集中在通过生物信息学预测它们产生三类主要天然产物的能力：产生聚酮类、非核糖体肽（和非核糖体肽-聚酮杂合体）类以及萜类的生物合成基因簇。Umemura 及其同事将注意力转移到真菌核糖体蛋白的开放阅读框，注意到一系列具有 N-末端信号序列和 16 个重复的 C-末端四肽序列 Tyr-Ala-Ile-Gly 的真菌蛋白（Umemura, Nagano *et al.* 2014）。天然产物稻曲菌素（ustiloxin）（图 3.V1）就含有这种经过氧化和两次偶联反应的四肽核心结构。

　　前体肽释放出 16 个重复的 YAIG 肽的过程被认为是在前体蛋白由内质网转运到高尔基体的过程中由内切蛋白酶 Kex2 催化的。基于一系列基因敲除和生化表征，Oikawa 及其同事阐明了图 3.V1 所示的稻曲菌素的成熟步骤（Ye, Minami *et al.* 2016）。首先，在一组氧化酶作用下该四肽化合物在酪氨酸的酚氧和异亮氨酸残基的 β-碳之间进行偶联。其中酪氨酸的酚环可能在酪氨酸酶同源蛋白 UstQ 作用下被羟基化为儿茶酚。儿茶酚自由基和异亮氨酸 β-自由基的单电子氧化可以偶合形成醚键。再通过 UstM 甲基化得到稻曲菌素 F（ustiloxin F）后，P450 酶 UstC 将儿茶酚环氧化成邻醌，其可以被 1-半胱氨酸捕获从而构建 S–C 键。随后通过两种黄素依赖性单加氧酶（第9章）将连接的半胱氨酸上的硫和氮原子氧化产生肟中间体，该中间体进一步分解可产生醛（未显示）。在该途径的最后一步中，磷酸吡哆醛（PLP）依赖酶（第5章）使天冬氨酸的 β-羧酸酯特异性脱羧，然后将丙氨酰-β-碳-磷酸吡哆醛烯胺作为碳负离子从而构建稻曲菌素侧链的碳碳键。

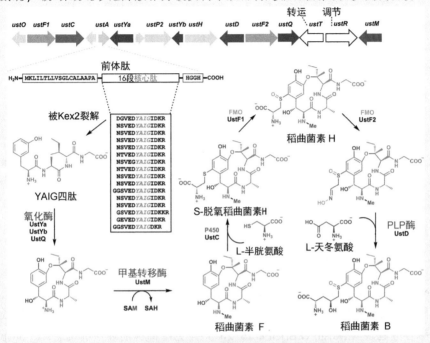

图 3.V1　16 个四肽重复序列经过翻译后裂解和氧化反应转化成稻曲菌素的生物合成途径推测

在稻曲菌素发现的推动下，新一轮的曲霉菌基因组挖掘显示蛋白质前体的成熟可产生新的肽骨架结构，这表明天然产物的多样性要远超通常的认识。其中一种新型骨架就存在于 asperipin-2a 的双环结构中，许多其他骨架可能仍有待发现和表征（Nagano, Umemura et al. 2016）。

3.4　非核糖体肽合成酶装配线：形成高度变形肽骨架的替代途径

正如本章引言部分所指出的，有另一种途径可完全绕过 mRNA 和核糖体工厂来生成稳定的肽类小分子骨架（见图 3.4）。而非核糖体肽合成酶的合成机制存在于细菌和真菌中，用于构建长度不超过 21 个残基的肽而无需任何 RNA 模板（Walsh 和 Wencewicz 2016）。图 3.22 显示了丙甲甘肽（alamethicin）的结构，这是一种来自绿色木霉（*Trichoderma viride*）的含有 20 个氨基酸残基的非核糖体肽，它通过形成离子通道显示出广泛的生物活性。

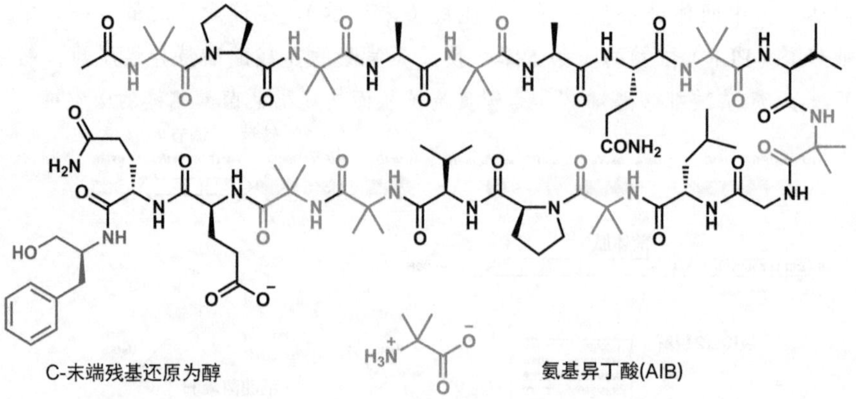

C-末端残基还原为醇

氨基异丁酸(AIB)

图 3.22　绿色木霉中的丙甲甘肽是由 NRPS 途径合成的。这些真菌来源的线型代谢产物也称
为哌珀霉素（peptaibol），它代表肽、氨基异丁酸（AIB）和氨基醇。
结构中以绿色显示的 AIB 是一种非天然氨基酸——氨基异丁酸

3.5　非蛋白源氨基酸合成砌块

　　NRPS 组装线的特征包括非蛋白源氨基酸合成砌块的使用以及"装配线上"的差向异构化和 *N*- 甲基化。图 3.23 显示了四种非核糖体肽的结构，其中突出了非蛋白源氨基酸合成砌块（Walsh, O'Brien *et al*. 2013）。免疫抑制剂环孢菌素 A（cyclosporine A）是环状的十一肽内酰胺，含有一个 D 型丙氨酸残基和两个非蛋白源残基：L-氨基丁酸和丁烯基-甲基-L-苏氨酸。在 Miraziridine A 的五肽骨架中含有 5 种非蛋白源氨基酸，其中四种为氮丙啶二羧酸、抑胃酶氨酸（statine）、氨基丁酸和乙烯基 -L-精氨酸。膜海鞘素 B（didemnin B）是一种来自海洋被囊类动物的环状酯肽（peptidolactione），它通过抑制棕榈酰化蛋白质硫酯酶的作用产生抗肿瘤活性。除了 *N,O*-二甲基酪氨酸外，膜海鞘素结构中还有一个异抑胃酶氨酸（isostatine）残基和一个 miraziridine A 中存在的抑胃酶氨酸残基。最后，来自土壤细菌 *Kutzneria spp.* 的 kutzneride 家族的抗真菌六肽大环内酯中的 6 种氨基酸都是非蛋白源的，包括哌嗪、二氯吡咯并吲哚单元以及甲基环丙基-D-甘氨酸（Broberg, Menkis *et al*. 2006; Fujimori, Hrvatin *et al*. 2007）。

　　抑胃酶氨酸、异抑胃酶氨酸和乙烯基精氨酸可作为聚酮和氨基酸单元杂合组成的双模块装配线上的合成砌块（图 3.24）（Walsh, O'Brien *et al*. 2013）。氨基酸被上载后与丙二酸单酰基-S-ACP 缩合，产生 *β*-酮-*δ*-氨基-S-ACP 中间产物，在酮基还原酶结构域作用下并在硫酯酶结构域介导下释放产生 *β*-OH, *δ*-NH$_2$ 取代模式的抑胃酶氨酸（和异抑胃酶氨酸）。随后将这些底物上载到含有脱水酶结构域的 PKS 模块上，从而生成 *α,β*-乙烯基-*δ*-氨基取代模式的乙烯基精氨酸（miraziridine A）以及乙烯基-酪氨酸和乙烯基-缬氨酸取代模式。

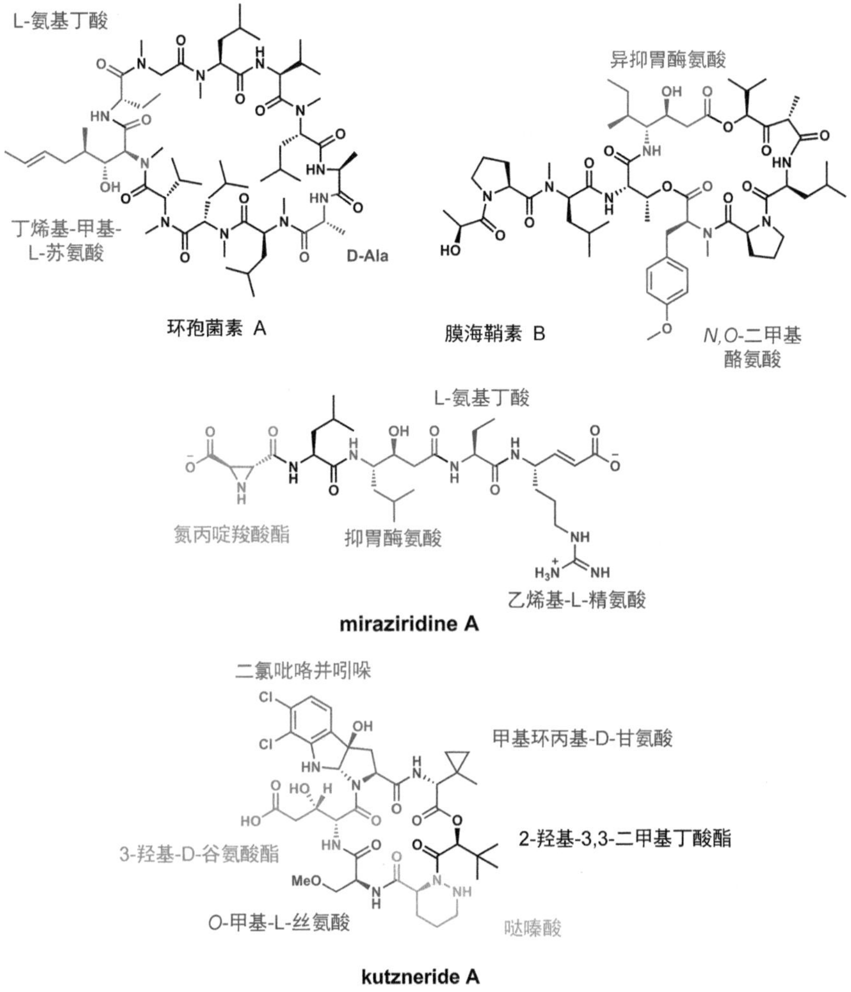

图 3.23　含有非蛋白源氨基酸的非核糖体肽的实例

　　如图 3.25 所示的万古霉素（vancomycin）和替考拉宁（teicoplanin）含有两种羟基苯甘氨酸单元。它们是万古霉素中第 4 和第 5 残基以及替考拉宁中第 1 残基的 4-羟基苯甘氨酸，以及万古霉素中第 7 残基和替考拉宁中第 3 和第 7 残基的 3,5-二羟基苯甘氨酸残基（Hubbard 和 Walsh 2003）。万古霉素中的第 2 和第 6 残基为非对映异构的氯代-β-羟基-酪氨酸。这些富含电子的酚环基团易受酶介导产生苯氧基自由基（在第 9 章中详细讨论），从而分别在万古霉素和替考拉宁的侧链之间发生三次和四次偶联。而这些氧化偶联反应将七肽骨架构筑为杯状结构。从而保证结构中的氢可连接到细菌细胞壁未偶联的肽聚糖末端的 N-乙酰基-D-丙氨酸-D-丙氨酸单元上。

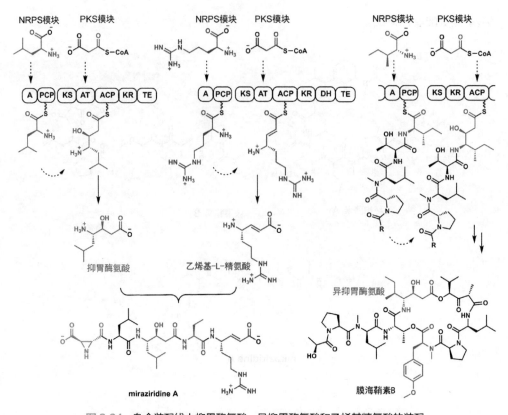

图 3.24　杂合装配线上抑胃酶氨酸、异抑胃酶氨酸和乙烯基精氨酸的装配

NRPS 装配线的组成将在下面讨论；结构域缩写 A 和 PCP 分别代表腺苷酰化和肽基载体蛋白；详见图 3.29

（图中标注文字）

NRPS模块　PKS模块　NRPS模块　PKS模块　NRPS模块　PKS模块

A PCP KS AT ACP KR TE

A PCP KS AT ACP KR DH TE

A PCP KS KR ACP

抑胃酶氨酸

乙烯基-L-精氨酸

miraziridine A

异抑胃酶氨酸

膜海鞘素B

4-羟基苯甘氨酸
（HPG）

3,5-二羟基苯甘氨酸
（DHPG）

3-氯-D-酪氨酸

3-氯-β-羟基-酪氨酸

万古霉素

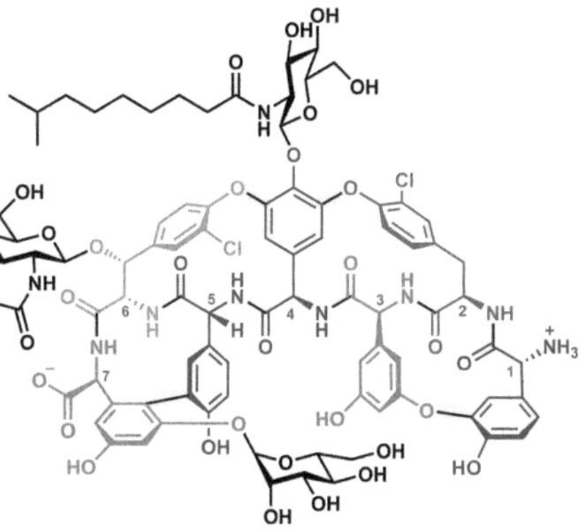

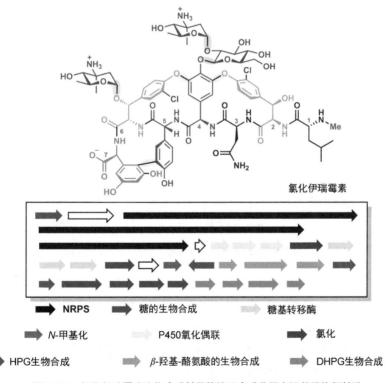

替考拉宁 A₂-2

图 3.25　糖肽类抗生素万古霉素和替考拉宁在若干残基位置含有非蛋白源羟基苯甘氨酸的区域异构体。
它们还包括在特定 P450 单加氧酶催化下产生的侧链芳醚和直接连接的 C–C 键（黄色）

　　万古霉素类似物氯化伊瑞霉素（chloroeremomycin）的生物合成基因簇包括 NRPS，
编码三个细胞色素 P450 加氧酶和三个糖基转移酶的基因以及合成两种羟基苯甘氨酸
合成砌块的基因（图 3.26）。

氯化伊瑞霉素

➡ NRPS　　　➡ 糖的生物合成　　　➡ 糖基转移酶

➡ N-甲基化　　　➡ P450氧化偶联　　　➡ 氯化

➡ HPG生物合成　　　➡ β-羟基-酪氨酸的生物合成　　　➡ DHPG生物合成

图 3.26　氯化伊瑞霉素生物合成基因簇编码合成非蛋白源芳香族氨基酸
所需的酶以及催化苯基偶联的 P450 酶

如图 3.27 所示，初级代谢产物预苯酸首先转化为 4- 羟基苯丙酮酸，随后在三种修饰酶的作用下将三碳酮酸链氧化缩短为双碳酮酸链，最终在转氨酶的作用下产生 4- 羟基苯甘氨酸合成砌块。

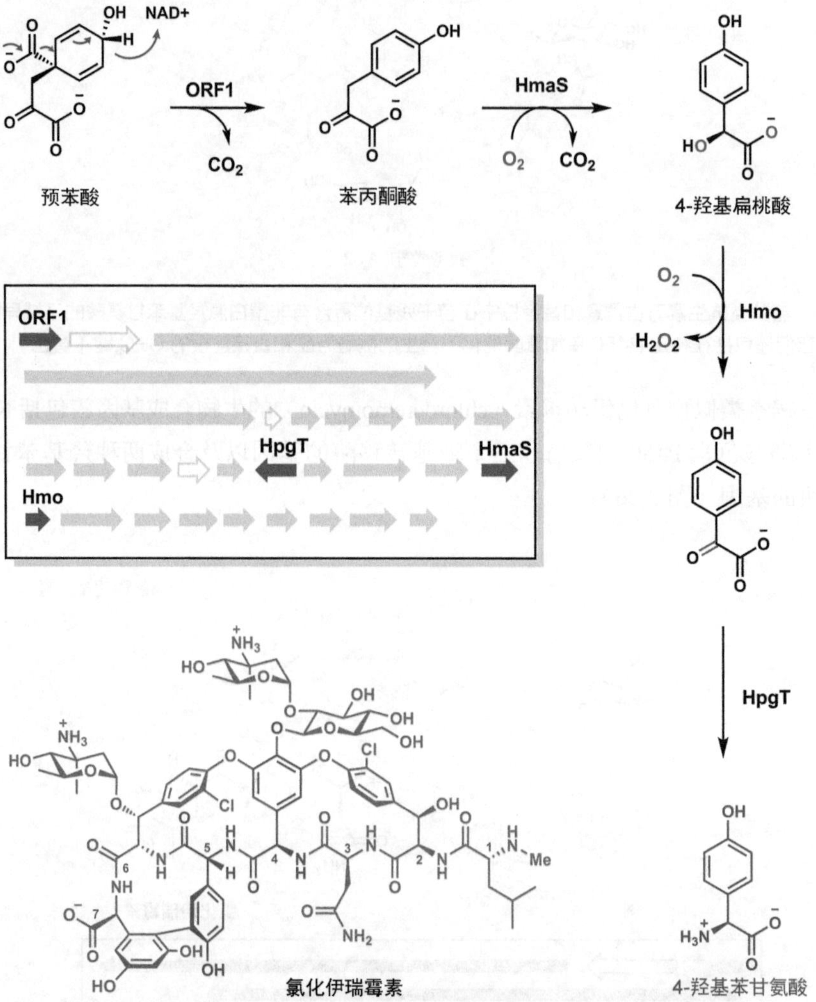

图 3.27　生物合成基因簇中编码的三种酶将预苯酸转化为 4- 羟基苯甘氨酸

而 3,5- 二羟基苯甘氨酸则是来自完全不同的途径（图 3.28）。四个丙二酸单酰辅酶 A 通过链延伸的克莱森缩合反应生成八碳的酰基辅酶 A。在加氧酶介导下乙酰辅酶 A 侧链转化为乙醛酸侧链，随后在转氨酶的作用下产生 3,5- 二羟基苯甘氨酸。两组羟基苯甘氨酸生物合成基因的共转录确保了"及时"控制底物库存，以保证万古霉素、替考拉宁和氯化伊瑞霉素的 NRPS 装配线正常运行。

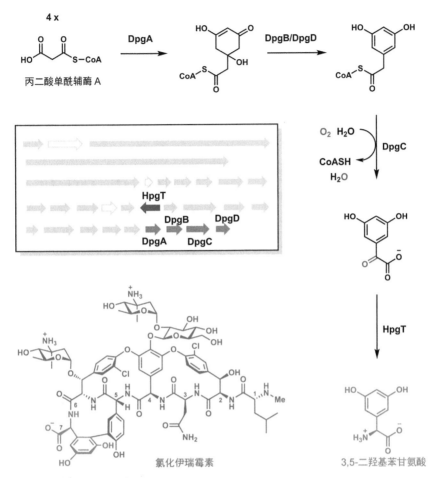

图 3.28 3,5- 二羟基苯甘氨酸的生物合成是来自 PKS 途径，由四分子丙二酸单酰辅酶 A 合成 3,5- 二羟苯乙酰辅酶 A。而 C_2 酰基辅酶 A 侧链氧化生成乙醛酸侧链，并通过转氨作用生成相应的氨基酸

3.6　NRPS 装配线原理：启动、起始、延伸、终止

　　与第 2 章中描述的聚酮合酶组装线原理类似，NRPS 组装线遵循类似的化学原理（Liu and Walsh 2009; Walsh and Wencewicz, 2016）。经典的 NRPS 装配线中具有起始模块、延伸模块和终止模块。通常这些模块可以位于同一蛋白质上，如合成青霉素和头孢菌素类抗生素骨架的 ACV 三肽合成酶（Byford, Baldwin *et al.* 1997），也可以分布在多个单独的蛋白质上。万古霉素 / 氯化伊瑞霉素装配线具有七个模块，每个模块负责一种特定氨基酸并将其嵌入七肽骨架中。

　　在 NRPS 装配线起作用之前，含 80 ～ 100 个氨基酸残基的肽基载体蛋白结构域（PCP）必须用磷酸泛酰巯基乙胺辅基进行翻译后修饰（图 3.29）（Walsh and

Wencewicz 2016）。其中辅酶 A 是共底物，特定的丝氨酸侧链是进攻的亲核试剂。任何一个脱辅基 *apo*-PCP 结构域若不转换为泛酰巯基乙胺化的全酶（*holo*-PCP）形式，都将使 NRPS 装配线无法运行（参见图 2.9 和图 2.10）。这与聚酮类生物合成中酰基载体蛋白（ACP）的翻译后修饰原理是一致的。

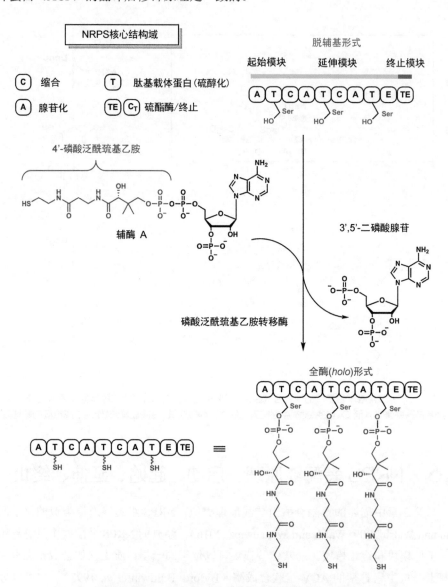

图 3.29　通过翻译后修饰将辅酶 A 的磷酸泛酰巯基乙胺基团转移到肽基载体蛋白的丝氨酸侧链上，使脱辅基形式的肽基载体蛋白转化为全酶形式
缩写形式的 PCP 和 T 可互换使用，因为 T 结构域书写简便并且能代表其功能

NRPS 装配线中起始模块通常包括本章之前提到的 50 kDa 的腺苷酰化（A）结构

域，以及缩写为 PCP 或 T 的肽基载体蛋白结构域（硫醇化结构域，以强调来自泛酰巯基乙胺基支链的硫醇基团）。A 结构域负责选择特定氨基酸（包括非蛋白源的氨基酸），并通过氨酰基 -AMP 的形式活化，随后通过硫酯键与 PCP 结构域的泛乙酰基硫醇连接。

延伸模块除了也包含一对 A-T（A-PCP）模块以外，还含有一个 50 kDa 大小的缩合结构域（C 结构域），它催化分子间肽键的形成（C-A-T / C-A-PCP）。上游模块中含延伸的肽链，其硫酯羰基将起到亲电试剂的作用。而下游模块具有引入的氨酰基硫酯，其氨基可充当亲核试剂。肽键形成的同时肽链从上游模块转移到下游模块。因此，肽链延长是从 NRPS 装配线（多模块 / 多蛋白）的上游到下游移动，即从蛋白的 N 端到 C 端。

当全长肽链到达 NRPS 组装线的最下游模块时，表明它已到达链终止模块。在细菌系统中，终止模块具有第四个结构域，它是一个 35 kDa 的硫酯酶结构域，用来作为最后的结构域（C-A-T-TE/C-A-PCP-TE），而在真菌 NRPS 中则不必要。在真菌系统中，该排列可以是 C-A-T-C，其中末端 C 结构域在链释放中发挥作用（Gao, Haynes *et al.* 2012）。肽链在 C-A-T-TE 终止模块中的硫醇化结构域和亲核性的丝氨酸侧链羟基之间发生转移，同时肽基硫酯键转化为肽基氧酯键。该 TE 结构域是丝氨酸水解酶超家族的一员，这个超家族利用酶中亲核性的丝氨酸催化酰基 / 肽基转移到各种共底物上。

典型的 NRPS 装配线例子是一个 450 kDa 大小的真菌三肽合成酶单一蛋白，它负责合成氨基己二酰- 半胱氨酰-D-缬氨酸（ACV）。ACV 是异青霉素 N（isopenicillin N）的直接前体，而异青霉素 N 又是头孢菌素 C 的前体，它们是两类 β-内酰胺类抗生素。如图 3.30 所示，ACV 合成酶一共有三个模块，包括 10 个自主折叠的结构域。三个 A 结构域的顺序决定了选择、激活和掺入的氨基酸的顺序。

第一个结构域（A_1 结构域）识别非蛋白源氨基酸——氨基己二酸，特异性活化 C6 羧酸而非 C1 羧酸；A_2 结构域激活半胱氨酸，A_3 结构域激活 L-缬氨酸。氨酰基-AMP 以氨酰基硫酯形式连接到与之相邻的 T（硫醇化）结构域的磷酸泛酰巯基乙胺支链上。模块 2 的 C 结构域在转移氨基己二酸的同时在 T_2 上生成氨基己二酰 - 半胱氨酰二肽基硫酯。类似地，模块 3 上的 C 结构域利用缬氨酸的氨基作为亲核基团，产生 ACV 三肽，并以硫酯键的形式与 T_3 相连。模块 3 中差向异构酶（E）结构域的存在表明，在缩合之前或在三肽基-S-泛酰巯基乙氨基硫酯形成之后，缬氨酸残基的 α-碳由 L-构型差向异构化为 D-构型。释放出来的 ACV 确实是氨基己二酰-L-半胱氨酸-D-缬氨酸，这也符合后续合成青霉素过程中的手性要求。

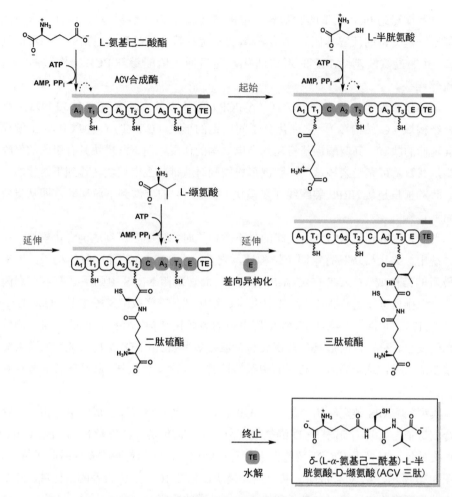

图 3.30　氨基己二酰 –L– 半胱氨酰 –D– 缬氨酸（ACV）合成酶是一个三模块、十结构域、单链 450 kDa 大小的酶。除了每个模块中的腺苷酰化（A）和硫醇化（T）结构域之外，它在模块 2 和模块 3 中具有缩合（C）结构域，在模块 3 中具有差向异构酶（E）结构域，同时在模块 3 中还有作为最下游结构域的链释放硫酯酶（TE）结构域

3.7　NRPS 终止步骤中的不同链释放方式

图 3.31 展示了硫酯酶作为水解酶将三肽释放成游离酸形式。类似地，万古霉素装配线上的 TE 也是作为氧酯水解酶将偶联的七肽基-O-TE 转化为游离酸（参见图 3.29）。然而，从 NRPS 的 TE 结构域释放全长链的几种已知模式中，水解仅是其中的一种。

肽链释放的第二种主要模式是大环化，其中肽链中分子内的亲核性强于水分子的进攻（Walsh and Wencewicz 2016）。典型的内部亲核基团包括胺，例如图 3.32 中就显

示了短杆菌素（头对尾）和杆菌肽（C末端的侧链，生成套索结构）中的氨基参与反

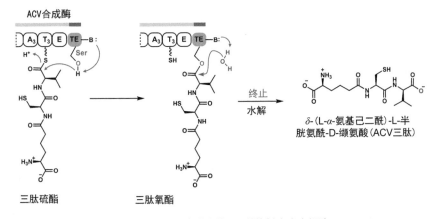

图 3.31　ACV 合成酶的 TE 结构域充当水解酶

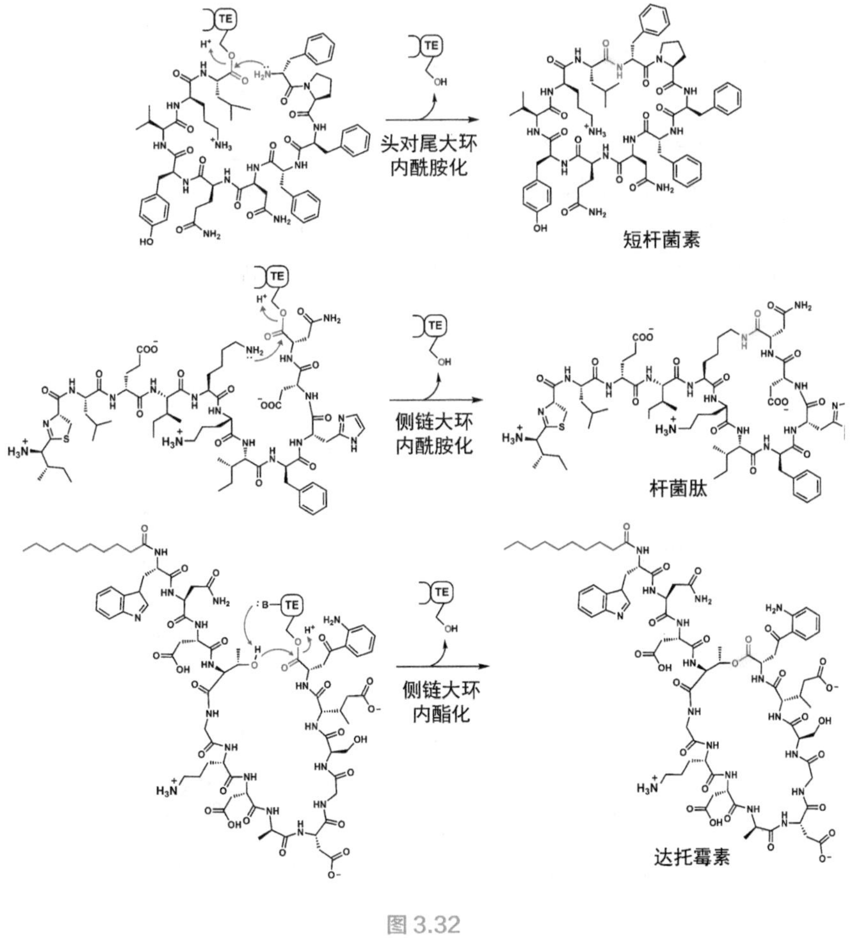

图 3.32

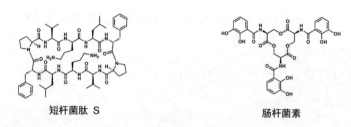

短杆菌肽 S　　　　　　　　　　　　**肠杆菌素**

图 3.32　通过 NRPS 中的硫酯酶结构域生成大环

图中显示短杆菌素中肽基 -O-TE 以头尾连接方式形成大环内酰胺；而杆菌肽中是通过侧链
与 C 端之间的环化来形成大环内酰胺。侧链羟基可以一次（达托霉素）或甚至三次
（肠杆菌素）进攻肽基 -O-TE 产生大环内酯，而两个五肽中间体二聚形成短杆菌肽 S

应。抗生素达托霉素（daptomycin）的第 4 位氨基酸残基中动力学上活泼的侧链羟基
与第 13 位氨基酸残基产生大环内酯化。图 3.32 还显示了由 NRPS 释放的其他两种
环肽骨架。相同的五肽链经头对尾二聚化生成环状的十肽内酰胺抗生素短杆菌肽 S
（gramicidin S），而二羟基苯甲酰-丝氨酰基部分的三聚环化产生大肠杆菌铁螯合剂肠
杆菌素（enterobactin）。

　　几乎所有的非核糖体脂肽（例如，达托霉素）在肽链的第一个残基上都被酰化，
并携带它通过延伸与终止模块（如图 3.32 所示）。更多脂肽结构如图 3.33 所示。与达
托霉素一样，大环内酯类脂肽化合物丁香霉素（syringomycin），丰原素（fengycin）
和 ADEP1 中的套索结构都是通过侧链羟基亲核基团（丝氨酸或酪氨酸）攻击末端残
基上的羰基所产生。在多黏菌素 B_2（polymxin B_2）和 friulimicin 中，侧链氨基（赖氨
酸的侧链和特殊的 2,3- 二氨基丁酸）攻击羰基生成大环内酰胺。Plusbacin A_3、表面

丁香霉素　　　　　　　　　　　　**丰原素**

多黏菌素 B_2　　　　　　　　　　**friulimicin B**

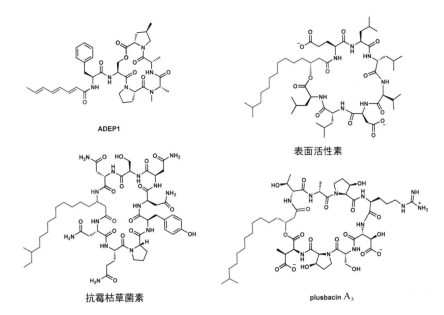

图 3.33　来自 NRPS 装配线的脂肽抗生素

脂酰链装载在第 1 个 NRPS 模块上，并以栗色显示。形成大环的键以黄色突出显示

活性素（surfactin）和抗霉枯草菌素（mycosubtilin）中发生亲核进攻产生大环的–OH 或–NH$_2$ 是来自于第 1 残基上的脂肪酰基链的 β-羟基或 β-氨基，而非来自其他氨基酸残基侧链（如图 3.34）。

NRPS 的第三种释放方式是由 C 末端还原酶结构域介导，其机制如图 3.34 中所述。鞘丝藻毒素（lyngbyatoxin）、nostocyclopeptide、myxochelin 和 myxalamide 的 NRPS 装配线中的 TE 结构域已经被 NAD(P)H 依赖的还原酶（R）结构域所取代（Barajas, Phelan *et al.* 2015）。还原结构域的一轮还原反应将共价连接的肽基硫酯转化为硫代半缩醛，随后自发断裂产生非共价连接的醛产物。在 nostocyclopeptide 的例子中，游离醛基又自发环化成亚胺。而在鞘丝藻毒素和 myxochelin 的生物合成过程中，新产生的醛产物在从酶的活性位点释放之前，再次被还原生成醇产物。硫酯经四电子还原生成醇的同时，产生 peptaibol 类天然产物中特征性的末端氨基醇，如图 3.22 中的丙甲甘肽。

如图 3.35 所示，NRPS 释放的第四种模式是迪克曼缩合。例如环匹阿尼酸（cyclopiazonic acid）生物合成途径中形成环乙酰乙酰基-色氨酸的方式就是这种模式（同时参见第 8 章）。失活的还原酶结构域（R*）介导烯醇形成以及分子内环化，在释放的环乙酰乙酰基-色氨酸中产生特特拉姆酸环系（Liu and Walsh 2009）。类似的迪克曼环化释放模式也存在于其他天然产物的装配线中，包括伊快霉素（equisetin）、aspyridone 和卵孢白僵菌素（tenellin）的装配线。这种独特的释放方式中，典型的 TE 结构域被其他末端结构域所取代，引起相应化合物的骨架变化。

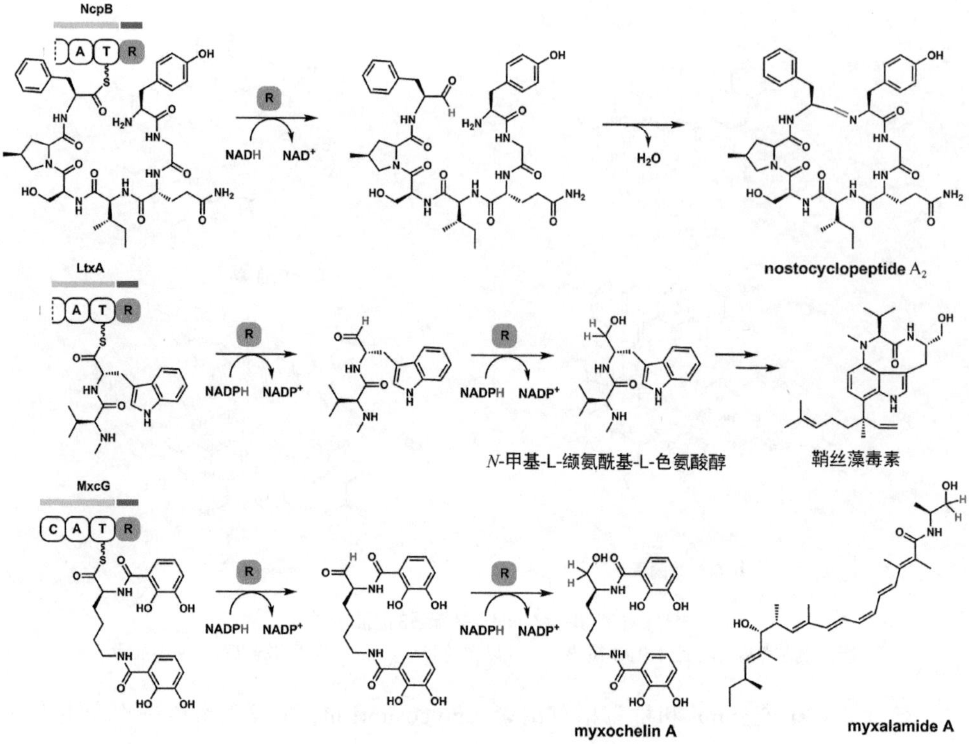

图 3.34　通过还原模式释放肽链
双电子还原模式释放醛产物；四电子还原模式释放肽基醇

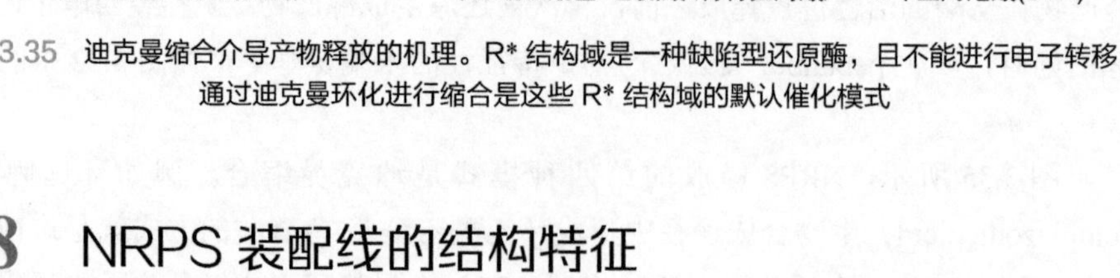

图 3.35　迪克曼缩合介导产物释放的机理。R* 结构域是一种缺陷型还原酶，且不能进行电子转移。通过迪克曼环化进行缩合是这些 R* 结构域的默认催化模式

3.8　NRPS 装配线的结构特征

　　NRPS 模块中连续的缩合结构域、腺苷酰化结构域、硫醇化结构域（即肽基载体蛋白）（见图 3.29）和硫酯酶结构域的结构已经发现了大约二十年（Koglin and Walsh 2009）。然而，模块内结构域的定位要更加困难。主要是由于结构域在催化循环中的可移动性。例如图 3.36（A）所示，在终止模块中，肽基载体蛋白必须先进入缩合结

构域的活性位点，随后进入腺苷酸化结构域，最后进入硫酯酶结构域（Drake, Miller *et al.* 2016）。

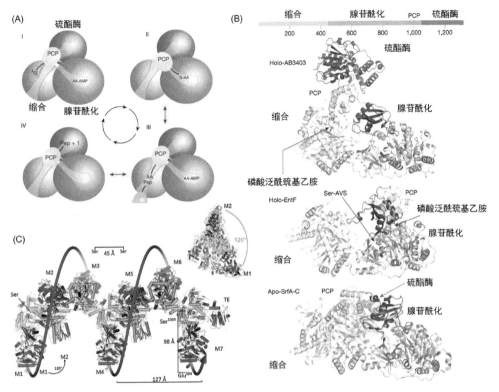

图 3.36 （A）NRPS 催化循环的动力学：带有延伸肽链的 PCP 结构域与终止模块中的缩合结构域、腺苷酰化结构域和硫酯酶结构域相互作用。（B）三个 NRPS 终止模块的结构：表面活性素合成酶的第 7 个模块，未确定的鲍氏不动杆菌（*A. baumanii*）模块的终止模块，参与肠杆菌素链延伸和三聚化的 EntF 蛋白。（C）七模块的表面活性素合成酶的模型

（A）和（B）图经麦克米伦出版有限公司许可转载：Drake, E. J., B. R. Miller, C. Shi, J. T. Tarrasch, J. A. Sundlov, C. L. Allen, G. Skiniotis, C. C. Aldrich and A. M. Gulick. (2016) "Structures of Two Distinct Conformations of holo-Nonribosomal Peptide Synthetases". *Nature* **529**: 235。
（C）图经英国皇家化学学会许可载自：Marahiel, M. A. (2016). "A Structural Model for Multimodular NRPS Assembly Lines". *Nat. Prod. Rep.* **33**: 136。

通过一系列蛋白质融合和底物类似物的固定，确定了三个终止模块的结构，并显示在图 3.36（B）中（Strieker, Tanovic *et al.* 2010, Drake, Miller *et al.* 2016）。它们是表面活性素合成酶（来自鲍氏不动杆菌的功能未确定的 NRPS）的终止模块，还有用于大肠杆菌嗜铁素肠杆菌素的大环化终端模块。它们之间结构域的定位会互相不同，但四个结构域的总体位置是一致的，这就为我们提供了模块组装的蓝图。目前，Marahiel（2016）提出了一个三维模型，展示表面活性素合成酶中 7 个模块是如何协作的［图 3.36（C）］，以阐明七肽链如何组装、延伸和释放。

3.9 肽链的装配线前、装配线上以及装配线下修饰

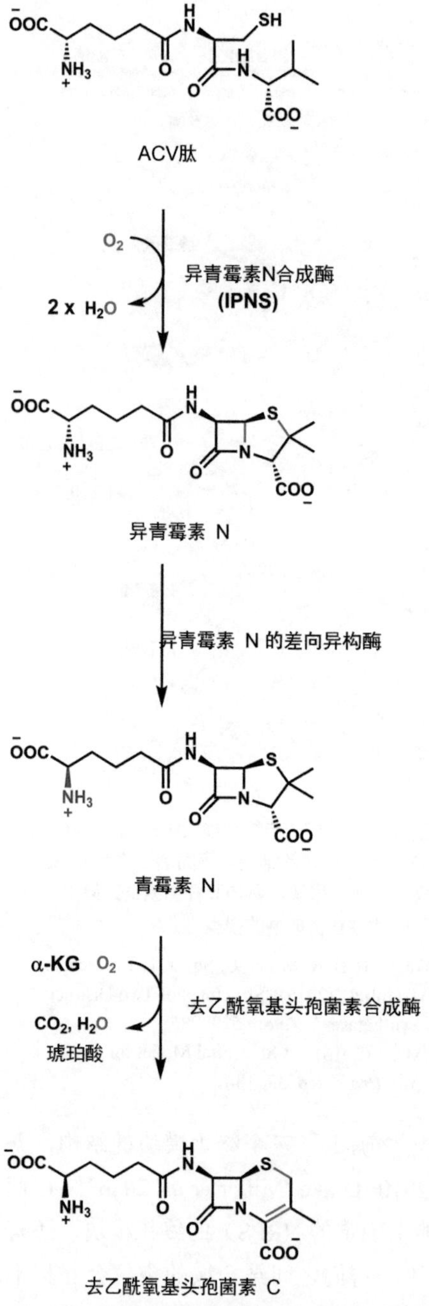

ACV肽

O_2

异青霉素N合成酶
(IPNS)

$2 \times H_2O$

异青霉素 N

异青霉素 N 的差向异构酶

青霉素 N

α-KG O_2

CO_2, H_2O
琥珀酸

去乙酰氧基头孢菌素合成酶

去乙酰氧基头孢菌素 C

图3.37 NRPS 后修饰过程中，铁依赖的双加氧酶将线型 ACV 肽催化生成 β-内酰胺类抗生素青霉素和头孢菌素

对非核糖体肽骨架的酶修饰可以发生在三个阶段。一个可以归类为装配线前修饰，通常非蛋白源氨基酸都属于这一类（Hubbard and Walsh 2003; Walsh, O'Brien *et al.* 2013）。这在我们上面提到的 4-羟基苯甘氨酸和 3,5-二羟基苯甘氨酸中，两者作为氨基酸底物严格控制下的万古霉素/替考拉宁类抗生素专用的合成砌块。

上面已指出，差向异构化通常发生在装配线上。这可能部分由于代谢产物中 D-氨基酸比 L-氨基酸相对难以获取。ACV 合成酶是装配线上内置差向异构酶结构域（在模块 3 中）的一个主要实例。在翻译后成熟过程中，polytheonamide 的 L-氨基酸残基经历了 18 次差向异构化。另一方面，环孢菌素合成酶可以直接利用 D-丙氨酸，这可能由于在细菌细胞壁代谢物中 D-丙氨酸中相对丰富。万古霉素和替考拉宁在模块 2、4 和 5 中具有 D-氨基酸。仔细分析该装配线发现模块 2、4 和 5 中的差向异构酶结构域，这与它们选择 L-酪氨酸和 L-4-羟基苯甘氨酸单体作为底物，并在装配线上异构化是一致的。

N-甲基化是某些类型非核糖体肽（包括环孢菌素 A）中一个相当常见的特征（见图 3.23）。环孢菌素 A 中的 11 个氨基酸残基中有 7 个残基被 N- 甲基化，这使得该十一肽内酰胺的共振稳定性和平面性发生改变，从而可以轻易穿透生物膜。环孢菌素合成酶的 7 个模块都被插入了使用 SAM 作为亲电甲基供体的 N-甲基化结构域。

另外一组值得注意的装配线上修饰方式是万古霉素中的 2-4,4-6,5-7 链和替考拉宁中的 1-3,2-4,4-6,5-7 链的氧化偶联。这一机理将

在第 9 章的加氧酶化学中进行讨论，此处就不再赘述。

装配线后修饰由特定酶催化，这些酶可以进行乙酰化（替考拉宁）、N-甲基化（万古霉素）、糖基化（万古霉素和替考拉宁）和侧链羟基化［棘白菌素（echinocandins）］（Walsh and Fischbach 2010）。第 11 章详细介绍了天然产物的糖基化反应，包括万古霉素和替考拉宁苷元骨架。特别值得注意的是，连续的酶促反应将非环状 ACV 三肽转变成双环 4,5-稠合的异青霉素 N，然后继续反应生成具有稠合双环结构的 4,6-稠合头孢菌素抗生素（图 3.37），这部分将在第 9 章中讨论。

3.10　NRP-PK 杂合体：机制和实例

鉴于第 2 章中讨论的许多聚酮化合物的合成是在装配线上将单体和延伸链以磷酸泛酰巯基乙胺硫酯的形式共价连接到载体蛋白结构域（ACP）上，因此遵循类似的化学原理和 PCP（硫醇化结构域）共价结合方式的 NRPS 装配线能够进化成与 PKS 装配线相互作用就不显得奇怪了（Richter, Nietlispach et al. 2007; Weissman 2015）。将延伸的聚酮链产物转移到氨酰基-S-PCP 上，以及反过来将肽链转移到下游作为碳负离子的丙二酸单酰-S-ACP 上，这两种情况是两组杂合酶类中的模块识别问题（如图 3.38 所示）。

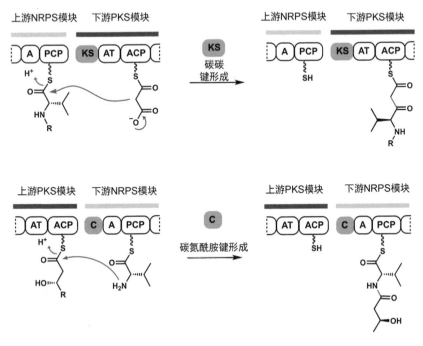

图 3.38　PKS-NRPS 和 NRPS-PKS 模块间相互作用的识别问题

当 NRPS 模块位于 PKS 模块上游且延伸链被转移时将形成新的碳碳键（而非碳氮酰胺）。这需要下游 PKS 模块的酮基合成酶结构域可识别延长中的肽链而非典型的硫酯羧基聚酮链。相应地，当 PKS 模块位于 NRPS 模块上游时，其缩合结构域必须能够识别聚酮硫酯基，从而作为可接受的亲电配体以催化形成碳氮酰胺键。除了异源延伸中的肽链和聚酮链的化学兼容性之外，如果有模块在两种不同的蛋白质上，则必须有足够的蛋白质-蛋白质相互作用，以指导异源亚基之间的互作。因此，如果 PKS 和 NRPS 模块融合成单一蛋白质时，问题就会简单很多。

图 3.24 详细描述了 PKS/ NRPS 互作形成 β-羟基、δ-氨基的氨基酸抑胃酶氨酸的反应机理，抑胃酶氨酸本身是前文在膜海鞘素 B 例子中提到的杂合合成砌块（Xu, Kersten *et al.* 2012）。这是一个简化的识别案例，其中的酮基合成酶催化丙二酸单酰-S-ACP 脱羧生成碳亲核体以攻击上游的缬氨酰-S-PCP，从而形成碳碳键并伴随着杂合骨架的形成，并转移到 ACP 结构域上。随后 PKS 模块进行酮基还原和硫酯酶介导的链水解，从而释放出杂合的合成砌块。

图 3.39 通过对约 2700 个基因组挖掘预测出 NRP、PK 和杂合的 NRP-PK 分子的维恩图（Wang, Fewer *et al.* 2014）。预测显示大约 3300 个生物合成基因簇中约有 30% 可编码构成杂合骨架的酶，由于迄今为止只有几十种 NRP-PK 杂合物被鉴定出来，这暗示了巨大的发现机遇。此外，聚酮和非核糖体肽的杂合骨架和官能团元件为全合成提供挑战，并产生新的分子结构。

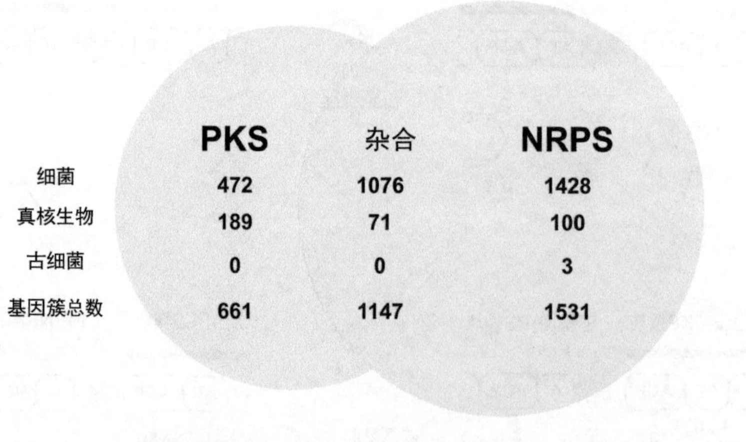

	PKS	杂合	NRPS
细菌	472	1076	1428
真核生物	189	71	100
古细菌	0	0	3
基因簇总数	661	1147	1531

图 3.39　通过基因组挖掘的 PKS、NRPS 和 NRPS-PKS / PKS-NRPS
杂合开放阅读框（ORFs）的维恩图

改编自：Wang, H., D. P. Fewer, L. Holm, L. Rouhianinen and K. Sivonen (2014). "Atlas of Nonribosomal Peptide and Polyketide Biosynthetic Pathways Reveals Common Occurrence of Nonmodular Enzymes". *Proc. Natl. Acad. Sci. U. S. A.* **111**(25)

蓝细菌在杂合分子 nostophycin 的融合型 PKS / NRPS 杂合装配线包含分布在三个蛋白上的 10 个模块（Fewer, Osterholm *et al.* 2011）（图 3.40）。NpnB 蛋白在进化上融合了一个 PKS 模块和两个 NRPS 模块。Nostophycin 的套索骨架基本上是装配线上构建的含有来自聚酮合成砌块的多肽，实际上它们构成一个杂合的装配线。该装配线上的前三个是 PKS 模块，后六个是 NRPS 模块。这三个 PKS 模块构建 2,5-二羟基-3-氧代-8-苯基辛酰基结构是与 ACP_3 连接的。模块 3 具有转氨酶（AMT）结构域，用于在聚酮链环境下产生 3-氨基。然后，六个 NRPS 模块产生六肽链，并利用聚酮链部分的 $-NH_2$ 基团攻击第六位 Pro_6-O-TE 来释放大环内酰胺化产物。释放出来的 nostophycin 具有大环内酰胺环核心结构，其中聚酮单元作为套索结构的尾部。

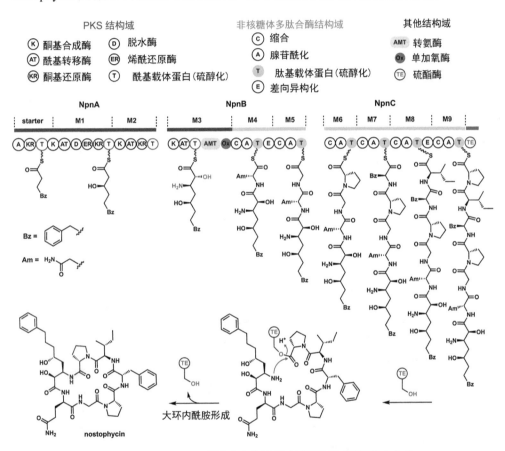

图 3.40　Nostophycin 是在杂合的 PKS / NRPS 集成装配线上合成

另外两例含有氨基但只在 PKS 装配线上构建的合成砌块的例子如图 3.41 所示。3-氨基-9-甲氧基-2,6,8-三甲基-10-苯基-4,6-癸二烯酸（Adda）存在于蓝细菌的多肽毒素［如微囊藻毒素-LR（microcystin-LR）］中。3-酮基的后期转氨基作用产生 β-氨基酸而非常规的 α- 氨基酸骨架（Walsh, O'Brien et al. 2013）。类似地，环孢菌素 A 中的丁烯基-甲基-L-苏氨酸残基在 PKS 装配线上构建，并在其装配后期发生酶催化的还原氨化反应。聚酮链的 α-位首先经 P450 氧化为 α-酮基-酰基链，随后发生转氨基反应并从

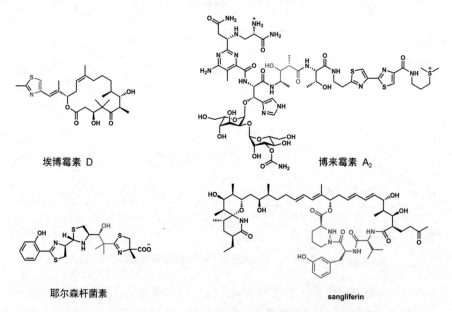

图 3.41　在聚酮合成酶装配线上构建并在后期进行转氨基作用的特殊氨基酸：
Adda 和丁烯基-甲基-L-苏氨酸

埃博霉素 D

博来霉素 A₂

耶尔森杆菌素

sangliferin

图 3.42　另外四种 NRP–PK / PK-NRP 杂合型天然产物：埃博霉素、
博来霉素、sangliferin 和耶尔森杆菌素

PKS 上水解下来生成 α-氨基酸。

值得注意的其他 NRP-PK 杂合体包括埃博霉素类抗癌药物（微管蛋白结合剂），博来霉素类的 DNA 靶向药物，sangliferin 类的免疫抑制剂以及一种来自鼠疫

耶尔森氏菌的病毒性因子铁螯合铁载体耶尔森杆菌素（图3.42）。埃博霉素装配线上仅有一个 NRPS 模块 EpoB，却有多个 PKS 模块（Julien, Shah *et al.* 2000; Chen, O'Connor *et al.* 2001; O'Connor, Chen *et al.* 2002）。图中肽部分以蓝色显示。博来霉素装配线具有与埃博霉素相反的特征，其中 NRPS 模块主导了链的延伸（Shen, Du *et al.* 2002）。博来霉素和耶尔森杆菌素中来自单一 PKS 模块的聚酮部分以红色显示。

免疫抑制剂雷帕霉素的装配线包含 15 个模块：前 14 个模块是 PKS 模块，第 15 个即最后一个是唯一的 NRPS 模块（图 3.43）（Schwecke, Aparicio *et al.* 1995; Aparicio, Molnar *et al.* 1996）。NRPS 模块有 4 个结构域：C_1-A-PCP-C_2。其中 A 结构域特异性识别哌啶酸，它是脯氨酸的高同系物（Konig, Schwecke *et al.* 1997; Gatto, McLoughlin *et al.* 2005）。C_1 结构域推测是使用哌啶基-S-PCP 的二级胺将保留的全长聚酮链转移到 ACP_{14} 上，从而形成酰胺键，同时将该链转移到 PCP 结构域上。然后，NRPS 模块的

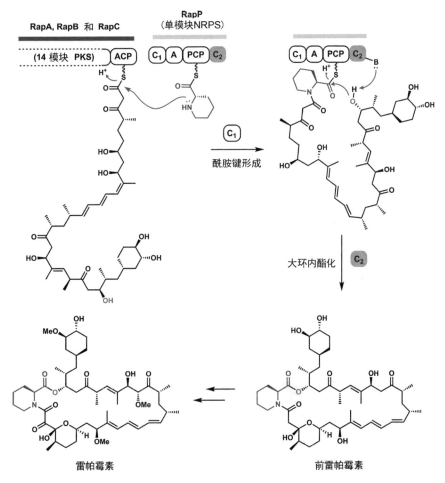

图 3.43　免疫抑制剂雷帕霉素的装配线由 14 个 PKS 模块和第 15 个 NRPS 模块组成。NRPS 模块选择、激活并将哌啶甲酸插入聚酮链的两端以产生杂合的大环内酯

C_2 结构域协助聚酮侧链上的特定羟基对哌啶硫酯羰基发生分子内攻击，产生大环的前雷帕霉素。NRPS 模块的最终结果是将单独的氨基酸插入环状聚酮化合物骨架中（Gatto, McLoughlin *et al.* 2005）。

专题 3.2　*β*-内酰胺类抗生素和免疫抑制剂环肽

　　β-内酰胺类抗生素以及免疫抑制剂环肽（环孢菌素和雷帕霉素 / FK506）是两组来自真菌或细菌（雷帕霉素）的非核糖体肽类天然产物，它们在两个不同的药物治疗领域产生了巨大的影响。内酰胺类抗生素在 20 世纪 20 年代（青霉素）和 20 世纪 40 年代（头孢菌素）被发现，而免疫抑制肽是在 20 世纪 70 年代（环孢菌素和雷帕霉素）和 20 世纪 80 年代（FK506）被分离和表征（图 3.V2）。

　　两种主要的 *β*-内酰胺类药物——4,5-双环青霉素和 4,6-扩环的头孢菌素，在代谢上具有典型的前体与产物的关系特征。真菌 NRPS 装配线释放无环的三肽氨基己二酰基-半胱氨酰 -D- 缬氨酸。它在一种非血红素铁酶-异青霉素 N 合成酶

(A) 免疫抑制剂

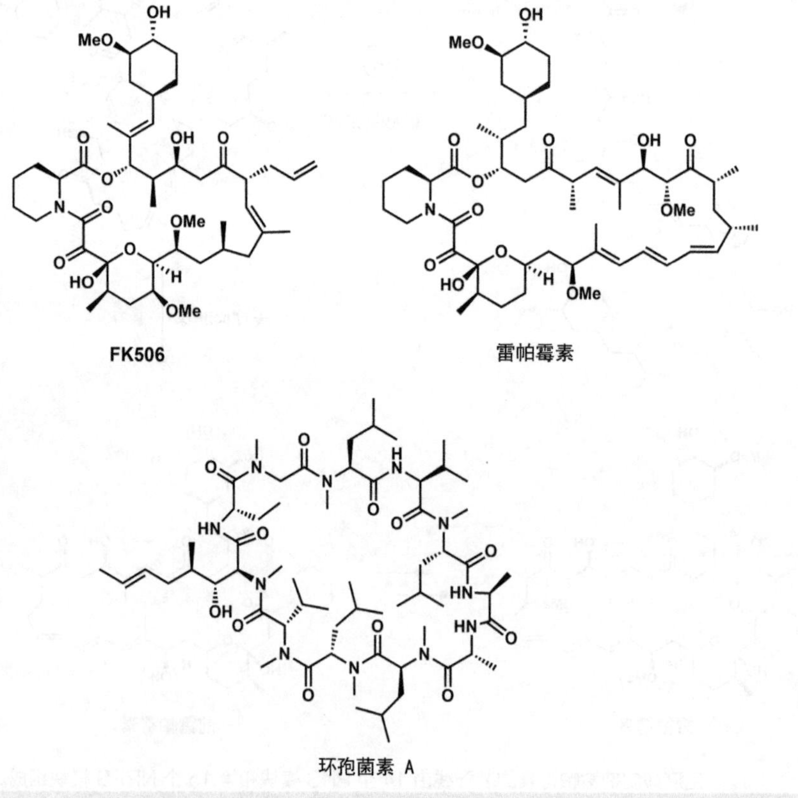

FK506

雷帕霉素

环孢菌素 A

(B) 抗生素

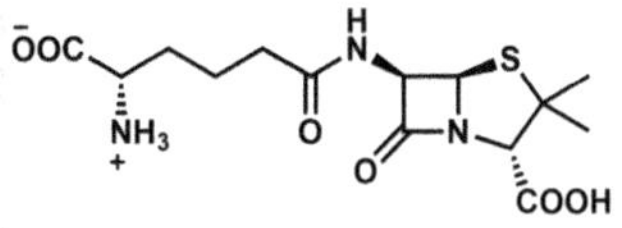

异青霉素 N 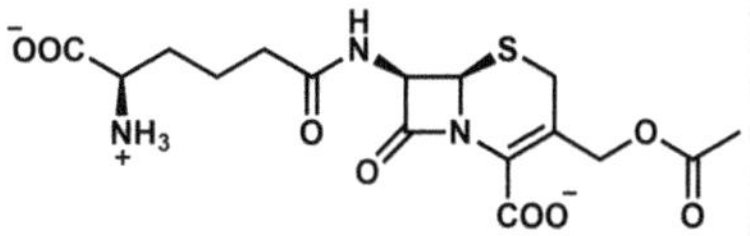   头孢菌素 C

图 3.V2　五种改变世界的 NRPS 来源的天然产物

（参见图 3.37 和第 9 章）催化下产生异青霉素 N，该酶经自由基途径，将共底物 O_2 通过四电子还原为两分子 H_2O 生成内酰胺及之后的噻烷环。在氨基己二酰侧链差向异构化后，下一个酶也通过还原 O_2 将五元的噻烷扩展到六元的头孢烯并生成脱乙酰氧基头孢菌素。

β-内酰胺抗生素靶向作用于偶联细菌细胞壁的转肽酶，形成稳定的共价酰基酶中间体（Walsh and Wencewicz 2016）。阻断肽聚糖链偶联可减弱细胞壁的机械性，并且易于渗透溶解，从而导致细菌细胞死亡。在过去几十年里，人们设计并合成了大量 4,5- 和 4,6-"弹头"（warheads）结构完整但酰基链不同的半合成青霉素和头孢菌素，来对抗大批的致病细菌。每年全球 400 亿美元的抗生素市场，其中这类抗生素总共占据了超过 50% 的份额。如果全世界人民被要求说出一种抗生素的名字，很有可能就是青霉素。

环孢菌素是 1971 年由 Sandoz 的员工从威斯康星州和挪威收集的真菌中分离出来。它因对 T 细胞的免疫抑制作用而被批准作为阻止器官移植中排异反应的药物，导致了移植医学的迅速发展。环孢菌素比以前的免疫抑制组合药物更具选择性，毒性也更小。Schreiber 及其同事阐明了环孢菌素的作用机制（Liu, Farmer *et al.* 1991）：它首先与亲环蛋白结合，然后被呈递给钙调磷酸酶并抑制其活性（图 3.V3）（Jin and Harrison 2002）。

雷帕霉素是一种 23 元的大环内酯，从生物合成装配线中 NRPS 和 PKS 模块的数量估计，它是 94% 的聚酮化合物和 6% 的多肽。该分子由吸水链霉菌（*Streptomyces hygroscopicus*）产生，最初于 1972 年在复活节岛（Rapa Nui）的土壤样品中发现。它靶向作用于哺乳动物中一种参与多种细胞信号通路的具有蛋白激酶活性的蛋白质复合物 mTOR。临床结果表明它阻断抗原诱导的 T 细胞和 B 细胞增殖。雷帕霉素随后被发展为西罗莫司（Sirolimus）并批准用于预防肾脏排异。FK506 的半合成 O- 羟乙基衍生物依维莫司已被证明可用作肾癌患者的抗癌药。

FK506 是 1987 年从筑波链霉菌（*Streptomyces tsukubaensis*）中分离出来的。它以"他克莫司（tacrolimus）"为名被商品化，并被批准作为肝脏移植、实体器官移植和骨髓移植的抗排异药。与环孢菌素类似，FK506 与一系列 FK 结合蛋白

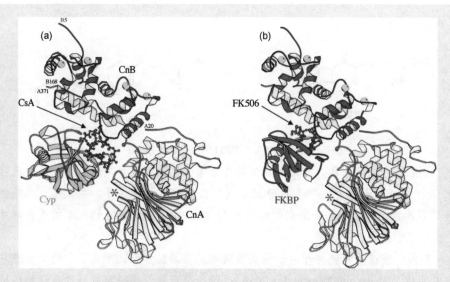

图 3.V3　环孢菌素（a）、FK506（b）的作用机制

经美国国家科学院许可转载自 Jin, L. 和 S. C. Harrison (2002). "Crystal Structure of Human Calcineurin Complexed with Cyclosporine A and Human Cyclophilin". *Proc. Natl. Acad. Sci. U. S. A.* **99**(21): 13522. Copyright (2002) 美国国家科学院 .

CsA—环孢菌素；Cyp—亲环蛋白；CnA—钙调磷酸酶亚基 A；
CnB—钙调磷酸酶亚基 B；FKBP—FK506 结合蛋白

（FKBP）形成复合物，随后被传递给钙调磷酸酶并抑制其活性（图 3.V3）。钙调磷酸酶的关键底物是活化 T 细胞的核因子 NFAT。当 NFAT 去磷酸化时，它从 T 细胞的细胞质转移到细胞核并开始控制基因进行转录，其中包括编码白细胞介素 2（一种增殖分子）的基因。因此，FK506 和环孢菌素免疫抑制作用的分子基础是将磷酸化的 NFAT 固定在细胞核外来阻断钙调磷酸酶的活性，最终阻止 IL-2 基因表达和 T 细胞增殖。

　　在使用三种免疫抑制方案中的任何一种进行治疗时，器官移植患者的免疫能力下降导致其对于感染和某些形式的癌症（例如皮肤癌和非霍奇金淋巴瘤）的易感性增加。

　　通过混合装配线生成复杂结构骨架的最后一个例子是从真菌嗜热毁丝霉（*Myceliophthora thermophila*）中分离到的 myceliothermophin E（Yang, Lu *et al.* 2007）（图 3.44）。迭代 PKS 构建 20 个碳的四烯聚酮酰基骨架，随后转移到具有单个亮氨酸特异性腺苷酰化结构域的杂合装配线的 NRPS 部分。亮氨酰-聚酮链在还原释放后，经 Knoevenagel 缩合得到五元吡咯烷酮。据推测，在成熟 myceliothermophin 分子中出现的双环十氢化萘环系是随后的狄尔斯-阿尔德环化酶介导的三烯环化（回忆第 2 章中提到的狄尔斯-阿尔德环化酶）产生的。Myceliothermophin 对各种癌细胞系表现出亚微摩尔的细胞毒活性（Li, Yu *et al.* 2016）。

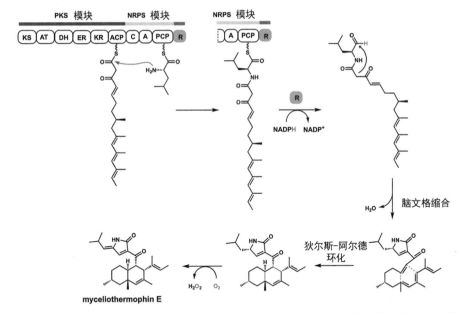

图 3.44 Myceliothermophin E 是一种杂合 PK-NRP 分子，它含有最可能来自狄尔斯-阿尔德环化（PK 部分）的十氢化萘双环系统以及亮氨酰吡咯烷酮环系统

3.11 小结

源自肽类的小分子骨架因具有稳定结构和构象限制，使其归于天然小分子范畴，它们可以通过两种生物合成策略产生。

其中一种是通过特定修饰酶对新生链进行翻译后修饰。所述酶包括如从前体蛋白骨架上切除修饰肽支链的蛋白酶。对丝氨酸、苏氨酸和半胱氨酸残基侧链的大环化和杂环化，使多肽产生限制结构和对蛋白酶切割的抗性，从而让修饰产物具有更高的稳定性和合适构象，以使其对多种生物靶标表现高亲和力。

第二种策略是利用非核糖体肽合成酶装配线。也许 NRPS 装配线最显著的优势是可以使用数十种非蛋白源氨基酸产生出稀有的官能团。通过特定的伴随酶（companion enzymes）进行的装配线下修饰以及对新生产物进行酰化、烷基化、糖基化以及最值得关注的氧化／加氧修饰，最终形成成熟的具有生物活性的天然产物骨架。

这两种策略都涉及将线型的、构象松弛的、对蛋白酶敏感的肽骨架（和侧链）修饰成紧凑、稳定且常为大环的骨架结构（如大环骨架）。如前面章节给出的例子所示，演化的杂合 NRP-PK 装配线一步拓宽了 NRP-PK 和 PK-NRP 杂合体的分子骨架和官能团种类。

参考文献

Akondi, K. B., M. Muttenthaler, S. Dutertre, Q. Kaas, D. J. Craik, R. J. Lewis and P. F. Alewood (2014). "Discovery, synthesis, and structureactivity relationships of conotoxins". *Chem. Rev.* **114**(11): 5815-5847.

Aparicio, J. F., I. Molnar, T. Schwecke, A. Konig, S. F. Haydock, L. E. Khaw, J. Staunton and P. F. Leadlay (1996). "Organization of the biosynthetic gene cluster for rapamycin in Streptomyces hygroscopicus: analysis of the enzymatic domains in the modular polyketide synthase". *Gene* **169**(1): 9-16.

Arnison, P. G., M. J. Bibb, G. Bierbaum, A. A. Bowers, T. S. Bugni, G. Bulaj, J. A. Camarero, D. J. Campopiano, G. L. Challis, J. Clardy, P. D. Cotter, D. J. Craik, M. Dawson, E. Dittmann, S. Donadio, P. C. Dorrestein, K. D. Entian, M. A. Fischbach, J. S. Garavelli, U. Goransson, C. W. Gruber, D. H. Haft, T. K. Hemscheidt, C. Hertweck, C. Hill, A. R. Horswill, M. Jaspars, W. L. Kelly, J. P. Klinman, O. P. Kuipers, A. J. Link, W. Liu, M. A. Marahiel, D. A. Mitchell, G. N. Moll, B. S. Moore, R. Muller, S. K. Nair, I. F. Nes, G. E. Norris, B. M. Olivera, H. Onaka, M. L. Patchett, J. Piel, M. J. Reaney, S. Rebuffat, R. P. Ross, H. G. Sahl, E. W. Schmidt, M. E. Selsted, K. Severinov, B. Shen, K. Sivonen, L. Smith, T. Stein, R. D. Sussmuth, J. R. Tagg, G. L. Tang, A. W. Truman, J. C. Vederas, C. T. Walsh, J. D. Walton, S. C. Wenzel, J. M. Willey and W. A. van der Donk (2013). "Ribosomally synthesized and post-translationally modified peptide natural products: overview and recommendations for a universal nomenclature". *Nat. Prod. Rep.* **30**(1): 108-160.

Bagley, M. C., J. W. Dale, E. A. Merritt and X. Xiong (2005). "Thiopeptide antibiotics". *Chem. Rev.* **105**(2): 685-714.

Barajas, J. F., R. M. Phelan, A. J. Schaub, J. T. Kliewer, P. J. Kelly, D. R. Jackson, R. Luo, J. D. Keasling and S. C. Tsai (2015). "Comprehensive Structural and Biochemical Analysis of the Terminal Myxalamid Reductase Domain for the Engineered Production of Primary Alcohols".*Chem. Biol.* **22**(8): 1018-1029.

Broberg, A., A. Menkis and R. Vasiliauskas (2006). "Kutznerides 1-4, Depsipeptides from the Actinomycete Kutzneria sp. 744 Inhabiting Mycorrhizal Roots of Picea abies Seedlings". *J. Nat. Prod.* **69**: 97-102.

Byford, M. F., J. E. Baldwin, C. Y. Shiau and C. J. Schofield (1997). "The Mechanism of ACV Synthetase". *Chem. Rev.* **97**(7): 2631-2650.

Chen, H., S. O'Connor, D. E. Cane and C. T. Walsh (2001). "Epothi-lone biosynthesis: assembly of the methylthiazolylcarboxy starter unit on the EpoB subunit". *Chem. Biol.* **8**(9): 899-912.

Crone, W., F. Leeper and A. Truman (2012). "Identification and characterisation of the gene cluster for the anti-MRSA antibiotic bottromycin: expanding the biosynthetic diversity of ribosomal peptides". *Chem. Sci.* **3**: 3516-3521.

Crosa, J. H. and C. T. Walsh (2002). "Genetics and assembly line enzymology of siderophore biosynthesis in bacteria". *Microbiol. Mol. Biol. Rev.* **66**(2): 223-249.

Drake, E. J., B. R. Miller, C. Shi, J. T. Tarrasch, J. A. Sundlov, C. L. Allen, G. Skiniotis, C. C. Aldrich and A. M. Gulick (2016). "Structures of two distinct conformations of holo-non-ribosomal peptide synthetases". *Nature* **529**(7585): 235-238.

Dunbar, K. L., J. O. Melby and D. A. Mitchell (2012). YcaO domains use ATP to activate amide backbones during peptide cyclodehy-drations". *Nat. Chem. Biol.* **8**(6): 569-575.

Fewer, D. P., J. Osterholm, L. Rouhiainen, J. Jokela, M. Wahlsten and K. Sivonen (2011). "Nostophycin biosynthesis is directed by a hybrid polyketide synthase-nonribosomal peptide synthetase in the toxic cyanobacterium Nostoc sp. strain 152". *Appl. Environ. Microbiol.* **77**(22): 8034-8040.

Freeman, M. F., C. Gurgui, M. J. Helf, B. I. Morinaka, A. R. Uria, N. J. Oldham, H. G. Sahl, S. Matsunaga and J. Piel (2012). "Meta-genome mining reveals polytheonamides as posttranslationally modified ribosomal peptides". *Science* **338**(6105): 387-390.

Fujimori, D. G., S. Hrvatin, C. S. Neumann, M. Strieker, M. A. Marahiel and C. T. Walsh (2007). "Cloning and characterization of the biosynthetic gene cluster for kutznerides". *Proc. Natl. Acad. Sci. U. S. A.* **104**(42): 16498-16503.

Gao, X., S. W. Haynes, B. D. Ames, P. Wang, L. P. Vien, C. T. Walsh and Y. Tang (2012). "Cyclization of fungal nonribosomal peptides by a terminal condensation-like domain". *Nat. Chem. Biol.* **8**(10): 823-830.

Gatto Jr., G. J., S. M. McLoughlin, N. L. Kelleher and C. T. Walsh (2005). "Elucidating the substrate specificity and condensation domain activity of FkbP, the FK520 pipecolate-incorporating enzyme". *Biochemistry* **44**(16): 5993-6002.

Gomez-Escribano, J., L. Song, M. Bibb and G. L. Challis (2012). "Posttranslational b-methylation and macrolactamidination in the biosynthesis of the bottromycin complex of ribosomal peptide antibiotics". *Chem. Sci.* **3**: 3522-3525.

Hallen, H. E., H. Luo, J. S. Scott-Craig and J. D. Walton (2007). "Gene family encoding the major toxins of lethal Amanita mushrooms". *Proc. Natl. Acad. Sci. U. S. A.* **104**(48): 19097-19101.

Hamada, T., S. Matsunaga, G. Yano and N. Fusetani (2005). "Polytheonamides A and B, highly cytotoxic, linear polypeptides with unprecedented structural features, from the marine sponge, Theonella swinhoei". *J. Am. Chem. Soc.* **127**(1): 110-118.

Hou, Y., M. D. Tianero, J. C. Kwan, T. P. Wyche, C. R. Michel, G. A. Ellis, E. Vazquez-Rivera, D. R. Braun, W. E. Rose, E. W. Schmidt and T. S. Bugni (2012). "Structure and biosynthesis of the antibiotic bottromycin D". *Org. Lett.* **14**(19): 5050-5053.

Hsu, S. T., E. Breukink, E. Tischenko, M. A. Lutters, B. de Kruijff, R. Kaptein, A. M. Bonvin and N. A. van Nuland (2004). "The nisin-lipid II complex reveals a pyrophosphate cage that provides a blueprint for novel antibiotics". *Nat. Struct. Mol. Biol.* **11**(10): 963-967.

Hubbard, B. K. and C. T. Walsh (2003). "Vancomycin assembly: nature's way". *Angew. Chem., Int. Ed.* **42**(7): 730-765.

Jaspars, M. (2014). "The origins of cyanobactin chemistry and biology". *Chem. Commun.* **50**(71): 10174-10176.

Jin, L. and S. C. Harrison (2002). "Crystal structure of human calci-neurin complexed with cyclosporin A and human cyclophilin". *Proc. Natl. Acad. Sci. U. S. A.* **99**(21): 13522-13526.

Julien, B., S. Shah, R. Ziermann, R. Goldman, L. Katz and C. Khosla (2000). "Isolation and characterization of the epothilone bio-synthetic gene cluster from Sorangium cellulosum". *Gene* **249**(1-2): 153-160.

Kelly, W. L., L. Pan and C. Li (2009). "Thiostrepton biosynthesis: prototype for a new family of bacteriocins". *J. Am. Chem. Soc.* **131**(12): 4327-4334.

Koglin, A. and C. T. Walsh (2009). "Structural insights into non-ribosomal peptide enzymatic assembly lines". *Nat. Prod. Rep.* **26**(8): 987-1000.

Konig, A., T. Schwecke, I. Molnar, G. A. Bohm, P. A. Lowden, J. Staunton and P. F. Leadlay (1997). "The pipecolate-incorporating enzyme for the biosynthesis of the immunosuppressant rapamycinnucleotide sequence analysis, disruption and heterol-ogous expression of rapP from Streptomyces hygroscopicus". *Eur. J. Biochem.* **247**(2):526-534.

Li, L., P. Yu, M. Tang, Y. Zou, S. Gao, Y. Hung, M. Zhao, K. Watanabe, K. N. Houk and Y. Tang (2016). "Biochemical Characterization of a Eukaryotic Decalin-Forming Diels-Alderase". *J. Am. Chem. Soc.* **138**(49): 15837-15840.

Li, Y. M., J. C. Milne, L. L. Madison, R. Kolter and C. T. Walsh (1996). "From peptide precursors to oxazole and thiazole-containing peptide antibiotics: microcin B17 synthase". *Science* **274**(5290): 1188-1193.

Liao, R., L. Duan, C. Lei, H. Pan, Y. Ding, Q. Zhang, D. Chen, B. Shen, Y. Yu and W. Liu (2009).

"Thiopeptide biosynthesis featuring ribosomally synthesized precursor peptides and conserved posttranslational modifications". *Chem. Biol.* **16**(2): 141-147.

Liu, J., J. D. Farmer Jr., W. S. Lane, J. Friedman, I. Weissman and S. L. Schreiber (1991). "Calcineurin is a common target of cyclophilin-cyclosporin A and FKBP-FK506 complexes". *Cell* **66**(4): 807-815.

Liu, X. and C. T. Walsh (2009). "Cyclopiazonic acid biosynthesis in Aspergillus sp.: characterization of a reductase-like R* domain in cyclopiazonate synthetase that forms and releases cyclo-acetoacetyl-Ltryptophan". *Biochemistry* **48**(36): 8746-8757.

Lynen, F. and U. Wieland (1937). "Uber die Giftstoffe des Knollenblatterpilzes. IV". *Justus Liebigs Ann. Chem.* **533**: 93-117.

Malcolmson, S. J., T. S. Young, J. G. Ruby, P. Skewes-Cox and C. T. Walsh (2013). "The posttranslational modification cascade to the thiopeptide berninamycin generates linear forms and altered macrocyclic scaffolds". *Proc. Natl. Acad. Sci. U. S. A.* **110**(21): 8483-8488.

Marahiel, M. A. (2016). "A structural model for multimodular NRPS assembly lines". *Nat. Prod. Rep.* **33**(2): 136-140.

Martins, J. and V. Vasconcelos (2015). "Cyanobactins from Cyanobacteria: Current Genetic and Chemical State of Knowledge". *Mar. Drugs* **13**(11): 6910-6946.

McIntosh, J. A., M. S. Donia, S. K. Nair and E. W. Schmidt (2011). "Enzymatic basis of ribosomal peptide prenylation in cyano-bacteria". *J. Am. Chem. Soc.* **133**(34): 13698-13705.

Mcintosh, J. A., M. S. Donia and E. W. Schmidt (2009). "Ribosomal peptide natural products: bridging the ribosomal and non-ribosomal worlds". *Nat. Prod. Rep.* **26**(4): 537-559.

Milne, J. C., A. C. Eliot, N. L. Kelleher and C. T. Walsh (1998). "ATP/GTP hydrolysis is required for oxazole and thiazole biosynthesis in the peptide antibiotic microcin B17". *Biochemistry* **37**(38): 13250-13261.

Nagano, N., M. Umemura, M. Izumikawa, J. Kawano, T. Ishii, M. Kikuchi, K. Tomii, T. Kumagai, A. Yoshimi, M. Machida, K. Abe, K. Shin-ya and K. Asai (2016). "Class of cyclic ribosomal peptide synthetic genes in filamentous fungi". *Fungal Genet. Biol.* **86**: 58-70.

Nolan, E. M. and C. T. Walsh (2009). "How nature morphs peptide scaffolds into antibiotics". *ChemBioChem* **10**(1): 34-53.

O'Connor, S. E., H. Chen and C. T. Walsh (2002). "Enzymatic assembly of epothilones: the EpoC subunit and reconstitution of the EpoAACP/B/C polyketide and nonribosomal peptide interfaces".*Biochemistry* **41**(17): 5685-5694.

Onaka, H., M. Nakaho, K. Hayashi, Y. Igarashi and T. Furumai (2005). "Cloning and characterization of the goadsporin biosynthetic gene cluster from Streptomyces sp. TP-A0584". *Microbiology* **151**(Pt 12): 3923-3933.

Parmeggiani, A., I. M. Krab, S. Okamura, R. C. Nielsen, J. Nyborg and P. Nissen (2006). "Structural basis of the action of pulvomycin and GE2270 A on elongation factor Tu". *Biochemistry* **45**(22): 6846-6857.

Richter, C., D. Nietlispach, W. Broadhurst and K. Weissman (2007). "Multienzyme Docking in Hybrid Megasynthases". *Nat. Chem. Biol.* **4**: 75-81.

Schmidt, E. W., J. T. Nelson, D. A. Rasko, S. Sudek, J. A. Eisen, M. G. Haygood and J. Ravel (2005). "Patellamide A and C biosynthesis by a microcin-like pathway in Prochloron didemni, the cyanobacterial symbiont of Lissoclinum patella". *Proc. Natl. Acad. Sci. U. S. A.* **102**(20): 7315-7320.

Scholz, R., K. J. Molohon, J. Nachtigall, J. Vater, A. L. Markley, R. D. Sussmuth, D. A. Mitchell and R. Borriss (2011). "Plantazoli-cin, a novel microcin B17/streptolysin S-like natural product from Bacillus amyloliquefaciens FZB42". *J. Bacteriol.* **193**(1): 215-224.

Schwecke, T., J. F. Aparicio, I. Molnar, A. Konig, L. E. Khaw, S. F. Haydock, M. Oliynyk, P. Caffrey, J. Cortes, J. B. Lester *et al.* (1995). "The biosynthetic gene cluster for the polyketide immunosuppressant rapamycin". *Proc. Natl. Acad. Sci. U. S. A.* **92**(17): 7839-7843.

Shen, B., L. Du, C. Sanchez, D. J. Edwards, M. Chen and J. M. Murrell (2002). "Cloning and characterization of the bleomycin bio-synthetic gene cluster from Streptomyces verticillus ATCC15003". *J. Nat. Prod.* **65**(3): 422-431.

Skinnider, M. A., C. W. Johnston, R. E. Edgar, C. A. Dejong, N. J. Merwin, P. N. Rees and N. A. Magarvey (2016). "Genomic charting of ribosomally synthesized natural product chemical space facilitates targeted mining". *Proc. Natl. Acad. Sci. U. S. A.* **113**: E6343-E6351.

Strieker, M., A. Tanovic and M. A. Marahiel (2010). "Nonribosomal peptide synthetases: structures and dynamics". *Curr. Opin. Struct. Biol.* **20**(2): 234-240.

Umemura, M., N. Nagano, H. Koike, J. Kawano, T. Ishii, Y. Miyamura, M. Kikuchi, K. Tamano, J. Yu, K. Shin-ya and M. Machida (2014). "Characterization of the biosynthetic gene cluster for the riboso-mally synthesized cyclic peptide ustiloxin B in Aspergillus flavus". *Fungal Genet. Biol.* **68**: 23-30.

Vetter, J. (1998). "Toxins of Amanita phalloides". *Toxicon* **36**(1): 13-24.

Walsh, C. T. (2004). "Polyketide and nonribosomal peptide antibiotics: modularity and versatility". *Science* **303**(5665): 1805-1810.

Walsh, C. T. (2016). "Insights into the chemical logic and enzymatic machinery of NRPS assembly lines". *Nat. Prod. Rep.* **33**: 127-135.

Walsh, C. T., M. G. Acker and A. A. Bowers (2010). "Thiazolyl peptide antibiotic biosynthesis: a cascade of post-translational modifications on ribosomal nascent proteins". *J. Biol. Chem.* **285**(36): 27525-27531.

Walsh, C. T. and M. A. Fischbach (2010). "Natural products version 2.0: connecting genes to molecules". *J. Am. Chem. Soc.* **132**(8): 24692493.

Walsh, C. T., R. V. O'Brien and C. Khosla (2013). "Nonproteinogenic amino acid building blocks for nonribosomal peptide and hybrid polyketide scaffolds". *Angew. Chem., Int. Ed.* **52**(28): 7098-7124.

Walsh, C. T. and T. Wencewicz (2016). Antibiotics Challeneges, Mechanisms, Opportunities. Wshington DC, ASM Press.

Wang, H., D. P. Fewer, L. Holm, L. Rouhiainen and K. Sivonen (2014)."Atlas of nonribosomal peptide and polyketide biosynthetic pathways reveals common occurrence of nonmodular enzymes". *Proc. Natl. Acad. Sci. U. S. A.* **111**(25): 9259-9264.

Weissman, K. J. (2015). "The structural biology of biosynthetic megaenzymes". *Nat. Chem. Biol.* **11**(9): 660-670.

Wever, W. J., J. W. Bogart, J. A. Baccile, A. N. Chan, F. C. Schroeder and A. A. Bowers (2015). "Chemoenzymatic synthesis of thiazolyl peptide natural products featuring an enzyme-catalyzed formal [4 + 2] cycloaddition". *J. Am. Chem. Soc.* **137**(10): 3494-3497.

Xu, Y., R. D. Kersten, S. J. Nam, L. Lu, A. M. Al-Suwailem, H. Zheng, W. Fenical, P. C. Dorrestein, B. S. Moore and P. Y. Qian (2012). "Bacterial biosynthesis and maturation of the didemnin anti-cancer agents". *J. Am. Chem. Soc.* **134**(20): 8625-8632.

Yang, Y. L., C. P. Lu, M. Y. Chen, K. Y. Chen, Y. C. Wu and S. H. Wu (2007). "Cytotoxic polyketides containing tetramic acid moieties isolated from the fungus Myceliophthora thermophila: Elucidation of the relationship between cytotoxicity and stereoconfiguration". *Chem. -Eur. J.* **13**(24): 6985-6991.

Ye, Y., A. Minami, Y. Igarashi, M. Izumikawa, M. Umemura, N. Nagano, M. Machida, T. Kawahara, K. Shin-Ya, K. Gomi and H. Oikawa (2016). "Unveiling the Biosynthetic Pathway of the Ribosomally Synthesized and Post-translationally Modified Peptide Ustiloxin B in Filamentous Fungi". *Angew. Chem., Int. Ed.* **55**: 8072-8075.

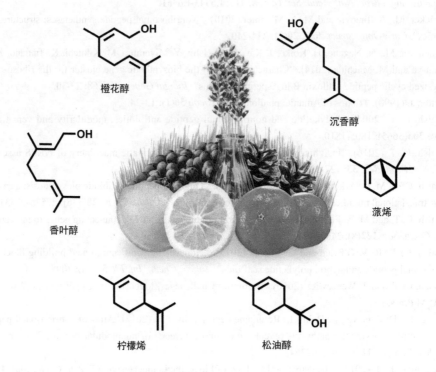

橙花醇

沉香醇

香叶醇

萜烯

柠檬烯

松油醇

系列单萜天然产物及其植物来源

第4章 异戊二烯类/萜类

4.1 基于异戊二烯的骨架结构蕴含种类最丰富的天然产物

这一主要类型的天然产物大部分来自高等植物和真菌，它们源自一个或多个五碳单烯单元：异戊二烯。尽管异戊二烯（2-甲基-1,3-丁二烯）本身就是天然产物（例如在橡胶树中），但有超过 5 万个源自生物体的异戊二烯供体分子已被分离并表征结构（Dewick 2009; Quin, Flynn *et al.* 2014）。

在过去，这类天然产物最丰富的来源是植物，它们被统称为萜类化合物（Pichersky, Noel *et al.* 2006）。由于许多学术文献使用萜类化合物这一名称来描述该类化合物，在这里，我们将交互使用萜类化合物（terpenoid）和异戊二烯类化合物（isoprenoid）两个名称来描述。同时，异戊二烯链延长时酶每次催化增加一个五碳单位：C_{10}、C_{15}、C_{20} 和 C_{30} 骨架通常分别被称为单萜（monoterpenes）、倍半萜（sesquiterpenes）、二萜（diterpenes）和三萜（triterpenes），文中也将使用这些学术用语（图 4.1）。

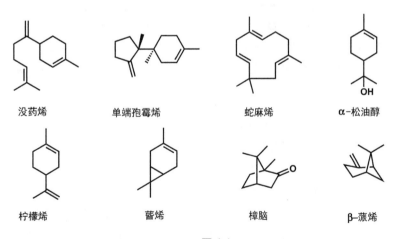

没药烯　　　单端孢霉烯　　　蛇麻烯　　　α-松油醇

柠檬烯　　　蒈烯　　　樟脑　　　β-蒎烯

图 4.1

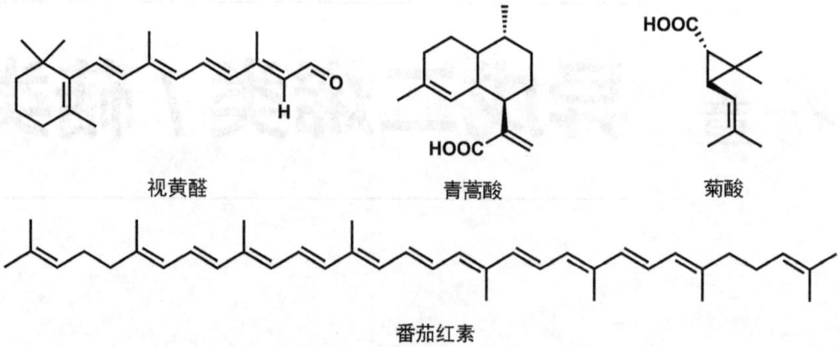

视黄醛　　　　　　　　　青蒿酸　　　　　　　菊酸

番茄红素

图 4.1　萜类（具有异戊二烯片段的天然产物）是最丰富的天然产物类型、图中所示为部分单萜（C₁₀）、倍半萜（C₁₅，蛇麻烯、青蒿酸）、二萜（C₂₀，视黄醛）以及 C₄₀ 聚烯（番茄红素）

4.2　Δ^2- 及 Δ^3- 异戊二烯基焦磷酸是生物体中用于头-尾式烷烃链延伸的异戊二烯合成砌块

两个区域异构的五碳异戊二烯基焦磷酸是生物源异戊二烯基（异戊烯基）供体，它们来自初级代谢，并作为萜这一大类次级代谢产物骨架的合成砌块。Δ^2- 异戊二烯基焦磷酸（Δ^2-isoprenyl diphosphate，Δ^2-IDP），过去也被称为异戊二烯基焦磷酸酯（isoprenyl pyrophosphate，Δ^2-IPP），它在异戊烯基转移酶催化的烷基化反应中充当亲电配体（图 4.2）。

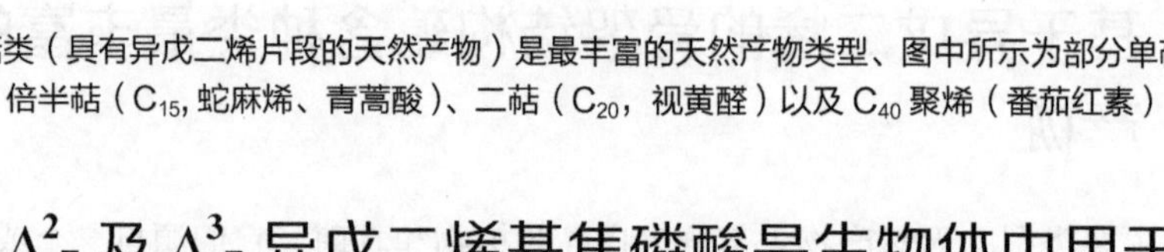

Δ^2- 异戊二烯基焦磷酸 (DMAPP)　　　　　Δ^3- 异戊二烯基焦磷酸 (IPP)

图 4.2　Δ^2 和 Δ^3 型异戊二烯基焦磷酸异构体是所有萜类化合物 / 异戊二烯类化合物的合成砌块

与之相关的 Δ^3- 异构体在异戊二烯链第一次延伸反应中作为 C—C 键形成所需的亲核配体，产生单萜焦磷酸香叶酯（图 4.3）（Walsh and Wencewicz 2016）。

由异戊烯基转移酶所催化的这一起始反应的机理已被仔细研究，其中涉及在早期将结合在 Δ^2-IPP 底物 C1 位上的 OPP 解离下来，产生 C1 位碳正离子过渡态。该碳正离子在酶活性位点的生理条件下是动力学上可实现的，这是因为它可以通过 C2 位双键离域与 C3 形成烯丙基碳正离子，从而通过离域作用达到热力学稳定。实际上，我们将在随后的章节中指出，该碳正离子可以通过亲核的共底物在 C3 和 C1 处被捕获，这也体现了这两个碳原子上正电荷的离域情况。

Δ^3-IPP 是与焦磷酸香叶酯形成 C—C 键的亲核配体。具体而言，末端双键的 π 电子攻击烯丙基碳正离子配体，从而新生成 C_{10} 叔碳离子产物。之后立体选择性地从该加合物的 C2 夺取一个质子形成 Δ^2-双键，同时在异戊烯基转移酶活性位点形成并释放出焦磷酸香叶酯。

由于焦磷酸香叶酯具有这种 Δ^2-双键，因此它可以在下一轮异戊二烯基转移延伸周期中作为亲电配体。而亲核配体则是另一个 Δ^3-IPP 五碳单元。由于末端双键中 π 电子的存在，因此在每次链延伸循环中，五碳单元 Δ^3-IPP 都作为亲核配体形成共底物。这也就解释了在每次延伸循环中底物都延伸 5 个碳。图 4.3 描述了上述这种延伸模式，

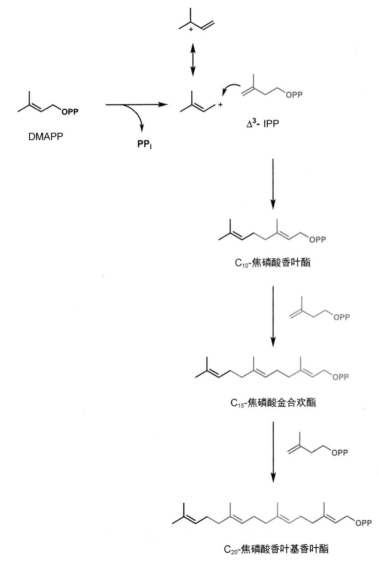

图 4.3　五碳单元 Δ^3-异戊二烯基焦磷酸与 Δ^2-异戊二烯基焦磷酸链经头对尾的连接方式实现碳链的延伸，分别产生焦磷酸香叶酯、焦磷酸金合欢酯、焦磷酸香叶基香叶酯

其中 C_5+C_5 生成焦磷酸香叶酯，C_5+C_{10} 生成倍半萜焦磷酸金合欢酯（farnesyl-PP），C_5+C_{15} 生成 C_{20} 的 Δ^2-产物焦磷酸香叶基香叶酯（geranylgeranyl-PP）。因此，就出现了一系列嵌套的线型 Δ^2-异戊二烯焦磷酸骨架，它们的双键均为 E 构型（反式），彼此相隔三个碳原子。

4.3　长链异戊烯基焦磷酸骨架

现在问题就在于线型 Δ^2- 异戊二烯链长究竟能有多长以及什么因素限制了它的大小。有两个最著名的长链异戊二烯焦磷酸，其中之一是 C_{55} 十一异戊烯基焦磷酸酯（undecaprenyl-PP），也称为细菌萜基焦磷酸（bactoprenyl-PP），它参与细菌肽聚糖组装（Walsh and Wencewicz 2016）。另一个是 C_{110} 多萜醇二磷酸（dolichol-PP），它是真核细胞内质网中 N-糖蛋白形成中所需的四癸糖基的必要载体（Chojnacki and Dallner 1988）。这两种异戊二烯基脂质均充当亲水性底物的跨膜载体，分别将底物跨细菌和内质网膜传递至膜另一侧的受体上（图 4.4）。

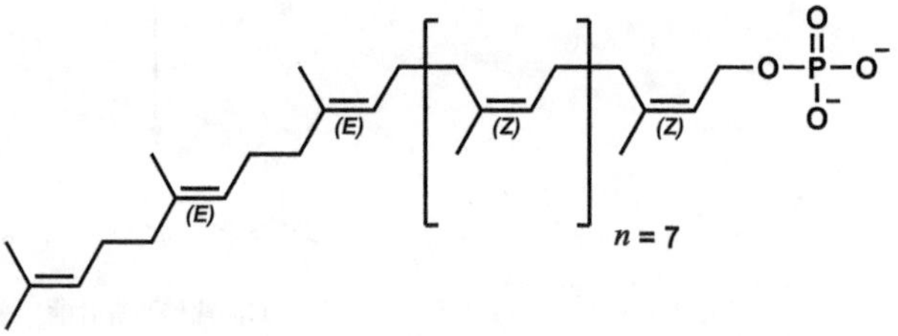

十一异戊烯基焦磷酸(大肠杆菌等)

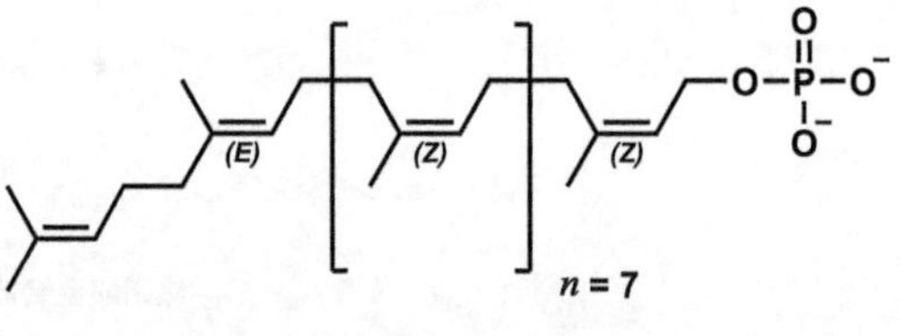

十异戊烯基磷酸(耻垢分枝杆菌)

图 4.4　C_{50} 和 C_{55} 的细菌萜烯在细胞壁装配中起载体脂质的作用，在其异戊烯基焦磷酸中间体（C_5-C_{20}）中包含许多 Z 型双键而非标准的 E 型双键，表明该过程中存在不同的合酶

值得注意的是细菌萜基焦磷酸及其相应的磷酸酯水解产物细菌萜醇（bactoprenol）。其结构中 11 个双键中的 8 个是非同寻常的 Z（顺式）型，剩下 3 个是异戊二烯骨架中典型的 E（反式）型。Z 型双键由一个八异戊烯基合酶催化形成，该酶通过七次循环将亲核配体 Δ^3-IPP 连接到延伸中的 Δ^2-链上，从而生成 C_{40} 产物（Guo,

Kuo *et al.* 2004）。如图 4.5 所示，*Z* 型双键可出现在每次延伸周期中。新产生的 C3 位碳正离子中前手性 C2 上其中任意一个氢离去将产生 *Z*-异构体，而另一个氢（此处显示为 H_a）的离去将会产生更常见的 *E* 型烯烃。与大多数形成 *E* 型双建的异戊烯基转移酶相比，这种罕见的催化 *Z* 型双建形成的异戊烯基转移酶中催化 2-H 离去的碱性基团必须在活性位点的相对面上。X 射线分析表明 *Z* 型选择性异戊烯基转移酶与 *E* 型选择性异戊烯基转移酶有明显不同（Guo, Kuo *et al.* 2004）。释放的八异戊烯基焦磷酸

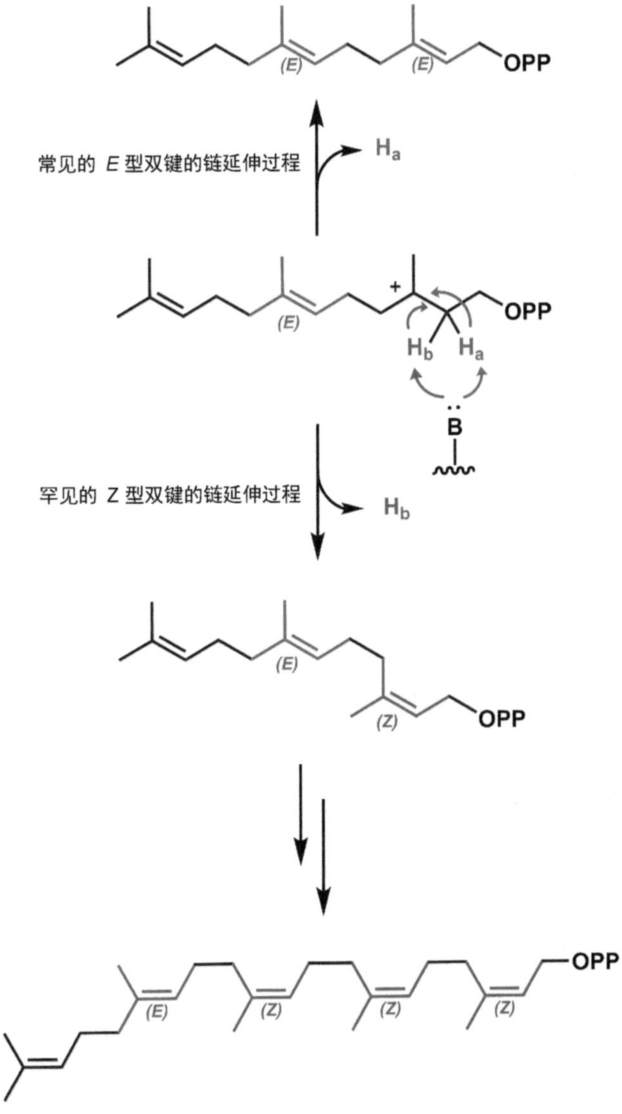

图 4.5 异戊烯基链延伸过程通过在最后一步中夺取 C2 位上两个
前手性氢之一来控制 *E* 型或 *Z* 型 Δ^2- 双键

进行另外三次异戊烯基化循环，将所有的 Z-八异戊烯基焦磷酸转化为细菌萜基焦磷酸，最后三个单元中双键呈 *E* 型。据推测，这会产生一组合适的构象，使之在肽聚糖链的延长过程中，细菌萜基焦磷酸单元可以有效地发挥携带二糖基-五肽基单元从细菌膜内侧到外侧的作用（Walsh and Wencewicz 2016）。

4.4 合成 IPP 异构体的两条途径：经典及非经典途径

真核生物中 IPP 的合成途径在 20 世纪中叶得以阐明，这是通过使用放射性同位素方法跟踪放射性同位素标记的碳从一个分子到另一个分子的过程来实现的。如图 4.6 所示，这条途径被称为经典途径或甲羟戊酸途径。该途径中三分子的中心代谢产物乙酰辅酶 A 经串联缩合反应产生 3-羟甲基戊二酰辅酶 A（HMG-CoA）。C1 处的酰基硫酯通过四电子还原为醇，从而生成甲羟戊酸。然后发生三次连续的磷酸化，其中两次在 C1 处生成焦磷酸酯键。发生在 3-羟基的第三次磷酸化引发了脱羧反应和磷酸基的离去，从而生成了 Δ^3-IPP 异构体。所需的 Δ^2-IPP 异构体是通过 IPP 异构酶的作用产生的，该酶通过质子转移来平衡 IPP 区域异构体中双键的位置（Zheng, Sun *et al.* 2007）。

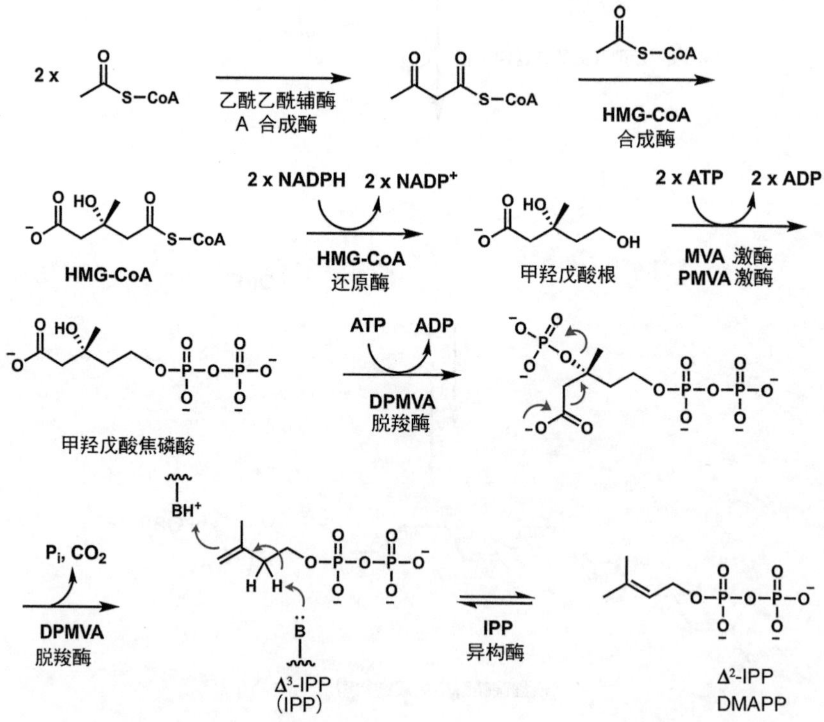

图 4.6 甲羟戊酸途径首先形成 Δ^3-IPP，然后异构为 Δ^2-IPP，两者之间存在平衡

甲羟戊酸途径建立后的几十年，从标记方式可以清楚地看出，某些生物中（包括许多引起人类疾病的细菌病原体）必然存在 IPP 的另一种生物合成来源。这条途径如今被称为非经典途径，也称为 MEP（甲基赤藓糖醇磷酸酯，methylerythritol-phosphate）途径。如图 4.7（A）所示，初级代谢产物丙酮酸和 3- 磷酸甘油醛缩合生成 5- 磷酸脱氧木酮糖。然后经还原异构酶反应，骨架重排产生磷酸甲基赤藓糖醇，并以此命名了该途径。随后依次在胞嘧啶转移酶和醇激酶作用后，在 IspF 催化下，以环状焦磷酸酯的形式消除单磷酸胞苷 (cytidine monophosphate, CMP)。这种环状的八元二磷酸酯是非环 Δ^2-IPP 和 Δ^3-IPP 异构体的前体。上述转化涉及骨架片段上的铁 / 硫团簇的单电子转移介导的自由基化学反应。可能的机制如图 4.7（B）所示。

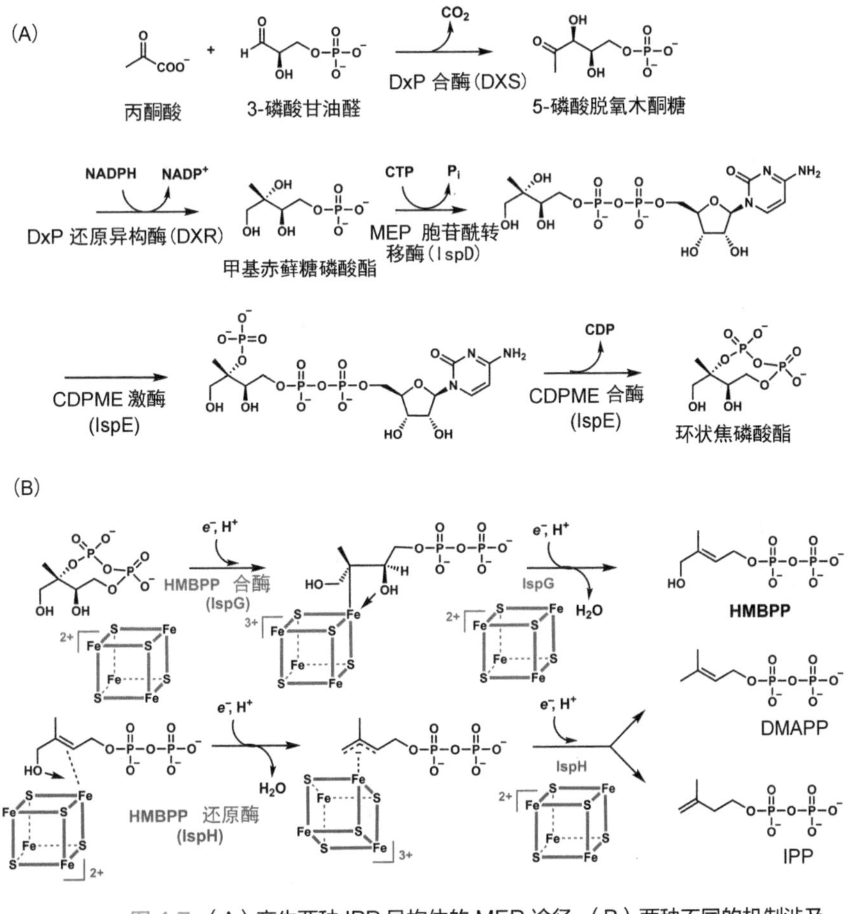

图 4.7 （A）产生两种 IPP 异构体的 MEP 途径；（B）两种不同的机制涉及单电子转移至铁以及自由基中间体的协同反应

显然，在自然进化过程中，两条合成 IPP 异构体的趋同途径均被保留了下来。这两条途径可以通过 ^{13}C 标记的 [^{13}CO$_2$] 而非乙酸酯的同位素脉冲示踪喂养实验来进行区分（Bacher, Chen *et al.* 2016）。如图 4.6 所示，甲羟戊酸途径通过两个串联反应使用三分子的乙酰辅酶 A 构建六碳化合物甲羟戊酸。在叔醇脱羧反应和脱水反应中，Δ^2 和 Δ^3- 异戊烯基焦磷酸酯异构体的 5 个 [^{13}C] 标记的碳以 2-2-1 模式（黄色）存在（图 4.8）。值得注意的是，甲羟戊酸途径可以体现相连的 [^{13}C] 原子对。相反，如图所示，MEP 途径涉及丙酮酸和 3- 磷酸甘油醛之间发生酶催化的缩合反应产生三联的 3-2 连接方式。其中 [^{13}C] 原子对虽然具有相同的位置，但是只有非甲羟戊酸途径可以贡献来自单个前体单元的三个 [^{13}C] 原子。这是拟南芥（*Arabidopsis thaliana*）中萜类化合物反映的 NMR 特征。

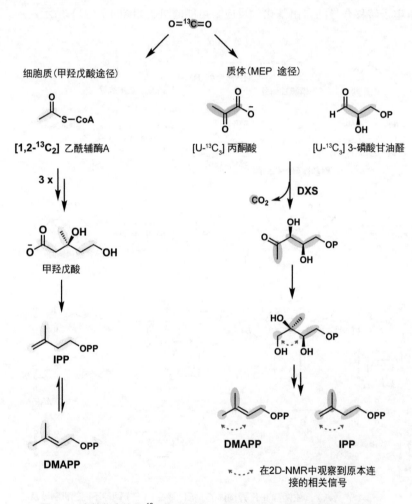

图 4.8　在植物中使用 ^{13}C 标记的 CO_2 来区分异戊二烯合成砌块的来源

[$^{13}CO_2$] 脉冲标记法也被用于确定百里香中简单的单萜醇化合物百里酚的非甲羟戊酸途径。也许更令人惊讶的是，这种同位素研究方法被用于青蒿素的生物合成研究，结果表明甲羟戊酸途径和 MEP 途径都提供了前体异戊二烯基单元，表明胞质（甲

羟戊酸途径）和叶绿体（MEP 途径）共同参与了这个一线抗疟天然产物的生物合成（Bacher, Chen *et al.* 2016）。

4.5 两分子 Δ^2-IPP 间的自缩合形成菊酰基环丙基骨架

IPP 的 Δ^2-异构体也被称之为二甲基烯丙基焦磷酸酯（DMAPP），以突出其烯丙基结构。如图 4.9 所示，尽管它具有内部双键而不是末端双键（后者在 Δ^2-异构体中

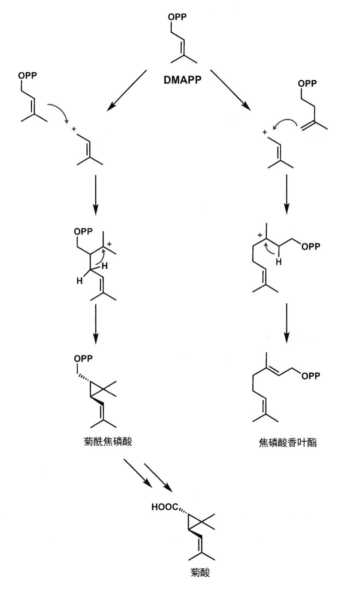

图 4.9　两分子 Δ^2-IPP 间的自烷基化生成菊酰焦磷酸中的环丙烷环

空间位阻更小），但内部双键可以用于两个 Δ^2-IPP 分子的烷基化缩合反应，其中一个是亲电的烯丙基碳正离子，另一个作为亲核试剂。相应的支链叔碳正离子可以通过夺取质子来淬灭，这类似于 Δ^2-IPP 和 Δ^3-IPP 的烷基化缩合。然而，尽管后者可以形成线型焦磷酸香叶酯单萜骨架，在 Δ^2 的自烷基化反应中 C3 位碳的迁移会产生环丙烷环。

二甲基环丙烷是菊酰焦磷酸的标志性结构，经过醇的氧化形成同名的菊酸（chrysanthemic acid）。环丙烷的形成在下一节中会介绍，这是淬灭萜类合酶反应中碳正离子中间体的三种途径之一。我们已经注意到，质子离去和双键的形成是链延长合酶中常见的淬灭途径。该类合酶产生焦磷酸香叶酯（GPP）、焦磷酸金合欢酯（FPP）和焦磷酸香叶基香叶酯（GGPP），并可以合成更长的线型异戊二烯链。

4.6　碳正离子引发的骨架重排及淬灭

4.6.1　单萜：由焦磷酸香叶酯到 α- 松油酯碳正离子并形成各种产物

合成单萜、倍半萜和二萜（C_{10}，C_{15}，C_{20}）的各种萜类合酶是通过 Δ^2 骨架底物中 C1-OPP 键的类 S_N1 解离而引发催化反应。最初的烯丙基碳正离子之后会经历极低的能垒，在单分子重排后形成不同的碳正离子，其中涉及多种机制，包括 1,2-Wagner Meerwein 型迁移中的氢迁移和碳键迁移。上述任一碳正离子均可通过以下三种途径进行区域选择性淬灭：①夺取质子生成双键；②加水生成醇；③碳键迁移形成环状结构（Gao, Honzatko *et al.* 2012; Dickschat 2016）。

图 4.10 展示了上述不同的反应终点，其中焦磷酸香叶酯经历酶介导的离解生成烯丙基碳正离子，而解离的 P_{Pi} 仍位于活性位点。E-C2-双键可发生旋转生成顺式的 Z-异构体，同时重新捕获 P_{Pi} 并暂时形成顺式的焦磷酸橙花叔醇。该双键构型对于之后形成烯丙基碳正离子是必需的，从而可进行分子内环化生成 α-松油基碳正离子。在上一段中提到的三种淬灭途径分别是：加水生成松油醇；从相邻甲基夺取质子生成柠檬烯；或移去环己烯环上的一个质子并捕获碳正离子形成环丙烷。后一种途径将无环香叶基骨架转化为蒈烯 3,6-双环骨架。

蒈烯绝不是唯一一个由 α-松油基碳正离子重排产生的双环烷烃 / 烯烃骨架。如图 4.11 所示，环己烯双键的任一端进攻环外叔碳正离子都会产生一对双环碳正离子。通过离去质子来淬灭该碳正离子，从而产生 α-异构和 β-异构的蒎烯。同时，C–C 键的 1,2-迁移以及随后的 H_2O 淬灭可以产生小茴香醇骨架。类似地，也可以形成双环的龙脑和樟脑。图 4.12 中进一步拓宽反应终点，显示在著名的植物挥发性天然产物中共有 14 个单萜单环和双环骨架来自相同的 α-松油基碳正离子。

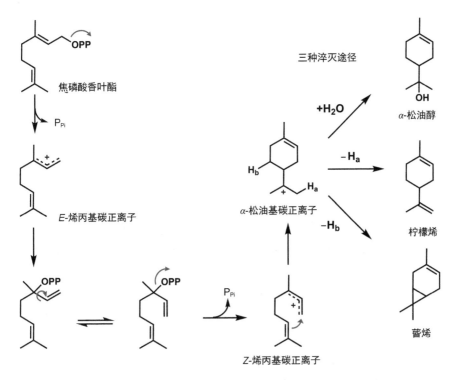

图 4.10　萜类合酶活性位点中异戊烯基碳正离子淬灭的三种经典途径：
将焦磷酸香叶酯转变为 α-松油醇、柠檬烯和蒈烯

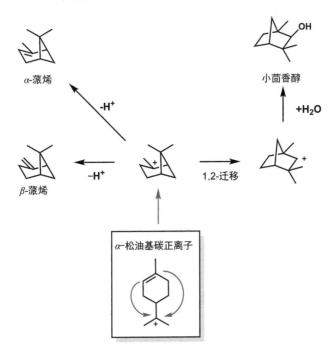

图 4.11

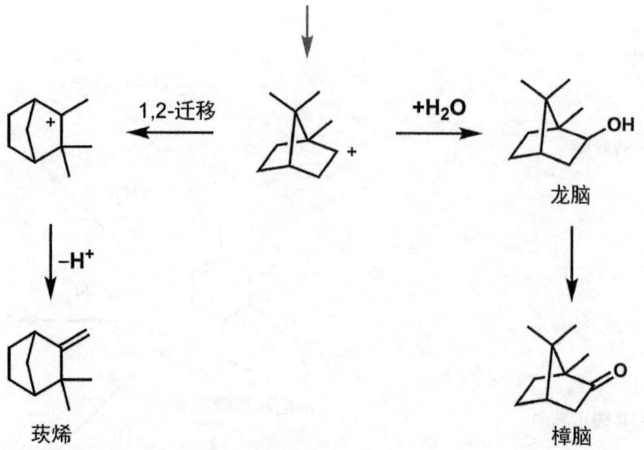

图 4.11　由焦磷酸香叶酯经后续 α-松油基碳正离子的重排反应也可得到一系列双环单萜

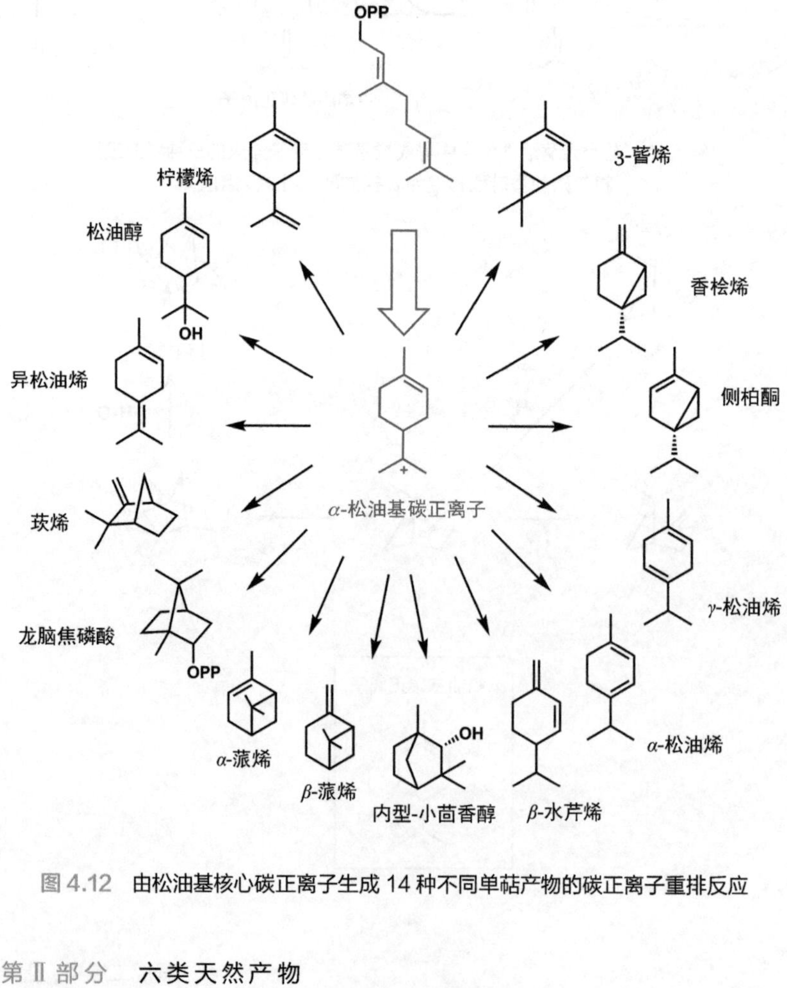

图 4.12　由松油基核心碳正离子生成 14 种不同单萜产物的碳正离子重排反应

4.6.2　倍半萜：由 C_{15} 的焦磷酸金合欢酯引发的六种区域特异性环化

考虑到起始底物中多出五个碳原子，倍半萜焦磷酸金合欢酯的酶促反应可以得到更加多样化的重排骨架。图 4.13 描述了六种重排方式，分别为 C1 位碳正离子与 C6、C7、C10 和 C11 之间连接。举例说明，其中 C1 和 C10 相连生成 E,E-吉玛烷基碳正离子，而 C1 和 C11 相连生成 E,E-蛇麻烷基（E,E-humulyl）碳正离子。如图 4.5 所示，这些 C–C 键形成步骤互为竞争，最初的金合欢基 E,E,E-C1 碳正离子可以异构化为图

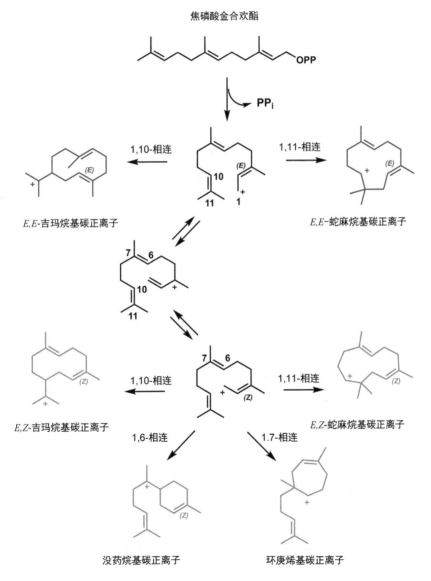

图 4.13　焦磷酸金合欢酯（C_{15}）的 C1 位烯丙基碳正离子的六种可能的分子内重排（所有淬灭产物均被检测到）

中所示的 *E,E,Z*-碳正离子。从该碳正离子出发，经 C1–C6 键相连形成没药烷基碳正离子骨架，而 C1–C7 键相连形成七元的环庚烯环系。第 5 和第 6 种环系是 C1–C10 相连衍生的 *E,Z*-吉玛烷基碳正离子和 C1–C11 相连衍生的 *E,Z*-蛇麻烷基碳正离子。

我们从多个可能的例子中选择其中一个来说明进一步碳正离子重排可能形成的骨架复杂性，图 4.14 就展示了 *E,Z*-蛇麻烷基碳正离子在并环萜烯（pentalene）合酶活性位点中如何经历三次以上定向重排，通过失去质子形成双键，从而产生稠合的 5-5-5 三环骨架的并环萜烯（pentalenene）。随后，该并环萜烯被一系列加氧酶修饰转变成含有五个氧原子的戊丙酯菌素（pentalenolactone），从而产生极性更大的骨架（Tetzlaff, You *et al.* 2006）。

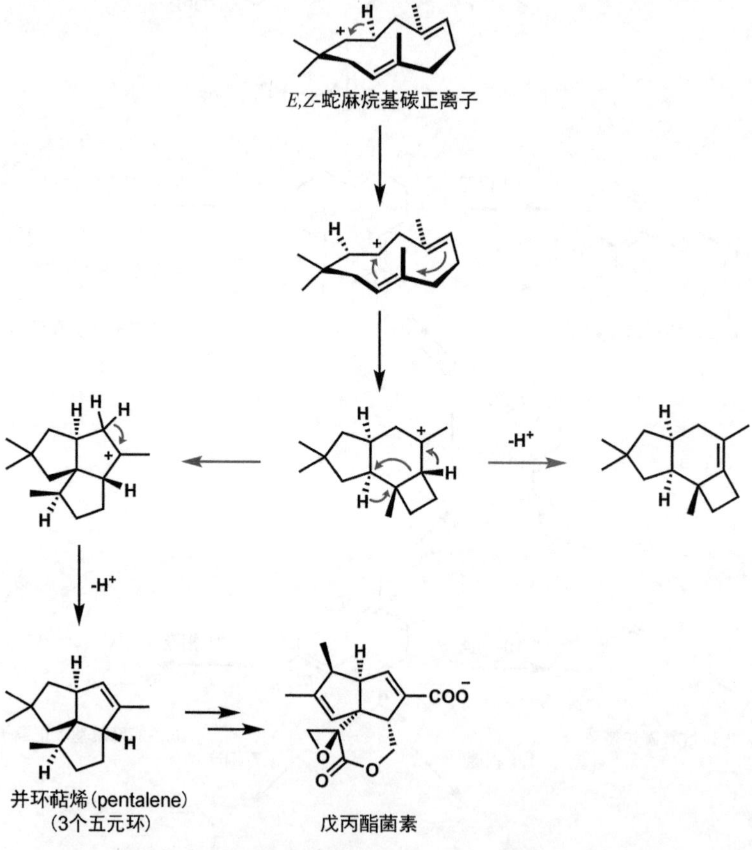

图 4.14　蛇麻烷基碳正离子在并环萜烯合酶的活性位点进一步反应，产生系列碳正离子，并经淬灭生成 5-5-5 三环骨架的并环萜烯

4.6.3　萜类合酶在其活性位点中引导后续系列碳正离子代谢流的效果如何？

就单萜和倍半萜骨架多样化的两个例子而言，其问题在于萜类合酶究竟有多大能力去引导代谢流向下流向特定碳正离子并得到特定产物。这个问题可以通过考察萜类合酶的杂泛性来进行实验性的验证（Steele, Crock *et al.* 1998）。我们将在下文三萜部分再次提出这个问题，但是有证据表明，γ-蛇麻烯合酶显示出某些固有的杂泛性，可以通过定点诱变来增加/重新定向（Little and Croteau 2002）。如图 4.15 所示，天然 γ-蛇麻烯合酶主要生产 γ-蛇麻烯，但同时也产生大量的 sibirene 和长叶烯。此外，还有少量其他四种类型骨架的产物。显然，它具有高度的杂泛性。描述该结果的另一种方式是，它可能无法引导反应代谢流来稳定特定的一个或两个碳正离子中间结构。形成七种倍半萜烯骨架的各种碳正离子之间的能量壁垒可能非常低，以至于该酶无法阻止其在活性位点中的形成以及随后的淬灭反应，最终形成观察到的碳氢化合物（Miller and Allemann 2012; Ueberbacher, Hall *et al.* 2012）。

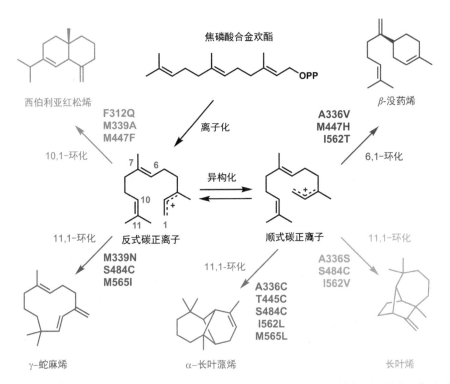

图 4.15　γ-蛇麻烯合酶具有杂泛性，除了产生主产物蛇麻烯外，该酶还可以将代谢流导向副产物西伯利亚红松烯和长叶烯。通过突变可以重新分配代谢流的分布用于产生西伯利亚红松烯、没药烯、长叶烯和 α-长叶蒎烯

数据来自 Yoshikuni, Y., T. E. Ferrin and J. D. Keasling (2006). "Designed divergent evolution of enzyme function". *Nature* **440**: 1078-1082 and Cane, D. E. (2006). "How to evolve a silk purse from a sow's ear". *Nat. Chem. Biol.* **2**: 179-180.

在结构信息的指导下，蛇麻烯合酶中 2～5 个残基的突变确实改变了产物谱，从而分别选择性地增加了通向 β-没药烯、α-长叶蒎烯、长叶烯和西伯利亚红松烯的通量（Yoshikuni, Ferrin *et al.* 2006）。微小的产物多样性现象仍然很明显，但是这种有限的突变结果集表明萜类合酶可能的进化方式，用以产生多变的产物范围。他们还证明，萜类合酶作为催化剂的作用可能很小。基于结合的底物构象异构体和竞争性和/或顺序性碳和氢迁移轨道的能垒，萜类合酶会引发 C1–OPP 键断裂，随后产生一系列碳正离子，并提供不同的淬灭途径以获得一系列产物（Cane 2006; Christianson 2008）。

4.6.4　二萜：从焦磷酸香叶基香叶酯到映-贝壳杉烯骨架的复杂演化

据估计，在 45 万个萜类化合物中，约有 20% 是基于 C_{20} 的二萜。其中有一种是贝壳杉烯（kaurene）的对映异构体，称为对映贝壳杉烯。这是一种三环的烃类化合物，是植物激素赤霉酸生物合成中的一种途径中间体。大部分线型 C_{20} 异戊烯基供体焦磷酸香叶基香叶酯的转化涉及两种酶的参与。第一个是焦磷酸古巴酯合酶，它将线型的底物转化为双环的焦磷酸古巴酯（copalyl-PP）。其催化机制是 C10 位上失去一个质子 H，形成双环的十氢化萘系统（图 4.16）（Liu, Feng *et al.* 2014）。该环化方式提前描述了多中心/多环结构的反应类型，这部分将在三萜化合物角鲨烯和氧化角鲨烯环化的章节中讨论。焦磷酸古巴酯含有一个环外双键，来自 C10 位氢的离去。

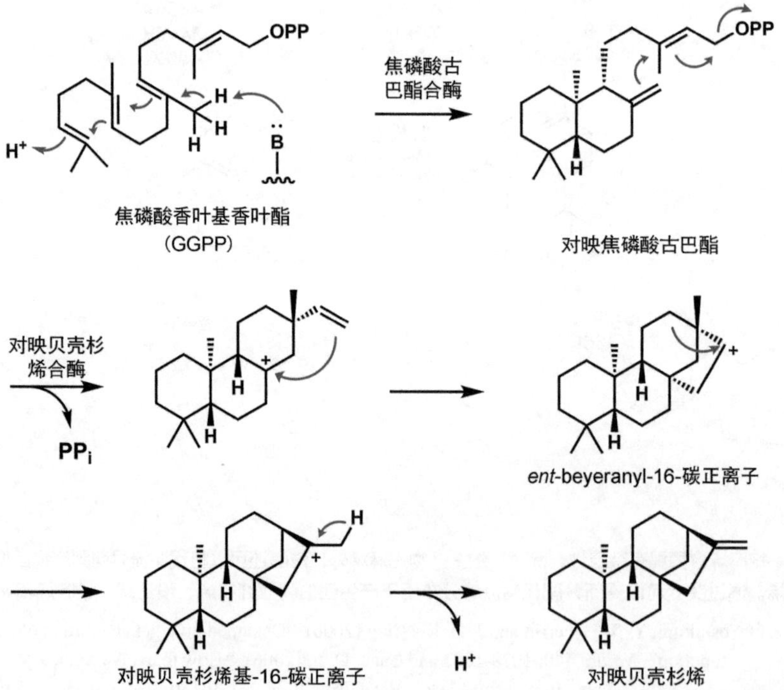

图 4.16　通过一系列碳正离子重排，将线型的焦磷酸香叶基香叶酯（C_{20}）转化为四环骨架的对映贝壳杉烯

该途径中的另一个酶是对映贝壳杉烯合酶，据推测它是利用双乙烯基的双键，通过邻近基团辅助的机制来促进 C1–OPP 键的裂解（这可能涉及早期脱去焦磷酸基（PP_i）

并通过一对烯烃的串联移位来捕获 C1 位烯丙基碳正离子）（Koksal, Potter *et al.* 2014）。其初始产物是具有叔碳正离子的三环结构。新形成的末端双键通过分子内进攻产生四环的碳正离子；之后 C–C 键迁移将产生的 beyeranyl-16-碳正离子转化为对映-贝壳杉烯基-16-碳正离子，随后通过失去质子来淬灭该碳正离子生成环外双键。焦磷酸古巴酯合酶和对映贝壳杉烯合酶催化的最终结果是由线型前体构建稠合的 6-6-6-5 四环系统。

4.6.5　由焦磷酸香叶基香叶酯生成紫杉二烯

通过酶促反应将线型 C_{20} 的异戊二烯基焦磷酸供体转化为复杂骨架的另一个例子是紫杉二烯合酶（图 4.17）（Koksal, Jin *et al.* 2011）。由于其随后的氧化产物紫杉醇已被证明可用于治疗一系列人类癌症，因此太平洋红豆杉（*Pacific yew*）和相关红豆杉树中紫杉醇的生物合成途径引起人们对其机制和制备的极大兴趣（第 12 章）。与其他所有异戊二烯类化合物 / 萜类化合物一样，碳正离子仍表现出反应的多样性。在紫杉

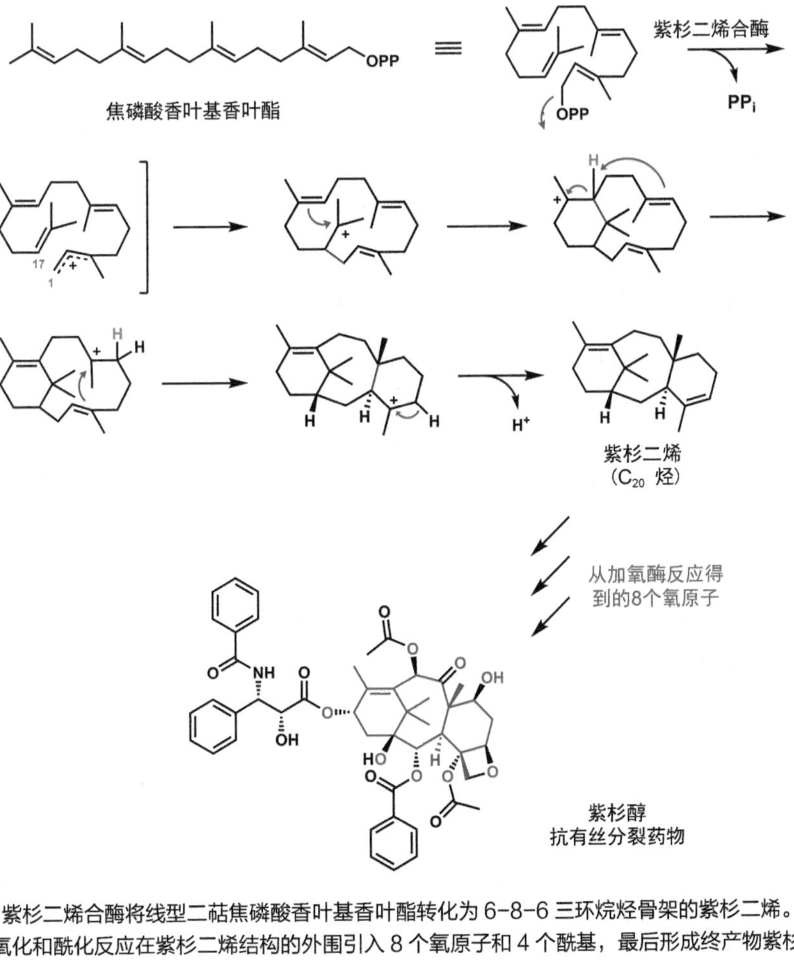

图 4.17　紫杉二烯合酶将线型二萜焦磷酸香叶基香叶酯转化为 6-8-6 三环烷烃骨架的紫杉二烯。随后进行的氧化和酰化反应在紫杉二烯结构的外围引入 8 个氧原子和 4 个酰基，最后形成终产物紫杉醇

二烯合酶活性位点的 OPP 离去基团在早期解离后，结合的线型 C1 位烯丙基碳正离子被折叠，使得 C14 位双键末端成为动力学上的亲核试剂用于产生 14 元大环碳正离子（C1–C17 键形成）。该过程被认为经历了四次碳正离子重排反应，并伴随 C–C 键的形成。将最初的 14 元大环碳正离子转化为 6-8-6 三环叔碳正离子。在此基础上，失去质子产生紫杉二烯。焦磷酸香叶基香叶酯中最初的四个双键有两个保留在紫杉二烯中。

值得注意的是，目前为止所有考虑的实例中，异戊二烯/萜类化合物的生物合成都会产生高度疏水的骨架（蛇麻烯，对映贝壳杉烯，紫杉二烯）。当碳正离子用水淬灭时会生成一元醇，然而在许多催化环化反应的萜类合酶中，默认的方式是通过质子离去将其淬灭，这将会生成脂溶而水不溶性的烷烃骨架。

为了将这些水不溶性骨架转变成具有一定水溶性的分子，第二阶段的后修饰反应开始发挥作用。植物、微生物、甚至更高等的真核生物将会在新产生的烷烃产物的不同部位引入氧官能团。在第 9 章中将会详细介绍这些加氧酶的性质。在这里我们将介绍将双烯烃 C_{20} 紫杉二烯转化为具有药理活性的紫杉醇所涉及的两种后修饰酶。首先，在紫杉二烯骨架外围的 14 个碳原子中的 8 个碳原子上引入 8 个氧原子。其中，这 8 个氧原子中的 4 个氧原子随后被酰化以产生该途径的终产物紫杉醇。该例子很好地说明了在异戊二烯/萜类化合物骨架上进行氧化、酰化后修饰的一般策略。在第 11 章中将举例说明第三种策略：在加氧酶引入的官能团上进行糖基化反应以产生糖苷，从而增加水溶性。

4.7 头–头及头–尾模式的烷基化偶联：C_{30} 和 C_{40} 萜类化合物

发生在焦磷酸合金欢酯（C_{15}）和焦磷酸香叶基香叶酯（C_{20}）水平上的 C–C 键的形成策略与迄今为止提到的在链延长过程中引入 Δ^3-IPP 的 C_5 单元的方式不同。这些酶催化的链延伸反应都可以描述为头对尾的烷基化反应。

与之相反的是，两分子 C_{15} 焦磷酸合金欢酯反应生成 C_{30} 线型六烯化合物角鲨烯，以及相应的两分子 C_{20} 焦磷酸香叶基香叶酯偶联生成线型 C_{40} 九烯化合物八氢番茄红素（phytoene）（图 4.18）。这些反应的特征是 C1 与 C1 间发生头对头偶联的烷基化。角鲨烯合酶是研究最为广泛的酶之一。早期发现含环丙烷的中间体原角鲨烯焦磷酸酯（presqualene-PP）是以结合物的形式产生的 [图 4.19（A）]。该环随后经碳正离子重排被打开。该反应是通过从 NADPH 传递氢离子进行淬灭而被终止（Tansey and Shechter 2001）。

该反应机制的早期步骤涉及两分子焦磷酸合金欢酯结合在角鲨烯合酶的活性位点上，以头对头的方式排列。第一个 FPP 分子中的 Δ^2-双键攻击所结合的第二个 FPP 的

C1 位的烯丙基碳正离子，产生 C2–C1 相连的碳碳键。此时，C1 位前手性氢之一（来自亲电配体）作为质子离去，从而形成 C3–C1 键以及环丙烷。这是本章前面提到的萜类合酶中终止碳正离子反应的三种淬灭途径之一。原角鲨烯焦磷酸酯的结构如图所示，它是一种非相连的中间体，但在催化循环中期不被释放。

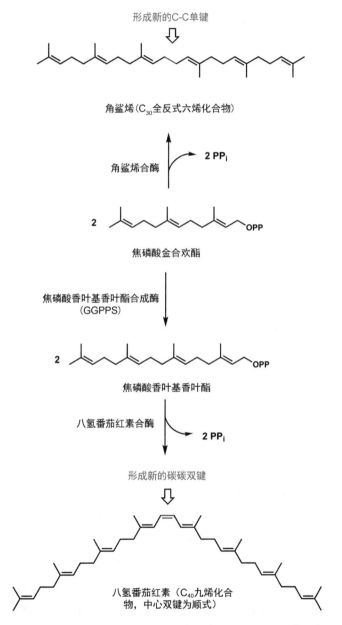

图 4.18　角鲨烯合酶和八氢番茄红素合酶催化的角鲨烯（C_{30}）和八氢番茄红素（C_{40}）形成过程中的头对头烷基化偶联与焦磷酸香叶酯（C_{15}）和焦磷酸香叶基香叶酯（C_{20}）形成所需的头对尾烷基化偶联存在本质上的差别，八氢番茄红素结构中心的双键为 Z 构型

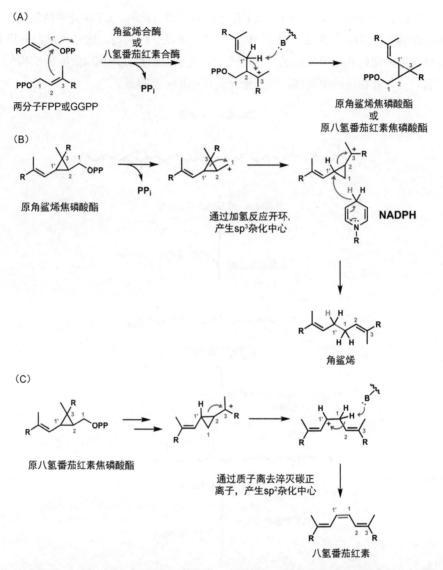

图 4.19　角鲨烯合酶和八氢番茄红素合酶均通过 1,1- 偶联生成环丙烷中间体，但机理不同。原角鲨烯焦磷酸酯中环丙烷通过氢转移被打开，形成 CH₂–CH₂ 连接；原八氢番茄红素焦磷酸酯中环丙烷开环并通过质子离去淬灭，形成一个新的双键。前者是 sp³ 杂化轨道偶联，后者是 sp² 杂化轨道偶联

在角鲨烯合酶的第二个半反应中［图 4.19（B）］，作为起始步骤，OPP 基团通过 S$_N$1 机制离去产生一级碳正离子。由于该碳正离子与环丙烷相邻，从而迅速重排至另一端并形成更稳定的叔碳正离子，同时形成另一个环丙烷结构（Blagg, Jarstfer $et\ al.$ 2002）。通过从共底物 NADPH 获取氢离子（显示为绿色）可终止该反应。这个过程中会使新的环丙烷断裂，并产生角鲨烯中的 CH₂–CH₂ 官能团，这两个碳分别来自两个焦磷酸金合欢酯底物中原始的 C10 和 C1 碳。该反应尽管仍始于 C1–C2 偶联，但

凸显了头对头偶联反应的本质。从整体上分析角鲨烯的结构，可以看出来自各个焦磷酸金合欢酯中的三个双键均保留在角鲨烯结构中。

简短地介绍一下八氢番茄红素合酶反应和产物结果的异同将会对此有所启发［图4.19（C）］（Misawa, Truesdale *et al.* 1994）。八氢番茄红素合酶采用类似策略催化头对头偶联，这次底物是两个 C_{20} 焦磷酸香叶基香叶酯。第一个半反应机理基本相同。如图4.19（A）所示，与前例相比，形成了类似的含环丙烷的原八氢番茄红素焦磷酸酯。推测该过程遵循相同的机制，来自其中一个结合的 GGPP 的 C2 位双键进攻另一个结合的 GGPP 的 C1 位形成 C1–C2 键，而环丙烷的生成则形成环丙烷中的 C1–C3 键。

原八氢番茄红素焦磷酸酯到八氢番茄红素的反应过程可以通过两个相关但不同的路径进行解释。首先，重排反应得到的环丙基次甲基碳正离子是通过质子离去而不是通过从 NADPH 中获取氢离子进行淬灭的［图4.19（C）］。因此，不同于在角鲨烯中观察到的起始 C1 位碳通过还原的 $C_1H_2–C_1H_2$ 相连，在八氢番茄红素中有一个 CH=CH 双键。因此，除了每个 GGPP 所贡献的四个双键外，在八氢番茄红素中存在第九个双键，因此中间这三个双键是共轭的，而不是非共轭的。其次，质子离去步骤中的双键在立体化学上要求是先前提到的 Z 构型，因此，新生成的双键具有 Z 构型（图4.18）。除此之外，该 *E,Z,E-* 三烯系统被认为可以防止八氢番茄红素骨架被后续酶催化环化。因此八氢番茄红素与角鲨烯的代谢命运截然不同（Moise, Al-Babili *et al.* 2014）。

4.8 角鲨烯 2,3- 氧化物及环化的三萜

4.8.1 角鲨烯 2,3- 氧化物的形成

角鲨烯一经形成，便成为微生物、植物和动物中一系列环化酶的底物，这些环化酶将线型的六烯化合物催化形成多环的六环及五环稠合三萜骨架。环化反应可能直接发生在角鲨烯上。但更常见的是，角鲨烯的两个末端双键中的任何一个进行面上区域专一性环氧化并生成 3S-2,3-氧化角鲨烯之后再发生环化反应（图4.20）（Laden, Tang *et al.* 2000）。角鲨烯环氧化酶紧密结合还原形式的 FAD 作为氧活化辅酶。为此，NADPH 以及分子氧也是酶的共底物。NADPH 催化所结合的辅酶 FAD 形成 $FADH_2$ 形式，后者将单电子向 O_2 转移，生成自由基对：即FADH·半醌和超氧阴离子（$O_2^{-·}$）。在 FAD-C_{4a} 桥头位置发生特异性自由基重组，产生 FAD-4a-OOH。该黄素（flavin）过氧化物是酶所结合的角鲨烯 2,3-双键的邻近单氧供体。如图 4.20 所示，FAD-OOH 是所进攻的双键的 [OH^+] 供体，其随后闭环形成环氧化物（Walsh and Wencewicz 2013）。

角鲨烯环氧化酶的最终作用是增加鲨烯骨架的极性，其中环氧在一端作为亲电的官能团。该环氧环可在一系列串联反应中通过进攻相邻双键的 π 电子而被打开，该串

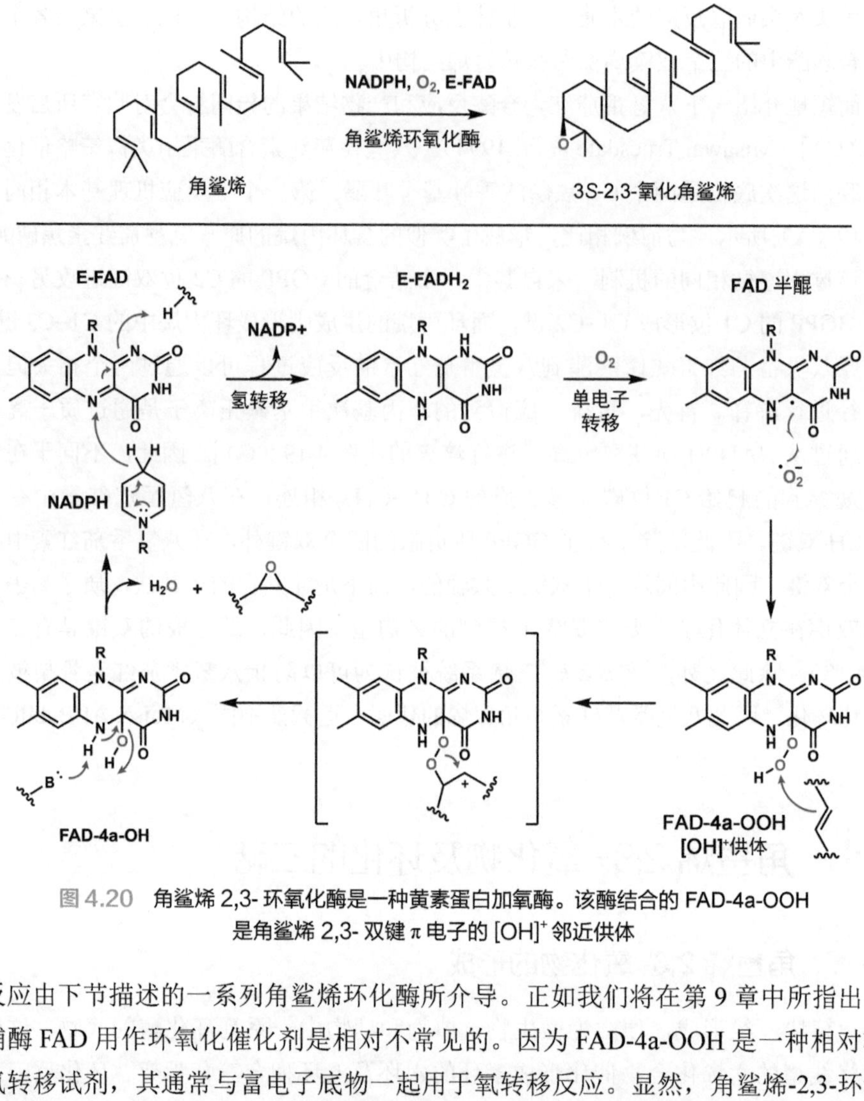

角鲨烯

NADPH, O₂, E-FAD

角鲨烯环氧化酶

3S-2,3-氧化角鲨烯

E-FAD

NADP+

氢转移

E-FADH₂

O₂

单电子
转移

FAD 半醌

NADPH

·O₂⁻

H₂O +

FAD-4a-OH

B:

FAD-4a-OOH
[OH]⁺供体

图 4.20　角鲨烯 2,3- 环氧化酶是一种黄素蛋白加氧酶。该酶结合的 FAD-4a-OOH
是角鲨烯 2,3- 双键 π 电子的 [OH]⁺ 邻近供体

联反应由下节描述的一系列角鲨烯环化酶所介导。正如我们将在第 9 章中所指出，黄素辅酶 FAD 用作环氧化催化剂是相对不常见的。因为 FAD-4a-OOH 是一种相对较弱的氧转移试剂，其通常与富电子底物一起用于氧转移反应。显然，角鲨烯-2,3-环氧化酶活性位点上的 2,3-双键作为亲核试剂具有足够的活性来引发氧转移反应。

4.8.2　角鲨烯环化酶：由角鲨烯生成何帕烯骨架

线型的 C_{30} 六烯化合物角鲨烯是数百至数千个具有三环至五环稠合环骨架化合物的前体，其中在动物细胞中，其默认骨架为四环的甾醇核（图 4.21）。另一方面，在高等植物中，β-香树脂素（β-amyrin）是最丰富的产物类型。这两种骨架类型都来自 2,3-氧化角鲨烯的环化，这将在下一节中讨论。其次，角鲨烯可以通过自身的 2,3-双键的区域特异性质子化实现环化。该路径就是细菌中何帕烯和何帕醇的形成途径（Siedenburg and Jendrossek 2011）。如图 4.21 的顶部所示，角鲨烯自身环化后得到的

C_{22} 五环碳正离子可以通过失去质子形成末端双键的方式进行淬灭，从而得到何帕烯，或者通过加水淬灭以生成何帕醇。图 4.22（A）表明，在角鲨烯 - 何帕烯环化酶活性位点结合的角鲨烯的构象异构体可能处于全部"前椅式"构象（Wendt 2005）。

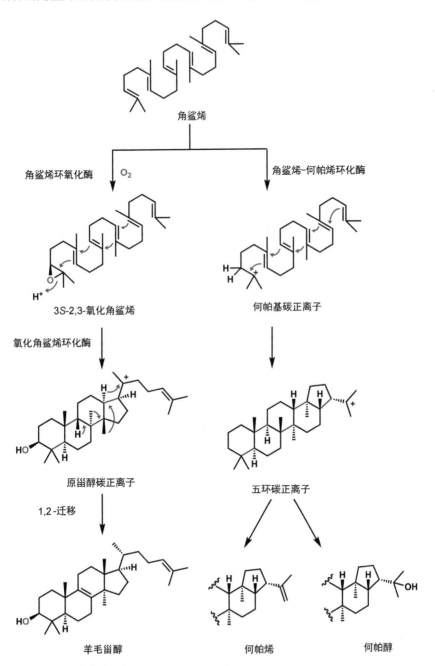

图 4.21　角鲨烯环化。2,3-氧化物转化为原甾醇碳正离子，进一步形成羊毛甾醇。角鲨烯本身可以通过五环碳正离子进行质子辅助的环化，在细菌中生成三萜化合物何帕烯（hopene）和何帕醇（hopanol）

角鲨烯 – 何帕烯环化酶在布朗斯特酸催化反应中充当质子酶

我们注意到，在大量萜类化合物骨架的酶促组装中，最常见的方式是引发形成烯丙基碳正离子，然后通过一系列碳正离子重排反应形成不同的或重排的骨架。有机碳正离子代谢流通常经由下列三种途径之一被终止：脱去相邻的质子生成双键；加水形成醇；碳键的迁移（例如在环丙烷形成中）。

Hauer 及其同事（Hammer, Marjanovic *et al.* 2015）最近指出，角鲨烯 - 何帕烯合酶是一种独特的酶，其催化 C–C 键形成的串联反应。该酶通过使角鲨烯中的 2,3-双键质子化来形成四环和五环三萜产物的骨架。这是一种非同寻常的引起电荷缺失的质子化反应，从而引发环化串联反应。他们提到，除了侧链天冬氨酸的羧酸作为早期的质子供体以外，底物和活性位点都是疏水的。天冬氨酸 -*β*-COOH 对所结合的角鲨烯底物的正确识别是向角鲨烯六个双键中特定双键的特定平面发生有效且专一的质子化反应的关键。

他们利用角鲨烯合酶的结构来产生突变体，该突变体将成为布朗斯特酸更通用的催化剂。将图 4.25 中描述的残基进行定向诱变可改变底物通道。通过比较单突变体表明，F365C 将香叶醇环化为环香叶醇，但 Y420W 可以更好地催化 *S*-6,7-环氧香叶醇的环化反应。作者指出，作为亲电反应的起始步骤，向香叶醇的双键提供质子的过程是针对 π 电子（图 4.V1），而环氧化物是通过氧上的孤对电子进

将角鲨烯–何帕烯合酶转变为质子化酶用于布朗斯特酸催化反应

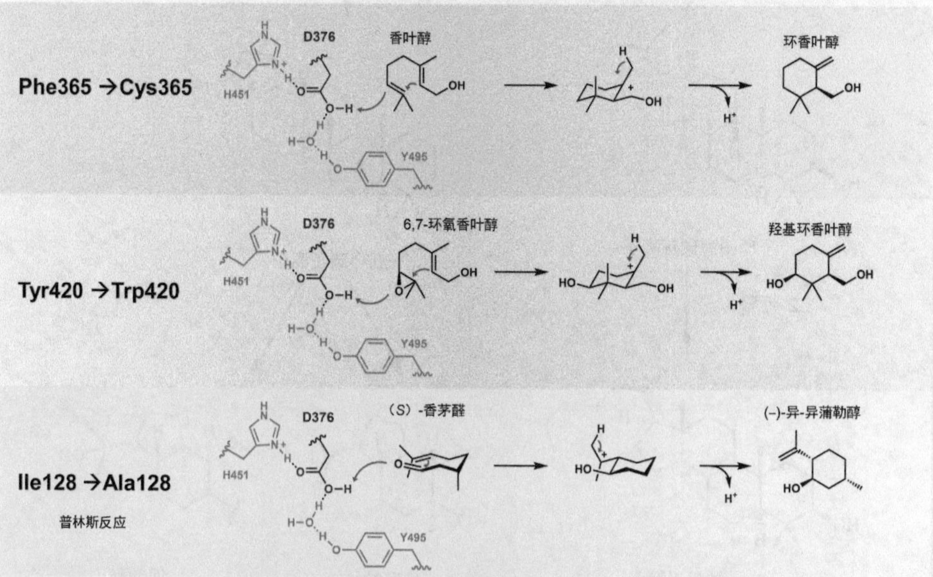

图 4.V1　将角鲨烯 - 何帕烯合酶转变为质子化酶用于布朗斯特酸催化反应

数据来自：Hammer, S. C., A.Marjanovic, J. M. Dominicus, B. M.Nestl and B. Hauer (2015). "Squalene hopene cyclases are protonases for stereoselective Brønsted acid catalysis". *Nat. Chem. Biol.* **11**: 121-126.

行质子化，这种差异可能是突变的活性位点导致的。角鲨烯合酶的一个单突变体 I126A 在香茅醛（citronellal）上进行区域和立体特异性的普林斯（Prins）反应产生 (−)-异-异蒲勒醇 [(−)iso-isopulegol]。手性微环境的产生使质子可以区域和立体特异性地转移到一系列双键、环氧化物以及羰基底物上，这使角鲨烯-何帕烯环化酶家族的质子化催化剂值得进一步探索并研究其催化范围的演变。

4.8.3 由氧化角鲨烯转化为羊毛甾醇、环阿乔醇、β-香树脂素

当以角鲨烯 -2,3- 环氧化物为底物时（参见下一部分），羊毛甾醇合酶的环化方式会有所不同，并产生图 4.22（A）中所示的原甾醇碳正离子（protosterol cation）。图 4.22 表明，结合在氧化角鲨烯 - 羊毛甾醇合酶中的无环氧化角鲨烯构象异构体折叠成前椅-船-椅构象，而不是何帕烯环化酶活性位点中的全椅式构象异构体。与何帕烯环化酶相反，该酶在 C22 位前体碳正离子被淬灭之前不会发生氢或甲基的迁移反应，羊毛甾醇合酶中的 C20 位原甾醇碳正离子在失去质子引发淬灭并引入 C11–C12 双键之前，经历了一系列这样的迁移反应。重排反应的发生可能是改变能量表面来允许酶活性点中的原甾醇碳正离子长时间存在和 / 或缺乏适当位置的酸来传递淬灭质子的综合结果。

类似的，在植物笋瓜（*Cucurbita maxima*）来源的环阿乔醇（cycloartenol）的形成过程中，至淬灭之前也发生相同的 1,2 重排反应。在环阿乔醇合酶中，C19 位角甲基失去一个质子，使得所产生的 C19 位碳负离子攻击 C9 位碳正离子，形成环丙烷环（图 4.23），这是我们先前在菊酸和原角鲨烯焦磷酸酯形成过程中所介绍的反应历程。原甾醇碳正离子不同的淬灭途径表明，不同的合酶针对中间体和新产物的碳正离子重

(A) 角鲨烯-何帕烯环化酶(全前椅式构象)

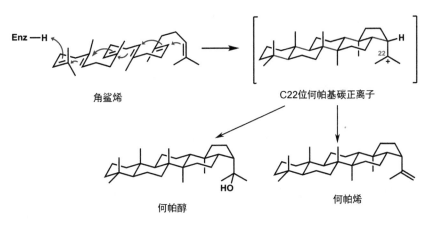

图 4.22

(B) 氧化角鲨烯环化酶(前椅式-船式-椅式构象)

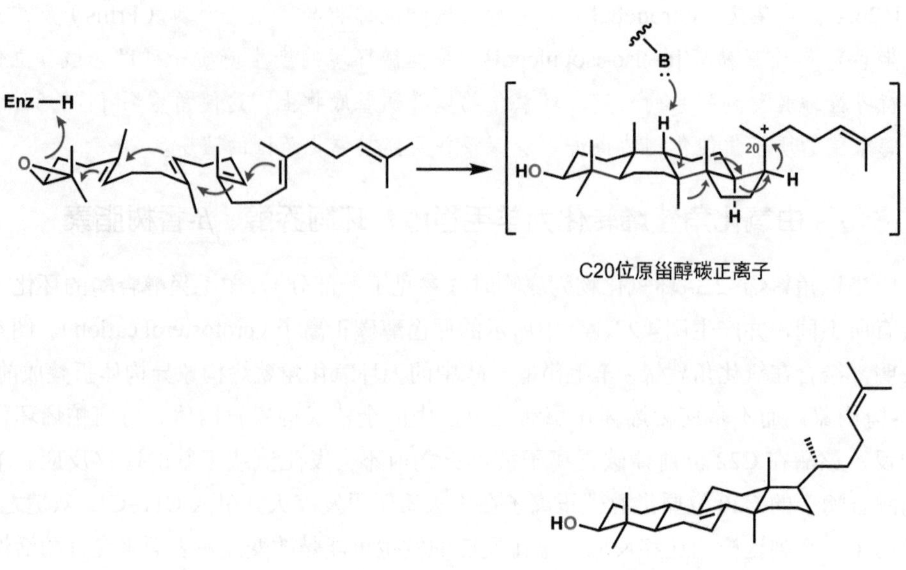

C20位原甾醇碳正离子

羊毛甾醇

图 4.22 椅式构象和船式构象用于解释羊毛甾醇和何帕烯的骨架形成过程

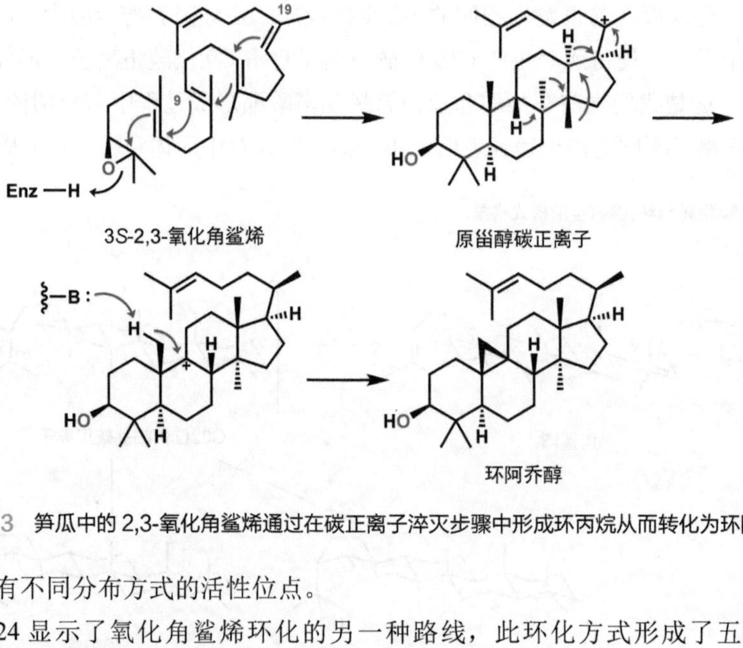

3*S*-2,3-氧化角鲨烯

原甾醇碳正离子

环阿乔醇

图 4.23 笋瓜中的 2,3-氧化角鲨烯通过在碳正离子淬灭步骤中形成环丙烷从而转化为环阿乔醇

排方式具有不同分布方式的活性位点。

图 4.24 显示了氧化角鲨烯环化的另一种路线，此环化方式形成了五环骨架的 *β*-香树脂素。这是许多高等植物中最为丰富的环状三萜（Thimmappa, Geisler *et al.* 2014）。其推测的机理被描述为一个逐步的反应过程，而不是单一的过渡态形式，以

用于展示碳正离子的形成顺序，这些碳正离子以在其他三萜中观察到的烷烃骨架命名。所释放的主产物 β-香树脂素中的 6-6-6-6-6 五元稠合环系骨架的形成途径涉及达玛烷碳正离子、羽扇豆烷碳正离子和齐墩果烷碳正离子。植物三萜通常发现于叶子上的蜡质层中，可能起信号分子的作用，如油菜素甾醇（Vert, Nemhauser et al. 2005），后者转化为糖苷后，可以起到防御害虫和植物病原体的作用。

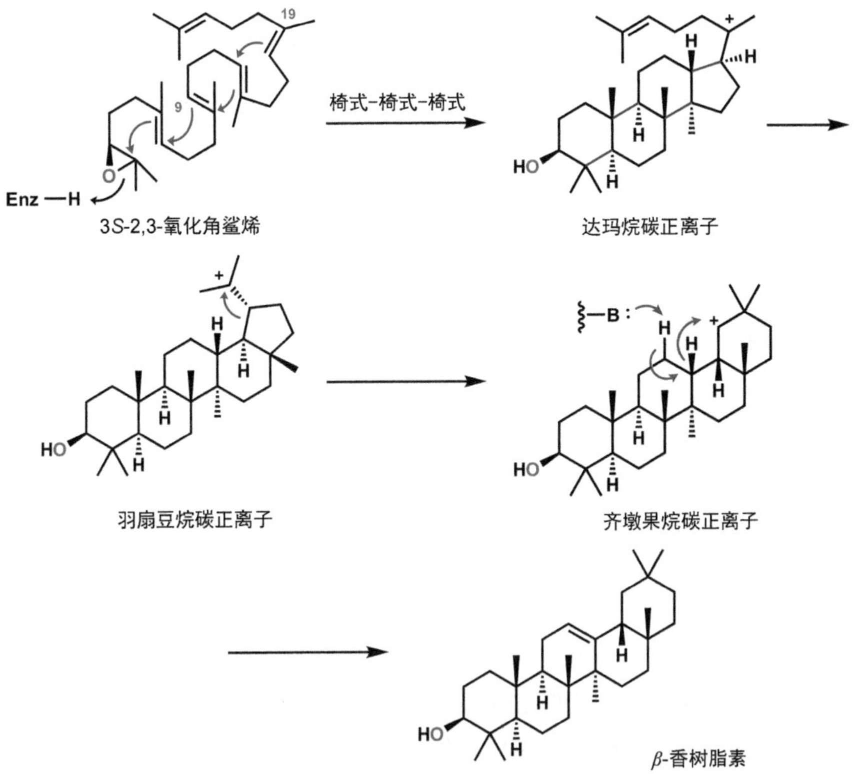

图 4.24　2,3-氧化角鲨烯经碳正离子重排生成 6-6-6-6-6 五环骨架的 β-香树脂素（高等植物中含量最高的甾醇）

4.8.4　结构生物学研究

几种不同来源的角鲨烯-何帕烯环化酶和 2,3-氧化角鲨烯环化酶的单晶或是与抑制剂复合的共晶结构已经通过 X 射线衍射实验确定。图 4.25 显示了在何帕烯环化酶中所结合底物的特定分子构象周围的活性位点区域（Hoshino and Sato 2002），这些活性位点中特定的氨基酸残基具有引发质子化、稳定碳正离子、控制立体化学和底物结合方向的功能。图 4.26 比较了相同的配体 RO 48-8071（来自罗氏公司的抗胆固醇药物）在细菌何帕烯环化酶（Lenhart, Weihofen et al. 2002）和人羊毛甾醇合酶中的位置和方向，后者使用 2,3-氧化角鲨烯作为天然底物（Thoma, Schulz-Gasch et al. 2004）。

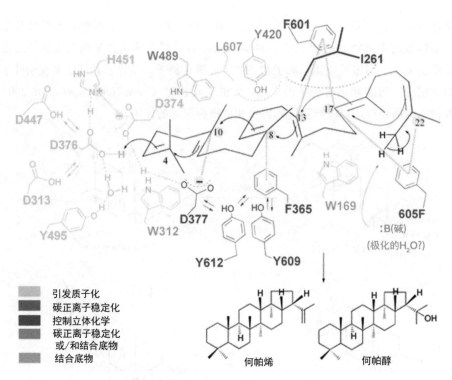

图 4.25 酸热脂环酸杆菌（*Alicyclobacillus acidocaldarius*）的角鲨烯 -
何帕烯环化酶中可能起到催化作用的活性位点

英国皇家化学学会授权引自：Hoshino, T. and T. Sato (2002). "Squalene-hopene cyclase:
catalytic mechanism and substrate recognition". *Chem. Commun.* 291-301.

图例：引发质子化、碳正离子稳定化、控制立体化学、碳正离子稳定化或/和结合底物、结合底物

何帕烯　　何帕醇

蛋白结构可以指导突变策略，用以确认 / 实现一些推测的氨基酸残基功能以及分析一系列部分环化的不同产物的形成（图 4.27）。如图所示，针对涉及底物结合、立体化学控制或中间体碳正离子结合 / 稳定的酶氨基酸侧链的位点突变产生了大量的部分环化产物。这些不同的产物反过来帮助建立野生型和突变型角鲨烯 - 何帕烯环化酶的反应途径。这些数据以及接下来将要讨论的数据还显示了在这些三萜环化酶中碳正离子介导的产物生成过程中的微调和平衡。

4.8.5　氧化角鲨烯环化酶的杂泛性：氧化环化酶有多大能力去引导代谢流至特定的反应路径？

图 4.24 中提出的将 2,3-氧化角鲨烯转化为五环骨架的 β-香树脂素的反应机理表明还存在多种碳正离子可以形成其他植物中已知的不同类型的三萜化合物，包括达玛烯、羽扇豆烯和齐墩果烯结构类型。该现象指出了一个问题，即三萜环化酶 / 氧化环化酶家族在将反应代谢流控制在单一途径并阻止不同类型的碳正离子脱离反应过程的效率如何。图 4.27 中角鲨烯 - 何帕烯环化酶的突变数据表明，中间体可以从失活的酶

中脱离原本的反应途径。

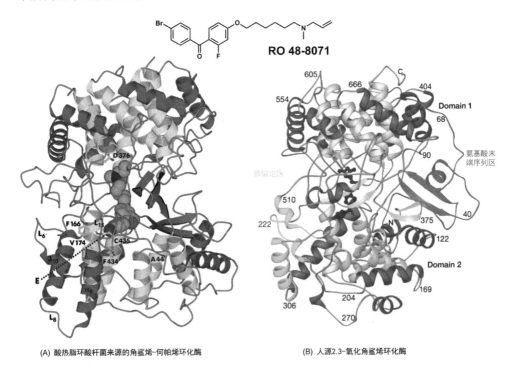

RO 48-8071

(A) 酸热脂环酸杆菌来源的角鲨烯-何帕烯环化酶

(B) 人源2.3-氧化角鲨烯环化酶

图4.26 结合相同小分子配体 RO 48-8071 的酸热脂环酸杆菌来源的角鲨烯 -
何帕烯环化酶和人源 2,3- 氧化角鲨烯环化酶（羊毛甾醇形式）的结构

（A）版权（2002），细胞出版社，经爱思尔授权引自：Lenhart A., W. A. Weihofen,
A. E. W. Pleschke and G. E. Schulz, "Crystal structure of a squalene cyclase in complex
with the potential anticholesteremic drug Ro48-8071", *Chem. & Biol.* **9**: 639-645,

（B）版权（2004），经麦克米伦出版有限公司授权引自：Thoma, R., T. Schulz-Gasch, B. D'Arcy,
J. Benz, J. Aebi, H. Dehmlow, M. Henning, M. Stihle and A. Ruf (2004). "Insight into steroid
scaffold formation from the structure of human oxidosqualene cyclase". *Nature* **432**: 118-122.

从本质上讲，这是对酶的杂泛性的一种考察。前文描述 C_{10} 单萜（图4.11~图4.13）
和 C_{15} 倍半萜（图4.14 和图4.15）的内容中曾提到，在某些情况下基本上可以形成所
有可能的产物组合。那么三萜合酶又将如何发挥作用？

实际上，在一些研究中有副产物生成的报道，但针对来自拟南芥（*Arabidopsis
thaliana*）的巴查烷合酶的定量分析可能是研究最多的。如图 4.28 所示，终产物巴查
烷的产生过程涉及 7 种碳正离子的形成（Lodeiro, Xiong *et al.* 2007）。该产物占终产物
的 89.7%，剩余 11.3% 的产物包括超过 22 种副产物，含量从 2.7% 到 0.02%。图 4.28
仅显示了两种最主要的副产物，即 columbiol 和 sasanqual，以及它们如何源自途径中
特定的碳正离子中间体。原始文献中有一个更为完整的反应路线，其中 A 环到 E 环
五个环中存在 14 种不同的碳正离子中间体，并衍生了所示的 23 种三萜产物（此处提
出了一个问题，即环化如何进行协调，以及是否存在多个碳正离子过渡态）。

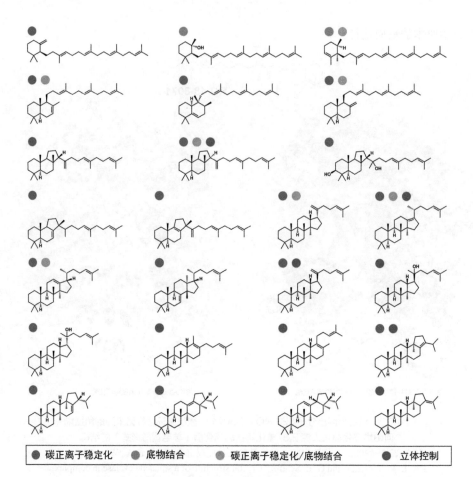

图 4.27　酸热脂环酸杆菌来源的角鲨烯 - 何帕烯环化酶中基于结构的突变导致完整的
串联环化被破坏,并生成一系列部分环化的产物(颜色标注参考图 4.25)
经英国皇家化学会授权引自: Hoshino, T. and T. Sato (2002). "Squalene-hopene cyclase:
catalytic mechanism and substrate recognition". *Chem. Commun.* 291-301.

3S-2,3-氧化角鲨烯

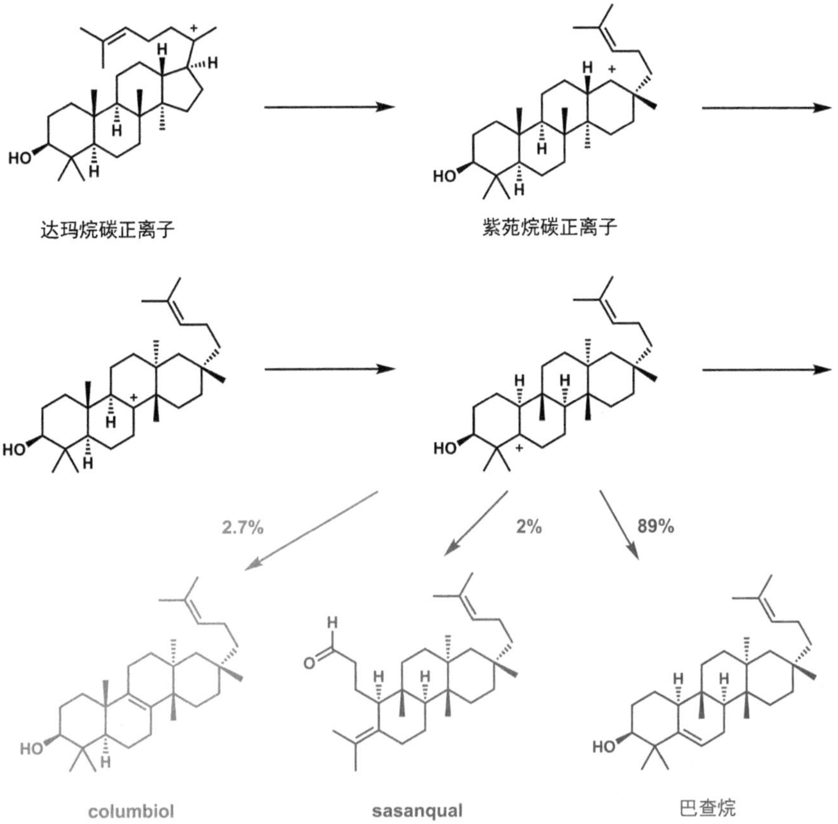

图 4.28 拟南芥中巴查烷合酶催化巴查烷形成（代谢流的 89%）的同时伴有一系列副产物的产生。据推测，在拟南芥巴查烷合酶中有 14 种碳正离子，此处显示了其中的 7 种，环化产物一共有 22 种

这一系列发现揭示了氧化角鲨烯环化酶催化反应类型的复杂性。副产物的产生可能表明该酶无法引导碳正离子重排沿着单一的途径进行，同时表明非预期的淬灭步骤可能对不同碳正离子的分步和串联形成产生干预。三萜环骨架的高可塑性反映了碳正离子相互转换所需的低能级以及在三环至五环结构中很容易发生氢、甲基以及碳碳单键的 1,2- 迁移。对巴查烷合酶中 14 种碳正离子的简单探索也可以启示我们异戊二烯类 / 萜类分子是如何变得如此丰富。

4.8.6 由羊毛甾醇生成胆固醇等：一系列加氧酶

从羊毛甾醇到胆固醇（脊椎动物代谢过程中的主要甾醇类化合物），必须经历五步独立的反应（图 4.29）。其中三步反应涉及经氧化除去 C4 位的两个甲基和 C14 位的一个甲基。这些氧化反应涉及细胞色素 P450 在一系列九步氧化反应中接续起作用。在 C14 位处，CYP51 催化甲基氧化成醇、醛、甲酸酯，最后催化其消除。在 C4 位处，每个甲基的反应历程是依次氧化为醇、醛、酸，最后以 CO_2 的形式除去。第四个反应是侧链双键末端饱和度的变化。最后一个反应是双键迁移至胆固醇B环桥头位置。总的来说，一共有19个独立的化学反应（图4.29所示）。由于胆固醇是初级代谢产物，而非次级代谢产物，尽管已有大量文献来验证所推测的途径，此处我们将不会花费更多时间用于解释它的形成。

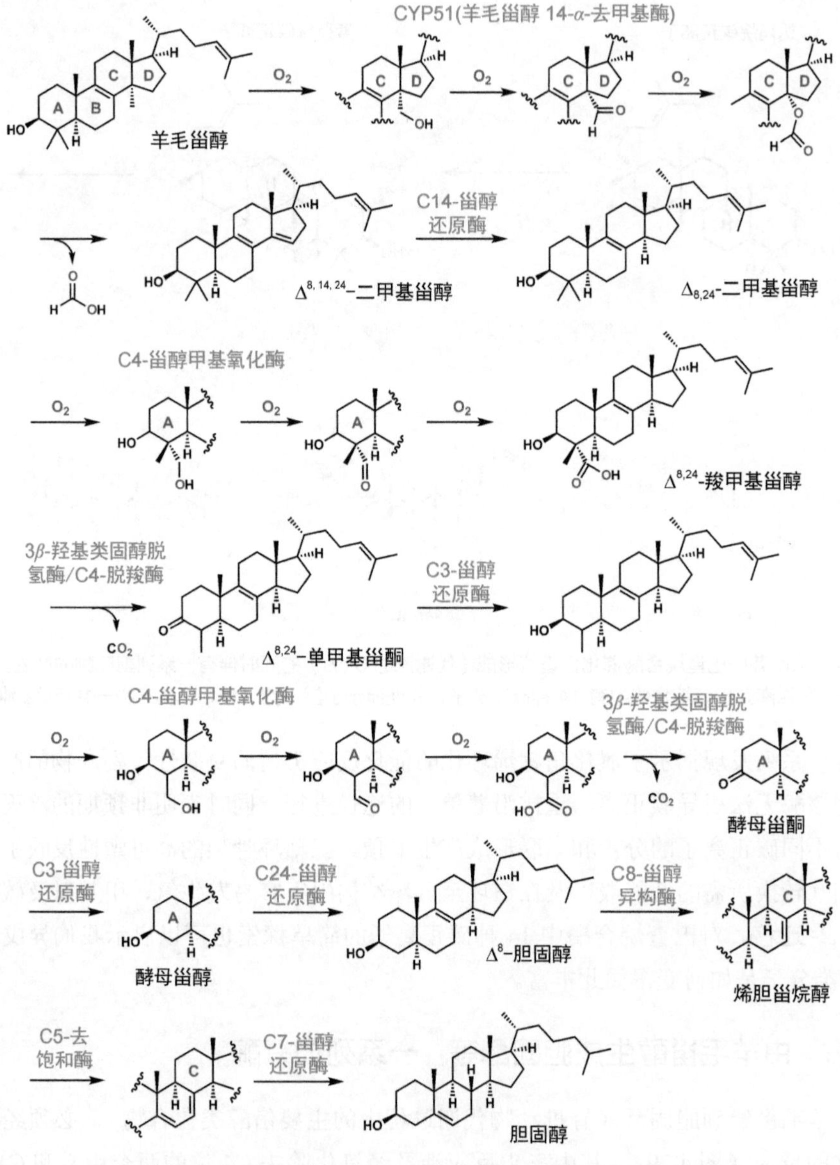

图4.29　羊毛甾醇转化为胆固醇的过程涉及19步酶催化反应。这些反应共消耗9分子O_2，包括三个C-甲基被转化为两个CO_2和一个甲酸盐副产物

同样研究较多的是由胆固醇后续转化为肾上腺素和性激素。同样一系列细胞色

素 P450 加氧酶对这些转换反应至关重要，包括胆固醇侧链裂解酶，C17,C20-裂解酶，以及在 A 环芳香化时将 C_{19} 雄激素转变为 C_{18} 雌激素的芳香化酶（图 4.30）。总体而言，从氧化角鲨烯环化酶释放的产物 C_{30} 羊毛甾醇向 C_{18} 雌激素的转化包括了四个甲基和八碳侧链的氧化消除反应。这是所有脊椎动物生物合成途径中使用频率最高的 P450。

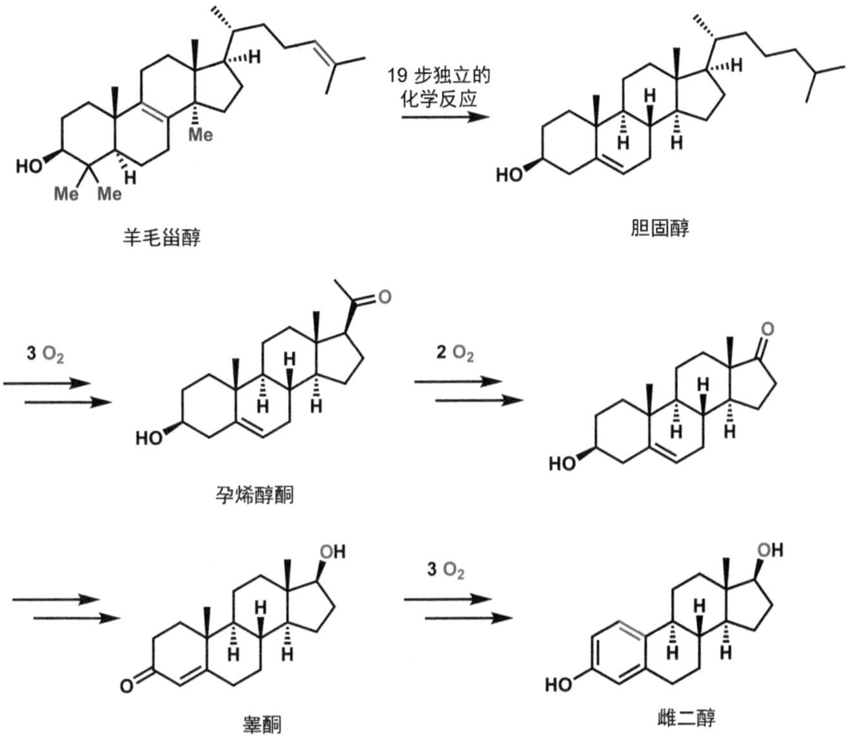

图 4.30　羊毛甾醇生成胆固醇再进一步生成雄激素和雌激素的过程中涉及从最初的羊毛甾醇骨架中分别氧化脱去 11 个和 12 个碳，将 C_{30} 羊毛甾醇分别转化为 C_{19} 睾酮和 C_{18} 雌激素

　　胆固醇骨架中另一个不同寻常的化学转化（随后还伴随着三次酶促氧化反应）是 7-去氢胆固醇转化为前维生素 D（图 4.31）。这是一个当紫外线被皮肤细胞中的 7-去氢胆固醇吸收时发生的非酶促反应。B 环的 6 个 π 电子旋转打开，从而形成前维生素

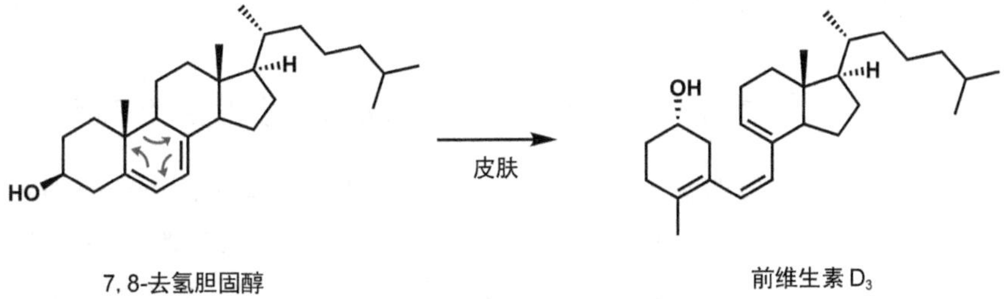

图 4.31

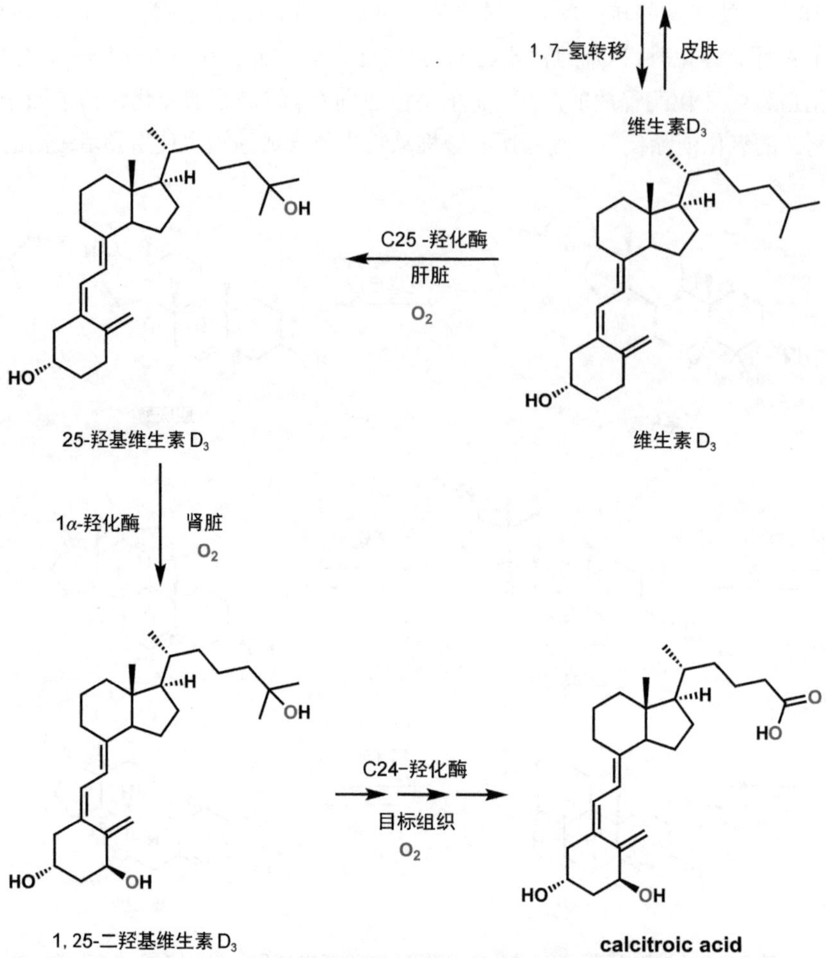

图 4.31 7,8- 去氢胆固醇转变为前维生素 D 的过程是一个光介导的非酶促开环反应。前维生素 D 在皮肤中自发重排转化为维生素 D_3。作为激素，维生素 D_3 的活化形式需要在 C1、C25 和 C24 处进行三次组织特异性的氧化反应，最终形成活性最高的 calcitroic acid

D 的三烯结构。随后发生另一个非酶促反应，即 1,7-氢移位形成维生素 D_3。虽然该分子已经是维生素形式，但它仍然是由三个组织特异性的细胞色素 P450 所催化形成的激素活化形式：calcitroic acid（1-α-羟基-23-羧基-24,25,26,27-降钙素 D）的生物学前体。

专题 4.2 渥曼青霉素是 PI-3- 激酶家族成员的共价抑制剂

绳状青霉菌（*Penicillium funicolosum*）可产生渥曼青霉素（wortmannin）（一种高度氧化的甾体类代谢产物），而相关的甾体呋喃类化合物绿胶霉素（viridin）是另一种含呋喃结构的真菌代谢产物（图 4.V2）。这两种代谢产物都是磷脂酰肌醇 3-

激酶（PI-3-K）同工酶和结构相关的激酶的抑制剂，包括抑制 mTor、polo 样激酶 -1，以及在高浓度下甚至可以抑制肌球蛋白轻链激酶和丝裂原活化蛋白激酶。尽管尚未完全确定其生物合成途径，但它们很可能是由四环三萜的氧化修饰而产生的。

　　由于渥曼青霉素是其靶激酶的共价抑制剂，因此受到了广泛的关注。在 ATP 位点进行初始的可逆结合后（图 4.V2），结合的渥曼青霉素上的呋喃环与酶活性位点中的赖氨酸 822 的 ε-NH$_2$ 进行迈克尔（Michael）加成反应（Walker, Pacold $et\ al.$ 2000）。所得的加合物乙烯基氨基甲酸酯是稳定的且不可逆地使催化性 p110 亚基失活。

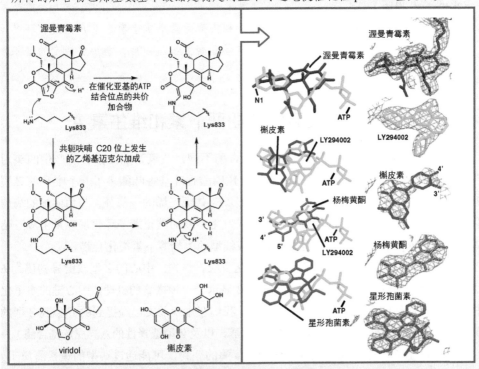

图 4.V2　渥曼青霉素抑制 PI-3 激酶的机制

晶体结构图片，版权（2000）细胞出版社，经爱思唯尔授权引自：E. H. Walker,
M. E. Pacold, O. Perisic, L. Stephens, P. T. Hawkins, M. P. Wymann and R. L. Williams.
"Structural Determinants of Phosphoinositide 3-Kinase Inhibition by Wortmannin,
LY294002, Quercetin, Myricetin, and Staurosporine", $Molecular\ Cell$, **6**: 909-919.

　　因为渥曼青霉素可以透过细胞膜，所以它一直是研究 PI3K 蛋白家族细胞生物学方面的有效工具。但是，渥曼青霉素并不稳定，有毒并且对亚型没有选择性。另一个天然产物，苯丙素类化合物槲皮素（第 7 章）是 ATP 的可逆拮抗剂，效力较低，但对不同同工酶的选择性更高（图 4.V2）。X 射线结构清楚地表明，当渥曼青霉素和槲皮素位于猪 PI-3-Kγ ATP 部位时，渥曼青霉素与酶的 Lys 侧链共价连接，而槲皮素保留完整的天然结构。这两种天然产物骨架都激发了极大的合成兴趣，以获得具有 PI-3-K 同工酶特异性或具有 PI3K 和 mTor 双重抑制剂的临床候选药物（Walker, Pacold *et al.* 2000）。

　　渥曼青霉素作为共价修饰其靶蛋白的半选择性亲电配体的特性不是呋喃甾体类天然产物的特例。许多其他天然产物骨架也包含潜在的亲电基团。其中之一是微囊藻毒素类化合物蓝细菌肽中的烯酮，它可以被蛋白酪氨酸磷酸酶中活性位点半胱氨酸硫醇侧链捕获。最近研究预估，大约六分之一的天然产物具有迈克尔受体官能团，这些官能团在与蛋白质组的共价相互作用中具有反应活性（Rodrigues, Reker *et al.* 2016）。

　　这其中，也许最著名的一类是青霉素和头孢菌素类抗生素。当 β-内酰胺环受到转肽酶（与细胞壁交联有关）活性位点丝氨酸侧链进攻后，会形成稳定的酰基酶的抑制剂（Walsh and Wencewicz 2016）。

4.9　由八氢番茄红素生成胡萝卜素和维生素 A

　　在图 4.18 中，我们注意到，与角鲨烯合酶不同，八氢番茄红素合酶产生的头对头 C_{40} 自烷基化产物比初始来源的一对 C_{20} 焦磷酸香叶基香叶酯多了一个唯一的 Z 型双键，该双键是释放的八氢番茄红素中的 *E,Z,E*- 共轭三烯的一部分。与角鲨烯的酶催化原理的第二个区别是，八氢番茄红素并未发生串联的碳正离子环化反应来生成三萜烯中普通的四环和五环骨架，而是被加工成线型的类胡萝卜素类化合物。

　　八氢番茄红素发生了两次酶介导的转化反应。首先，中心的 Z 型双键异构化为 E 型，产生全 E 型的线型九烯化合物。图 4.32 显示了一种推测的机理，中心键的质子化将生成可以旋转的烯丙基碳正离子，类似于我们在本章前文已经提到的 E 型到 Z 型的异构化反应（焦磷酸香叶酯到焦磷酸橙花叔醇，以及 Z 型选择性的八异戊烯基合酶）。

　　此时，全 E 型的八氢番茄红素作为黄素酶的底物，可能通过典型的黄素酶质子/氢去饱和酶机制引入另外四个双键（Schaub, Yu *et al.* 2012）。在没有电子受体的情况下，微生物来源的异构酶可以催化上述的 Z 型双键至 E 型双键的异构化反应。（人们认为植物有两种不同的蛋白质用作异构酶和去饱和酶。）该产物是番茄红素，其结构中的 13 个双键有 11 个是共轭的，从而使其具备红的颜色和紫外线防护能力。

　　在随后的反应中，番茄红素可以被环化酶识别，其分子两端的 9 个末端碳被转化为环己烯（Cunningham, Pogson *et al.* 1996; Moise, Al-Babili *et al.* 2014）。如图 4.33 所示，环化酶可再次利用这些聚烯来源的碳正离子。通过 H_a 或 H_b 的离去来淬灭碳正离子，生成 ε-或 β-二甲基环己烯环的异构体。如图所示，α-胡萝卜素的末端分别含一个 β-环己烯和一个 ε-环己烯，而 β-胡萝卜素的两端均为 β-环己烯。

　　而 β-胡萝卜素是 C_{20} 醛形式的维生素 A，即视黄醛的前体，其反应过程需要胡萝卜素双加氧酶的作用（图 4.34）。尽管膜相关加氧酶因纯化和表征困难，相关的机理

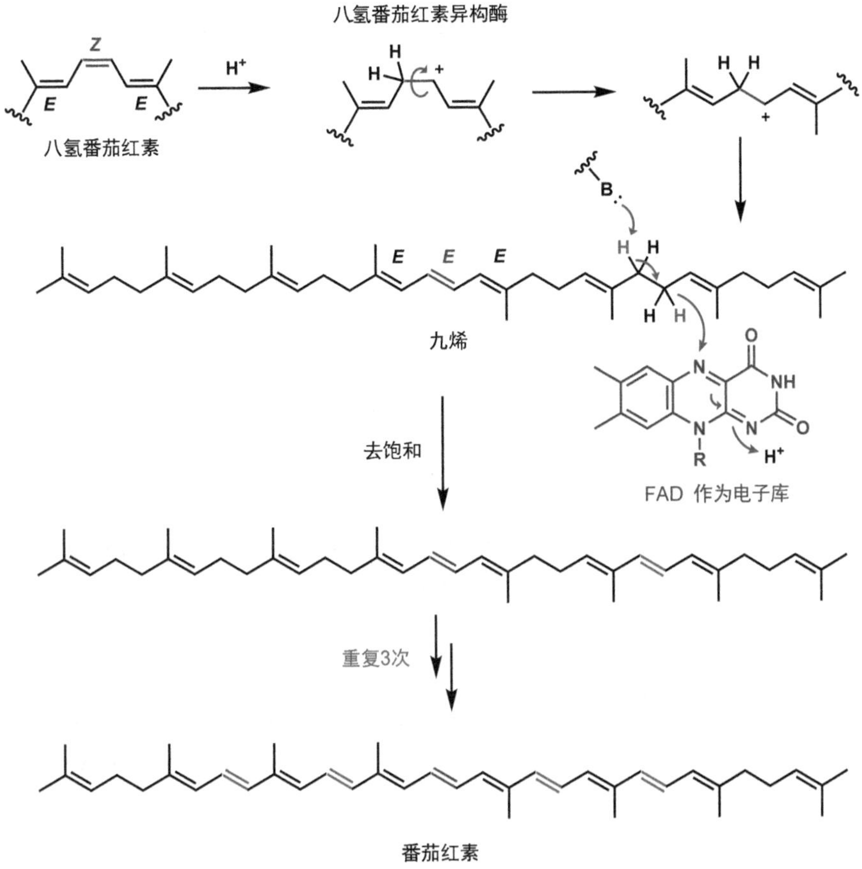

图 4.32 八氢番茄红素异构酶将中心 Z 型双键异构化为 E 型，从而产生全 E 型聚烯产物。黄素去饱和酶引入四个额外的双键从而生成类胡萝卜素类化合物番茄红素

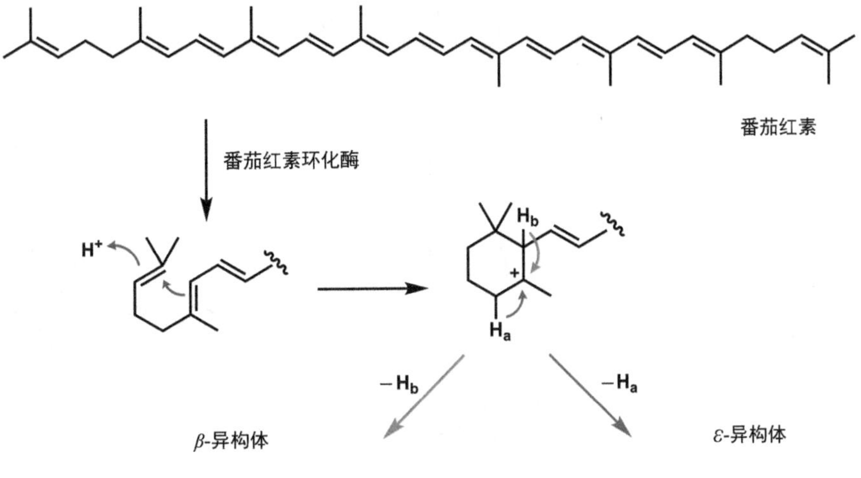

图 4.33

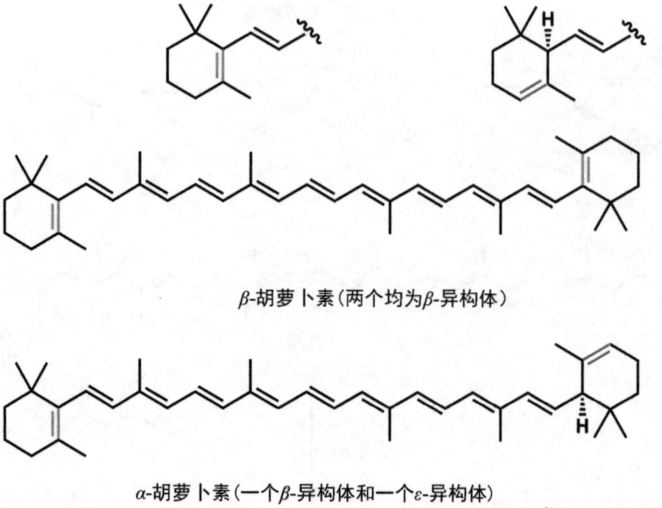

β-胡萝卜素（两个均为β-异构体）

α-胡萝卜素（一个β-异构体和一个ε-异构体）

图4.33　通过碳正离子机理形成末端环己烯环从而将番茄红素转化为α-胡萝卜素
　　　　　或β-胡萝卜素的酶催化过程

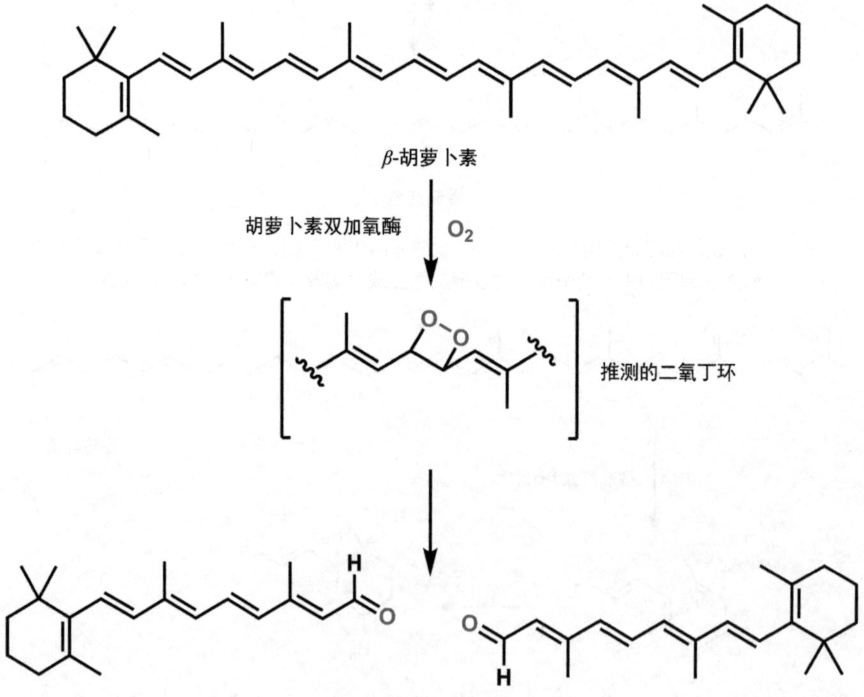

β-胡萝卜素

胡萝卜素双加氧酶　O₂

推测的二氧丁环

两分子维生素 A 醛
（全反式视黄醛）

图4.34　胡萝卜素双加氧酶将β-胡萝卜素对称性地氧化裂解为两分子的视黄醛
　　　　　（维生素 A 醛），后者是视紫红质色素中必不可少的生色团

研究受到限制，但有证据表明，成对的产物视黄醛中的醛基氧原子来源于相同的底物 O_2 分子，表明这是由双加氧酶催化的。与之对应的，这说明反应可能是通过二氧丁环进行的，该二氧丁环裂解从而形成两分子视黄醛（dela Sena, Narayanasamy *et al.* 2013; dela Sena, Riedl *et al.* 2014）。

自然界存在其他的胡萝卜素双加氧酶，其可以不对称地切割多烯底物。其中一种双加氧酶在 9′,10′- 键处不对称性裂解胡萝卜素，从而产生视网膜中的叶黄素类色素（Li, Vachali *et al.* 2014）。另一个不对称性双加氧酶在植物独脚金内酯（strigolactones）（最早在独脚金属植物中发现的植物激素）的形成中发挥作用，该化合物对根的发育以及与微生物的协同作用很重要。图 4.35 显示，在 β-胡萝卜素的多烯链中，是第二

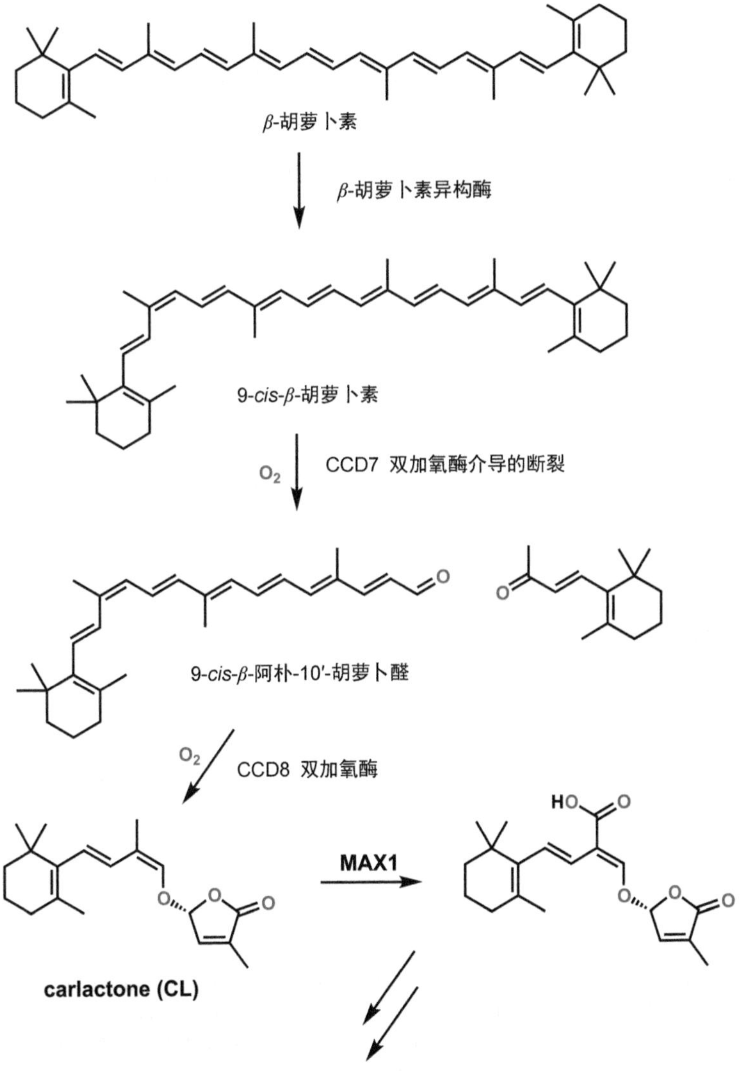

图 4.35

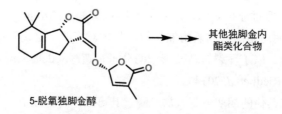

5-脱氧独脚金醇

其他独脚金内
酯类化合物

图 4.35　双加氧酶催化 β-胡萝卜素的不对称裂解会产生两个醛基片段，
其中一个是植物根激素独脚金内酯家族化合物的前体

个双键而非第五个双键的双氧裂解产生了一对醛。左臂的醛基通过进一步酶催化加工
成一组独脚金内酯激素（Alder, Jamil *et al*. 2012; Al-Babili and Bouwmeester 2015）。

专题 4.3　基因工程和黄金大米

　　世界上有很大一部分人口都以大米为主要热量来源。由于水稻缺乏功能性的
八氢番茄红素合酶和八氢番茄红素去饱和酶基因及其编码的蛋白质，因此这些人
群中有许多人都严重缺乏维生素 A（图 4.V3），而维生素 A 是通过从饮食中获取
的八氢番茄红素产生的。基因工程育种的水稻已经实现，该水稻具有八氢番茄红

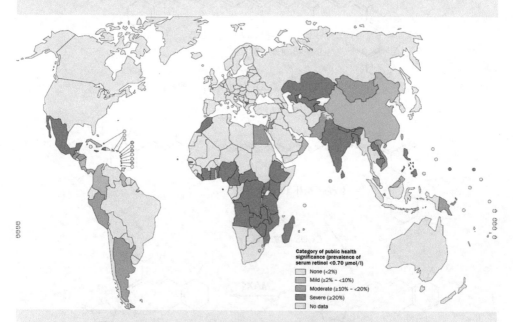

图 4.V3　学龄前儿童维生素 A 缺乏症的全球患病率

图片版权（2009）世界卫生组织，经授权引自：http://www.who.int/vmnis/vitamina/prevalence/vita_
fig2a.pdf. Map 2a: Biochemical vitamin A deficiency (retinol): Preschool-age children Biochemical vitamin
A deficiency (retinol) as a public health problem 1995-2005: Countries and areas with survey data - http://
www.who.int/vmnis/database/vitamina/status/en/.

素合酶和八氢番茄红素去饱和酶的基因，因此可以纠正维生素 A 缺乏症，目前已经开发出黄金大米（图 4.V4）。一方面，这减轻了严重的维生素缺乏症和随之而来的视觉病症；但另一方面，它引起了转基因食品的关注和争议（其中一些如图 4.V4 所示）。黄金大米问题只是转基因作物和种子中的几个问题之一。尽管最近发布了美国国家科学院的报告（美国国家科学院，2016 年），得出的结论是转基因作物没有可检出的危害，但这并未使针对食用性作物的转基因操作的批评意见感到满意。随着规律间隔成簇短回文重复序列（CRISPR/ CAS）技术的出现，通过该技术可以修饰任意的靶基因，而针对植物基因组的编辑研究将会加快，因此在安全性和食品改良方面取得共识将更为迫切。

图 4.V4　黄金大米和反对转基因者的争论
黄金大米的图片来自: International Rice Research Institute in the Philippines.
证书: CC-BY-2.0 (https://creativecommons.org/licenses/by/2.0/)

4.10　异戊二烯类与其他类天然产物之间的反应

鉴于 Δ^2- 异戊烯基焦磷酸（DMAPP，焦磷酸香叶酯，焦磷酸金合欢酯，焦磷酸香叶基香叶酯）在动力学上可形成 C1 位烷基碳正离子，它们作为亲电配体被用于与其他类型天然产物形成碳碳键或是骨架复杂化的酶促过程也就不足为奇了。对于容易形成碳负离子的天然产物而言，这种融合是极易发生的，因为与异戊二烯碳正离子形成碳碳键时碳负离子是必需的。这会让人立即想到聚酮化合物和吲哚类天然产物，因为聚酮化合物中的烯醇阴离子以及与碳负离子具有相当亲核性的吲哚环正是这些结构骨架的标志。这两种融合的示例将在下文说明。

4.10.1 贯叶金丝桃素是一种四异戊烯基化的聚酮

贯叶金丝桃素（hyperforin）（图4.36）已作为圣约翰草（St John's wort）来源的营养保健品出售。如第2章所述（图2.39），该聚酮化合物核心骨架的生物合成起始单元来自具有分支的 C_4 酰基辅酶A，三次链延伸的延伸单元为丙二酸单酰辅酶A。所释放的三酚化合物在与酚相邻的碳原子处被活化，利用其亲核性捕获亲电配体异戊二烯基团。然后，通过DMAPP的 C_5 单元进行两次烷基化，再通过 C_{10} 香叶酯单元进

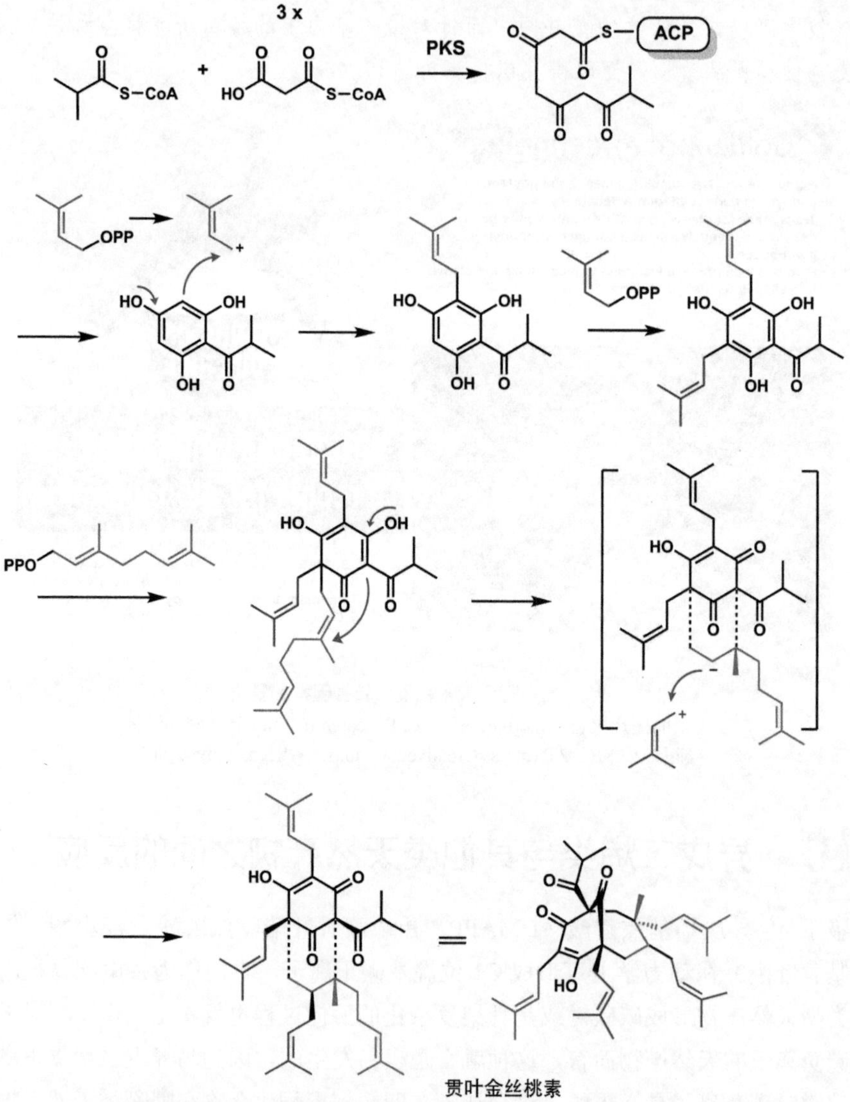

图4.36　贯叶金丝桃素是通过在聚酮化合物核心骨架中添加一个 C_{10} 香叶基单元和三个 C_5 二甲基烯丙基来生物合成的。这种四异戊烯基化的聚酮化合物是圣约翰草的三种活性成分之一

行烷基化，最后通过分子内进攻 C2 位双键形成更为紧凑的分子。第四次也是最后一次异戊烯基化来自第三个 Δ^2-IPP 单元，它仅通过两种类型的生物合成反应（PKS 装配线中的克莱森缩合反应以及 Δ^2- 异戊二烯配体的亲电烷基化反应）构建了一个非常复杂的最终骨架（Adam, Arigoni *et al.* 2002）。

4.10.2　四氢大麻酚

　　PKS 和异戊二烯类杂合的第二个例子出现于四氢大麻酚（tetrahydrocannabinol）的组装中（Sirikantaramas, Taura *et al.* 2005）。在该例中，从 PKS 装配线上释放的产物是二羟基戊基苯甲酸（图 4.37）。在与香叶基单元发生 *C*-烷基化反应之后，双键发生异构化（如本章前面的章节中所述），从而形成更接近环己烯基碳正离子的几何构型，最终双键被捕获形成四氢大麻酚中的三环系统。

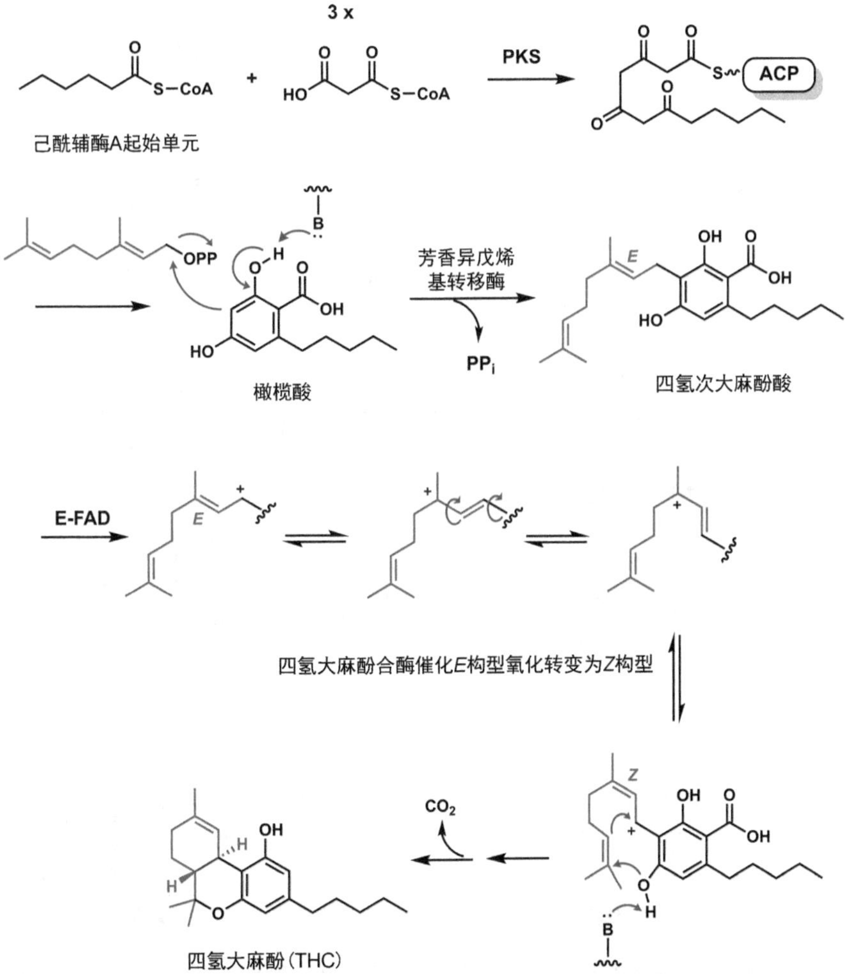

图 4.37　四氢大麻酚融合了来自焦磷酸香叶酯的 C_{10} 单元形成最终三环骨架中的两个环

4.10.3 蕈青霉素

蕈青霉素（paxilline）是一种吲哚二萜生物碱，其通过抑制电压和钙激活的钾离子通道对脊椎动物产生毒性。如图 4.38 所示，它是由色氨酸代谢前体吲哚-3-甘油磷酸酯和 C_{20} 二萜供体焦磷酸香叶基香叶酯组装而成（Saikia, Parker et al. 2007）。在 PaxC 的活性位点，吲哚-3-甘油磷酸酯会逆向羟醛化生成初级代谢产物 3- 磷酸甘油醛和游离吲哚（Tagami, Liu et al. 2013）。吲哚上的亲核 C3 可以进攻来自焦磷酸香叶基香叶酯的 C1 碳正离子，从而生成 3-香叶基香叶基-吲哚。接下来，该分子历经 PaxM 催

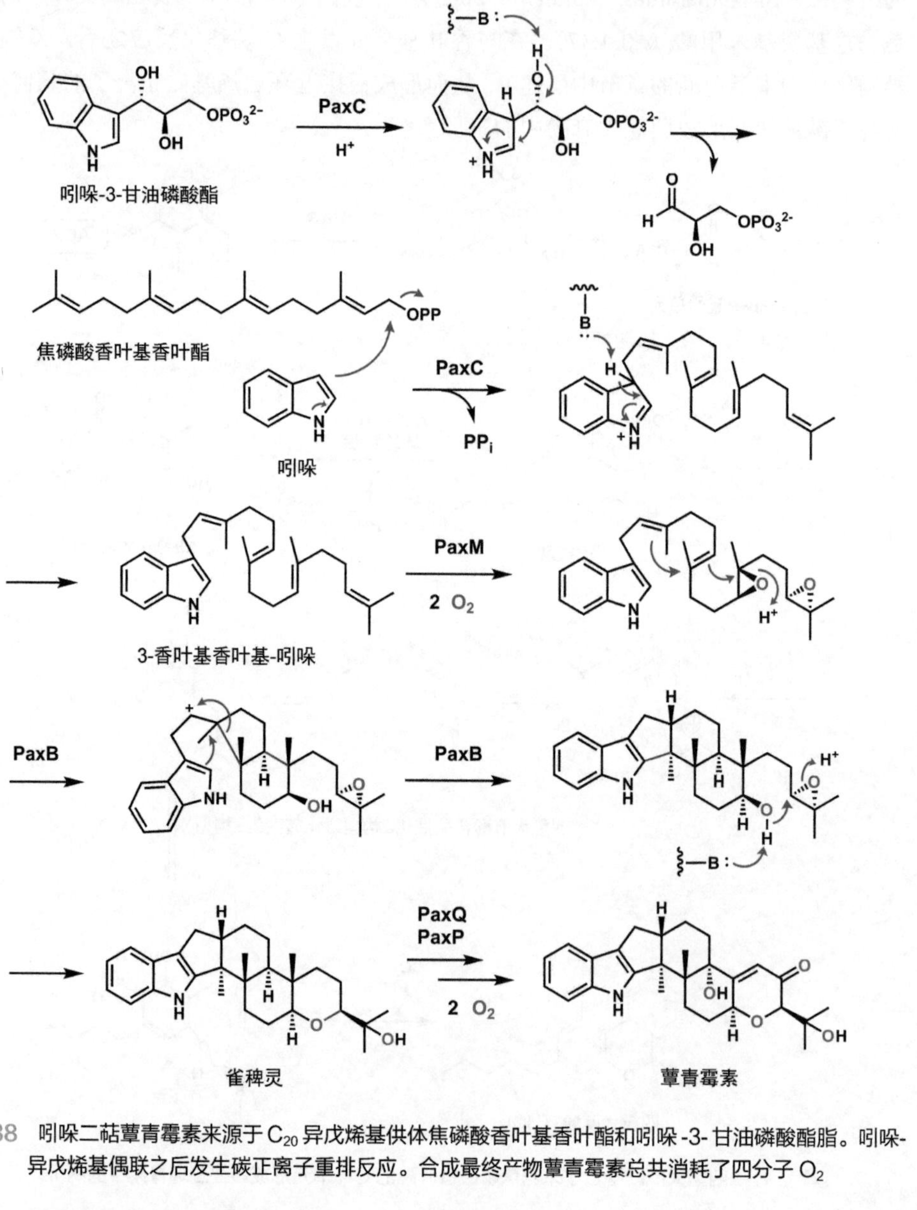

图 4.38 吲哚二萜蕈青霉素来源于 C_{20} 异戊烯基供体焦磷酸香叶基香叶酯和吲哚 -3- 甘油磷酸酯脂。吲哚-异戊烯基偶联之后发生碳正离子重排反应。合成最终产物蕈青霉素总共消耗了四分子 O_2

化的碳正离子介导的串联反应，然后由 PaxB 进行后修饰，以生成六环骨架的雀稗灵（paspaline）。其中，由香叶基香叶酯衍生的结构单元同时连接到吲哚核的C2和C3上。有人提出，香叶基香叶酯吲哚的 $C_{10}=C_{11}$ 在该过程中发生双键环氧化以符合电环化反应的要求。最后，PaxP 和 PaxQ 两个细胞色素 P450 分别催化了 3 次加氧反应，生成蕈青霉素的羰基和 13-OH。

因此，三种类型的酶促反应足以形成该离子通道毒素的六环骨架。其中一种酶促反应是吲哚的 C2 和 C3 均充当亲核试剂。C_{20} 异戊烯基单元充当 C1 位烯丙基碳正离子，然后通过典型的串联环化生成三环结构。最后，普遍存在的加氧酶开始发挥作用，首先产生一个氧化的 C_{20} 单元，从而开始串联环化反应，最后形成两个极性氧官能团（酮和醇）。

4.11 由焦磷酸香叶酯生成裂环马钱素：异胡豆苷及上千种生物碱的前体

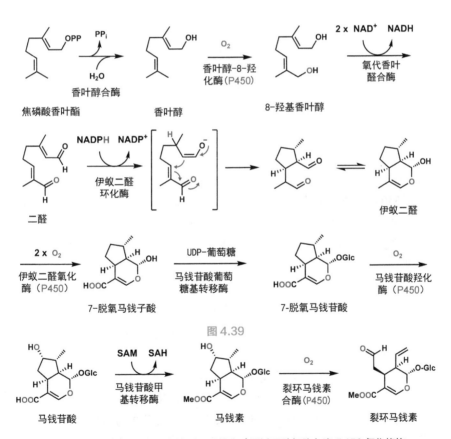

图 4.39

图 4.39 焦磷酸香叶酯转化为裂环马钱素（通过四种细胞色素 P450 氧化修饰香叶醇骨架所形成的吲哚单萜类的关键合成砌块）
葡萄糖充当乙缩醛的移动保护基

在接下来的章节中，将介绍生物碱和吲哚萜烯。焦磷酸香叶酯通过其水解产物香叶醇转化为马钱素和裂环马钱素的过程为数千种生物碱骨架提供了关键的异戊二烯衍生片段，这也将是通往这些骨架结构的桥梁分子。该途径因使用了四个连续的加氧酶而著称：氧化反应将这些碳氢化合物转变成为高度氧化的水溶性物质。

图 4.39 总结了香叶醇转化为裂环马钱素途径中的九步反应。首先，将香叶醇转化为 C_{10} 二醛，随后将其还原环化为伊蚁二醛（iridodial）。然后将其氧化成醇、醛（生成高度活泼的三醛），后者可以环化成 5,6- 双环半缩醛。后修饰中除了进一步的羟化反应之外，最值得注意的是通过 UDP- 葡萄糖进行酶催化的糖基转移反应，使半缩醛发生糖基化。这样可以通过生成稳定的缩醛代替不稳定的半缩醛，从而使马钱素 / 裂环马钱素骨架在不合适的微环境中免于被解离。在第 5 章的生物碱生物合成中，将介绍随后发生的酶催化的糖基离去，因为糖苷已达到其保护性目的。该途径的最后一步是通过氧介导的裂解，由第四个细胞色素 P450 将马钱素转化为裂环马钱素。这是一个碳自由基反应，没有氧的结合，这将在加氧酶章节（第 9 章）中解释其机理。与起始香叶醇只含有一个氧原子相比，该裂环马钱素骨架含有五个氧原子。

专题 4.4　青蒿素和紫杉醇

鉴于迄今已有 5 万异戊二烯类 / 萜类分子被表征，因此很难单独列举具体的例子。然而，有两个分子在人类医学的两个领域产生了真正的影响，它们分别是抗疟天然产物青蒿素和卵巢癌治疗药物紫杉醇（图 4.V5）。

青蒿素是倍半萜（C_{15}）内酯类化合物，在其内酯骨架中具有惊人的内过氧键。该分子在中国被称为"青蒿素"，它反映了中草药的悠久历史，据说可以追溯到公元 340 年。青蒿素产自黄花蒿（*Artemisia annua*），是萜类化合物。青蒿素的生物合成途径中，中间体紫穗槐二烯（amorphadiene）的生物合成是众所周知的，但是涉及内酯和内过氧键形成的后修饰的确切时机或机理尚未被解析。在第 13 章中将讨论该主题。

青蒿素已成为治疗由恶性疟原虫引起的疟疾的一线药物，它可快速杀灭这些寄生虫。杀伤机制尚未完全阐明，但推测可能涉及青蒿素中内过氧键官能团与被感染细胞中血红素或其他铁源接触而产生自由基的过程（图 4.V5）。世卫组织的指导方针反对单药治疗，推荐将其与其他较早的合成抗疟药［例如甲氟喹（mefloquine）、阿莫地喹（amodiaquine）或本芴醇（lumefantrine）］组合使用，以减缓耐药性的产生。如上文关于阿维菌素的记载，2015 年诺贝尔生理学或医学奖的一半授予了阿维菌素的发现者 / 开发者，另一半授予屠呦呦博士，她的研究表明尽管青蒿素具有不稳定的内过氧键，但仍可以开发成抗疟药。

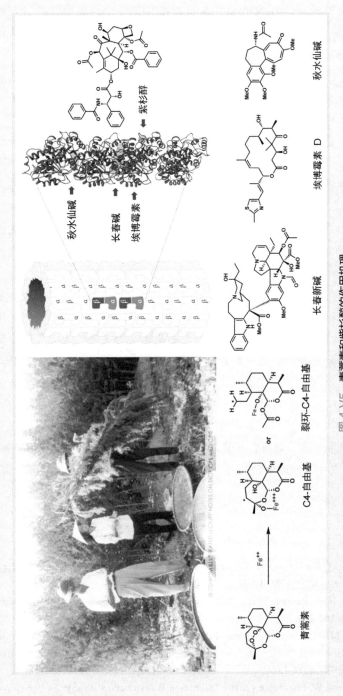

图 4.V5 菁蒿素和紫杉醇的作用机理

左图显示了黄花蒿叶子的收集过程（版权来自 CD-ROM Illustrated Lecture Notes on Tropical Medicine）；右图显示了微管的结构以及与各种抑制剂（包括紫杉醇）的结合位点

图片版权（2009）麦克米伦出版有限公司，经授权引自：*Nat. Chem.* (Sackett, D. L. and D. Sept. "Protein-protein interactions: making drug design second nature". *Nat. Chem.* **1**: 596-597)

紫杉醇和其他具有微管配体功能的天然产物

紫杉醇是一种二萜（C_{20}）化合物，最初是在 NCI 资助的植物筛选计划的支持下，于 1962 年从太平洋红豆杉的树皮中分离出来的。在进行了数年临床试验之后，在 1992 年被批准为抗癌药物，并在卵巢癌治疗中达到一线药物的地位。在红豆杉细胞系生产技术发明之前的几年中，临床上紫杉醇的供应一直是限制因素。发酵是在内生真菌雷斯青霉（*Penicillium raistrickii*）存在下进行的，由其他内生真菌生产紫杉醇的报道也有发表，但也引起了争议。

紫杉醇的靶标是微管蛋白，通过与 β-微管蛋白亚基的结合从而稳定微管以防止其解聚。通过该机制阻止细胞周期进程，使有丝分裂无法完成，随后细胞发生检查点诱导的细胞凋亡。如本章所述，从生物合成机制来看，焦磷酸香叶基香叶酯被环化成 6-8-6 三环骨架的紫杉二烯（一种 C_{20} 烃类化合物）。该中间体随后经历一组酶催化的加氧反应，在其骨架周围引入八个氧取代基。最后，刚引入的四个羟基经酶催化的酰化反应生成紫杉醇。紫杉醇是卵巢癌标准治疗方案的一线药物。

天然产物中也有其他以微管为目标的化合物，以稳定或去稳定微管为作用机制（图 4.V5）（Sackett and Sept 2009）。其中包括埃博霉素类（第 3 章），其具有一个 16 元的聚酮大环内酯核心结构和一个含甲基噻唑的侧链。埃博霉素结合位点与紫杉醇位点部分重叠，但是一些耐紫杉醇的突变体仍然对埃博霉素敏感。其他天然产物配体包括圆皮海绵内酯（discodermolide）（也与紫杉醇位点重叠）和秋水仙碱。秋水仙碱靶向图 4.V5 中所示的不同作用位点，并作为微管蛋白的去稳定剂。长春花生物碱长春碱和长春新碱（第 8 章）也是微管蛋白的去稳定剂并在临床上有效用作抗肿瘤药。最近，受聚醚类天然产物软海绵素 B（halichondrin B）启发而开发的艾瑞布林（eribulin）也被批准作为微管去稳定剂用于乳腺癌的治疗。

参考文献

Adam, P., D. Arigoni, A. Bacher and W. Eisenreich (2002). "Biosynthesis of hyperforin in Hypericum perforatum". *J. Med. Chem.* **45**(21): 4786-4793.

Al-Babili, S. and H. J. Bouwmeester (2015). "Strigolactones, a novel carotenoid-derived plant hormone". *Annu. Rev. Plant Biol.* **66**: 161-186.

Alder, A., M. Jamil, M. Marzorati, M. Bruno, M. Vermathen, P. Bigler, S. Ghisla, H. Bouwmeester, P. Beyer and S. Al-Babili (2012). "The path from beta-carotene to carlactone, a strigolactone-like plant hormone". *Science* **335**(6074): 1348-1351.

Bacher, A., F. Chen and W. Eisenreich (2016). "Decoding Biosynthetic Pathways in Plants by Pulse-Chase Strategies Using (13)CO(2) as a Universal Tracer dagger". *Metabolites* **6**(3): 21-45.

Blagg, B. S., M. B. Jarstfer, D. H. Rogers and C. D. Poulter (2002). "Recombinant squalene synthase.

A mechanism for the rearrangement of presqualene diphosphate to squalene". *J. Am. Chem. Soc.* **124**(30): 8846-8853.

Cane, D. E. (2006). "How to evolve a silk purse from a sow's ear". *Nat. Chem. Biol.* **2**(4): 179-180.

Chojnacki, T. and G. Dallner (1988). "The biological role of dolichol". *Biochem. J.* **251**(1): 1-9.

Christianson, D. W. (2008). "Unearthing the roots of the terpenome". *Curr. Opin. Chem. Biol.* **12**(2): 141-150.

Cunningham, F. X. Jr., B. Pogson, Z. Sun, K. A. McDonald, D. DellaPenna and E. Gantt (1996). "Functional analysis of the beta and epsilon lycopene cyclase enzymes of Arabidopsis reveals a mechanism for control of cyclic carotenoid formation". *Plant Cell* **8**(9): 1613-1626.

dela Sena, C., S. Narayanasamy, K. M. Riedl, R. W. Curley Jr., S. J. Schwartz and E. H. Harrison (2013). "Substrate specificity of purified recombinant human beta-carotene 15,150-oxygenase (BCO1)". *J. Biol. Chem.* **288**(52): 37094-37103.

dela Sena, C., K. M. Riedl, S. Narayanasamy, R. W. Curley Jr., S. J. Schwartz and E. H. Harrison (2014). "The human enzyme that converts dietary provitamin A carotenoids to vitamin A is a dioxygenase". *J. Biol. Chem.* **289**(19): 13661-13666.

Dewick, P. (2009). *Medicinal Natural Products, a Biosynthetic Approach.* UK, Wiley. Dickschat, J. S. (2016). "Bacterial terpene cyclases". *Nat. Prod. Rep.* **33**(1): 87-110.

Gao, Y., R. B. Honzatko and R. J. Peters (2012). "Terpenoid synthase structures: a so far incomplete view of complex catalysis". *Nat. Prod. Rep.* **29**(10): 1153-1175.

Guo, R. T., C. J. Kuo, C. C. Chou, T. P. Ko, H. L. Shr, P. H. Liang and A. H. Wang (2004). "Crystal structure of octaprenyl pyrophosphate synthase from hyperthermophilic Thermotoga maritima and mechanism of product chain length determination". *J Biol. Chem.* **279**(6): 4903-4912.

Hammer, S. C., A. Marjanovic, J. M. Dominicus, B. M. Nestl and B. Hauer (2015). "Squalene hopene cyclases are protonases for stereoselective Bronsted acid catalysis". *Nat. Chem. Biol.* **11**(2): 121-126.

Hoshino, T. and T. Sato (2002). "Squalene-hopene cyclase: catalytic mechanism and substrate recognition". *Chem. Commun.* **4**: 291-301.

Koksal, M., Y. Jin, R. M. Coates, R. Croteau and D. W. Christianson (2011). "Taxadiene synthase structure and evolution of modular architecture in terpene biosynthesis". *Nature* **469**(7328): 116-120.

Koksal, M., K. Potter, R. J. Peters and D. W. Christianson (2014). "1.55A-resolution structure of ent-copalyl diphosphate synthase and exploration of general acid function by site-directed mutagenesis". *Biochim. Biophys. Acta* **1840**(1): 184-190.

Laden, B. P., Y. Tang and T. D. Porter (2000). "Cloning, heterologous expression, and enzymological characterization of human squalene monooxygenase". *Arch. Biochem. Biophys.* **374**(2): 381-388.

Lenhart, A., W. A. Weihofen, A. E. Pleschke and G. E. Schulz (2002). "Crystal structure of a squalene cyclase in complex with the potential anticholesteremic drug Ro48-8071". *Chem. Biol.* **9**(5): 639-645.

Li, B., P. P. Vachali, A. Gorusupudi, Z. Shen, H. Sharifzadeh, B. M. Besch, K. Nelson, M. M. Horvath, J. M. Frederick, W. Baehr and P. S. Bernstein (2014). "Inactivity of human beta,beta-carotene-90,100-dioxygenase (BCO2) underlies retinal accumulation of the human macular carotenoid pigment". *Proc. Natl. Acad. Sci. U S A.* **111**(28): 10173-10178.

Little, D. B. and R. B. Croteau (2002). "Alteration of product formation by directed mutagenesis and truncation of the multiple-product sesquiterpene synthases delta-selinene synthase and gammahumulene synthase". *Arch. Biochem. Biophys.* **402**(1): 120-135.

Liu, W., X. Feng, Y. Zheng, C. H. Huang, C. Nakano, T. Hoshino, S. Bogue, T. P. Ko, C. C. Chen, Y. Cui, J. Li, I. Wang, S. T. Hsu, E. Oldfield and R. T. Guo (2014). "Structure, function and inhibition of ent-kaurene synthase from Bradyrhizobium japonicum". *Sci. Rep.* **4**: 6214.

Lodeiro, S., Q. Xiong, W. K. Wilson, M. D. Kolesnikova, C. S. Onak and S. P. Matsuda (2007). "An oxidosqualene cyclase makes numerous products by diverse mechanisms: a challenge to prevailing concepts of triterpene biosynthesis". *J. Am. Chem. Soc.* **129**(36): 11213-11222.

Miller, D. J. and R. K. Allemann (2012). "Sesquiterpene synthases: passive catalysts or active players?". *Nat. Prod. Rep.* **29**(1): 60-71.

Misawa, N., M. R. Truesdale, G. Sandmann, P. D. Fraser, C. Bird, W. Schuch and P. M. Bramley (1994). "Expression of a tomato cDNA coding for phytoene synthase in Escherichia coli, phytoene formation in vivo and in vitro, and functional analysis of the various truncated gene products". *J. Biochem.* **116**(5): 980-985.

Moise, A. R., S. Al-Babili and E. T. Wurtzel (2014). "Mechanistic aspects of carotenoid biosynthesis". *Chem. Rev.* **114**(1): 164-193.

Pichersky, E., J. P. Noel and N. Dudareva (2006). "Biosynthesis of plant volatiles: nature's diversity and ingenuity". *Science* **311**(5762): 808-811.

Quin, M. B., C. M. Flynn and C. Schmidt-Dannert (2014). "Traversing the fungal terpenome". *Nat. Prod. Rep.* **31**(10): 1449-1473.

Rodrigues, T., D. Reker, P. Schneider and G. Schneider (2016). "Counting on natural products for drug design". *Nat. Chem.* **8**:531-541.

Sackett, D. L. and D. Sept (2009). "Protein-protein interactions: making drug design second nature". *Nat. Chem.* **1**(8): 596-597.

Saikia, S., E. J. Parker, A. Koulman and B. Scott (2007). "Defining paxilline biosynthesis in Penicillium paxilli: functional characterization of two cytochrome P450 monooxygenases". *J. Biol. Chem.* **282**(23): 16829-16837.

Schaub, P., Q. Yu, S. Gemmecker, P. Poussin-Courmontagne, J. Mailliot, A. G. McEwen, S. Ghisla, S. Al-Babili, J. Cavarelli and P. Beyer (2012). "On the structure and function of the phytoene desaturase CRTI from Pantoea ananatis, a membrane-peripheral and FAD-dependent oxidase/isomerase". *PLoS One* **7**(6): e39550.

Siedenburg, G. and D. Jendrossek (2011). "Squalene-hopene cyclases". *Appl. Environ. Microbiol.* **77**(12): 3905-3915.

Sirikantaramas, S., F. Taura, Y. Tanaka, Y. Ishikawa, S. Morimoto and Y. Shoyama (2005). "Tetrahydrocannabinolic acid synthase, the enzyme controlling marijuana psychoactivity, is secreted into the storage cavity of the glandular trichomes". *Plant Cell Physiol.* **46**(9): 1578-1582.

Steele, C. L., J. Crock, J. Bohlmann and R. Croteau (1998). "Sesquiterpene synthases from grand fir (Abies grandis). Comparison of constitutive and wound-induced activities, and cDNA isolation, characterization, and bacterial expression of delta-selinene synthase and gamma-humulene synthase". *J. Biol. Chem.* **273**(4): 2078-2089.

Tagami, K., C. Liu, A. Minami, M. Noike, T. Isaka, S. Fueki, Y. Shichijo, H. Toshima, K. Gomi, T. Dairi and H. Oikawa (2013). "Reconstitution of biosynthetic machinery for indole-diterpene paxilline in Aspergillus oryzae". *J. Am. Chem. Soc.* **135**(4): 1260-1263.

Tansey, T. R. and I. Shechter (2001). "Squalene synthase: structure and regulation". *Prog. Nucleic Acid Res. Mol. Biol.* **65**: 157-195.

Tetzlaff, C. N., Z. You, D. E. Cane, S. Takamatsu, S. Omura and H. Ikeda (2006). "A gene cluster for biosynthesis of the sesquiterpenoid antibiotic pentalenolactone in Streptomyces avermitilis". *Biochemistry* **45**(19): 6179-6186.

The National Academies of Sciences (2016). Genetically Engineered Crops: Experiences and Prospects,

The National Academies Press.

Thimmappa, R., K. Geisler, T. Louveau, P. O'Maille and A. Osbourn (2014). "Triterpene biosynthesis in plants". *Annu. Rev. Plant Biol.* **65**: 225-257.

Thoma, R., T. Schulz-Gasch, B. D'Arcy, J. Benz, J. Aebi, H. Dehmlow, M. Hennig, M. Stihle and A. Ruf (2004). "Insight into steroid scaffold formation from the structure of human oxidosqualene cyclase". *Nature* **432**(7013): 118-122.

Ueberbacher, B. T., M. Hall and K. Faber (2012). "Electrophilic and nucleophilic enzymatic cascade reactions in biosynthesis". *Nat. Prod. Rep.* **29**(3): 337-350.

Vert, G., J. L. Nemhauser, N. Geldner, F. Hong and J. Chory (2005). "Molecular mechanisms of steroid hormone signaling in plants". *Annu. Rev. Cell Dev. Biol.* **21**: 177-201.

Walker, E. H., M. E. Pacold, O. Perisic, L. Stephens, P. T. Hawkins, M. P. Wymann and R. L. Williams (2000). "Structural determinants of phosphoinositide 3-kinase inhibition by wortmannin, LY294002, quercetin, myricetin, and staurosporine". *Mol. Cell.* **6**(4): 909-919.

Walsh, C. T. and T. Wencewicz (2016). Antibiotics Challeneges, Mechanisms, Opportunities. Washington DC, ASM Press.

Walsh, C. T. and T. A. Wencewicz (2013). "Flavoenzymes: versatile catalysts in biosynthetic pathways". *Nat. Prod. Rep.* **30**(1): 175-200.

Wendt, K. U. (2005). "Enzyme Mechanisms for Triterpene Cyclization: New Pieces of the Puzzle". *Angew. Chem., Int. Ed.* **44**: 3966-3971.

Yoshikuni, Y., T. E. Ferrin and J. D. Keasling (2006). "Designed divergent evolution of enzyme function". *Nature* **440**(7087): 1078-1082.

Zheng, W., F. Sun, M. Bartlam, X. Li, R. Li and Z. Rao (2007). "The crystal structure of human isopentenyl diphosphate isomerase at 1.7 A resolution reveals its catalytic mechanism in isoprenoid biosynthesis". *J. Mol. Biol.* **366**(5): 1447-1458.

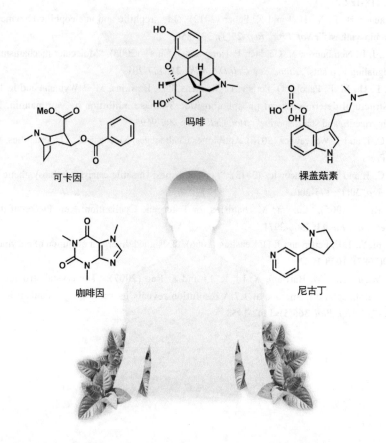

吗啡

可卡因

裸盖菇素

咖啡因

尼古丁

从植物中分离得到的具有神经活性的生物碱

第**5**章　生物碱

5.1　引言

生物碱是天然产物的重要组成部分。过去，它们仅通过通常嵌入杂环中的碱性氮来进行归类（Dewick 2009）。大多数生物碱（但不是全部）都可以通过两步萃取法而分离得到，其中游离碱形式通常可溶于有机溶剂。然后用酸水溶液可将铵盐萃取到水相中。碱化后可通过重新萃取到有机相中从而进一步将其从混合物中分离出来。含碱性氮的分子、生物碱或碱性化合物可在有机相和水相之间分配以进行选择性富集。

自1816年从鸦片中分离得到吗啡以来，已从2100多种植物中分离并鉴定出约27000种生物碱（Dewick 2009）。如图5.1所示，在接下来的十年内分离到了士的宁、黑胡椒中的胡椒碱、咖啡因、奎宁和毒芹碱，但它们的分子结构当时仍然是未知的。第一个确定的生物碱结构是毒芹碱，但这已是54年后的1870年（Hesse 2002）。

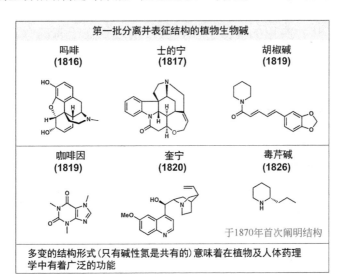

第一批分离并表征结构的植物生物碱

| 吗啡 (1816) | 士的宁 (1817) | 胡椒碱 (1819) |
| 咖啡因 (1819) | 奎宁 (1820) | 毒芹碱 (1826) 于1870年首次阐明结构 |

多变的结构形式（只有碱性氮是共有的）意味着在植物及人体药理学中有着广泛的功能

图5.1　生物碱是具有重要意义的植物天然产物分子。吗啡、士的宁、胡椒碱、咖啡因、奎宁和毒芹碱都是在19世纪早期的10年内分离出来的，尽管它们的分子结构在几十年后才被确定。目前已从约2100种植物中发现了27000多种生物碱

由于生物碱结构的多样性，使其在人体内具有非常广泛的药理活性，部分化合物列举于图 5.2 中。从具有抗疟作用的奎宁、抗癌作用的喜树碱和长春新碱、致幻作用的麦角酰二乙胺、镇痛作用的吗啡、抗哮喘作用的麻黄碱，到用作兴奋剂的咖啡因和可卡因，最后到有毒的阿托品、士的宁和筒箭毒碱，这些生物碱显示出广泛的治疗/毒性范围。

生物碱在人体上的药理活性	
奎宁	抗疟药
喜树碱	抗癌药
麦角酸	致幻剂
麻黄碱	平喘药
筒箭毒碱	箭毒
吗啡	止痛药
可卡因, 咖啡因	兴奋剂
阿托品	毒药
东莨菪碱	制吐
长春新碱	抗癌

图 5.2　根据长期的分离和人体实验，生物碱对人显示出一系列的药理活性

5.2　生物碱家族的分类

生物碱有几种实用的分类方法，其不同之处在于有的关注初级代谢中的合成砌块，有的关注终产物的杂环类型，有的则关注刚刚提到的药理活性类型。

5.2.1　氨基酸合成砌块

就合成砌块而言，它们集中于六个或七个来自初级代谢的氨基酸以产生不同家族的生物碱。其中四种氨基酸具有蛋白源性。第五种是鸟氨酸，它参与精氨酸和多胺的代谢，但并不嵌入蛋白质中，而是作为精氨酸的前体。第六种氨基酸是邻氨基苯甲酸，它是一种非蛋白源的 β-氨基酸，却是色氨酸生物合成中一种关键的初级代谢中间体（Walsh, Haynes *et al.* 2012）。

色氨酸的吲哚环被转化为 β-咔啉（又译为卡波林，β-carbolines）、喹啉、吡咯并吲哚以及更复杂的麦角生物碱的骨架。赖氨酸产生哌啶、喹咯里西啶和吲哚里西啶类生物碱。鸟氨酸是吡咯烷环、托品烷和吡咯里西啶生物碱的前体。苯丙氨酸是止吐生

物碱东莨菪碱中一半碳的来源。酪氨酸产生苯乙胺和四氢喹啉。组氨酸产生含有咪唑的生物碱。最后，邻氨基苯甲酸盐转化为喹唑啉、喹啉和吖啶骨架。

5.2.2 其他杂环结构

许多研究者会对上述生物碱的分类方式置之不理，他们基于杂环系统而非起始的氨基酸合成砌块对生物碱进行分类。如下列表可以理解为对杂环分类，如吡咯里西啶（千里光碱）、托品烷（阿托品）、喹啉（奎宁）、异喹啉（吗啡）、嘌呤（咖啡因）、氨基甾体（茄啶）、氨基生物碱（麻黄碱）和二萜生物碱（乌头碱）。图 5.3 结合了这两种分类方式，并且起始氨基酸与最终产物成环结构的联系对于解析生物合成的化学原理至关重要。无论哪种标准，生物碱都代表了广泛的有机体可构建复杂的氮杂环骨架（Dewick 2009）。

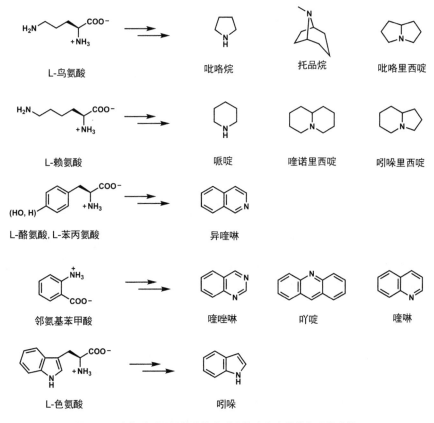

图 5.3　生物碱利用氨基酸为合成砌块产生大量的杂环化合物

5.3 生物碱生物合成途径中常见的酶促反应

5.3.1 涉及氨基酸合成砌块的反应

鉴于氨基酸是生物碱的关键合成砌块，可以预期氨基酸脱羧酶将在早期阶段发挥作用，生成相应的胺以供发生进一步反应。SAM 依赖的甲基转移酶将醇和胺官能团转化为相应的 N-甲基和 O-甲基衍生物。这些衍生物出现在许多生物碱途径中，将酰基转移到类似的 O-和 N-杂原子上也是如此。酶催化氧化胺类生成亚胺，并水解为醛类，或在氧化还原酶作用下使亚胺还原为胺类，这也是生物碱生物合成途径中一种常见的官能团调控策略，尤其是对鸟氨酸和赖氨酸这种二碱基氨基酸合成砌块而言更是如此。

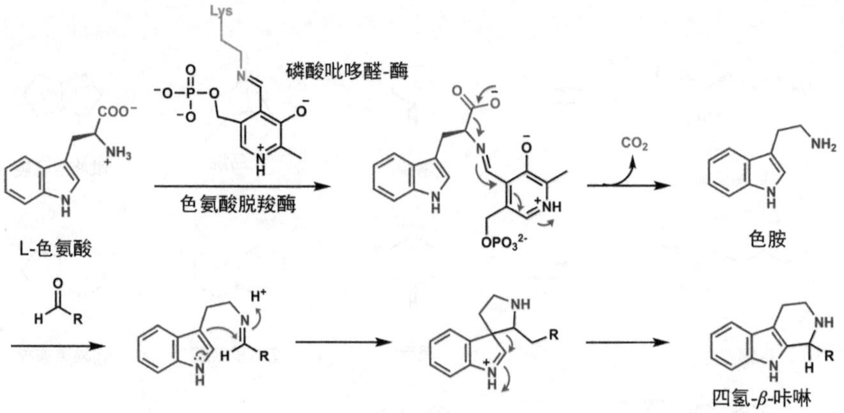

图 5.4　色氨酸在脱羧酶和曼尼希缩合作用下生成三环的 β-咔啉类生物碱

生物碱途径的一个特征是酶催化的曼尼希缩合反应，涉及胺和羰基单元缩合成亚胺，然后被碳负离子捕获，在连胺的碳中心生成新的 C–C 键。图 5.4 描述了由这种曼尼希反应序列生成三环 β-咔啉生物碱的过程。

5.3.2 鸟氨酸是可卡因和倒千里光裂碱的合成砌块

五碳的二碱基氨基酸鸟氨酸可以在典型的磷酸吡哆醛（PLP）依赖性氨基酸脱羧酶作用下发生脱羧，得到 C_4 的二胺化合物腐胺。如图 5.5 所示，N-甲基化，并且其中一个胺氧化生成亚胺并发生水解，生成 N-甲基丁醛。它与环 N-甲基吡咯啉鎓离子之间形成平衡。该亚胺被乙酰辅酶 A 分子的烯醇阴离子依次进攻，形成两个 C–C 键，从而生成 C2 取代的乙酰乙酰辅酶 A 与 N-甲基吡咯烷的加合物。该吡咯烷必须经过一轮酶催化的脱氢反应回到亚胺，以引发分子内的曼尼希缩合反应。侧链 C3 处的烯醇负离子进攻亚胺，生成双环托品烷环系中新的 C–C 键。酰基辅酶 A 硫酯必须先进行酶催化的水解反应，然后通过 SAM 进行甲基转移，从而将羧酸进行 O- 甲基化。酮经过 NADPH 介导的还原反应生成 β- 醇，这为可卡因生物合成途径的最后一步提供了底物。通过共底物苯甲酰辅酶 A 的酯化生成苯甲酸酯，即可卡因（Jirschitzka, Schmidt *et al.* 2012; Schmidt, Jirschitzka *et al.* 2015）。双环的 5,6-托品烷环系可以继续反应生成更复杂的生物碱骨架，这一点将在东莨菪碱组装的前两节中指出（图 5.6）（Humphrey and O'Hagan 2001）。

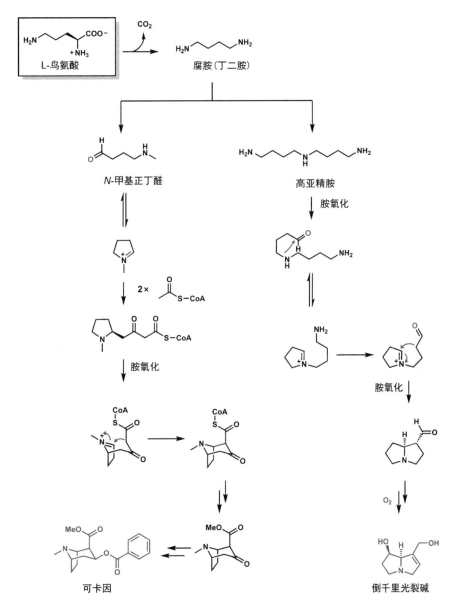

图 5.5　由鸟氨酸生成可卡因和倒千里光裂碱中两种不同的双杂环骨架

在吡咯里西啶类生物碱倒千里光裂碱的生物合成中，鸟氨酸可以经历并行的酶促脱羧过程，然后经链延伸生成 C_8 的三胺：高亚精胺（图 5.5）。其中一个胺被氧化为醛，从而经非酶环化构建第一个吡咯啉鎓环。第二个环外胺的脱氢作用引发羟醛缩合，从而生成倒千里光裂碱生物合成途径中稠合的 5,5- 吡咯里西啶环系（Hill and Yudin 2006）。

专题 5.1　磷酸吡哆醛：介导氨基酸代谢的辅酶

吡啶醛形式的维生素 B_6，即吡哆醛，经过酶催化的磷酸化反应生成磷酸吡哆醛（PLP）。磷酸吡哆醛在特定酶的活性位点介导初级代谢和次级代谢途径中氨基

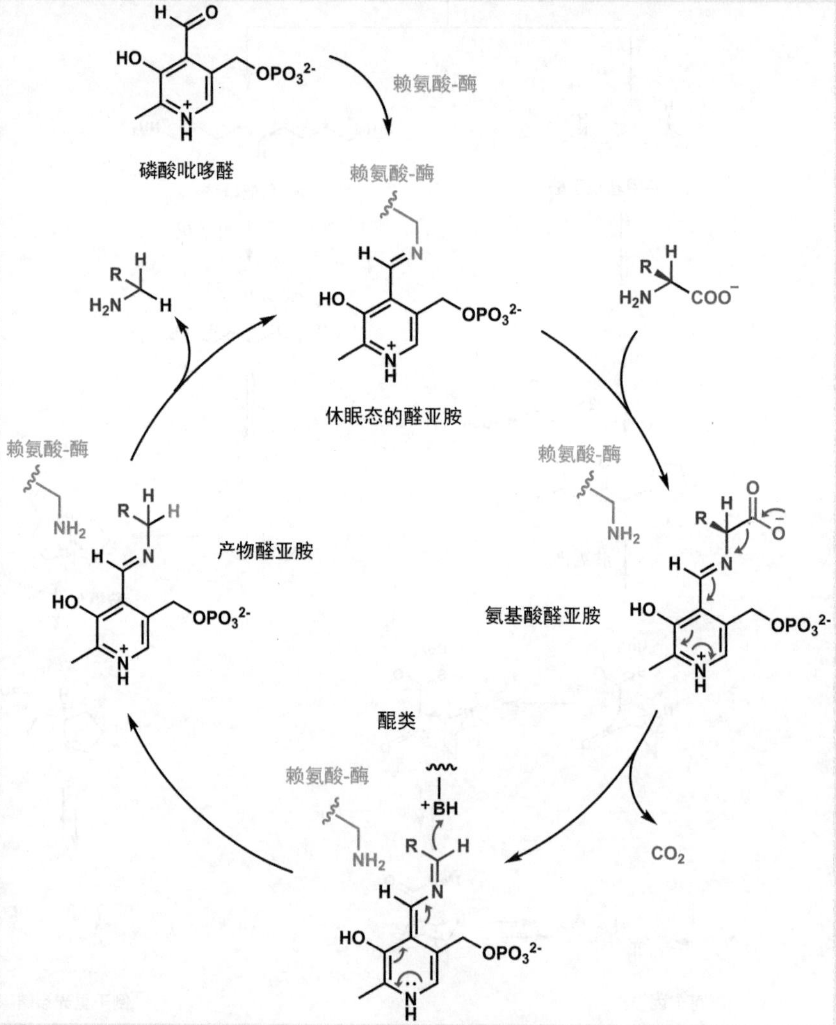

图 5.V1　PLP 依赖的氨基酸脱羧机制

酸在 $C\alpha$、$C\beta$ 和 $C\gamma$ 位发生一系列代谢转换。

PLP 的作用在生物碱生物合成中尤为明显。如本章和第 8 章所述，若干氨基酸合成砌块在生物碱生物合成中经过早期脱羧作用生成相应的胺。如图 5.V1 中所示，PLP 几乎总是发挥着电子受体的功能，与底物氨基结合生成醛亚胺（aldimine）。原则上，PLP 的四个取代基中的任何一个都可以在 $C\alpha$ 位发生键断裂，这取决于特定酶活性位点几何结构所采取的轨道排列。脱羧伴随 CO_2 的释放，产生一个过渡态的 $C\alpha$ 碳负离子（如共振结构所示，该碳负离子经离域化而稳定）。$C\alpha$ 的直接质子化生成产物醛亚胺，之后可通过活性位点赖氨酸残基侧链的转醛亚胺作用解离出产物胺，从而确保 PLP 辅酶保留下来用于后续的催化循环。

5.3.3 从赖氨酸到石榴碱、伪石榴碱和鹰爪豆碱

与鸟氨酸途径类似，六碳的二碱基氨基酸赖氨酸可以被氧化并环化成相应的六元亚胺环（图 5.6），并作为合成单环、双环和四环生物碱的前体。环状亚胺在曼尼希反应中可以被乙酰乙酰辅酶 A 捕获，生成取代的哌啶酰辅酶 A。硫酯水解以及 β- 酮酸

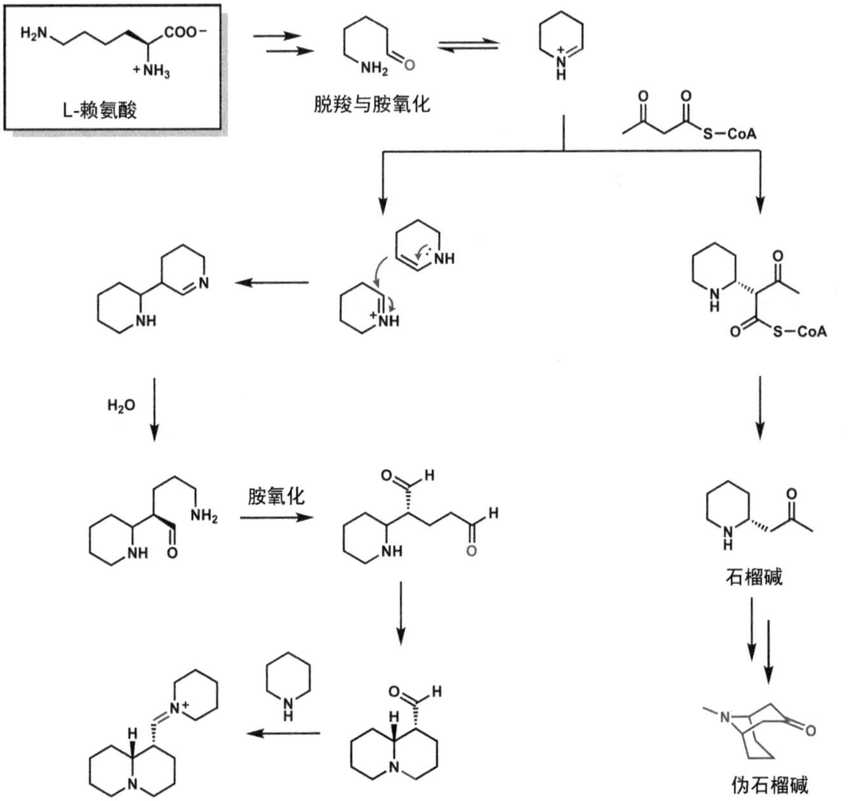

图 5.6

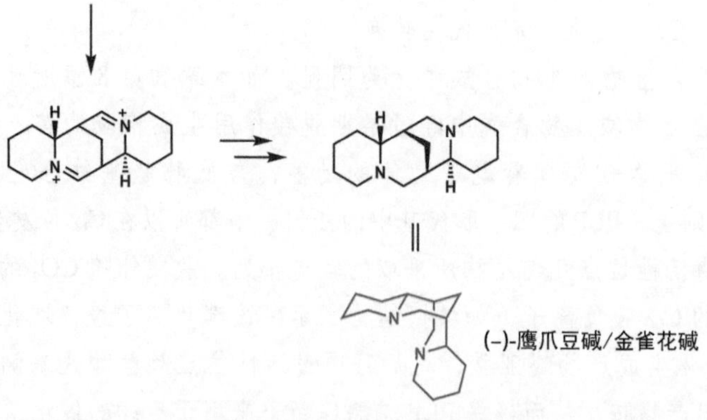

图 5.6　将赖氨酸转化为双环的伪石榴碱和四环的 (–)- 鹰爪豆碱

的脱羧可产生石榴碱（pelletierine）。胺经酶催化的甲基化，并在远离 C_3 酮基的一侧氧化成亚胺，以及分子内的曼尼希缩合反应将产生双环的伪石榴碱（pseudopelletierine）生物碱（Dewick 2009）。

　　图 5.6 中下半部分进一步阐明了上述化学原理，此处涉及两个环状亚胺之间的缩合，其中一个作为亲电性的亚胺，另一个作为亲核性的烯胺异构体，从而构建新的碳碳键。胺的水解开环以及酶催化的氧化反应产生二醛结构，进一步缩合（以及亚胺还原）生成双环系统。这样，第三种形式的环状哌啶（作为碱性胺）可以在酶催化下与双环的醛加成。该胺经区域选择性氧化形成双亚胺，并异构化为烯胺，通过曼尼希缩合生成相应的三环双亚胺，由此再生成四环的二胺生物碱鹰爪豆碱（Herbert 1989）。

5.3.4　由赖氨酸生成 6,5- 吲哚里西啶双环骨架

　　赖氨酸也是双环吲哚里西啶类生物碱（包括强效糖苷酶抑制剂栗精胺和苦马豆素）的前体。如图 5.7 所示，赖氨酸可以未经脱羧而被酶催化环化，生成环状的哌啶酸，再经活化后，以乙酰辅酶 A 碳负离子作为前体经链延伸，并发生分子内环化生成双环的 6,5-吲哚里西啶骨架。栗精胺的产生经历了一次酮还原和三次区域和立体选

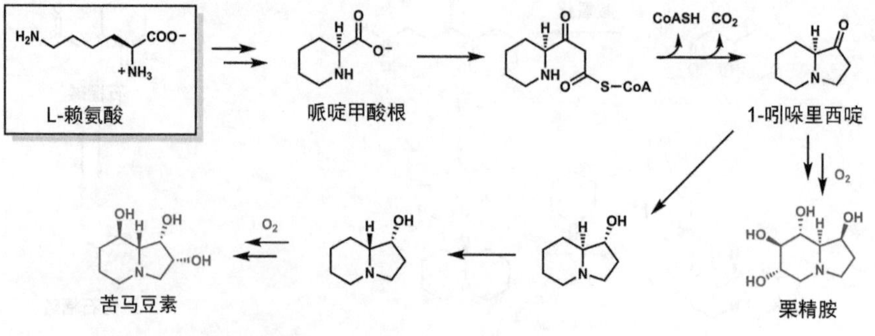

图 5.7　由赖氨酸生成具有 6,5- 双环系的栗精胺和苦马豆素

择性的羟化步骤，突显了加氧酶在该生物碱亚家族成熟后期所发挥的作用。正是由于羟基取代基的存在，才使得栗精胺成为具有类似糖结构的糖基转移酶抑制剂。为实现从吲哚里西啶前体转变为苦马豆素，需要在酶催化下将酮进行类似的还原（产生与栗精胺还原反应相反的立体化学），但随后通过氧化转化为亚胺并以相反的手性重新进行还原，从而使得环连接处的立体化学发生反转。在两种不同的加氧酶催化下经两次羟化反应生成三羟基的苦马豆素生物碱（Seigler 2012）。

5.4　三种芳香氨基酸用作生物碱的合成砌块

除了二元氨基酸鸟氨酸和赖氨酸外，三种蛋白源氨基酸苯丙氨酸、酪氨酸和色氨酸也可以作为从初级代谢到生物碱生物合成途径的切入点（图 5.8）。反过来，这可能意味着增加了从分支酸到苯丙氨酸、酪氨酸和色氨酸的代谢流（图 5.9），这说明从蛋白质生物合成途径中分流了一些芳香族氨基酸。邻氨基苯甲酸是分支酸和色氨酸之间的专属中间体，在本章的后面，我们将提到它是真菌肽基生物碱的合成砌块。

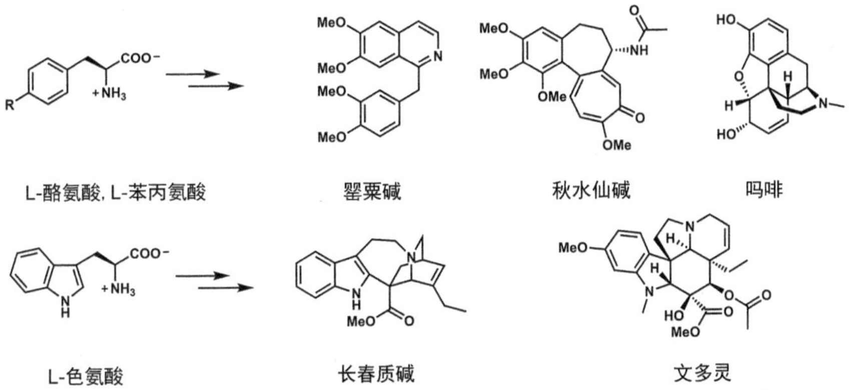

图 5.8　三种芳香族氨基酸苯丙氨酸、酪氨酸和色氨酸是一组独特生物碱的合成砌块

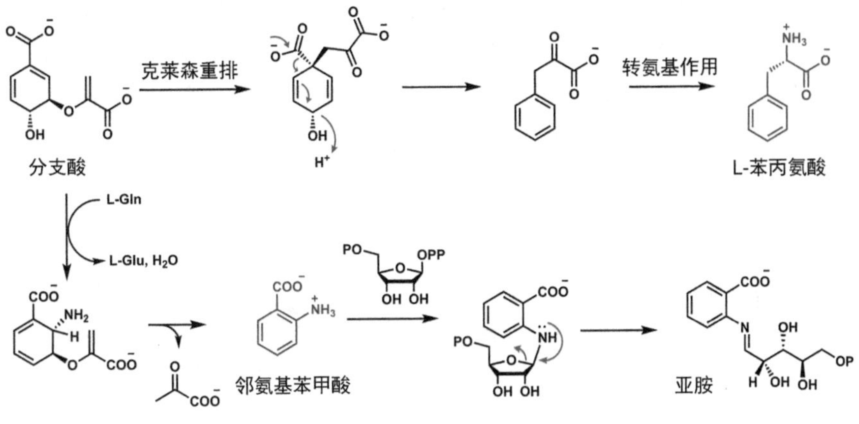

图5.9

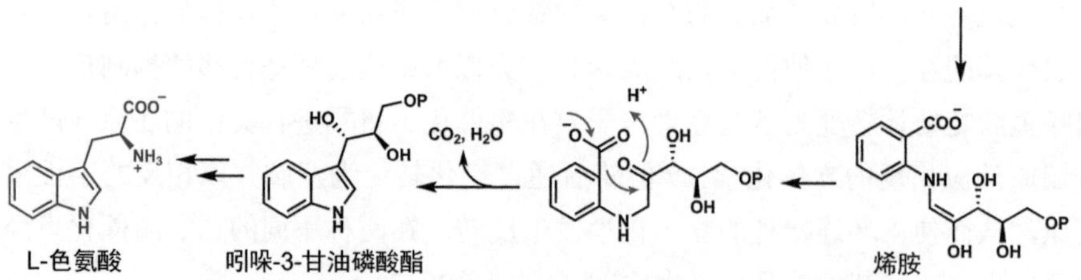

图 5.9 分支酸是生物碱和非生物碱产生者中初级代谢的常见中间产物,它可以生成苯丙氨酸、酪氨酸和色氨酸。邻氨基苯甲酸是色氨酸途径中的专属中间体

5.4.1 由苯丙氨酸生成莨菪碱:自由基重排

如图 5.10 所示,在该生物碱生物合成途径的初期阶段,苯丙氨酸分子从初级代谢途径转向酶催化的氧化脱氨,然后将苯丙酮酸还原为苯乳酸。苯乳酸的酰基活化成辅酶 A 硫酯后,通过酯合酶转移到托品碱的醇氧上,生成海螺碱(Littorine)。而托品碱骨架是由如图 5.5 所示的鸟氨酸经分子内的曼尼希反应而产生的(Humphrey and O'Hagan 2001)。

在后续将海螺碱转化为莨菪碱的关口,加氧酶再次成为关键的催化剂。最值得注意的是,下一种酶催化了苯乳酸结构中氧依赖性的骨架重排反应。该加氧酶是含铁酶家族成员,这在第 9 章中进行详细介绍。该酶催化了两步半反应。在前半部分反应中,高价的氧铁会从底物 C–H 键中夺取一个氢原子以产生相应的碳自由基。通常,在一次回补(rebound)反应中,氧 - 铁中心会释放一个OH·,与自由基结合形成新生的羟基产物。

在海螺碱的例子中,第一个半反应产生的碳自由基在氧回补之前发生骨架重排,导致形成重排的醇骨架,从而将海螺碱转化为莨菪碱类化合物。如图 5.10 所示,高价的氧铁夺取一个苄基氢原子,从而在苯乳酸结构中形成苄基自由基(通过与苯环产生离域而稳定),以发生单电子转移,进攻邻位的酯羰基。这将产生一个过渡态的环丙烷氧自由基,该自由基可以向后或向前通过 C–C 键迁移,产生在醇取代的碳上具有未成对电子密度的支链醇。如果此时 OH· 发生回补,则会产生骨架重排的二元醇。这是莨菪碱醛(东莨菪碱)的水合物。酶催化的还原反应最初产生 (-)- 醇,但产物容易发生烯醇化,产生外消旋混合物,即臭名昭著的植物代谢产物阿托品(Dewick 2009)。

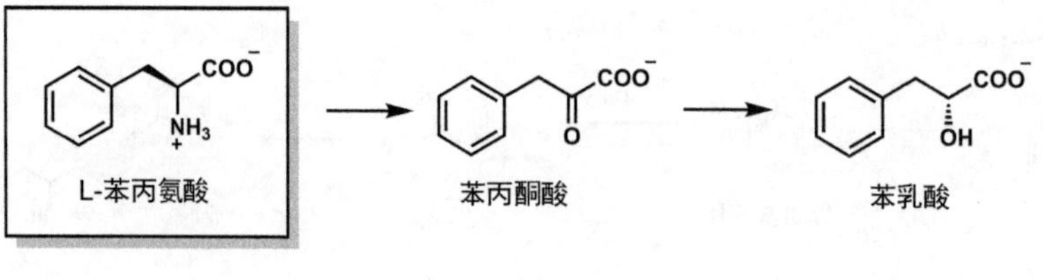

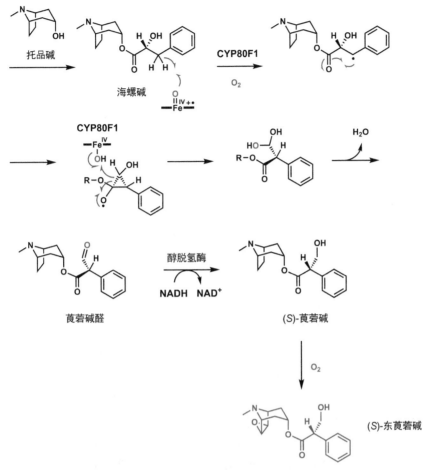

图 5.10　由苯丙氨酸到海螺碱到莨菪碱再到东莨菪碱的过程中涉及与托品碱之间发生缩合反应。注意自由基重排和分子内骨架迁移是由加氧酶介导的

5.4.2　酪氨酸是若干复杂生物碱骨架的切入点

从主要氨基酸代谢产物酪氨酸到双环的四氢异喹啉生物碱有一条简短的有效途径（Dewick 2009）。如图 5.11 所示，酪氨酸的邻位羟基化和酶催化的脱羧反应产生多巴胺。再一次加氧酶反应和两次 SAM 依赖的氧甲基转移酶反应，生成二甲基化的芳香醚。之后与丙酮酸发生缩合可以形成亚胺，然后发生类曼尼希反应，其中发生碳负离子进攻，形成一个新的环系，这称为皮克特 - 斯宾格勒反应。在这种情况下，碳负离子是如图所示的对苯氧基甲醚的对位共振体。重新芳香化产生双环的四氢异喹啉 6-6 环系。通过一系列的氧化脱羧、去甲基化和亚胺还原反应生成安哈酮定（anhalonidine）生物碱。

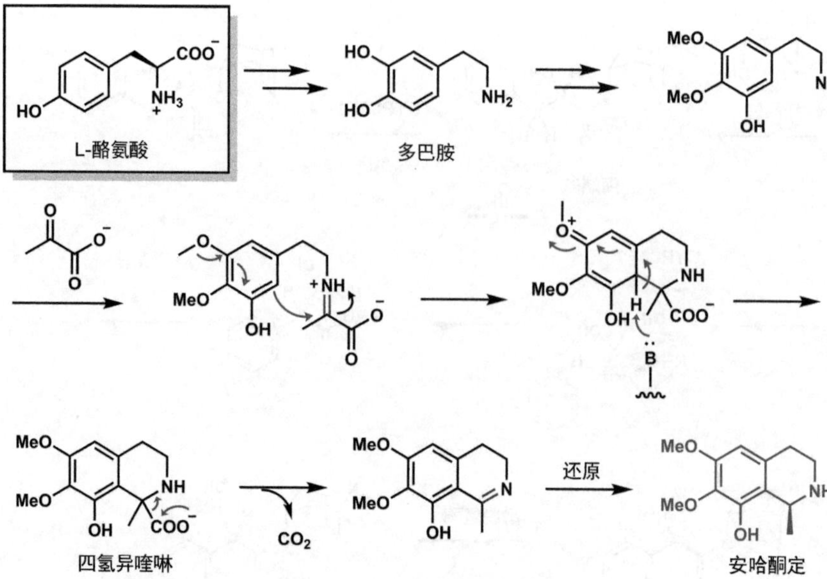

图 5.11　酪氨酸是异喹啉类生物碱的前体，多巴胺是安哈酮定途径中早期的一个中间体，双环骨架是通过类皮克特 - 斯宾格勒反应而成

　　酪氨酸衍生的多巴胺是鸦片生物碱和南美箭毒生产中早期的共有中间体。 如图 5.12 所示，多巴胺与对羟基苯甲酰胺（本身就是酪氨酸氧化脱羧的代谢产物）之间的缩合就是通过这种皮克特-斯宾格勒反应而发生的，结果生成四氢异喹啉类的 *S*-去甲乌药碱（Stadler, Kutchan *et al.* 1989; Ilari, Franceschini *et al.* 2009）。

　　这是一个分支点的代谢产物。如图 5.12 所示，*S*-去甲乌药碱可通过羟化反应生成 *S*-去甲网状番荔枝碱（*S*-norreticuline）的异构体，再通过两次 *O*-甲基化反应生成鸦

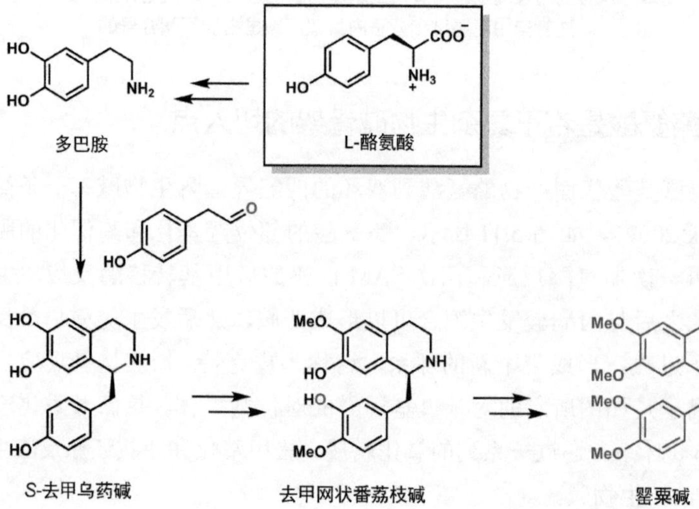

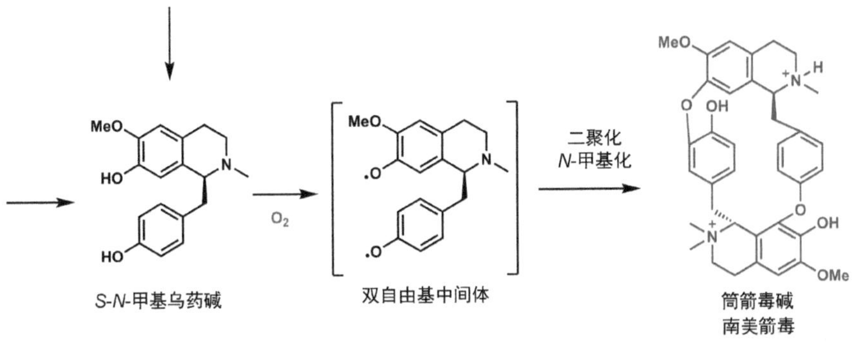

図 5.12 　由酪氨酸生成鸦片生物碱罂粟碱或南美箭毒筒箭毒碱；S-去甲乌药碱是代谢分支点

片代谢产物罂粟碱（papaverine）。如果 SAM 依赖的 N-甲基转移酶进行干预并将 S-去甲乌药碱（norcoclaurine）转化为 N-甲基代谢产物，该底物再通过酶催化反应产生苯氧基自由基，这大概是通过上述莨菪碱途径中提到的铁加氧酶催化的。在这种情况下，离域的苯氧自由基不是通过氧的回补被捕获，而是经过区域控制的二聚化反应，形成复杂的去甲基筒箭毒碱（desmethyltubocurarine）骨架（Dewick 2009, Panjikar, Stoeckigt et al. 2012）。N-甲基化作用使得季铵上固定一个正电荷，产生麻痹性神经毒性筒箭毒碱（历史上被南美的猎人用作箭毒）。在第 9 章中，我们将列举几个其他氧依赖性酶的例子，这些酶可产生碳自由基中间体，这些碳自由基可以发生其他转变，而不是完成通常的羟基化。

5.4.3　由酪氨酸到 S-网状番荔枝碱再到小檗碱

图 5.12 中罂粟碱途径的 S-去甲网状番荔枝碱可以经 N-甲基化生成 S-网状番荔枝碱（图 5.13），它可以作为五环的黄连素生物碱家族的中间体。特别值得注意的是，S-网状番荔枝碱经酶催化转化为 S-金黄紫堇碱（图 5.14）过程中 N-甲基和邻苯二酚环之间形成了新的碳碳键。这种酶称为黄连素桥酶，含有氧化还原活性的辅酶 FAD，其 C–C 键形成的机理如图 5.14 所示（Winkler, Lyskowski et al. 2008）。考虑到通过活性位点碱基生成苯酚阴离子时的碳负离子共振结构，苯酚邻位的亲核性碳原子作为亲核试剂的存在就不足为奇了。对于该酶如何激活甲基碳来作为亲电试剂这点知之甚少。据推测，其机理是碳亲核试剂发生协同进攻，同时从甲基上脱去氢，并转移到氧化型 FAD 的 N5 上。生成 $FADH_2$ 的同时形成碳碳桥。该转化在非酶条件下不可发生。最初的加合物是环己二烯酮互变异构体，它可以通过夺取质子轻松地回到芳香苯酚结构，从而获得共振能。

再暂时回到 S-金黄紫堇碱（图 5.13）（Sato, Hashimoto et al. 2001），其经细胞色素 P450 加氧酶催化，形成亚甲二氧基桥环。这是芳香族天然产物中单甲基邻苯二酚的典型模式，并且发生的羟基化是隐性的。通过标准的 P450 酶化学反应可将 O–CH₃

氧化为 O–CH₂OH。虽然它可以发生单分子的降解反应形成甲醛和游离的邻苯二酚，但似乎邻苯二酚环上相邻的羟基在加氧酶活性位点上可作为动力学上合适的亲核试剂，用于分子内取代羟基（不然最多是个无关紧要的离去基团）以形成亚甲二氧基桥（见图 9.20）。与起始的氧甲基间苯二酚相比，该桥的极性更小并且更紧密。生成小檗碱的最后一步是核心的二氢吡啶经氧化芳构化反应生成完全芳杂化的带正电的吡啶环。这是一个简单的过程，可以在植物中发生非酶催化的自发氧化。

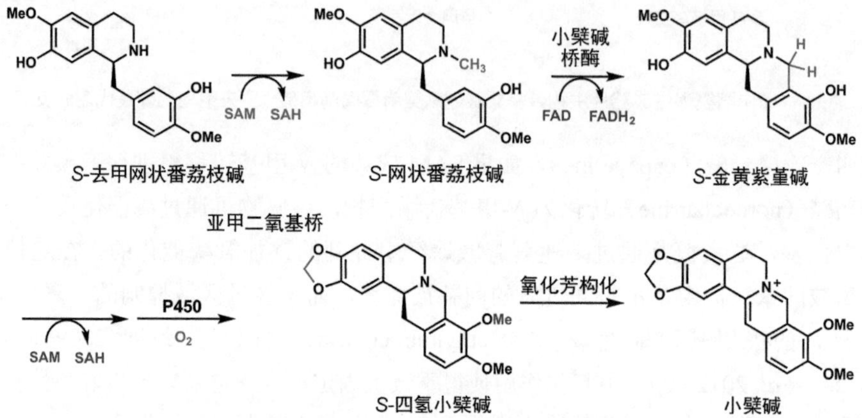

图 5.13　由酪氨酸到 S-网状番荔枝碱再到小檗碱
去甲网状番荔枝碱甲基化后得到 S-网状番荔枝碱异构体；S-网状番荔枝碱转化为
四环的 S-金黄紫堇碱是由一种称为小檗碱桥酶的 FAD 酶所介导的

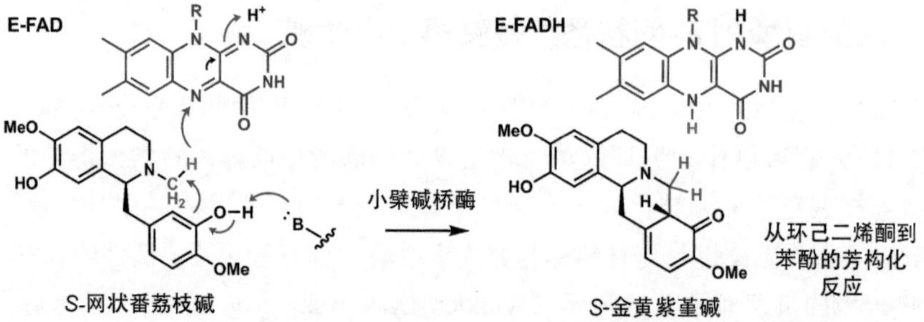

图 5.14　小檗碱桥酶在碳碳键形成中的可能机制

5.4.4　由酪氨酸到 R-网状番荔枝碱再到吗啡

在形成 S-去甲乌药碱的四氢喹啉双环系的皮克特 - 斯宾格勒反应中（图 5.12），成环的步骤在与内环胺相邻的位置上产生手性中心。如果所讨论的酶位于对羟基苯基平面的上方，则为 S 构型（如图 5.12 所示）；如果在平面下方，则为 R 构型。R-网状番荔枝碱实际上是一种天然产物，是合成蒂巴因、可待因和吗啡途径中的异构体，如图 5.15 所示。一种不寻常的 P450 氧化还原酶（称为 STORR，用于将 S-网状番荔枝

碱转化为 *R*-网状番荔枝碱），通过氧化/手性重还原过程将网状番荔枝碱的 *S*- 和 *R*-异构体发生相互转化（Winzer, Kern *et al.* 2015）。

催化 *R*-网状番荔枝碱向前反应的酶是铁依赖的细胞色素 P450 加氧酶（Grobe, Zhang *et al.* 2009）（加氧酶在生物碱成熟途径中到处都是！），并且在功能上与如图 5.12 所示的将 *S*-甲基乌药碱转化为去甲基筒箭毒碱过程中形成苯氧自由基的机理类似。在这种情况下，两个苯氧基自由基分子间发生偶联形成一组新的碳碳键。就 *R*-网状番荔枝碱而言，其分子中有两个苯酚环，且在串联催化循环中可在分子内形成一对苯氧基自由基［图 5.15（B）］。可能它们在能量上很容易接近，并且在动力学上能够存在足够长的时间以实现彼此配对。*R*-网状番荔枝碱双自由基在酶活性位点的构象

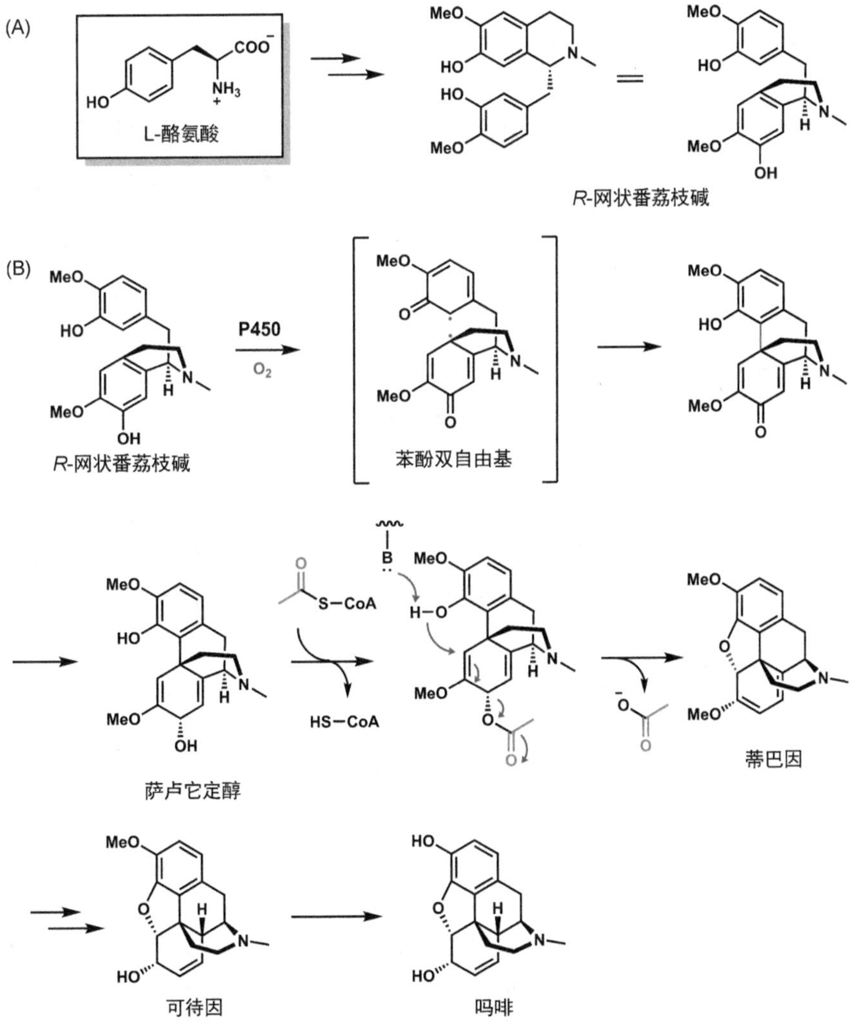

图 5.15 （A）酪氨酸也可以生成吗啡生物合成途径中的 *R*-网状番荔枝碱；（B）吗啡的生物合成途径中，*R*-网状番荔枝碱通过双自由基偶联形成碳碳键，从而生成萨卢仑定醇

将决定所观察到的邻-对位区域特异性偶联。

另一条路经是在一次催化循环中产生单一自由基中间体，并从其他苯酚中转移一个电子，形成碳碳键和产物自由基。该自由基之后可以再将一个电子递送回活性位点的铁上。生成的醌经过酶催化的还原反应生成醇，从而产生萨卢它定醇（salutaridinol；又译为：沙罗泰里啶醇）。均裂形成新的碳碳键，这就造就了吗啡生物碱系列中特有的稠合四环骨架。

为了完成吗啡的生物合成途径，乙酰转移酶需作用于新生成的醇，从而将其转化为潜在的乙酰氧基离去基团［图5.15（B）］。这样就可以保证当顶部环上的苯酚阴离子与共轭的亲核取代基加成从而脱去乙酸部分时，可以脱除所述的氧，生成蒂巴因。结构中底部的环经酶催化的氧化还原反应会产生烯丙醇产物可待因，然后经氧化脱甲基化生成镇痛分子吗啡（Weld, Ziegler *et al.* 2004; Galanie, Thodey *et al.* 2015）。

专题5.2　具有精神活性的植物代谢产物：可卡因（可可粉），麦斯卡林（皮约特），吗啡（罂粟），四氢大麻素（大麻），东莨菪碱，麻黄碱

植物可以产生多种生物碱类化合物，其中杂环中的碱性氮可以模拟哺乳动物神经递质的结构。它们作为配体有时可充当激动剂，有时可用作拮抗剂。六种植物来源的生物碱靶向不同的哺乳动物中枢神经系统，反映了生物碱骨架的多样性（Dewick 2009）。

如图5.V2所示，四氢大麻酚（THC）可以模拟内源性大麻素受体的配体花生四烯乙醇胺（Devane, Hanus *et al.* 1992）。大麻（*Cannabis sativa*）可产生一系列大麻素配体，但四氢大麻酚是精神活性最高的分子。它已经在不同文化中使用了数十年到数百年，用于缓解各种慢性疼痛以及减轻与癌症化疗方案相关的恶心和呕吐。图5.V1显示了分泌出富含四氢大麻酚的树脂的大麻花的毛状体（植物表皮的毛状腺状体）。

麻黄碱是一种苯乙胺（安非他命骨架），可以与肾上腺素（epinephrine，adrenaline）受体结合并增强肾上腺素的作用。它可以用于治疗哮喘，但伪麻黄碱具有更好的治疗指数。麻黄碱历史上是从麻黄（*Ephedra sinica*）中提取的，但其简单的化学结构已通过全合成方法实现了商业化生产。

来自皮约特（peyote）和其他仙人掌的麦斯卡林（Mescaline）是一种5-羟色胺类似物，可以作为在5-羟色胺受体（5-HT$_A$，5-HT$_C$）的多个亚型的激动剂。它具有很高的致幻作用，可与麦角酰二乙胺和蘑菇中的成分裸盖素（psilocybin）相媲美。皮约特的顶部通常被切除，底部重塑，而仙人掌的这些部位可咀嚼后获取麦斯卡林成分（图5.V2）。

吗啡

罂粟籽流出的乳胶，其中吗啡占其干重的8%~14%

麻黄碱　肾上腺素

麻黄碱具有增强肾上腺素的作用

MeO

可卡因

古柯原产于南美洲，具有克服疲劳的作用

大麻花的毛状体分泌富含四氢大麻素的树脂（右图）。四氢大麻素可模拟内源性大麻素受体的配体花生四烯酸乙醇胺

Δ⁸-四氢大麻素（THC）

咀嚼皮约特仙人掌底部（右图）可得到麦斯卡林，它可以作为5-羟色胺受体多个亚型的激动剂

麦斯卡林/仙人球毒碱

Crippen医生使用天仙子（茄科，作为背景，如右图所示）毒害了他的妻子。东莨菪碱和阿托品是活性生物碱

东莨菪碱

图 5.V2　六种具有精神活性的植物代谢产物

吗啡是罂粟次级代谢的终产物，它是 μ- 阿片受体的选择性激动剂，对 δ- 和 κ- 受体的亲和力低得多，并具有镇痛（缓解疼痛）作用。它能引起欣快感并且高度上瘾。罂粟种子经过机械刻划或划伤后会泄漏富含生物碱的乳胶，其中吗啡占总重量的 8%～14%。

图中显示的第五个分子是东莨菪碱（亦称莨菪碱），是一种颠茄生物碱。它是副交感神经系统中毒蕈碱乙酰胆碱受体的一类拮抗配体。它已被用于治疗晕动病以及术后恶心和呕吐。据说，1910 年臭名昭著的 Crippen 医生在伦敦毒死他的妻子时使用的就是来自植物大麻的阿托品（Gaute and Odell 1996）。

可卡因是古柯植物叶片中发现的高含量的双环托品生物碱骨架的乙酰和苯甲酰二酯，它可穿越血脑屏障，并充当神经胺递质再摄取的竞争性配体，最明显的是中脑边缘系统中的多巴胺，但还包括去甲肾上腺素和 5- 羟色胺 / 血清素。高含量的突触多巴胺和其他神经活性胺的急性积累导致了愉悦反应，但也可能伴随着神经元表面神经胺转运蛋白的改变。除了急性的精神活性作用和随后的渴求和上瘾以外，还有许多身体症状，包括心律加快。慢性不良反应可包括中风、自身免疫综合征、肾功能不全（包括衰竭）和心律失常引起的心源性死亡的风险。

专题 5.3　用作箭毒的生物碱

图 5.V2 中显示的六种生物碱分子与中枢神经系统受体相互作用，唤起其复杂的精神活性作用。图 5.V3 中的六个分子也具有神经活性，但它们能使包括人类在内的大型动物致死（Pelletier 1983）。在这六种生物碱中，只有一种是箭毒蛙毒素（batrachotoxin），来源于动物，即南美树蛙的皮肤腺体。另外五种是植物代谢产物，来自一些声名狼藉的植物，如马钱子（*Strychnos nus vomica*）（夏威夷树）、黑天仙子（*Hyoscyamus niger*）（天仙子）、颠茄（*Atropa belladonna*）（致命的茄属植物）和曼德拉草（*Mandragora officanarum*）。

箭毒蛙毒素是一种甾体生物碱，作用于电压门控的钠通道，甚至在静息电位时也能打开钠通道。随后在低至 2 μg/kg 的剂量下老鼠会出现神经肌肉麻痹。

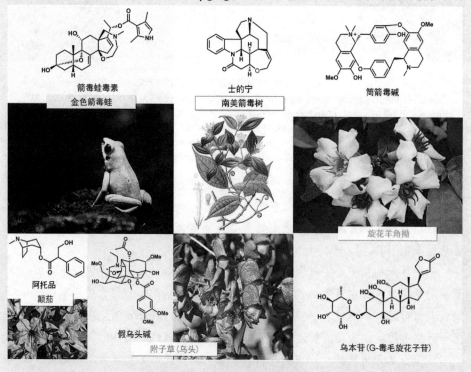

图 5.V3　六种用作箭毒的生物碱

士的宁是在印度、斯里兰卡以及夏威夷的马拉巴尔海岸土生土长的树木中被发现的。尽管早在 1818 年就知道了士的宁的复杂结构，但直到 1946 年，Robert Robinson 的小组才确定了其结构（Robinson 1952），Woodward 及其同事在 1954 年进行了全合成（Woodward, Cava *et al.* 1963）。士的宁是抑制性神经束中甘氨酸的拮抗性配体。它导致肌肉抽搐接踵而至，并变得相当剧烈，呼吸麻痹直至死亡。

简箭毒碱（tubocurarine）是一种单阳离子的二聚苄基喹诺酮类生物碱，它可能是箭毒制剂中最强的毒素，是从南美植物 *Chondrodendron tormentosum*（防己科）的树皮中提取得到。简箭毒碱中的胺基阳离子基团使其在烟碱乙酰胆碱受体中起乙酰胆碱激动剂的作用。其与受体的结合导致神经肌肉阻滞和呼吸麻痹。南美印第安人将狩猎用的箭浸泡在箭毒浆液中，因为箭毒碱不容易穿过黏膜，这使他们能够吃到猎物的肉。这些动物通过肌肉或腹腔吸收毒素。

东部非洲的旋花羊角拗（*Strophanthus gratus*）和箭毒树（*Acokanthera schimperi*）植物中的乌本苷（G-毒毛旋花子苷）在非洲被用作箭毒。乌本苷（ouabain）是一种甾体化合物，由于与作为离子通道的 Na, K-ATPase 结合而具有心脏毒性。钠离子和钙离子一样会在细胞内积累。收缩力增加，出现心律不齐，随后出现心脏骤停。效力较低的强心苷，例如地高辛在有效收缩力和毒性心律不齐之间具有有效的治疗比率。乌本苷似乎太强效而无法拥有这样的治疗窗口。

毛茛科包括称为狼毒草的植物，狼毒草大概是因为它被认为是抵抗狼的武器而得名（Lin, Chan *et al.* 2004）。植物中最重要的毒素是二萜生物碱伪乌头碱。它可以与突触间隙中的乙酰胆碱酯酶结合，引起乙酰胆碱水平的持续升高，从而导致突触后膜受体的过度刺激。在喜马拉雅山，猎人使用根系混合物猎杀高地山羊；日本阿伊努（Japanese Ainu）男性被报道用它来猎杀熊（Peissel 1984）；以及阿留申群岛的长矛鲸鱼的长矛尖上覆盖了伪乌头碱毒物（"A Pacific Eskimo invention in whale hunting in historic times escholarship", escholarship.org. Retrieved 6 October 2014）。

图 5.V3 中所示的第六种生物碱毒素是阿托品，是颠茄植物中的一种生物碱（可能是由于托品生物碱使瞳孔扩张而得名，引起了美丽年轻的意大利女性的广泛注视）。阿托品实际上是左旋和右旋莨菪碱异构体的混合物。它与简箭毒碱一样，都具有乙酰胆碱配体拮抗活性，但处于不同的亚群，称其为毒蕈碱胆碱能受体。

烟碱乙酰胆碱受体（对尼古丁敏感）是配体门控离子通道，而毒蕈碱受体不是。例如，毒蕈碱家族的乙酰胆碱受体（对毒蕈碱敏感的配体）是七个 G-蛋白偶联的跨膜蛋白受体。因为这是两个截然不同的蛋白质超家族，所以烟碱型和毒蕈碱型乙酰胆碱受体受到不同小分子（包括天然产物在内）的抑制。简箭毒碱阻断烟碱受体，阿托品和纯的同分异构体东莨菪碱阻断毒蕈碱受体。

5.5 色氨酸用作生物碱的合成砌块

5.5.1 从色氨酸到哈满尼（harmine）：β-咔啉

色氨酸是生物碱生物合成中功能最全、用途最广的合成砌块，这是基于植物终产的数量以及吲哚环作为碳负离子等价物在双环系统周围的若干位点上具有独特的亲

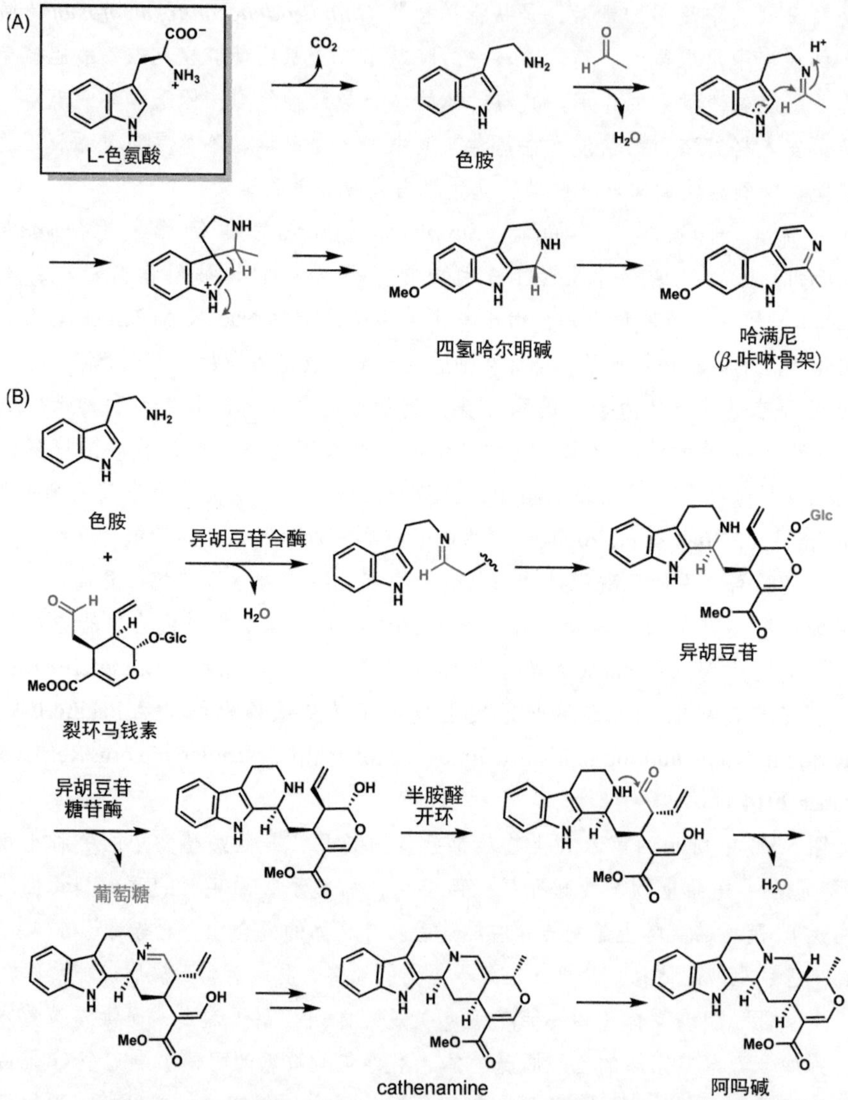

图 5.16　色氨酸作为生物碱的前体。它经脱羧成色胺，然后与醛缩合形成结构简单的三环 β-咔啉骨架的哈满尼以及结构更复杂的异胡豆苷。吲哚部分的吡咯环作为碳负离子参与的这两个反应是曼尼希反应的特殊类别，称为皮克特-斯宾格勒缩合反应。图中显示了由异胡豆苷转化为具有抗高血压作用的阿吗碱（ajmalacine；也译为阿马碱）

物核性。第 8 章讲述了大量的吲哚萜类生物碱，它们是以吲哚环的亲核反应为主导的反应模式。

吲哚侧链亲核性的最简单的体现方式可能是哈满尼生物碱中三环 β-咔啉环系的生成 [图 5.16（A）]（Dewick 2009; Seigler 2012; Cseke, Kirakosyan et al. 2016）。酶催化色氨酸脱羧生成色胺，然后与乙醛缩合。通过皮克特-斯宾格勒反应可生成亚胺。通过淬灭亚氨基形式的吲哚上的电荷引发了从最初的加合物中夺取质子，并进一步发生原位羟基化和 O-甲基化，之后生成四氢哈尔明碱。随后的酶促或非酶促异构化反应生成杂原子骨架的哈满尼，这是被完全氧化的 β-咔啉。

5.5.2 由色氨酸生成异胡豆苷等化合物：阿吗碱，喜树碱，奎宁

在植物生物碱代谢过程中，更常见且广泛应用的皮克特-斯宾格勒酶是作用于色胺和裂环马钱素（又称断马钱子苷）从而产生异胡豆苷（stricosidine）的酶 [图 5.16（B）]（Maresh, Giddings et al. 2008; Brown, Clastre et al. 2015）。接下来，我们将举例说明，异胡豆苷是 1000 多个通常结构更复杂的下游生物碱结构的关键中间体。

在上一章的最后部分提到由香叶醇形成裂环马钱素，这是 C_{10} 异戊烯醇化合物香叶醇被高度氧化修饰的一个例子（见图 4.38），在这次讨论中可再次参考该图。此外，我们提到在缩醛形成过程中利用葡萄糖作为保护基，使之保持潜在的半缩醛状态从而被束缚且成惰性，直到之后利用葡糖苷酶将它释放出来。裂环马钱素确实具有一个游离的醛基，这是与色胺形成亚胺所需的官能团。如上述结构简单的四氢哈尔明碱的例子，吲哚环中的 C3 作为碳负离子形成螺环，该螺环通过单键迁移连接到螺环亚胺部分的 C2 位上，从而完成曼尼希 / 皮克特 - 斯宾格勒碳碳键形成反应，最终形成裂环马钱素中三环的 β-咔啉核心骨架。

来自植物印度蛇根草（Rapolfta serpentina）的异胡豆苷合成酶已被大量生产、结晶并确定其分子结构（Ma, Panjikar et al. 2006）。该蛋白质是以六叶片的 β-螺旋折叠形式组成，每个叶片包含四个扭曲的 β-折叠（图 5.17）。该蛋白质已被合成，其含有 N 端信号序列，可将新生蛋白质引导至液泡膜，在该处进行蛋白水解修饰并移入液泡。同时该蛋白已被 N-糖基化。

结构研究已经确定其活性位点残基，这些残基在突变后可将甲基化、甲氧基化和卤化的色胺转化为异胡豆苷类似物。图 5.17 也显示了与该合成酶结合的产物异胡豆苷的结构（Loris, Panjikar et al. 2007）。后一个酶，异胡豆苷糖苷酶也已经被纯化并表征结构，从而开展结构活性关系研究用于下游类似物的加工（Barleben, Panjikar et al. 2007）。

作为异胡豆苷继续被修饰的例子，糖苷酶可除去糖基保护基生成可以自发向烯醇醛开环的半缩醛。醛和碳环系统中的胺（原为色胺的氨基）可以形成环状亚胺，

从而形成四环骨架（Dewick 2009）。该亚胺可以依次被烯醇氧捕获从而形成五环的cathenamine。桥环亚胺通过酶催化的还原反应来调节其氧化还原态，得到终产物阿吗碱（图5.16）。

图5.17　萝芙木属异胡豆苷合成酶与裂环马钱子素（左；PDB码：2FPC）
和/或产物异胡豆苷（右；PDB码：2V91）结合的单晶结构

左图来源：Ma, X., S. Panjikar, J. Koepke, E. Lorris and J. Stöckigt (2006). "The Structure of *Rauvolfia serpentine* Strictosidine Synthase is a Novel Six-Bladed *β*-Propeller Fold in Plant Proteins". *Plant Cell* **18**(4): 907-920.
右图来源：Loris, E. A., S. Panjikar, M. Ruppert, L. Barleben, M. Unger, H. Schübel and J. Stöckigt (2007). "Structure-Based Engineering of Strictosidine Synthase: Auxiliary for Alkaloid Libraries". *Chem. Biol.* **12**(9): 979-985.
图片版权 @Yang Hai.

　　图5.18显示了对异胡豆苷继续修饰而成的其他七种生物碱骨架，然而，对于*β*-咔啉代谢产物下游的一两千个分子而言，这仍然是生物碱生物合成的冰山一角。图5.19和图5.20给出了另外两条路径的例子。

　　第一条路径概述了将异胡豆苷转变为喜树碱的策略（图5.19），喜树碱是一种具有抗癌活性的分子，它是临床药物拓扑替康（topotecan）的仿制基础。该路径举例说明了最初对异胡豆苷进行修饰的不同策略。第一步化学反应不是早期糖苷酶发挥作用，而是将咔啉的胺与氧甲基酯发生环化生成五环的酰胺。接下来，据推测是双加氧酶介导了吲哚环C2-C3中心发生跨环裂解。它们是之前在初级代谢中已充分表征的吲哚2,3-双加氧酶（Thackray, Mowat *et al.* 2008）。

　　此类双加氧酶裂解会形成一个九元的双羧基大环。烯醇化后形成的碳负离子可以进攻对面的羧基发生跨环的羟醛缩合，之后脱水生成新的五环骨架。值得注意的是，该双加氧酶通过跨环的羟醛反应将6-5-6-6-6环系转变为6-6-5-6-6环系，从而将第二个环和第三个环的大小发生相互转换，同时构建了中心的烯酮基团。这个骨架就是短小蛇根草苷（pumiloside）。为了实现喜树碱分子的合成，需要几步酶催化的氧化还原调节步骤以及后期利用糖苷酶去除己糖保护基，但最基本的结构变化在短小蛇根草苷分子形成时已经完成。

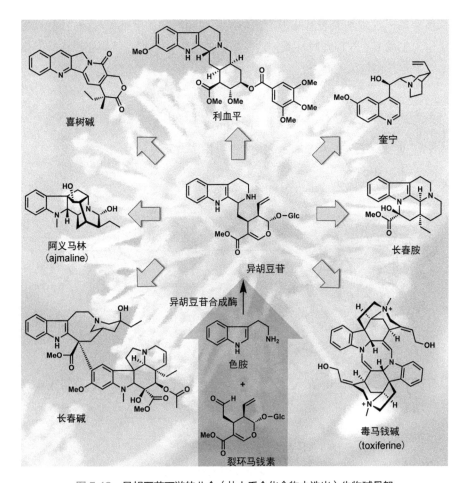

图 5.18　异胡豆苷下游的八个（从上千个化合物中选出）生物碱骨架

数据来源：Ma, X., S. Panjikar, J. Koepke, E. Loris and J. Stöckigt (2006). "The Structure of Rauvolfia serpentina Strictosidine Synthase is a Novel Six-Bladed β-Propeller Fold in Plant Protein". *Plant Cell* **18**(4): 907-920.

图 5.20 显示了异胡豆苷后加工的第三条路径，即生成辛可尼丁（cinchonidine；又译为金鸡纳定）和奎宁（Dewick 2009）。推测同样是在早期形成四环骨架。在相对早期的某个点糖苷酶必须发挥作用，以产生游离的半缩醛（未显示）。然后，与喜树碱的某些酶学原理类似，据推测是中心的三环 β-咔啉发生氧化裂环反应，这一次不是跨吲哚的吡咯部分，而是跨哌啶环。这将产生一种氨基醛。第二个潜在的醛是以半缩醛中烯醇醚片段的形式存在。释放出该醛基并进攻氨基可以通过跨环捕捉方式产生辛可尼丁和奎宁生物碱中特征性 C-N 丙基桥。如果 β-醛酸的甲酯水解和脱羧反应发生在跨环桥形成之前，那将是一个低能量过程。

至此，推测吲哚环发生第二次氧化裂解，不是发生在喜树碱中的 2,3-位，而是发生在 1,2-位（Dewick 2009），这类似于已被充分研究的裂解芳香环的细菌双加氧酶对于内二醇和外二醇的区域选择性（Lipscomb 2008）。该产物将含有吲哚裂解产生的酮，但仍保留有第一次双加氧裂解咔啉产生的醛。在吲哚中的吡咯氮与醛之间形成亚胺，然后脱水，生成 6-6 双环喹啉环系，这是奎宁的第二个特征。将酮还原成醇即生成奎宁和辛可尼定。

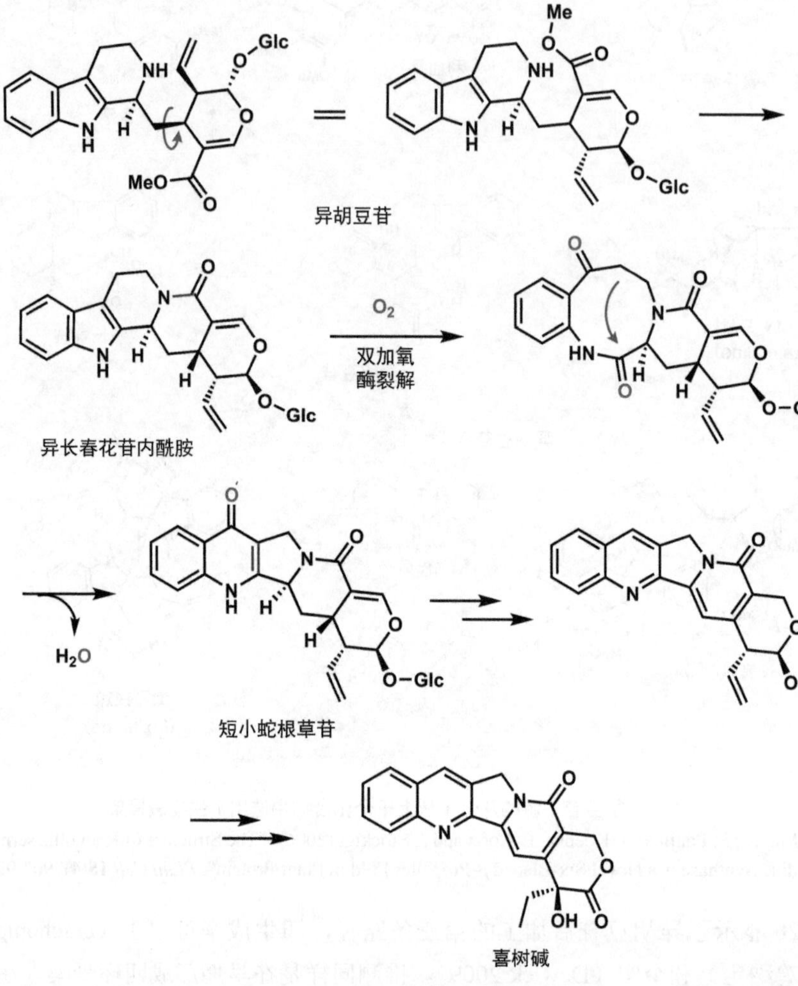

图 5.19　异胡豆苷作为核心中间体：喜树碱形成过程中涉及一个可能的裂环双加氧酶

　　这三个示例（精选自大量可选择的例子）揭示了多种独特且互补的策略来将核心的三环 β-咔啉环系转变为不同的杂环连接。这些案例揭示了四种不同的酶促反应策略来修饰异胡豆苷。它们还阐明了如何很好地、高效地一方面调节吲哚的化学特征，另一方面又对裂环马钱素的官能团进行排列。

　　该反应的第一步是胺和羰基官能团缩合生成亚胺，并形成特殊形式的五元和六元稠合环。第二步是氧化裂解咔啉的核心结构，并重塑成其他环形骨架。第三步是由脱氢酶和还原酶介导的氧化还原调节，以控制胺和亚胺的亲核性和亲电性。第四步是葡萄糖苷酶的作用时机，其将稳定的烯醇缩醛转化为烯醇半缩醛及其平衡开环生成烯醇，该烯醇可以作为亲核试剂或亲电子的醛来参与反应。基于这种迭代的酶学机制，异胡豆苷分子在许多化学反应性上的细微差别与它作为前体的多功能性是非常相配的，从而可以生成多种吲哚生物碱结构的类似物。

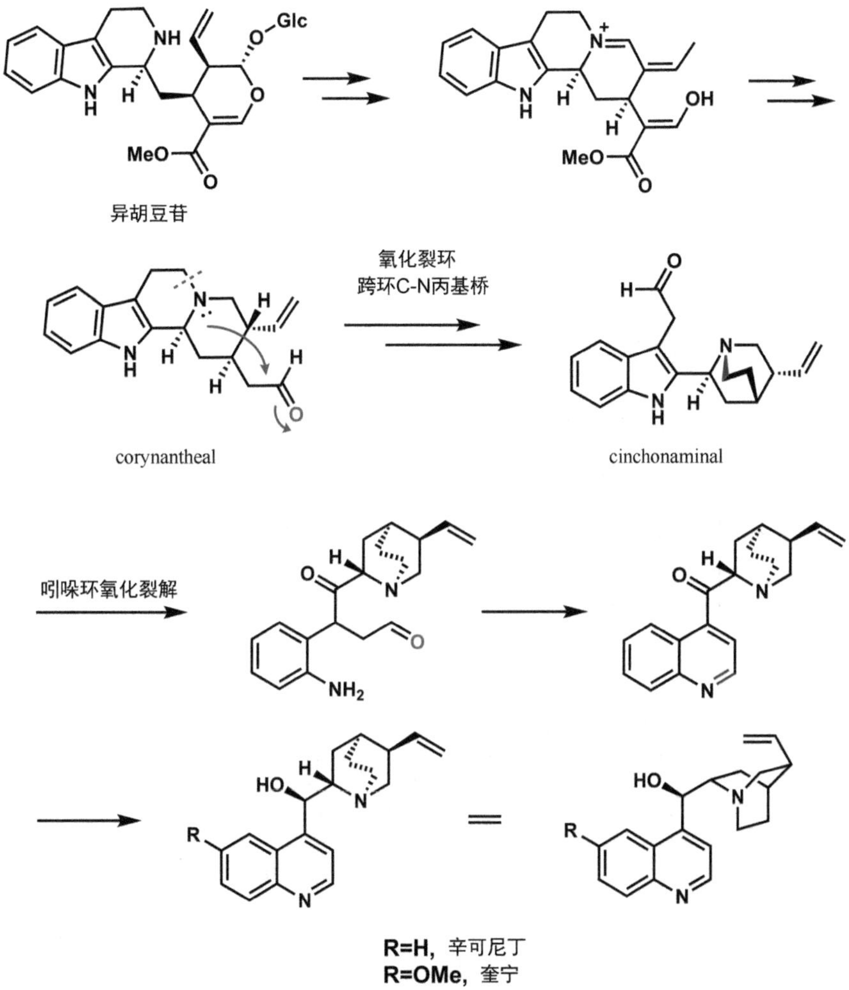

图 5.20　异胡豆苷作为核心中间体，将苷元转化为辛可尼丁和奎宁

5.5.3　由色氨酸生成麦角酸和麦角胺

　　麦角生物碱来源于真菌紫红麦角菌（*Claviceps purpurae*）的孢子，麦角菌是一种禾本植物（其中一种是栽培黑麦）的病原菌。麦角生物碱引起一系列称为麦角中毒的症状，包括胃肠道（GI）、循环系统和神经系统障碍，从呕吐、血管收缩到抽

搐（Schiff 2006）。长期食用麦角污染的黑麦引起血管收缩可导致坏疽。这些病人在中世纪受到圣安东尼（St. Anthony）的眷顾，因此麦角病的一个名字就是"圣安东尼之火"（St. Anthony's fire）（Dewick 2009）。麦角产生了50多种生物碱，其中包括麦角酸和麦角酰三肽骨架的麦角胺。这种修饰的三肽在产科方面具有催产素的作用。

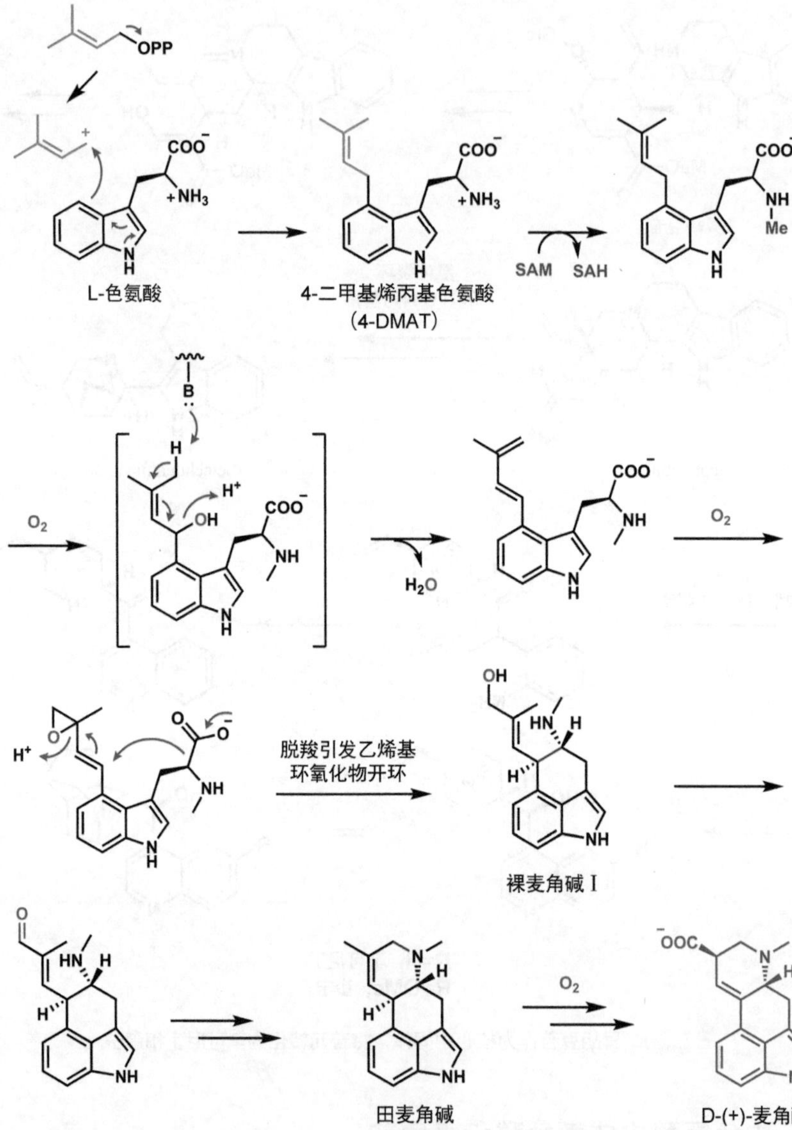

图 5.21 麦角酸生物合成途径的第一步是色氨酸 C4 位的异戊烯基化；通过环氧化和脱羧引发的乙烯基环氧化物开环形成第三个稠合的六元环。环状亚胺的形成以及异构化形成共轭的亚胺完成 D-(+)-麦角酸的四环结构

麦角胺的产生反映了三种天然产物途径的融合：生物碱、异戊二烯和非核糖体肽

装配线酶学机制。该途径始于色氨酸吲哚环 C4 位的异戊烯基化，即吲哚萜烯的形成，这是第 8 章中将更加详细探讨的一种反应类型。随后异戊烯基链被瞬间羟基化，脱水生成如图 5.21 所示的二烯。然后进行第二次加氧反应，这次是末端烯烃被环氧化，生成麦角酸生物合成中间体——三环的裸麦角碱 I（chanoclavine I）。推测的机制是脱羧引发乙烯基环氧物开环。这让人联想到第 2 章中提到的聚酮类化合物中聚醚亚类的环氧化合物开环反应。

裸麦角碱的进一步修饰被认为是涉及将醇氧化为醛，形成环状的亚胺并将其还原为四环系统［田麦角碱（agroclavine）］。然后，另外两个加氧酶发挥作用，使环外甲基达到麦角酸中的酸氧化态（到目前为止，该途径中有四个加氧酶）。最后一步（从 paspalic acid 到麦角酸）被认为是环内烯烃发生非酶异构化，从而与吲哚环产生共轭。

麦角酸在其产生真菌中可作为非常规起始单元用于四模块 NRPS 装配线（Havemann, Vogel et al. 2014）。LPS1 具有一个模块，专门用于活化和固定肽基载体蛋白结构域 -1 上的麦角酸。LSP2 是一个含九结构域、三模块的 NRPS，它依次活化丙氨酸、苯丙氨酸和脯氨酸。LPS2 中最下游的结构域不是硫酯酶结构域，而是缩合结构域，这是真菌 NRPS 装配线中一种典型的布局，其中释放模式是大环化（Gao, Haynes et al. 2012）。事实上，在这条四模块的麦角胺装配线上，链的释放是通过 Phe_3-酰胺的 NH 攻击活化的 Pro_4 羰基，从而产生 N-酰化的苯丙酸 - 脯氨酸二酮哌嗪（图 5.22）。

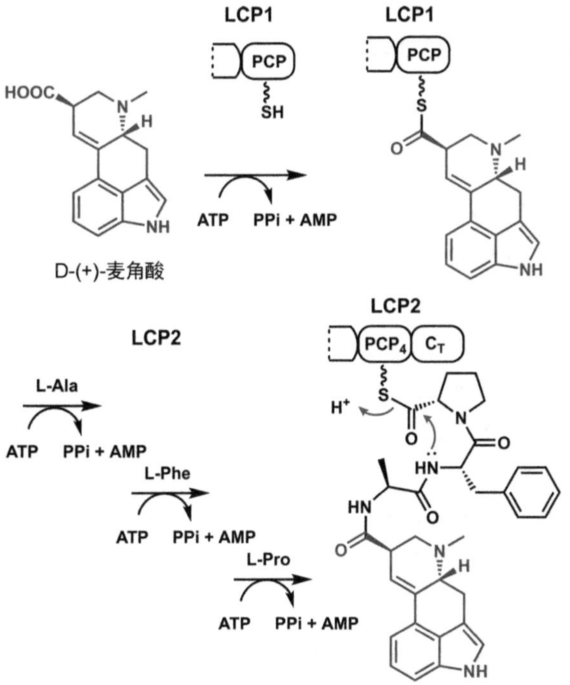

图 5.22

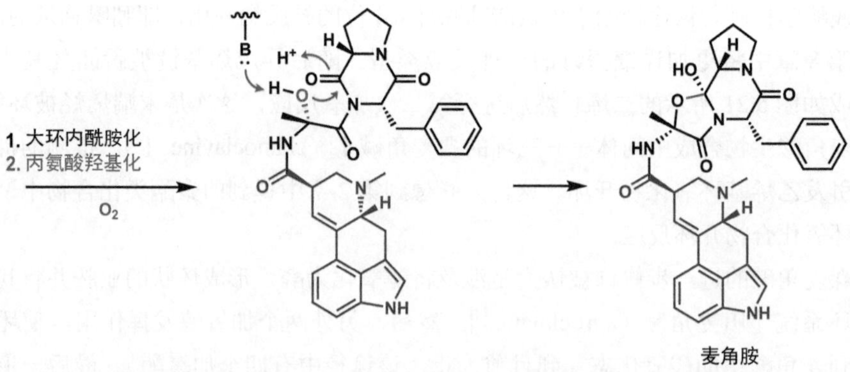

图 5.22　麦角酸是四模块麦角胺 NRPS 装配线上一个独特的起始单元；大环内酰胺化的链释放之后是装配线下的丙氨酸羟基化，生成麦角胺的羟基噁唑烷酮环

这不是最终产物。装配线下的 Ala$_2$ 残基在 Cα 处发生羟基化，引发对 Pro$_4$ 酰胺羰基的分子内进攻（Havemann, Vogel *et al.* 2014）。累积的麦角胺肽是以无张力的五元原酸酯 / 半胺缩醛的形式存在。生物碱、异戊二烯和 NRPS 装配线酶学机制和化学原理的融合产生了结构和官能基团高度复杂的天然产物。

5.6　以邻氨基苯甲酸作为起始和延伸单元用于构建真菌肽基生物碱的复杂性

邻氨基苯甲酸（Ant）是微生物和真菌的初级代谢产物，在植物中是色氨酸的重要合成砌块。图 5.10 指出，邻氨基苯甲酸的形成是以胺化 / 芳构化的酶学顺序从分支酸（苯丙氨酸和酪氨酸的前体）分流了部分代谢流。然后将邻氨基苯甲酸加工成吲哚甘油-3-磷酸，进而成为色氨酸的直接前体。因此，邻氨基苯甲酸是色氨酸的代谢源头（Walsh, Haynes *et al.* 2012）。

尽管邻氨基苯甲酸不直接用于蛋白质合成（它是一种 β-氨基酸，而不是 α-氨基酸），但它的确可以作为多种天然产物的前身，包括三环的吩嗪类、茅层霉素（tomaymycin）和放线菌素（图 5.23）。在这里，我们仅关注其在一组生物碱中发挥起始单元作用（图 5.24），例如 asperlicin E 中同时利用邻氨基苯甲酸及其孙女辈的初级代谢产物色氨酸作为前体（Walsh, Haynes *et al.* 2013）。图 5.24 中显示的六个肽基生物碱涵盖了双环至七环的生物碱骨架。所有这些生物碱都仅仅使用了三种酶催化剂，通过短而有效的两到三步酶催化途径而获得。首先是双模块或三模块的 NRPS 装配线，其中第一个模块与 PCP 硫酯一样，专门用于邻氨基苯甲酸的识别、活化和共价连接（第 3 章）。而第二个模块则是针对丙氨酸或色氨酸。

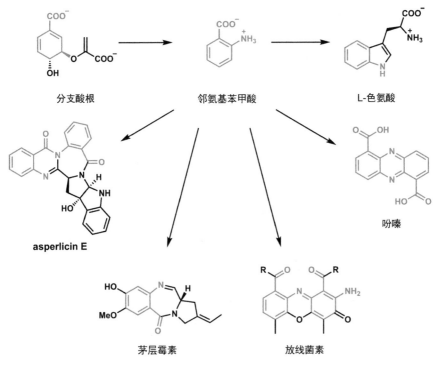

图 5.23　邻氨基苯甲酸是生成三环到七环生物碱的合成砌块

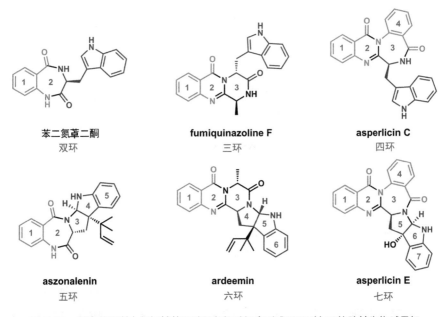

图 5.24　在真菌代谢中邻氨基苯甲酸和色氨酸组合形成双环到七环的肽基生物碱骨架

5.6.1 由邻氨基苯甲酸形成苯二氮䓬二酮（benzodiazepinedione）核心结构

在最简单的示例中，用于 aszonalenin 的双模块 NRPS 生成了 Ant-Trp-S-PCP$_2$ 型链硫酯，该硫酯在末端缩合结构域的作用下被释放，其中邻氨基苯甲酰（绿色）的游离氨基进攻 Trp$_2$ 的硫酯羰基从而完成大环化。由于邻氨基苯甲酸是 β-氨基酸而非 α-氨基酸，因此释放出的双环酰胺-苯二氮䓬二酮具有不寻常的七元环。因此，邻氨基苯甲酸提供了一种形成稀有的二氮杂䓬系统的途径（图 5.25）。由该 6-7 双环系生成五环骨架的 aszonalenin（真菌途径的终产物）仅需要另外一种酶。这种酶是异戊烯基转移酶。它将 C$_5$ 异戊烯基单元从二甲基烯丙基 - 焦磷酸转移到苯二氮䓬二酮的吲

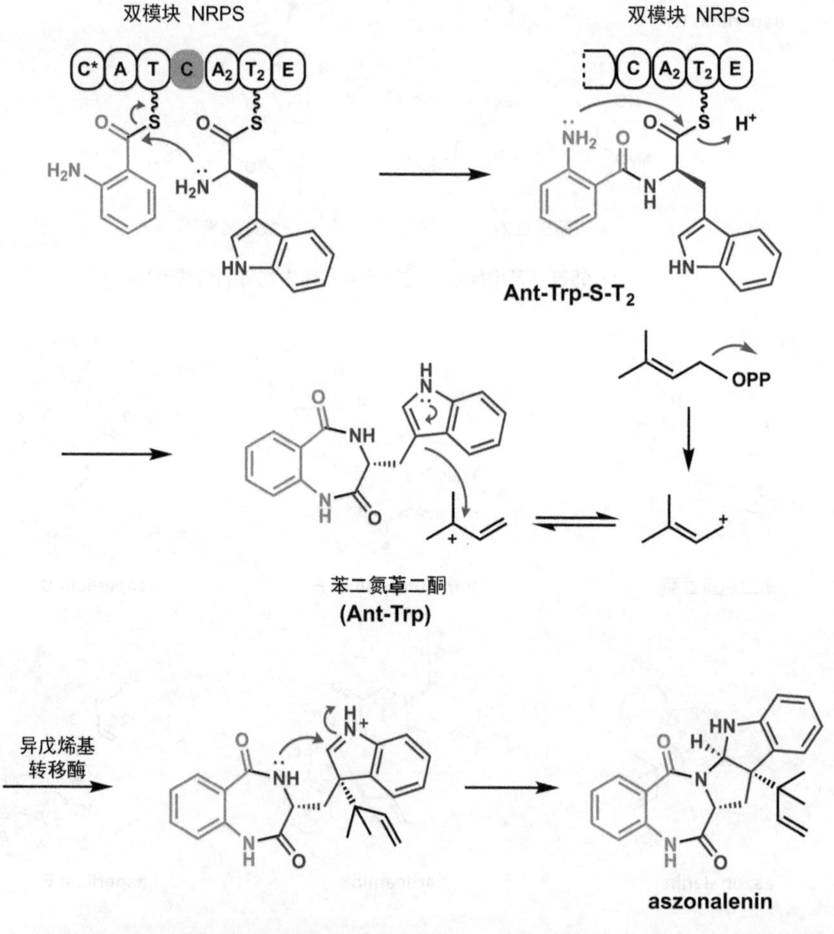

图 5.25 苯二氮䓬二酮的 6-7 双环骨架是由双模块的真菌 NRPS 组装而成；邻氨基苯甲酸是链的起始单元，链的释放是通过分子内的大环内酰胺化来实现的；在异戊烯基转移酶作用下通过吲哚环的 C3 位的烷基化，二氮杂䓬的 NH 与吲哚环上的亚胺异构体发生环化作用，从而完成了 aszonalenin 的生物合成，最终得到 6-7-5-5-6 五环体系的 aszonalenin

哚部分的 C3 位（图 5.25）。观察到的结构表明烯丙基碳正离子是产生在叔碳 C3′ 中心
而非 C1′ 处。二氮杂草的酰胺 NH 进攻吲哚啉加合物，产生一个新的 N–C 键并形成
aszonalenin 的 6-7-5-5-6 稠合环系：这是一种非常有效的用于构建产物骨架复杂性的
双酶系统。

5.6.2 由邻氨基苯甲酸生成真菌肽基生物碱中 fumiquinazoline 核心结构

除了苯二氮草二酮及其充分阐述的终产物 aszonalenin，图 5.24 还以绿色突出显示
了 fumiquinazoline F（FQF）中三环的苯二氮草二酮核心中的蒽环部分。Fumiquinazoline

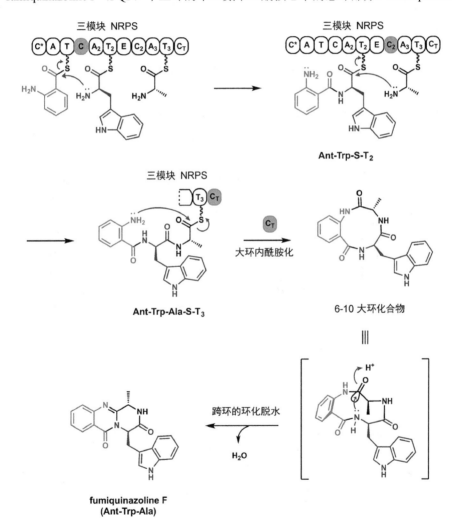

图 5.26 三模块 NRPS 活化邻氨基苯甲酸、色氨酸和丙氨酸，实现头尾内酰胺化释放。据推测新生成的
6-10 大环化合物经过跨环的环化脱水反应生成所观察到的 6-6-6 三环 fumiquinazoline F

F 是由人类致病菌烟曲霉（*Aspergillus fumigatus*）产生的次级代谢产物（Ames, Haynes *et al.* 2011）。

Fumiquinazoline F 是在烟曲霉的三模块 NRPS 装配线上合成的，它按顺序活化邻氨基苯甲酸（Ant）、色氨酸（Trp）和丙氨酸（Ala）。加入的色氨酸残基具有 D 构型，这与 Ant-Trp-S-PCP 中间体的"装配线上"的差向异构化是一致的（第 3 章，见图 3.30）。图 5.26 表明，含有大环化释放的三模块 NRPS 系统应当产生 6-10 大环作为新生产物。这个产物并没有被检测到；相反，即使在最早的时间点，也只有 6-6-6 三环的 fumiquinazoline F 被累积。因此，提出的假设是酰胺 NH 跨环攻击丙氨酸来源的羰基，然后脱水形成 FQF 骨架，这是非常有利的并且发生得非常迅速。通过对这种基本的真菌肽基生物碱的机理进行仔细分析，可以预测产物释放过程中隐性的中间环的形成和消失。

烟曲霉还培养出了另外三种 fumiquinazoline 类代谢产物——fumiquinazolines A, C, D。发现它们是由 fumiquinazoline F 通过两步酶促加工产生的（图 5.27）。第一个酶是单模块的 NRPS，可将 L- 丙氨酸活化为 Ala-S-PCP。它等待伴侣酶（一种 FAD 环氧酶）在 FQF 的吲哚部分上生成 2,3- 环氧化物。活化的 Ala-S-PCP 的胺引发环氧环开环，而吲哚氮捕获活化的 Ala 羰基。结果在吲哚部分的 N1 和 C2 处形成环，环氧环上的氧转移至吲哚环的 C3 位，从而将双环吲哚转化为 5-5-6 三环系统。产生的化合物为 fumiquinazoline A。然后，第三个酶将 fumiquinazoline A 转化为 fumiquinazoline C。它是

fumiquinazoline F

黄素单加氧酶
O_2

单模块 NRPS

fumiquinazoline A

flavin-containing oxidase

FAD $FADH_2$

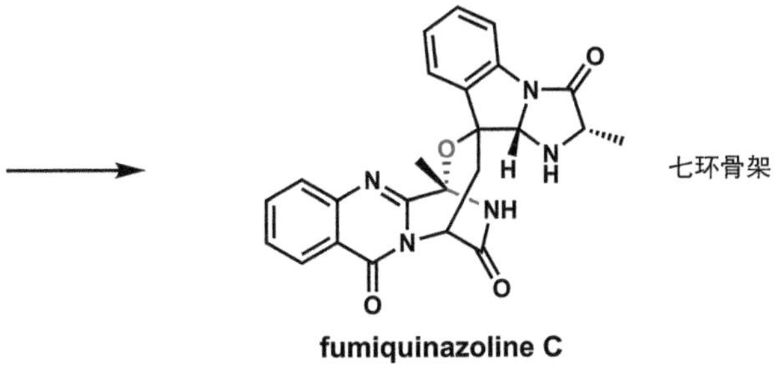

fumiquinazoline C

图 5.27　通过吲哚环氧化并与另一个 L- 丙氨酸环化生成三环咪唑酮 - 吲哚结构的三酶途径将 fumiquinazoline F 转化为 fumiquinazoline A；该途径中的最后一个酶是催化产生亚胺的黄素蛋白氧化酶，该亚胺在分子内被所示的羟基捕获，从而形成七环半胺醛骨架的 fumiquinazoline C

另一种含 FAD 的酶。该酶是将胺转化为亚胺的氧化还原酶。新生的亚胺被分子内的羟基氧捕获，而羟基氧又作为过渡态的环氧化物被引入，最终产生稳定的六元半胺醛结构。所得的 fumiquinazoline C 为七环的肽基生物碱。含有四种酶的简短的真菌途径就实现了这种复杂分子的生物合成（Walsh, Haynes *et al.* 2013）。

该类化合物中的另一种真菌喹唑啉是具有稠合六环结构的 ardeemin，它是肿瘤细胞中多药耐药性外排泵的阻滞剂。图 5.28 中的逆生物合成分析表明，末期"反"区域选择性的异戊烯化将产生如 aszonalenin 生物合成中 5-5 连接。这种异戊烯基化的底物是 fumiquinazoline F 的喹唑啉异构体。它来自三模块 NRPS 装配线，该装配线颠倒

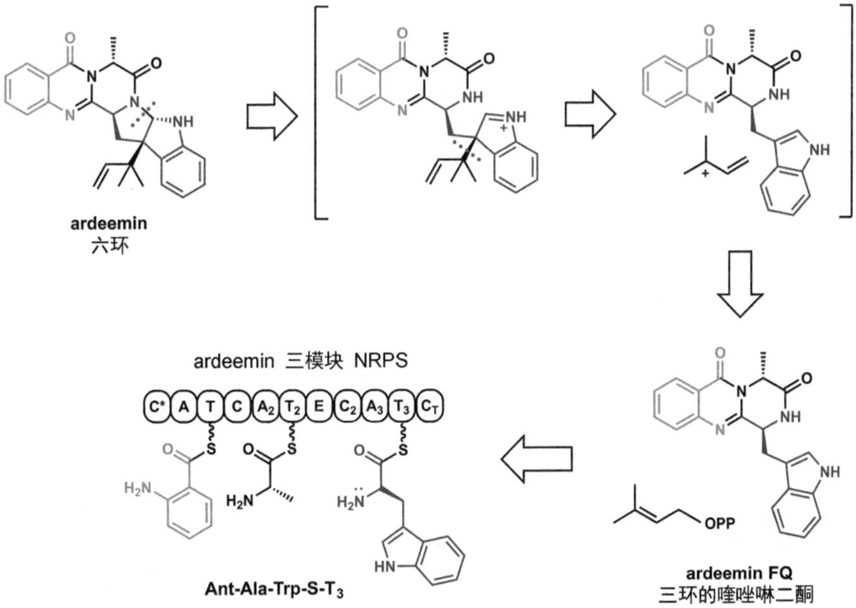

图 5.28　对六环的 ardeemin 进行逆生物合成分析表明，三模块 NRPS 释放出 fumiquinazoline 的异构体，然后在吲哚 C3 处发生异戊烯基化，并通过喹唑啉的一个氮进攻吲哚亚胺从而实现环化

了残基 2 和残基 3 的选择顺序。事实上，ardeemin 的 NRPS 能产生一种 Ant-D-Trp-L-Ala-三肽-S-酶。产物的释放再次被认为是经历两个步骤，新生成的 6-10 双环产物经跨环捕获并脱水成 6-6-6 三环喹唑啉。

图 5.29 总结了真菌中含邻氨基苯甲酸和色氨酸片段的稠合多环肽基生物碱的生物合成原理和催化机制方面呈现的非同寻常的简化性。整个生物合成过程仅利用了三种酶。第一阶段涉及双模块或三模块的 NRPS 装配线，其中链起始模块选择性活化邻氨基苯甲酸。装配线下的后修饰阶段涉及黄素依赖性吲哚环氧化酶或异戊烯基转移酶。在任何一种情况下，吲哚部分 C3 的亲核性都会产生进攻性的亲核试剂，随之吲哚氮发生烷基化，从而引入骨架的复杂性。如图 5.30 所示，我们可以将其概括为构建环

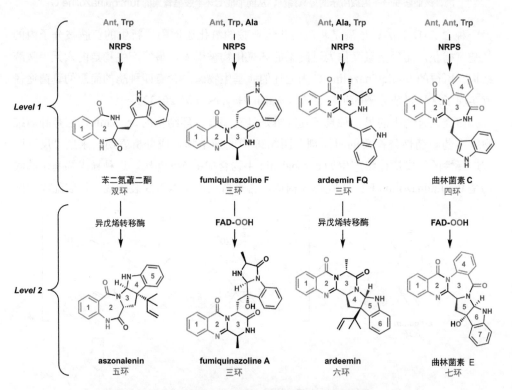

图 5.29　通过有限的一组酶由邻氨基苯甲酸和色氨酸构建复杂的肽基生物碱，
体现了其生物合成原理和催化机制方面的简化性

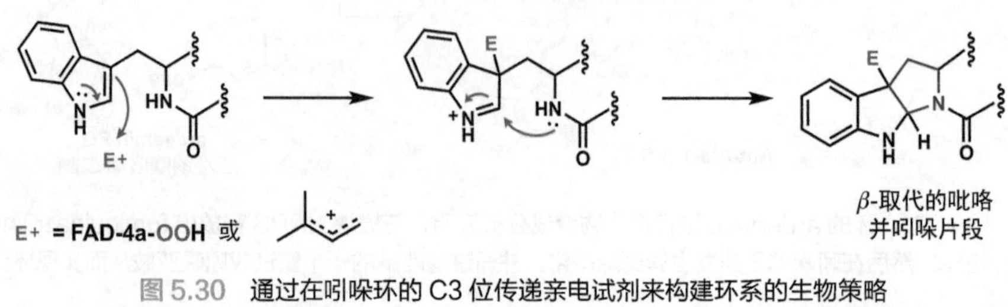

图 5.30　通过在吲哚环的 C3 位传递亲电试剂来构建环系的生物策略

系的一种策略，即利用吲哚的化学偏好性，在 C3 处作为碳亲核试剂，然后在 C2 处作为亲电试剂进行成环。

5.7 由色氨酸生成吲哚并咔唑类生物碱

吲哚并咔唑类生物碱（Lounasmaa and Tolvanen 2000; Schmidt, Reddy *et al.* 2012）是由如图 5.31 所示的苯环连接的双吲哚生物碱。这类生物碱中有两个引起人们极大兴趣的分子，一个是 1977 年分离得到的星形孢菌素（staurosporine）（Nakano and Omura 2009），另一个是几年后分离出来的蝴蝶霉素（rebeccamycin）（Sanchez, Mendez *et al.* 2006）。这些是细菌和黏液菌（slime mold）中典型的代谢产物，而不是高等植物来源

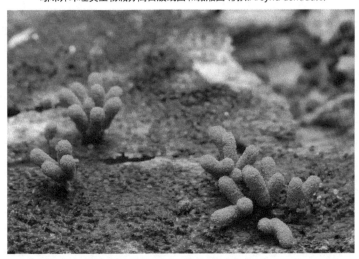

蝴蝶霉素　　　　　　　　　　星形孢菌素

吲哚并咔唑类生物碱分离自放线菌和黏液菌（例如 *Arcyria denudate*）

图 5.31　从细菌和黏液菌中分离得到的两种具有代表性的吲哚并咔唑类化合物：蝴蝶霉素和星形孢菌素

的生物碱。星形孢菌素是许多真核性蛋白激酶的强效抑制剂，可与 ATP 竞争结合。它是设计更多选择性激酶抑制剂的第一代核心骨架，其中一些已成为包括癌症治疗在内的不同治疗领域的一线药物。蝴蝶霉素不是蛋白激酶配体，而是真核 DNA 拓扑异构酶的抑制剂，它作为优化 DNA 靶向抗癌药物设计的骨架而受到关注。

蝴蝶霉素和星形孢菌素具有相同的五环吲哚并咔唑母核，但在结构和功能方面有三处不同。首先，蝴蝶霉素中两个吲哚的 7 位被氯取代；其次，位于苯桥上方的五元吡咯烷环在两个分子中处于不同的氧化态，相差四个电子；最后，蝴蝶霉素在其中一个吲哚氮原子发生了 N-葡萄糖基化，而星形孢菌素将两个吲哚氮附在修饰的己糖上

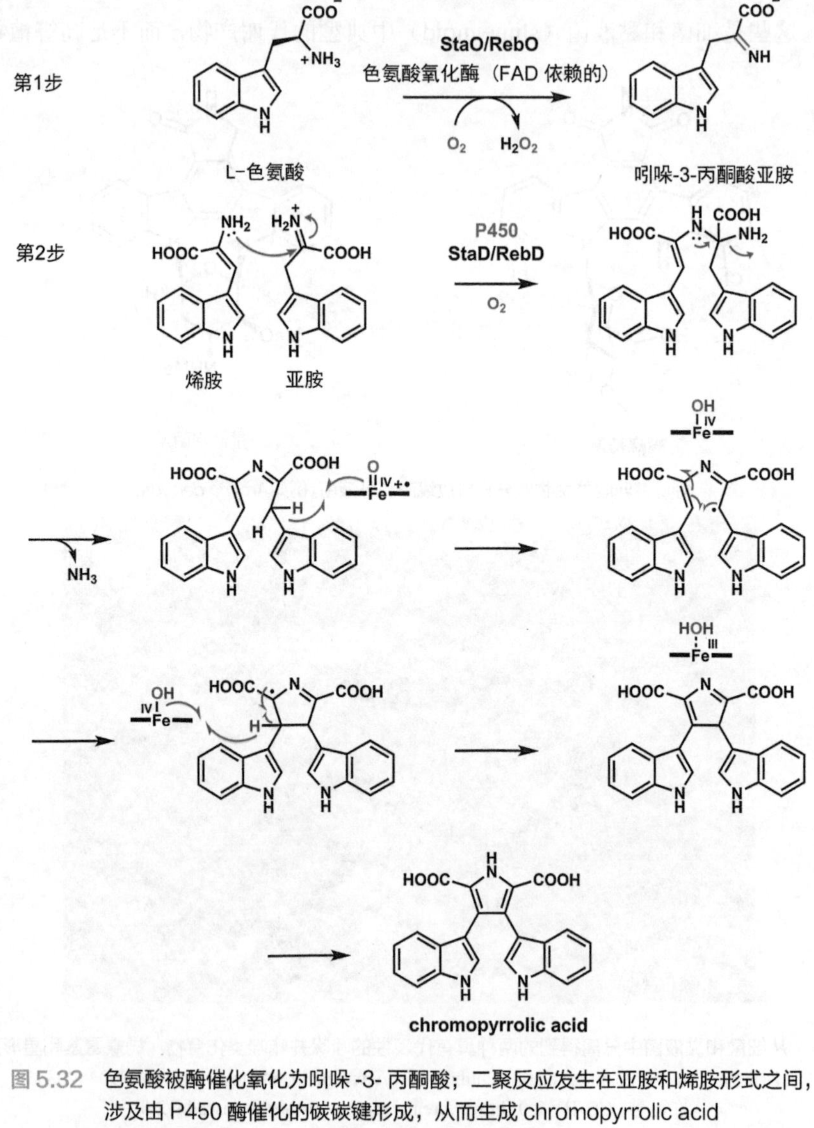

图 5.32　色氨酸被酶催化氧化为吲哚 -3- 丙酮酸；二聚反应发生在亚胺和烯胺形式之间，涉及由 P450 酶催化的碳碳键形成，从而生成 chromopyrrolic acid

（在第 11 章中进行详细讨论）。

显然，吲哚并咔唑的生物合成原理必须涉及色氨酸来源的吲哚环的氧化二聚反应。氯化步骤是在游离色氨酸水平发生，由 FADH$_2$-依赖的卤化酶所催化（Yeh, Garneau *et al.* 2005; Yeh, Cole *et al.* 2006）。它们是氧依赖性的卤化酶，在第 9 章中将详细介绍（请参见图 9.42）。吲哚并咔唑途径中第一个必要的酶是 FAD 依赖的色氨酸氧化酶，产生初始产物吲哚丙酮酸亚胺（图 5.32）。氨基酸可以被水进攻并水解为酮和氨。它们也可能异构化为烯胺形式，从而充当 C3 碳负离子（并减慢水解速度）。

途径中的第二种酶（StaD 或 RebD）是 P450 型加氧酶（Howard-Jones and Walsh 2005）。在水解之前，它催化一分子吲哚丙酮酸烯胺作为胺亲核试剂与作为亲电试剂的另一分子亚胺发生缩合（图 5.32）。产生的二聚加合物可消除 NH$_3$。在该催化循环的这一点上，P450 酶开始呈现特征性的单电子反应流。通过酶中高价氧 - 铁中心夺取氢原子（H·）生成以碳为中心的自由基，产生新的 C–C 键从而形成新的吡咯环。H·

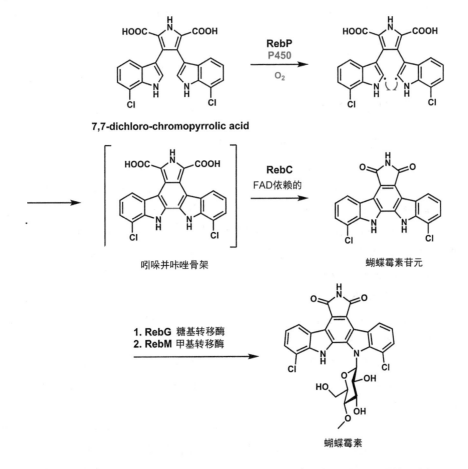

7,7-dichloro-chromopyrrolic acid

吲哚并咔唑骨架

蝴蝶霉素苷元

蝴蝶霉素

图 5.33　将 chromopyrrolic acid 中间体转化为吲哚并咔唑的稠合六环骨架结构需要在另一种铁酶催化下形成碳碳键，然后苷元通过氮糖基化转化为蝴蝶霉素

最终转移到 Fe-OH 血红素上，从而完成杂芳吡咯的形成，随后双键发生转移形成共轭结构。这就是 chromopyrrolic acid。该途径中两分子色氨酸被氧化二聚化，通过均裂方式生成新的 C–C 键。由两分子色氨酸底物到 chromopyrrolic acid 加合物的过程中共移除了六个电子。

该途径中剩余的两种酶，是另一种 FAD 酶和细胞色素 P450 酶的组合，RebC/StaC 和 RebP/StaP，它们将 chromopyrrolic acid 转化为最终的吲哚并咔唑结构（图 5.33）。这涉及同样通过该途径中第二个 P450 酶介导的自由基化学反应产生另一个 C–C 键，以及在新生成的吡咯上发生一组或两组氧化反应。在蝴蝶霉素生物合成中二羧基吡咯如何转化为马来酰亚胺或星形孢菌素生物合成中如何转化为半酰亚胺的细节尚不完全清楚。

新的碳碳键的形成被认为是通过单电子反应形式进行的，如图 5.33 所示，其中一对 C2 吲哚自由基形成碳碳键。另一种途径是通过从一个吲哚的 C 原子上移除 H 原子来产生一个自由基，通过另一个吲哚的 2,3-π 电子的参与形成碳碳单键桥，然后将 H 原子转移到铁上。Reb 和 Sta 途径中的两个 CYP P450 通过单电子反应流负责形成两个新的碳碳键。在这两种情况下，分子氧（所需的共底物）都不会终止在产物中。这是由捕获 OH˙ 而分别形成底物碳自由基的两个例子（详细内容请参阅第 9 章）。

5.8　由色氨酸氧化二聚化形成 terrequinone

异戊烯基取代的苯醌化合物 terrequinone A 的形成过程中存在一种独特的色氨酸氧化二聚化原理和酶学机制（图 5.34）。色氨酸仍在 C2 上被氧化，但这一次是通过 PLP 依赖性转氨酶 TdiD，它直接产生吲哚丙酮酸而不经历亚胺中间体（Balibar, Howard-Jones *et al*. 2007）。这是一种非亚胺/烯胺介导的二聚化反应。第二个不同之处在于酮酸被选定、活化并连接到含三结构域［腺苷酸肽基载体蛋白硫酯酶（A-PCP-TE）］的单模块 NRPS 酶 TdiA 上。包括蜡样芽孢杆菌毒素（cereulide）和缬氨霉素（valinomycin）合成酶以及 bacillaene 合成酶在内的一些其他 NRPS 装配线是选择和活化酮酸而非氨基酸（Magarvey, Ehling-Schulz *et al*. 2006; Calderone, Bumpus *et al*. 2008）。

一旦一个吲哚丙酮酸基团以氧酯形式从 PCP 转移至 TE 结构域后，另一个吲哚丙酮酸即可载入 PCP 结构域。这对分子直接发生分子间克莱森缩合反应，其中以烯醇作为亲核试剂，硫酯作为亲电试剂。结果是形成 C–C 键。随后第二次分子内克莱森缩合形成第二个 C–C 键并释放出产物，形成双吲哚基四酮环己烷，然后异构化为更稳定的醌类结构。

因此，该 NRPS 介导的二聚/释放途径中有两个非常罕见的特征。首先，NRPS 的底物是酮酸而不是氨基酸；其次，这是以克莱森缩合/环化作为释放步骤的第一个例子。TdiB 和 TdiE 催化随后的两次异戊烯基取代反应，一个发生在苯醌的 C2 位，另一个发生在其中一个吲哚环的 C2 位，从而产生 terrequinone A。而吲哚环的 C2 位可以作为碳亲核试剂进攻 DMAPP 衍生的烯丙基碳正离子，而醌的 C2 位则不行。实际上，存在一个消耗 NADH 的还原酶 TdiC，它能瞬时生成对苯二酚。在该氧化态下，C2 位具有亲核性，可以发生异戊烯基化反应。

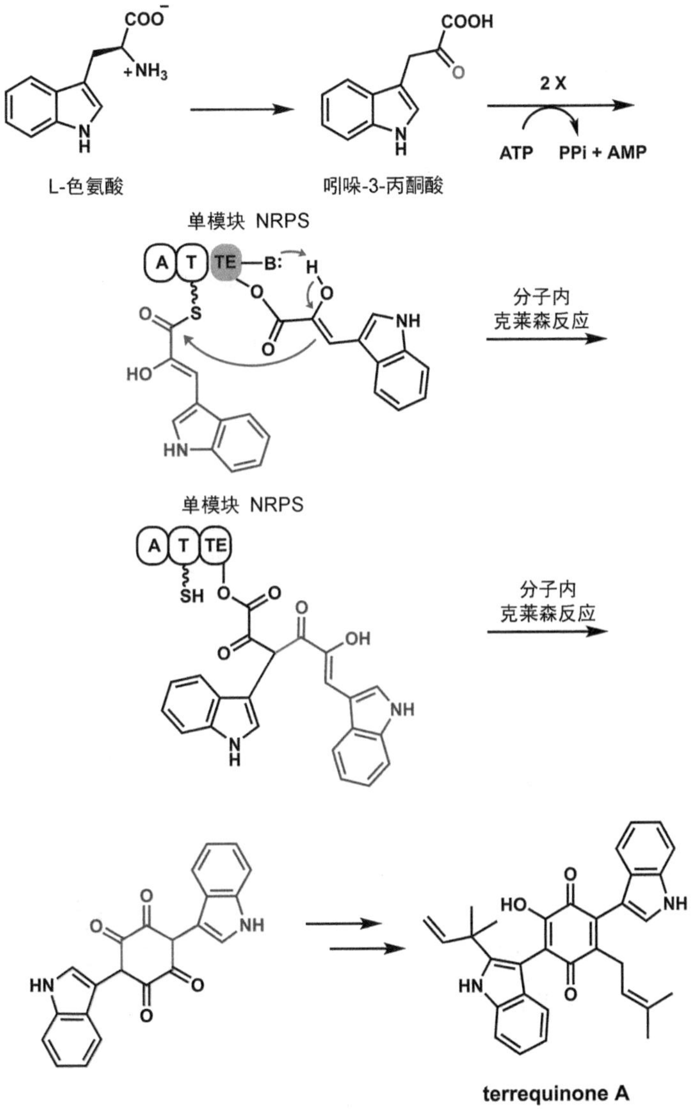

图 5.34　吲哚 -3- 丙酮酸与 TdiA 共价结合发生串联克莱森缩合反应，生成并释放双吲哚基苯醌

5.9　其他生物碱：甾体生物碱

已知大量甾体生物碱是从胆固醇代谢而来的。茄啶 (solanidine)（图 5.35）及其各

种糖苷类成分是马铃薯花、叶和芽中最主要的成分。6-6-6-5 四环骨架的胆固醇被转化为 6-6-6-5-5-6 六环系的茄啶。此外，胆固醇结构中不含氮，而生物碱产物通过转氨酶并以精氨酸作为氨基供体，在醛中间体阶段加入了一个氮。有人提出，两次胺介导的取代羟基的反应（Dewick 2009）是第五步和第六步的成环步骤。尚不清楚这种环的形成是直接取代羟基，还是代谢转化为磷酸酯或乙酰酯以形成更好的离去基团后才发生。最近的研究已经确定了一组编码糖生物碱代谢酶（GAMEs）的基因簇，它具有预测的加氧酶、还原酶和糖基转移酶活性，生成如图 5.36 所示的糖基化的 α-番茄苷、β-番茄苷和 γ-番茄苷（tomatine）。

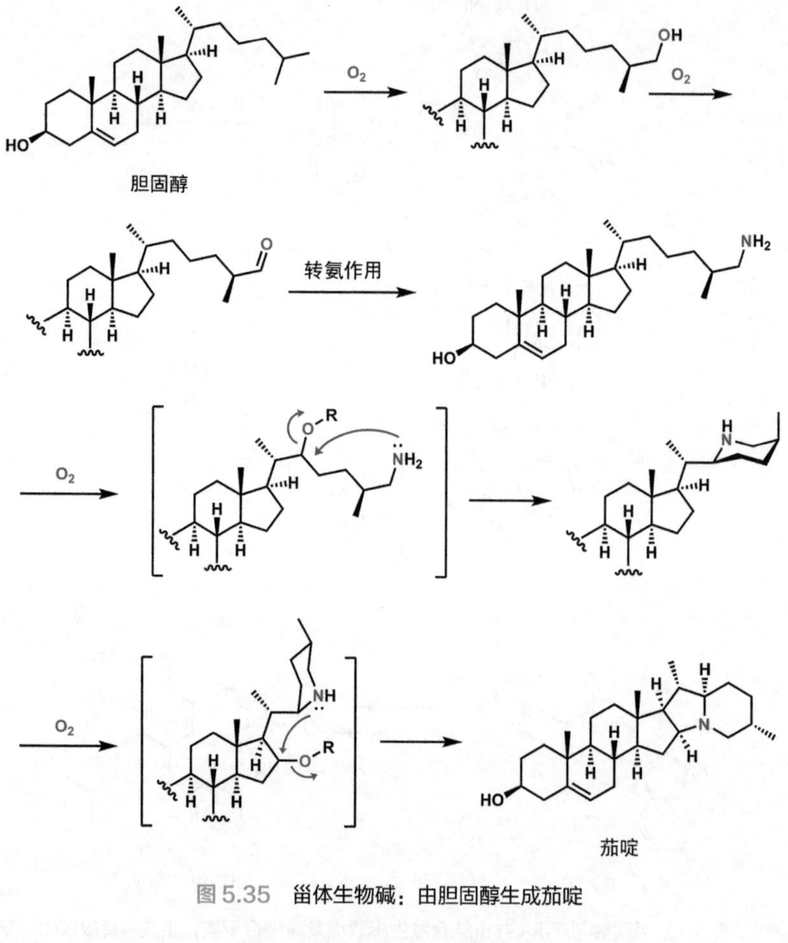

图 5.35　甾体生物碱：由胆固醇生成茄啶

第二种"臭名昭著"的甾体生物碱是来自植物北美山藜芦（*Veratrum californicum*）中的环巴胺（cyclopamine），它会导致放牧绵羊的颅面缺陷，最显著的是单眼表型，让人想起《奥德赛》中的独眼巨人。图 5.37 显示了从胆固醇到环巴胺的可能生物合成途径（Augustin, Ruzicka *et al.* 2015）。在某种程度上类似于上述茄啶的情况，胆固醇侧链氧化成末端醛，然后通过 γ- 氨基丁酸（GABA）转氨酶引入氮原子。C23 位进一步氧化成酮，形成环状六元亚胺从而生成藜芦嗪（verazine），最终形成六环骨架的环巴胺。

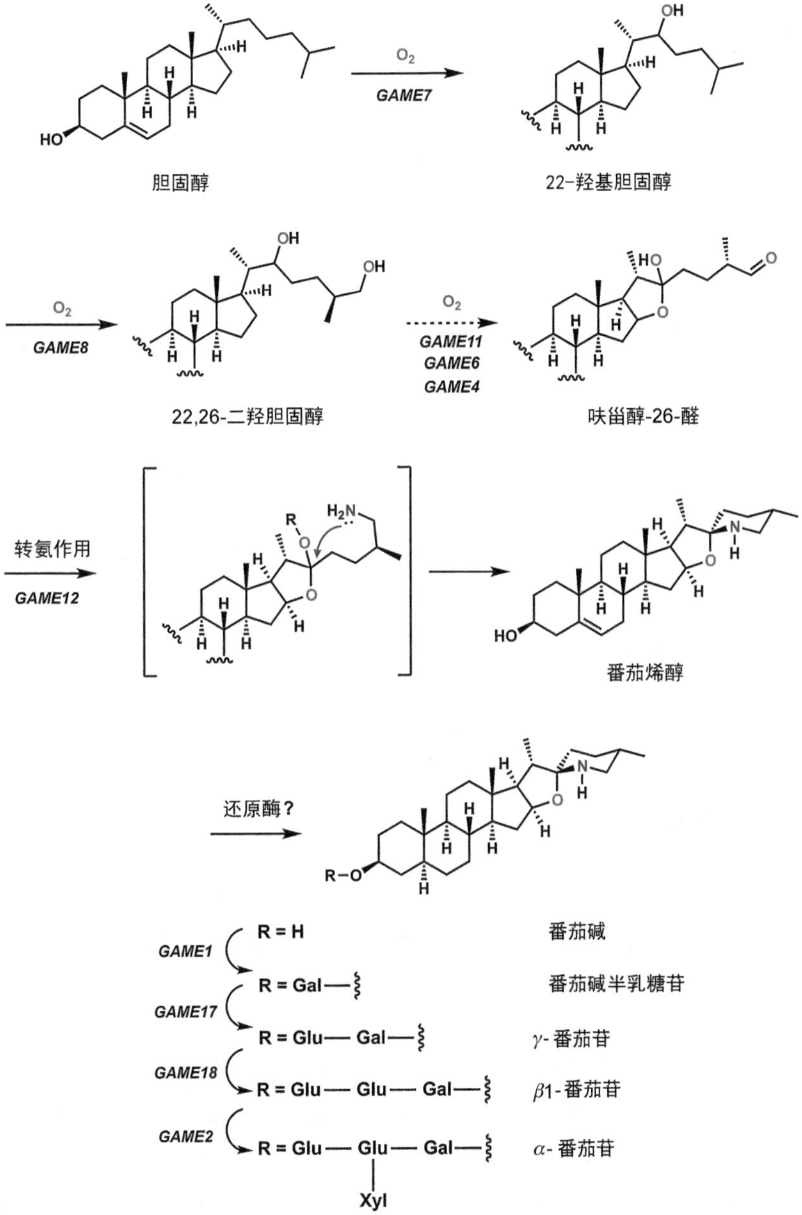

图 5.36　甾体生物碱：由胆固醇生成番茄苷过程中可能涉及成簇的基因

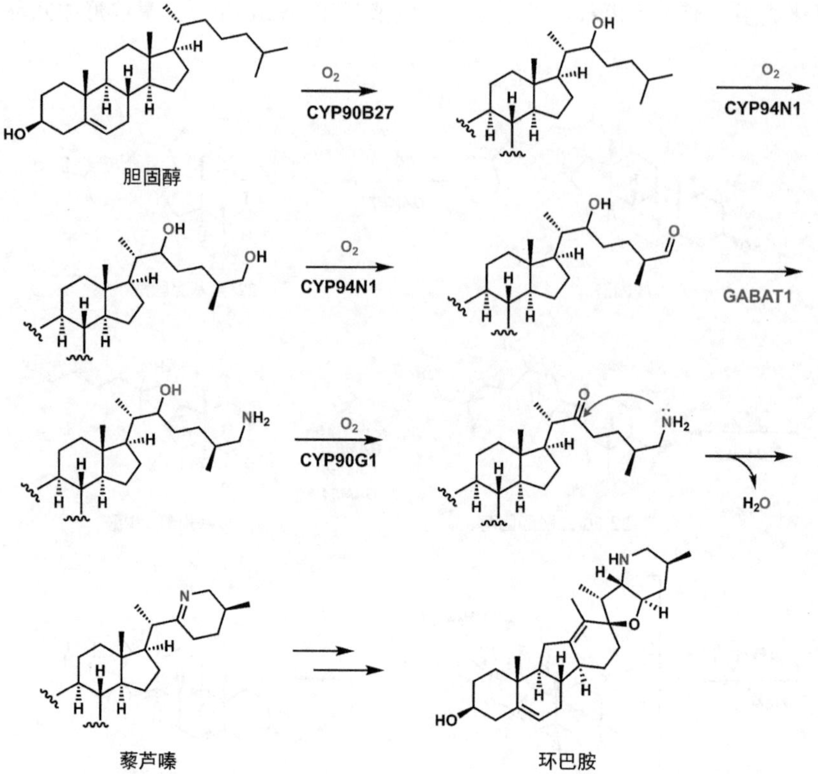

图 5.37　甾体生物碱：由胆固醇形成环巴胺

5.10　小结

将氨基酸合成砌块引入天然产物骨架有两种主要途径。第一种途径，第 3 章的 NRPS 装配线利用蛋白源氨基酸和许多非蛋白源氨基酸作为合成砌块。具有肽骨架的大环是常见的产物，这通常要在一系列专门的修饰酶作用下经历装配线下的成熟过程。

第二种途径是生物碱来源，与 NRPS 途径相比，其产物骨架的结构类型更多。除了某些蛋白源氨基酸如赖氨酸、苯丙氨酸、酪氨酸、色氨酸和组氨酸外，非蛋白源氨基酸如鸟氨酸和邻氨基苯甲酸也可以转换成含氮杂环生物碱。

生物碱生物合成途径中常见的酶促转化包括氨基酸脱羧酶和曼尼希缩合酶［涉及胺、作为伴侣的羰基（通常为醛）和碳负离子］。甲基转移酶将 SAM 的 [CH$_3^+$] 提供给亲核性的氮原子和氧原子。酰基转移酶（例如可卡因）将相应酰基辅酶 A 的乙酰基或苯甲酰基加到共底物中的氮和氧原子上。

生物碱途径中较不常见和机理上不突显的酶促转化包括催化碳碳键形成的酶。这包括小檗碱桥酶，异胡豆苷合成酶中的皮克特-斯宾格勒偶联反应，以及在构建麦角酸骨架时提出的脱羧性乙烯基环氧化物开环。

在细胞色素 P450 酶的催化作用下，通过均裂机制形成了多种碳碳键。这包括简箭毒碱二聚化过程、由 *R*-网状番荔枝碱形成萨卢它定醇、生成 chromopyrrolic acid 以及最后生成蝴蝶霉素和星形孢菌素骨架中的吲哚并咔唑的步骤中的自由基偶联反应。综合已知的生物碱结构，这类天然产物基本上包括了如本章所示的所有已知含氮杂环骨架，从单环到七环骨架，以及如第 8 章所示的复杂吲哚萜类骨架。

参考文献

Ames, B. D., S. W. Haynes, X. Gao, B. S. Evans, N. L. Kelleher, Y. Tang and C. T. Walsh (2011). "Complexity generation in fungal peptidyl alkaloid biosynthesis: oxidation of fumiquinazoline A to the heptacyclic hemiaminal fumiquinazoline C by the flavoenzyme Af12070 from Aspergillus fumigatus". *Biochemistry* **50**(40): 8756-8769.

Augustin, M. M., D. R. Ruzicka, A. K. Shukla, J. M. Augustin, C. M. Starks, M. O'Neil-Johnson, M. R. McKain, B. S. Evans, M. D. Barrett, A. Smithson, G. K. Wong, M. K. Deyholos, P. P. Edger, J. C. Pires, J. H. Leebens-Mack, D. A. Mann and T. M. Kutchan (2015). "Elucidating steroid alkaloid biosynthesis in Veratrum californicum: production of verazine in Sf9 cells". *Plant J.* **82**(6): 991-1003.

Balibar, C. J., A. R. Howard-Jones and C. T. Walsh (2007). "Terrequinone A biosynthesis through L-tryptophan oxidation, dimerization and bisprenylation". *Nat. Chem. Biol.* **3**(9): 584-592.

Barleben, L., S. Panjikar, M. Ruppert, J. Koepke and J. Stockigt (2007). "Molecular architecture of strictosidine glucosidase: the gateway to the biosynthesis of the monoterpenoid indole alkaloid family". *Plant Cell* **19**(9): 2886-2897.

Brown, S., M. Clastre, V. Courdavault and S. E. O'Connor (2015). "De novo production of the plant-derived alkaloid strictosidine in yeast". *Proc. Natl. Acad. Sci. U. S. A.* **112**(11): 3205-3210.

Calderone, C. T., S. B. Bumpus, N. L. Kelleher, C. T. Walsh and N. A. Magarvey (2008). "A ketoreductase domain in the PksJ protein of the bacillaene assembly line carries out both alpha- and betaketone reduction during chain growth". *Proc. Natl. Acad. Sci. U. S. A.* **105**(35): 12809-12814.

Cseke, L. J., A. Kirakosyan, P. B. Kaufman, S. Warber, J. A. Duje and H. L. Brielmann (2016). *Natural Products from Plants*, 2nd edn, CRC Press.

Devane, W. A., L. Hanus, A. Breuer, R. G. Pertwee, L. A. Stevenson, G. Griffin, D. Gibson, A. Mandelbaum, A. Etinger and R. Mechoulam (1992). "Isolation and structure of a brain constituent that binds to the cannabinoid receptor". *Science* **258**(5090): 1946-1949.

Dewick, P. (2009). *Medicinal Natural Products, A Biosynthetic Approach*. UK, Wiley.

Galanie, S., K. Thodey, I. J. Trenchard, M. Filsinger Interrante and C. D. Smolke (2015). "Complete biosynthesis of opioids in yeast". *Science* **349**(6252): 1095-1100.

Gao, X., S. W. Haynes, B. D. Ames, P. Wang, L. P. Vien, C. T. Walsh and Y. Tang (2012). "Cyclization of fungal nonribosomal peptides by a terminal condensation-like domain". *Nat. Chem. Biol.* **8**(10): 823-830.

Gaute, J. and R. Odell (1996). *The New Murderer's Who's Who*. London, Harrap Books.

Grobe, N., B. Zhang, U. Fisinger, T. M. Kutchan, M. H. Zenk and F. P. Guengerich (2009). "Mammalian cytochrome P450 enzymes catalyze the phenol-coupling step in endogenous morphine biosynthesis". *J. Biol. Chem.* **284**(36): 24425-24431.

Havemann, J., D. Vogel, B. Loll and U. Keller (2014). "Cyclolization of D-lysergic acid alkaloid peptides". *Chem. Biol.* **21**(1): 146-155.

Herbert, R. (1989). The Biosynthesisof Secondary Metabolites, Springer. Hesse, M. (2002). *Alkaloids: Nature's Curse or Blessing?*, John Wiley & Sons.

Hill, R. and A. Yudin (2006). "Making Carbon-Nitrogen Bonds in Biological and Chemical Synthesis". *Nat. Chem. Biol.* **2**: 284-287.

Howard-Jones, A. R. and C. T. Walsh (2005). "Enzymatic generation of the chromopyrrolic acid scaffold of rebeccamycin by the tandem action of RebO and RebD". *Biochemistry* **44**(48): 15652-15663.

Humphrey, A. J. and D. O'Hagan (2001). "Tropane alkaloid biosynthesis. A century old problem unresolved". *Nat. Prod. Rep.* **18**(5): 494-502.

Ilari, A., S. Franceschini, A. Bonamore, F. Arenghi, B. Botta, A. Macone, A. Pasquo, L. Bellucci and A. Boffi (2009). "Structural basis of enzymatic (S)-norcoclaurine biosynthesis". *J. Biol. Chem.* **284**(2): 897-904.

Jirschitzka, J., G. W. Schmidt, M. Reichelt, B. Schneider, J. Gershenzon and J. C. D'Auria (2012). "Plant tropane alkaloid biosynthesis evolved independently in the Solanaceae and Erythroxylaceae". *Proc. Natl. Acad. Sci. U. S. A.* **109**(26): 10304-10309.

Lin, C. C., T. Y. Chan and J. F. Deng (2004). "Clinical features and management of herb-induced aconitine poisoning". *Ann. Emerg. Med.* **43**(5): 574-579.

Lipscomb, J. D. (2008). "Mechanism of extradiol aromatic ringcleaving dioxygenases". *Curr. Opin. Struct. Biol.* **18**: 644-649.

Loris, E. A., S. Panjikar, M. Ruppert, L. Barleben, M. Unger, H. Schubel and J. Stockigt (2007). "Structure-based engineering of strictosidine synthase: auxiliary for alkaloid libraries". *Chem. Biol.* **14**(9): 979-985.

Lounasmaa, M. and A. Tolvanen (2000). "Simple indole alkaloids and those with a nonrearranged monoterpenoid unit". *Nat. Prod. Rep.* **17**(2): 175-191.

Ma, X., S. Panjikar, J. Koepke, E. Loris and J. Stockigt (2006). "The structure of Rauvolfia serpentina strictosidine synthase is a novel six-bladed beta-propeller fold in plant proteins". *Plant Cell* **18**(4): 907-920.

Magarvey, N. A., M. Ehling-Schulz and C. T. Walsh (2006). "Characterization of the cereulide NRPS alpha-hydroxy acid specifying modules: activation of alpha-keto acids and chiral reduction on the assembly line". *J. Am. Chem. Soc.* **128**(33): 10698-10699.

Maresh, J. J., L. A. Giddings, A. Friedrich, E. A. Loris, S. Panjikar, B. L. Trout, J. Stockigt, B. Peters and S. E. O'Connor (2008). "Strictosidine synthase: mechanism of a Pictet-Spengler catalyzing enzyme". *J. Am. Chem. Soc.* **130**(2): 710-723.

Nakano, H. and S. Omura (2009). "Chemical biology of natural indolocarbazole products: 30 years since the discovery of staurosporine". *J. Antibiot.* **62**(1): 17-26.

Panjikar, S., J. Stoeckigt, S. O'Connor and H. Warzecha (2012). "The impact of structural biology on alkaloid biosynthesis research". *Nat. Prod. Rep.* **29**(10): 1176-1200.

Peissel, M. (1984). *The Ants' Gold. The Discovery of the Greek El Dorado in the Himalayas.* London, Harvill Press.

Pelletier, S. W. (1983). *Alkaloids: Chremical and Biological Perspectives.* New York, John Wiley & Sons.

Robinson, R. (1952). "Molecular structure of Strychnine, Brucine and Vomicine". *Prog. Org. Chem.* **1**: 2.

Sanchez, C., C. Mendez and J. A. Salas (2006). "Indolocarbazole natural products: occurrence, biosynthesis, and biological activity". *Nat. Prod. Rep.* **23**(6): 1007-1045.

Sato, F., T. Hashimoto, A. Hachiya, K. Tamura, K. B. Choi, T. Morishige, H. Fujimoto and Y. Yamada (2001). "Metabolic engineering of plant alkaloid biosynthesis". *Proc. Natl. Acad. Sci. U. S. A.* **98**(1): 367-

372.

Schiff, P. L. (2006). "Ergot and its Alkaloids". *Am. J. Pharm. Educ.* **70**: 1-10.

Schmidt, A. W., K. R. Reddy and H. J. Knolker (2012). "Occurrence, biogenesis, and synthesis of biologically active carbazole alkaloids". *Chem. Rev.* **112**(6): 3193-3328.

Schmidt, G. W., J. Jirschitzka, T. Porta, M. Reichelt, K. Luck, J. C. Torre, F. Dolke, E. Varesio, G. Hopfgartner, J. Gershenzon and J. C. D'Auria (2015). "The last step in cocaine biosynthesis is catalyzed by a BAHD acyltransferase". *Plant Physiol.* **167**(1): 89-101.

Seigler, D. (2012). *Plant Secondary Metabolism*, Springer Science and Business Media: 759.

Stadler, R., T. Kutchan and M. H. Zenk (1989). "(S)-norcoclaurine is the central intermediate in benzylisoquinoline alkaloid biosynthesis". *Phytochemistry* **4**: 1083-1086.

Thackray, S. J., C. G. Mowat and S. K. Chapman (2008). "Exploring the mechanism of tryptophan 2,3-dioxygenase". *Biochem. Soc. Trans.* **36**(Pt 6): 1120-1123.

Walsh, C. T., S. W. Haynes and B. D. Ames (2012). "Aminobenzoates as building blocks for natural product assembly lines". *Nat. Prod. Rep.* **29**(1): 37-59.

Walsh, C. T., S. W. Haynes, B. D. Ames, X. Gao and Y. Tang (2013). "Short pathways to complexity generation: fungal peptidyl alkaloid multicyclic scaffolds from anthranilate building blocks". *ACS Chem. Biol.* **8**(7): 1366-1382.

Weld, M., J. Ziegler and T. Kutchan (2004). "Morphine biosynthesis in the opium poppy, Papaver somniferum". *Proc. Natl. Acad. Sci. U. S. A.* **101**: 13957-13962.

Winkler, A., A. Lyskowski, S. Riedl, M. Puhl, T. M. Kutchan, P. Macheroux and K. Gruber (2008). "A concerted mechanism for berberine bridge enzyme". *Nat. Chem. Biol.* **4**(12): 739-741.

Winzer, T., M. Kern, A. J. King, T. R. Larson, R. I. Teodor, S. L. Donninger, Y. Li, A. A. Dowle, J. Cartwright, R. Bates, D. Ashford, J. Thomas, C. Walker, T. A. Bowser and I. A. Graham (2015). "Plant science. Morphinan biosynthesis in opium poppy requires a P450-oxidoreductase fusion protein". *Science* **349**(6245): 309-312.

Woodward, R. B., M. P. Cava, W. D. Ollis, A. Hunger, H. U. Daeniker and K. Schenker (1963). "The total synthesis of strychnine". *Tetrahedron Lett.* **19**: 247-288.

Yeh, E., L. J. Cole, E. W. Barr, J. M. Bollinger, Jr., D. P. Ballou and C. T. Walsh (2006). "Flavin redox chemistry precedes substrate chlorination during the reaction of the flavin-dependent halogenase RebH". *Biochemistry* **45**(25): 7904-7912.

Yeh, E., S. Garneau and C. T. Walsh (2005). "Robust in vitro activity of RebF and RebH, a two-component reductase/halogenase, generating 7-chlorotryptophan during rebeccamycin biosynthesis". *Proc. Natl. Acad. Sci. U. S. A.* **102**(11): 3960-3965.

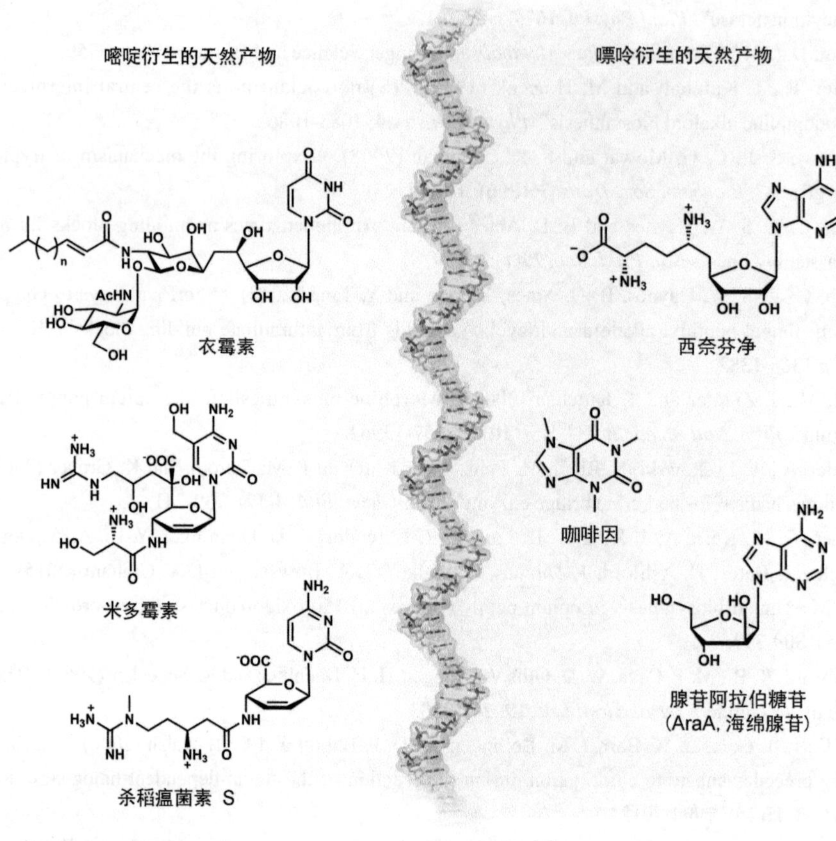

嘧啶衍生的天然产物

衣霉素

米多霉素

杀稻瘟菌素 S

嘌呤衍生的天然产物

西奈芬净

咖啡因

腺苷阿拉伯糖苷
（AraA, 海绵腺苷）

嘌呤和嘧啶衍生的天然产物

版权（2016）John Billingsley

第**6**章 嘌呤和嘧啶衍生的天然产物

6.1 引言

就第 5 章讨论的生物碱类天然产物而言，图 6.1 中的四个分子显然也符合广义生物碱的定义，即杂环中至少有一个氮原子。用氮替代苯环的一个碳原子得到吡啶；同理，替代 1,3 位的碳原子就得到嘧啶环。咪唑并嘧啶的稠合双环就是熟知的嘌呤，而吡咯并嘧啶环系则为 7-脱氮嘌呤。

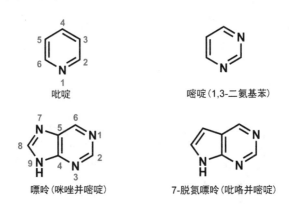

吡啶

嘧啶（1,3-二氮基苯）

嘌呤（咪唑并嘧啶）

7-脱氮嘌呤（吡咯并嘧啶）

图 6.1　吡啶、嘧啶、嘌呤和 7- 脱氮嘌呤的结构

从更广的初级代谢和次级代谢层面来看，吡啶和吡咯并嘧啶作为典型的生物碱骨架一直以来备受关注。尽管吡啶是初级代谢中烟酰胺和磷酸吡哆醛这两种最常见辅酶的核心结构，但很少有生物化学家将其优先视为生物碱骨架。

对于嘧啶和嘌呤环系而言，生物碱更像是正式名称，因为它们包含了 DNA 和 RNA 两类生物大分子的核心信息。不过在本章中，我们会将其作为代谢中心进行详述。正如下文乃至本章所述，嘧啶和嘌呤骨架的生源合成路径会贯穿核糖核苷酸和脱氧核糖核苷酸的合成过程。游离的嘌呤和嘧啶通常不易积累，除非是在经过酶修饰后作为特定的酶降解产物而存在：例如从（脱氧）核苷酸到（脱氧）核苷，而核苷再降解为游离碱基和核糖。

6.2 DNA 和 RNA 中各嘌呤和嘧啶间的配对

DNA 和 RNA 分子的特定序列是嘌呤和嘧啶丰度及组成的关键生物学限制因素。Watson 和 Crick 对 DNA 结构的推测解释了双螺旋结构中的两组碱基对腺嘌呤／胸腺嘧啶和鸟嘌呤／胞嘧啶的比是恒定的。每个基因所承载的遗传信息由这两组碱基对的数目和次序决定（图 6.2），继而经转录酶介导将基因转录为 RNA，包括编码区、非编码区、调节和结构功能区域，由此将一条链上的 DNA 序列信息复制到 RNA 链上。

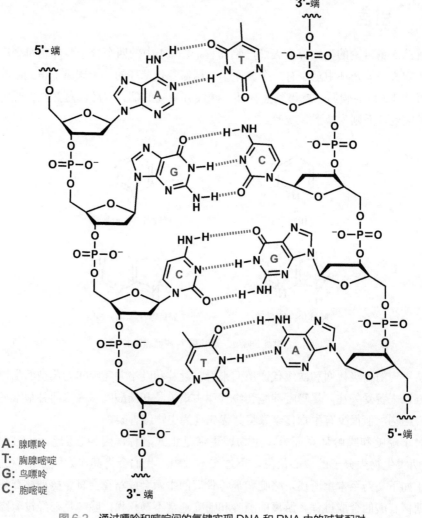

A: 腺嘌呤
T: 胸腺嘧啶
G: 鸟嘌呤
C: 胞嘧啶

图 6.2 通过嘌呤和嘧啶间的氢键实现 DNA 和 RNA 中的碱基配对

图 6.3 展示了在 DNA 和 RNA 中均存在的两种嘌呤结构：腺嘌呤（A）和鸟嘌呤（G）。在 RNA 中对应的嘧啶是尿嘧啶（U）和胞嘧啶（C）。在 DNA 中，5-甲基尿嘧啶环系的胸腺嘧啶（T）替代了尿嘧啶（U），而核糖的 2′-OH 被 2′-H 取代。图中所示正是单磷酸核苷 A（单磷酸腺苷，AMP）、G（单磷酸鸟苷，GMP）以及相对应的三磷酸核苷 U（三磷酸尿苷，UTP）、C（三磷酸胞苷，CTP）和 2′-羟基脱氧胸腺嘧啶（2′-脱氧胸苷三磷酸，dTTP）。将游离碱基命名为腺嘌呤和尿嘧啶（图 6.4），将碱基-核糖结合体命名为核苷（腺苷和尿苷），而碱基-核糖-磷酸酯三者结合体则被命名为核苷酸（单磷酸腺苷和单磷酸尿苷），核苷酸是构成核酸骨架的基本单元。

5′-单磷酸腺苷(AMP)

5′-单磷酸鸟苷(GMP)

5′-三磷酸胞苷(CTP)

5′-三磷酸尿苷(UTP)

三磷酸脱氧胸苷(dTTP)

图 6.3　DNA 和 RNA 中的嘌呤和嘧啶

亲核性的 N9

腺嘌呤

腺苷

5′-磷酸腺苷(AMP)

图 6.4

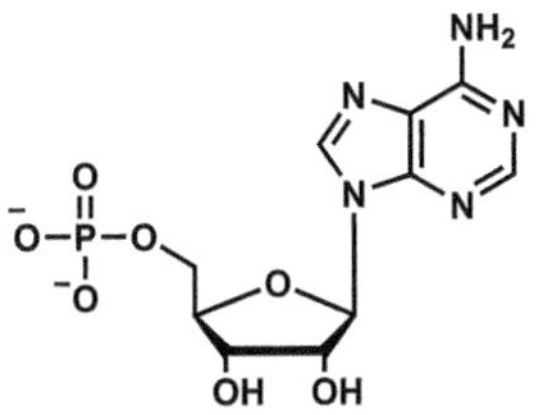

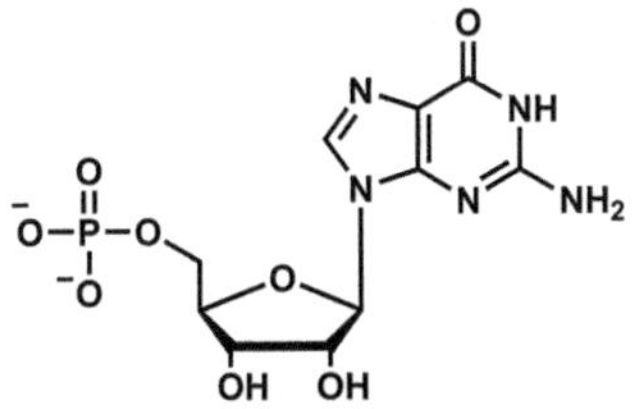

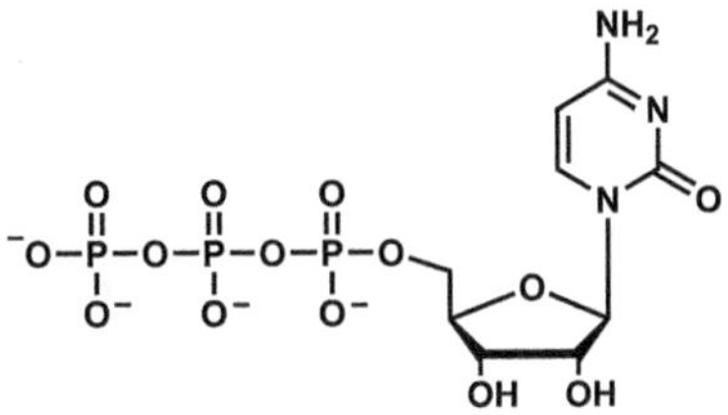

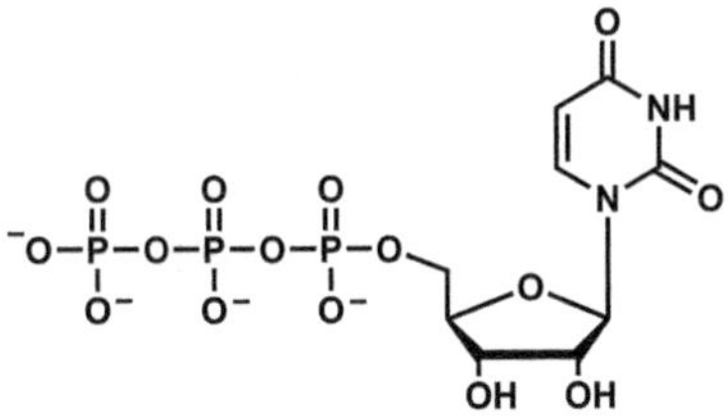

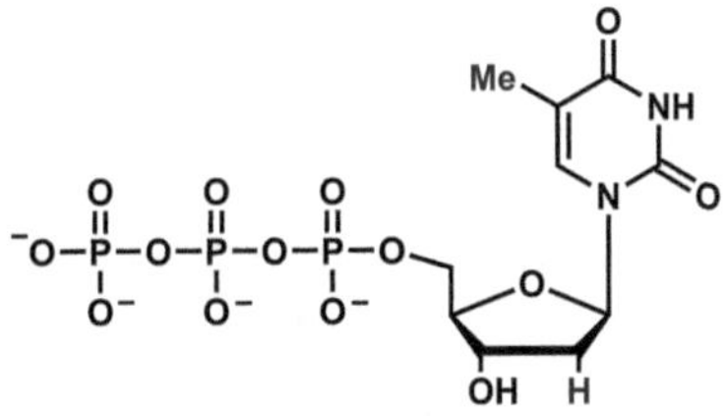

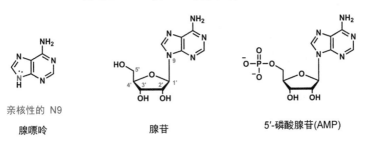

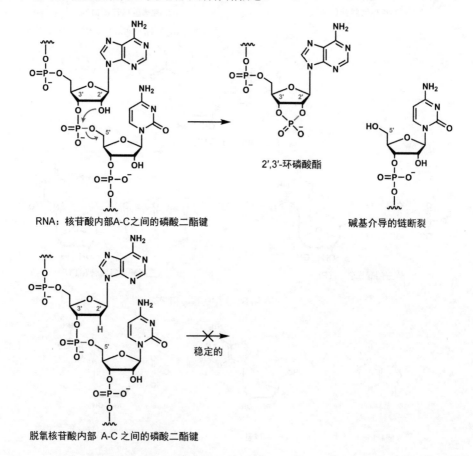

核碱基 .... 核苷 .... 核苷酸

亲核性的N1
尿嘧啶

尿苷

5′-三磷酸尿苷(UTP)

图6.4 嘌呤和嘧啶碱基、核苷和核苷酸

最后介绍 DNA 和 RNA 的稳定性。如图 6.5 所示，RNA 分子中核苷酸之间共价的 3′,5′-磷酸二酯键理论上具有不稳定性，容易受到 2′ 位羟基的分子内进攻发生水解，从而生成 2′,3′ 位的环状中间体，造成链的断裂和信息的丢失。相反，在 DNA 分子中核苷酸之间使用 2′-脱氧核糖部分进行连接，消除了其分子内的不稳定性。因此，DNA 相对来说更加稳定，更适合长期存储信息。

2′,3′-环磷酸酯

RNA：核苷酸内部A-C之间的磷酸二酯键

碱基介导的链断裂

稳定的

脱氧核苷酸内部 A-C 之间的磷酸二酯键

图6.5 DNA 中核苷酸之间的磷酸二酯键比 RNA 中更加稳定：DNA 是遗传信息长期储存的最佳选择

6.3　RNA 世界的遗迹

　　一种较流行的假说认为生命起源于那些将遗传信息储存于 RNA 而非 DNA 中的生命体（Cech 2012）。根据此假说，现存的 RNA 病毒可能是原始生命体的直接后代。然而，可能是在上述化学逻辑的驱动下，其他生命体就选择了基于 DNA 的更加可靠的遗传信息系统。见图 6.6。

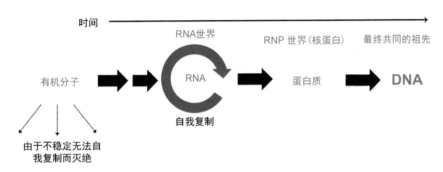

图 6.6　以 RNA 分子作为遗传中心和催化性大分子，并且先于蛋白质和 DNA 出现的一种进化模型

　　从 RNA 到 DNA 不仅需要在 RNA 病毒中发现的逆转录酶，还需要核糖核苷酸还原酶。这种负责 RNA 和 DNA 相互转换的关键催化酶在二磷酸核糖核苷的水平上发挥作用（Nordlund and Reichard 2006）。它将四种二磷酸核糖核苷 ADP、GDP、UDP 和 CDP 转换为 2′-dADP、2′-dGDP、2′-CDP 和 2′-UDP。从 RNA 到 DNA 的下一步转变需要胸腺嘧啶核苷酸合酶，在 dUMP 的基础上插入 5-甲基基团产生 dTMP（单磷酸 5-甲基-脱氧尿苷）（Carreras and Santi 1995）。由于上述这些酶是初级代谢而非次级代谢的主要参与者，故在此不再深究其机制，当然这种分子水平上的化学原理对于解释生命体的产生和积累依然存在局限性。

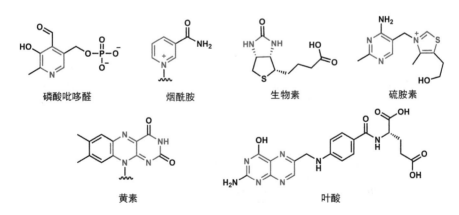

图 6.7　以含有氮杂环作为关键功能元件的辅酶

含氮杂环可能是 RNA 大分子遗留的另一个迹象（Walsh 2015）。它们不仅包括咪唑、嘧啶和吡啶（NAD 和磷酸吡哆醛），还包括 ATP 和 *S*-腺苷甲硫氨酸的腺苷部分，以及辅酶 A（图 6.7）。图 6.7 所示初级代谢中的两种辅酶：焦磷酸硫胺素（thiamin-pyrophosphate）（TPP）和叶酸（folate）都有一个明确的嘧啶基团作为其杂环骨架的一部分。虽然 TPP 和四氢叶酸的嘧啶部分都不参与这两种辅酶所介导的特定生化反应，但它们是伴侣蛋白识别的特异性决定因素。当发生反应时，TPP 中嘧啶环的形成过程中遵循的化学原理有别于下面所述典型途径。

6.4 嘌呤和嘧啶的经典生物合成路径

作为 DNA 和 RNA 的合成砌块，单环的嘧啶和双环的嘌呤都是在初级糖代谢产物 5-磷酸核糖的骨架基础上组装而成的。就嘧啶的合成而言，在磷酸核糖转移酶的作用下，在乳清酸（orotate）阶段加入 5-磷酸核糖 [图 6.8（A）]，产生 OMP（乳清酸核苷单磷酸）。OMP 通过脱羧产生 UMP，即获得嘧啶环的两个合成砌块之一。第二个合成砌块胞嘧啶则是在 CTP 合酶的作用下将 UTP 的 C4 位羧基转成氨基而成。

形成 OMP 中核苷酸的关键 N1–C1′ 键是通过乳清酸中的碱性 N1 原子作为亲核试剂进攻活化的 1-焦磷酸-5-磷酸核糖（PRPP）而成。在第 11 章以及本章的后续内容中，将会提及己糖作为亲电试剂其 C1′ 位活化的化学机制是通过形成二磷酸核苷衍生物，同时 1-焦磷酸-5-磷酸核糖（PRPP）中的二磷酸作为离去基团而离去。

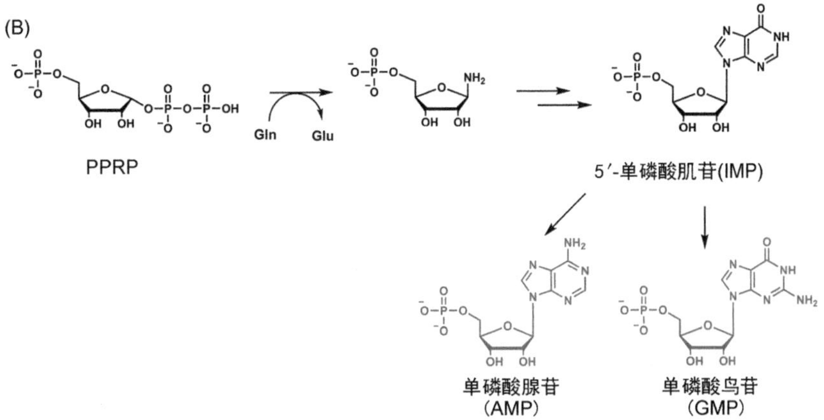

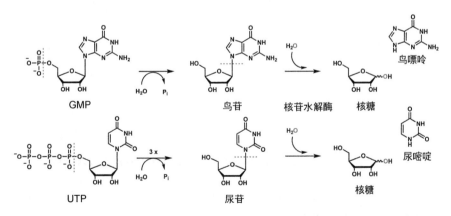

图 6.8 （A）嘧啶环形成的起始步骤出现于二氢乳清酸形成阶段，继而经过脱氢形成乳清酸，磷酸核糖基化形成 OMP，从而脱羧生成 UMP；C4 位氨基化形成胞嘧啶环系的反应仅发生于 UTP，而非 UMP 或 UDP。（B）AMP 和 GMP 是嘌呤核糖核苷酸 IMP 下游的初始产物

　　为了获得更长更复杂的双环咪唑并嘧啶骨架结构的嘌呤合成砌块 [图 6.8（B）]，两个杂环首先要组装到 5-磷酸核糖骨架上。第一个发挥作用的酶将 PRPP 转换为 5-磷酸核糖-1'-胺，首先构建吡咯环（用于将核糖连到该环上），其次是嘧啶环，进而生成次黄嘌呤单核苷酸，即第一个拥有完整嘌呤骨架的代谢产物。之后通过后修饰酶的催化作用形成具有 6-氨基的腺苷以及 2-氨基的鸟嘌呤核苷酸。

　　根据生物合成的化学原理，核糖核苷酸是生物合成的直接终产物，而相应的核苷和游离碱基（腺嘌呤、鸟嘌呤、胞嘧啶、尿嘧啶）并不在生物合成路径上。因此，所有游离的杂环嘧啶和嘌呤代谢物在初级代谢和次级代谢途径中都很罕见，它们通常经磷酸酶将核苷酸水解为核苷，再由核苷水解酶将核苷水解为 5-磷酸核糖以及游离的嘌呤碱和嘧啶碱（图 6.9）。相反的是，由于核苷和核苷酸是遗传信息传递的珍贵合成砌块，上述途径并不是普遍存在的，而以相反方向运行的核苷酸补救合成途径却可

图 6.9 嘌呤和嘧啶生物合成途径生成的初始产物为核苷酸；核苷和游离碱基由相应的酶降解而成

以捕捉任何游离的碱基和核苷来合成核苷酸，这样机体可以避免耗费过多的能量从头合成和构建每一个细胞分裂所需的数百万到数十亿的 DNA 和 RNA 合成砌块。

6.5 咖啡因、可可碱和茶碱

嘌呤生物碱的实例包括可可碱、茶碱和咖啡因，它们都是药理学意义上的兴奋剂（Dewick 2009）。在咖啡和古柯植物中，这三种生物碱由嘌呤途径的中间产物次黄嘌呤（IMP）经很短的途径生成（图 6.10）。IMP 被转换为 2-氧代产物单磷酸黄嘌呤核苷（XMP），之后经磷酸水解酶水解 5′-O-PO$_3$ 键形成黄嘌呤核苷。

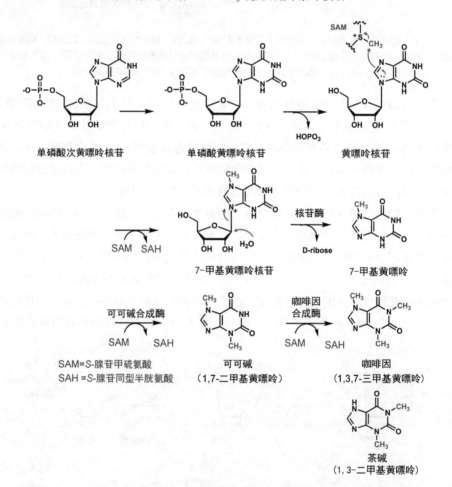

图 6.10　咖啡因、可可碱和茶碱由单磷酸黄嘌呤核苷和黄嘌呤经酶促甲基化形成

该核苷经过三步连续的 S-腺苷甲硫氨酸依赖的甲基化反应，第一步甲基化发生在 C7 位，活化了 N9–C1′ 键致使核糖水解分离，因此核苷转化为甲基化的游离嘌呤碱是

由化学甲基化/键活化介导的，而非水解酶催化的。7 位的 *N*-甲基黄嘌呤区域特异性地在 N1 位发生了第二次甲基化，生成可可碱。第三次甲基化生成的 1,3,7-三甲基黄嘌呤就是熟知的咖啡因。而二甲基黄嘌呤的另一个区域异构体，即 1,3-二甲基黄嘌呤就是茶碱。三种甲基黄嘌呤中最具刺激性的是咖啡因（图 6.11），而茶碱在药理上常作为平滑肌舒张剂用于支气管炎的治疗。咖啡因是所有亚型腺苷受体和 GABA-A 受体的拮抗剂，并抑制磷酸二酯酶的多种分子形态，具有广泛的药理活性（Ribeiro and Sebastiao 2010）。

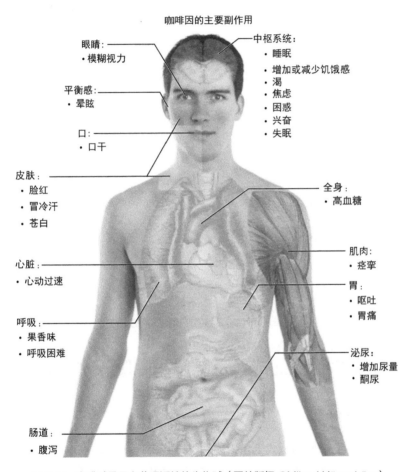

图 6.11　咖啡碱是具有药理活性的生物碱（图片版权 @Mikael Häggström）

6.6　植物异戊烯基腺嘌呤：细胞分裂素

核苷酸初级代谢产物到嘌呤碱（不带糖和磷酸盐部分）的第二个实例是发生在植物细胞分裂素类激素——异戊烯基腺嘌呤的合成过程中（Frebort, Kowalska *et al.*

2011）。如图 6.12 所示，ATP（或 ADP 或 AMP）可充当亲核性共底物，其环外氨基可以进攻由 Δ^2- 异戊烯基焦磷酸产生的烯丙基碳正离子。最初的产物是异戊烯基核苷酸。它经过磷酸酶催化生成核苷，然后经第二次酶催化裂解，使 N9–C1′ 糖苷键断裂，释放出核糖和异戊烯基腺嘌呤。与植物生长和细胞分裂相关的细胞分裂素是反式玉米素（*trans*-zeatine），它是由细胞色素 P450 酶催化异戊烯基末端的甲基发生羟基化而成（Einset 1986; Taiz, Zeiger *et al.* 2015）。

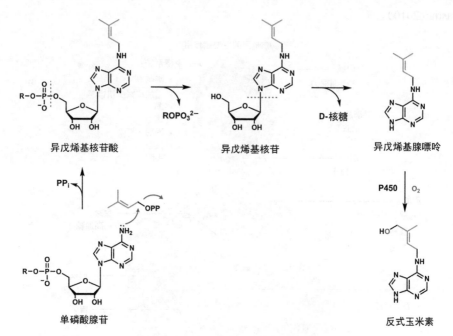

图 6.12　异戊烯基腺嘌呤植物激素的形成

6.7　核糖核苷酸的成熟及嘌呤和嘧啶天然产物的修饰

6.7.1　杂环的修饰

上述异戊烯基腺嘌呤和反式玉米素的例子在一定程度上都可以归类为通过将糖和磷酸部分分离来实现对嘌呤和嘧啶结构的修饰。细胞分裂素因腺嘌呤环外的 NH_2 而显示出亲核性。类似的，鸟嘌呤核苷酸的环外氨基也具有亲核性：例如，它是真菌代谢产物黄曲霉毒素对 DNA 共价修饰的位点（D'Andrea and Haseltine 1978）。同样，在DNA 中胞苷残基中的 N3 位是 SAM 直接化学甲基化的位点，可以在 DNA 链的 CpG岛上特异性地转移 $[CH_3^+]$。

在 GTP 转化成一系列 7- 脱氮嘌呤的过程中，嘌呤环系并没有过多的化学修饰，图 6.13 展示了其中的一部分。这些是咪唑并嘧啶到吡咯并嘧啶的转换，其中咪唑环

N7 位氮被取代，即被来自 S- 腺苷甲硫氨酸所引入的一碳单元 CH 基团所取代。从丰加霉素（toyocamycin；又译为东洋霉素）到桑霉素（sangivamycin），再到卡德勾霉素（cadeguomycin），以及到杀结核菌素（tubercidin）的整个过程历经了 7-去氮氰基的直接水合，酰胺形成，再水解为羧基，之后经脱羧得到杀结核菌素。而棘皮苷（echiguanine）系列则在吡咯并嘧啶骨架的 C7 位连接了赖氨酸衍生的酮羧基。

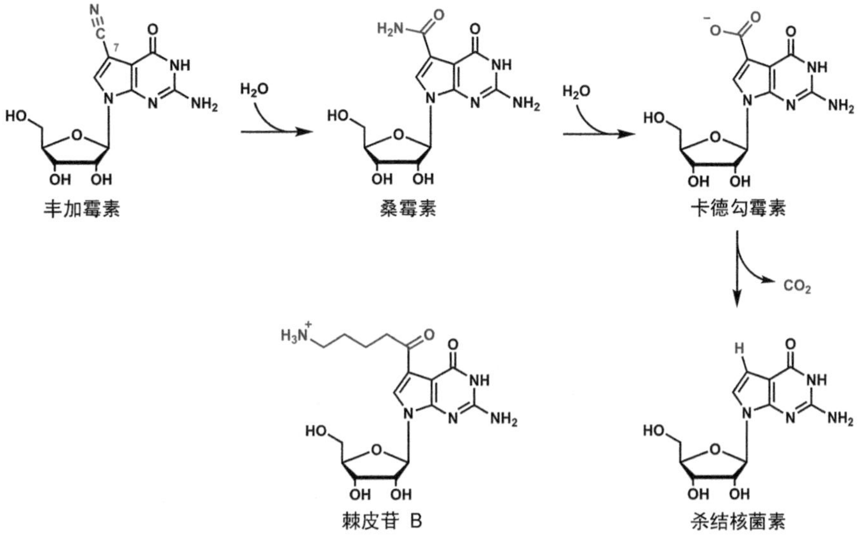

图 6.13　天然存在的 7- 脱氮嘌呤核苷。脱氮鸟嘌呤类天然产物中 C7 取代了 N7 原子

GTP 转化为上述化合物和其他 7-脱氮鸟嘌呤的机理是复杂的。首先，以甲酸形式释放出 C8 来实现扩环，形成 6-6 双环蝶呤环系。这是 GTP 环化水解酶的典型模式（叶酸生物合成中也是这样）。碳原子 1′-3′（图 6.14 中蓝色所示）被保留下来。C3′ 变成了 6-羧基-H$_4$-蝶呤中的羧基，之后变成了 7-氰基-7-脱氮鸟嘌呤中的氰基。由 6-6 双环四氢蝶呤环系到 6-5 脱氮鸟嘌呤环系的转变涉及一种独特的反应：其中 SAM 作为辅酶 / 共底物能够用作自由基的引发剂（Bandarian and Drennan 2015）。7-脱氮鸟嘌呤形成途径被视为 SAM 的这种正交反应模式的几种表现形式之一。作为 5′-脱氧腺苷自由基的来源，它将在第 10 章中论述。

另一个修饰碱基的例子是吡唑霉素（pyrazomycin），其结构中只有一个五元杂环连接到核糖骨架上（图 6.15）。羟基吡嗪甲酰胺是普通嘌呤生物合成中间体 5- 氨基咪唑-4-甲酰胺核苷酸（AICAR）的类似物，但它的 1,2 位有两个氮原子，并且在碱基核糖间形成的是 C-核苷（C–C1′ 键）而不是传统的 C1 位的 C–N 键。N–N 键和 C-核苷键的生物合成机制尚未明确。例如，合成的三唑类似物利巴韦林（ribavirin）（Thomas, Ghany et al. 2013）与干扰素联合治疗丙型肝炎已被使用多年，直至之后才引入更加有效的联合治疗方案。

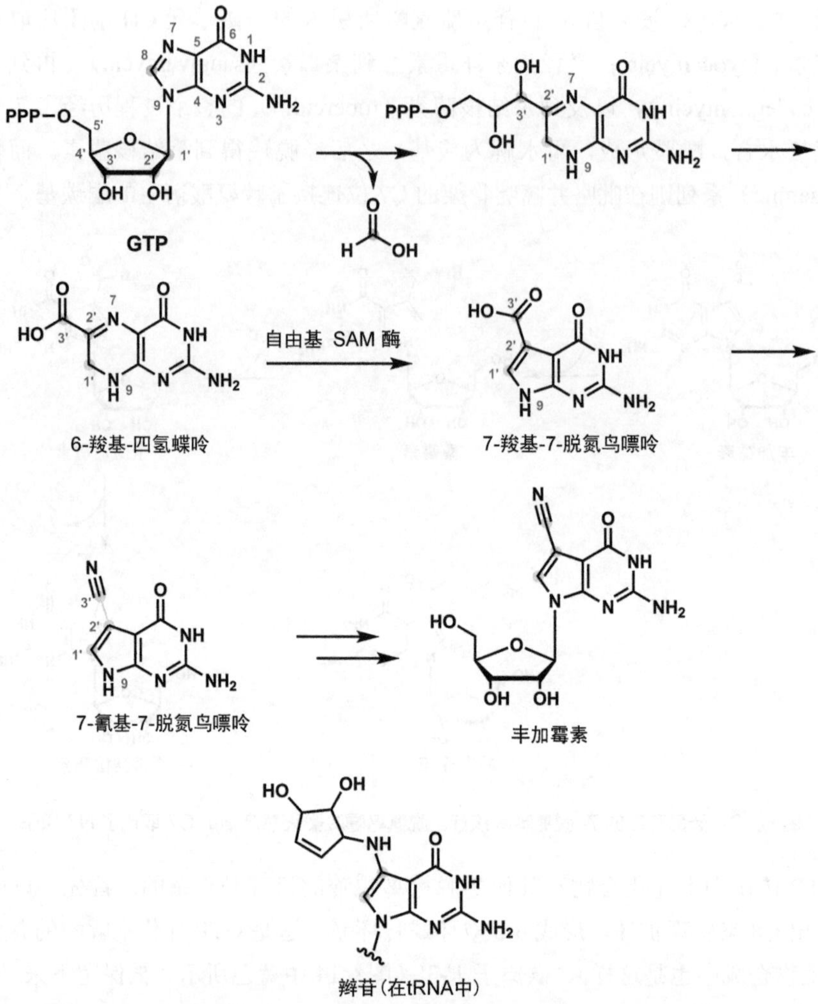

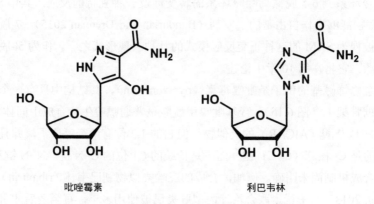

图 6.14　GTP 转化为 7- 氰基 -7- 脱氮鸟嘌呤的过程中碳原子的路径

图 6.15　吡唑霉素和合成的抗病毒药物利巴韦林

6.7.2 糖修饰

我们在本章的前面节段中提到通过组合的化学策略，利用 5-磷酸核糖-α-1-焦磷酸（PRPP）作为常见代谢物来活化核糖 C1′位，使其成为亲电试剂。嘧啶组装中的乳清酸磷酸核糖转移酶和嘌呤途径中负责第一步反应的 5-磷酸核糖酰胺形成酶在催化过程中都存在立体化学特异性，这意味着所有的核苷酸（包括核苷衍生物）都是嘌呤-β-核苷和嘧啶-β-核苷。在嘌呤和嘧啶天然产物中，所有的糖修饰都有类似的 β-C1′的立体构型。

图 6.16 中所示的腺苷阿拉伯糖苷（AraA 或海绵腺苷），其 3′-O-乙酰基衍生物于 60 年前被首次合成，之后从珊瑚 *Eunicella cavolini* 中分离得到（Cimino, de Rosa *et al.*1984）。同样的，海洋来源的海绵尿苷（Bergmann and Burke 1955）与海绵胸苷（Bergmann and Feeney 1950）中的阿拉伯糖都连接在嘧啶碱基而不是嘌呤碱基上（图 6.16）。D-阿拉伯糖与 D-核糖的差别在于 C2′位羟基立体化学的不同（Huang, Chen *et al.* 2014）。

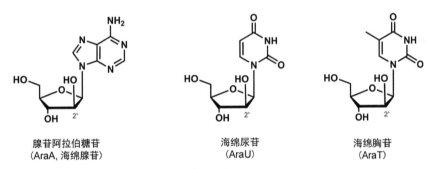

腺苷阿拉伯糖苷　　　　　海绵尿苷　　　　　海绵胸苷
（AraA, 海绵腺苷）　　　　（AraU）　　　　　（AraT）

图 6.16　海洋来源的嘧啶阿拉伯糖苷：腺苷阿拉伯糖苷、海绵尿苷以及海绵胸苷

专题 6.1　核苷在抗病毒和肿瘤化疗中的应用

这些天然的阿拉伯糖核苷（AraA 和 AraT）预示了 AraC（阿糖胞苷）的合成及其在抗病毒和肿瘤化疗中的运用。AraC 仍然被用于白血病和淋巴瘤联合化疗方案，但 AraA 由于其治疗指数低而鲜被使用。具体而言，如图 6.V1 所示，AraT 的结构正是 3′-叠氮-胸苷（AZT）的灵感来源，后者已成为艾滋病治疗的早期临床药物。基于 AZT 及相关核苷类药物的成功临床应用，在过去的二十年里，药物化学的蓬勃发展使其连续开发了几代脱氧核苷酸类似物，它们可以阻断多种不同类型的病毒（包括艾滋病毒、人类巨细胞病毒、乙型和丙型肝炎病毒）的自我复制，产生不同的疗效。

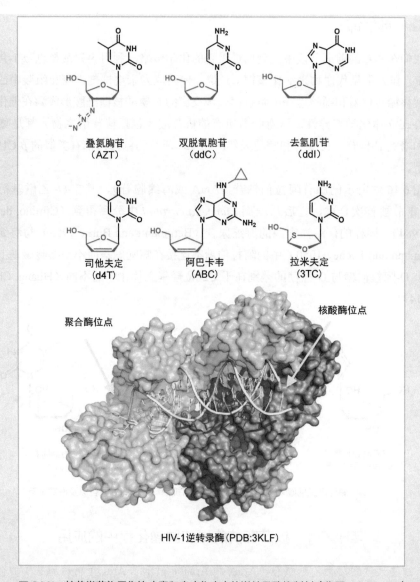

叠氮胸苷
（AZT）

双脱氧胞苷
（ddC）

去氢肌苷
（ddI）

司他夫定
（d4T）

阿巴卡韦
（ABC）

拉米夫定
（3TC）

聚合酶位点

核酸酶位点

HIV-1逆转录酶（PDB:3KLF）

图 6.V1　核苷类药物用作抗病毒和癌症化疗中的逆转录酶抑制剂（作图：Yang Hai）

　　抗病毒和抗肿瘤的（脱氧）核苷的普遍作用机制是通过捕获病毒或癌细胞的核苷，并通过磷酸化酶促反应生成三磷酸核苷。在此过程中，它们可以作为底物分别与 DNA 和 RNA 合成所需的生理性 dNTPs 和 NTPs 进行竞争。一旦它们作为底物发生结合，链的延长就会终止，因而不能作为 3′-OH 亲核试剂来参与下一轮 dNMP 的添加。无论是这些作为抗病毒药物的逆转录酶抑制剂，还是作为抗白血病药物的 AraC 通常都是与具有不同作用机制而作用于相同或不同靶点的其他药物联合使用，以降低药物耐药性发生的概率。

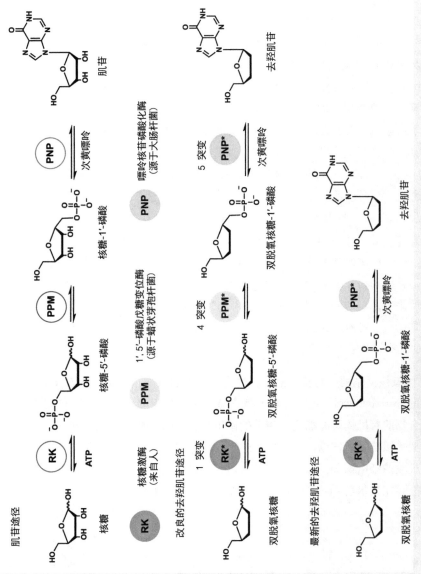

图 6.V2　改造肌苷生物合成途径的组件用于酶法合成链终止抗代谢物去羟肌苷（2′,3′-双脱氧肌苷）

专题 6.2 去羟肌苷（2′,3′- 双脱氧肌苷）生物合成中的三个酶

肌苷核苷是早期的抗 HIV 候选药物之一，其 D-核糖环上 2′ 位和 3′ 位都不含羟基。2′,3′- 双脱氧肌苷俗名为去羟肌苷（图 6.V2），该分子一旦代谢成为 5′-三磷酸就会与病毒 RNA 结合，即导致其链无法延长，因此可作为终止链式反应的抗代谢药物。

来自范德堡（Vanderbilt）的 Bachmann 及其同事提出一种双酶法，将合成的 2′,3′-双脱氧-D-核糖经体外转化为去羟肌苷（Birmingham, Starbird *et al.* 2014）。后续工作中，他们需要重新设计嘌呤核苷磷酸化酶（PNP）、1,5-磷酸变位酶（PPM）以及最终核糖激酶（RK）的专一性，以此来降低三组酶的保真度。同时，酶的突变方式需要考虑增强双脱氧核糖到双脱氧-5′-磷酸（RK 催化），双脱氧核糖 -5′-磷酸到相应的 1′-磷酸（PPM 催化），以及次黄嘌呤的 N9 取代双脱氧核糖-1′-磷酸（PNP 催化）反应的代谢流，最终产生抗病毒的核苷类似物。

通过一系列以结构为导向的突变和半随机的基因进化，核苷产生的选择性随即增加 9500 倍，其中去羟肌苷优于肌苷。意外的是，工程化的核糖激酶（RK）能够直接将脱氧核糖 1′ 位磷酸化产生双脱氧核糖-1′-磷酸，从而无需单独使用 PPM。这一成功的体外双酶途径（RK+PNP）的定向进化过程是第一阶段，它决定了是否将基因变异体植入合适的宿主，并评估它在其体内的产量和毒性问题，以及以此为基础进一步评估水溶性的 2′,3′-双脱氧核苷的产出和回收问题。原则上，通过一系列的"逆生物合成"分析，可以从简短的工程代谢途径来合成各种不同的抗病毒核苷类似物。

2′- 脱氧核糖系列中有些天然核苷也含有修饰的碱基。例如，从 *Dysidea* 海绵中分离得到的分子 avinosol（如图 6.17）就含有一个大位阻的修饰基团（目前还不明确产生该化合物的有机体是海绵还是相关的微生物）（Diaz-Marrero, Austin *et al.* 2006）。其核心骨架是肌苷脱氧核糖，其 N1 位连有氢醌-十氢化萘，而醌氧化态可能是被脱氧次黄嘌呤进攻的亲电试剂。该分子中的十氢化萘基团暗示了在部分结构生物合成的某个阶段可能存在狄尔斯 - 阿尔德酶，但详情目前尚不清楚。

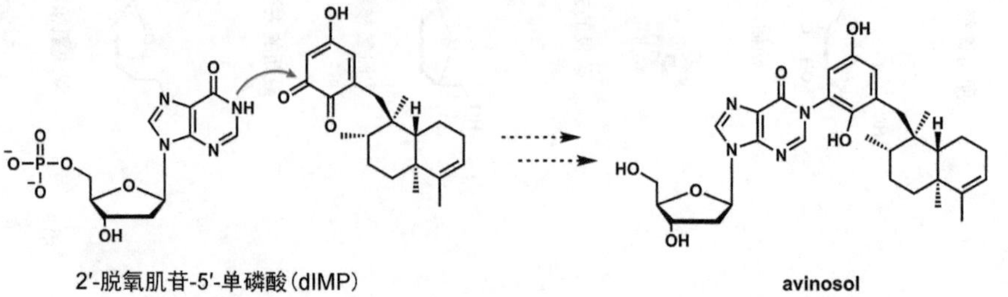

2′-脱氧肌苷-5′-单磷酸(dIMP)　　　　　　　avinosol

图 6.17　Avinosol：一种来自海绵的 *N*3-烷基化的 2′- 脱氧肌苷属天然产物

6.7.3 Neplanocin A 和芒霉素中 D- 核糖单元的环戊烷三醇 "Carba" 类似物

链霉菌 *Streptomyces citricolor* 产生两种腺苷的碳环类似物。Neplanocin A 含有 4′,5′-烯键，而芒霉素（asterimycin）则是具有完全饱和的环戊烷三醇环的核糖类似物 （Jenkins and Turner 1995）。三羟基环戊烷骨架是由葡萄糖通过图 6.18 中推测的代谢途径形成的。该途径中葡萄糖被认为是经异构化成为果糖，接着形成五元的环醇磷酸酯，之后脱去焦磷酸盐和水得到图示的 5-酮-2,6-烯三醇（Kudo, Tsunoda *et al*. 2016）。如图 6.18 中所示，酮经酶促还原反应生成环戊烯，再经过进一步酶促反应转化为 1-焦磷酸（可能是 5-磷酸-1-焦磷酸），后者可以作为亲电配体被游离嘌呤碱基捕获从而生成 neplanocin A。已知在氧化还原酶的作用下，neplanocin A 从 NADPH 获取氢原子生成芒霉素中的饱和碳环（Parry and Jiang 1994）。

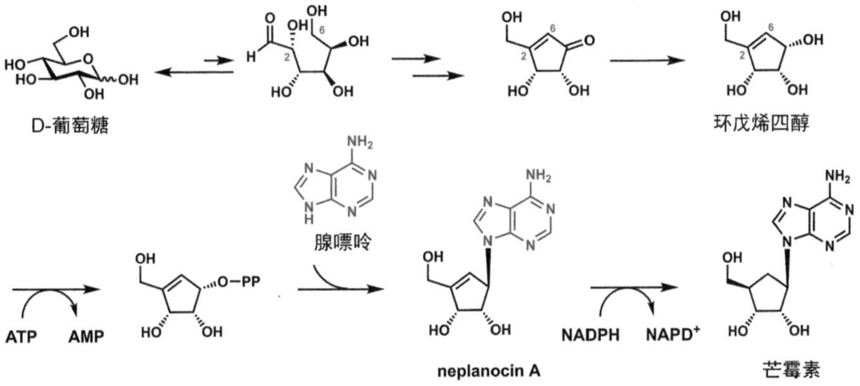

图 6.18　Neplanocin A 和芒霉素生物合成途径的预测：碳环源自葡萄糖而非核糖

6.8　肽基核苷

6.8.1　核苷酸类似物中的核糖转换为己糖

1962 年，在谷氏链霉菌（*Streptomyces gougeroti*）的培养滤液中发现一个具有微弱抗菌活性但结构独特的分子。谷氏菌素（Gougerotin）是一个含有己糖而非核糖的胞苷核苷。其结构中含 6-甲酰胺取代基和取代的 4-氨基（图 6.19）。该化合物的生物合成基因簇已被报道，并进一步推测了其可能的生物合成途径（Jiang, Wei *et al*. 2013）。据推测该途径始于游离的胞嘧啶碱基的 N1 位进攻 UDP-葡萄糖醛酸。在第 10 章里我们将会提到，UDP-己糖作为一种生物试剂，它活化己糖单元的 C1 位，使之成为亲电试剂。利用带己糖的 UDP 离去基团和利用带核糖的焦磷酸酯作为亲电试剂具有异曲同工之妙。将 4′-OH 氧化为酮，之后经转氨作用，从而在胞嘧啶-4′-氨基葡萄糖醛酸上引入的 4′-氨基。依次与丝氨酸和 N-甲基甘氨酸形成肽键后，羧酸被胺化，最终生成带氨基己糖的肽基核苷。

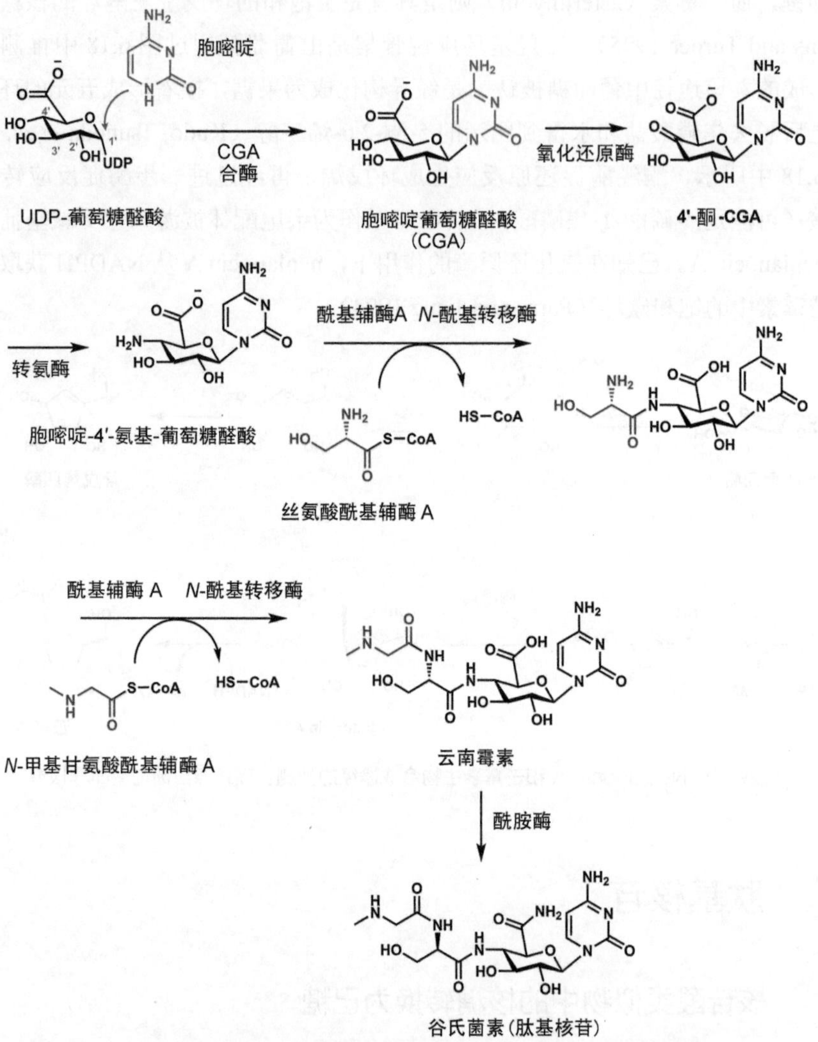

图 6.19　谷氏菌素是来源于 UDP-葡萄糖醛酸合成砌块的 4′-氨基胞苷类肽基核苷

另外两个具有己糖而非核糖骨架的核苷类天然产物的例子为米多霉素（mildiomycin）（Wu, Li *et al.* 2012）和杀稻瘟菌素 S（blastocidin S）（Cone, Yin *et al.* 2003; Thibodeaux, Melancon *et al.* 2007; Thibodeaux, Melancon *et al.* 2008）（图 6.20）。与谷氏菌素合成的起始逻辑类似，米多霉素和杀稻瘟菌素 S 也是将胞嘧啶或羟甲基胞嘧啶作为亲核性的游离碱基进攻 UDP-葡萄糖醛酸的 C1′。对于米多霉素而言，葡萄糖醛酸到 2,3-脱氢糖的转化涉及以 SAM 作为引发剂的自由基中间体（见第 10 章），从而在 2′ 和 3′ 位脱去两分子水。米多霉素的合成路径中 5′ 位链的引入机制尚不明确。杀稻瘟菌素 S 被认为遵循类似的路径，即 4′-酮羧基中间体发生转氨基作用促进肽键的形成。

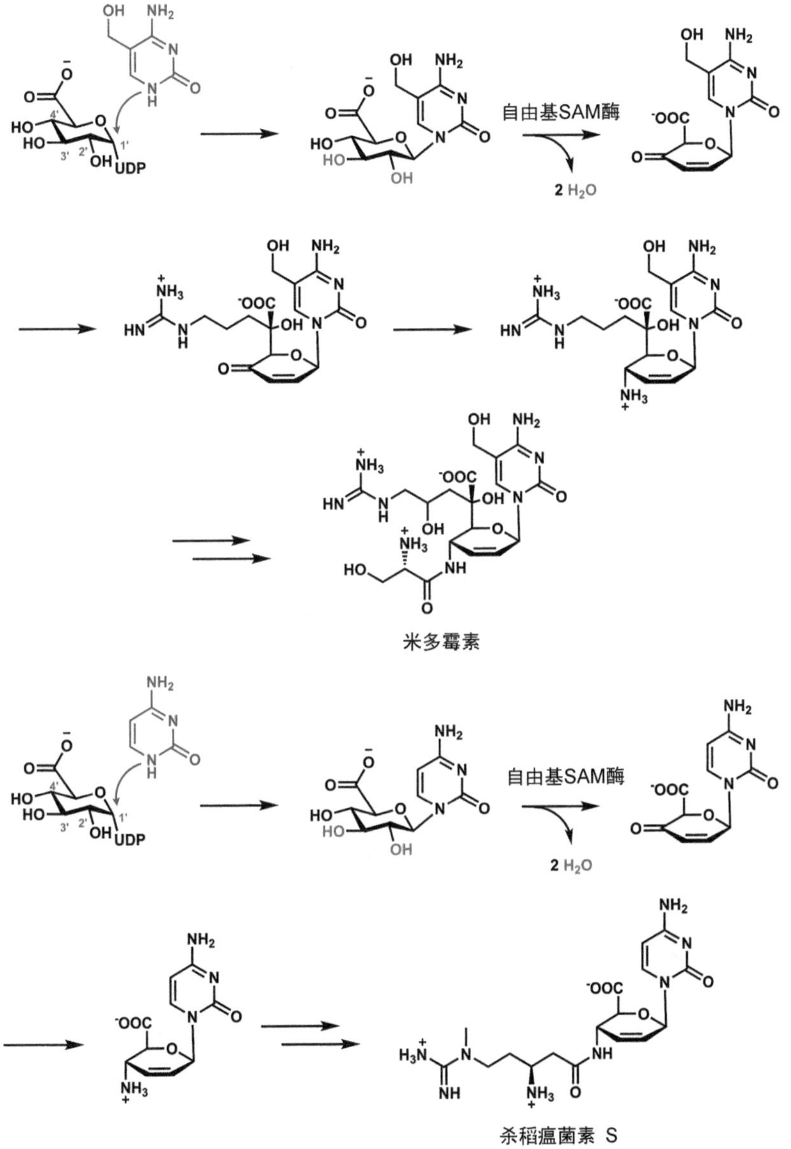

图 6.20　米多霉素和杀稻瘟菌素 S 是含不饱和己糖骨架的肽基核苷

6.8.2　4′- 取代基的修饰

尽管前文所述的三个例子：谷氏菌素、米多霉素和杀稻瘟菌素 S，其结构中的糖是罕见的葡萄糖醛酸而不是核糖，但它们都属于肽基核苷类。目前多数尿苷来源的肽基核苷和含常见核糖骨架的脂基核苷的生物合成机制已被阐明（Walsh and Zhang 2011; Zhang, Ntai *et al.* 2011）。

如图 6.21 所示，这些途径都始于非血红素 Fe(Ⅱ) 依赖的 α- 酮戊二酸双加氧酶催化单磷酸尿苷（UMP）转换为尿苷 -5′- 醛（Van Lanen, Koichi *et al.* 2012）。随后在各途

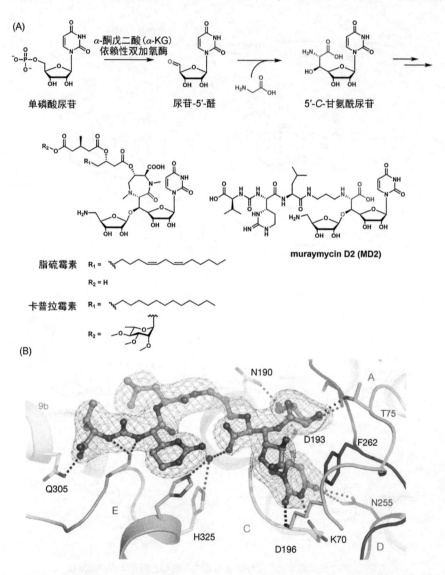

图 6.21 （A）卡普拉霉素类、脂硫霉素类和 muraymycins 的共同途径：从尿苷到尿苷 5′- 醛，再到尿苷 5′- 甘氨酰加合物；（B）带有 muraymycin D2 的 *Aquifex aeolicus* MraY 的晶体结构

经麦克米伦出版有限公司 Nature 许可转载：Chung, B. C., E. H. Mashalidis, T. Tanino, M. Kim, A. Matsuda, J. Hong, S. Ichikawa and S.-Y. Lee."Structural insights into inhibition oflipid I production in bacterial cell wall synthesis". *Nature* **553**: 557–560. 版权 (2016)

径中均由丝氨酸羟甲基转移酶（SHMT）的同源酶催化完成与甘氨酸的结合，形成5'-C-甘氨酰加合物。5'-C-甘氨酰尿苷骨架是卡普拉霉素 (caprazamycins)、脂硫霉素（liposidomycins）和 muraymycins 共同的中间产物（Barnard-Britson, Chi et al. 2012）。这些（脂）肽基核苷都是细菌细胞壁转位酶 MraY 的抑制性底物类似物。MraY 作用于细胞壁与细胞质之间的膜相分界面，将胞壁酰五肽链从 UDP 转移到异戊二烯类的细菌萜醇上，从而将链转移到细胞膜上。

最新报道 *Aquifex aeolicus* 的 MraY 与 muraymycin D2 的共晶结构（结合常数约20nmol/L）（Chung, Mashalidis et al. 2016）为此类肽基核苷对 MraY 转移酶活性的抑制机制提供了新的观点［图 6.12（B）］。该化合物的尿嘧啶和 5- 氨基核糖片段在与酶的核苷酸结合位点相互作用时与底物结合区有部分重叠，类似于"在同一插座上的两个插头"（Chung et al. 2016）。由于不含焦磷酸亚结构的肽基核苷类似物具有很高的亲和性，能贯穿目标细菌的细胞，因此可以通过合成或者途径改造的方式对这类天然产物进行优化，从而获得有效的抗生素骨架结构。

6.8.3 西奈芬净、衣霉素、多抗霉素和 jawsamycin

西奈芬净（sinefungin）是一种细菌代谢产物，也是一种通用的 *S*-腺苷甲硫氨酸依赖的甲基转移酶抑制剂（Zhang and Zheng 2016）。西奈芬净也被称为腺苷鸟氨酸，它是通过鸟氨酸 5 位与腺苷 D-核糖部分的 5' 位 C–C 键相连而成。由于 δ-氨基在生理pH 值条件下为阳离子，因此西奈芬净可模拟 SAM 底物中硫离子正电中心，并与之竞争结合大量的甲基转移酶（图 6.22）。西奈芬净的糖基部分也是传统的 D-核糖，但与前面章节中的肽基核苷不同，其 C5' 位是连接到碳原子而不是氮取代基上。

如图 6.22 所示，5,5'位 C–C 键形成的可能路径是在酶活性位点中鸟氨酸的 δ位的 N 和磷酸吡哆醛之间形成亚胺，从而形成稳定的碳负离子，即所需的亲核试剂，它可取代腺苷 C5' 的羟基（目前尚未明确 AMP 是否为底物，此步反应中伴随着 $HOPO_3$ 的释放）。此外，已发现一种西奈芬净的二肽类似物，其肽链中的缬氨酸和丙氨酸连到鸟氨酸羧酸酯上，该化合物具有抗克鲁斯氏锥体虫（antitrypanosmal）活性（Niitsuma, Hashida et al. 2010）。

衣霉素（tunicamycin）是一类脂酰基尿苷核苷，其结构中不含氨基酸单元，而是11 个碳的衣霉糖（tunicamine）核心骨架（Price and Tsvetanova 2007）。它们是由链霉菌属的菌株产生，类似于卡普拉霉素和脂硫霉素等肽基核苷化合物，它们也是 MraY 的抑制剂。衣霉素同时也是潜在的真核生物 N- 糖蛋白成熟早期的抑制剂，但由于毒性太大而不适于临床使用。与西奈芬净类似，衣霉素也含有由尿苷单元的 C5' 与葡萄糖衍生的己糖单元的 C6 相连而形成的 C–C 键。如图 6.23 所示，这条由环外亚甲基烯糖（glycal）形成这种特殊连接方式的合成路径已被阐明（Wyszynski, Lee et al. 2012）。

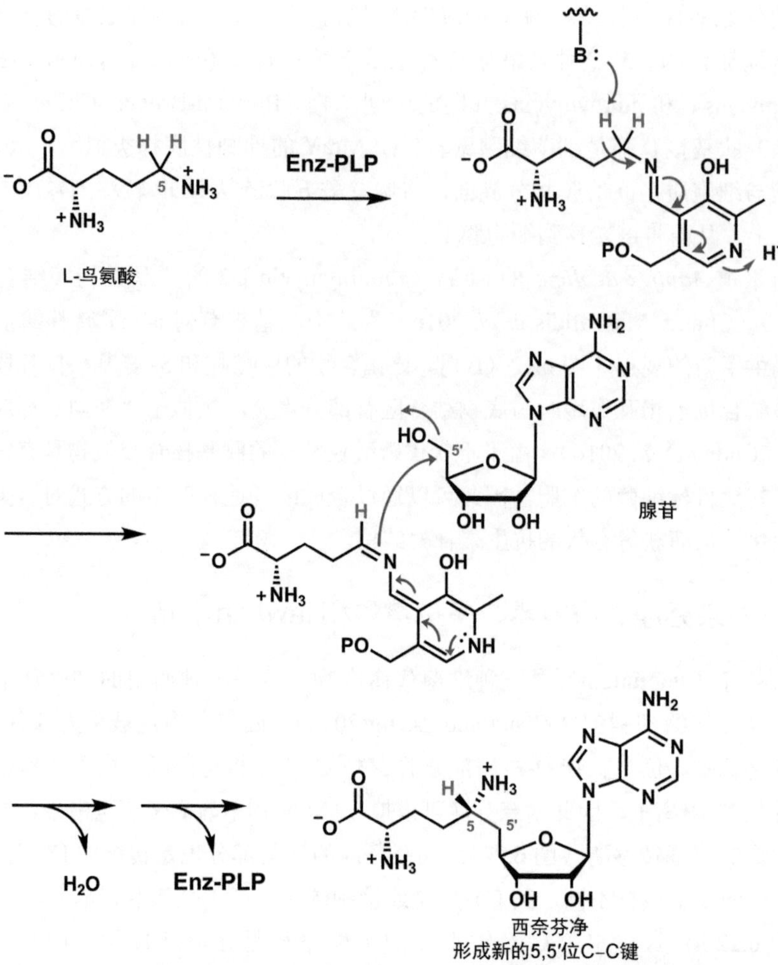

图 6.22　鸟氨酸和腺苷作为合成砌块用于形成西奈芬净中 5,5′ 位 C–C 键

　　UDP-N-乙酰氨基葡萄糖（UDP-GlcNAc）被氧化为 4′-酮基中间体，在此基础上失去一分子水，生成 4′,6′-烯酮。4′ 位酮羰基被重新还原后发生差向异构化，生成 UDP- 环外亚甲基烯糖，该化合物作为共同底物可与尿苷 C5 位偶联。推测酶 TunB 可利用 SAM 作为自由基引发剂（见第 10 章），在尿苷 C5′ 位产生过渡态自由基，从而与烯糖的烯烃偶联。得到的产物含有特异性的 UDP- 衣霉糖骨架，该结构随后发生 N-乙酰氨基葡萄糖的乙酰化，并且在衣霉素形成的后期阶段由长链脂肪酰基取代乙酰基部分。

　　尿苷骨架 C5′ 位 C–C 键延伸所经历的自由基 SAM 依赖性路径，同样也存在于尼可霉素类、多抗霉素类和 malayamycin 类的生物合成路径中。如图 6.24 所示，malayamycins 保留了早期的常见骨架结构——双环 5-6 辛糖酸（octosyl acid）环系（He，Wu et al. 2017）。第一步反应是以磷酸烯醇丙酮酸（PEP）作为共底物，通过酶的催化作用将 UMP 的 3′-OH 转化为烯醇丙酮酸醚（He, Wu *et al.* 2017; Lilla and Yokoyama 2016）。然后在酶活性位点上 PolH 利用 SAM 作为 5′-脱氧腺苷基自由基的自由基引发剂，所得的 5′-dA˙被认为可夺取 C5′ 位的两个前手性氢之一作为氢原子，产生产物 5′-脱氧腺苷。C5′ 位自由基据推测可与 3′ 位烯基反应生成 5,6-双环自由基。之后将孤对电子转移到半胱氨酸硫醇基产生的活性位点上，得到产物辛糖酸磷酸酯，从而在 UMP 骨架的 C5′ 位形成新的 C–C 键。

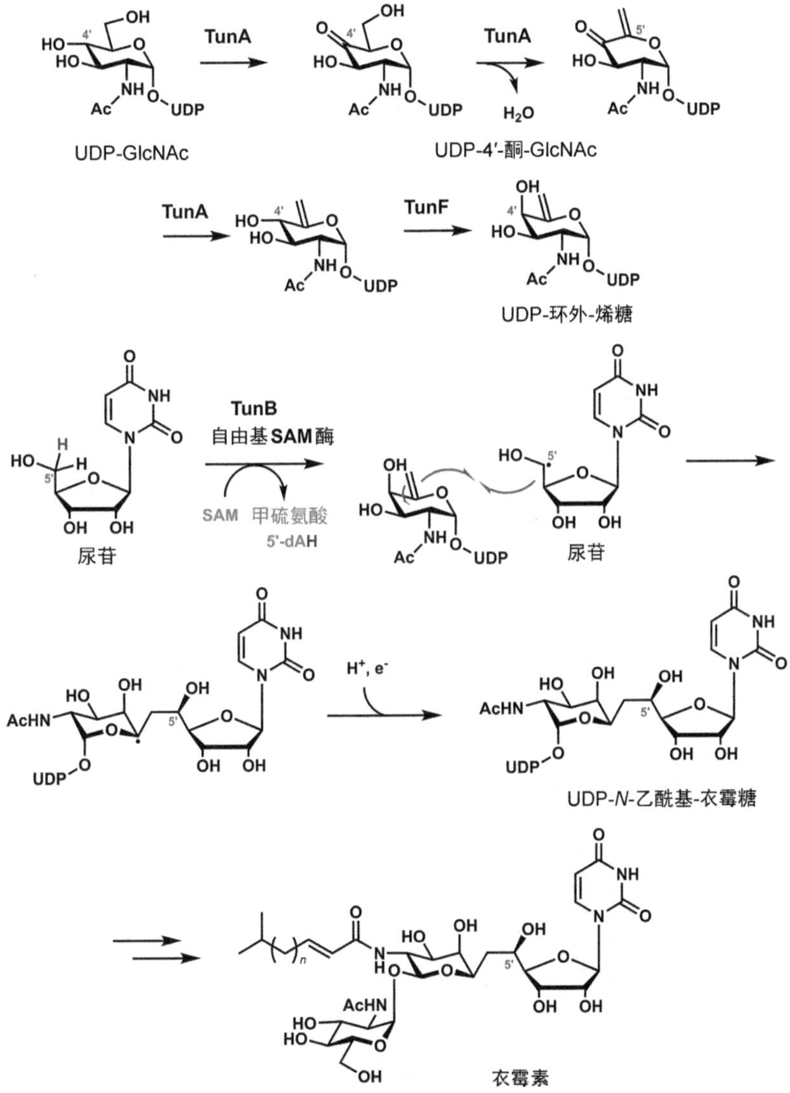

图 6.23　衣霉素的衣霉糖骨架生物合成路径中的环外亚甲基烯糖

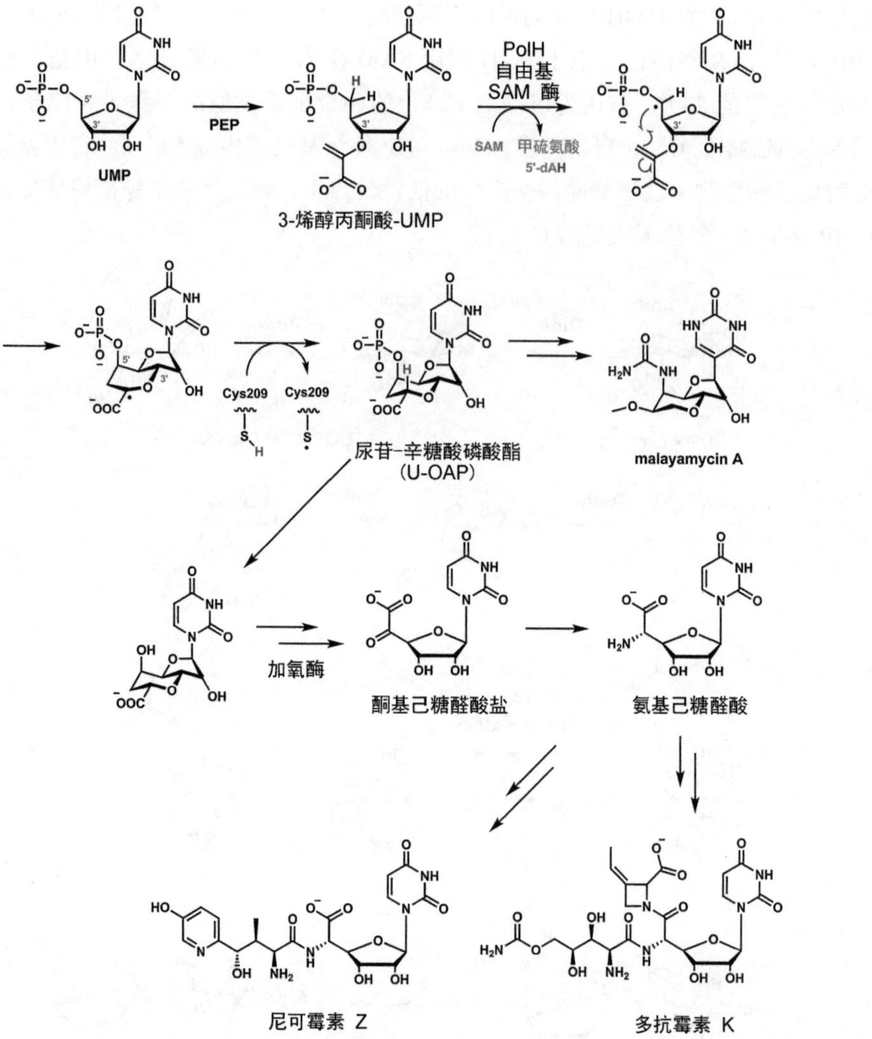

图 6.24　肽基核苷尼可霉素和多抗霉素生物合成过程中自由基 SAM 酶参与由 UMP 生成辛糖酸中间体

双环结构一直保留在 malayamycin A 中，而在多抗霉素生物合成中，一对 α-酮戊二酸依赖的加氧酶可能会通过氧化开环并缩短侧链链长，产生尿苷乙醛酸（glyoxalate）（He, Wu *et al*. 2017），经还原氨化反应生成多抗霉素和尼可霉素（nikkomycins）结构中特征性的氨基己糖醛酸酯骨架。

本组化合物中最后一个分子是 jawsamycin（Hiratsuka, Suzuki *et al*. 2014）（图 6.25），它的命名大概是因为该分子中五个环丙烷环让人很容易联想到电影《大白鲨》中的鲨鱼牙齿。该化合物分离自 *Streptoverticillium fervens*，具有潜在的抗真菌活性。连续排列在一起的环丙烷是其显著特征。Jawsamycin 代表了具有酰基链的尿苷-5′-氨基单元的生物合成方式，很明显该酰基链来自合成多不饱和脂肪酸的聚酮合酶装配线。如上文所述的例子中，尿苷-5′-氨基是随着尿苷 5′-醛的形成而产生，需要通过加氧酶或者氧化还原酶（这两种类型的酶都有过先例）以及随后的转氨作用。

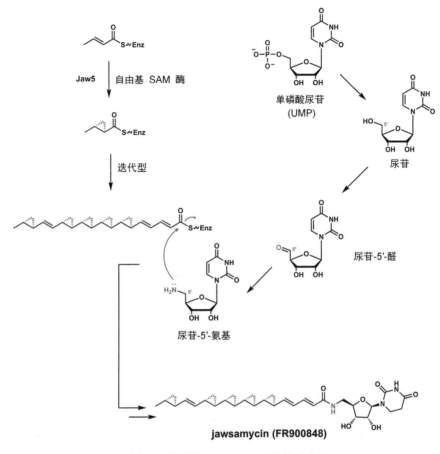

图 6.25　推测的 jawsamycin 生物合成路径

该分子中五个环丙烷的一碳单元都来自 SAM 中的甲基。推测 Jaw5 可能是另一个自由基 SAM 酶（本章前文中已提到三个，其完整机理详见第 10 章），其功能是催化底物进行连续的环丙烷化反应，而多不饱和脂肪酸链仍保留在聚酮合酶上。

6.9　小结

单环的嘧啶和双环的嘌呤（咪唑并嘧啶）杂环是遗传信息大分子 RNA 和 DNA 的关键结构，提供了每个基因的特异性遗传密码。目前推测这类含氮杂环非常古老，甚至可能出现在生命起源之前。同时期的生物体将这些杂环构建到核糖核苷酸和 2′-脱氧核糖核苷酸的骨架中，作为生物合成产物直接用于 RNA 和 DNA 的生物合成。

另一方面，已知少数的核苷天然产物源自核苷酸磷酸酯键的特异性水解。此外极少数的核苷被水解成游离的杂环。嘌呤生物碱化合物咖啡因、茶碱和可可碱都是知名的药理活性物质的代表。

核苷酸骨架的三个部分（杂环部分，糖部分，或者 4′ 位或 5′ 位碳原子上连接的基团）中的任何一个都可以衍生出不同的天然产物，从而产生不同的生物活性。杂环部分的变化包括 7- 脱氮鸟嘌呤的吡咯并嘧啶环系，以及 N-烷基化的植物细胞分裂素激素。糖部分的变化包括碳环和代替核心核糖的己糖。此外还包括阿拉伯糖（核苷中核糖的 C2′ 位差向异构体），它为合成抗病毒核苷类药物提供了线索。C4′ 和 C5′ 位的取代存在于一些肽基核苷类和衣霉素类化合物中。

参考文献

Bandarian, V. and C. L. Drennan (2015). "Radical-mediated ring contraction in the biosynthesis of 7-deazapurines". *Curr. Opin. Struct.Biol.* **35**: 116-124.

Barnard-Britson, S., X. Chi, K. Nonaka, A. P. Spork, N. Tibrewal, A. Goswami, P. Pahari, C. Ducho, J. Rohr and S. G. Van Lanen (2012)."Amalgamation of nucleosides and amino acids in antibiotic biosynthesis: discovery of an L-threonine:uridine-5′-aldehyde transaldolase". *J. Am. Chem. Soc.* **134**(45): 18514-18517.

Bergmann, W. and D. Burke (1955). "Contributions to the study of marine products: The nucleosides of sponges .3. Spongothymidine and spongouridine". *J. Org. Chem.* **20**: 1501-1507.

Bergmann, W. and R. Feeney (1950). "The isolation of a new thyminepentoside from sponges". *J. Am. Chem. Soc.* **72**: 2809-2810.

Birmingham, W. R., C. A. Starbird, T. D. Panosian, D. P. Nannemann, T.M. Iverson and B. O. Bachmann (2014). "Bioretrosynthetic constructionof a didanosine biosynthetic pathway". *Nat. Chem. Biol.***10** (5): 392-399.

Carreras, C. W. and D. V. Santi (1995). "The catalytic mechanism andstructure of thymidylate synthase". *Annu. Rev. Biochem.* **64**: 721-762.

Cech, T. R. (2012). "The RNA worlds in context". *Cold Spring HarborPerspect. Biol.* **4**(7): a006742.

Chung, B. C., E. H. Mashalidis, T. Tanino, M. Kim, A. Matsuda, J. Hong,S. Ichikawa and S. Y. Lee (2016). "Structural insights into inhibition oflipid I production in bacterial cell wall synthesis". *Nature* **533** (7604):557-560.

Cimino, G., S. de Rosa and S. de Stefano (1984). "Antiviral agents from agorgonian, Eunicella cavolini". *Experientia* **40**: 339-340.

Cone, M. C., X. Yin, L. L. Grochowski, M. R. Parker and T. M. Zabriskie (2003). "The blasticidin S biosynthesis gene cluster from Strepto-mycesgriseochromogenes: sequence analysis, organization, and initialcharacterization". *ChemBioChem* **4**(9): 821-828.

D'Andrea, A. D. and W. A. Haseltine (1978). "Modification of DNA byaflatoxin B1 creates alkali-labile lesions in DNA at positions of guanineand adenine". *Proc. Natl. Acad. Sci. U. S. A.* **75**(9): 4120-4124.

Dewick, P. (2009). *Medicinal Natural Products, A Biosynthetic Approach.*UK, Wiley.

Diaz-Marrero, A. R., P. Austin, R. Van Soest, T. Matainaho, C. D.Roskelley, M. Roberge and R. J. Andersen (2006). "Avinosol, ameroterpenoid-nucleoside conjugate with antiinvasion activity isolatedfrom the marine sponge Dysidea sp". *Org. Lett.* **8** (17): 3749-3752.

Einset, J. W. (1986). "Zeatin biosynthesis from N6-(A2-isopentenyl)adenine in Actinidia and other woody plants". *Proc. Natl.Acad. Sci. U. S. A.***83**: 972-975.

Frebort, I., M. Kowalska, T. Hluska, J. Frebortova and P. Galuszka (2011)."Evolution of cytokinin biosynthesis and degradation". *J. Exp. Bot.***62** (8): 2431-2452.

He, N., P. Wu, Y. Lei, B. Xu, X. Zhu, G. Xu, Y. Gao, J. Qi, Z. Deng, G.Tang, W. Chen and Y. Xiao (2017). "Construction of an octosyl acidbackbone catalyzed by a radical S-adenosylmethionine enzyme and a phosphatase in the biosynthesis of high-carbon sugar nucleoside antibiotics". *Chem. Sci.* **8**: 444-451.

Hiratsuka, T., H. Suzuki, R. Kariya, T. Seo, A. Minami and H. Oikawa (2014). "Biosynthesis of the structurally unique polycyclopropanatedpolyketide-nucleoside hybrid jawsamycin (FR-900848)". *Angew. Chem., Int. Ed.* **53**(21): 5423-5426.

Huang, R. M., Y. N. Chen, Z. Zeng, C. H. Gao, X. Su and Y. Peng (2014)."Marine nucleosides: structure, bioactivity, synthesis and biosynthesis". *Mar. Drugs* **12**(12): 5817-5838.

Jenkins, G. J. and N. J. Turner (1995). "The biosynthesis of carbocyclicnucleotides". *Chem. Soc. Rev.* 169-176.

Jiang, L., J. Wei, L. Li, G. Niu and H. Tan (2013). "Combined gene clusterengineering and precursor feeding to improve gougerotin production inStreptomyces graminearus". *Appl. Microbiol. Bio-technol.* **97**(24):10469-10477.

Kudo, F., T. Tsunoda, M. Takashima and T. Eguchi (2016). "FiveMembered Cyclitol Phosphate Formation by a myo-Inositol PhosphateSynthase Orthologue in the Biosynthesis of the Carbo-cyclic NucleosideAntibiotic Aristeromycin". *ChemBioChem* **17**: 21432148.

Lilla, E. A. and K. Yokoyama (2016). "Carbon extension in peptidylnucleoside biosynthesis by radical SASAM enzymes". *Nat. Chem.Biol.* **12**: 905-907.

Niitsuma, M., J. Hashida, M. Iwatsuki, M. Mori, A. Ishiyama, M.Namatame, A. Nishihara-Tsukashima, A. Matsumoto, Y. Takahashi, H.Yamada, K. Otoguro, K. Shiomi and S. Omura (2010). "Sinefungin VAand dehydrosinefungin V, new antitrypanosomal antibiotics producedby Streptomyces sp. K05-0178". *J. Antibiot.* **63**(11): 673-679.

Nordlund, P. and P. Reichard (2006). "Ribonucleotide reductases". *Annu.Rev. Biochem.***75**: 681-706.

Parry, R. and Y. Jiang (1994). "The biosynthesis of aristeromycin.Conversion of neplanocin A to aristeromycin by a novel enzymaticreduction". *Tetrahedron Lett.* **35**: 9665-9668.

Price, N. P. and B. Tsvetanova (2007). "Biosynthesis of the tunica-mycins: a review". *J. Antibiot.* **60**(8): 485-491.

Ribeiro, J. A. and A. M. Sebastiao (2010). "Caffeine and adenosine". *J.Alzheimer's Dis.* **20**(Suppl 1): S3-S15.

Taiz, L., E. Zeiger, I. Moller and A. Murphy, eds. (2015). *PlantPhysiology and Development*, 6th edn, Sinauer Associates.

Thibodeaux, C. J., C. E. Melancon, 3rd and H. W. Liu (2008). "Naturalproduct sugar biosynthesis and enzymatic glycodiversification". *Angew. Chem., Int. Ed.* **47**(51): 9814-9859.

Thibodeaux, C. J., C. E. Melancon and H. W. Liu (2007). "Unusual sugarbiosynthesis and natural product glycodiversification". *Nature* **446**(7139): 1008-1016.

Thomas, E., M. G. Ghany and T. J. Liang (2013). "The application andmechanism of action of ribavirin in therapy of hepatitis C". *Antiviral Chem. Chemother.* **23**(1): 1-12.

Van Lanen, S., N. Koichi, J. Unrine and Z. Yang (2012). "Fe(ll)-Dependent, Uridine-5′-Monophosphate a-Ketoglutarate Dioxy-genasesin the Synthesis of 5′-Modified Nucleosides". *Methods Enzymol.* **516**:153-

168.

Walsh, C. T. (2015). "A chemocentric view of the natural productinventory". *Nat. Chem. Biol.* **11**(9): 620-624.

Walsh, C. T. and W. Zhang (2011). "Chemical logic and enzymaticmachinery for biological assembly of peptidyl nucleoside antibiotics".*ACS Chem. Biol.* **6**(10): 1000-1007.

Wu, J., L. Li, Z. Deng, T. M. Zabriskie and X. He (2012). "Analysis of themildiomycin biosynthesis gene cluster in Streptoverticillum remofaciensZJU5119 and characterization of MilC, a hydro-xymethyl cytosylglucuronic acid synthase". *ChemBioChem* **13**(11): 1613-1621.

Wyszynski, F. J., S. S. Lee, T. Yabe, H. Wang, J. P. Gomez-Escribano, M.J. Bibb, S. J. Lee, G. J. Davies and B. G. Davis (2012). "Biosynthesis ofthe tunicamycin antibiotics proceeds via unique exo-glycalintermediates". *Nat. Chem.* **4**(7): 539-546.

Zhang, J. and Y. G. Zheng (2016). "SAM/SAH Analogs as Versatile Toolsfor SAM-Dependent Methyltransferases". *ACS Chem. Biol.***11**(3): 583-597.

Zhang, W., I. Ntai, M. L. Bolla, S. J. Malcolmson, D. Kahne, N. L.Kelleher and C. T. Walsh (2011). "Nine enzymes are required forassembly of the pacidamycin group of peptidyl nucleoside antibiotics".*J. Am. Chem. Soc.***133**(14): 5240-5243.

来自苯丙素途径的木质素是木料的主要成分

第 7 章 苯丙素类天然产物的生物合成

7.1 引言

苯丙素类分子来源于单一氨基酸苯丙氨酸，并通常含有九个碳原子，其中六个碳原子在苯环上，三个碳原子在丙烷侧链中。正如以下所述，所有苯丙素类骨架化合物的第一个反应都会涉及 L-苯丙氨酸在酶催化下消除 2,3 位 C–C 键之间的氨，导致侧链即刻处于丙烯态而不是丙烯氧化态。

图 7.1 表明，苯丙素生物合成中的两个起始核心中间体是肉桂酸及其 4-羟基衍生物对香豆酸（Vogt 2010; Fraser and Chapple 2011）。图中显示苯丙氨酸、肉桂酸和对香豆酸（对羟基肉桂酸）可以产生一系列挥发性代谢物以及更复杂的非挥发性骨架。挥发性物质如简单醇类、醛类、酯类（如苯甲酸甲酯）以及末端烯烃丁香酚和甲基丁香酚为植物精油成分，因氧化代谢其通常低于九个碳原子。

图 7.1 还显示苯丙氨酸和对香豆酸是苯丙素类次级代谢产物的大多数亚类的前体，包括二苯乙烯类（白藜芦醇）、查尔酮和黄酮（如柚皮素）（Pled-Zehavi, Oliva *et al.* 2015）。相应的，黄酮是植物中起防御作用的异黄酮（如染料木素）、花中的花青苷（anthocyanin）以及缩合型单宁的前体。源自对香豆酸的一种特殊分支途径可产生三种醇类：对羟基肉桂醇、松柏醇和芥子醇。这三种醇通常被称为单木质醇，以体现它们可以经历两次聚合反应。它们可以二聚成 8-8′ 连接的木脂素，如松脂醇。它们也可以经历更多步的聚合反应，如过氧化聚合生成不溶性木质素。这个过程在植物中起着关键结构作用以确保水分在植物的不同部分运输（Dewick 2009）。

图 7.2 显示了苯丙素类代谢产物在植物组织中的不同分布及其独特功能。这包括保护叶子免受紫外线辐射的伤害，抵御昆虫攻击（通过例如拒食特性）、组织入侵，以及感知土壤中氮、磷或铁的限制信号功能等。仅黄酮亚类就有上万种特征性分子（*Dictionary of Natural Products*, dnp.chemnetbase.com）（Harborne 1999），它们表现出一系列特性，包括花色（花青苷和橙酮）、紫外线防护（黄烷醇）、根瘤形成（异黄酮）以及植物昆虫的食草性防护（黄烷醇）。书中还记录了黄酮混合物通过花的颜色和花

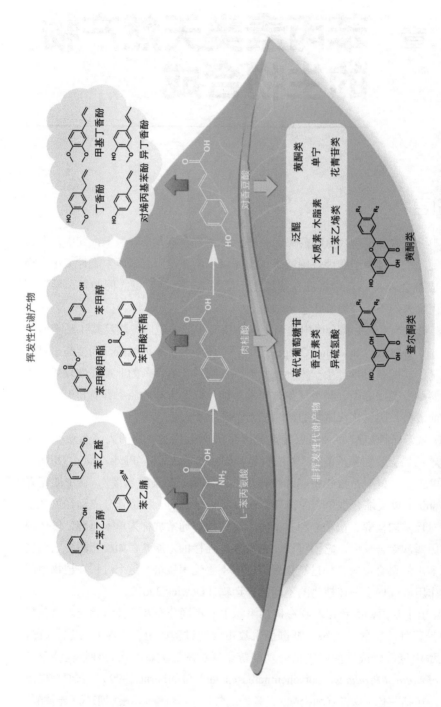

图 7.1 苯丙氨酸是所有苯丙醇类代谢产物的切入点；肉桂酸和对香豆酸分别为苯丙素亚类的分支点

摘自 Peled-Zehavi, H., M. Oliva, Q. Xie, V. Tzin, M. Oren-Shamir, A. Aharoni and G. Galili (2015). "MetabolicEngineering of the Phenylpropanoid and Its Primary, PrecursorPathway to Enhance the Flavor of Fruits and the Aroma ofFlowers". Bioengineering 2 (4): 204-212. Published under theterms and conditions of the Creative Commons Attribution License (http://creativecommons.org/licenses/by/4.0/)

粉的肥力来实现授粉的功能。

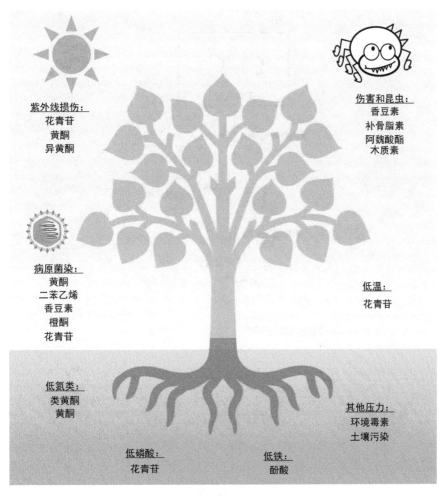

紫外线损伤：
花青苷
黄酮
异黄酮

伤害和昆虫：
香豆素
补骨脂素
阿魏酸酯
木质素

病原菌染：
黄酮
二苯乙烯
香豆素
橙酮
花青苷

低温：
花青苷

低氮类：
类黄酮
黄酮

其他压力：
环境毒素
土壤污染

低磷酸：
花青苷

低铁：
酚酸

图 7.2　苯丙醇类代谢产物在植物生理学中的多种作用

摘自 http：//www.phytostam.com。版权（2011）PHYTO-STEM 和 / 或其供应商

7.2　由苯丙氨酸生成对香豆酰辅酶 A

7.2.1　苯丙氨酸氨解酶：由苯丙氨酸生成肉桂酸

苯丙素类化合物生物合成中有三种酶在核心途径的串联反应中起催化作用，使初级氨基酸 L-苯丙氨酸转化为肉桂酸，然后再生成对香豆酰辅酶 A（图 7.3）。第一个酶是苯丙氨酸氨解酶（PAL）。在拟南芥中，有四个 PAL 基因，其中两个经统一调控向苯丙素途径提供代谢通量（Fraser and Chapple 2011）。PAL 酶催化 2-氨基与质子形式

的两个前手性 C3 位的氢之一发生消除。因为 C3 在化学上是惰性的，使 C3 上质子氢的能量很高，因此这不是一个简单的化学过程。

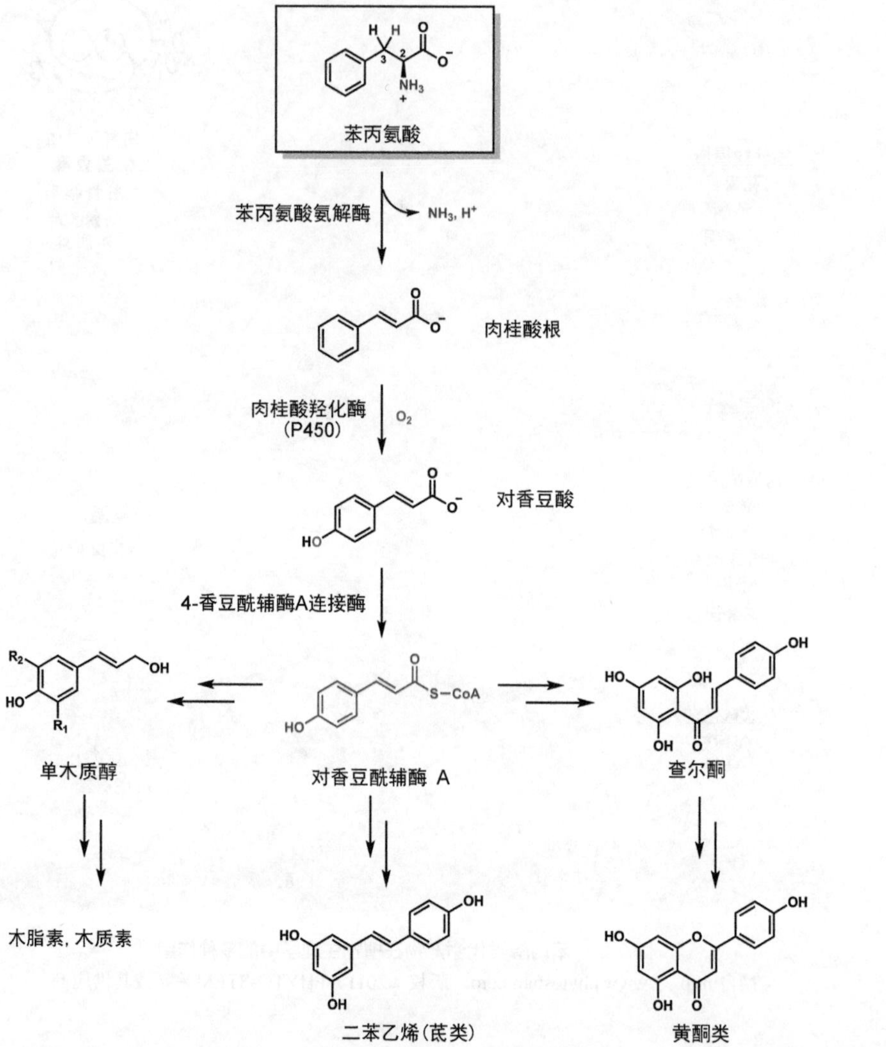

图 7.3　苯丙氨酸转化为对香豆酰辅酶 A 是由三种酶催化的，这三种酶构成了苯丙氨酸的早期中枢通路

与这一化学反应挑战相一致，苯丙氨酸氨解酶的活化形式在其活性位点上有一个不寻常的辅基，5-亚甲基咪唑-4-酮（MIO），它降低了催化能垒（图 7.4）。它之所以被称为辅基，是因为它以共价形式与酶结合，在催化循环结束时不会游离。

共价 MIO 辅因子的显著特征之一在于它脱离核糖体时不存在于新生 PAL 蛋白中。相反，一旦（单链）原酶折叠成三维原生构象，或者可能伴随最终的折叠构象，三个相邻的残基 Gly202、Ser203 和 Ala204 在回路中完成自催化以产生所述的 MIO（Walsh

2005）。Ala204 的酰胺 NH 可攻击邻近 Gly202 的酰胺羰基，随后连续脱去两分子水，第二次脱水是发生在 Ser203 残基的 2,3 位 C–C 键，生成环外亚甲基。

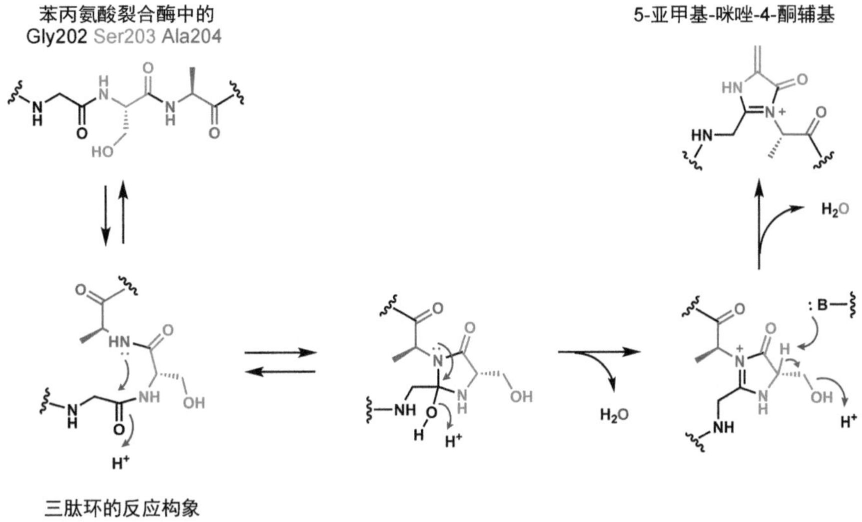

图 7.4　苯丙氨酸氨解酶自激活后，将 Gly202-Ser203-Ala204 自动转化为 5- 亚甲基 – 咪唑 -4- 酮（MIO）辅基（酶催化中的一种罕见现象）作为亲电性活性位点

该烯烃与咪唑酮羰基产生共轭并可作为亲电试剂。机理分析和 X 射线结构分析都支持图 7.5 所示的机理。苯丙氨酸的氨基进攻 MIO 的末端烯烃可产生共价结合的中间体。在该结构中，3 位 C–H 裂解能和 2 位 C–N 键的裂解能都降低。这就促使苯丙氨酸裂解为肉桂酸，并从活性部位游离出去。同时，苯丙氨酸侧链的 NH₂ 仍与 MIO 辅基共价连接。它可以通过烯醇式 MIO 的异构化从而变为芳杂咪唑酮环系，使 PAL 回到原来的 MIO 加合状态，为下一个催化循环做好准备。

MIO 辅基在蛋白质催化中不常见。它在折叠蛋白的活性位点内自催化形成，并在其中提供一个不寻常的电子阱，以使苯丙氨酸脱氨基 [在组氨酸脱氨酶的折叠状态下也形成类似的 MIO 辅基（Walsh 2005）]。因此，这是植物中所有苯丙素类代谢途径中一种独特的化学策略和酶学机制。值得注意的是，虽然氨基酸的碱性氮是第 5 章和第 8 章中所提到的所有生物碱的关键官能团，但苯丙氨酸中的氨在第一步就被丢失。苯丙素类天然产物与碱性氮无关，而与已被羟基化的芳香环共轭的烯烃有关，从而使苯氧自由基化学反应更容易进行。

关于代谢流另一个说明需要提及。大量的 L-苯丙氨酸库存从蛋白质合成途径转移到苯丙酸途径，包括生成不溶性结构聚合物木质素。据估计，木质素是地球上仅次于纤维素的第二大生物高聚物。因此，这就需要从芳香族生物合成的核心途径大量流向苯丙氨酸（Dixon, Achnine et al. 2002）。如图 7.6 所示，这是在转氨作用产生苯丙氨酸之前生成分支酸、预苯酸和苯丙酮酸的莽草酸途径。在从苯丙酮酸到苯丙氨酸再到肉桂酸的两步反应过程中，氨基是先加上，后消除。另一方面，没有其他明显的途径可以由苯丙酮酸生成肉桂酸。在后续的章节中我们将回到莽草酸，它以咖啡酰莽草酸酯的形式，作为代谢信号中的碳进入木质素和木脂素生物合成中。

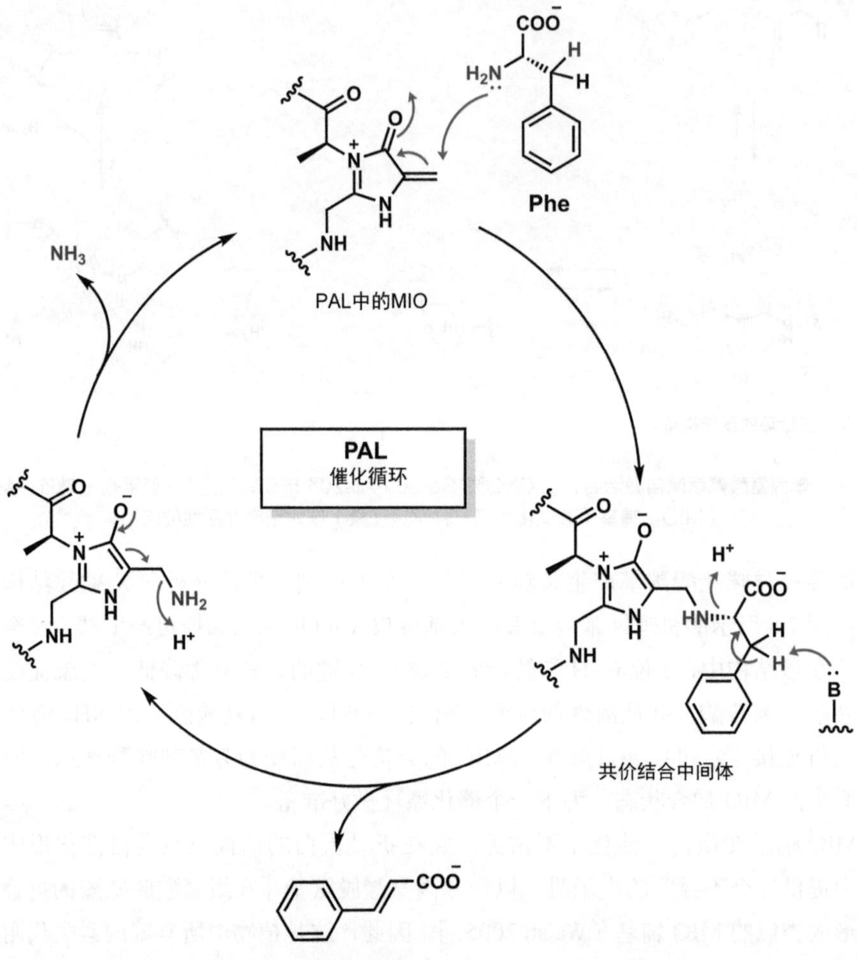

图 7.5　苯丙氨酸氨解酶利用 MIO 辅基作为亲电试剂消除氨的机理推测

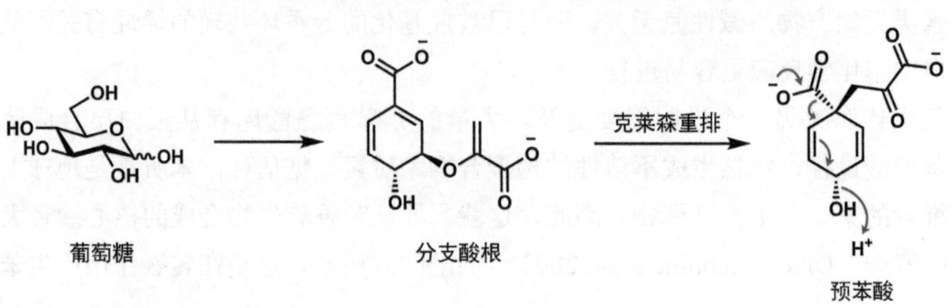

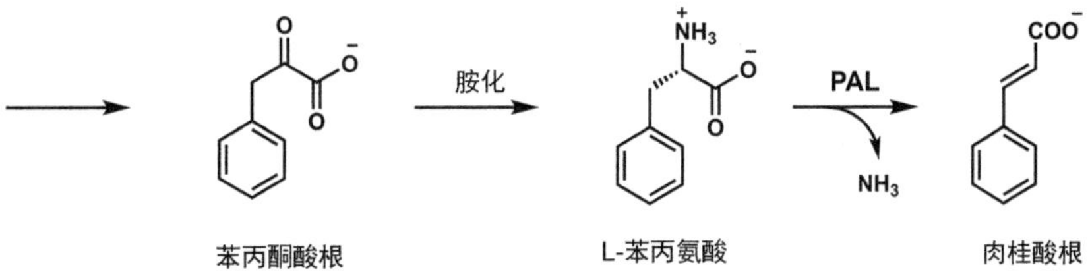

图 7.6　木本植物产生大量木脂素需要由莽草酸途径形成苯丙氨酸的大量代谢流来提供原料

7.2.2　肉桂酸羟化酶：从肉桂酸到对香豆酸

苯丙素类核心途径中的三种酶中的第二种酶是细胞色素 P450 家族的三种加氧酶中的第一种，它与木质素和木脂素下游途径的甲基转移酶和还原酶一起串联发挥作用（Vogt 2010; Fraser and Chapple 2011）。肉桂酸羟化酶似乎是个具有苯环对位区域选择性的传统单加氧酶，其最有可能是要经过一个芳香氧化物中间体，该中间体通过 1,2-氢迁移开环形成 4-羟基环己二烯互变异构体，然后重新芳构化生成苯酚（Rupasinghe, Baudry *et al.* 2003）。

7.2.3　对香豆酰辅酶 A 连接酶：从对香豆酸到对香豆酰辅酶 A

早期常见的第三种酶是一种 ATP 依赖的乙酰辅酶 A 连接酶。需要消耗一分子 ATP 来激活羧酸底物，通常生成酰基-AMP 混合酸酐。这在热动力学上是活化的，但在动力学上不稳定以水解成一种自由扩散的中间体。酰基-AMP 被辅酶 A 的硫辛酸捕获从而转化为酰基硫酯，这保留了其热动力学活性，并获得足够的动力学稳定性从而以一种自由移动的代谢产物形式存在于细胞膜中（见图 7.3）。

7.3　单木质醇、木脂素和木质素的生物合成

7.3.1　从对香豆酰辅酶 A 到三种单木质醇

从对香豆酰辅酶 A 到三个单木质醇合成砌块（芥子醇、松柏醇、对羟基肉桂醇）这条路径的下一步以及合成二聚木脂素和低聚木质素的两个策略是利用以下三种酶。其中一种酶是包含路径中第二个和第三个细胞色素 P450 酶的双酶组合（第一个酶是催化肉桂酸生成 4-羟基香豆酸）。它们都是区域选择性的羟化酶，作用于各自底物芳香环的 C3 和 C5 位。尽管最初有人提出这三种 P450 酶都能作用于肉桂酸、香豆酸和阿魏酸的游离羧酸形式，但事实并非如此（Vanholme *et al.* 2010）。

令人惊讶的是，这三个 P450 酶虽然同属一个 P450 亚家族，但却根据底物 C1 的

化学形式来区分。但 P450 #2 对香豆酸或香豆酰辅酶 A 硫代酯都不起作用。相反，通过酶催化将对香豆酰基转移到莽草酸的一个羟基上。香豆酸莽草酸酯（图 7.7）是 C3 特异性 P450 氧化酶的底物。之后，3,4-二羟基酰基通过酶催化重新转移到辅酶 A 的巯基上。利用 SAM 的 3-*O*-甲基转移酶以咖啡酰辅酶 A 为底物，生成阿魏酰辅酶 A。它再作为底物经氧化还原酶催化由硫酯生成醛。细胞色素 P450 #3 以松柏醛为底物，区域性地对 C5 位进行羟基化。相应的，下一个 SAM 依赖性 5-*O*-甲基转移酶以它为底物，从而生成芥子醛。

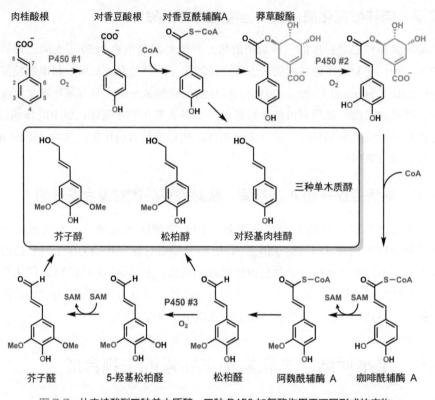

图 7.7 从肉桂酸到三种单木质醇；三种 P450 加氧酶作用于不同形式的底物

加氧酶和 *O*-甲基转移酶交替作用的原理并不明显，但可能是构建选择性羟化和甲基化模式的标准。香豆酰莽草酸酯的插入可能是植物细胞和组织识别是否有足够的碳可利用的方式（图 7.6），使其沿着这种高度分化的次级代谢途径传递。

7.3.2 单木质醇二聚化生成木脂素

上述三种单木质醇都有一个游离酚羟基。松柏醇基和芥子醇基骨架经 *O*-甲基化后只剩下对位羟基可参与单电子氧化二聚反应。在含有三种单木质醇的植物中，观察到稳定苯氧基发生同型和异型偶联产生一系列二聚体（Davin and Lewis 2000; Davin and Lewis 2003）。这些二聚体均通过 C8 和 C8′ 偶联（图 7.8），但是在新的 8-8′ 位 C–C 键周围可以有很大的结构变化。例如，图 7.9 显示了四种木脂素结构亚型：并双四氢呋喃类、呋喃类、二苄基丁烷类和酰基四氢化萘类（acyltetralin）。我们将在之后的鬼臼毒素生源分析中说明它们各自是如何形成的。如图 7.8 所示，松柏醇自由基的三个共振体发生同型自由基偶联产生三种结构类型的产物，包括并双四氢呋喃类的松脂醇。至少在某些情况下，非催化性的降解蛋白能结合木脂素单体并直接进行区域性偶

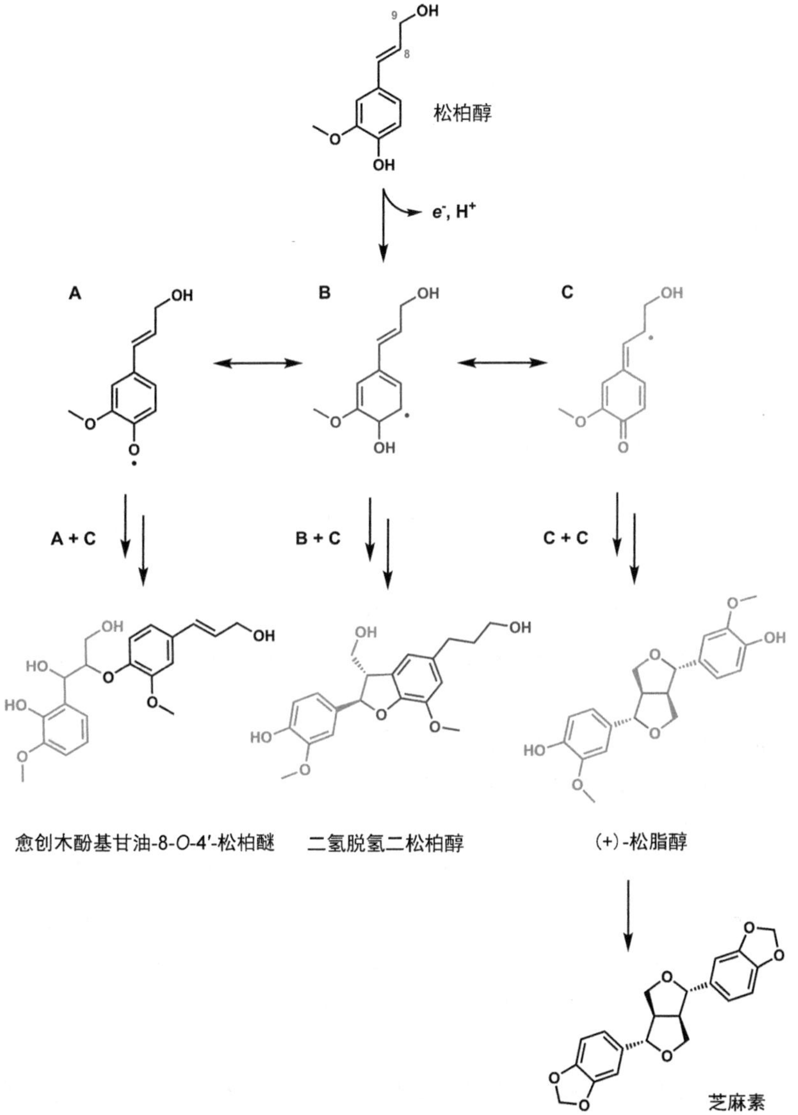

图 7.8　通过可发生不同区域选择性偶联的苯氧自由基，三种单木质醇不同
组合之间发生氧化二聚化生成二聚木脂素

联反应（Davin 和 Lewis 2000）。这些结构亚型的进一步代谢可以展示迄今为止超过300 个木脂素二聚体及衍生物是如何发现的。它们具有多种功能，包括昆虫拒食和阻止幼体发育功能（Harmatha and Dinan 2003; Satake, Ono *et al.* 2013）。松脂醇转化为芝麻籽中具拒食作用的双亚甲基二氧基木脂素芝麻素（见图 7.8）（Mizutani and Sato 2011）。

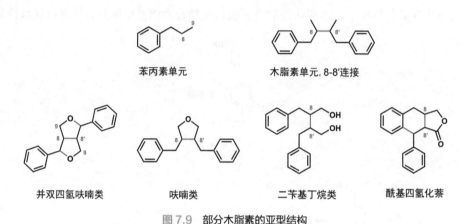

苯丙素单元　　　　　　　　　　木脂素单元, 8-8'连接

并双四氢呋喃类　　　　呋喃类　　　　二苄基丁烷类　　　酰基四氢化萘

图 7.9　部分木脂素的亚型结构

7.3.3　从松脂醇到鬼臼毒素

之后阐述的木脂素类代谢产物中最著名的也许是鬼臼毒素（图 7.10），这是因为它的抗肿瘤活性以及它对与之密切相关且临床上使用的拓扑异构酶抑制剂依托泊苷（etoposide）带来的启示（Janick and Whipkey 2002）。鬼臼毒素合成酶的酶学及其异源表达最近已经通过在烟草植物表达而得以实现（Lau and Sattely 2015）（在第 13 章中讨论）。

我们推测松脂醇的呋喃环被 NADPH 中的氢经如图 7.10 所示的亚甲基醌中间体接续还原，并由此生成一对醇（Fujita, Gang *et al.* 1999）（见图 6.13）。这一反应顺序不常见，是由苯酚部分的对位羟基引发的。事实上，这一途径的上下游很多都揭示了这一策略用于单木质醇和木脂素二聚体中控制酚类双电子和单电子的反应类型。

根据木脂素亚型的骨架（图 7.10），这对氧化还原酶的组合将并双四氢呋喃类转化为呋喃类，然后转化为二苄基丁烷骨架。将其中一个羟基经两次氧化生成酸，之后经分子内的酯化反应，生成罗汉松脂素。最终产物鬼臼毒素具有芳基四氢化萘的核心结构。

鬼臼毒素的形成，必须要有一个形成甲基二氧桥的 P450 加氧酶、两个芳环 P450 羟化酶和两个利用 SAM 的 *O*-甲基转移酶发挥作用。值得注意的是，鬼臼毒素 5-6-6-5 四环骨架的非芳香六元环的形成必须生成一个新的 C–C 键。这可以通过酚自由基偶联反应来实现（未显示）。从罗汉松脂素到鬼臼毒素的过程中有四个 P450 酶发挥作用。

再加上产生单木质醇的三种 P450 和形成木脂素二聚体的酶，从肉桂酸到鬼臼毒素总共有八种加氧酶的参与（Lauand Sattly 2015）。图 7.10 还显示了鬼臼毒素的基本骨架是抗肿瘤药物依托泊苷的基础。

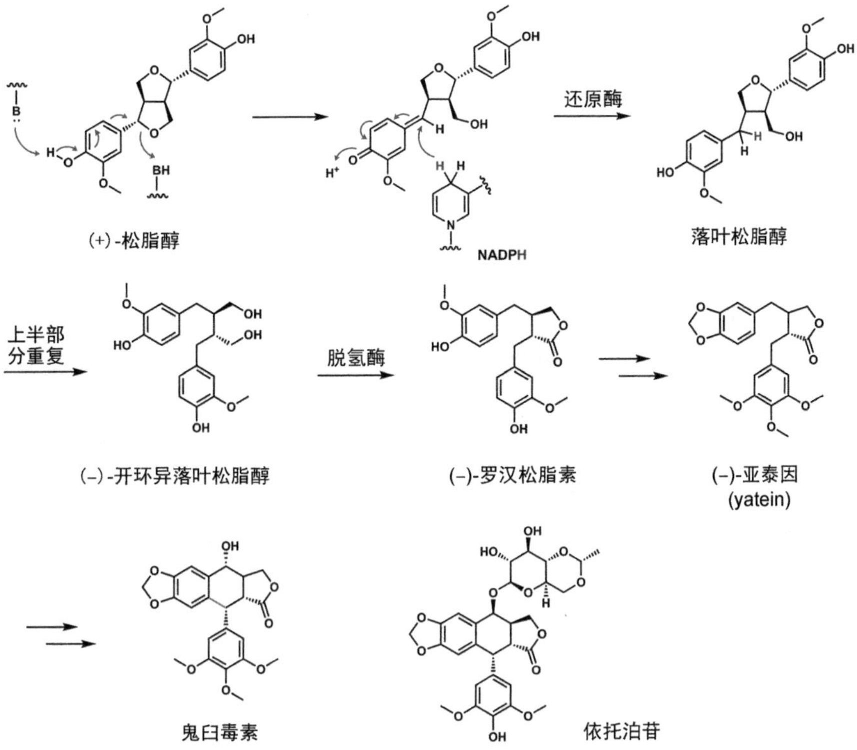

图 7.10 由松脂醇酶法合成鬼臼毒素的研究，这对临床上使用的拓扑异构酶抑制剂依托泊苷是一个启示

专题 7.1　鬼臼毒素和依托泊苷

依托泊苷是在鬼臼毒素（一种来自鬼臼果——盾叶鬼臼的苯丙素类代谢产物）的差向异构体的核心结构基础上构建的半合成分子。依托泊苷是人类拓扑异构酶 Ⅱ 的强效抑制剂，可阻断被切割的 DNA 连接，加速单链和双链断裂及细胞凋亡。它可以杀死快速生长的细胞并用于治疗小细胞肺癌、复发性睾丸癌和卵巢癌的早期治疗方案。

鬼臼毒素存在于盾叶鬼臼根中，可能是抗菌防御分子（图 7.V1）。鬼臼毒素转化为依托泊苷涉及差向异构化和去甲基化的化学合成步骤。据估计，每年收集约 30 万磅（约合 136t）的鬼臼果根，以提供足够的鬼臼毒素作为最终依托泊苷药物的化学中间体。

鬼臼毒素是苯丙素类木脂素的一员，它是通过苯氧自由基偶联机理以酶诱导的二聚反应所产生。产生（＋）-松柏醇二聚骨架的区域选择性偶联反应是通过一种称为偶联蛋白的产物决定蛋白（product-determining protein）的辅因子介导的。该辅因子被认为是将参与反应的松柏醇酚氧自由基处于一个有利于自由基偶联的位置。最近，Lau 和 Sattely 以烟草植物作为异源宿主表达整个途径，实现了六步剩余反应，包括羟基化、甲基化和 C–C 键成环以构建表鬼臼毒素骨架，经质谱检测得到了产物（Lau and Sattely 2015）。将合成途径重组到烟草叶片中可为未来对

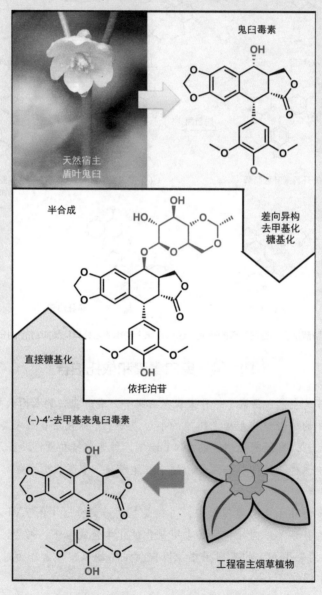

图 7.V1　设计并应用半合成路线合成依托泊苷

依托泊苷类似物的构效改良研究提供便利，并确保了一种生物合成策略来得到产物而无需大量收集鬼臼果根。

7.3.4　木质素的形成和功能：过氧化物酶和漆酶

经氧化二聚产生上述多种二聚木脂素类化合物的单木质醇合成砌块也可以在植物细胞外经氧化低聚化形成不溶性木质素聚合物，它可作为细胞壁的加固结构与保护性成分（图 7.11 和图 7.12）（Boerjan, Ralph *et al.* 2003; Vanholme, Demedts *et al.* 2010）。

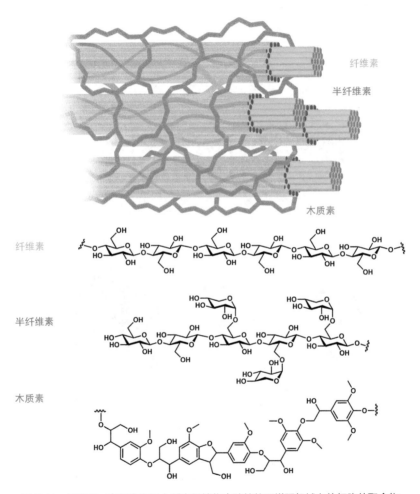

图 7.11　纤维素、半纤维素和木质素是植物中独特的可增强机械力的细胞外聚合物

图片来源：John Billingsley

4-羟基肉桂醇、芥子醇和松柏醇这三种单木质醇分别产生三种亚型的木质素，分

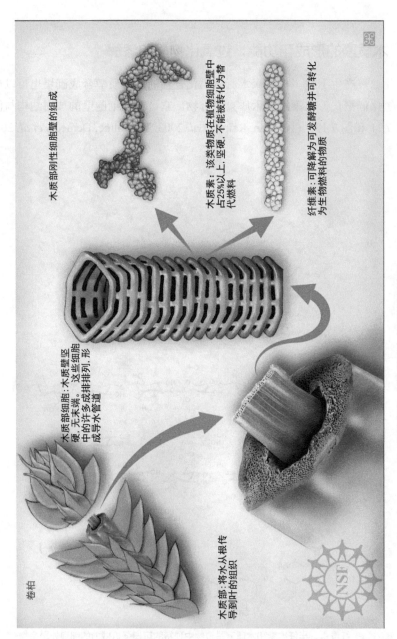

图 7.12　植物叶片中木质素的示意图

图片由 National Science Foundation（nsf.gov）提供

别称为 H 型、S 型和 G 型，其中 H 代表对羟基肉桂基，S 代表紫丁香基（sinapyl），G 代表愈创木基（guaiacyl）（图 7.13）。裸子植物中的木质素基本上都来自 G 单元，而被子植物中的木质素则是 G 单元和 S 单元的混合。H 单元是大多数植物中的次要元素，这反映了单木质醇的不同丰度，以减少跨细胞壁到胞外聚合位点的转运，或者体现了通过氧化酶产生相互偶联的苯氧自由基和延伸的木质素链而导致的区别（Vanholme, Storme *et al.* 2012）。

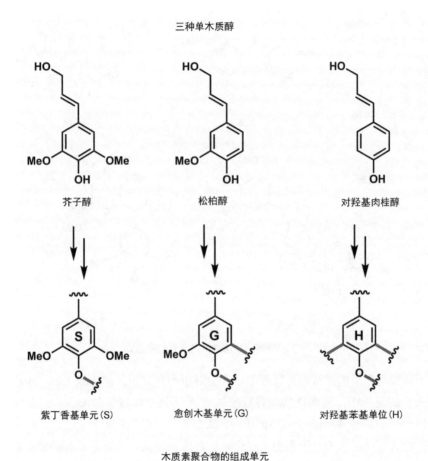

三种单木质醇

芥子醇　　　　　　　　　　松柏醇　　　　　　　　对羟基肉桂醇

紫丁香基单元(S)　　　愈创木基单元(G)　　　对羟基苯基单位(H)

木质素聚合物的组成单元

图 7.13　可由三种单木质醇产生的不同木质素亚型

　　细胞外空间的聚合是由分泌的过氧化物酶引发的。拟南芥基因组编码了 73 个漆酶样蛋白，它们表现多种氧化代谢功能（Fraser and Chapple 2011）。漆酶是一种含铜的氧激活酶，能引发从底物到 O$_2$ 的单电子转移。单木质醇和木质素链中的苯氧自由基必须能够存在足够长的时间，以便与另一种单木质醇自由基或与邻近木质素链区域中的自由基配对（见图 7.8）。图 7.14 描述了部分木质素聚合物中的一些常见连接方式，并将其与木脂素骨架的主要亚类进行比较。由于木质素在溶液中是自由聚合的，而不是在酶活性位点（与木脂素二聚化不同），因此它们是有手性的，并且具有多种不同的合成砌块，包括不同单体共聚以及将单个单木质醇自由基加到延伸的木质素链上。图 7.15（见下页）显示了白杨树中发现的木质素分子的一部分，并展示了图 7.13 所示的四种连接方式。

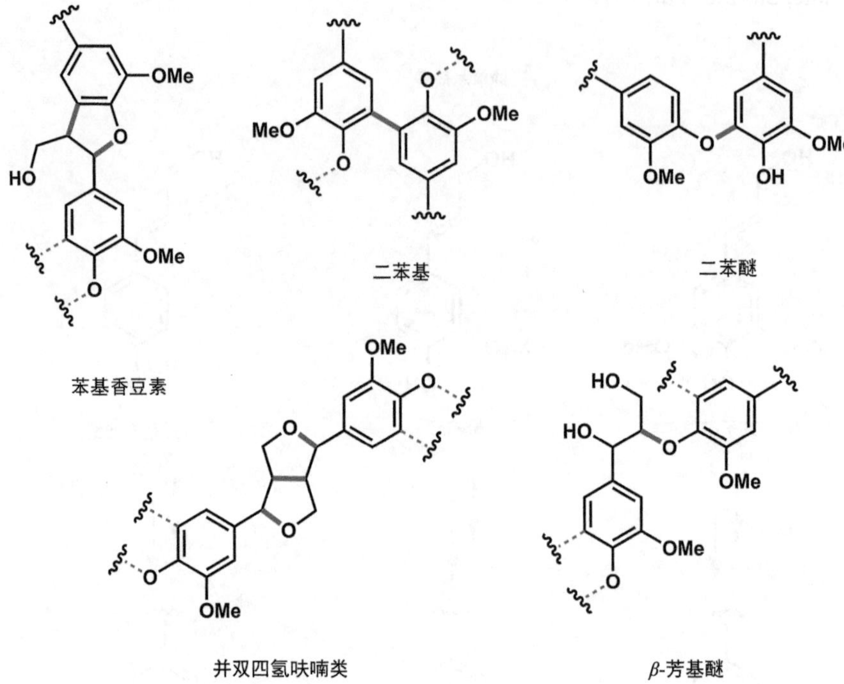

图 7.14　三种亚型木质素中主要的连接方式

在不同细胞类型的正常发育过程中以及面对压力和其他外部挑战（如昆虫攻击和组织损伤）的反应中，将肉桂酸和香豆酰辅酶 A 转化为木脂素和木质素的基因都受到了不同程度的调控（Vanholme, Storme *et al.* 2012）。鉴于木质素是地球上最丰富的芳香族生物高聚物，人们对于利用工程化生物合成来提供更均质的木质素聚合物从而促进其降解，以及去发现一些能使木质素有效降解成可用产品的酶产生浓厚的兴趣。

7.4　从对香豆酰辅酶 A 到所有其他类型苯丙素

尽管木本植物中木质素途径消耗了大量的代谢流来将苯丙氨酸转化成肉桂酸再转化成对香豆酰辅酶 A（4-香豆酰辅酶 A），然而，仍有大量其他重要的苯丙素类代谢产物和分子骨架是源自常见的中间体对香豆酰辅酶 A 的分支途径。

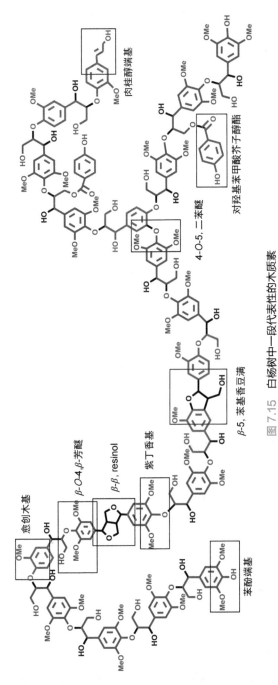

图 7.15 白杨树中一段代表性的木质素。引自：Lochab, B., S. Shukla and I. K. Varma (2014). "Naturally occurring phenolic sources: monomers and polymers". *RSC Adv.* **4**: 21712.

经英国皇家化学学会许可，

其中最典型的是基于苯丙素和聚酮合酶化学原理交叉所产生的代谢产物。植物中的聚酮合酶与细菌和真菌中的不同之处在于植物中的聚酮合酶不利用专门的酰基载体蛋白。基于这种差异，它们被称为Ⅲ型聚酮合酶（Austin and Noel 2002）（回顾第2章：Ⅰ型PKS是模块化的，如脱氧红霉素合成酶；Ⅱ型PKS是迭代的，如四环素合成酶）。所有三种类型的PKS中，其链延伸的化学原理是相同的，即通过丙二酸单酰硫酯发生脱羧克莱森缩合，但Ⅲ型PKS链延伸的硫酯均为辅酶A衍生物（丙二酸单酰辅酶A）。类似的，起始单元也是酰基辅酶A，最典型的是4-香豆酰辅酶A或阿魏酰辅酶A，具体实例如下。然而，其他芳香酰基辅酶A分子也是相关骨架结构的起始单元。

7.4.1 以单个丙二酸单酰辅酶A进行链延伸的Ⅲ型PKS

以4-香豆酰辅酶A作为起始单元的植物Ⅲ型聚酮合酶最简单的例子是那些以丙二酸单酰辅酶A为延伸单元仅仅进行单次链延伸的合成酶（Dewick 2009）。图7.16所示，在阿魏酰辅酶A中加入一个二碳单元，随后再与第二个阿魏酰辅酶A分子偶联，生成姜黄素（姜黄中特征性的二酮二聚型香料）。类似地，将PKS产物转到己酰辅酶A上可得到6-姜辣素及其脱水产物6-姜烯酚（姜中的挥发性风味元素）。

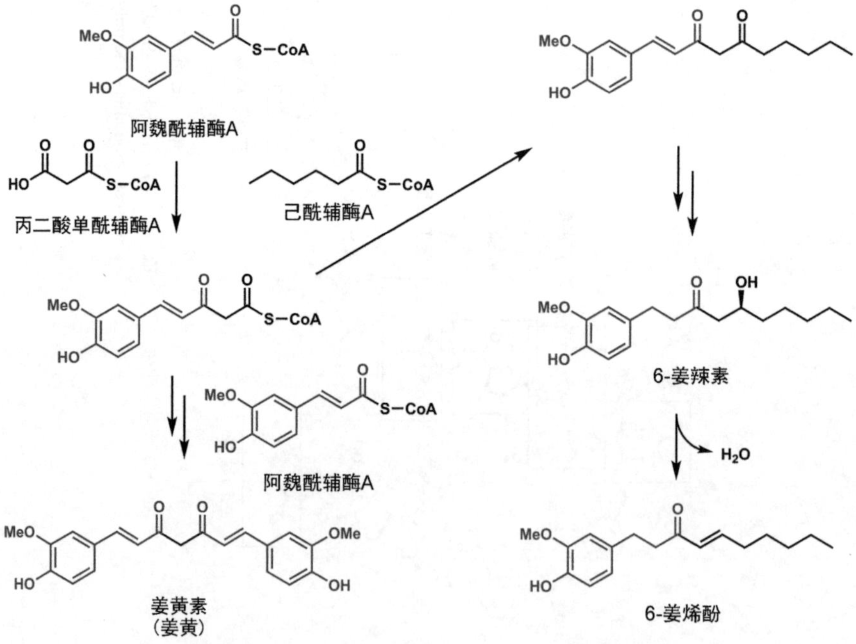

图7.16 以阿魏酰辅酶A为起始单元的Ⅲ型PKS：以丙二酸单酰辅酶A为延伸单元经一次链延伸可生成姜黄素、6-姜辣素和6-姜烯酚

7.4.2 二苯乙烯合成酶与查尔酮合成酶：经三次链延伸后将底物重新合成不同产物

一些Ⅲ型聚酮合酶可以在芳香酰辅酶 A 起始单元上进行多达 10 次丙二酸单酰辅酶 A 的链延伸，从而产生更复杂的聚酮产物。研究最深入的一组酶可在 4- 香豆酰辅酶 A 上经历三次丙二酰链延伸，但产生不同的产物（图 7.17）。其中一组新生成的三

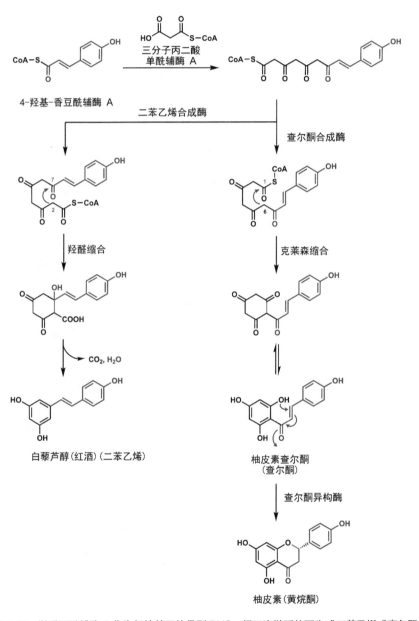

图 7.17　以香豆酰辅酶 A 作为起始单元的Ⅲ型 PKS，经三次链延伸可生成二苯乙烯或查尔酮

酮基硫酯产物通过 1,6 位 C–C 克莱森缩合反应，得到查尔酮的骨架（Jez, Bowman *et al.* 2000; Jez and Noel 2000; Abe and Morita2010）。图中还显示了查尔酮合成酶如何生成柚皮素查尔酮。在植物蛋白质组中该家族的酶大约有 900 种（Fraser and Chapple 2011）。第 4 章中提到的四氢大麻酚分子骨架是由不同查尔酮合成酶装配而成的（见图 2.45 和图 4.37）。

第二种酶亚群在活性位点以不同的方式折叠三酮新生产物，取而代之的是进

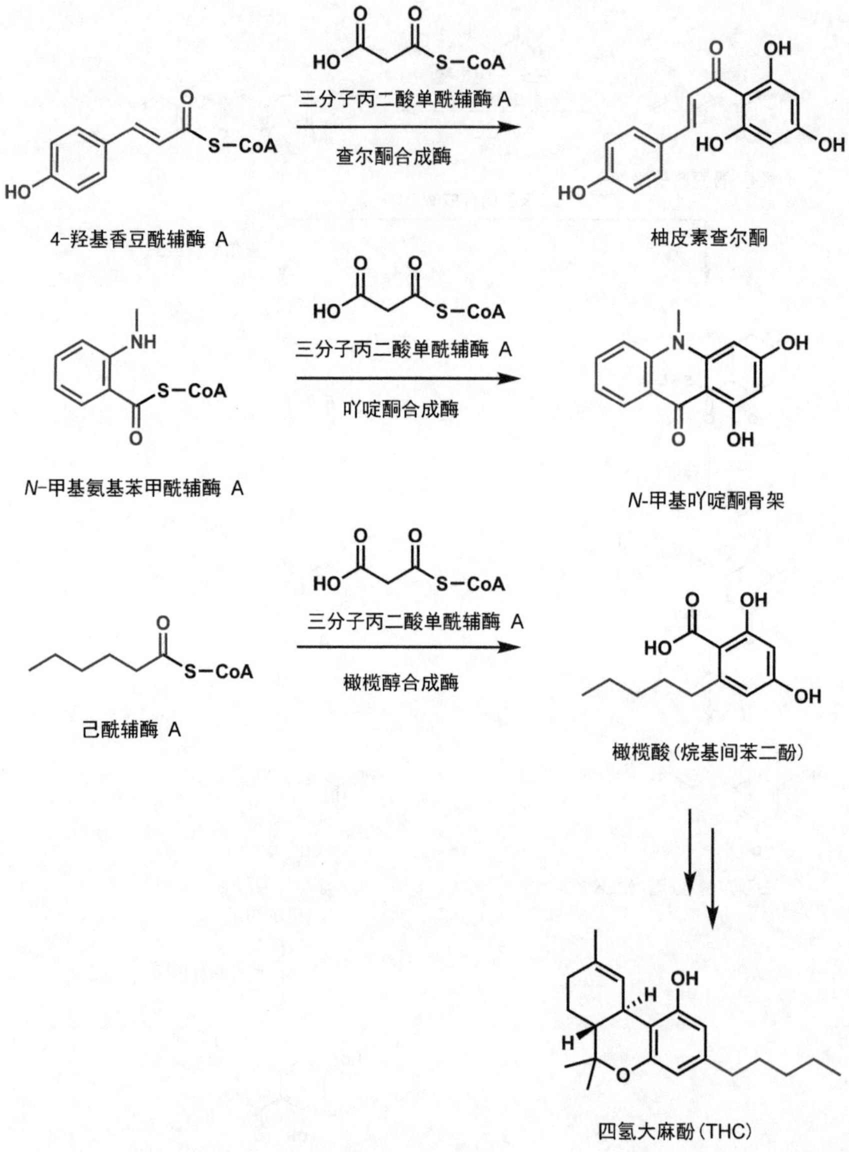

图 7.18　以丙二酸单酰辅酶 A 为延伸单元和不同的酰基辅酶 A 为起始单元经过三次链延伸的 Ⅲ 型 PKS

行 2,7 位 C–C 环化性羟醛缩合生成二苯乙烯，例如白藜芦醇（Schroder and Schroder 1990）。二苯乙烯合成酶可能泄漏高达 3% 的查尔酮产物；相应的，查尔酮合成酶可能泄漏 2% ～ 4% 的二苯乙烯产物。这些可能反映了活性部位的线性三酮折叠体的动力学，以及不同环化方式的相对较低能量屏障。二苯乙烯合成酶很可能是从查尔酮合成酶进化而来（Parage, Tavares *et al.* 2012）。图 7.18 提及了两种作为起始单元的其他酰基辅酶 A，用在特定的查尔酮样合成酶中。*N*-甲基氨基苯甲酰辅酶 A 经三次丙二酰单元延伸，产生三环 *N*- 甲基吖啶酮骨架。橄榄醇合成酶（四氢大麻酚途径中的第一个固定化酶）是以己酰辅酶 A 为起始单元，以丙二酸单酰辅酶 A 为延伸单元经三次脱羧缩合反应生成橄榄酸（Taura, Tanaka *et al.* 2009）。

专题 7.2　烷基邻苯二酚、烷基间苯二酚、毒葛和日本漆器

烷基间苯二酚是一小类聚酮化合物（见图 2.1），它们通常以长链或中长链的链型酰基辅酶 A 为起始单元，以三分子丙二酸单酰辅酶 A 作为延长单元，通过 III 型聚酮合酶催化而成（Baerson, Rimando *et al.* 2008）。这些酶都是与二苯乙烯合

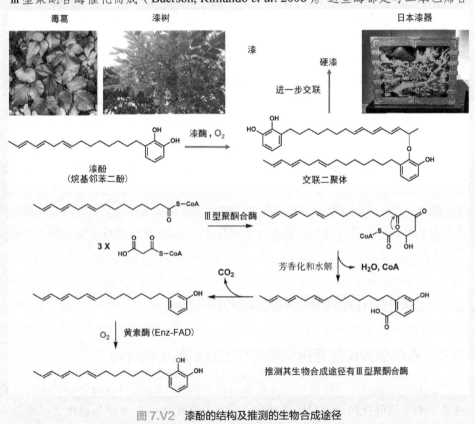

图 7.V2　漆酚的结构及推测的生物合成途径

成酶和参与四氢大麻酚装配线的橄榄酸（5-戊基间苯二酚）合成酶的近缘蛋白（图7.17和图7.18），这些链延伸反应可以生成烷基化的四酮，其再通过成环，脱羧和脱水芳构化从而可以生成烷基取代的芳香族间苯酚（间苯二酚）环系。

据推测，就相关的生物合成而言，烷基邻苯二酚上的两个羟基取代基是在苯环的邻位而不是间位，其中奥名昭著的是漆酚（图7.V2），在日文中以"sap"一词命名，以表示其在日本漆树中的高含量。漆酚的重要性体现在它是日本漆器的聚合原料，同时它也是毒葛（poison ivy）和毒橡树（poison oak）中奥名昭著的刺激性过敏原。

虽然漆酚的生物合成途径还没有确定，但以三烯 C_{16} 酰基辅酶 A 为起始单元，以丙二酸单酰辅酶 A 为延伸单元的Ⅲ型 PKS 经三次链延伸循环可得到所示的四酮辅酶 A。其中一个酮基经过 NAD(P)H 依赖的还原反应后，可引发分子内羟醛缩合、脱水芳构化和脱羧（类似于烷基间苯酚的形成）（见图 2.1 和图 7.17）从而形成烯基单酚。从苯酚到邻苯二酚的加氧反应则可能是由 FAD 依赖的黄素单加氧酶来负责。

漆酚有一个 C_{15} 的三烯烷基链（来自相应的三烯 C_{16} 酰基辅酶 A 起始单元），可以渗透皮肤并且靶向表皮黑素细胞上的蛋白（是否在细胞表面形成共价加合物尚不确定）。相反，这个细胞表面呈现的抗原被 T 细胞所识别，T 细胞通过释放细胞因子和趋化因子，招募巨噬细胞，并触发高强度的炎症反应，从而引发免疫级联反应产生瘙痒和红肿，这也是毒葛和毒橡树暴露于应答者的标志反应。

漆酚在宿主植物中的生理学作用被认为是作为植物抗菌素和植物抗毒素的防御分子。在日本漆树液中，漆酚大概占总量的 60%，还有 25% 的水和一些次要成分，包括铜氧化酶漆酶。我们之前在本章就已经提到了漆酚在木脂素聚合成木质素过程中的作用。漆酶也催化富含漆酚的漆树液的氧化聚合，催化过程可能是通过邻醌化合物，首先生成所示的二聚体，然后形成交联聚合物。在日本和中国的家具和艺术品中值得称赞之处就是巧妙地应用多达 30 层的漆酚漆树液形成坚硬的透明漆。

7.5 从查尔酮到黄烷酮类化合物等

7.5.1 查尔酮异构酶将查尔酮转化为黄烷酮类化合物

产生下游黄酮类化合物的切入点是查尔酮异构酶（Ngaki, Louie *et al.* 2012）。它加速了一类非酶催化的迈克尔加成反应，三羟基苯酚中的一个羟基进攻查尔酮结构中共轭烯酮的烯烃末端（图 7.19）。在图中所示的例子中，酶法途径可以通过立体化学控制生成 2S-柚皮素。这就是黄烷酮类的骨架结构，而它可像图 7.20 中展示的那样通过几种酶法途径分化成主要类型的黄烷酮类化合物（Falcone Ferreyra, Rius *et al.* 2012）。其中黄酮、黄酮醇和黄烷二醇这三种亚型可直接产生，而异黄酮、花青素和橙酮将在后面讨论。浓缩型原花青素是在苹果和红酒中大量发现的三聚体（每 150mL 中含 91mg），这些也是红酒中具有涩味的多酚。它们被认为用于对抗植物捕食者而起防御作用（Cos, De Bruyne *et al.* 2004）。对于它们在植物学中寡聚的机理人们知之甚少。

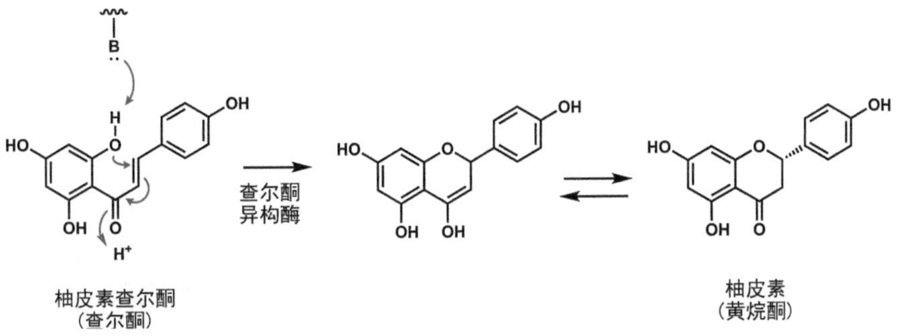

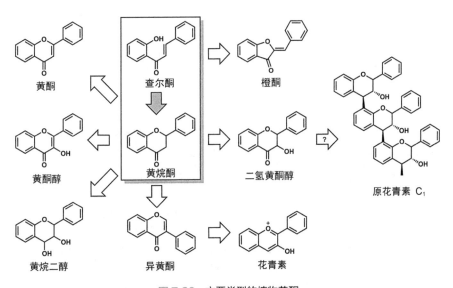

图 7.19　查尔酮异构酶催化成环的迈克尔加成反应以生成查尔酮骨架结构（在本例中为柚皮素查尔酮）

图 7.20　主要类型的植物黄酮

图 7.21（A）示意了从羟基黄酮（一种二氢黄酮醇）到黄酮槲皮素（地中海饮食中的作为抗氧化剂而被突出显示的一种分子）的转化过程（Winkel-Shirley 2001）。槲皮素在刺山柑（capers）中含量最高，但在许多食用植物也广泛分布。为了增加黄酮类化合物的溶解度，并确保其运输到植物的不同细胞和组织中，这些分子中的很大一部分要经历酶法糖基化。常见的槲皮素二糖苷芦丁（糖为鼠李糖和芦丁糖，见第 11

章）的结构如图 7.21 所示。

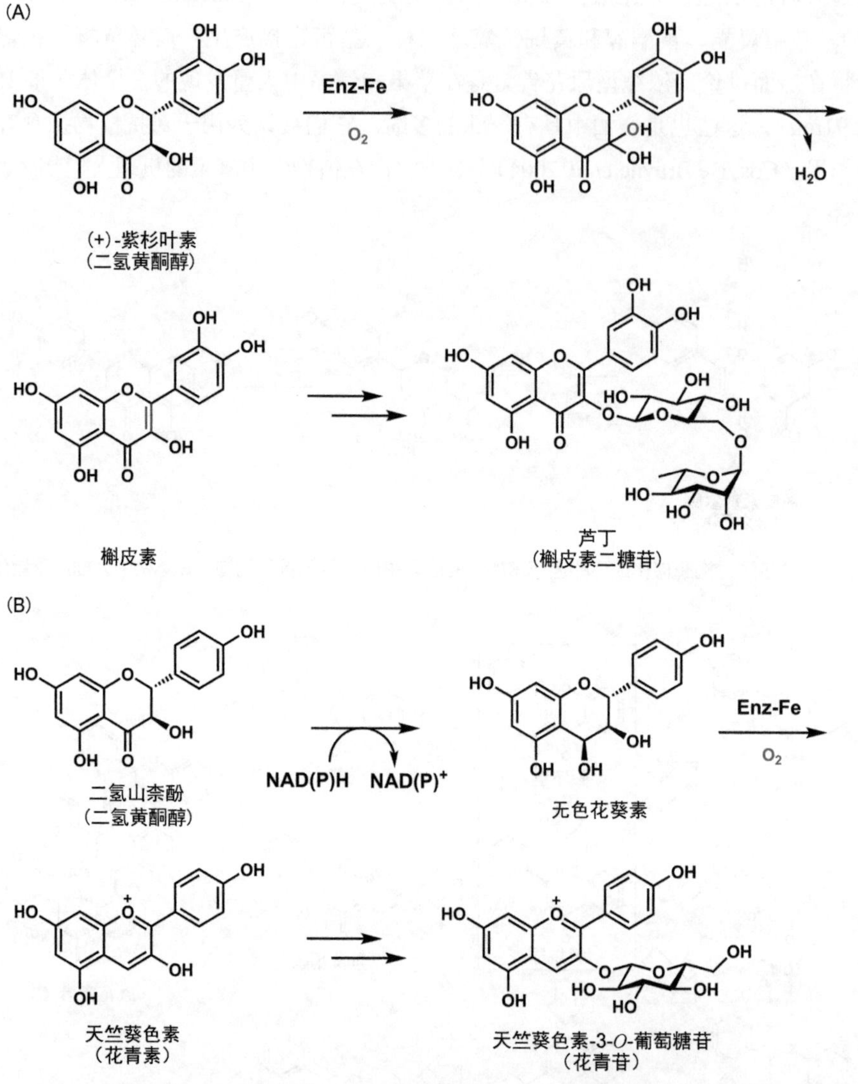

(A)

(+)-紫杉叶素
（二氢黄酮醇）

槲皮素

芦丁
（槲皮素二糖苷）

(B)

二氢山柰酚
（二氢黄酮醇）

无色花葵素

天竺葵色素
（花青素）

天竺葵色素 -3-*O*- 葡萄糖苷
（花青苷）

图 7.21　二氢黄酮类化合物向黄酮类的槲皮素（A）或者花青素类的花色素
天竺葵色素 -3-*O*- 葡萄糖苷（B）的转化

酶法糖基化是黄酮类化合物用于增加水溶性和便于传输的常见修饰方法

　　第 4 章（图 4.8）中提到的用于区分合成异戊二烯骨架的甲羟戊酸途径和甲基赤藓糖醇途径的脉冲追踪的 [$^{13}CO_2$] 饲喂法也曾被用于分析野罂粟（*Papaver nudicaule*）中的黄酮三糖苷，如山柰酚-3-*O*-β-槐糖-7-*O*-β-葡萄糖苷（Tatsis, Eylert *et al.* 2014）。标记结果显示其代谢流是经莽草酸途径（通过赤藓糖-4-磷酸，E4P）到苯丙氨酸，然后到香豆酰辅酶 A 起始单元，并以丙二酸单酰辅酶 A 合成砌块为延伸单元进行链延伸。

7.5.2 从黄酮到花青素

图 7.21（B）显示了二氢黄酮醇（二氢山柰酚）经还原生成无色花葵素，接着在吡喃酮环上发生氧化去饱和反应生成花青素类的天竺葵色素，该化合物是天竺葵中橙色花的色素来源。其颜色来自共轭的氧鎓离子［花色（flavglium），又称 2- 苯基苯并吡喃氧鎓（2-phenylchromenylium）］。天竺葵色素也存在于浆果类植物中（覆盆子、蓝莓、黑莓和草莓），在四季豆中含量也很高。它也可以更易溶解的葡萄糖苷形式聚积。这种糖苷被称为花青苷（Winkel-Shirley 2001; Veitch and Grayer 2008）。

在两个苯环上 6 个位置的各种取代基团（–H, –OH, –OCH$_3$）能够改变花青素的颜色。图 7.22 描述了两种其他的花青素。二氢槲皮素可产生粉色的色素矢车菊素，而二氢杨梅素会产生紫色的飞燕草素。一系列的黄酮 3′- 羟化酶和 3′,5′- 羟化酶控制最终花青素氧鎓离子下游两个阶段的色素颜色。图 7.23 列出了主要决定食物颜色的 6 种花青素，包括矢车菊素（黑醋栗、覆盆子）、天竺葵色素（草莓）和飞燕草素（蓝莓），其他三个花青素是锦葵色素（葡萄）、芍药色素（蔓越橘）和牵牛花色素（山楸梅）。

7.5.3 从查尔酮到橙酮

还有另一种相关的色素是来自一条独特的生物合成途径。橙酮（图 7.24）是一种黄色的分子，它们不是由黄酮类骨架生成的，而是在金鱼草素合成酶的作用下经查尔酮重排而来。该酶将查尔酮分子中右侧的苯酚氧化成邻苯二酚，并可将其氧化成邻醌（Nakayama, Yonekura-Sakakibara *et al.* 2000; Nakayama, Sato *et al.* 2001; Ono, Hatayama *et al.* 2006; Vogt 2010）。根据查尔酮异构酶作用的模式，醌使得环外烯烃中处于远端位置的烯碳产生亲电性。从而发生迈克尔加成反应，产生稠合的 6-5 环系，而非 6-6 环系。醌重新芳构化后又回到邻苯二酚，生成黄色的共轭橙酮。图 7.24 还显示了一些金鱼草（snapdragon）花中呈现的黄色，它们就是来自橙酮分子（Sato, Nakayama *et al.* 2001）。

7.5.4 从黄烷酮到异黄酮再到植物抗毒素

另一种不寻常的酶法转化可使整个黄烷酮骨架转变为异黄酮骨架。图 7.25 描绘了细胞色素 P450 介导的柚皮素向染料木素的转化。这可以称之为 1,2- 芳基迁移。因此，该 P450 酶属于加氧酶的一类，其催化的第一个半反应产生一个或多个以碳为中心的自由基，而在底物发生某种重排反应之前（Vogt 2010; Mizutani and Sato 2011），不会发生第二个半反应，即 OH˙ 转移（更多内容见第 9 章）。相反，碳自由基发生分子内的反应，具体在本例中是酚基作为自由基发生迁移。这就形成了一个新的碳碳键，并在碳碳键断裂的位置留下一个未配对的电子。这样该酶将 OH˙ 自由基转移到

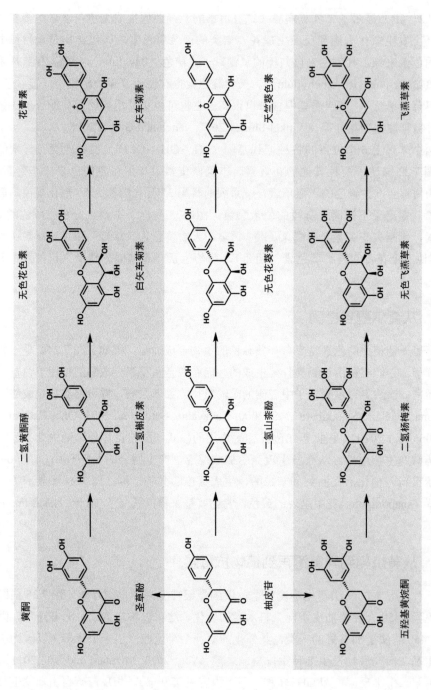

图 7.22 花青素是花的色素：从查尔酮到黄酮、到二氢黄酮，再到花青素

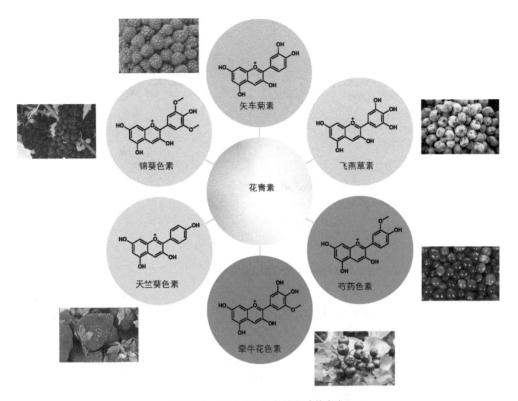

图 7.23 决定食物颜色的六种花青素

图 7.24

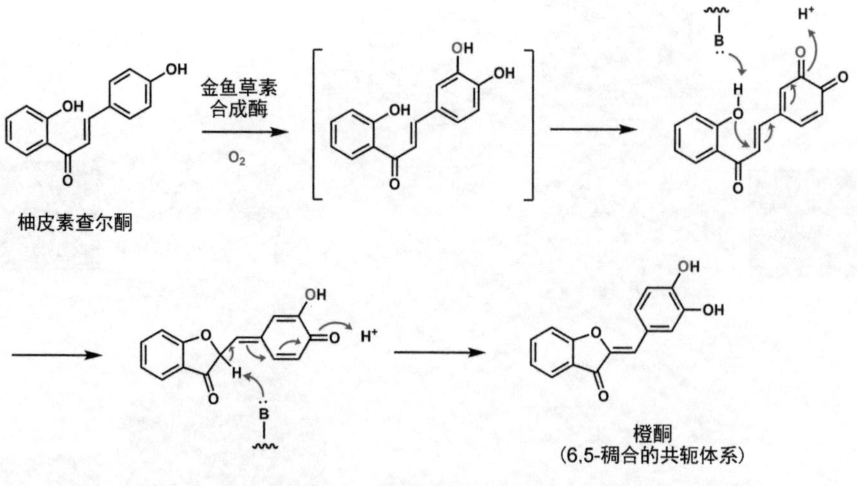

图 7.24 金鱼草素合成酶将查尔酮转化为橙酮骨架从而产生黄色的色素

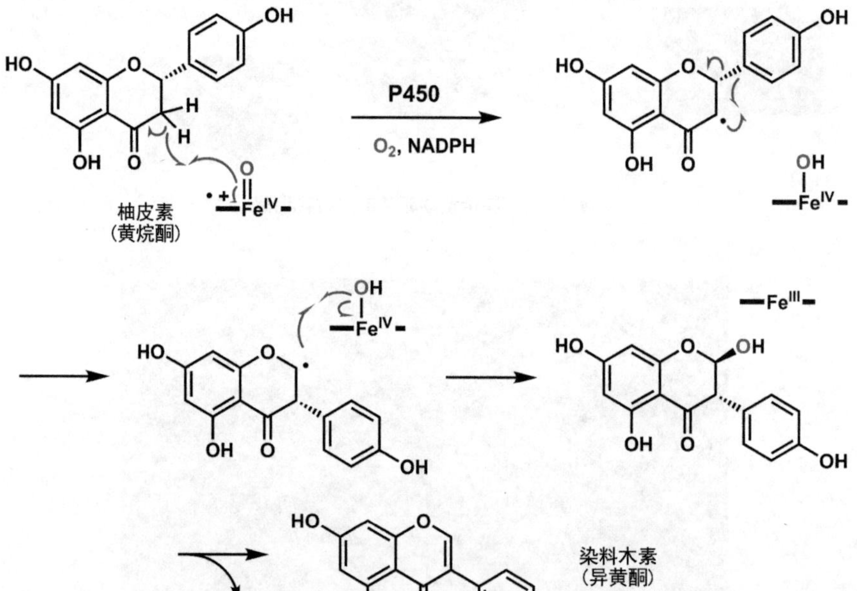

图 7.25 从黄烷酮到异黄酮的转化。细胞色素 P450 经自由基中间体介导
1,2-芳基迁移：由柚皮素生成染料木素

这个位置，形成一个过渡态的羟基异黄酮。刚刚引入的羟基经脱水生成染料木素中的烯酮基。其他异黄酮也同样以单电子反应流的方式发生 1,2-芳基迁移。

异黄酮本身具有一定的拒食活性，但也是植物抗毒素（"守卫"植物的化合物）的前身（VanEtten, Mansfield *et al*. 1994）。它们是在病原体（通常是真菌）感染部位合成和积累的分子，显示出不同的结构，并具有不同的防御机制。图 7.26 显示了这样一条途径：异黄酮大豆素经酶促过程生成四环的二羟基紫檀碱和五环的大豆抗毒素（Guo, Dixon *et al.* 1994）。作为紫檀碱骨架结构的一个例子，二羟基紫檀碱中呋喃桥环的形成被推测涉及醌甲基化物的形成，以助于消除所示的羟基。随后，该醌甲基化物被 2,4-二苯酚片段中的一个羟基捕获。之后，生成的二羟基紫檀碱可以在酚羟基邻位碳上发生异戊烯基化反应，并再经加氧酶介导（单电子途径）的环化反应，形成大豆抗毒素的五环体系。在异黄酮核心结构上进行不同形式的羟基化和甲基化可得到数百种异黄酮（Gonzalez-Lamothe, Mitchell *et al.* 2009）。

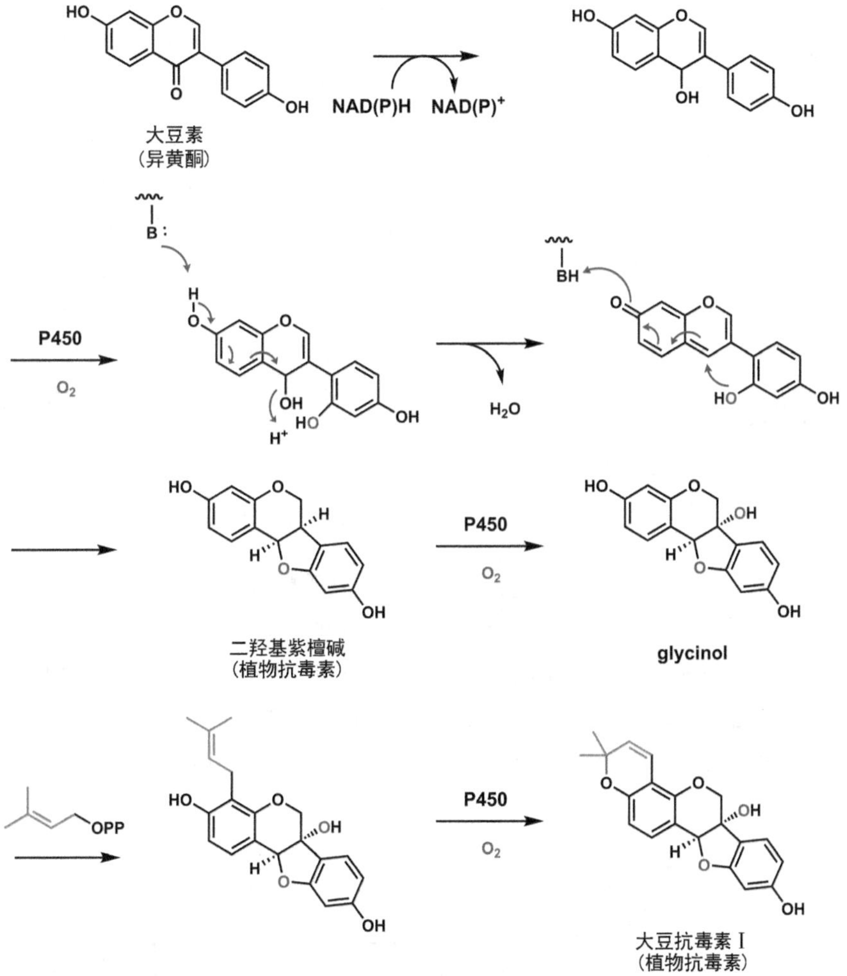

图 7.26　紫花苜蓿中异黄酮经酶促转化为具有四环骨架结构的植物抗毒素二羟基紫檀碱和大豆抗毒素

在病原菌作用下异黄酮和植物抗毒素的生物合成基因上调，这与植物抗毒素具备的功能是一致的（Kurusu, Hamada *et al.* 2010; Lin, Shih *et al.* 2014）。许多异黄酮以

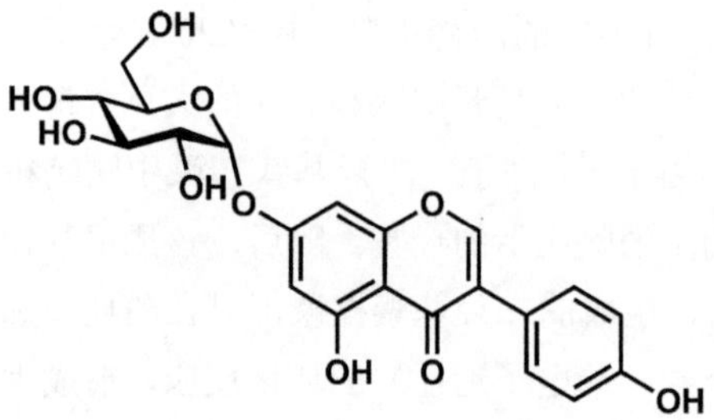

染料木苷＝染料木素葡萄糖苷

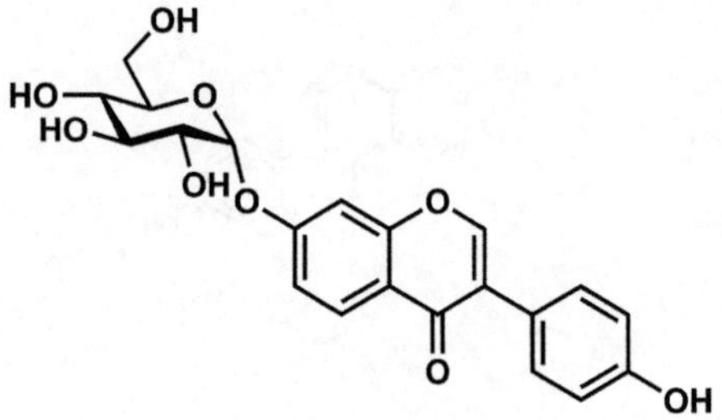

大豆素葡萄糖苷

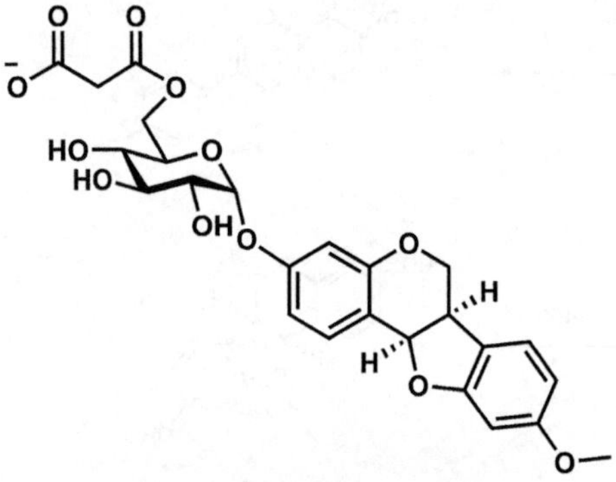

美迪紫檀素3-O-葡萄糖苷-6′-丙二酸酯

图 7.27 异黄酮和植物抗毒素的糖苷作为植物抗毒素的储存形式对糖苷酶作用做出快速响应

苷的形式存在于植物中，便于储存和溶解（Richelle, Pridmore-Merten *et al*. 2002），而在糖苷酶的作用下快速响应可以释放苷元（图 7.27），从而无需等待代谢产物的从头生物合成。

7.5.5 从异黄酮到鱼藤酮

甲氧基异黄酮的环化被推测涉及甲氧基中 CH_3 经氧化生成 CH_2OH 的过渡态（图 7.28）。经脱水会产生亚甲基氧鎓离子，该离子可经氧科普重排，产生具有氧鎓环的鱼藤酮三环体系。从 NAD(P)H 转移氢会使氧的电荷丢失，并生成四环的去甲基明杜西酮（Dewick 2009; Crombieand Whiting 1998）。酚羟基邻位碳上的异戊烯基化并环化成五元环，生成鱼藤酮。鱼藤酮既可以作为植物杀虫剂，也可供渔民用作杀鱼药，其机理是在复合物 I 到泛醌载体的电子转移水平上阻断线粒体的氧化磷酸化。

7.5.6 植物雌激素

异黄酮被称之为植物雌激素，因为它们是脊椎动物雌激素受体的弱配体（图 7.29）（Patisaul and Jefferson 2010）。例如，大豆含有大量的大豆素和染料木素（图 7.25 和图 7.26），包括游离形式和 *O*-7-糖苷形式（图 7.27）。

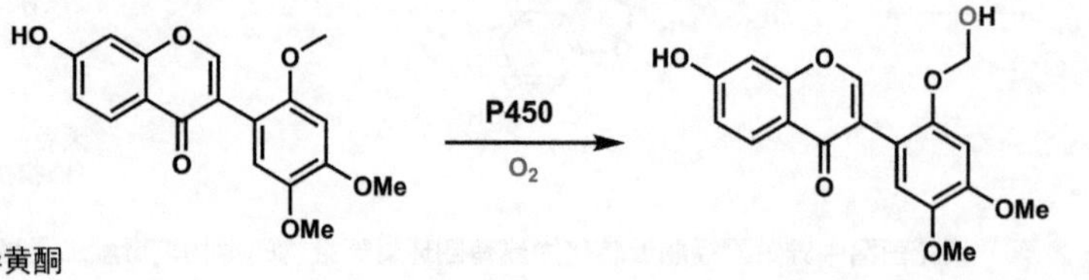

甲氧基异黄酮

P450
O_2

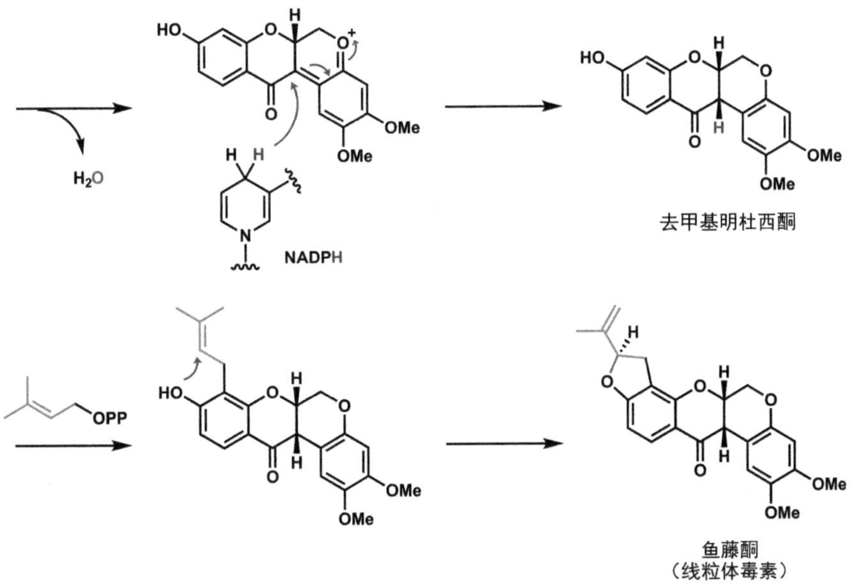

图 7.28　由异黄酮生成鱼藤酮：苯丙素途径和异戊二烯途径的融合

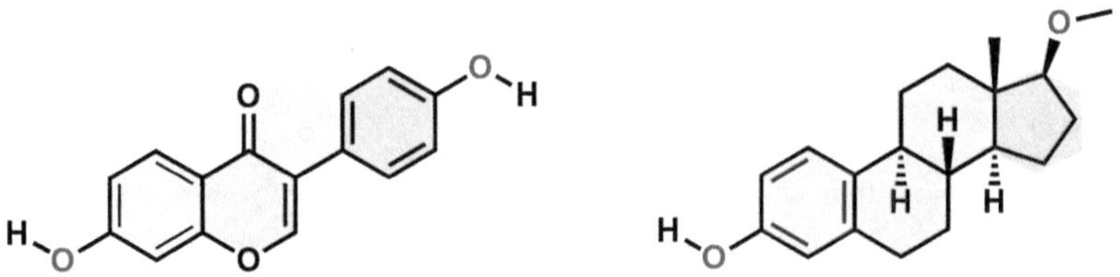

大豆素（异黄酮）　　　　　雌二醇

图 7.29　包含部分异黄酮骨架的植物雌激素

7.6　肉桂酸来源的苯丙素类

7.6.1　从肉桂酸到苯丙烯和苯丙烯醛

　　肉桂树皮中含有酯化为乙酸酯形式的肉桂醇，这是肉桂醛的来源。通过酶水解和酶法氧化可将醇变成醛，两者都可以作为挥发性调味剂。在肉桂树皮中，相应的乙酸松柏酯含量高于乙酸肉桂酯（Dewick 2009），引起经亚甲基醌的消除反应接着氢化物转移到亚甲基双键上（这些章节中提到的许多其他情况均如此）（图 7.30）。这就产生了苯丙烯丁香酚，它是肉桂和丁香油中的一种香料成分，有时用作一种牙科的麻醉剂。细胞色素 P450 将邻近的甲氧基苯酚转化为亚甲基二氧桥，生成黄樟油的主要成分黄樟素。

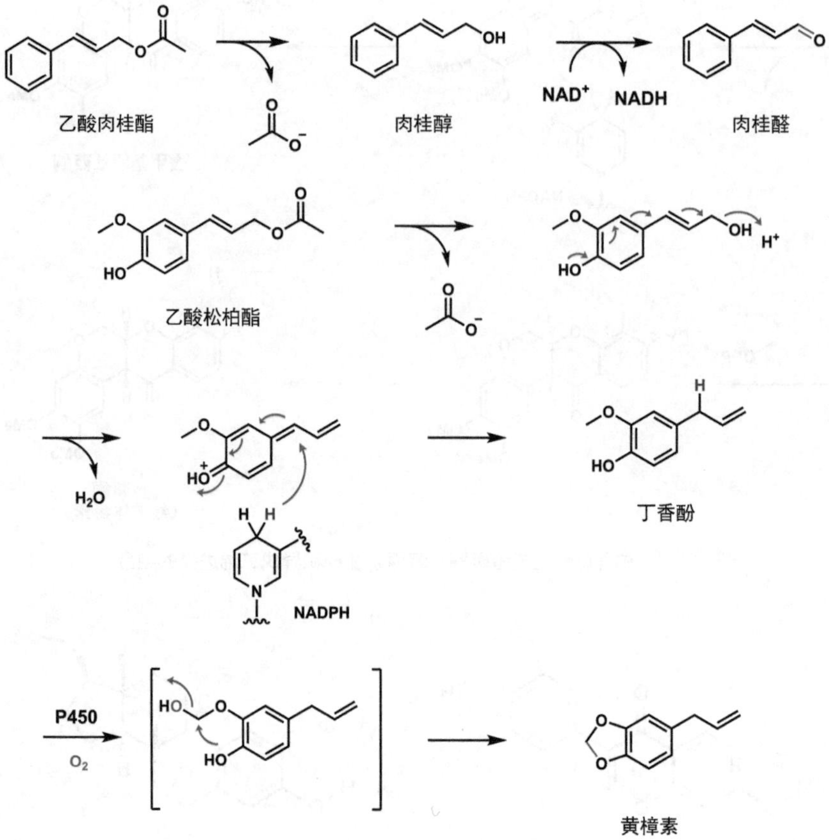

图 7.30 苯丙烯和苯丙烯醛精油

7.6.2 从肉桂酸到香豆素

香豆素的双环 6-6 环系也可从肉桂酸经简短途径获得（Dewick 2009）。邻位或对位羟基化，接着 E-烯烃异构化为 Z-烯烃，生成 2-羟基肉桂酸，从而接近香豆素母体结构（1,2-苯并吡喃）（图 7.31），以及生成 4-羟基肉桂酸（香豆酸）从而形成伞形酮（7-羟基香豆素）。而伞形酮是具有光毒性的补骨脂素及其代谢产物的前体。伞形酮经异戊烯基化之后被两种 P450 加氧酶作用（Bourgaud，Hehn et al，2006）。第一个 P450 产生呋喃香豆素的三环系统，而第二个 P450 介导单电子途径以脱去丙酮单元从而完成补骨脂素的共轭体系。

肉桂酸或肉桂酰辅酶 A 经水合作用并氧化为酮后形成羟基香豆素环（图 7.32）。添加等摩尔量的甲醛（Bourgaud, Hehn et al. 2006; Dewick 2009）后产生亲电性烯酮，它可以被羟基香豆素中亲核性的烯醇进攻，生成桥连的双香豆素（四叶草中一种通过阻断凝血过程中的维生素 K 依赖性还原酶的抗凝化合物）。

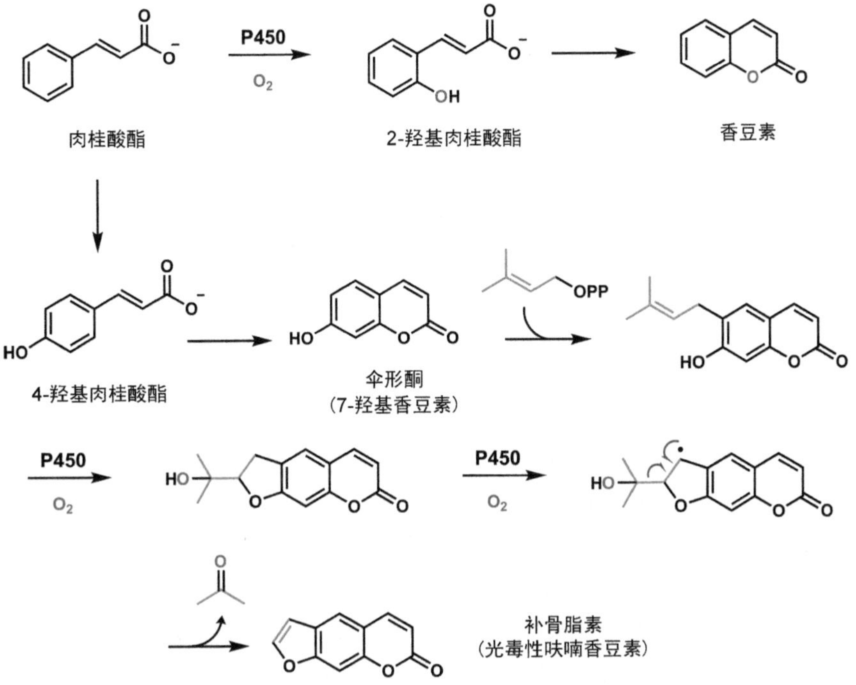

图 7.31　肉桂酸代谢为香豆素（如伞形酮），再经异戊烯基化和氧化生成补骨脂素

7.6.3　从阿魏酸到胡椒碱和辣椒素

3-甲氧基-4-羟基肉桂酸（阿魏酸）是本章前面提到的单木质醇的关键前体之一，它也可以通过酶催化转化为两种酰胺（分别是黑胡椒和辣椒的主要香料）（Dewick

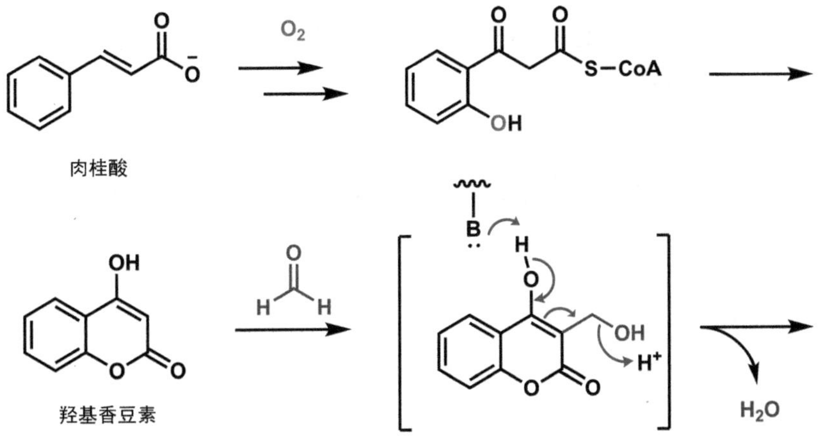

图 7.32

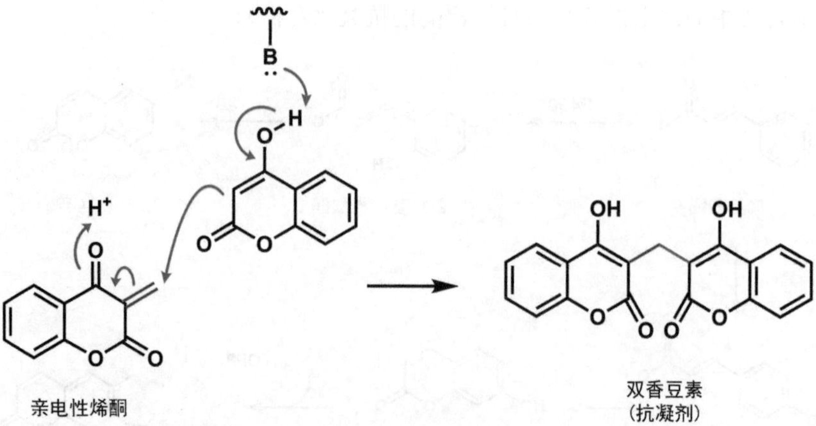

图 7.32 肉桂酸代谢为抗凝剂双香豆素

2009)。如图 7.33（A）所示，阿魏酰辅酶 A 可被经典的形成亚甲基二氧桥的细胞色素 P450 所作用。之后Ⅲ型 PKS 通过丙二酸单酰辅酶 A 催化单次链延伸（回顾本章前面提到的姜辣素的形成）生成 β-酮酰辅酶 A。它可以经过脂肪酸合成酶/模块化聚酮合酶的催化原理得到双烯硫酯（胡椒酰辅酶 A）。这样再遵循第三种生物合成原理，将酰基转移到结构简单的生物碱哌啶上。哌啶可通过赖氨酸脱羧、氧化环化和 Δ^1- 哌啶还原而成（第 5 章）。在形成胡椒碱的酰胺合成酶的作用下完成该香料的生物合成，如第 1 章所述，胡椒碱是最早纯化到的天然产物之一（1816 年）。

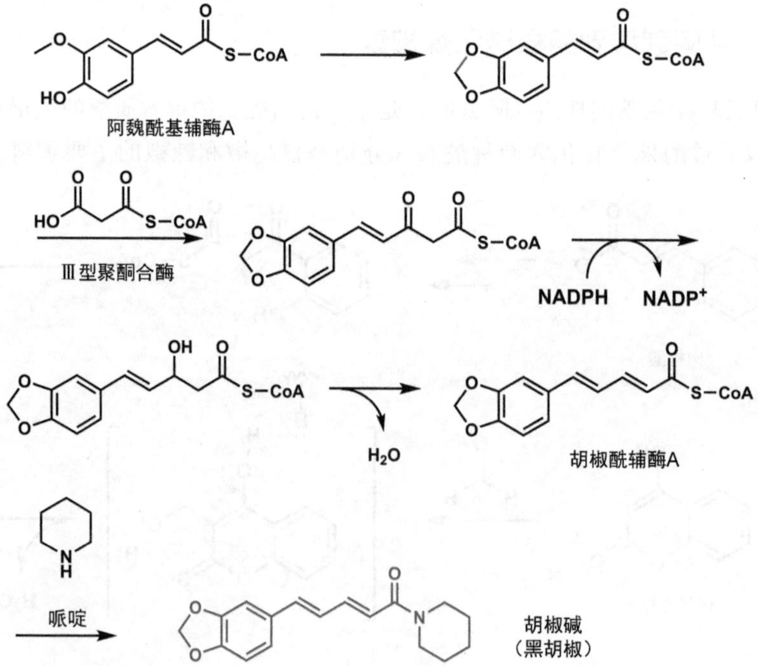

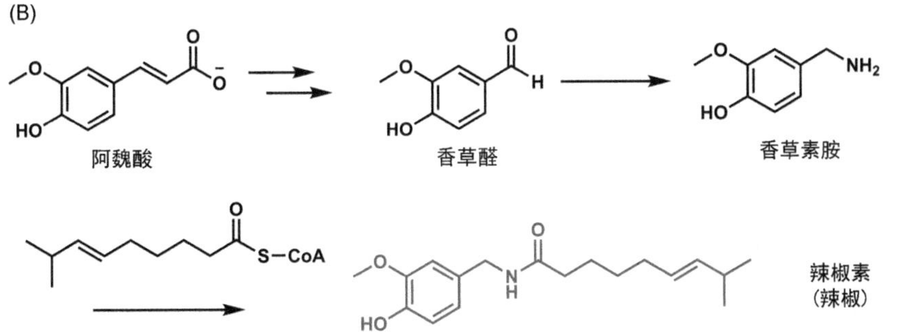

图 7.33　阿魏酰辅酶 A 和阿魏酸分别转化为黑胡椒和辣椒中的辣味分子胡椒碱和辣椒素

辣椒中的辣味剂辣椒素，其形成的起始点是阿魏酸，而不是辅酶 A 硫酯［图 7.33 （B）］（Kang, Jung *et al.* 2005）。辣椒素作为 TRP（瞬时受体电位）离子通道的配体可引起辣的感觉（Caterina, Schumacher *et al.* 1997）。阿魏酸经非氧化性的链断裂成取代的苯甲醛，从而生成调味分子香草醛，并经酶转氨后生成香兰素胺（Dewick 2009）。之后它在相应的酰胺合成酶反应中将用作攻击性亲核试剂进攻支链 C_{10}-CoA（来自聚酮合酶装配线），从而生成辣椒素的最终产物。

专题 7.3　辣椒素和辣椒碱类

辣椒素最初是在 1816 年以不纯的形式从辣椒中分离出来的（因此得名），经过多年的纯化，最终在 82 年后的 1898 年得到纯化合物（图 7.V3）。早在 19 世纪 70 年代，辣椒素就被认为在与上皮细胞和黏膜接触时会引起烧灼感。如本章所述，辣椒素来源于两种途径的融合。苯丙素途径是在醛前体经转氨化后生成香兰素胺。而另一半分子来自支链十碳酰辅酶 A（C_{10}-CoA），这是辣椒植物中脂肪酸代谢的一种成分。酰胺连接酶将两部分的分子连接起来。

辣椒素和相关的辣椒碱类化合物被认为是拒食剂，威慑食草动物的分子，也可作为抗真菌剂。它是商业化的胡椒喷雾剂中的有效成分。辣椒素在人体中作为两个相关神经元离子通道（TRPA1 和 TRPV1）的激活配体，它们通过脊髓背根神经节向大脑发送信号，并产生烧灼感（Caterina, Schumacher *et al.* 1997; Bessac and Jordt 2008; Escalera, von Hehn *et al.* 2008; Clapham 2015）。

在不同种类的辣椒中辣椒碱类存在的水平不同，可以根据辣味或"热度"来排序。1912 年，Wilbur Scoville 发明了史高维尔（Scoville）辛辣量表，这是一种感官测试，其中三位品尝者通过一系列水稀释测试（Scoville 1912）来评估指定量的溶解的辣椒固体的辣味。"最热"的辣椒在 100 万～ 200 万个史高维尔单位的范围内，而纯辣椒素为 150000 个单位（图 7.V3）。

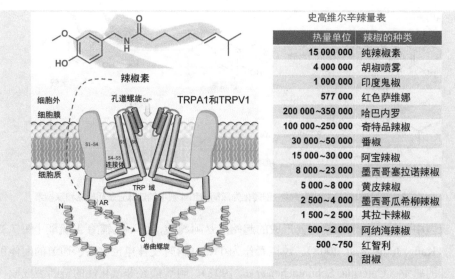

史高维尔辛辣量表	
热量单位	辣椒的种类
15 000 000	纯辣椒素
4 000 000	胡椒喷雾
1 000 000	印度鬼椒
577 000	红色萨维娜
200 000~350 000	哈巴内罗
100 000~250 000	奇特品辣椒
30 000~50 000	番椒
15 000~30 000	阿宝辣椒
8 000~23 000	墨西哥塞拉诺辣椒
5 000~8 000	黄皮辣椒
2 500~4 000	墨西哥瓜希柳辣椒
1 500~2 500	其拉卡辣椒
500~2 000	阿纳海辣椒
500~750	红智利
0	甜椒

图 7.V3　辣椒素和辣椒碱类

TRPA1 图经麦克米伦出版有限公司许可的: (Clapham, D. E. "Structural biology: Pain-SensingTRPA1 Channel Resolved". *Nature* **520**：439-441. 版权（2015）.

7.7　最后留意一种不同的苯丙素途径：酪氨酸作为质体醌和生育酚类的前体

最后一种生物合成情况涉及植物质体醌（plastoquinones）和维生素 E 系列的生育酚的生源。异戊二烯侧链是通过第 4 章讨论的各种逻辑和酶学机制进行组装。我们在这里关注的是苯醌环和四氢呋喃环的生成（Dewick 2009）。

在这种罕见的情况下，起始的氨基酸不是苯丙氨酸而是不含氮的预苯酸，它生成对羟基苯丙酮酸，而非苯丙酮酸。如图 7.34 所示，对羟基苯丙酮酸是一种非血红素、

预苯酸

对羟基苯丙酮酸

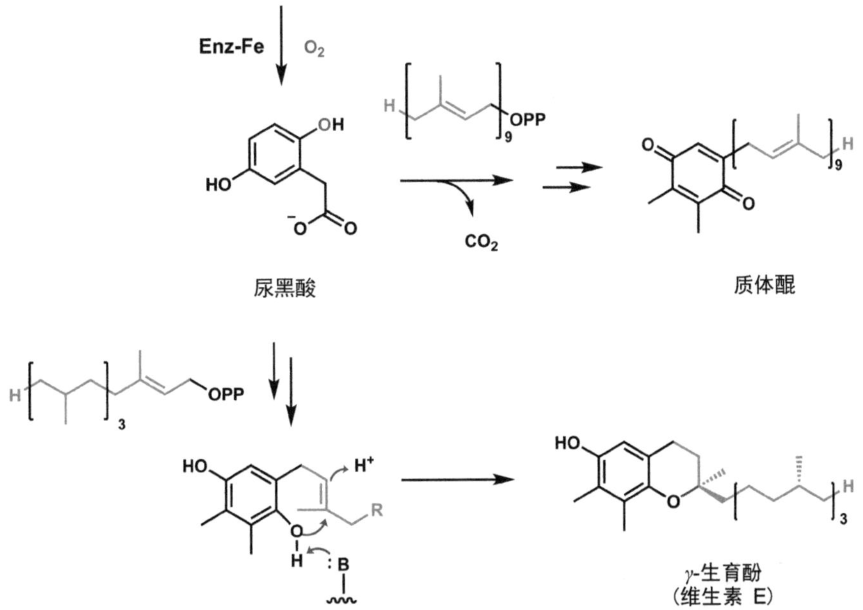

图 7.34　苯丙素类是电子转移醌类和维生素 E 的前体

单核铁加氧酶的底物，它通过对位羟基化，同时侧链脱羧并进行 1,2-迁移。底物中的酮酸在分子内发挥活化氧的功能，这与 2-酮戊二酸在分子间情况下所发挥的作用相同（见第 9 章）。其产物分子是尿黑酸（homogentisate），并且经甲基化和脱羧后，它成为质体醌和色原烷环系的共有前体。

专题 7.4　芳香脱羧酶作用中的 1,3-偶极环加成酶学机制？

近年来，如第 2 章所述，一系列酶催化的 [4+2] 环加成得到了更好的定义，包括最近在 abyssomycin 生物合成过程中催化螺 4-羟基乙酰乙酸内酯（spirotetronate）部分形成环己烯环的 Abyu 酶（Byrne, Lees et al. 2016）。有证据表明，这些酶中至少有一部分是真的催化狄尔斯-阿尔德反应。分支酸变位酶催化的 3,3-克莱森重排已被熟知并研究了几十年（Marti, Andres et al.2004）。（该酶也会催化 carba- 分支酸的 Cope 重排）。

生物环加成机制的新增例子是最近提出的 [3+2] 环加成途径，其中一对微生物脱羧酶在次级代谢途径中发挥作用。其中一种酶催化 3-异戊二烯基-4-羟基苯甲酸脱酸，生成苯醌电子转移的辅酶泛醌-n（$n=1\sim12$），也称为辅酶 Q（Dewick 2009）。第二种酶是阿魏酸脱羧酶（如本章中所述，阿魏酸是 3-甲氧基-4-羟基肉桂酸，它是木脂素和木质素形成过程中的一种核心代谢产物）（图 7.V4）。

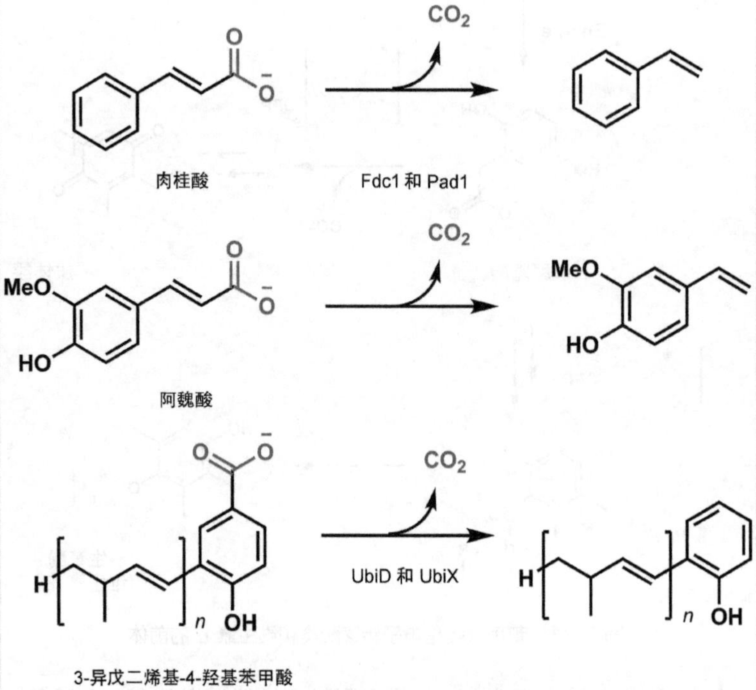

图 7.V4 微生物脱羧酶催化的反应

这些脱羧酶都需要一种伴侣酶，其将游离黄素辅酶 FMN 的二氢形式转化为已获得新反应活性的异戊烯基化的四环形式，尤其是作为前体参与 1,3-偶极环加合物的形成及其逆反应（White, Payne et al. 2015）。如图 7.V5 所示，来自细菌的 UbiX 或同源真菌酶 Pad1 可以将 Δ^2-异戊二烯单磷酸酯（而不是普遍存在的异戊二烯二磷酸酯）的五个碳通过 C1 和 C3 环化到 $FMNH_2$ 的 C6 和 N5 上。

这一产物被推测是从 Ubix/PAD1 释放下来并扩散到 Ubid/FDC1 的活性部位，之后经过 O_2 介导的氧化反应得到 N5-亚胺加合物，其中的甲亚胺叶立德适合作为 1,3-偶极发挥作用。肉桂酸/阿魏酸底物具有共轭 α,β-不饱和羧基官能团，可作为亲偶极体（dipolarophile）。尽管有人可以写成分步迈克尔加成机制（Payne, White et al. 2015），但研究人员强烈主张所示的 1,3-偶极环加成途径。如图所示，所得的加合物可以脱去 CO_2，然后进行逆 1,3-偶极加成，以生成苯乙烯骨架中观察到的末端烯烃。在泛醌的脱羧步骤中也是类似的机制。

这项研究首先揭示了肉桂酰类的苯丙素代谢产物以及聚异戊二烯基泛醌电子转移的辅酶在生物合成化学领域的新认识。其次，它揭示了维生素 B_2（核黄素）的一种新的异戊烯基化的四环辅酶形式，扩大了酶化学的范围，如今它可能出现在其他酶中。第三，该研究提出了天然产物装配线中首例 [3+2] 电环化反应模式的前景，并对这类脱羧酶开展了后续的机理研究。第四，纯化并研究特殊生物合成酶的化学机制可能会继续发现有机化学中已知但尚未应用到生物学上的反应。

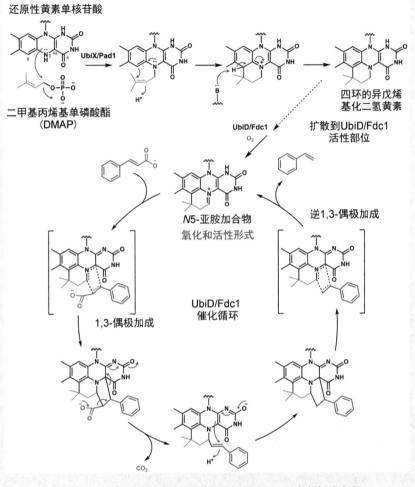

图 7.V5　推测的黄素依赖性脱羧酶的机制涉及 1,3- 偶极加成步骤

7.8　小结

苯丙氨酸的 C_6-C_3 碳骨架在苯丙素类天然产物中产生了大量不同的结构和功能。这基本上是一个无氮的化学世界，其中苯丙氨酸的氨基在合成途径的第一步即被抛弃。

在木脂素和木质素的分支中，芳香环的羟基化以及涵盖的甲基化保留了一个酚羟基，它引发了一系列苯氧自由基的二聚和低聚反应。策略性地进行 O-甲基化能够在二聚和多聚过程中控制自由基密度以及区域选择性。

　　加氧酶在苯丙素途径的许多非木脂素／木脂素分支路径中也可以对其骨架结构进行修饰。一种方式是形成多种亚甲二氧桥，而体现加氧酶单电子反应流的另一种模式是 1,2-芳基迁移将黄酮代谢流转到异黄酮和植物抗毒素。

　　有色的花青素／花青苷等花的色素是来自于黄烷酮氧化成共轭体系，而区域选择性甲基化则控制了最大波长。因此，就如生产香料和香精油的植物中 900 种Ⅲ型聚酮合酶一样，查尔酮／二苯乙烯之间的分流创造了骨架多样性。

参考文献

Abe, I. and H. Morita (2010). "Structure and function of the chalcone synthase superfamily of plant type Ⅲ polyketide synthases". *Nat. Prod. Rep.* **27**(6): 809-838.

Austin, M. and J. P. Noel (2002). "The chalcone synthase superfamily of type Ⅲ polyketide synthases". *Nat. Prod. Rep.* **20**: 79-110.

Baerson, S. R., A. M. Rimando and Z. Pan (2008). "Probing allelochemical biosynthesis in sorghum root hairs". *Plant Signaling Behav.***3**(9): 667-670.

Bessac, B. F. and S. E. Jordt (2008). "Breathtaking TRP channels: TRPA1 and TRPV1 in airway chemosensation and reflex control". *Physiology* **23**: 360-370.

Boerjan, W., J. Ralph and M. Baucher (2003). "Lignin biosynthesis". *Annu. Rev. Plant Biol.* **54**: 519-546.

Bourgaud, F., A. Hehn, R. Larbat, S. Doerper, E. Gontier, S. Kellner and U. Matern (2006). "Biosynthesis of coumarins in plants: a major pathway still to be unravelled for cytochrome P450 enzymes".*Phytochem. Rev.* **5**: 293-308.

Byrne, M. J., N. R. Lees, L. C. Han, M. W. van der Kamp, A. J.Mulholland, J. E. Stach, C. L. Willis and P. R. Race (2016). "The Catalytic Mechanism of a Natural Diels-Alderase Revealed in Molecular Detail". *J. Am. Chem. Soc.* **138**(19): 6095-6098.

Caterina, M. J., M. A. Schumacher, M. Tominaga, T. A. Rosen, J. D. Levine and D. Julius (1997). "The capsaicin receptor: a heat-activated ion channel in the pain pathway". *Nature* **389**(6653): 816-824.

Clapham, D. E. (2015). "Structural biology: Pain-sensing TRPA1 channel resolved". *Nature* **520**(7548): 439-441.

Cos, P., T. De Bruyne, N. Hermans, S. Apers, D. V. Berghe and A. J. Vlietinck (2004). "Proanthocyanidins in health care: current and new trends". Curr. *Med. Chem.* **11**(10): 1345-1359.

Crombie, L. and D. A. Whiting (1998). "Review article number 135 biosynthesis in the rotenoid group of natural products: applications of isotope methodology". *Phytochemistry* **49**(6): 1479-1507.

Davin, L. B. and N. G. Lewis (2000). "Dirigent proteins and dirigent sites explain the mystery of specificity of radical precursor coupling in lignan and lignin biosynthesis". *Plant Physiol.* **123**(2): 453-462.

Davin, L. B. and N. G. Lewis (2003). "An historical perspective on lignan biosynthesis: Monolignol, allylphenol and hydroxycinnamic acid coupling and downstream metabolism". *Phytochem. Rev.* **2**: 257-283.

Dewick, P. (2009). *Medicinal Natural Products, a Biosynthetic Approach.* UK, Wiley.

Dixon, R. A., L. Achnine, P. Kota, C. J. Liu, M. S. Reddy and L. Wang (2002). "The phenylpropanoid pathway and plant defence-a genomics perspective". *Mol. Plant Pathol.* **3**(5): 371-390.

Escalera, J., C. A. von Hehn, B. F. Bessac, M. Sivula and S. E. Jordt (2008). "TRPA1 mediates the noxious effects of natural sesquiterpene deterrents". *J. Biol. Chem.* **283**(35): 24136-24144.

Falcone Ferreyra, M. L., S. P. Rius and P. Casati (2012). "Flavonoids: biosynthesis, biological functions, and biotechnological applications".*Front. Plant Sci.* **3**: 222.

Ferguson, K. L., N. Arunrattanamook and E. N. Marsh (2016)."Mechanism of the Novel Prenylated Flavin-Containing Enzyme FerulicAcid Decarboxylase Probed by Isotope Effects and Linear Free-Energy Relationships". *Biochemistry* **55**(20): 2857-2863.

Fraser, C. M. and C. Chapple (2011). "The phenylpropanoid pathway in Arabidopsis". *Arabidopsis Book* **9**: e0152.

Fujita, M., D. R. Gang, L. B. Davin and N. G. Lewis (1999)."Recombinant pinoresinol-lariciresinol reductases from western red cedar (Thuja plicata) catalyze opposite enantiospecific conversions". *J. Biol. Chem.* **274**(2): 618-627.

Gonzalez-Lamothe, R., G. Mitchell, M. Gattuso, M. S. Diarra, F. Malouin and K. Bouarab (2009). "Plant antimicrobial agents and their effects on plant and human pathogens". *Int. J. Mol. Sci.* **10**(8): 3400-3419.

Guo, L., R. A. Dixon and N. L. Paiva (1994). "The 'pterocarpan synthase' of alfalfa: association and co-induction of vestitone reductase and 7,2′-dihydroxy-4′-methoxy-isoflavanol (DMI) dehydratase, the two final enzymes in medicarpin biosynthesis". *FEBS Lett.* **356**(2-3): 221-225.

Harborne, J. (1999). *The Handbook of Natural Flavonoids,* Wiley/Blackwell.

Harmatha, J. and L. Dinan (2003). "Biological activities of lignans and stilbenoids associated with plant-insect chemical interactions". *Phytochem. Rev.* **2**: 321-330.

Janick, J. and A. Whipkey, eds. (2002). The American Mayapple and its Potential for Podophyllotoxin Production. *Trends in New Crops and New Uses.* Alexandria, Virginia, ASHS Press.

Jez, J. M., M. E. Bowman, R. A. Dixon and J. P. Noel (2000). "Structure and mechanism of the evolutionarily unique plant enzyme chal-cone isomerase". *Nat. Struct. Biol.* **7**(9): 786-791.

Jez, J. M. and J. P. Noel (2000). "Mechanism of chalcone synthase. pKa of the catalytic cysteine and the role of the conserved histidine in a plant polyketide synthase". *J. Biol. Chem.* **275**(50): 39640-39646.

Kang, S. M., H. Y. Jung, Y. M. Kang, J. Y. Min, C. S. Karigar, J. K. Yang, S. W. Kim, Y. R. Ha, S. H. Lee and M. S. Choi (2005)."Biotransformation and impact of ferulic acid on phenylpropanoid and capsaicin levels in Capsicum annuum L. cv. P1482 cell suspension cultures". *J. Agric. Food Chem.* **53**(9): 3449-3453.

Kurusu, T., J. Hamada, H. Nokajima, Y. Kitagawa, M. Kiyoduka, A. Takahashi, S. Hanamata, R. Ohno, T. Hayashi, K. Okada, J. Koga, H. Hirochika, H. Yamane and K. Kuchitsu (2010). "Regulation of microbeassociated molecular pattern-induced hypersensitive cell death,phytoalexin production, and defense gene expression by calcineurin Blike protein-interacting protein kinases, OsCIPK14/15, in rice cultured cells". *Plant Physiol.* **153**(2): 678-692.

Lau, W. and E. Sattely (2015). "Six enzymes from mayapple that complete the biosynthetic pathway to the etoposide aglycone". *Science* **349**: 1224-1228.

Lin, Y. M., S. L. Shih, W. C. Lin, J. W. Wu, Y. T. Chen, C. Y. Hsieh, L. C. Guan, L. Lin and C. P. Cheng (2014). "Phytoalexin biosynthesis genes are regulated and involved in plant response to Ralstonia solanacearum infection". *Plant Sci.* **224**: 86-94.

Lochab, B., S. Shukla and I. K. Varma (2014). "Naturally occurring phenolic sources: monomers and polymers". *RSC Adv.* **4**: 21712-21752.

Marti, S., J. Andres, V. Moliner, E. Silla, I. Tunon and J. Bertran (2004). "A comparative study of claisen and cope rearrangements catalyzed by chorismate mutase. An insight into enzymatic efficiency: transition state stabilization or substrate preorganization?". *J. Am. Chem. Soc.* **126**(1): 311-319.

Mizutani, M. and F. Sato (2011). "Unusual P450 reactions in plant secondary metabolism". *Arch. Biochem. Biophys.* **507**(1): 194-203.

Nakayama, T., T. Sato, Y. Fukui, K. Yonekura-Sakakibara, H. Hayashi, Y. Tanaka, T. Kusumi and T. Nishino (2001). "Specificity analysis and mechanism of aurone synthesis catalyzed by aureusidin synthase, a polyphenol oxidase homolog responsible for flower coloration". *FEBS Lett.* **499**(1-2): 107-111.

Nakayama, T., K. Yonekura-Sakakibara, T. Sato, S. Kikuchi, Y. Fukui, M. Fukuchi-Mizutani, T. Ueda, M. Nakao, Y. Tanaka, T. Kusumi and T. Nishino (2000). "Aureusidin synthase: a polyphenol oxidase homolog responsible for flower coloration". *Science* **290**(5494): 1163-1166.

Ngaki, M. N., G. V. Louie, R. N. Philippe, G. Manning, F. Pojer, M. E. Bowman, L. Li, E. Larsen, E. S. Wurtele and J. P. Noel (2012). "Evolution of the chalcone-isomerase fold from fatty-acid binding to stereospecific catalysis". *Nature* **485**(7399): 530-533.

Ono, E., M. Hatayama, Y. Isono, T. Sato, R. Watanabe, K. Yonekura-Sakakibara, M. Fukuchi-Mizutani, Y. Tanaka, T. Kusumi, T. Nishino and T. Nakayama (2006). "Localization of a flavonoid biosyntheticpolyphenol oxidase in vacuoles". *Plant J.* **45**(2): 133-143.

Parage, C., R. Tavares, S. Rety, R. Baltenweck-Guyot, A. Poutaraud, L.Renault, D. Heintz, R. Lugan, G. A. Marais, S. Aubourg and P.Hugueney (2012). "Structural, functional, and evolutionary analysis of the unusually large stilbene synthase gene family in grapevine". *Plant Physiol.* **160**(3): 1407-1419.

Patisaul, H. B. and W. Jefferson (2010). "The pros and cons of phytoestrogens". *Front. Neuroendocrinol.* **31**(4): 400-419.

Payne, K. A., M. D. White, K. Fisher, B. Khara, S. S. Bailey, D. Parker, N. J. Rattray, D. K. Trivedi, R. Goodacre, R. Beveridge, P. Barran, S. E. Rigby, N. S. Scrutton, S. Hay and D. Leys (2015). "New cofactor supports alpha, beta-unsaturated acid decarboxylation *via* 1,3-di-polar cycloaddition". *Nature* **522**(7557): 497-501.

Pled-Zehavi, H., M. Oliva, Q. Xie, V. Tzin, M. Oren-Shamir, A. Aharoni and G. Galli (2015). "Metabolic Engineering of the Phenylpropanoid and Its Primary, Precursor Pathway to Enhance the Flavor of Fruits and the Aroma of Flowers". *Bioengineering* **2**: 204-212.

Richelle, M., S. Pridmore-Merten, S. Bodenstab, M. Enslen and E. A. Offord (2002). "Hydrolysis of isoflavone glycosides to aglycones by beta-glycosidase does not alter plasma and urine isoflavone pharmacokinetics in postmenopausal women". *J. Nutr.* **132**(9): 2587-2592.

Rupasinghe, S., J. Baudry and M. A. Schuler (2003). "Common active site architecture and binding strategy of four phenylpropanoid P450s from Arabidopsis thaliana as revealed by molecular modeling". *Protein Eng.* **16**(10): 721-731.

Satake, H., E. Ono and J. Murata (2013). "Recent advances in the metabolic engineering of lignan biosynthesis pathways for the production of transgenic plant-based foods and supplements". *J. Agric. Food Chem.* **61**(48): 11721-11729.

Sato, T., T. Nakayama, S. Kikuchi, Y. Fukui, K. Yonekura-Sakakibara, T. Ueda, T. Nishino, Y. Tanaka and T. Kusumi (2001). "Enzymatic formation of aurones in the extracts of yellow snapdragon flowers". *Plant Sci.* **160**(2): 229-236.

Schroder, J. and G. Schroder (1990). "Stilbene and chalcone syn-thases: related enzymes with key functions in plant-specific pathways". *Z. Naturforsch., C:J. Biosci.* **45**(1-2): 1-8.

Scoville, W. (1912). "Nite on Capsicums". *J. Am. Pharm. Assoc.* **1**: 453-454.

Tatsis, E. C., E. Eylert, R. K. Maddula, E. Ostrozhenkova, A. Svatos, W. Eisenreich and B. Schneider (2014). "Biosynthesis of Nudicau-lins: A(13) CO_2 -pulse/chase labeling study with Papaver nudi-caule".

ChemBioChem **15**(11): 1645-1650.

Taura, F., S. Tanaka, C. Taguchi, T. Fukamizu, H. Tanaka, Y. Shoyama and S. Morimoto (2009). "Characterization of olivetol synthase, a polyketide synthase putatively involved in cannabinoid biosynthetic pathway". *FEBS Lett.* **583**(12): 2061-2066.

VanEtten, H. D., J. W. Mansfield, J. A. Bailey and E. E. Farmer (1994). "Two Classes of Plant Antibiotics: Phytoalexins versus 'Phytoanticipins'". *Plant Cell* **6**(9): 1191-1192.

Vanholme, R., B. Demedts, K. Morreel, J. Ralph and W. Boerjan (2010). "Lignin biosynthesis and structure". *Plant Physiol.* **153**(3): 895-905.

Vanholme, R., V. Storme, B. Vanholme, L. Sundin, J. H. Christensen, G. Goeminne, C. Halpin, A. Rohde, K. Morreel and W. Boerjan (2012). "A systems biology view of responses to lignin biosynthesis perturbations in Arabidopsis". *Plant Cell* **24**(9): 3506-3529.

Veitch, N. C. and R. J. Grayer (2008). "Flavonoids and their glycosides, including anthocyanins". *Nat. Prod. Rep.* **25**(3): 555-611.

Vogt, T. (2010). "Phenylpropanoid biosynthesis". *Mol. Plant* **3**(1): 2-20.

Walsh, C. T. (2005). *Posttranslational Modification of Proteins: Expanding Nature's Inventory.* Englewood, Colorado, Roberts and Company.

White, M. D., K. A. Payne, K. Fisher, S. A. Marshall, D. Parker, N. J. Rattray, D. K. Trivedi, R. Goodacre, S. E. Rigby, N. S. Scrutton, S. Hay and D. Leys (2015). "UbiX is a flavin prenyltransferase required for bacterial ubiquinone biosynthesis". *Nature* **522**(7557): 502-506.

Winkel-Shirley, B. (2001). "Flavonoid biosynthesis. A colorful model for genetics, biochemistry, cell biology, and biotechnology". *Plant Physiol.* **126**(2): 485-493.

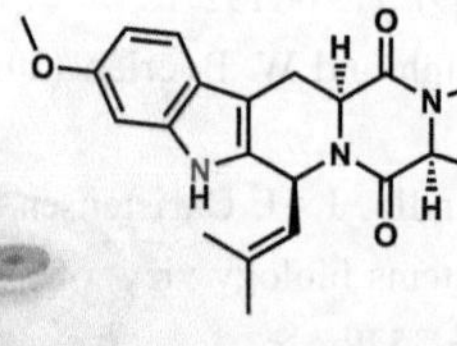

烟曲霉震颤素 C

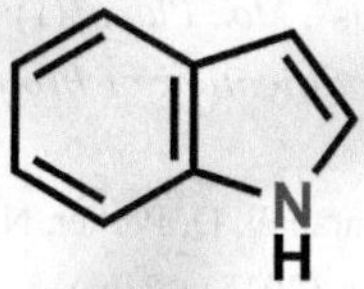

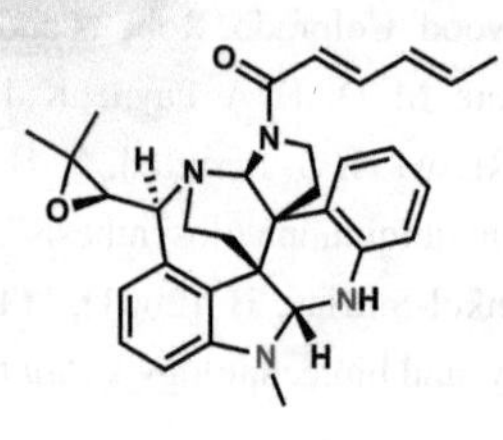

communesin B

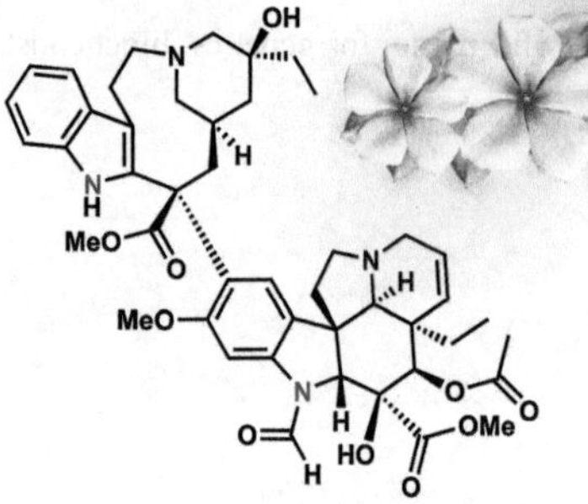

长春新碱

吲哚生物碱类天然产物是分离自微生物和植物中

第 **8** 章 吲哚萜类：生物碱 II

8.1 引言

第 5 章介绍了生物碱家族的天然产物，并举例说明了不同氨基酸合成砌块作为特殊类别的杂环生物碱的切入位点（Roberts and Wink 1998）。在生物碱的氨基酸前体的六个实例中，色氨酸占了其中三个。第一个例子是经过一种皮克特 - 斯宾格勒样环化反应形成简单的哈尔满（harmane）骨架过程中形成 6-5-6 三环系 β-咔啉。

第二个例子是更熟悉的 Pictet-Spengler 催化酶异胡豆苷合成酶，它催化色胺和裂环马钱素相结合，生成糖基保护的异胡豆苷。由于裂环马钱素最终是来源于香叶醇的氧化，因此异胡豆苷是一种吲哚单萜类化合物（O'Connor and Maresh 2006）。因而，以异胡豆苷作为酶催化前体的上千种或更多的生物碱就属于广泛的吲哚萜类化合物。

第三个例子是色氨酸转化为麦角酸和麦角胺。异戊烯基链的烷基化和重排反应是合成裸麦角碱和麦角酸骨架的关键步骤。

在色氨酸与异戊二烯供体结合的第二阶段，我们更关注吲哚环作为碳负离子在六个位点中的任意一个位点上发生酶催化的烷基化反应，即双电子反应模式。我们尤其关注微生物而非植物来源的吲哚萜类代谢产物，并研究 O_2 作为共底物在发生单电子反应和一组重排和插入反应中的作用，这些反应独特且在机理研究上具有指导意义。

8.2 由色氨酸生成三环骨架的两条途径：β- 咔啉和吡咯并吲哚

自然界存在一种酶学机制将色氨酸的双环吲哚环及其脱羧代谢产物色胺转化为两组不同的三环系统（Seigler 2012），即 6-5-6 咔啉和 6-5-5 吡咯并吲哚系统。如图 8.1 所示，醛与色氨酸 / 色胺的氨基发生反应生成醛亚胺，然后生成亚胺离子，最终形成 β-咔啉。吲哚的 C3 作为亲核试剂进攻侧链亚胺基团，发生分子内曼尼希（Mannich）反应，生成 5,5-螺环。所示的 C–C 单键向吲哚亚胺的 C2 位迁移，从而生成 β-咔啉的三环骨架。这个过程不需要异戊二烯或萜类底物的参与，除非异戊二烯底物含有醛基片段。正如裂环马钱素的例子，异胡豆苷合成酶确实参与 β-咔啉骨架的形成（如图5.16）。

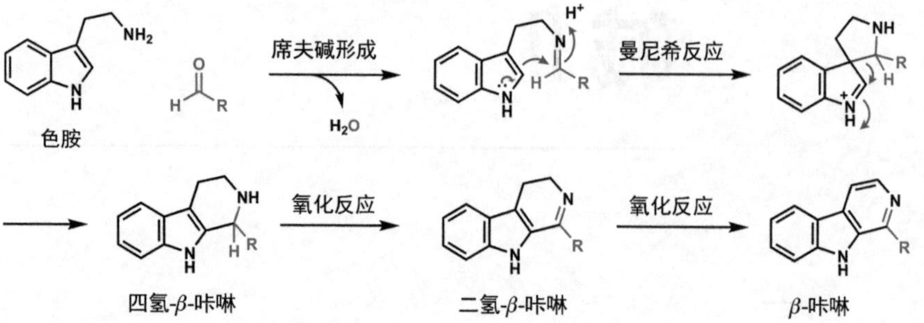

图 8.1　双环吲哚转化为三环 β-咔啉环的示意图

6-5-5 吡咯吲哚骨架的产生（图 8.2）可通过捕获亲电试剂而引发，反应位点不是在如上所述的吲哚 C2 位，而是在如下详述的同为亲核位点的 C3 位。在 C3 上捕获的两个最常见的亲电试剂是来自 Δ^2- 异戊烯基底物的烯丙基碳正离子或来自 FAD-4a-OOH 的羟基基团（见图 5.29 和第 9 章）（Walsh，Haynes *et al.* 2013）。[然而，在图 8.3 所示的毒扁豆碱生物合成路线中提到，由 S-腺苷甲硫氨酸产生的甲基碳正离子可以充当闭环的亲电试剂]。如图 8.2 和图 8.3 所示，所产生的吲哚亚胺离子可以被邻近的氮原子捕获。异烟棒曲霉素 D（roquefortine D）的结构表明，吡咯并吲哚结构的产生是通过在离域阳离子的 C3′ 位而非 C1′ 位捕获二甲基烯丙基焦磷酸酯（DMAPP）来源的异戊烯基碳正离子。下面我们将提到，即使酰胺态的氮本身碱性较弱，但依旧足以充当好的亲核试剂来接近吡咯并吲哚底物。

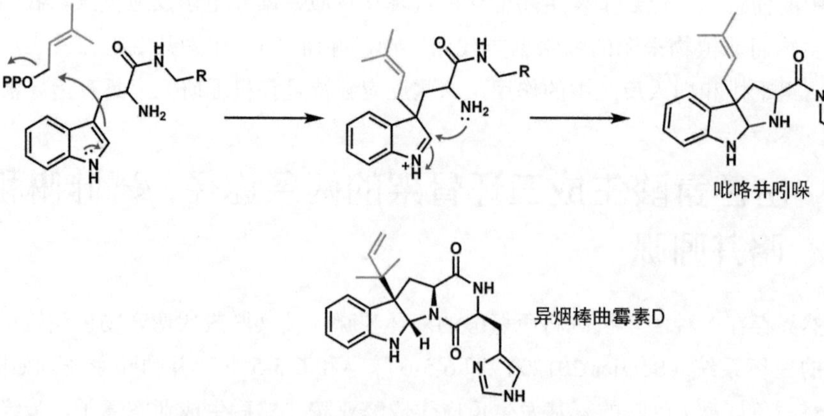

图 8.2　吲哚转化为三环的吡咯并吲哚环的示意图

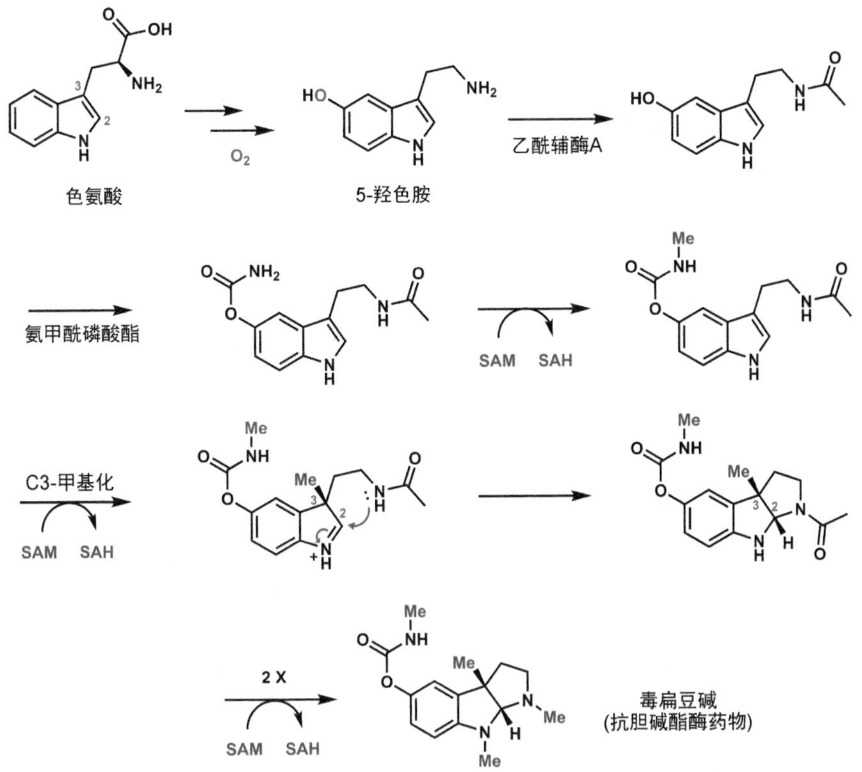

图 8.3　将色胺转化为吡咯并吲哚化合物毒扁豆碱的 4 次 SAM- 依赖的甲基转移反应

　　图 8.3 显示了最近表征的毒扁豆碱的生物合成路线（Liu，Ng *et al.* 2014），毒扁豆碱是一种用于滴眼液的抗胆碱作用的代谢产物。色氨酸脱羧并羟基化生成 5- 羟色胺，然后与乙酰辅酶 A 反应生成 *N*-乙酰-5-羟色胺。之后在 5-OH 上发生氨基甲酰化以及 *N*-甲基化，从而形成吡咯并吲哚结构。特别值得注意的是，作为共底物亲核试剂的 [CH₃⁺] 供体而发挥其典型功能的 *S*-腺苷甲硫氨酸受到吲哚 C3 位的进攻。邻近的酰胺氮作为弱亲核试剂可以靠近亚胺离子，从而形成吡咯并吲哚骨架结构。毒扁豆碱本身还经历了两次 *N*-甲基化。在这样一种简短的生物合成途径中，4 摩尔量的 *S*-腺苷甲硫氨酸被用来转移甲基，其中三次是将甲基转移至氮上，一次是转移到亲核的吲哚 C3 上。

　　图 8.4 显示了六个异戊烯基取代的吲哚类天然产物的结构。这些吲哚萜类化合物反映了吲哚双环上发生异戊烯基化反应所呈现的不同区域选择性。刺孢曲霉素（海胆灵）在 C2、C5 和 C7 位发生了 3 次异戊烯基化，异烟棒曲霉素 C 在形成吡咯并吲哚环时在 C3 位发生异戊烯基化，大环肽类化合物 cyclomarin C 在吲哚氮原子上发生异戊烯基化。麦角胺在其麦角酸部分的 C4 位发生异戊烯基化，而烟曲霉震颤素 C（fumitremorgin C）在 C2 位发生异戊烯基化，然后进一步被修饰。化合物 brevianamide B 的骨架代表一种高度变形的 C2- 异戊烯基化的吲哚系统。显然，真菌有

一套吲哚异戊烯基转移酶，它们可以在特定底物的吲哚环的指定位点发生异戊烯基化。

8.3 以 Trp-Xaa 二酮哌嗪 NRPS 装配线产物为底物的区域选择性异戊烯基化

图 8.4 中的六种结构均属于非核糖体肽合成酶（NRPS）的装配线产物（见第 3 章）。Cyclomarin C 是由 4 个非蛋白源氨基酸残基组成的六肽化合物，提示存在六模块的 NRPS 装配线。类似地，在图 5.22 中提到，麦角胺在四模块的 NRPS 装配线中以麦角

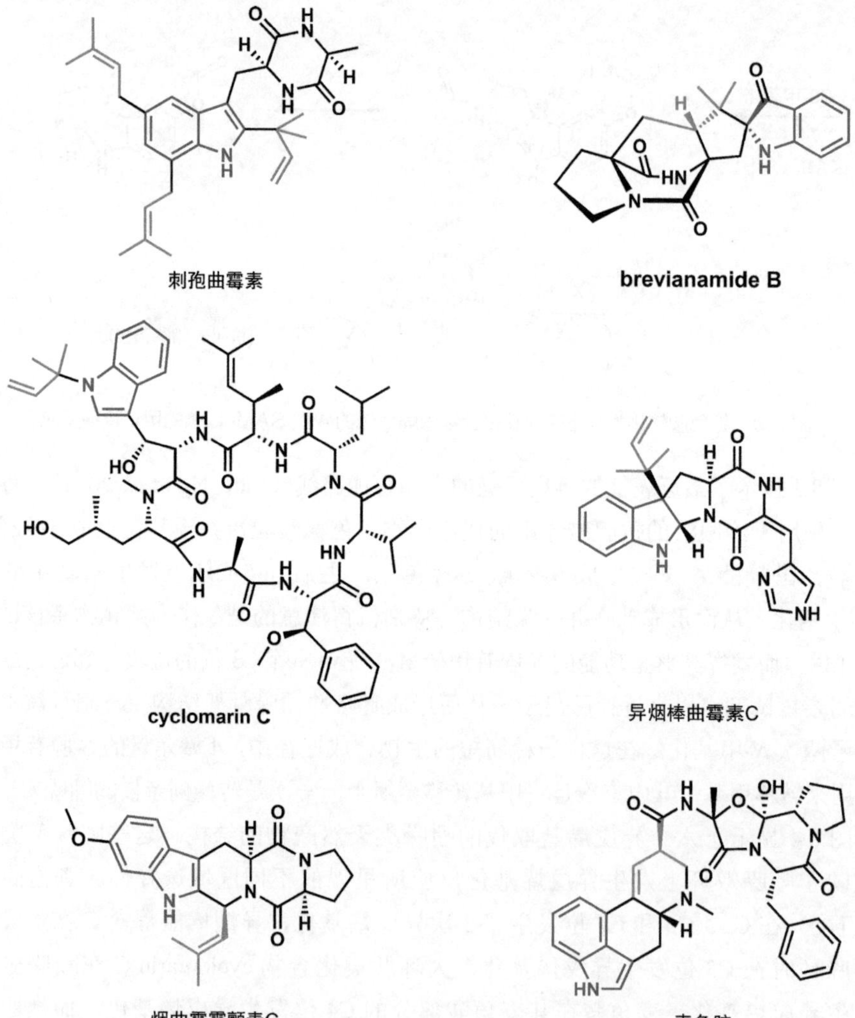

刺孢曲霉素

brevianamide B

cyclomarin C

异烟棒曲霉素C

烟曲霉震颤素C

麦角胺

图 8.4　经独特原理和酶学机制组装的异戊烯基化吲哚骨架

酸作为起始单元。另外 4 个化合物明显是二酮哌嗪类化合物（diketopiperizine, DKP）：来自色氨酸-丙氨酸二酮哌嗪的刺孢曲霉素、来自色氨酸-组氨酸二酮哌嗪的异烟棒曲霉素 C 以及来自色氨酸-脯氨酸二酮哌嗪的烟曲霉震颤素 C 和 brevianamide B（Gu, He

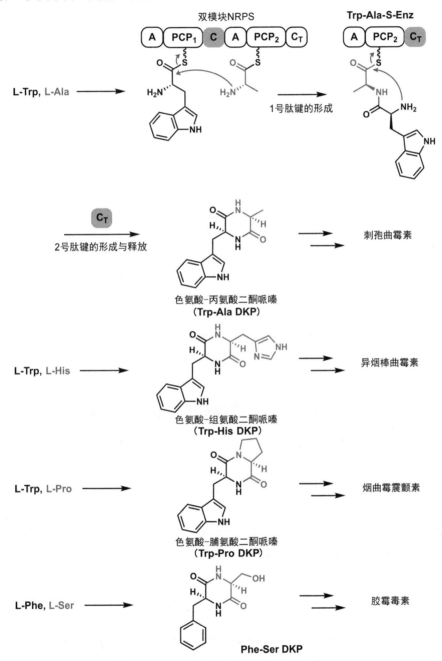

图 8.5　真菌双模块 NRPS 在分子内的内酰胺形成过程中，由残基 2 的游离氨基进攻残基 1 的活性硫酯羰基，从而释放出二酮哌嗪类化合物

et al. 2013）。

图 8.5 显示了这三种二酮哌嗪类化合物如何在双模块 NRPS 装配线上由二肽基 -S-载体蛋白上形成。二肽基 -S-PCP 残基 1 上的游离胺经分子内进攻硫酯羰基，形成六元的二酮哌嗪，并从其泛酰巯基乙胺基团（pantetheinyl）的栓臂上释放出环化产物。图 8.5 还显示了类似的苯丙氨酸-丝氨酸二酮哌嗪是形成胶霉毒素（gliotoxin）的基础，而胶霉毒素是最臭名昭著的真菌肽基生物碱毒素之一（Balibar and Walsh 2006）。图 8.6 明确显示了色氨酸-组氨酸二酮哌嗪如何在仅多一个 C3 选择性吲哚异戊烯基转移酶的情况下产生异烟棒曲霉素 D。

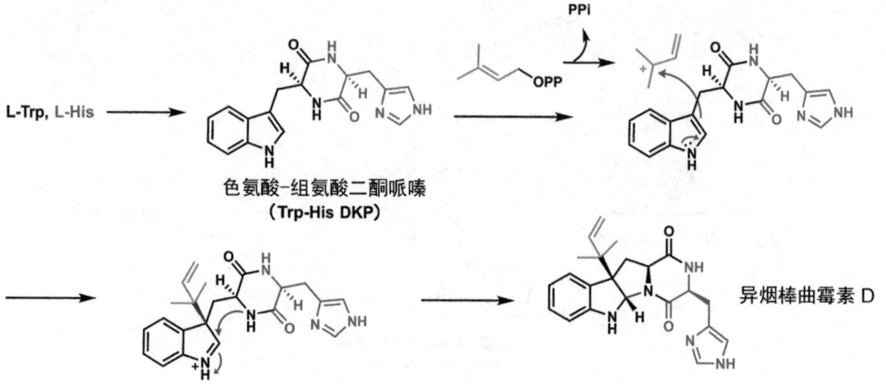

图 8.6　通过 C3 "反向" 异戊烯基化和吡咯并吲哚环的闭合将色氨酸-组氨酸二酮哌嗪转化为稠合四环骨架的异烟棒曲霉素 D

专题 8.1　异烟棒曲霉素（roquefortine）

吲哚生物碱和异戊烯基生物合成途径的交叉经常出现在真菌次级代谢中。异烟棒曲霉素 C，因其存在于 roquefort（罗克福）奶酪中而得名，是一种交叉结合的产物（图 8.VI）。它的生物合成途径非常简短。首先，双模块的非核糖体肽合成酶将色氨酸和组氨酸偶联，并由色氨酸的氨基内部捕获组氨酸的硫酯羰基，从而释放出环状的二酮哌嗪。第二个酶是异戊烯基转移酶，它选择性地将来源自 Δ^2-IPP 的烯丙基碳正离子添加到色氨酸 - 组氨酸二酮哌嗪的吲哚环的 C3 位。形成的吲哚亚胺片段被邻近 DKP 的 NH 捕捉，从而形成 6-5-5-6 四环骨架的异烟棒曲霉素（图 8.6）。据推测，存在第三种酶引入环外烯烃，并形成所示的脱氢 - 组氨酸侧链的异构体。

异烟棒曲霉素是由生长在新鲜奶酪上的真菌 *Penicillium roquefortii* 所产生。这种奶酪是由法国奥维涅（Auverne）一个特定地区生长的 Lacaune 羊所产出的奶制成。异烟棒曲霉素在罗克福奶酪（有时被称为"国王的奶酪"）、斯第尔顿（Stilton）奶酪和高贡佐拉蓝霉（Gogonozola）奶酪中含量通常达到 0.05 ～ 1.4 mg/kg 的水平。高浓度的异烟棒曲霉素实际是一种神经毒素，而奶酪中固有水平的异烟棒曲霉素对于人类食用是安全的。罗克福奶酪中一个主要的调味剂实际是天然的 C_4 丁酸。

异烟棒曲霉素 C

图 8.V1　罗克福奶酪和异烟棒曲霉素

8.4　吲哚环上的七个亲核位点：丰富的可能性

吲哚上所有的非桥头碳原子以及吲哚氮都可以作为功能性的碳负基团（Walsh 2014；Tanner 2015）。这些是双电子反应模式，但接下来关于鞘丝藻毒素的生物合成部分将提到单电子模式（我们提到所有 P450 介导的吲哚羟基化很可能都是单电子反应模式）。图 8.7 显示了吲哚环的各种共振结构，其中突显了碳负离子的电子密度可以通过氮上的孤对电子对而置于 C2、C3、C4、C5、C6 或 C7 上（尽管在酶活位点之

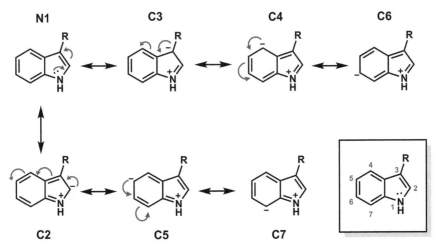

图 8.7　吲哚环是多种碳亲核试剂的来源，另外吲哚氮也可发生酶催化的异戊烯基化

外，C3 在化学上是最活泼的亲核位点）。

细胞代谢中几乎不可抗拒的碳正离子产生的底物伴侣是 Δ²- 异戊烯基焦磷酸供体。真菌通过进化一系列异戊烯基转移酶而开发了这种反应潜力，这些酶可以将异戊烯基碳正离子与吲哚环上七个反应位点中的任意一个位点发生偶联，可以是游离色氨酸的形式，或者更经常是如上面示例中所述在色氨酸 -X- 二酮哌嗪（X ＝ 任一氨基酸）上发生偶联（Steffan, Grundmann *et al.* 2009）。图 8.8 提醒我们，离域的烯丙基碳正离子可以在 C1（"正向"异戊烯基化区域选择性）或 C3 位（在前期文献中通常称为"反向"异戊烯基化区域选择性）被捕获。

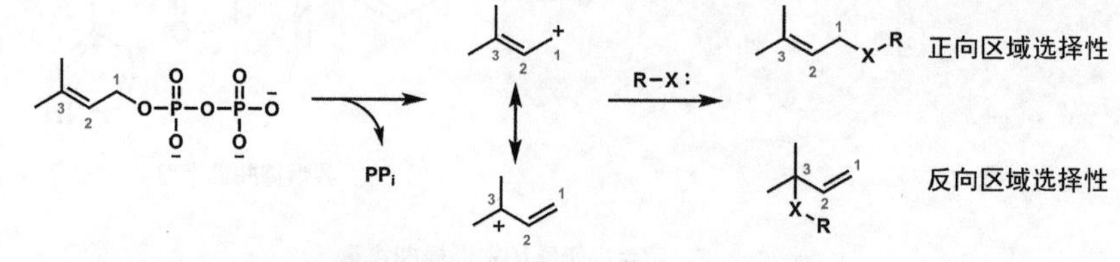

图 8.8　Δ²- 异戊烯基焦磷酸底物早期可发生 C1–OPP 键的解离，从而产生烯丙基碳正离子，该碳正离子可以在 C1 位（"正向"烷基化区域选择性）或 C3 位（"反向"区域选择性）被共底物亲核试剂所捕获

我们曾提到在 brevianamide F 形成过程中吲哚环部分的 C2 位（＝Trp-Pro DKP；图 8.5）和异烟棒曲霉素 D 形成过程中吲哚环的 C3 位（图 8.6）发生特定酶催化的异戊烯基化反应。图 8.9 给出了在 C4、C5、C6 以及 C7 位分别发生特定异戊烯基化后产生化合物裸麦角碱、flustramine D、6- 二甲基烯丙基吲哚 -3- 甲醛和 mellamide 的实例（Walsh 2014）。这些新产生的异戊烯基化的分子可以在其各自途径中通过进一步加工转变为更加复杂的结构。

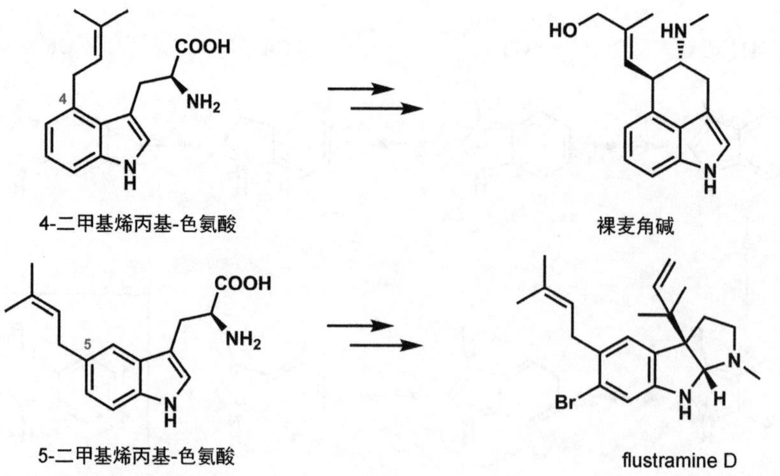

4-二甲基烯丙基-色氨酸　　　　　　　裸麦角碱

5-二甲基烯丙基-色氨酸　　　　　　　flustramine D

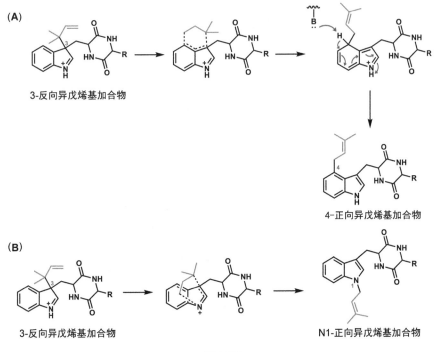

图 8.9　在特定的次级代谢产物途径中利用 Δ^2-IPP 在吲哚母核的
C4，C5，C6 和 C7 位发生异戊烯基化反应

长久以来针对酶催化的吲哚异戊烯基化的机制问题一直在研究中（Walsh 2014；Tanner 2015）。目前有两种可能的途径，一种是直接异戊烯基化途径（如图 8.6 所示），另一种是以最初的加合物发生重排为特征的间接途径。图 8.10 显示了由最初的 C3 加

图 8.10

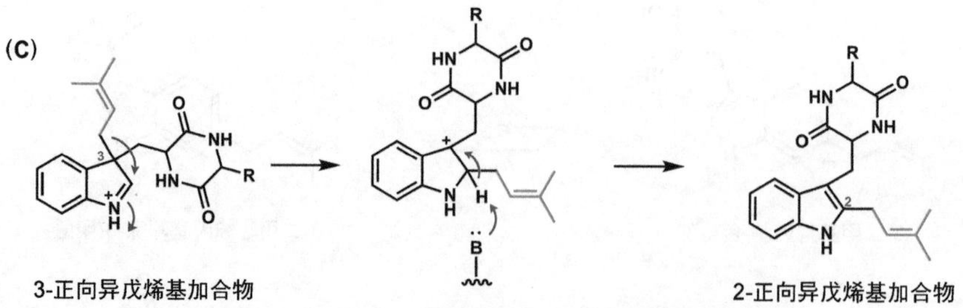

(C)

3-正向异戊烯基加合物   2-正向异戊烯基加合物

图 8.10   形成区域选择性地异戊烯基化的色氨酸 - 任意
氨基酸残基 - 二酮哌嗪类化合物的可能间接途径

合物引发的三种可能的间接途径。（A）展示的可能性是：所示的 4- 异戊烯基 - 色氨酸 - 任意氨基酸残基 - 二酮哌嗪类化合物可能来自在 C3 位优先发生反向异戊烯基化（如异烟棒曲霉素），然后通过 Cope 重排得到在 C4 位发生正常区域选择性异戊烯基化的产物。类似地，反向异戊烯基可能通过跨环重排／迁移从 C3 位转移至 N1 位（B），甚至是将同一初始 C3 位正向异戊烯基加合物迁移至 C2 位（化合物 brevianamide）（C）。目前没有足够的证据证明间接转移是一种较为普遍的机制，但在来自蓝细菌的 cyanobactin 类天然产物生物合成中，可以观察到酪氨酸残基最初发生 O- 反向异戊烯基化，之后通过重排转移到邻位的 C3 位上，从而形成 C- 异戊烯基化的酪氨酸衍生物（图 8.11）（Donia and Schmidt 2011; Martins and Vasconcelos 2015）。

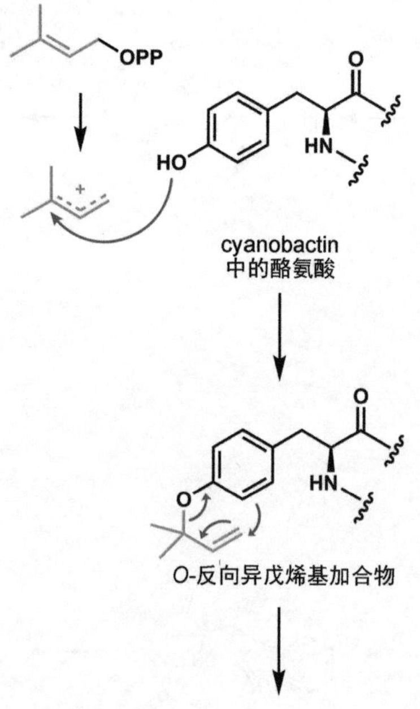

cyanobactin
中的酪氨酸

O-反向异戊烯基加合物

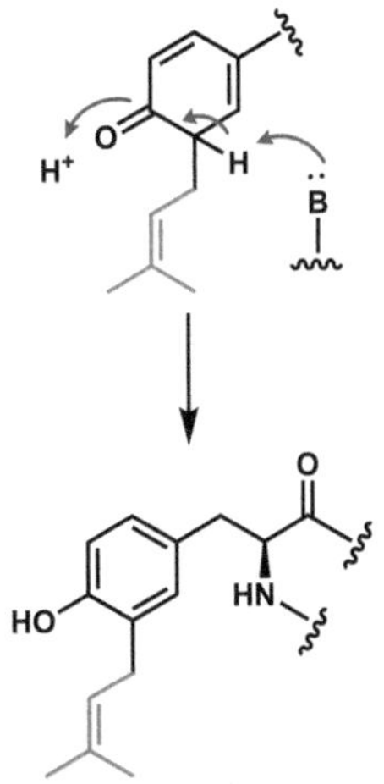

C-正向异戊烯基加合物

图 8.11　Cyanobactin 中的 *C*-异戊烯基-酪氨酸残基是由最初的
O-异戊烯基-酪氨酸产物经过重排而成

8.5　真菌中由 DKP 产生色氨酸来源的生物碱

8.5.1　由色氨酸依次生成烟曲霉震颤素 C、烟曲霉震颤素 B、verruculogen 和烟曲霉震颤素 A 的途径

　　烟曲霉（*Aspergillus fumigatus*）菌产生的具震颤活性的代谢产物中，有一个结构更复杂的真菌肽基生物碱，它是色氨酸-脯氨酸二酮哌嗪（Trp-Pro DKP）骨架的衍生物（Li 2011；Tsunematsu, Ishikawa *et al.* 2013；Walsh 2015）。烟曲霉震颤素 A 是烟曲霉震颤素途径的终产物之一。途径源自 Trp-Pro DKP（也称为 brevianamide F），它经历了两次羟基化，一次过氧化物插入（这种过氧化物使人联想到青蒿素）和三次异戊烯基化（其中至少一次似乎不是直接发生）。如图 8.12 所示，brevianamide F 在 FtmPT1 作用下经过第一次异戊烯基化产生 2-异戊烯基化的代谢产物，称为 tryprostatin B。我们之前提到过如何通过 C3 位反向加合物的直接或间接重排来实现吲哚 C2 位上的异戊烯基化。Tryprostatin B 进一步加工成 12,13-二羟基烟曲霉震颤素 C。虽然 C12 和 C13 位的羟基化很明显需要两个铁依赖的加氧酶，但是似乎还需要第三种加氧酶来隐秘性地发挥作用。烟曲霉震颤素 C 中有一个新形成的 N—C 键，是存在于 DKP 酰胺氮原子和原本就在吲哚环上的异戊烯基的 C2 位之间（Kato, Suzuki *et al.* 2009）。

　　双电子反应模式如何在异戊烯基（绿色标识）的 C2 位形成亲电中心目前并不明确。然而，通过加氧酶作用的单电子途径可以从 C2—H 键中夺取 H·，并产生一个离域的烯丙基自由基中间体。该自由基在发生氧回补之前与来自 DKP 酰胺氮的一个电子结合（图 8.13）形成 N–C 键，在氮上留下的一个未成对电子可以转移至 Fe(Ⅲ)–OH 上，从而形成烟曲霉震颤素 C 的五环骨架。这就是上文提到的异烟棒曲霉素 D 中 DKP 酰胺氮的双电子模式所衍生的一种单电子模式。

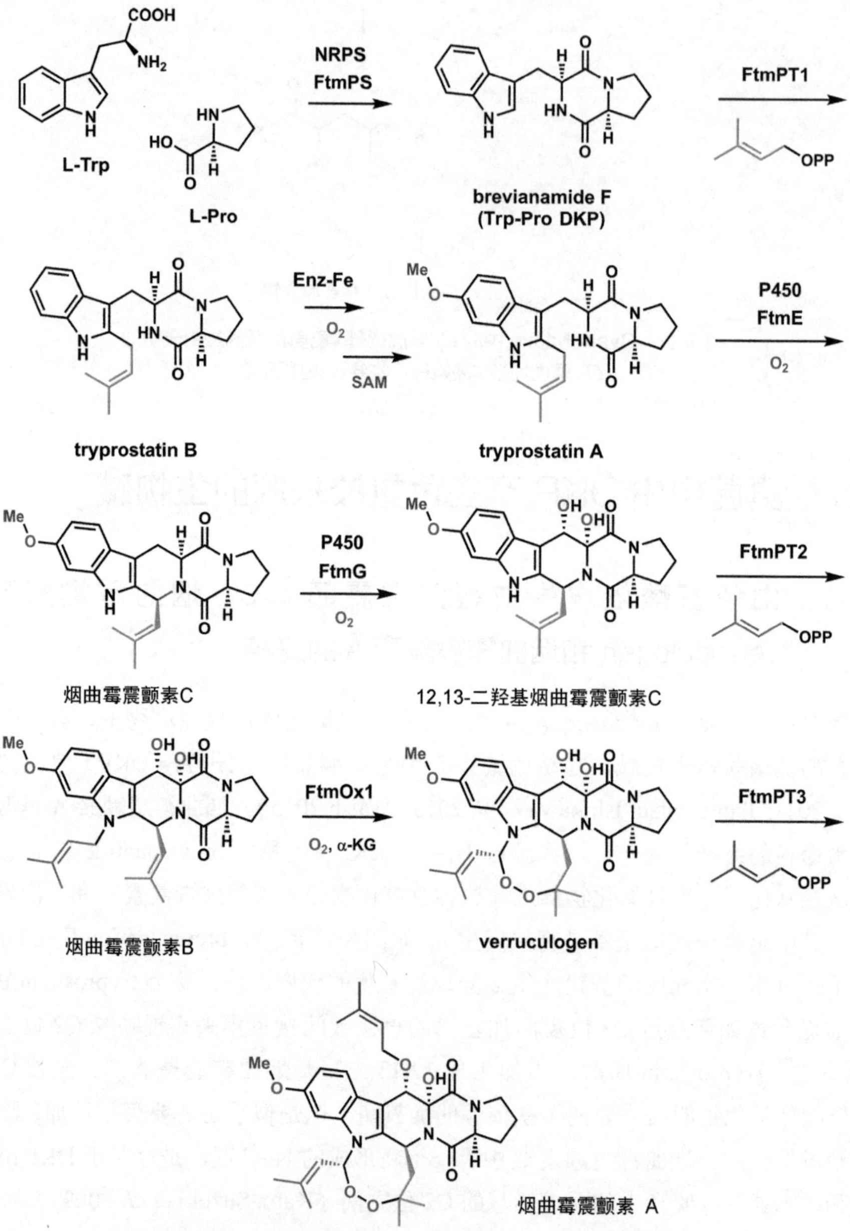

图 8.12　复杂骨架结构的 verruculogen 的形成过程需要：
形成 DKP 的双模块 NRPS、异戊烯基转移酶以及加氧酶

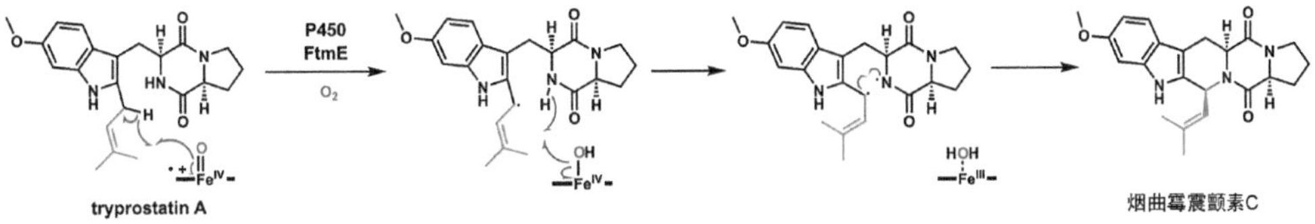

图 8.13 由 tryprostatin A 生成烟曲霉震颤素 C：细胞色素 P450
介导异戊烯基取代基的 C2 上发生自由基关环反应

之后第二个异戊烯基转移酶以正向区域选择性的方式在吲哚 N1 位发生异戊烯基化（图 8.12 中粉色标识），从而产生烟曲霉震颤素 B。它作为底物发生形成内过氧化物的著名反应，并最终生成化合物 verruculogen（Kato, Suzuki et al. 2011）。内过氧化物是在刚刚引入的异戊烯基的 C2 位和之前就有的异戊烯基的 C3 位之间插入的。负责这步反应的酶 FtmOx1 是一种非血红素铁 /α-KG 依赖的加氧酶，它的晶体结构最近得到解析，从而推测出如图 8.14 所示的机理。一个重要的发现是，酪氨酸残基（Y224）被证实参与过氧化物形成过程中自由基引发的催化循环过程（Yan, Song et al. 2015）。

图 8.12 中还显示，verruculogen 距离终产物烟曲霉震颤素 A 还差一个异戊烯基化过程（Li 2011）。与前两次在吲哚 C2 和 N1 位发生异戊烯基化不同，该过程利用了第三个异戊烯基转移酶 FtmPT3，形成一个 12-O-异戊烯基化的代谢产物。虽然烟曲霉震颤素类化合物是根据其药理作用而命名的，但作为烟曲霉中诱导小鼠震颤的代谢产物（分子机制尚不清楚），它在产生菌曲霉中的生理功能尚不清楚。

8.5.2 由烟曲霉震颤素类生成 spirotryprostatin 骨架

已知烟曲霉震颤素的骨架结构也是具有重排螺环骨架的 spirotrypostatin 类化合物的前体（Tsunematsu, Ishikawa et al. 2013）。图 8.15 显示了烟曲霉震颤素 C 的去甲氧基衍生物先后在 C13 位和 C12 位发生羟基化，从而形成 12,13-二羟基中间体。用于第二次羟基化的自由基中间体可以脱水并发生重排，从而在 B 环和 C 环的桥头处形成另一个烯丙基自由基，并在该自由基处发生羟基化。其中一个碳取代基发生裂解并通过半频哪醇重排失去 C13-OH，从而将该桥头羟基转化成酮。这涉及如图所示的 C-C 键迁移，将 5-6 核心环转化成 spirotryprostatin B 的 5-5 螺环模式。Verruculogen 和 spirotryprostatin B 的组装过程解释了所示 P450 介导下的重排反应产生了烯丙基自由基中间体。

产生烯丙基自由基中间体的另一种机理可能在吲哚单元的 2,3-双键发生真正的加氧反应，形成一个过渡态的环氧化物（图 8.16）（Walsh 2015）。Spirotryprostatin A 的形成似乎就是这种情况，而 spirotryprostatin B 的形成却不是这样，其中 FAD 连接的加氧酶催化了烟曲霉震颤素 C 发生重排。由于 FAD 依赖的加氧酶传递较少的活性氧，因而 [OH⁺] 而非 [OH·] 似乎更有利于环氧化。后续邻近基团通过 O-甲基取代基中氧

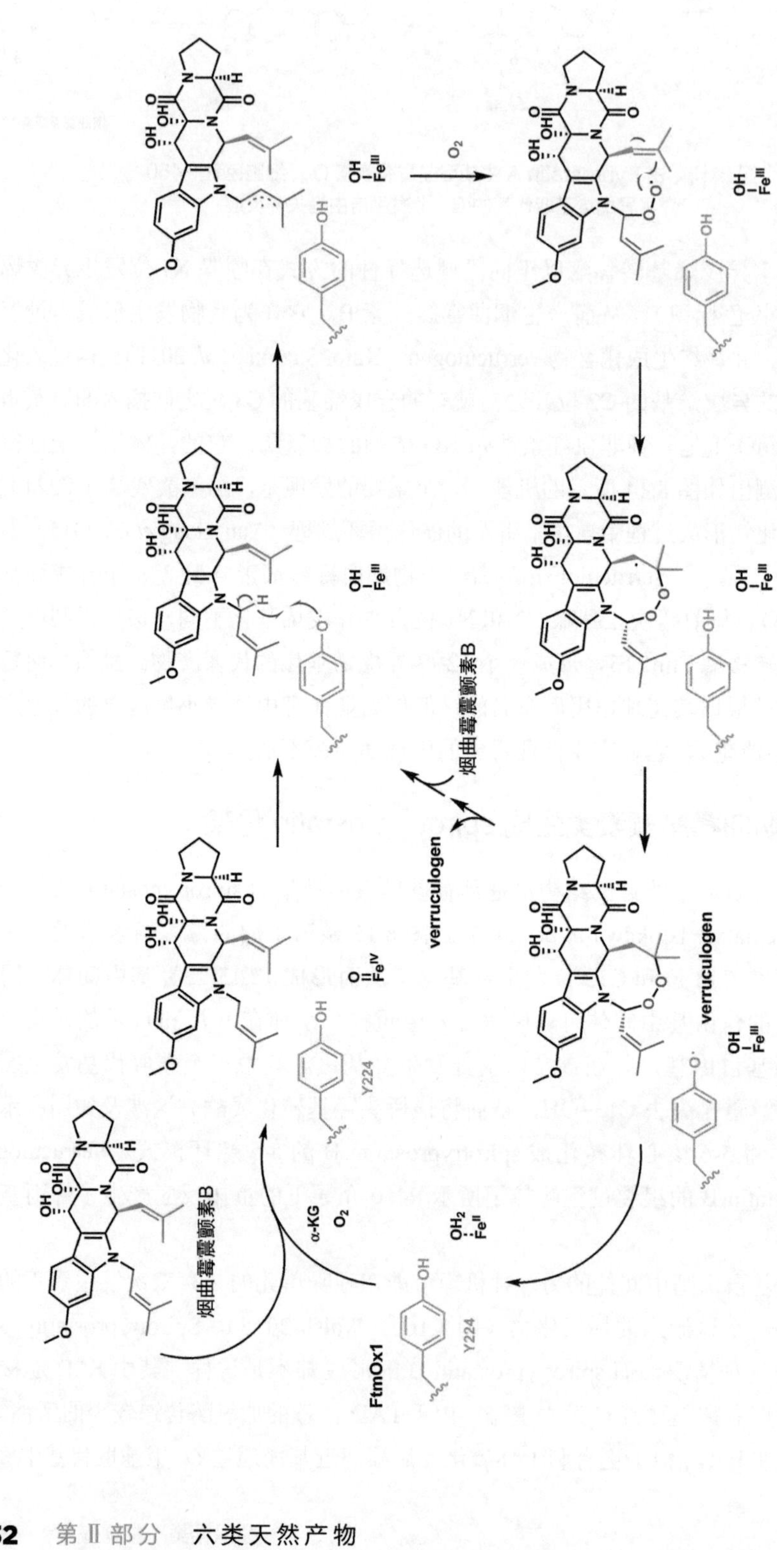

图 8.14 由烟曲霉震颤素 B 生成 verruculogen：将一个过氧桥插入两个异戊烯基侧链之间

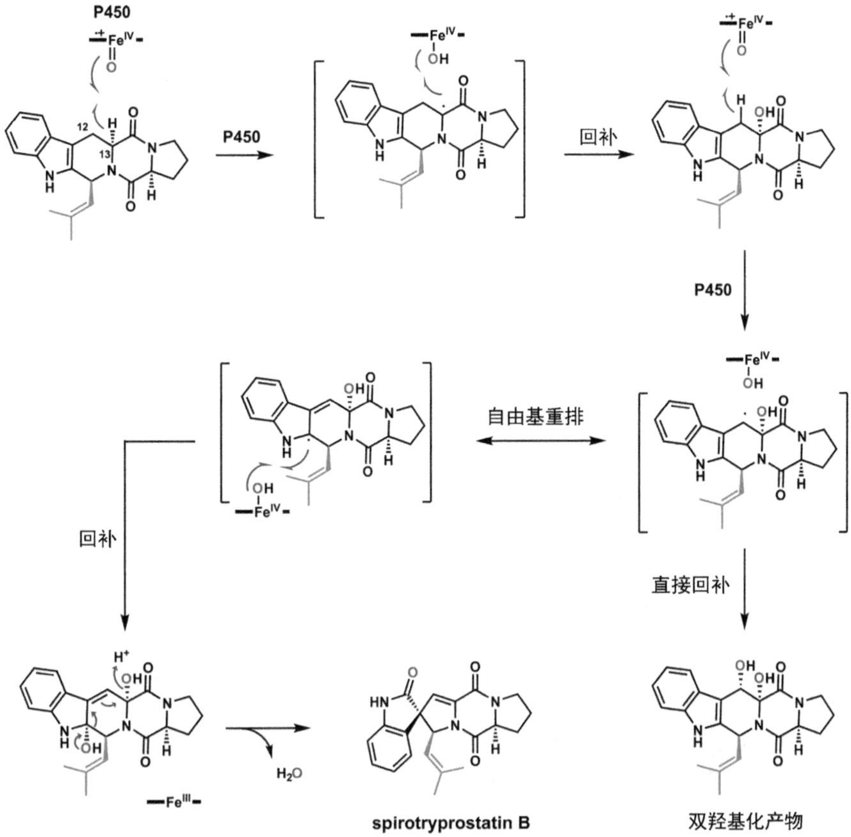

图 8.15　由烟曲霉震颤素类骨架生成 spirotryprostatin 骨架

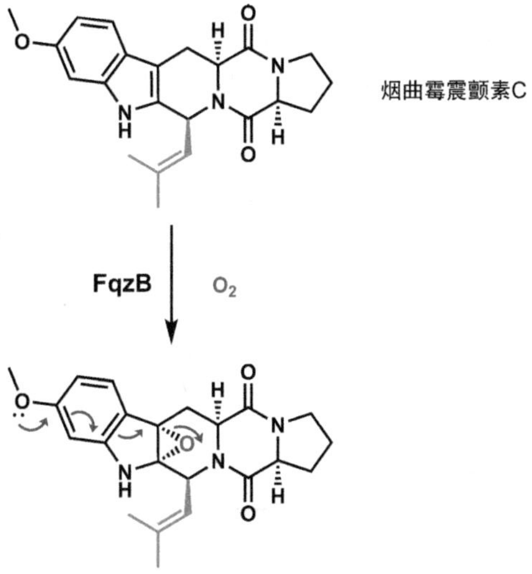

图 8.16

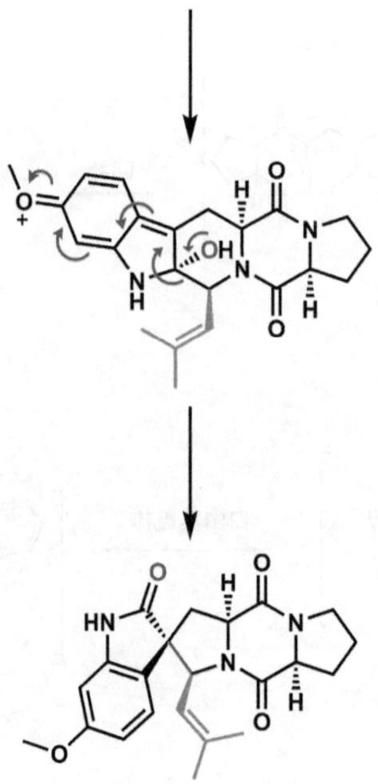

图 8.16　由烟曲霉震颤素 C 生成 spirotryprostatin A：吲哚环氧化物中间体发生重排

的参与，可以指向性地引导环氧化物的开环。由此产生的 C2 氧阴离子可以发生酮基化，从而引发重排使 5-6 双环转变为 5-5 螺环产物。因此，这是展现加氧酶能够改变天然产物骨架的又一个例子。

8.5.3　由 brevianamide F 生成 notoamide D

　　我们再来看化合物 brevianamide F（Trp-Pro DKP）的骨架（Li, Anand *et al.* 2012）上发生的一组酶催化反应，从中可以获得一些启示（图 8.17）。两种异戊烯基转移酶

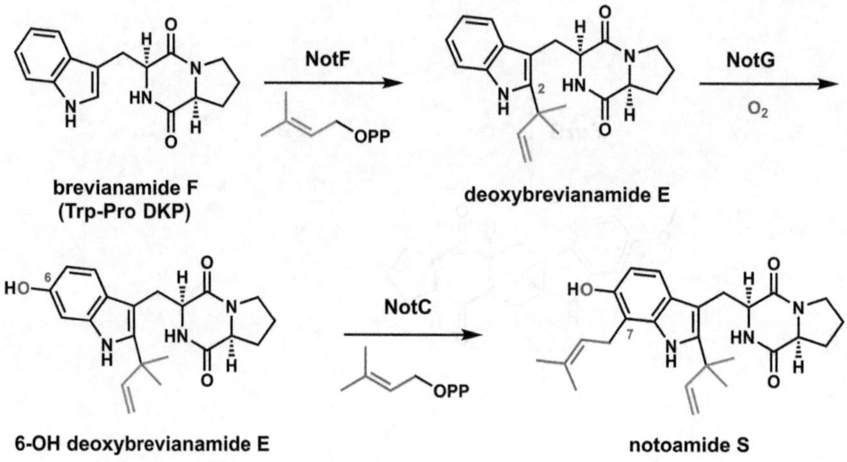

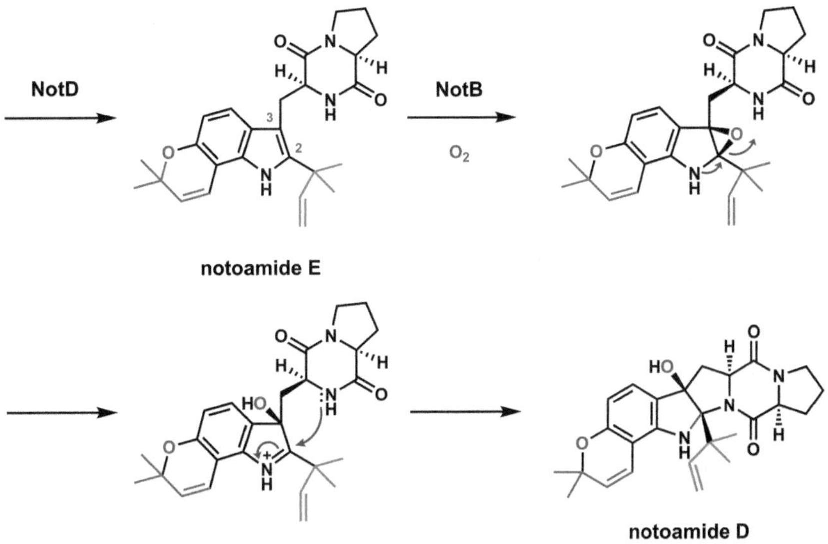

图 8.17　由 brevianamide F 生成 notoamide D：经历两次异戊烯基化，
一次吲哚环氧化以及吡咯吲哚环的形成

分别催化 C2 位的"反向"异戊烯基化和 C7 位的"正向"异戊烯基化，两步反应中间发生一次羟化酶催化的 *C6*-羟基化反应。下一步是 *C6*-OH 分子内进攻邻近异戊烯基取代基的 C3 位，生成 notoamide E，这个过程可以通过单电子反应模式形成环醚键。与前一案例中 spirotryprostatin A 的形成类似，FAD 依赖的加氧酶催化产生 2,3- 环氧化物或其羟基亚胺互变异构体，它可被 DKP 的酰胺 NH 所捕获，从而产生 notoamide D（Li, Finefield *et al.* 2012）。这种五个酶催化的级联反应通过最经济的酶学转化构建结构复杂的稠合六环骨架结构。这让人联想到第 5 章（图 5.27～图 5.29）提到的由邻氨基苯甲酸高效产生的复杂肽基生物碱骨架。

8.6　细菌中五环吲哚咔唑类化合物的形成

栖息在红树林的内生菌制造了一些结构新颖的异戊烯基取代的吲哚类化合物，包括化合物厦霉素 A（xiamycin A）和 sespenine（图 8.18），它们可能是红树林群落中抗生素库的一部分（Xu, Baunach *et al.* 2012）。这是否代表了植物生物合成基因向链霉菌（*Streptomyces* spp.）的水平转移，目前尚不清楚。

图 8.18 所示的推测途径显示，吲哚倍半萜作为早期中间体可能源于游离吲哚进攻焦磷酸金合欢酯 C1 位的烯丙基碳正离子。游离吲哚可以由吲哚-甘油-3-磷酸醛缩酶或细菌色氨酸裂解酶所产生。这类似于图 4.38 中化合物覃青霉素（paxilline）的吲哚二萜部分生物合成的初始步骤。

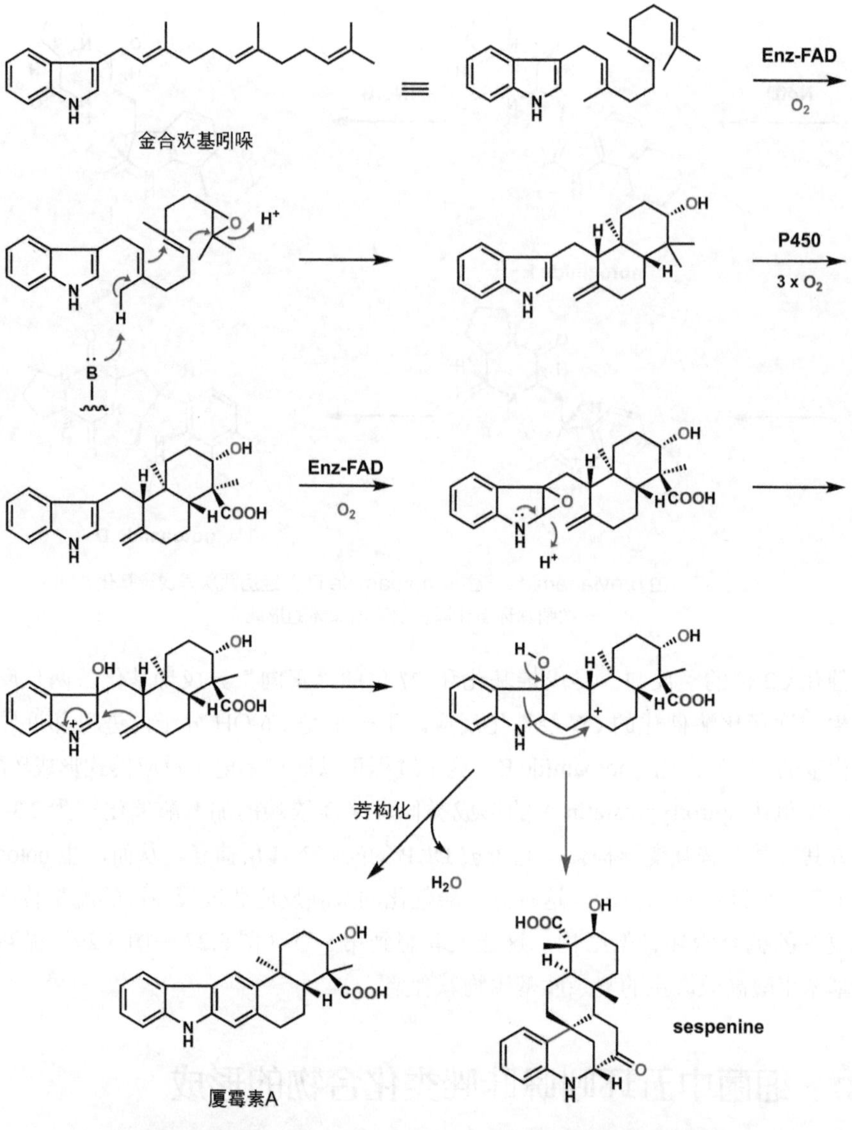

图 8.18 细菌来源的吲哚倍半萜类化合物：金合欢基和吲哚部分的级联环氧化
作用驱动了重排反应的发生，从而产生厦霉素 A 和 sespenine

最值得注意的是，后续的过程涉及两个黄素蛋白环氧化酶，其中一个作用于金合
欢基部分，这类似于角鲨烯的环氧化酶（第 4 章）。第二个酶作用于吲哚环的 2,3- 双
键，这与前一章所描述的酶类似。

这些环氧化后伴随的环化反应产生了不寻常的五环吲哚咔唑系统，之后经脱水芳
构化产生化合物厦霉素 A。第二条路线涉及重排反应，其中吲哚环的 C3 位的羟基发
生羧基化并且所示单键发生迁移。随着 sespenine 五环骨架的链接位点的改变，6-5 双
环吲哚结构转变为 6-6 双环系统。

8.7 长春碱类化合物：从异胡豆苷到水甘草碱再到文多灵

产生吲哚萜类化合物最著名的植物可能就是马达加斯加长春花（Madagascar periwinkle），最初分类为 *Vinca rosea*，后重新分类为 *Catharanthus rosea*。从该植物的提取物中已鉴定出 70 多种生物碱（van Der Heijden, Jacobs *et al.* 2004）。最受关注的是长春新碱及其代谢前体长春碱（见图 8.21）（Dewick 2009）。这两种长春花次级代谢终产物是已知最复杂的生物碱骨架，远比第 5 章早期描述的来源于鸟氨酸和赖氨酸的简单生物碱更复杂。长春新碱是一种有效的人微管蛋白抑制剂，自 1960 年以来已被批准用作抗癌药物，商品名为 oncovorin。它也是急性白血病、霍奇金淋巴瘤和非霍奇金淋巴瘤联合治疗的一线药物的组成部分（Weber 2015）。

如图 8.19 所示，长春碱和长春新碱的生物合成途径要经历异胡豆苷。已知异胡豆苷在糖苷酶的作用下将缩醛转化为半缩醛，并转化为开链的醛，该醛能与指定的亚

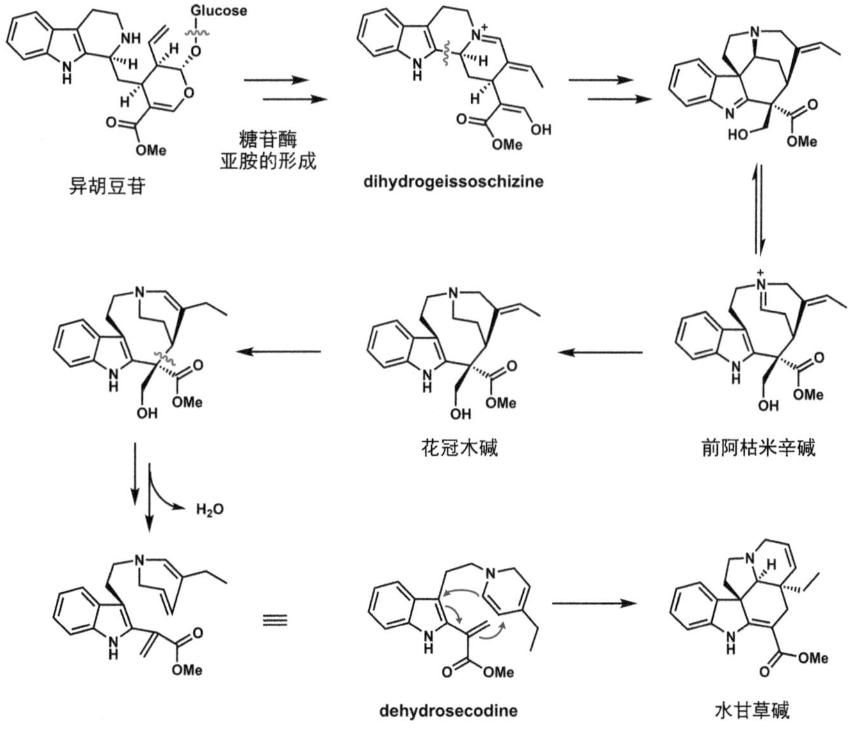

图 8.19　由异胡豆苷生成水甘草碱（酶未知）
虚线代表从异胡豆苷依次转变为前阿枯米辛碱、花冠木碱
以及 dehydrosecodine，最终形成五元环系的水甘草碱
数据来自 Dewick, P. M. (2009). Front Matter, in *Medicinal Natural Products*:
A Biosynthetic Approach. 3rd edn, Chichester, UK, John Wiley & Sons, Ltd.

胺发生环合。催化异胡豆苷生成水甘草碱（tabersonine）的酶目前仍未知且未被表征，因此图 8.19（参考 Dewick 2009）中推测的路线仅代表一种可能的转化途径。虚线表明这些键必须断裂，从而由异胡豆苷依次转变为前阿枯米辛碱（preakummicine）、花冠木碱（stemmadenine）以及 dehydrosecodine。在形成水甘草碱骨架的过程中可能存在一个狄尔斯-阿尔德 [4+2] 环加成反应。

相比之下，接下来将水甘草碱转化为文多灵的六种酶已被详尽表征（Qu, Easson *et al.* 2015; Kries and O'Connor 2016）。如图 8.20 所示（也可参见图 13.19），该过程经过标准的羟基化、*O*-甲基化、*N*-甲基化以及 *O*-乙酰化。

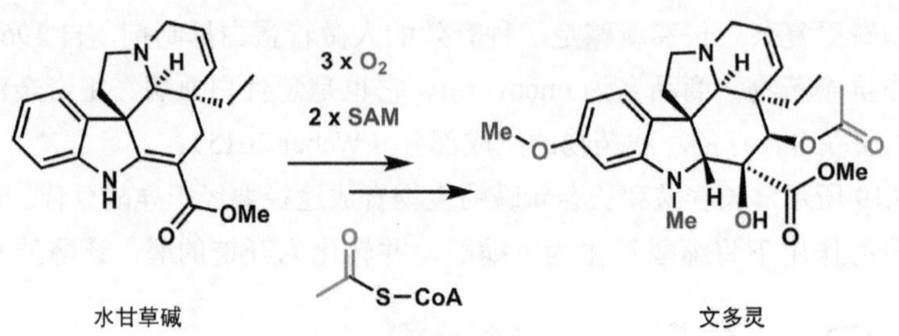

图 8.20　水甘草碱转化为文多灵的过程包括铁依赖的酶所催化的羟基化、*O*-甲基化、*N*-甲基化以及 *O*-乙酰化

文多灵是产生长春碱骨架的不对称二聚反应的两个片段之一（图 8.21）。另一片段是长春质碱（catharanthine），它也来源于异胡豆苷（途径未显示）（Zhu, Wang *et al.* 2015）。目前催化偶联的酶尚未鉴定，但长春质碱必须经过一次转化从而使与吲哚 C2 位相连的桥头碳具有亲电性。一种可能的途径（Dewick 2009）是吲哚的过氧化氢化，

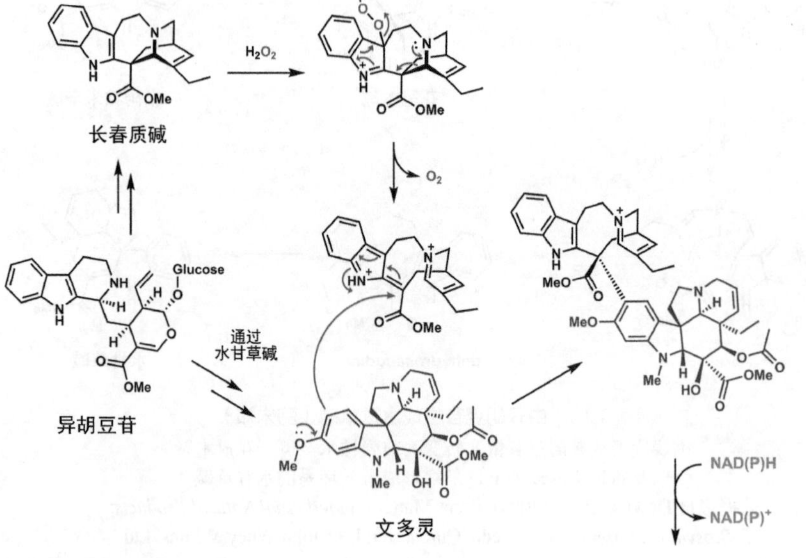

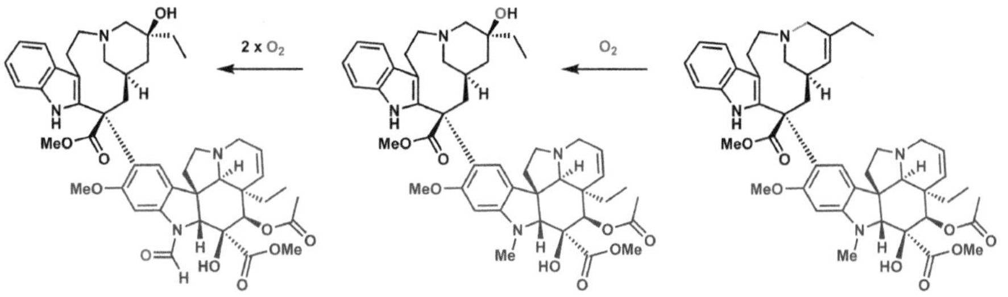

图 8.21 长春碱和长春新碱是由文多灵和一种长春质碱氧化产生的中间体之间发生偶联所产生

数据来源于 Dewick, P. M. (2009). Front Matter, in *Medicinal Natural Products: A Biosynthetic Approach*. 3rd edn, Chichester, UK, John Wiley & Sons, Ltd.

生成 3-过氧化氢化二氢吲哚（或等效物），从而产生所示的亚胺片段。它可以作为亲电性伴侣，而文多灵苯环上的甲氧基激活邻位的碳使之成为亲核试剂。二聚物经过氧化还原状态的微小调整产生长春碱。长春新碱的区别仅仅在于连在底部吲哚氮上的一碳单元的氧化态不同。在长春碱中的一碳单元是 N-甲基，但在长春新碱中已通过四电子氧化成了醛。这可能是通过如图所示的加氧酶催化的。

8.8 鞘丝藻毒素：单一生物合成途径中吲哚环上的单电子和双电子反应模式

我们在这一章利用了较大篇幅强调吲哚环在双电子途径中作为碳亲核试剂的能力。它也可以通过单电子氧化还原途径发挥作用。这一小节中的两个例子说明了这种生物学能力。

鞘丝藻毒素（lyngbyatoxin）是来源于 *Lyngbya majuscula* 的蓝藻代谢产物，它似乎对捕食者有防御作用。它也是用于皮肤刺激（亦是"血吸虫皮炎"）的活性制剂（Cardellina, Marner *et al.* 1979）。其生物合成途径简短，仅需三种酶（图 8.22）（Edwards and Gerwick 2004; Ongley, Bian *et al.* 2013）。第一种酶是一个双模块 NRPS，它可活化色氨酸和缬氨酸，并且在装配线上带有一个不寻常的 C 端结构域。这是一种 NAD 依赖的还原酶，可催化发生两步四电子的还原性释放（Read and Walsh 2007）。首先，N-甲基-缬氨酸-色氨酸-S-PCP$_2$ 硫酯被还原为硫代半缩醛，然后分解成醛。在被释放之前，它会被第二个当量的 NADPH 还原为 N-甲基-缬氨酰-色氨醇。这种二肽的醇即为释放出的产物，并作为下一个酶的底物。

第二种酶是细胞色素 P450 加氧酶。与前文多处描述的类似，它仅催化第一个半反应，而不催化第二个半反应（因其没有将一定当量的 OH· 传递至底物的碳中心自由基处）。从吲哚环的 C4 位和缬氨酰的酰胺氮上去除氢原子，从而使适当折叠的双自由基发生偶联，形成所示产物 indolactam V 中新的 N–C 单键。这将构成一种单电子反应模式。也有可能是发生过渡态的羟基化，然后 –OH 被吲哚环上的 C4 位碳负离子所取代（Tang, Zou *et al.* 2017）。第三种酶是进行双电子反应模式，它充当区域选择性的异戊烯基转移酶，将化合物吲哚内酰胺 V（indolactam V）中吲哚环的 C7 位与来自 C_{10} 异戊二烯（香叶基焦磷酸）的烯丙基碳正离子发生偶联，生成"反向"异戊烯基化的鞘丝藻毒素。

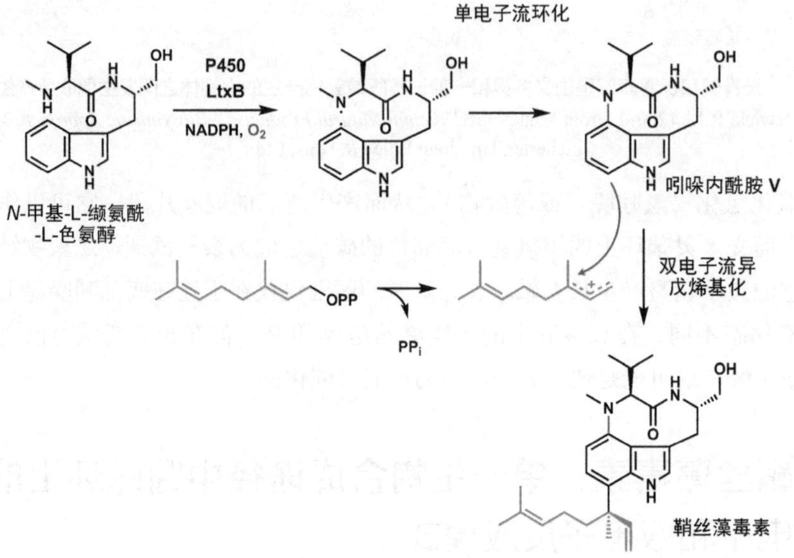

图 8.22　鞘丝藻毒素：源自缬氨酸 - 色氨酸的简短生物合成途径中的单电子和双电子反应模式

吲哚容易发生单电子酶促反应的其他例子可参见二聚化合物 dibrevianamide F 和 ditryptophenaline，这最容易将其归因于吲哚自由基发生的区域选择性的二聚反应（图 8.23）（Saruwatari, Yagishita *et al.* 2014; Walsh 2014）。

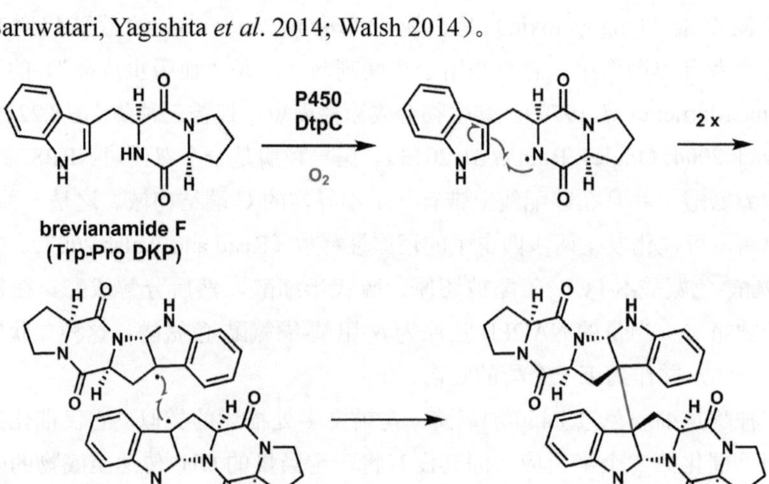

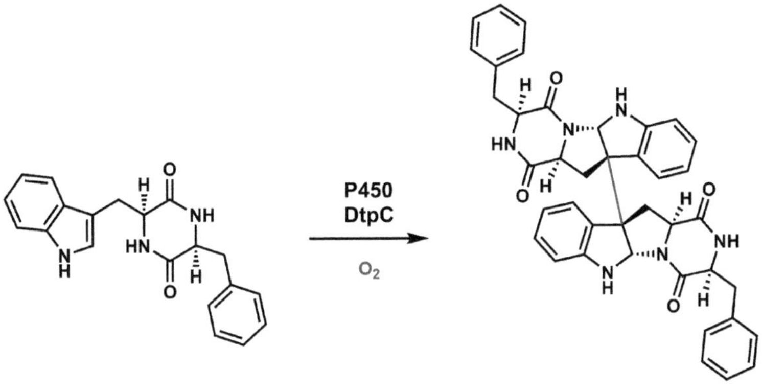

色氨酸-苯丙氨酸二酮哌嗪 → **(−)-ditryptophenaline**

P450
DtpC

O₂

图 8.23　Dibrevianamide F 和 ditryptophenaline 被认为是通过稳定的离域
自由基发生区域选择性的二聚反应而成

专题 8.2　Communesin 类化合物：简短途径形成复杂骨架

Communesin 类的 11 个二聚型吲哚生物碱例证了通过非常高效的生物合成途径产生复杂的骨架结构。Communesin 类化合物包含 4 个氮原子，7 个环，2 个胺基，4 个相邻的立体中心和 1 对相邻的季碳（Siengalewicz, Gaich *et al.* 2008; Lin, Chiou *et al.* 2015; Lin, McMahon *et al.* 2016）。

这类骨架的化合物引起了合成领域的强烈关注，尤其当通过全合成的手段对 nomofungin 最初错误的结构进行修正后，更增加了化学家们对这个家族化合物的兴趣。Stoltz 团队通过 3-3′ 偶联全合成了色胺和 aurantioclavine 片段，从而对生物合成途径进行了预测。

扩展青霉（*Penicillium expansum*）菌中的催化偶联的关键酶是细胞色素 P450 CnsC（Lin, McMahon *et al.* 2016）。共表达 CnsC、用于提供电子的 NADPH 依赖性还原酶以及 SAM 依赖的甲基转移酶（可生成 *N*-甲基吲哚片段，从而有利于稳定 communesin 类化合物的骨架），可产生具有 3 个新键以及 4 个立体中心的化合物 communesin K。

P450 酶利用 O₂ 产生高价的氧铁物质，它们在结合的底物中产生碳自由基。我们将在第 9 章的许多案例中提到，其中碳自由基避开随后的羟基化，而与其他碳中心发生反应（Lin, McMahon *et al.* 2016）。如图 8.V2 所示，communesin 合成的机理推测为 C₃ 氮杂烯丙基自由基 C3-C3′ 偶联，该自由基发生在来源于酶活性位点中两个底物的单电子氧化。两个胺（分别为七元胺和六元胺）的形成被推测是在活性位点微环境中是区域特异性的，并以最初 3-3′ 加合物的取代基模式为条件。从这种酶中产生的产物是七环的成熟的 communesin 二聚骨架。

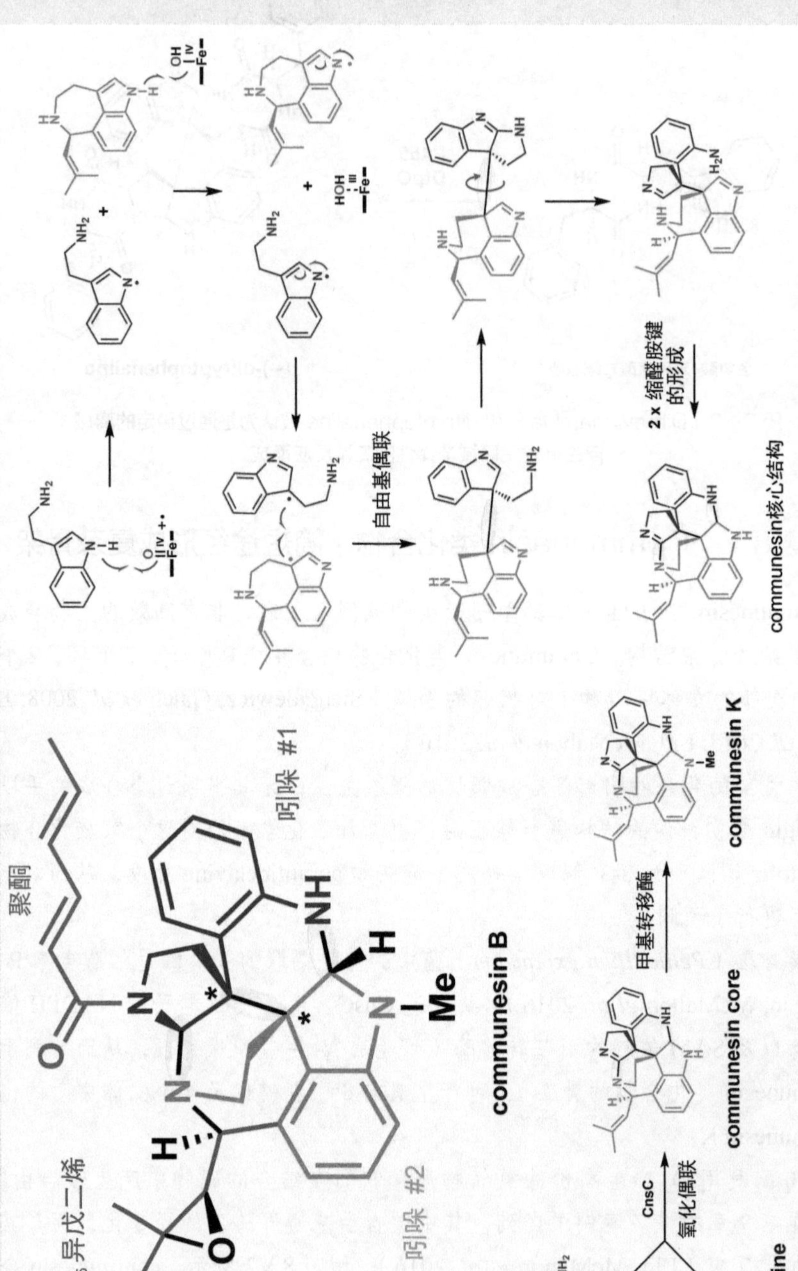

图 8.V2 杂聚的吲哚生物碱二聚体 communesin 的生物合成中涉及 P450 催化的偶联步骤

由一种催化酶 CnsC 能催化产生两个相邻的季碳中心，然后提供合适的微环境来实现区域和立体特异性地生成七环骨架的 communesin K，并以此合成更多的家族成员，这是一条非常有效的生成复杂化合物的生物合成途径。这些发现预示着对这种真菌催化酶进行更深入的研究，可使复杂骨架化合物的合成变得容易。

8.9 由色氨酸生成环匹阿尼酸

在生物合成方面具有传奇色彩的异戊烯基化色氨酸代谢产物的最后一个实例是来源于圆弧青霉（*Penicillium cyclopium*）和曲霉属的真菌天然产物环匹阿尼酸（cyclopiazonic acid）（Holzapfel 1968）。由于它作为肌细胞中肌浆网 ATP 酶的抑制配体具有纳摩尔级别的活性（图 8.24），使之成为一种强效的神经肌肉毒素（Moncoq, Trieber *et al*. 2007）。这种结构复杂的稠合五环毒素的生物合成途径同样简短且有效，只需要三种酶的参与。

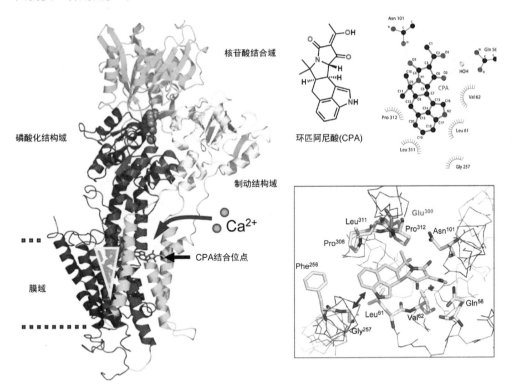

图 8.24 **真菌毒素环匹阿尼酸（CPA）是肌细胞肉质网 Ca^{2+}-ATP 酶的纳摩尔级抑制剂**

转载自：K. Moncoq, C. A. Trieber and H. S. Young (2007). The molecular basis for cyclopiazonic acid inhibition of the sarcoplasmic reticulum calcium pump. *J. Biol. Chem*. 282. Copyright (2007) The American Society for Biochemistry and Molecular Biology.

第一个酶是一种 PKS-NRPS 杂合的双模块装配线蛋白。乙酰乙酰基-S-酰基载体蛋白连接在模块 1 上，而色氨酸以硫酯形式连接到 PCP$_2$ 上（图 8.25）（Liu and Walsh 2009a）。在缩合结构域（C）的作用下，色氨酸上游离 NH$_2$ 的进攻促成链的延伸。然后，N-乙酰乙酰基-色氨酸-S-PCP 被 NRPS 模块中的异常终止结构域所释放。与上文所述的鞘丝藻毒素装配线类似，它具有还原酶结构域的特征，但缺少关键的催化残基。由 R* 结构域取而代之的充当迪克曼（Dieckmann）环化酶（参见第 3 章，图 3.35）。乙酰乙酰基部分的 C3 位碳负离子进攻硫酯羰基，释放出环乙酰乙酰基-色氨酸，它带有新形成的特特拉姆酸环。第二种酶是一种常见的异戊烯基转移酶，它将 C5 异戊烯基单元连接在吲哚环的 C4 处，得到 β- 环匹阿尼酸（Liu 和 Walsh 2009b）。

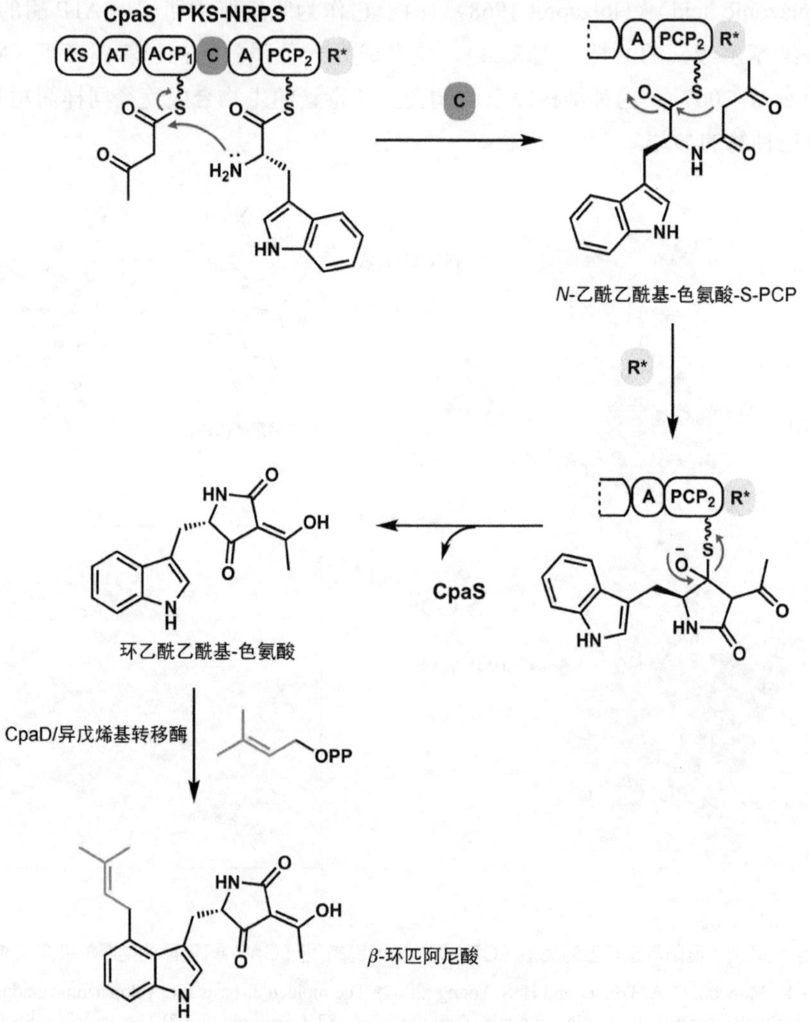

图 8.25　环匹阿尼酸的生物合成：一个杂合的 PKS-NRPS 通过迪克曼
环化释放一个 N-乙酰乙酰基-色氨酸链

第三种酶是一种 FAD 氧化还原酶。它的主要任务就是将 β-环匹阿尼酸（β-CPA）转化为活性的 α- 毒素。如图 8.26 所示，据推测，以氢离子形式将 β-CPA 中与吲哚环 C3 位相邻的 CH_2 上的一个氢去除，引发了该步催化反应。这步反应需要吲哚环 2,3 位 C＝C 双键的邻近基团的参与来实现，以帮助将该氢化物转移到 FAD 辅酶的 N5 活性位点处（这类似于图 5.14 所示的小檗碱桥酶的机制）。这样，亚甲基-吲哚啉就成了电子接收器，它可以帮助图中所示的酰胺氮发生插烯进攻反应，当吲哚中的亚胺离子被淬灭时，通过一种过渡态形成两个 C–C 键。所得产物是一种强效毒素 α-环匹阿尼酸（α-CPA）。FAD 氧化还原酶通过同时形成两个环从而构建五环骨架，这在化学上是个非常重要的成就。这种简短有效的生物合成途径代表了三种天然产物生物合成链的汇聚，即以色氨酸为核心集合了聚酮类、非核糖体肽类以及异戊二烯类化合物。

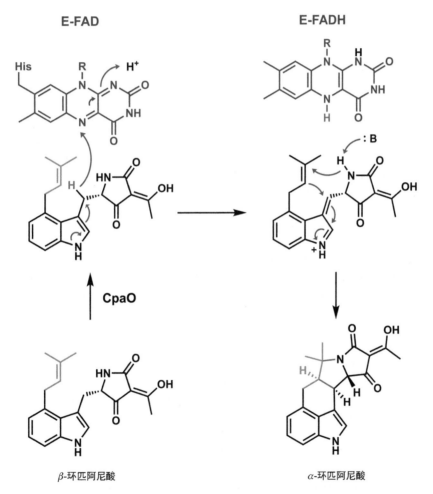

图 8.26　通过黄素去饱和酶形成环匹阿尼酸中最后的两个 6-5 环

8.10 小结

吲哚萜类生物碱包含一些骨架结构最为复杂的化合物。它们遵循基本的化学规律，将吲哚环作为具有区域杂泛性的碳亲核试剂，与容易获得碳正离子形式的异戊烯基焦磷酸进行配对。环化和氧化是常见后修饰反应，以增加其骨架的复杂性。加氧酶在插入和调节官能团以及通过环氧化物和碳自由基中间体驱动重排反应中都是重要的催化剂，这在生物碱生物合成途径中普遍存在（第5章和第9章）。

参考文献

Balibar, C. J. "and C. T. Walsh (2006). "GliP, a multimodular non-ribosomal peptide synthetase in Aspergillus fumigatus, makes thediketopiperazine scaffold of gliotoxin". *Biochemistry* **45**(50): 15029-15038.

Cardellina, 2nd, J. H., F. J. Marner and R. E. Moore (1979). "Seaweed dermatitis: structure of lyngbyatoxin A". *Science* **204**(4389): 193-195.

Dewick, P. (2009). *Medicinal Natural Products, a Biosynthetic Approach*. UK, Wiley.

Donia, M. S. and E. W. Schmidt (2011). "Linking chemistry and genetics in the growing cyanobactin natural products family". *Chem. Biol.* **18**(4): 508-519.

Edwards, D. J. and W. H. Gerwick (2004). "Lyngbyatoxin biosynthesis: sequence of biosynthetic gene cluster and identification of a novel aromatic prenyltransferase". *J. Am. Chem. Soc.* **126**(37): 11432-11433.

Gu, B., S. He, X. Yan and L. Zhang (2013). "Tentative biosynthetic pathways of some microbial diketopiperazines". *Appl. Microbiol. Biotechnol.* **97**(19): 8439-8453.

Holzapfel, W. (1968). "The isolation and structure of cyclopiazonic acid, a toxic metabolite of Penicillium cyclopium Westling". *Tetrahedron Lett.* **24**: 2101-2119.

Kato, N., H. Suzuki, H. Takagi, Y. Asami, H. Kakeya, M. Uramoto, T. Usui, S. Takahashi, Y. Sugimoto and H. Osada (2009). "Identification of cytochrome P450s required for fumitremorgin biosynthesis in Aspergillus fumigatus". *ChemBioChem* **10**(5): 920-928.

Kato, N., H. Suzuki, H. Takagi, M. Uramoto, S. Takahashi and H. Osada (2011). "Gene disruption and biochemical characterization of verruculogen synthase of Aspergillus fumigatus". *ChemBioChem* **12**(5): 711-714.

Kries, H. and S. E. O'Connor (2016). "Biocatalysts from alkaloid producing plants". *Curr. Opin. Chem. Biol.* **31**: 22-30.

Li, S., K. Anand, H. Tran, F. Yu, J. M. Finefield, J. D. Sunderhaus, T. J. McAfoos, S. Tsukamoto, R. M. Williams and D. H. Sherman (2012). "Comparative analysis of the biosynthetic systems for fungal bicyclo[2.2.2]diazaoctane indole alkaloids: the (+)/(−)-notoamide, paraherquamide and malbrancheamide pathways". *MedChemComm* **3**(8): 987-996.

Li, S., J. M. Finefield, J. D. Sunderhaus, T. J. McAfoos, R. M. Williams and D. H. Sherman (2012). "Biochemical characterization of NotB as an FAD-dependent oxidase in the biosynthesis of notoamide indole alkaloids". *J. Am. Chem. Soc.* **134**(2): 788-791.

Li, S. M. (2011). "Genome mining and biosynthesis of fumitremorgin-type alkaloids in ascomycetes". *J. Antibiot.* **64**(1): 45-49.

Lin, H. C., G. Chiou, Y. H. Chooi, T. C. McMahon, W. Xu, N. K. Garg and Y. Tang (2015). "Elucidation of the concise biosynthetic pathway of the communesin indole alkaloids". *Angew. Chem., Int. Ed.* **54**(10): 3004-3007.

Lin, H.-C., T. McMahon, A. Patel, M. Corsello, A. Simon, W. Xu, M. Zhao, K. N. Houk, N. K. Garg and Y. Tang (2016). "P450-Mediated Coupling of Indole Fragments To Forge Communesin and Unnatural Isomers". *J. Am. Chem. Soc.* **138**: 4002-4005.

Liu, J., T. Ng, Z. Rui, O. Ad and W. Zhang (2014). "Unusual acetylation-dependent reaction cascade in the biosynthesis of the pyrroloindole drug physostigmine". *Angew. Chem., Int. Ed.* **53**(1): 136-139.

Liu, X. and C. T. Walsh (2009a). "Characterization of cyclo-acetoacetyl-L-tryptophan dimethylallyltransferase in cyclopiazonic acid biosynthesis: substrate promiscuity and site directed mutagenesis studies". *Biochemistry* **48**(46): 11032-11044.

Liu, X. and C. T. Walsh (2009b). "Cyclopiazonic acid biosynthesis in Aspergillus sp.: characterization of a reductase-like R* domain in cyclopiazonate synthetase that forms and releases cyclo-acetoacetyl-L-tryptophan". *Biochemistry* **48**(36): 8746-8757.

Martins, J. and V. Vasconcelos (2015). "Cyanobactins from Cyano-bacteria: Current Genetic and Chemical State of Knowledge". *Mar. Drugs* **13**(11): 6910-6946.

May, J. A., R. K. Zeidan and B. M. Stoltz (2003). "Biomimetic approach to communesin B (a.k.a. nomofungin)". *Tetrahedron Lett.* **44**(6): 1203-1205.

Moncoq, K., C. A. Trieber and H. S. Young (2007). "The molecular basis for cyclopiazonic acid inhibition of the sarcoplasmic reticulum calcium pump". *J. Biol. Chem.* **282**(13): 9748-9757.

O'Connor, S. E. and J. J. Maresh (2006). "Chemistry and biology of monoterpene indole alkaloid biosynthesis". *Nat. Prod. Rep.* **23**(4): 532-547.

Ongley, S. E., X. Bian, Y. Zhang, R. Chau, W. H. Gerwick, R. Muller and B. A. Neilan (2013). "High-titer heterologous production in E. coli of lyngbyatoxin, a protein kinase C activator from an uncultured marine cyanobacterium". *ACS Chem. Biol.* **8**(9): 1888-1893.

Qu, Y., M. L. Easson, J. Froese, R. Simionescu, T. Hudlicky and V. De Luca (2015). "Completion of the seven-step pathway from tabersonine to the anticancer drug precursor vindoline and its assembly in yeast". *Proc. Natl. Acad. Sci. U. S. A.* **112**(19): 6224-6229.

Read, J. A. and C. T. Walsh (2007). "The lyngbyatoxin biosynthetic assembly line: chain release by four-electron reduction of a dipeptidyl thioester to the corresponding alcohol". *J. Am. Chem. Soc.* **129**(51): 15762-15763.

Roberts, M. and M. Wink, eds. (1998). *Alkaloids: Biochemistry, Biology, and Medical Applications*, Springer.

Saruwatari, T., F. Yagishita, T. Mino, H. Noguchi, K. Hotta and K. Watanabe (2014). "Cytochrome P450 as dimerization catalyst in diketopiperazine alkaloid biosynthesis". *ChemBioChem* **15**(5): 656-659.

Seigler, D. (2012). *Plant Secondary Metabolism*, Springer Science and Business Media: 759.

Siengalewicz, P., T. Gaich and J. Mulzer (2008). "It all began with an error: the nomofungin/communesin story". *Angew. Chem., Int. Ed.* **47**(43): 8170-8176.

Steffan, N., A. Grundmann, W. B. Yin, A. Kremer and S. M. Li (2009). "Indole prenyltransferases from fungi: a new enzyme group with high potential for the production of prenylated indole derivatives". *Curr. Med. Chem.* **16**(2): 218-231.

Tang, M.-C., Y. Zou, C. T. Walsh and Y. Tang (2017). "Oxidative Cyclization in Natural Product Biosynthesis". *Chem. Rev.*, DOI: 10.1021/acs.chemrev.6b00478.

Tanner, M. E. (2015). "Mechanistic studies on the indole prenyltransferases". *Nat. Prod. Rep.* **32**(1): 88-

101.

Tsunematsu, Y., N. Ishikawa, D. Wakana, Y. Goda, H. Noguchi, H. Moriya, K. Hotta and K. Watanabe (2013). "Distinct mechanisms for spiro-carbon formation reveal biosynthetic pathway crosstalk". *Nat. Chem. Biol.* **9**(12): 818-825.

van Der Heijden, R., D. I. Jacobs, W. Snoeijer, D. Hallard and R. Verpoorte (2004). "The Catharanthus alkaloids: pharmacognosy and biotechnology". *Curr. Med. Chem.* **11**(5): 607-628.

Walsh, C. T. (2014). "Biological matching of chemical reactivity: pairing indole nucleophilicity with electrophilic isoprenoids". *ACS Chem. Biol.* **9**(12): 2718-2728.

Walsh, C. T. (2015). "A chemocentric view of the natural product inventory". *Nat. Chem. Biol.* **11**(9): 620-624.

Walsh, C. T., S. W. Haynes, B. D. Ames, X. Gao and Y. Tang (2013). "Short pathways to complexity generation: fungal peptidyl alkaloid multicyclic scaffolds from anthranilate building blocks". *ACS Chem. Biol.* **8**(7): 1366-1382.

Weber, G. (2015). *Molecular Therapies of Cancer*, Springer.

Xu, Z., M. Baunach, L. Ding and C. Hertweck (2012). "Bacterial synthesis of diverse indole terpene alkaloids by an unparalleled cyclization sequence". *Angew. Chem., Int. Ed.* **51**(41): 10293-10297.

Yan, W., H. Song, F. Song, Y. Guo, C. H. Wu, A. Sae Her, Y. Pu, S. Wang, N. Naowarojna, A. Weitz, M. P. Hendrich, C. E. Costello, L. Zhang, P. Liu and Y. J. Zhang (2015). "Endoperoxide formation by an alpha-ketoglutarate-dependent mononuclear non-haem iron enzyme". *Nature* **527**(7579): 539-543.

Zhu, J., M. Wang, W. Wen and R. Yu (2015). "Biosynthesis and regulation of terpenoid indole alkaloids in *Catharanthus roseus*". *Pharmacogn. Rev.* **9**(17): 24-28.

第Ⅲ部分
天然产物生物合成途径中的关键酶

　　该部分涉及三个主题，跨越了上一部分中讨论的多种类型天然产物的生物合成，它们是加氧酶、糖基化反应和作为自由基引发剂的 S-腺苷甲硫氨酸。加氧酶普遍存在于所有天然产物的生物合成途径中。在细菌和真菌的生物合成基因簇中，具有修饰功能的特定加氧酶通常周围编码了关键的链延伸酶。例如，由紫杉二烯转化成紫杉醇的修饰过程中有一组特别值得注意的酶。C_{20} 的烃类化合物紫杉二烯在生成紫杉醇的过程中，经历了在外围加入八个氧原子的加氧过程。加氧酶级联作用的另一个经典例子是香叶醇转化为裂环马钱素，后者是异胡豆苷合成酶的关键底物。而异胡豆苷又是上千种下游吲哚萜类代谢产物的前体。

　　铁基加氧酶已经学会了如何通过单电子途径还原性激活 O_2，从而生成高价的含氧铁中间体，它们会使共底物中的 C—H 键发生均裂。所产生的碳自由基通常会发生分子内重排，从而与由结合铁的 [OH·] 等效物引发的分子间羟基化反应发生竞争。

　　因此，该类别中相当多的耗氧酶不会将 OH 转移至共产物中，而是发生分子内的自由基化学反应，用于形成 C—C 键。在若干关键代谢途径中就存在这种情况，包括在吗啡合成途径中由网状番荔枝碱加工生成萨卢它定醇，以及从无环的三肽前体生成异青霉素 N。这也是消耗 O_2 的"扩环酶"所发挥的作用，它将青霉素 N 的 4-5 环系转变为头孢菌素类的 4-6 环系。

　　产生碳自由基以形成 C—C 键的第二条途径出现在细胞的厌氧微环境中，这与需氧环境不同。S-腺苷甲硫氨酸的著名功能是在好氧环境中将 [CH$_3^+$] 等效物转移到亲核共底物上。但是，当与包含对空气敏感的 Fe_4/S_4 簇的酶结合时，它也可用作自由基引发剂。在活性位点将单电子从铁转移到的配位 SAM 上可导致 C5′—S 键断裂，并产生5′-脱氧腺苷自由基。它可以从结合的共底物上提取一个H·，并引发以碳为中心的自由基反应。在某些情况下，SAM 发挥辅酶的功能，并在每次催化循环结束时可以再生。在其他情况下，5′-脱氧腺苷作为副产物逸出，而中间体碳自由基以骨架重排的方式发生偶联。还有一些情况下，第二分子的 SAM 用于将[CH$_3^+$]转移到共底物的惰性碳上。

该部分的第三个主题是各类天然产物的酶法糖基化，它们通常发生在修饰过程的后期。糖基化在某些情况下是可逆的，糖苷与游离苷元的比率反映了糖基转移酶合成活性和糖苷酶水解活性之间的平衡。在许多其他情况下糖基化又是不可逆的，它代表了天然产物如抗生素红霉素和抗真菌聚醚制霉菌素具备生物活性的关键结合元素。在制霉菌素的例子中，其结构中的己糖通常不是容易获得的葡萄糖，而是各种各样的脱氧己糖，氨基脱氧己糖和甲基化的脱氧己糖，它们为己糖部分提供了不同的疏水性 / 亲水性平衡。这些修饰的己糖是由 TDP-葡萄糖经酶促反应而来，这些酶通常在生物合成基因簇中与特定的糖基转移酶（Gtfs）一起编码。

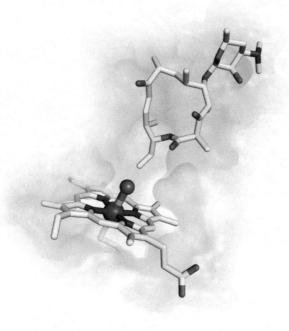

苦霉素生物合成过程中 P450 酶 PikC 活性位点的晶体结构
（PDB ID:2VZ7）

第**9**章 天然产物碳－碳键形成中的碳自由基
A. 加氧酶
B. 氧依赖型卤代酶

9.1 引言

　　之前章节提到的各种天然产物中，随着初级代谢途径分支到次级代谢，骨架的复杂性往往会增加。次级代谢中的合成砌块例如氨基酸、乙酰辅酶 A 和丙二酸单酰辅酶 A、苯丙素类中的肉桂酸、Δ^2 和 Δ^3- 异戊烯基焦磷酸异构体等均经过复杂的反应，生成分子量较高的中间体和最终的天然产物分子。伴随着新的 C–C、C–N、C–O 键的形成，骨架结构的复杂度也逐步增加。在初级和次级代谢中，大部分化学键的构建和断裂通常是历经双电子途径：特定的 C–H、C–C、O–C、N–C 键通过异裂的方式断裂并重新生成新的化学键（图 9.1）。正如我们在引言部分中提到的，在键的形成（和断裂）过程中，所有这些反应都需要历经碳负离子和碳正离子（或其等效物）的途径。

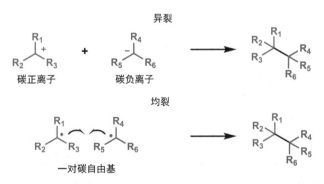

图 9.1 天然产物骨架组装过程中 C–C 键形成的两种有限机制：碳亲核试剂和碳亲电试剂结合的异裂机制（离子型机制）以及两个碳自由基相连的均裂机制（自由基型机制）

在初级代谢中，包括糖酵解和柠檬酸循环、戊糖磷酸途径、核酸合成和降解以及核糖体参与的蛋白质合成，初看大量初级代谢产物的结构以及发挥作用的酶和辅因子的类型可以发现，双电子反应流形式占主导地位。而由黄素辅酶（FAD 和 FMN）参与的酶催化的氧化还原转化是个例外。例如，在琥珀酸被质子／氢化物氧化成延胡索酸的过程中，琥珀酸脱氢酶可能会催化脱除过渡态中的两个氢和两个电子。由此产生的 $FADH_2$ 将电子传递到单电子传递辅因子铁硫簇上，历经单电子氧化半醌状态，重新回到稳定的双电子氧化态即 FAD（图 9.2）。在初级代谢的这两种常见的氧化还原辅酶 FAD 和 NAD(P)H 中，由于吡啶基自由基的高能量，烟酰胺（NAD/NADP）参与的反应只能通过双电子（氢化物）转移机制。

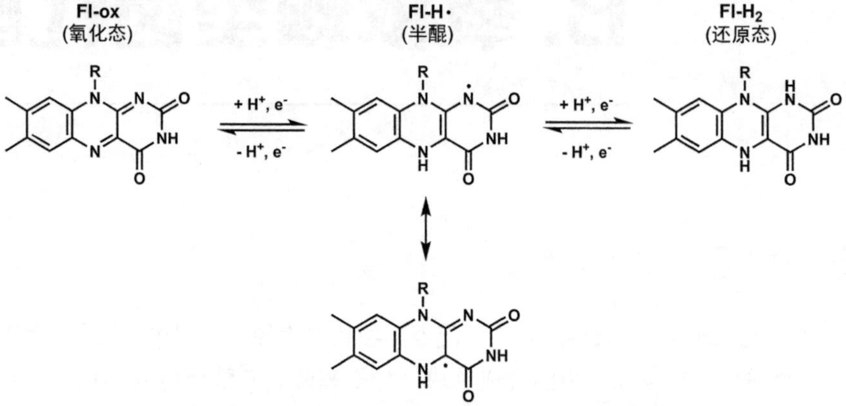

图 9.2　黄素辅酶是双电子／单电子渐进式氧化还原的转移剂

相比之下，由于黄素半醌在动力学上可形成，且具有热力学稳定性，足以在两个亚类的黄素酶中发挥作用：这些酶传递电子给铁原子或者从铁原子中接受电子或者将电子传递给分子氧（Walsh and Wencewicz 2013）。双电子或分步单电子的氧化还原转化性质来自黄素辅酶中一端的三环异喹啉（Walsh 1980）。正如在之前章节所述以及在本章中即将描述的，紧密结合黄素辅酶的二氢黄素（$FMNH_2$, $FADH_2$）形式的氧反应性使其在加氧酶框架中呈四面体结构。

在本章中，我们深入探讨不常见的断键和成键的均裂途径（图 9.1）。虽然这些在初级代谢中确实少见，但它们在次级代谢途径中较为常见，这在前面章节中已讲述，并将在这个章节中重点强调。

分子氧是一种基态为三线态的分子（见下文），是迄今为止最著名的通过单电子途径反应的生物中心分子。它能从 C–H 键中夺取氢原子，生成碳自由基。因此，在有氧条件下，生物合成中许多化学键的生成及重排可以通过碳自由基进行。

大约有 5000 种天然产物含有卤素原子（Gribble 2004）。在过去的二十年中，两类负责催化生物合成中卤化反应的酶被发现并表征为需氧的黄素酶或非血红素铁酶

（Vaillancourt, Yeh *et al.* 2006）。目前推测这两类卤化酶是分别由相应的加氧酶进化而来的。在这两类庞大的加氧酶家族中，是 FAD 还是铁被用于氧和卤素的活化，取决于待卤化的底物的电子性质。我们将在本章的第二部分（9.8 节）讨论这些氧酶的机制。

　　大约 15～20 年前，作为初级代谢和次级代谢中使用最广泛的辅因子之一，*S*-腺苷甲硫氨酸（SAM）被认为是最好也可能是唯一的甲基供体，它通过极性的甲基阳离子 [CH_3^+] 对底物中的亲核基团进行甲基化（Loenen 2006）。事实上就如第 5～8 章中所述，*N*-甲基化和 *O*-甲基化反应广泛存在于许多生物碱和苯丙醇类天然产物的生物合成途径中。

　　在某些不常见的情况下，也发现一些利用 SAM 的酶能以甲基自由基[$CH_3^·$]的形式转移一碳甲基片段。这些自由基 SAM 酶都依赖于 4Fe/4S 簇作为自由基引发剂来实现 SAM 的均裂。所得的 5′-脱氧腺苷自由基（图 9.3）可以继续从底物的 C–H 键中夺取氢原子，从而生成碳自由基。由于铁 / 硫簇对氧介导的氧化分解很敏感，因此，自由基 SAM 酶往往是高度厌氧的。所以这些自由基反应是在厌氧条件下进行。这将是第 10 章主要讨论的内容（Broderick, Duffus *et al.* 2014; Mehta, Abdelwahed *et al.* 2015）。

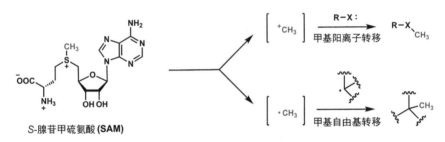

图 9.3　酶介导的生物合成中的无氧自由基化学：SAM 可产生 5′-脱氧腺苷自由基。甲基自由基转移需要铁 / 硫簇作为 SAM 均裂的单电子引发剂

　　因此，自由基反应，包括均裂断裂及成键过程，既可以在有氧条件下发生，也可以在无氧情况下发生，这取决于反应过程中是 O_2 还是 SAM 作为单电子给予或接受的共底物。

9.2　初级代谢与次级代谢中的加氧酶

　　纵观初级代谢的主要代谢途径（尤其是真核生物中），加氧酶作为一种能还原性激活 O_2 并将单个（或两个）氧原子结合到一个产物中的酶，是相对罕见的。前面在第 4 章中指出，将胆固醇加工成肾上腺细胞中各种甾体样激素的酶以及产生雄激素和雌激素的酶是主要的例外。维生素 D 作为 7-去氢胆固醇的代谢产物（见图 4.30），也经过三次细胞色素 P450 催化的羟化反应，从而生成钙调节激素的活性形式。

　　这种还原性氧代谢的缺乏可能反映了在厌氧或微嗜热条件下生物体内主要代谢途

A. 加氧酶
B. 氧依赖型卤代酶

径的早期进化。反过来，这就意味着甾体的有氧代谢可能是后期发展的。如第 4 章所述，角鲨烯环化为何帕烯和何帕醇是通过非氧依赖的途径进行的，而平行途径则是由角鲨烯-2,3-环氧化物所引发，这提示我们，级联的环化反应不需要氧作为共底物。

正如我们在前几章中所指出并将在本章中重点讨论的，含铁的加氧酶会产生碳自由基。碳自由基化学确实可以发生在厌氧生物中，但大部分代谢流是通过自由基 SAM 反应产生的，而不是与 O_2 发生的。

9.2.1 分子氧的一些特征

O_2 的分子轨道（图 9.4）显示，在外电子层中的最后两个电子在最低能量状态下单独填充 π_x^* 和 π_y^* 轨道。因此，分子氧处于三线态基态并带有两个不成对的电子；O_2 与只含两个电子的转移试剂（细胞中大多数有机代谢产物）反应迟缓，而与单电子共底物反应迅速。自旋成对的单线态能够与自旋成对的有机分子进行简单的反应，但其比三线态基态高 22 kal/mol。这种壁垒比酶通常能够克服或降低的壁垒更大，而且没有迹象表明自旋成对的单线态分子氧在初级或次级代谢途径中具有任何生理作用（Emsley 2001）。

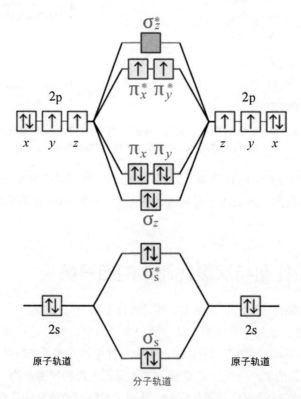

图 9.4 O_2 的分子轨道图：π 轨道的单占有率表征了 O_2 是基态三线态

在线粒体呼吸链的末期，好氧生物学会了如何有效地减少 O_2，在该时期从含铁和含铜的细胞色素氧化酶中输送四个电子和四个质子以还原分子氧成两分子水（图9.5）。呼吸链最终从还原的烟酰胺辅酶（两个电子的还原电位，$E^{o'} = -320$ mV）中获得大部分电子代谢流。O_2 到 H_2O 的相应还原电位为 $E^{o'}=+820$ mV。因此，从 NADH 到 O_2，电子要下降 1.14 V 电位。这对应于 K_{eq} 约为 1038，从而有利于还原反应。细胞色素氧化酶减少 O_2 的同时，线粒体内膜上的质子被各向异性地排出。它们可以通过跨膜 ATP 合成酶中的一个通道沿电化学梯度回流，从而将热力学势能集中到 ATP 中，以作为细胞化学能量的主要储存器。

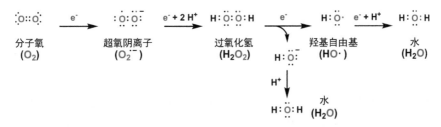

图9.5　还原性氧代谢：历经超氧阴离子、过氧化氢和羟基自由基而发生的热力学上有利的单电子途径

这样，当有机代谢产物最终被氧化成二氧化碳，而所有的氢都被脱去时，氧气被还原成水，这在热力学上是非常有利的。由于在生理条件下与自旋配对的、只含两个电子的有机分子发生反应在动力学上是不相容的，这使得大气中可以含有 20% 的 O_2，而还原的有机分子，包括人，可以与 O_2 共存。

9.2.2　四电子还原的本质：超氧化物、过氧化物、羟基自由基；以及超氧化物歧化酶（SOD）和过氧化氢酶的监测作用

每次单电子还原的另一个特点是，将氧气还原成水的四步过程中的三个中间体如果游离都将产生潜在的（不同的）毒性（图9.5）。细胞色素氧化酶系统避免了超氧阴离子、过氧化氢和羟基自由基的各自形成。有机体会产生各种清除酶，用于清除这些中间体，如在生理 pH 值（pK_a=4.8）条件下通过单电子还原产生的超氧化物阴离子，以及通过双电子还原产生的过氧化氢。这些酶分别是超氧化物歧化酶（McCord and Fridovich 1988）和过氧化氢酶（Chelikani, Fita *et al.* 2004）（图9.6）。前一种酶介导单电子歧化，产生 O_2 和 H_2O_2，而第二种酶介导双电子歧化，产生 O_2 和水。通过这些方式可以成功地去除超氧化物和过氧化氢的毒性。目前还没有相应的酶监测和拦截策略来清除三电子还原所产生的羟基自由基，它是 O_2 部分还原时所产生的毒性最强的中间体。

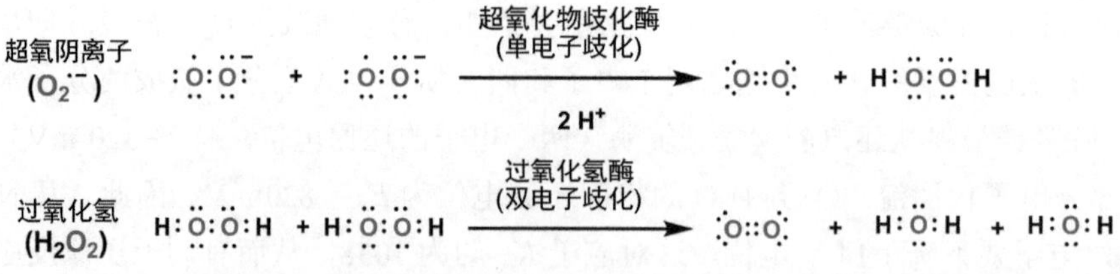

超氧阴离子
($O_2^{\cdot-}$)
:Ö·Ö: + :Ö·Ö:
超氧化物歧化酶
(单电子歧化)
————————→
2 H⁺
:Ö::Ö: + H:Ö:Ö:H

过氧化氢
(H_2O_2)
H:Ö:Ö:H + H:Ö:Ö:H
过氧化氢酶
(双电子歧化)
————————→
:Ö::Ö: + H:Ö:H + H:Ö:H

图 9.6　超氧化物歧化酶和过氧化氢酶是一种监测酶，它们分别通过单电子和双电子歧化反应来清除单电子还原和双电子还原形式的 O_2

9.3　氧化酶与加氧酶

9.3.1　氧化酶

初级代谢中有多种酶作为氧化酶发挥作用，它们通过双电子还原将 O_2 还原为 H_2O_2，同时催化共底物的双电子氧化。化学计量学如图 9.7 所示。这类酶包括 L- 氨基酸和 D- 氨基酸氧化酶［对应于各自的亚氨基酸，参见图 5.32 蝴蝶霉素和星形孢菌素途径的起点］、葡萄糖氧化酶（氧化葡萄糖到葡萄糖酸内酯）、单胺氧化酶和巯基氧化酶。

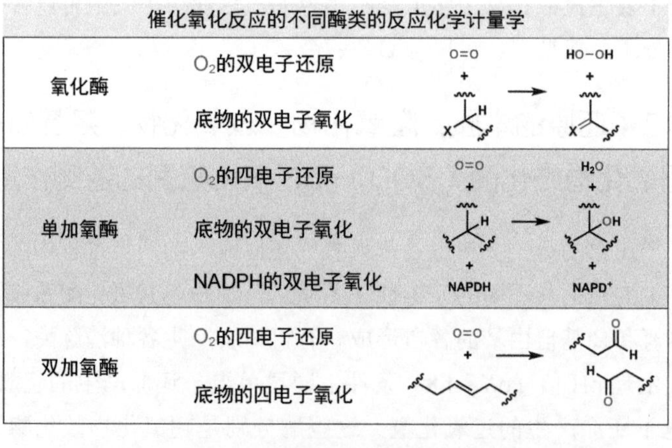

催化氧化反应的不同酶类的反应化学计量学		
氧化酶	O_2 的双电子还原　底物的双电子氧化	
单加氧酶	O_2 的四电子还原　底物的双电子氧化　NADPH 的双电子氧化	NAPDH → NAPD⁺
双加氧酶	O_2 的四电子还原　底物的四电子氧化	

图 9.7　氧化酶、单加氧酶和双加氧酶的反应化学计量学

这些都是含黄素的酶（Walsh and Wencewicz 2013）。第一个半反应中特定底物被氧化，产生可以扩散离去的产物和与酶结合的 $FADH_2$。这种形式的酶可以通过单电子转移与 O_2 快速反应，产生超氧阴离子和 FAD 半醌。自由基重组产生 FAD-4a-OOH，随着 FAD 氧化形式的重新形成，过氧化氢被消除。

由于负氢转移辅酶（仅两个电子变化）与 O_2 反应（仅一个电子变化）的不相容性，

因此不存在生成 NAD(P)H 并被 O_2 直接再氧化的含有 NAD 的氧化酶。因此，在有氧的情况下，NAD(P)H 可以作为细胞中的一种扩散辅酶。另一方面，$FADH_2$ 在不到一秒钟的时间内就可以自发地被 O_2 氧化，因此需要被隔离在黄素酶的活性部位。由于黄素类辅因子和它们相应的脱辅基蛋白之间的解离常数（K_d）一般小于 10^{-8} mol/L，所以黄素类辅因子的不同氧化还原形式，如 FAD、$FADH^·$ 或 $FADH_2$ 等，一般不能作为自由扩散的氧化还原辅酶。铁尽管是加氧酶中的主要辅因子，它通常也不用于催化简单的双电子氧化的氧化酶中。

9.3.2 加氧酶

图 9.7 还显示了广义单加氧酶和双加氧酶的反应化学计量学。这两种加氧酶模式反映的不是 O_2 的双电子还原，而是 O_2 的四电子还原。在单加氧反应中，如羟化反应，底物其实只发生了双电子氧化。因此，单加氧酶催化的反应中还需要额外的电子供体来提供两个电子，以使反应实现平衡。通常，NADPH 是双电子细胞氧化还原中最丰富且最容易获得的（可扩散到加氧酶的活性位点）电子供体。

使用 NAD(P)H 作为通用的电子供体的一个关键问题是：这种负氢转移辅酶不能每次只向 O_2 传递一个电子。自然进化的策略是使用黄素辅酶作为电子传递的中间体（图 9.2），置于 NAD(P)H 和 O_2 之间（Walsh 1980; Walsh and Wencewicz 2013）。反过来，我们将注意到一些单加氧酶是简单的黄素蛋白，结合的 FAD 在双电子负氢转移中被还原，由此生成的 $FADH_2$ 可通过单电子转移反应，形成超氧化物和 $FADH^·$，然后重新组合成 FAD-4a-OOH。我们将在下面提到这是黄素依赖的加氧酶中的活性氧转移剂。

其他单加氧酶则利用铁作为氧反应剂，如下文中将提到的，铁以血红素或者非血红素铁形式存在于这些酶中。铁原子是特别有效的单电子通道以结合 O_2。利用 NAD(P)H 作为电子供体向酶活性中心的铁原子进行单电子转移时，也会出现像利用 NAD(P)H 直接向 O_2 进行单电子转移时一样的问题。Fe(Ⅲ) 和 Fe(Ⅱ) 不是快速的双电子转移剂。我们在第 3 ~ 8 章中列出的数十种细胞色素 P450 羟化酶都属于这一类。

通常的解决方法是利用其他供体酶（feeder enzymes）来连接这两个部分，即双电子还原剂 NAD(P)H 和铁依赖的单加氧酶。这些供体酶含有 FAD 和 FMN。FAD 直接从 NAD(P)H 接受负氢形成 $FADH_2$，然后电子可以不成比例地在 $FADH_2$ 和 FMN 之间传递，形成半醌型的 $FADH^·$ 和 $FMNH^·$，这些半醌型辅因子可以向 P450 加氧酶的血红素中心每次输送一个电子。一些供体酶也含有铁原子，通常以 2Fe/2S 或 4Fe/4S 簇形式存在（图 9.8）。铁/硫簇可以是一种独特的伴侣蛋白。在任何情况下，电子转移的方向如图 9.9 所示：NADPH → FAD → Fe/S →细胞色素 P450 → O_2。FAD 充当双电子输入和单电子输出之间的拆分辅酶（Jensen and Moller 2010; Pandey and Fluck 2013; Riddick, Ding *et al.* 2013）。我们将在下一节分析 FAD 与含铁的单加氧酶的催化范围。

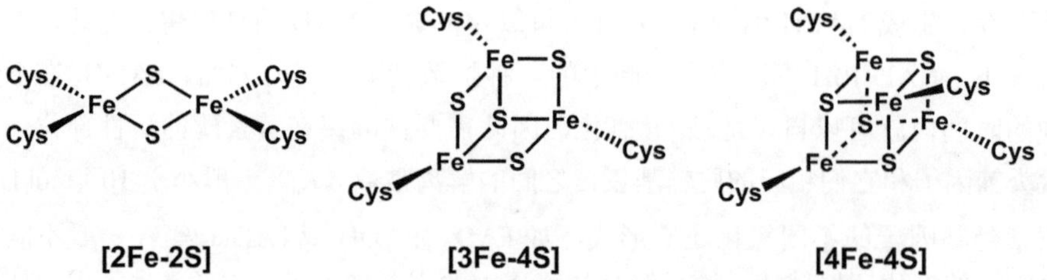

[2Fe-2S] [3Fe-4S] [4Fe-4S]

图 9.8　单加氧酶活性位点中作为铁的单电子通道的 Fe/S 簇的结构

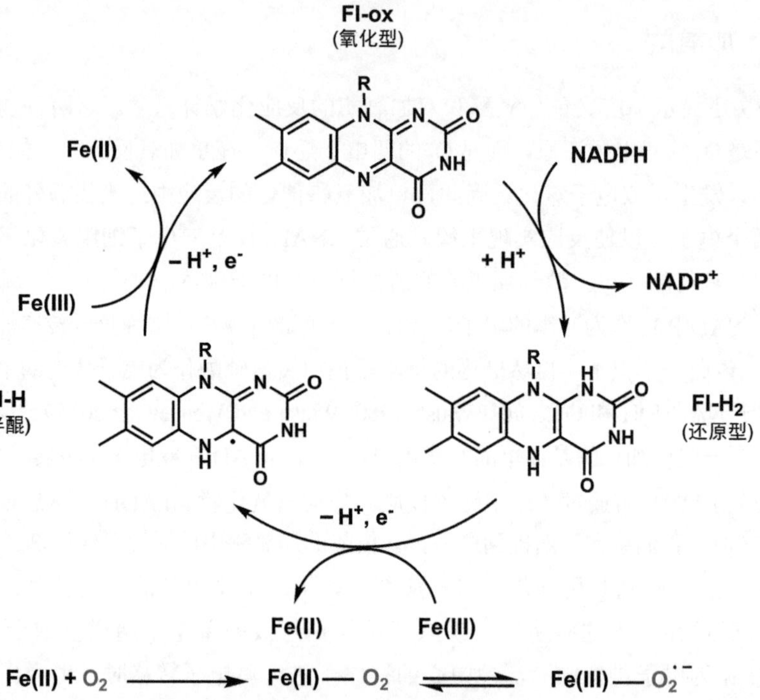

图 9.9　FAD 作为 NADPH 和 Fe(Ⅲ) 中心（包括 Fe/S 簇）
之间的双电子 / 单电子渐进式氧化还原的转换器

9.3.3　替达霉素生物合成中的加氧酶 / 氧化酶 / 加氧酶

　　替达霉素（tirandamycin）类抗生素的生物合成中，血红素 P450 酶 TamI 和黄素酶 TamL（图 9.10）以 O_2 为共底物依次发挥作用（Carlson, Li et al. 2011）。首先，第一步氧化反应是 TamI 作用于 TirC 分子，产生烯丙位的羟基。然后 TamL 利用 O_2 使 TirE 中的醇基氧化成 TirD 中的酮基。这不是一种加氧酶的反应，只是一种氧化酶。O_2 被还原为 H_2O_2。之后 TamI 又开始作为加氧酶再在两个循环中发挥作用。它与一分子的 O_2 共底物对双键进行环氧化，然后利用另一分子 O_2 将甲基转化为羟甲基，生成最终产物 TirB。这个过程中消耗了四分子的 O_2。其中一分子 O_2 经双电子还原为

H_2O_2，另外三分子 O_2 被还原为水和氧化的底物：这三分子 O_2 发生的是四电子还原。

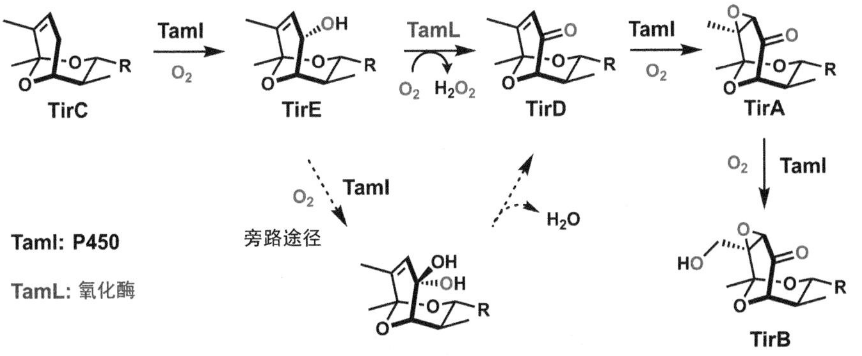

图 9.10　细胞色素 P450 TamI 和黄素酶 TamI 在替达霉素生物合成中的级联氧化作用

9.3.4　双加氧酶

天然产物底物的双加氧作用的化学计量学与单加氧作用不同（图 9.7）。在双加氧酶催化下，来自同一 O_2 的两个原子最终都会出现在共产物中（Bugg 2003）。在第 4 章中提到的一个典型案例是，在异戊二烯代谢的后期阶段，β-胡萝卜素被双加氧酶对称地切割成两分子维生素 A 醛（见图 4.33）(Harrison and Bugg 2014)。

9.4　加氧酶中的有机和无机辅因子

如上所述，大自然进化出两种机制来通过单电子途径还原活化 O_2。第一种机制是在 O_2 还原酶的活性位点使用氧化还原活性的金属阳离子，主要是铁，偶尔也可能是铜。铁和铜可以在单电子间隔的氧化还原态［例如，Fe(II) 和 Fe(III)；Cu(I) 和 Cu(II)］之间循环，并易于将一个电子转移给 O_2。最突出的铜依赖的单加氧酶是多巴胺 β- 羟化酶，它在合成去甲肾上腺素和肾上腺素神经递质的过程中氧化多巴胺的苄位（Kapoor, Shandilya *et al.* 2011）。

与天然产物骨架的氧化修饰更相关的是铁依赖的酶。自然界已进化出两个亚家族（图 9.11），其中最丰富的亚家族的酶含有嵌入血红素辅因子赤道面的铁元素。在血红蛋白的各种亚型中，蛋白中的一个半胱氨酸残基提供硫醇基作为血红素 - 铁的底部轴向第五配基，而血红素 - 铁顶部的轴向位置则可以用来与 O_2 结合并使其还原活化（Ortiz de Montalano 2015），从而让蛋白行使加氧酶功能。这些是著名的细胞色素 P450 家族成员，依据 Fe(II)-CO 复合物中血红素的 Soret 特征吸收带的 λ_{max} 命名。依据 450nm 处强的红波段吸收可判断出硫醇配位的 Fe(II)-CO 复合物的存在，也是活性 P450 加氧酶的可靠识别标志。作为植物次级代谢丰度的一个测量指标，拟南芥（*Ara-*

A. 加氧酶
B. 氧依赖型卤代酶

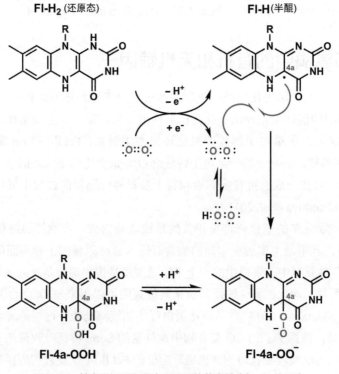

血红素铁酶(细胞色素P450)

非血红素Fe(Ⅱ)-α-酮戊
二酸依赖的酶超家族

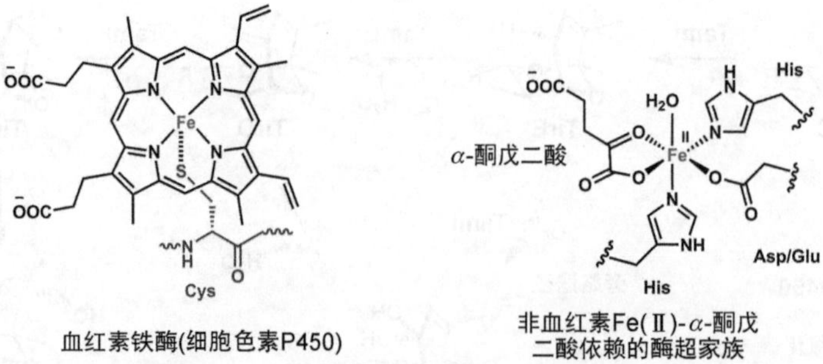

图 9.11 铁依赖的加氧酶的两个活性位点环境：含底部轴向硫醇配体的血红素细胞色素 P450；
以及两个组氨酸 / 一个羧酸的非血红素配体。

第二类铁依赖的加氧酶是独立于 P450 型细胞色素进化而来。这类酶包含一个通常处于 Fe(Ⅱ) 基态的单核铁原子，其中两个组氨酸和一个天冬氨酸/谷氨酸（Asp/Glu）侧链羧酸提供了所需六个配体中的三个来结合铁（Que and Ho 1996; Solomon, Decker *et al*; 2003; Kovaleva and Lipscomb 2008; Martinez and Hausinger 2015）。铁的第四和第五个配体通常由 α- 酮戊二酸提供，这是一种通过酮基和羧酸的一个氧来配位的反应

图 9.12 单电子还原和双电子还原的黄素辅酶与 O_2 的反应

共底物。如下文所述，在每次催化循环中，伴随着 α-KG 的氧化脱羧，都会产生高价态的铁氧中间体。在非血红素单核铁酶中，铁的第六配位点最初是被水分子占据的。当酶与待羟化的共底物结合时，水被 O_2 取代，形成具有催化活性的加氧酶形式。在氧活化以及催化还原将一个氧原子转移到共底物中，还存在第二种方式，即不使用无机过渡金属作为电子传递者，而利用来源于维生素 B_2 的黄素辅酶作为电子传递者（Walsh and Wencewicz 2013）。FAD 是主要的形式（FMN 不太常见），这种氧化还原活性辅酶起作用的部分是三环异咯嗪环系统。我们在图 9.12 中提到，单电子还原半醌和双电子完全还原的氧化态黄素辅酶通过单电子转移与 O_2 反应。

9.5 铁依赖的加氧酶和黄素依赖的加氧酶催化的加氧反应的范畴与机制

9.5.1 黄素依赖的加氧酶

FAD 依赖的和铁依赖的这两种单加氧酶，在被加氧的共底物类型上表现出明显的差异。这些差异在很大程度上是由于这两种酶的活性位点附近氧转移剂的氧化能力的差异造成的。黄素蛋白使用 FAD-4a-OOH 作为氧化剂。在大多数情况下，这种有机过氧化氢物种通过传递 [OH$^+$] 到亲核底物上而发挥作用。如图 9.13 所示，这涉及底物碳负离子进攻 Fl-OOH 远端的氧。所产生的 Fl-OH 在酶活性位点能发生分子内分解，产生水，并重新生成氧化的 FAD。在天然产物组装过程中，产生动力学上可及的碳负离子的底物通常都含有下列三种富电的芳香环结构单元的一种或几种：酚类、吡咯类和吲哚类。FAD 依赖的加氧酶一般催化酚环的邻位羟基化或对位羟基化，这与酚环上这些相应的位置容易形成碳负离子是一致的。

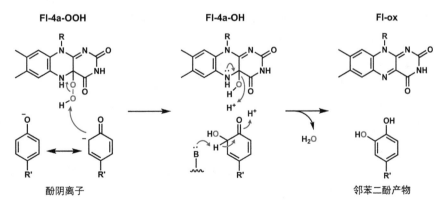

图 9.13 从黄素 -4a-OOH 将 [OH$^+$] 等效物转移到底物碳负离子等效物上

A. 加氧酶
B. 氧依赖型卤代酶

黄素酶的另一种氧转移反应是双键环氧化。这些情况下的亲核试剂是将要被环氧化的烯烃 π 电子。迄今为止，最广为人知的例子是如图 4.20 所示的角鲨烯 -2,3- 环氧化酶，它催化形成的氧化鲨烯是所有经由各种氧化鲨烯环化酶所合成的甾醇类代谢产物的共同前体（Laden, Tang *et al.* 2000）。

第二个著名的例子是出现在聚酮骨架来源的聚醚类化合物生物合成后期的黄素蛋白环氧化酶。例如，在拉沙里菌素（lasalocid）成熟过程中的 Lsd18（Minami, Shimaya *et al.* 2012; Suzuki, Minami *et al.* 2014）。如图 2.43 和图 2.44 所示，对于拉沙里菌素和雪卡毒素（ciguatoxin）而言，聚酮途径引入的一组烯烃的环氧化保障了后续系列环氧化物开环反应，从而形成该类代谢产物中标志性的呋喃环和吡喃环。我们还注意到，FAD 依赖的酶也能环氧化吲哚的 2,3-双键，从而构建 fumiquinazoline A 家族和 spirotryprostatins 中复杂的肽基生物碱骨架（见图 8.16 和图 8.17）。有一种从 O_2 到共底物的单氧转移模式出现在一亚类 FAD 依赖的酶中，它们催化 Baeyer-Villiger 型反应将氧插入酮中（Walsh and Chen 1988; Faber 2011）。当酮是环系统的一部分时，最终结果是将酮转化为内酯。其反应机制是通过简单的环己酮底物［图 9.14（A）］来研究的，实验证实扩环过程中 C–C 键发生了立体特异性迁移，并且 FAD-OOH 不是作为亲电试剂释放出 [OH$^+$]，而是作为如图所示的亲核性的过氧化物阴离子 Fl-OO$^-$ 参与反应。

图 9.14（B）显示了在更复杂的底物骨架前光辉霉素 B（premithramycin B）中实现由酮转化为内酯的另一实例（Beam, Bosserman *et al.* 2009）。新产生的七元内酯产物经过开环水解，产生烯二醇结构，进一步经异构而形成光辉霉素 DK（mithramycin DK）中的羟基二酮。

图 9.15（A）还描述了细胞松弛素骨架成熟过程中黄素 Baeyer-Villiger 酶催化的有趣且新颖的反应。后期形成的酮中间体首先被氧化扩环为内酯，然后内酯可以继续在该黄素酶的催化下再次被氧化生成含碳酸乙烯酯结构的细胞松弛素 Z16（Hu, Dietrich *et al.* 2014）。细胞松弛素 Z16 可以在后续 P450 酶作用下进一步氧化为细胞松弛素 E。似乎一些细胞色素 P450 也可以发挥拜耳-魏立格氧化酶的功能，例如下述将油菜素甾酮（castasterone）氧化为芸苔素内酯的 Cyp85A2（Kim, Hwang *et al.* 2005）。在该反应模式中，与 FAD-OO$^-$ 阴离子类似的 Fe(Ⅲ)-OO$^-$ 阴离子可能是起始的亲核试剂。图 9.15（B）描述了抗真菌剂粪壳菌素（sordarin）的生物合成过程中 SdnN 作为一种黄素拜耳-魏立格酶所起的可能作用，该酶催化产生一种双羟基内酯，它可水解开环生成共轭的醛酸。这种代谢产物可以经一种假设的构象，使双烯和亲双烯体高效定向地发生 [4+2] 环化（Kudo, Matsuura *et al.* 2016），从而生成粪壳菌醇（sordaricin）中核心的环己烯环。最后在 GDP-6-脱氧-D-阿卓糖糖基转移酶的作用下完成粪壳菌素的组装。

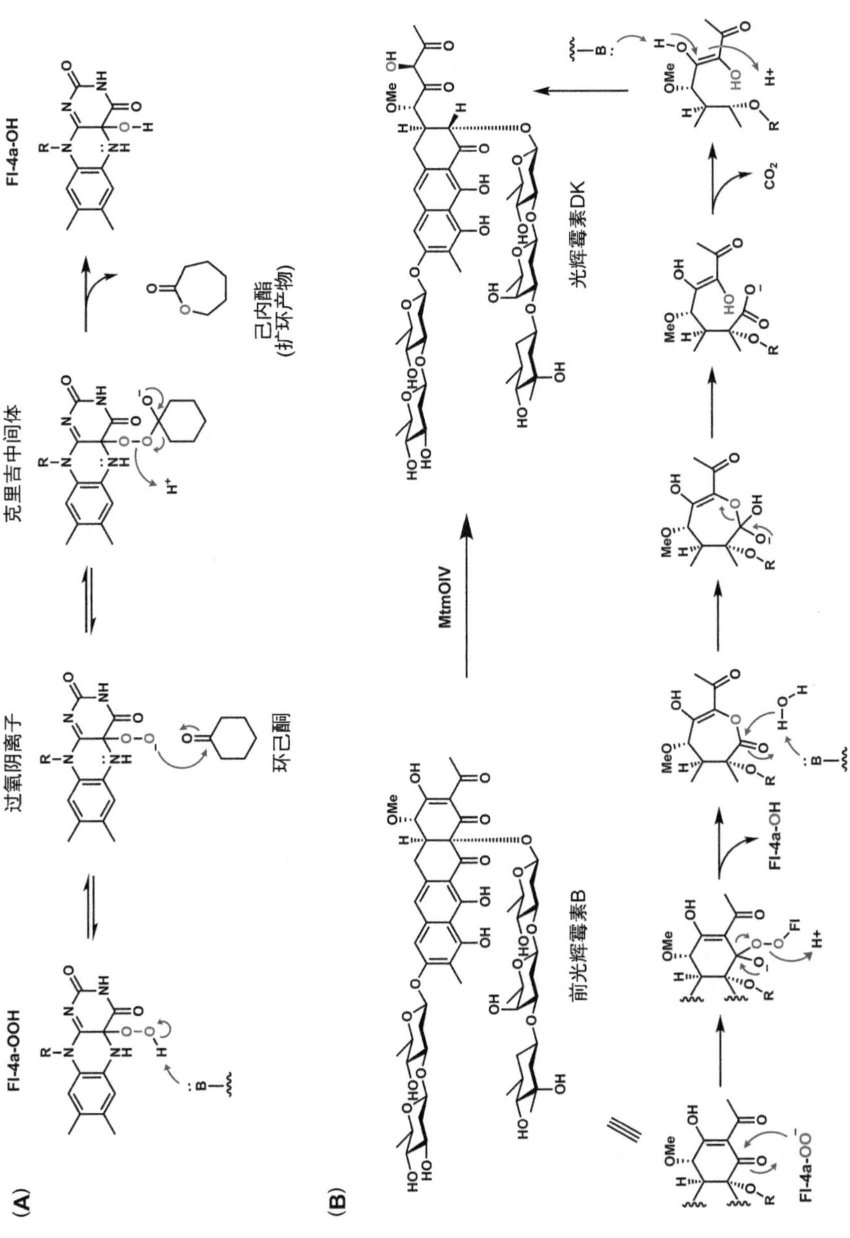

图 9.14 黄素加氧酶作为拜耳－魏立格催化酶：（A）环己酮单加氧酶和（B）光辉霉素生物合成过程中由酮到内酯的扩环反应

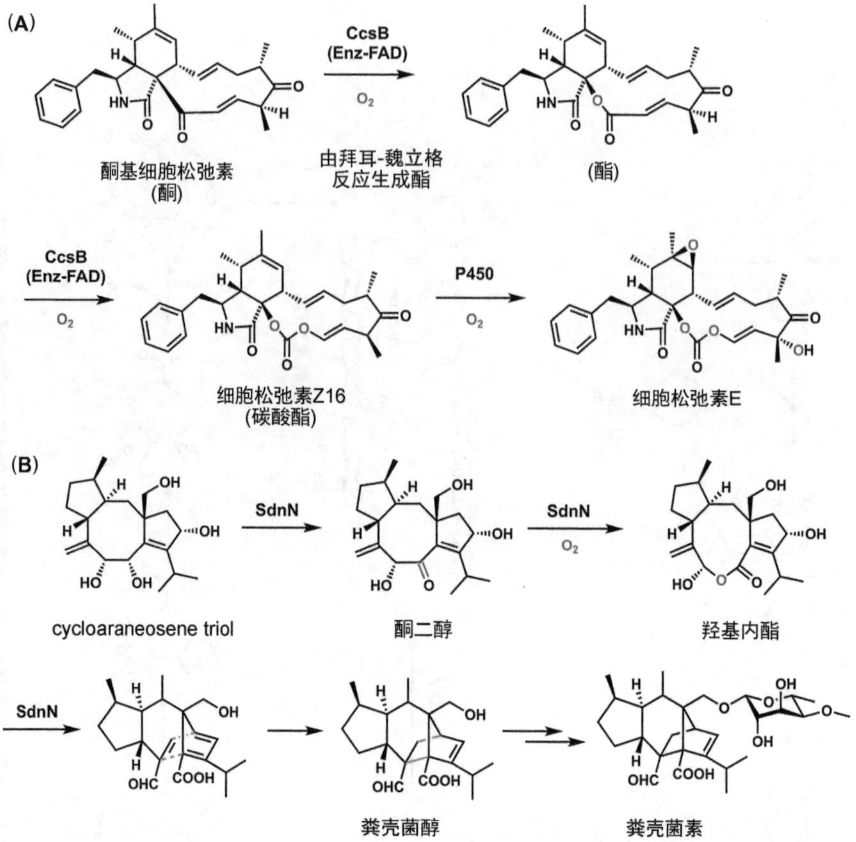

图9.15 （A）在细胞松弛素E的生物合成途径中，FMO催化的级联插氧反应在细胞松弛素Z16中产生一个碳酸乙烯酯；（B）一个多功能的黄素酶SdnN被认为是催化cycloaraeosene triol转化为粪壳菌醇

在若干情况下，对中间体进行酶促氧化形成所需的双烯和亲双烯体是最终发生[4+2]环加成反应的一种常见策略，例如多杀菌素（spinosyn）、abyssomicin、硫肽［如高硫青霉素］等（Tang, Zou et al. 2017）。

与下面讨论的铁氧活性物种相比，黄素-OOH是一种相当弱的氧化剂。目前还没有报道它能羟化惰性的碳中心。这就反映了FAD-4a-OOH无法从惰性的C–H键中夺取氢原子。这明显限制了黄素加氧酶在生物合成中的地位。

9.5.2 铁依赖的加氧酶

铁依赖的单加氧酶为生物氧化提供了杀手锏，这包括血红素和非血红素两种形式。这两种类型的加氧酶均已被深入研究，如电子如何从铁传递到配体O_2以及如何与结合的底物发生反应等。图9.16显示了典型细胞色素P450反应循环的示意图（Ortiz de Montalano 2015）。来自供体Fe/S簇蛋白的一个电子将血红素中的Fe(Ⅲ)还原为Fe(Ⅱ)氧化态，而O_2成为上轴配体。Fe(Ⅱ)-O_2复合物可以与Fe(Ⅲ)-超氧化物形成平衡，而在 Fe(Ⅲ)-超氧化物的形成中一个电子被从铁传递到了氧，从供体系统中转移第二个电子产生 Fe(Ⅲ)-过氧化物阴离子。该阴离子可能进行上文提到的 P450 介导的拜耳-魏立格转化。图 9.17 给出了一个油菜素甾酮（castasterone）代谢的例子。6-脱氧前体经过两次羟化后产生油菜素甾酮中的 6-酮基，该酮基历经 P450 介导的拜耳-魏立格扩环反应，将酮转变为内酯，最终形成终产物芸苔素内酯。

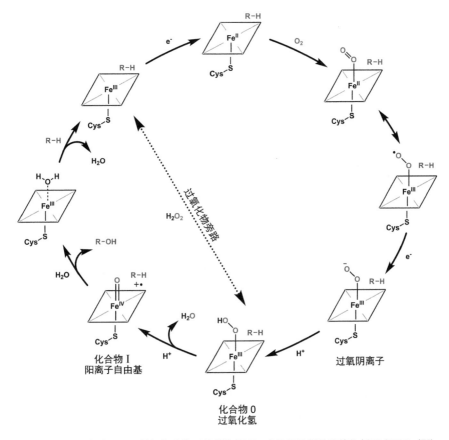

图 9.16　细胞色素 P450 单加氧酶的原位催化循环。高价氧铁氧转移催化剂画成了 Fe(Ⅳ)
卟啉阳离子自由基，它是 Fe(Ⅴ)=O 共振结构的贡献者

　　Fe(Ⅲ)-O-OH 脱水以及弱的 O-O 单键的断裂会产生一种高价的铁氧物种（化合物Ⅰ），而保留了 O_2 中原有的两个氧之一。这样就可以写成 Fe(Ⅴ)=O 或者所示的 Fe(Ⅳ)=O 卟啉阳离子自由基，该物种通过整个血红素 - 四吡咯共轭大环实现电子离域稳定化。这种高价的铁氧物种和下面讨论的非血红素铁酶中相应的铁氧物种均为强氧化剂。它们可以很容易地从结合的底物分子中的惰性 sp^3 碳原子上夺取一个氢原子（H·）。随之产生 Fe(Ⅲ)-OH 和相应的底物碳自由基（图 9.18）。对于简单的羟化反应，碳自由基可以通过转移[OH·]而淬灭。这个反应相当快而可以描述为"氧回补"事件。

然而，此处我们突显了前面几章中的若干例子，在这些例子中，生成的碳自由基并没有被[OH·]转移捕获，而是分子内反应优先于（分子间）羟化。

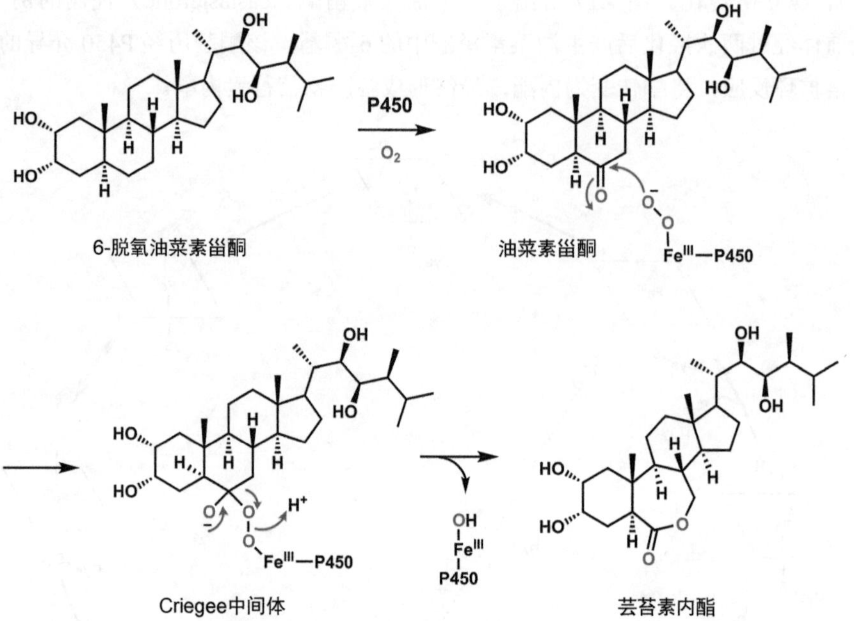

图 9.17　拟南芥和番茄次级代谢中的细胞色素 P450：将三萜 6-脱氧油菜素甾酮的 B 环持续转化为酮，然后经拜耳-魏立格酶扩环为七元内酯

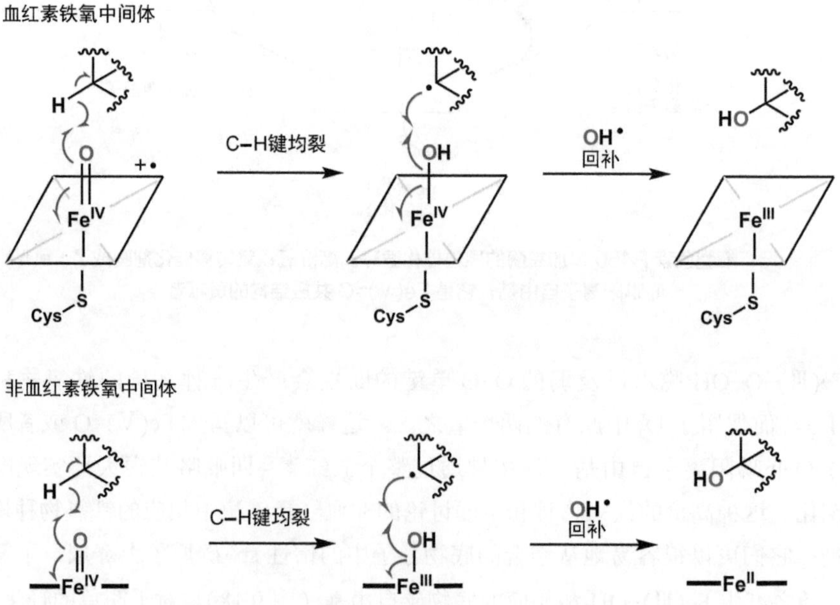

图 9.18　典型的铁依赖的加氧酶循环涉及底物 C–H 键均裂以及随后的 OH·回补

P450 在催化类型和氧化的共底物官能团方面具有很宽的范围。其中包括通过氧化芳烃中间体进行芳香环的羟化、烯烃的环氧化以及 *N*-和 *S*-加氧反应（Ortiz de Montalano 2015）（图 9.19 和图 9.20）。P450 是植物次生代谢途径中最丰富的铁加氧酶。据推测，拟南芥基因组中编码约 250 个 P450，而野生水稻基因组中编码约 400 个 P450（Bak, Beisson *et al.* 2011）。

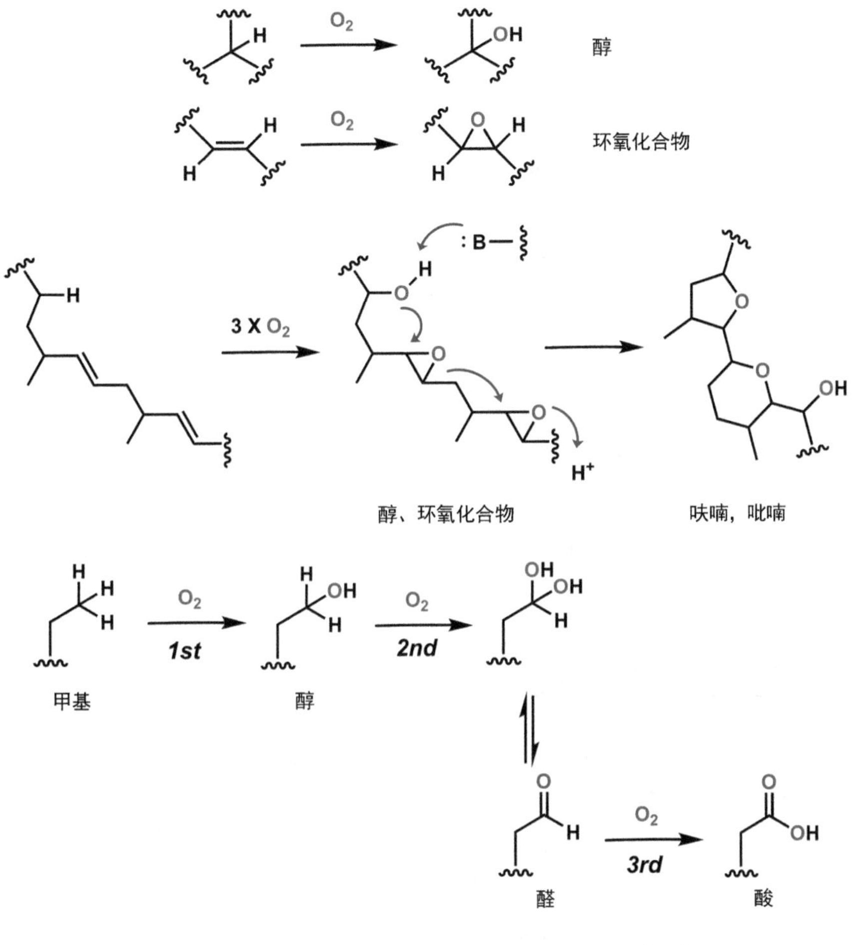

图 9.19　加氧酶构建天然产物骨架中的多种官能团（一）

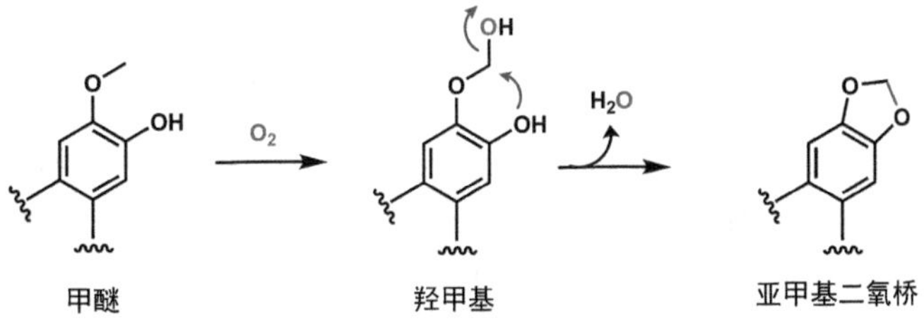

图 9.20

A. 加氧酶
B. 氧依赖型卤代酶

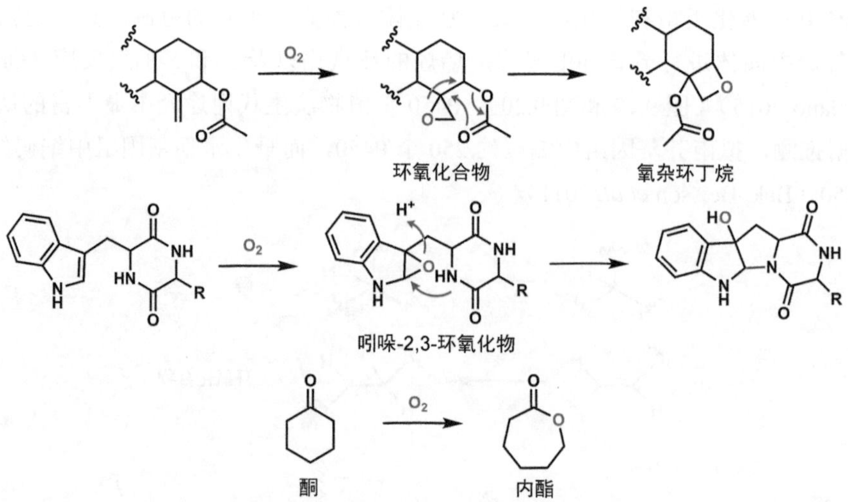

环氧化合物　　　　　氧杂环丁烷

吲哚-2,3-环氧化物

酮　　　　　　　　内酯

图 9.20　加氧酶构建天然产物骨架中的多种官能团（二）

在单核非血红素铁加氧酶亚类中生成高价铁氧物种的化学逻辑与 P450 中类似。结合铁的 α- 酮戊二酸被氧化脱羧成二氧化碳和琥珀酸，同时为 O_2 断裂提供电子并产生 Fe(Ⅳ)=O。在正式意义上，这是比 P450 的 Fe(Ⅴ)=O 少一个电子的氧化，但仍有足够的能力对结合的共底物中的惰性 C—H 键进行均裂（Solomon, Decker et al. 2003）。这就开始了一条类似的产生碳自由基的机理途径，而这些碳自由基可以被回补的 [OH$^\cdot$]捕获，从而产生羟基化产物（图 9.18）。

9.6 特定天然产物途径中的加氧酶

与初级代谢途径中很少利用加氧酶不同，加氧酶是本书第 2～8 章涉及的所有类型天然产物后修饰和成熟的关键催化酶。六种天然产物家族中的每一种都依赖于关键的氧化反应，以产生最终结构以及对生物活性至关重要的官能团。我们首先列举一些氧已完全嵌入产物结构中的例子。之后将转向一组重要的 P450，在这之中，虽然产生了底物自由基，但并没有完成加氧过程，而是通过其他途径被转化成中间体和产物。这组都是关于碳自由基的产生策略。

9.6.1 聚酮类

聚酮来源的天然产物原则上在每次延伸循环中可以保留一个氧原子，这取决于特定"装配线上"的后修饰酶种类。大环内酯和多环芳香骨架结构中的氧均来自装配线作用过程中的酰基硫酯羰基。例如，纵览红霉素和 DEBS 装配线可以看出这种大环内酯类抗生素中 8 个氧原子中的 6 个是上述来源。另外两个氧原子是由装配线下的 P450 加氧酶掺入的，通过均裂的单电子途径（见图 2.23）选择性地引入 6-OH（Andersen, Tatsuta *et al.* 1993）和 12-OH 基团（Lambalot, Cane *et al.* 1995）。图 9.21 表明，在红霉素环氧化（Kells, Ouellet *et al.* 2010）和埃博霉素（Tang, Shah *et al.* 2000; Kern, Dier *et al.* 2015）环氧化过程中，两个血红蛋白细胞色素 P450 酶向底物双键递送环氧

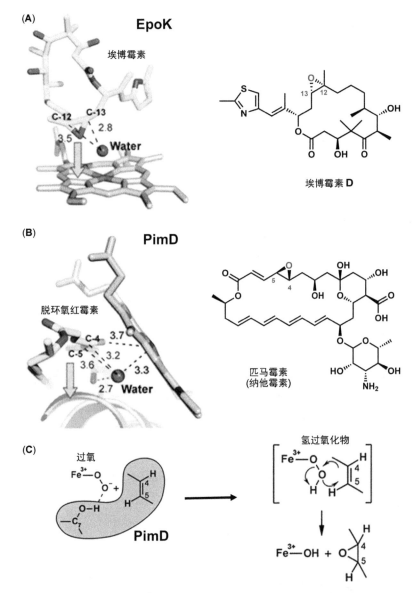

图 9.21 （A）埃博霉素和（B）匹马霉素（Pimaricine）途径中 P450
催化形成环氧化物；（C）PimD 中环氧化合物的形成机理

酶结构经英国皇家化学学会授权引自：Podust, L.M. and D.H. Sherman(2012). "Diversity of P450 Enzymes in the Biosynthesis of Natural Products".Nat. Prod. Rep. 29: 1251.

环中的氧。这些专门的后修饰P450酶利用底物烯烃的π电子作为攻击物种。在该图中，作者推测Fe(Ⅲ)–O–O–而非Fe(Ⅴ)=O是作为近端氧的转移剂。

我们提到的第三类例子是上述从拉沙里菌素装配线释放的双烯和从莫能菌素装配线释放的三烯发生 LSD18- 黄素酶介导的环氧化反应。经环氧水解酶 LSD19 催化连续环氧开环，生成该类聚醚中特征性的呋喃 / 吡喃结构（见图 2.36）。

提到的另一个机理研究的例子是金轮霉素 E（aurovertin E）装配线的后期（图 9.22）。起始单元丙酰辅酶 A 经八次链延伸产生连在 ACP 结构域上的六烯二酮线性酰基链。经环化链解离产生六烯基吡喃酮。之后推测末端三烯片段中三个 E-型双键中的最后一个双键异构化为 Z-型双键，其机理类似于我们在第 4 章中讨论的八氢番茄红素的机制。这样，两个末端烯烃双键经 FMO（黄素单加氧酶）两次环氧化以及水引发的开环反应将产生二羟呋喃（与拉沙里菌素和莫能菌素中的级联反应类似）（Mao，

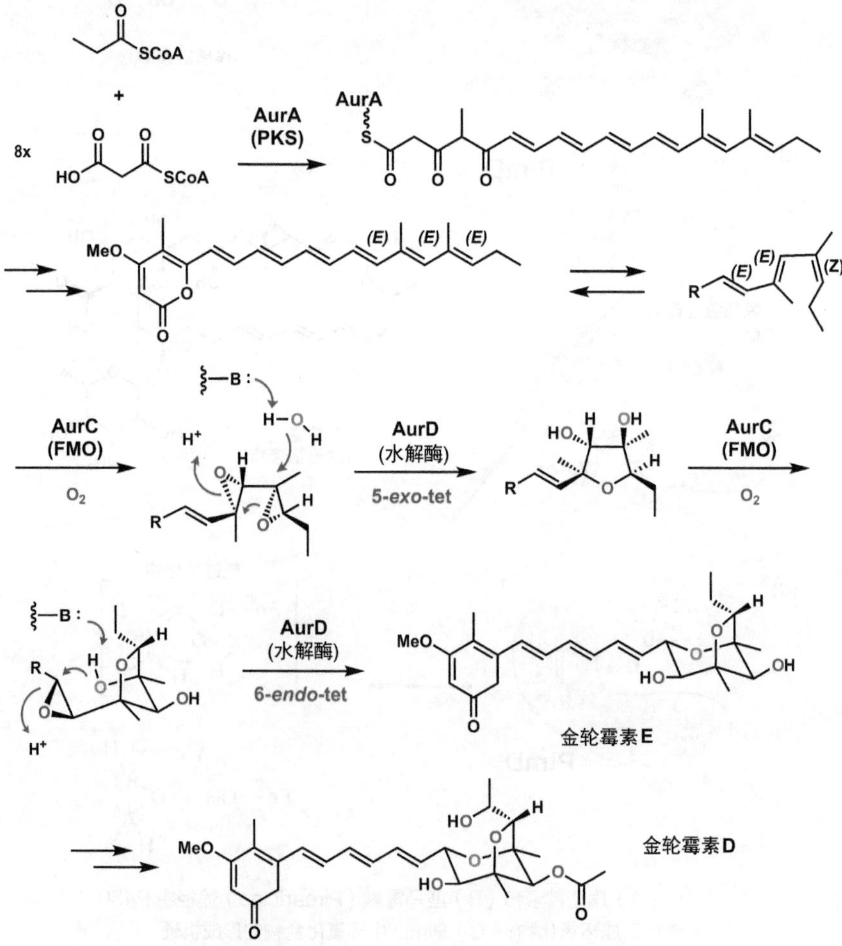

图 9.22　金轮霉素形成过程中由末端三烯到 2, 6- 二噁双环 [3.2.1] 辛烷的氧化后修饰：三次连续"消失"的环氧化反应

Zhan et al. 2015）。AurC 催化的第三次烯烃双键环氧化引发了由其中一个 –OH 介导的分子内环氧开环，其反应模式是 6-endo-tet 区域选择性环化。经三次环氧化反应产生金轮霉素 E 中的 2,6- 二噁双环 [3.2.1] 辛烷环；通过级联的加氧反应高效产生结构的复杂性。这些例子简单明了地展示了聚酮骨架变构过程中"消失"的环氧基团。

9.6.2 非核糖体肽

在非核糖体肽中发现了许多 β- 羟基氨基酸残基，包括尼可霉素中的 β-OH-His（Chen, Thomas et al. 2001），新生霉素和万古霉素中的 β-OH-Tyr（Cryle, Meinhart et al. 2010），棘霉素（echinomycin）中的 β-OH-Trp，棘白菌素（echinocandins）中的 β-OH-Pro，以及 skyllamycin 中的 β-OH-Phe，β-OH-O-Me-Tyr 和 β-OH-Leu。它们在上载到氨酰基-S-肽基载体蛋白上之后，通过经典的 P450 催化羟化所产生。作为一种真核细胞中传递信号的血小板源生长因子的抑制剂（图 9.23），链霉菌产的环十一肽

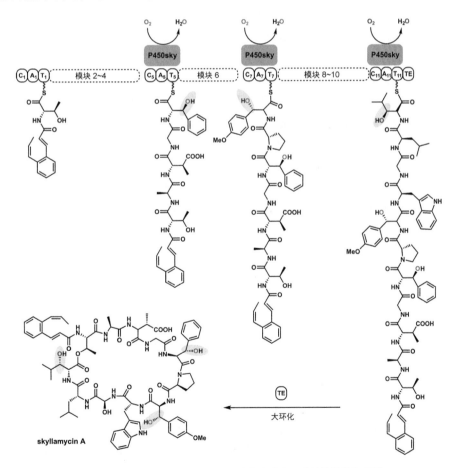

图 9.23　环十一肽酮 skyllamycin 生物合成中一种铁依赖的加氧酶
对三种不同残基进行"装配线上"的 β-羟化

A. 加氧酶
B. 氧依赖型卤代酶

内酯 skyllamycin（Pohle，Appelt *et al.* 2011）的生物合成中，一个 P450 作用于三个氨基酸残基：Phe5，*O*-Me-Tyr7 和 Leu11。该 P450 在延伸的十一肽组装链（Uhlmann,Sussmuth *et al.* 2013）上羟化上述氨基酸残基的相应 *β*-碳。这种由单一加氧酶催化多次反应及底物宽泛性的情况并不常见（Pohle, Appelt *et al.* 2011）。

9.6.3　异戊二烯骨架

正如我们在第 4 章中所提到的，五碳单元的亲核性 Δ^3-异戊二烯基焦磷酸与延长链上的亲电性 Δ^2-异戊烯基共底物发生异戊烯基链延伸的反应，产生高度疏水的产物。如果-OPP 链最终被离去，则产物是非极性的烃。植物诱导许多特定的加氧酶以添加极性及水溶性的氧官能团。有几个案例具有指导意义。

从治疗的角度来看，紫杉醇的生物合成具有特殊意义。C_{20} 线性焦磷酸香叶基香叶酯通过一系列阳离子重排反应转化为三环骨架。通过除去质子最终淬灭阳离子产生 C_{20} 双烯化合物紫杉二烯。之后一系列未完全表征的 P450 加氧酶（Croteau, Ketchum *et al.* 2006; Kaspera and Croteau 2006）发挥作用使该骨架具有更高的极性和水溶性。通过加氧酶作用总共引入了 8 个氧原子（图 9.24 中以红色显示）。其中四个是羟基，它们之后被乙酰基、苯甲酰基和 *α*-羟基-*β*-氨基-高-苯乙酰基所酰化。由 O_2 引入的剩余四个氧中，其中一个是以酮的形式，另一个是不寻常的四元氧杂环丁烷。据推测最后一个环是由如图所示的烯烃双键环氧化和乙酰基迁移所形成（Dewick 2009）。

在异戊二烯底物上发生一系列加氧酶作用的另一个代谢过程是将香叶醇转化为裂环马钱素。其中四种加氧酶依次起作用。之后高度氧化的裂环马钱素通过皮克特 - 斯宾格勒酶、异胡豆苷合成酶与色胺缩合，形成数千种吲哚萜的共同前体用于进一步代谢。最后一步转化在机制上值得注意，将马钱素（loganin）裂解产生裂环马钱素产物中的醛和烯烃官能团，这可以写成是自由基诱导的羟基戊烷碳环的裂解（Mizutani and Sato 2011）（参见图 4.39）。

在植物菜油甾醇（campesterol）代谢为油菜素甾醇类的根激素过程中，四环三萜骨架发生了六次加氧作用（图 9.25）。特定的植物 P450 酶已被鉴定出用于催化这些氧化过程，包括环酮经拜耳-魏立格反应转化为扩环的内酯。这确保了含氧萜烯的成熟以增加烷烃骨架的极性并优化其与基因调控机制的相互作用（Mizutani and Ohta 2010）。

下面有另一组萜类 / 类异戊二烯类骨架经多次环氧化反应的例子，它们展示了这种早期的加氧策略是如何驱动化学上的重排反应。烟曲霉中烟曲霉素的生物合成过程（图 9.26）有四步依次发生的加氧反应。倍半萜前体焦磷酸金合欢酯可以转化为如图所示的 5,6-双环烃，之后被一种 P450 酶 Af510 催化。第一次耗 O_2 循环产生预期的桥头醇。第二次循环经自由基途径使双环骨架断裂并产生所示的单环的环氧酮产物。然

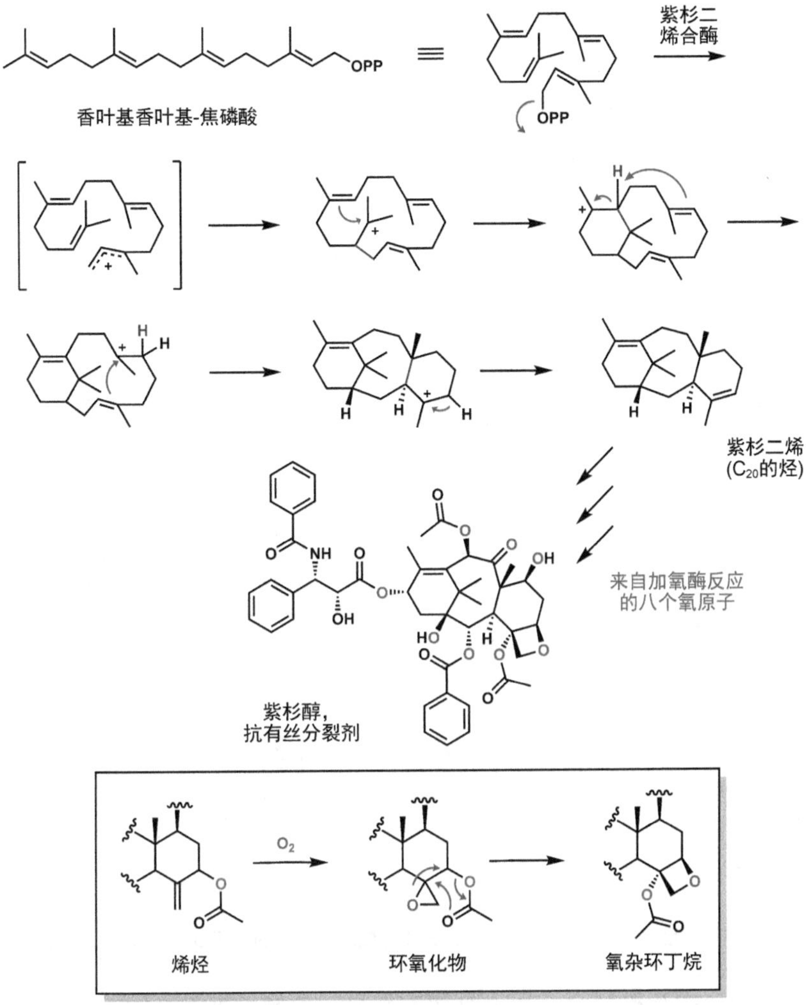

香叶基香叶基-焦磷酸

紫杉二烯合酶

紫杉二烯
(C₂₀的烃)

来自加氧酶反应
的八个氧原子

紫杉醇,
抗有丝分裂剂

烯烃   环氧化物   氧杂环丁烷

图 9.24　紫杉醇生物合成中在紫杉二烯骨架上引入八个氧原子
注意：推测是从烯烃到环氧化物再到氧杂环丁烷

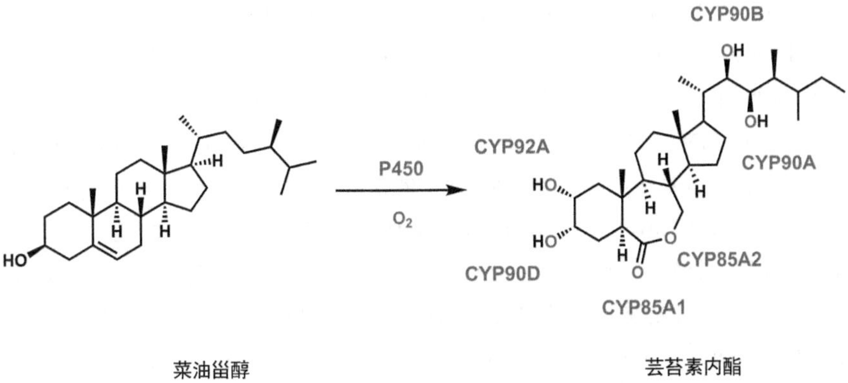

CYP90B

CYP92A

P450

O₂

CYP90D

CYP90A

CYP85A2

CYP85A1

菜油甾醇   芸苔素内酯

图 9.25　六种 P450 型系列加氧酶将菜油甾醇转化为油菜素甾醇类的根激素结构
整个过程有五次羟基化和一次将酮扩环为内酯的步骤

A. 加氧酶
B. 氧依赖型卤代酶

后 Af510 第三次发挥作用，在新生成的环外亚甲基上引入第二个环氧。该骨架与天然产物卵假散囊菌素（ovalicin）相比只少了一步羟化。因此需要羟化酶再一次发挥作用，然后进行 O-甲基化，酮基还原以及添加二酰基侧链，从而生成烟曲霉素（Lin, Chooi *et al.* 2013; Lin, Tsunematsu *et al.* 2014）。

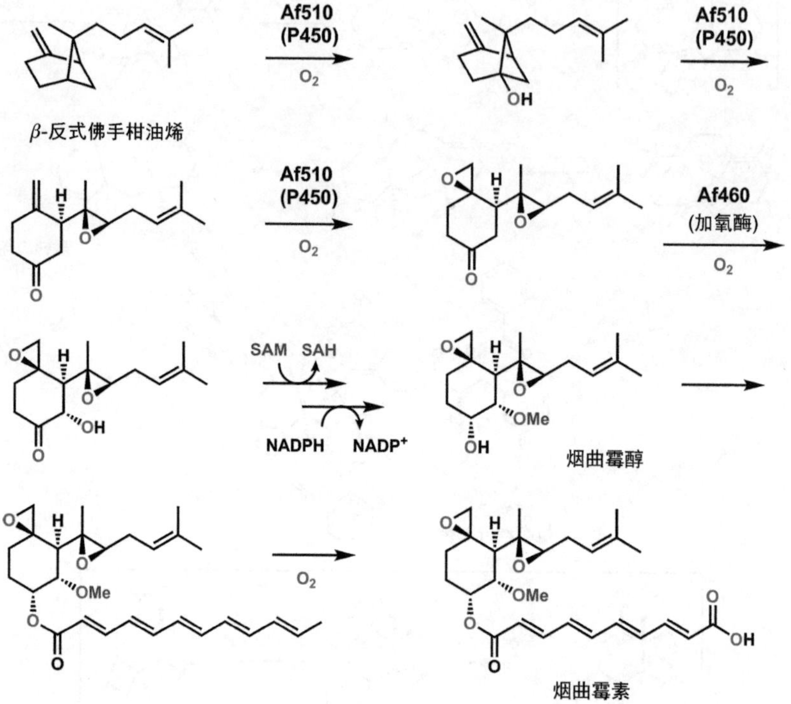

图 9.26　两种加氧酶足以将双环 [3.2.1] 倍半萜转化为烟曲霉素中的双环氧环己醇核心结构（烟曲霉醇）

　　萜烯代谢产物在机制和结构上有趣的最后一个例子见赤霉酸（gibberellic acid）家族植物激素的生物合成途径（Zi, Mafu *et al.* 2014）。在第 4 章已经提到，由焦磷酸金合欢酯生成对映贝壳杉烯（*ent*-kaurene）（图 4.16）。在进一步反应中，A 环的一个甲基被氧化成羧酸（图 9.27）。这一特征性的反应同样出现在羊毛甾醇（lanosterol）转化为胆固醇的反应中，而且是发生在同一个碳上，并经历三次连续的 P450 循环［由 $-CH_3$ 到 $-CH_2OH$，再到 $-CH(OH)_2=CHO$，最后成 $-COOH$］（Morrone, Chen *et al.* 2010）。但这里特别要注意的点是 CYP88A 催化的后续反应，其中羟化的六元 B 环被氧化成五元的醛（Helliwell, Chandler *et al.* 2001）。该缩环反应被推测是自由基介导的，C–C 单键迁移生成产物样自由基，然后，也是最后，发生[OH·]回补。在 OH·转移捕获最初的自由基之前先发生分子内自由基重排，这表明以碳为中心的自由基可以短暂存在于 P450 酶的活性位点，这也是下一部分要讲述的碳自由基从来不被[OH·]捕获的一整套 P450 酶和非血红素铁酶的出发点。

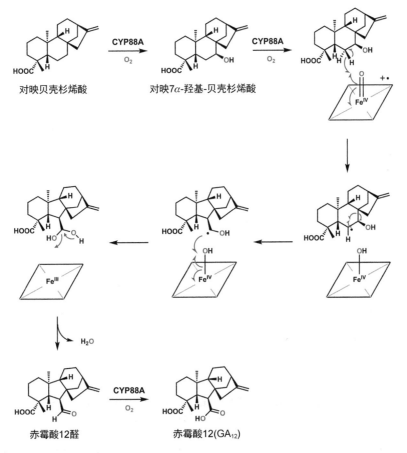

图 9.27 对映贝壳杉烯酸可经 P450 介导的羟化反应生成醇，然后再变成醛，之后生成二羧酸赤霉酸 12。醇氧化为醛的同时经自由基重排，导致缩环并挤出一个环碳成为环外的醛

9.6.4 苯丙素类

　　加氧酶可明确地引入醇官能团，或者隐性地产生底物自由基，从而在没有完成氧转移[OH⁺]的情况下发生分子内反应，这在苯丙素类生物合成途径的多个分支中普遍存在（Mizutani and Sato 2011）。源自苯丙氨酸的碳代谢流无论是生成木脂素类还是最丰富的木质素类不溶性结构聚合物，都是通过三个连续的细胞色素 P450 酶定向羟化（始于苯丙氨酸的苯环）来引导分支途径。

　　首先是 4-羟化酶，作用于游离形式的肉桂酸。第二个是 3-羟化酶，作用于香豆酰-莽草酸氧酯上；第三个是 5-羟化酶，作用于松柏醛（图 9.28）。整个过程实际上从未产生三羟基的苯酚，这是由于区域特异性的甲基转移酶的介入使得只有 4-羟基是游离的。由于三种单木质醇（对羟基肉桂醇，松柏醇，芥子醇）是同时聚合的，上述这种区域选择性无疑可以控制 / 影响随后的自由基二聚化和寡聚化。

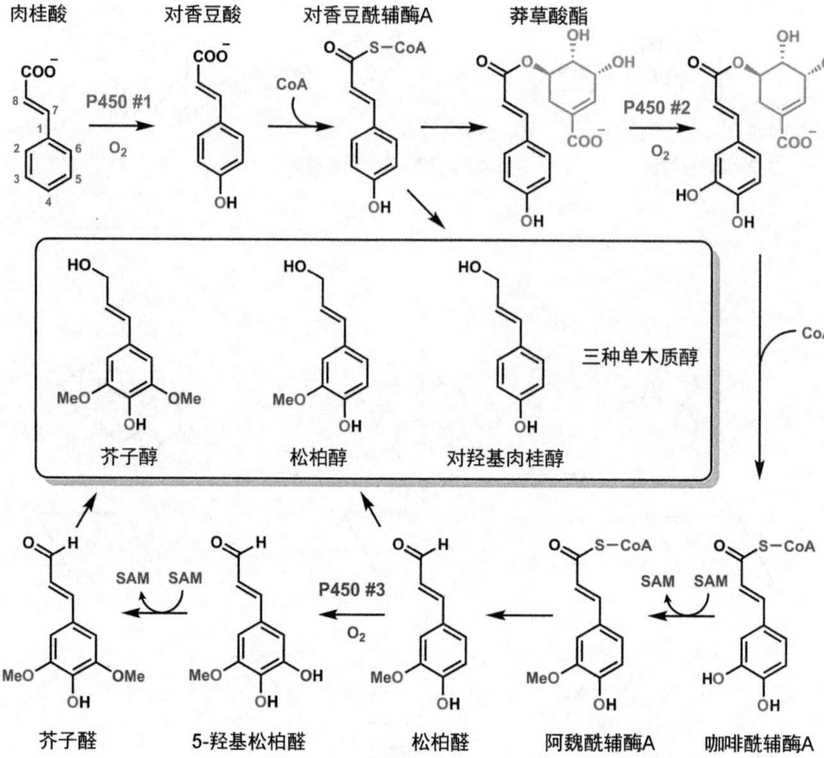

图 9.28 肉桂酸转化为三种单木质醇：三种 P450 作用于三种不同形式的
芳基底物从而氧化苯环的 C3、C4 和 C5 位

研究最多的木脂素之一是松脂醇。在芝麻籽中，它是芝麻素的前体（图 9.29），芝麻素可以作为防御性的植物抗毒素分子而发挥作用（Kim, Ono et al. 2009）。芝麻素与松脂醇的不同之处在于含有两个亚甲基二氧桥，而不是原苯环上的 3-O-甲基-4-羟基取代基。虽然没有来自 O_2 的氧原子出现在芝麻素中，但该转化是由经典的 P450 酶 CYP81Q1 催化的（Mizutani and Sato 2011）。这个过程中可能发生了加氧反应，但在观察到的产物和中间体辣薄荷醇（piperitol）中并没有显现出来。芳基 $-O-CH_3$ 的甲基碳的羟化（通过自由基中间体）将产生新生产物 $-OCH_2OH$。这一新生产物可以在脱烷基反应中以单分子形式裂解成甲醛和儿茶酚。但并没有观察到这一结果。相反，似乎动力学上有利的结果是 4-OH 进攻邻近的基团，同时将刚加入的 -OH 脱除，从而产生亚甲基二氧五元环。这必须发生在芝麻素形成中的松脂醇的两端。（生成 $3-OCH_3$ 的氧转移反应有可能实际上没有发生：该反应是经过两个单电子脱除生成 $3-O-CH_2^{\cdot}$ 和 $4-O^{\cdot}$ –苯自由基并直接偶联。）

9.6.5　生物碱：喜树碱、奎宁和辛可尼丁生物合成中的开环加氧酶

尽管由异胡豆苷生成喜树碱、奎宁和辛可尼丁所必需的基因和编码的酶尚未被表

征，但化学上合理的可能生物合成路径表明，加氧酶参与了核心结构的开环反应（De-wick 2009）。

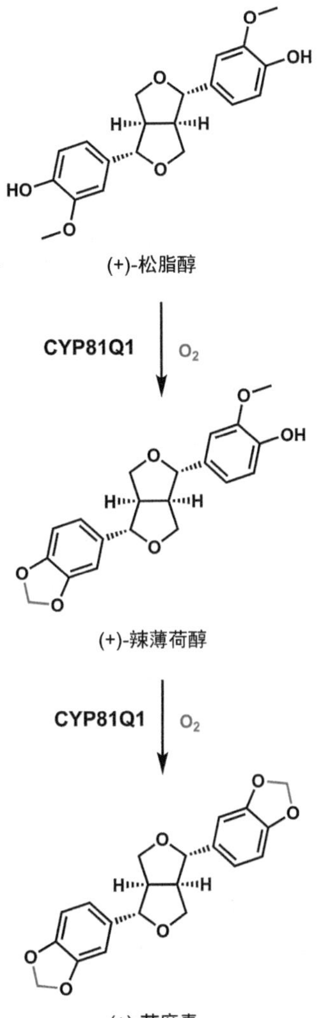

图 9.29　芝麻籽中由松脂醇生成芝麻素：通过 P450 加氧酶作用生成两个亚甲基二氧基桥

在喜树碱生物合成途径中，推测是吲哚的吡咯部分的 2,3 位双键发生双加氧裂解（得到 N- 甲酰基犬尿氨酸）。这种吲哚 2,3-双加氧酶在其他代谢环境中已有报道，并且会使新产生的大环上的一对羰基彼此分开（见图 5.19）。据推测，大环的重新环合会将异胡豆苷的咔啉部分独特的 6-5-6 三环核心结构转化为短小蛇根草苷（pumiloside）以及随后的喜树碱中独特的 6-6-5 三环核心结构。这种双加氧酶以及胡萝卜素裂解中的一种酶，被认为是通过四元的二氧杂环丁烷进行的。

奎宁 / 辛可尼丁合成途径中，去糖基化的异胡豆苷核心结构的氧化断裂据推测不是发生在吲哚的吡咯环上，而是发生在如图 5.20 所示的相邻六元环上。这可能是一种单加氧酶反应。得到的醛亚胺可以被裂解生成所示的非环状的醛和胺，而胺之后作为亲核试剂跨环进攻另一个醛，生成亚胺，而亚胺还原生成特征性的双环的胺。

加入累计目录中的一个有趣的环氧化结果的例子是：麦角酸生物合成途径中推测形成关键中间体裸麦角碱I（参见图 5.21）（Herbert 1989）。其推测的机理是二烯的末端烯烃经环氧化引起脱羧，同时产生的碳负离子引发环氧化物的插烯开环（Kozikowski, Chen *et al.* 1993）。该系列反应产生裸麦角碱中的三环核心结构。

9.6.6 青蒿素和 verruculogen 生物合成中的内过氧化物连接

若干天然产物含有氢过氧化物或内过氧化物链。哺乳动物代谢中可能最著名的内过氧化物是前列腺素 H_2（PGH_2），它是由环加氧酶 COX-2 形成（图 9.30）。抗疟药青蒿素是最著名的植物来源的内过氧化物。我们在前一章中提到过 verruculogen 和烟曲霉震颤素 A（见图 8.14）。在青蒿素和 verruculogen 中内过氧化物的插入模式并不明

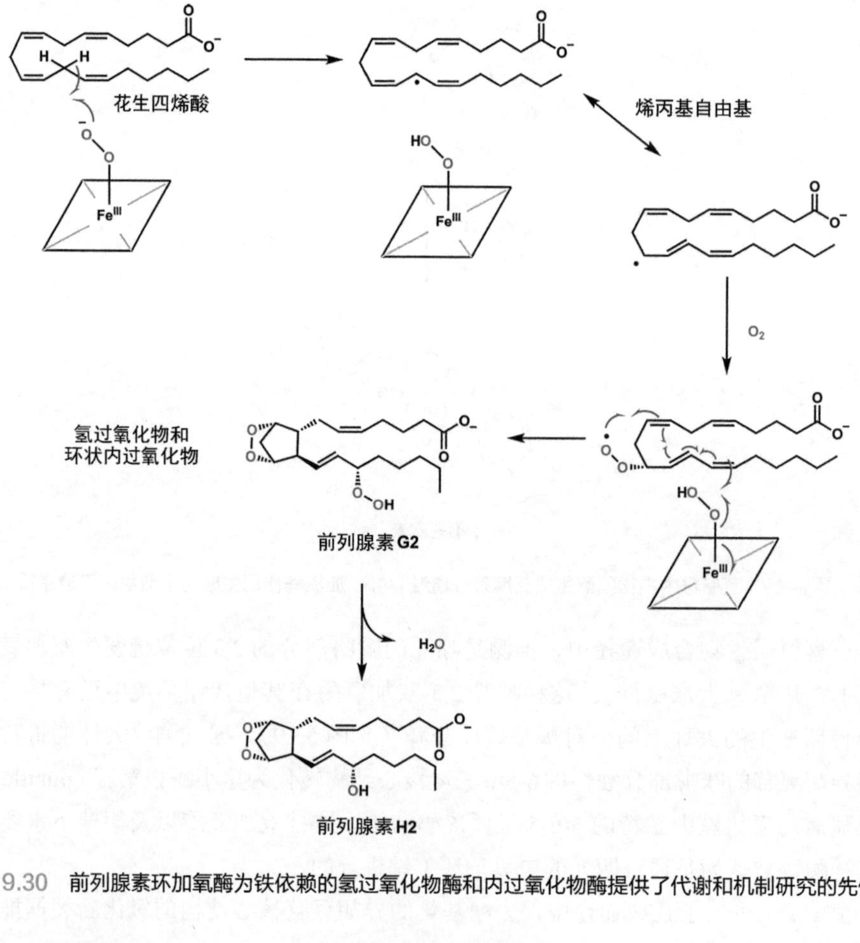

图 9.30　前列腺素环加氧酶为铁依赖的氢过氧化物酶和内过氧化物酶提供了代谢和机制研究的先例

确，但在 PGH$_2$ 形成过程中，COX-2 最可能产生与超氧阴离子结合的烯丙基自由基（van der Donk, Tsai *et al.* 2002）。一种非环状的氢过氧化物可能是形成 PGH$_2$ 内过氧化物链的前体。

氢过氧化物转化为内过氧化物也可能是青蒿素组装的一部分。图 9.31 显示了源自紫穗槐 -4,11-二烯及其氧化转化的可能生物合成途径，其中可能存在三次加氧酶催化的反应，将角甲基转化为青蒿酸中的羧酸。另一种加氧反应可以产生如图所示的烯丙基氢过氧化物，伴随弱的 O-O 键裂解扩环，从而形成七元半缩醛，其与所示的酮醛达成平衡。然后，另一种加氧酶催化形成氢过氧化物，引发分子内攻击酮基，产生羟基内过氧化物。而形成该羟基内过氧化物四面体加合物过程中所产生的羟基可以引发半缩醛、缩醛级联反应，从而产生高度氧化的青蒿素的三环骨架。

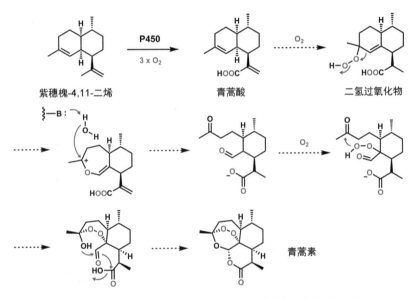

图 9.31 将氧插入紫穗槐二烯骨架以产生抗疟药青蒿素的推测途径

我们在图 8.14 中推测 verruculogen/ 烟曲霉震颤素 A 组装过程中形成了内过氧化物。如果是 O$_2$ 而不是 H$_2$O$_2$ 作为共底物，则来自两种烯烃的自由基中间体可以偶联到还原氧分子的两端。

9.7 碳自由基与羟基自由基捕获的解偶联：天然产物生物合成中铁依赖酶的次要还是核心目的？

天然产物生物合成途径中发挥重要作用的大量铁依赖的加氧酶从未完成加氧半反应（Mizutani and Sato 2011）。正如在以下例子中提到的，有些例子是从前面的章节中

A. 加氧酶
B. 氧依赖型卤代酶

收集过来，这些酶，包括血红素和非血红素铁催化酶，可产生高价铁氧物种，它们作为关键氧化剂引发所结合的底物中 C–H 键发生均裂的。然而，随后的碳自由基经历分子内反应而不是捕获与铁结合的羟基自由基，来完成加氧半反应。因此，尽管消耗 O_2 产生两分子水，但氧没有被掺入产物中。

9.7.1　聚酮类

来自聚酮家族的一个 P450 的例子参见灰黄霉素（griseofulvin）生物合成过程中关键螺环的形成。图 9.32 表明，七酮酰基 -S-ACP 中间体经过羟醛缩合和克莱森分子内环化产生双环的五羟基产物。随后经氯化（本章后半部分探讨此类卤化）和两次 O-甲基化，所形成的中间体再经 P450 催化的螺环化而最终形成灰黄霉素。

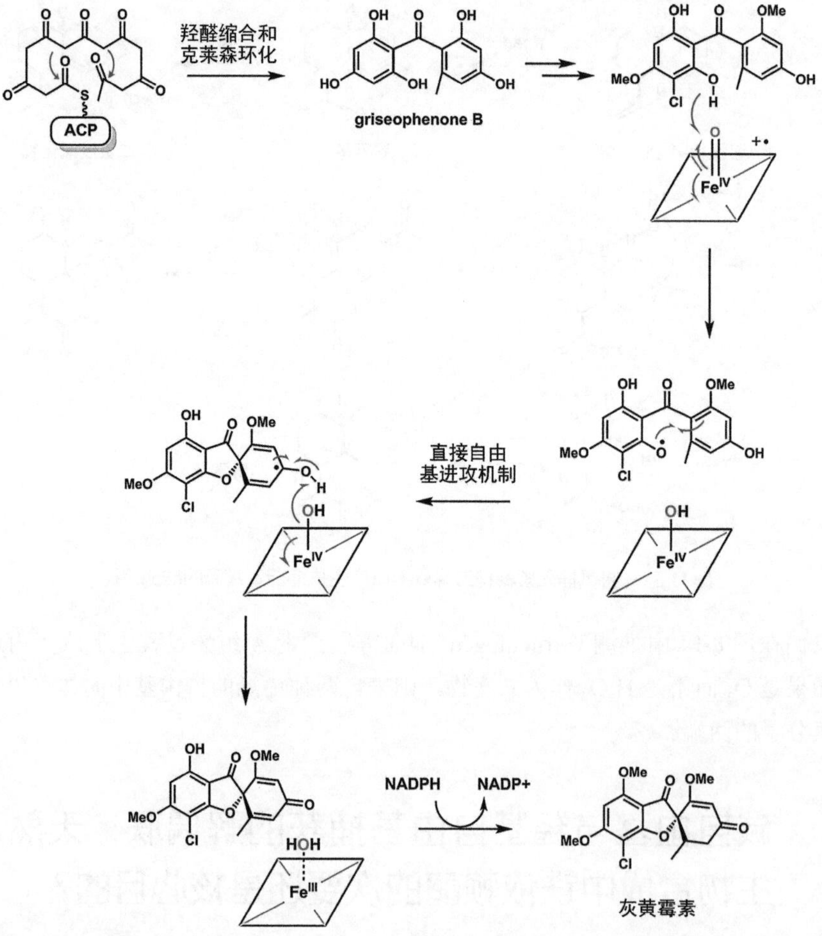

图 9.32　灰黄霉素的生物合成：通过 P450 产生的自由基形成 [5.6] 螺环，没有氧转移的介入

第一个半反应的关键是产生 Fe(Ⅳ)=O 氧化剂，其在底物中产生苯氧自由基。虽然可以画出第二个催化循环，但在两次催化循环中均未发生[OH˙]转移来猝灭碳自由基（该自由基之后可以重新结合），但更直接的反应顺序如图 9.32 所示。由 GsfF 产生的苯氧自由基可以发生如图所示的偶联反应，产生具有对醌基的螺环。单电子转移即可产生灰黄霉素的前体，即去甲基脱氢灰黄霉素。这种自由基直接进攻的途径得到密度泛函理论计算的支持，其能量也低于另一种环氧化物途径（Grandner, Cacho *et al.* 2016）

9.7.2 非核糖体肽

非核糖体肽化学领域的三个案例显示了铁依赖型加氧酶的类似策略，其中第二个半反应（即OH˙转移的反应）并不发生。第一个案例涉及三种此类细胞色素 P450（OxyA，B，C），它们连续发挥作用，在万古霉素（及其同系物）合成酶装配线上与最后一个肽酰基载体蛋白结构域相连的七肽链上产生类似的苯氧自由基（Zerbe, Py-lypenko *et al.* 2002; Pylypenko, Vitali *et al.* 2003）。类似地，有四个这样的 P450（OxyB，E，A，C）参与了替考拉宁（teicoplanin）七肽骨架中所有七个侧链的交联。

图 9.33 描绘了四个 P450 的作用顺序，首先依次分别在 4-OH-PheGly$_4$ 与 Cl-Tyr$_6$ 之间以及 4-OH-PheGly$_4$ 与 Cl-Tyr$_2$ 之间构建 4,6-芳基醚键（OxyB）和 2,4-芳基醚键

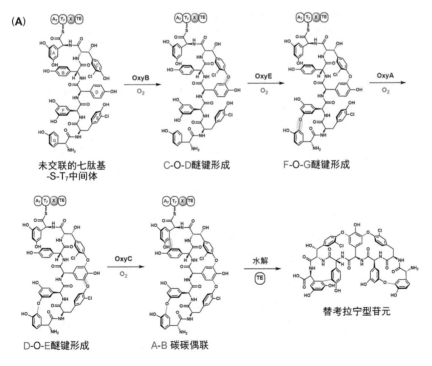

图 9.33

A. 加氧酶
B. 氧依赖型卤代酶

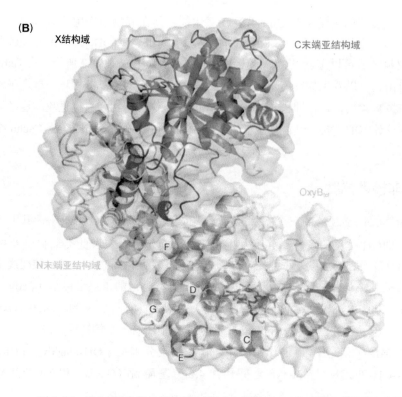

(B)

X结构域

C末端亚结构域

OxyB_{tet}

N末端亚结构域

F

I

D

G

C

E

图 9.33　四个细胞色素 P450 在替考拉宁七肽基 -S-PCP₇ 侧链经苯氧基自由基
中间体进行交联从而固定肽骨架结构过程中依次发挥作用
（A）起交联作用的四个细胞色素 P450 作用于连在 PCP₇ 上的替考拉宁七肽基链；
（B）替考拉宁合成酶装配线上最后模块中的 X 结构域是必需的，并且足以募集
四个氧基 P450 从而控制交联时机。图中显示的是 T₇-X---OxyB 共复合物

经麦克米伦出版有限公司授权复制：Haslinger, K., M. Peschke, C. Brieke, E. Maximowitsch
and M. J. Cryle (2015). "X-domain of peptide synthetases recruits oxygenases crucial for
glycopeptide biosynthesis". *Nature* **521**:105-109. 版权 (2015)

（OxyE）。由 OxyA 引入的第三个连接将残基 1 和残基 3 的侧链相连形成另一个芳基
醚键。然后，最后一个 P450（OxyC）在 4-OH-PheGly₅ 和 3,5-二羟基 PheGly₇ 之间直
接形成 C–C 连接。所有七个残基中，处于 1, 3, 4, 5 和 7 位的 Phe-Gly，以及处于 2 位
和 6 位的 Cl-Trys 都含有酚羟基，这些酚羟基很容易通过 OxyA、OxyB 和 OxyC 各自
的活性位点所产生的 Fe(Ⅳ)=O 活性物种以单电子形式被氧化。这些过程必须持续足
够长的时间让苯氧自由基对能够积聚，并通过适当的共振体进行偶联，尤其是对于在
残基 5 和残基 7 之间形成 C–C 键。糖肽链上的这些交联是构建这类化合物骨架结构
的关键，以保障这些高度修饰的肽能够阻断细菌细胞壁生成，并作为临床使用的主要
抗生素。OxyB 的 X 射线结构显示另外一个结构域，即 X 结构域，其在 P450 和替考
拉宁装配线的末端模块之间产生相互作用以促使完成 PCP₇（T₇）上七肽链的氧化交
联反应。

作为第二组非核糖体肽的例子，最著名的一对铁依赖的加氧酶（该加氧酶的功能是隐性的）是异青霉素 N 合成酶（IPNS）（Burzlaff, Rutledge *et al.* 1999）和去乙酰氧基头孢菌素合成酶（DAOCS）（Valegard, vanScheltinga *et al.* 1998）。这对酶依次发挥作用将非环状的三肽氨基己二酰基-半胱氨酰-D-缬氨酸（ACV）分别转化为异青霉素 N 和去乙酰氧基头孢菌素（图 9.34）。

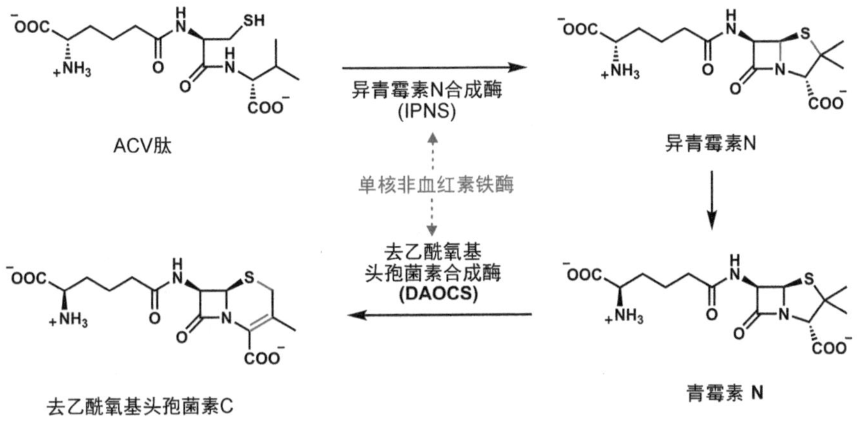

图 9.34　通过单核非血红素铁酶将 ACV 三肽转化为异青霉素 N 中 4-5 稠合的双环结构并将青霉素 N 转化为 4-6 稠合的去乙酰氧基头孢菌素 C 的示意图

它们都是单核的非血红素铁酶催化剂，并且利用 O_2 来产生 $Fe(IV)=O$ 氧化剂（Cox 2014; Walsh and Wencewicz 2016）。IPNS 和 DAOCS 的机制分别如图 9.35 和图 9.36 所示。IPNS 催化酶的特征是先将结合 ACV 的一个半胱氨酸 -β-前手性氢进行 H' 转移到铁氧中间体上。N–C 键的形成产生 β-内酰胺。接下来，缬氨酸残基的 β-碳上的氢以 H' 形式被夺取。所产生的碳自由基与瞬时形成的硫自由基结合形成 C–S 键，从而形成噻烷环，并完成青霉素的 4-5 稠合双环骨架。注意，这个过程中一分子 O_2 经四电子还原，产生两分子水。因此，IPNS 催化 ACV 三肽的四电子氧化不需要外源的 α- 酮戊二酸作为共底物。

去乙酰氧基头孢菌素合成酶（DAOCS）被俗称为"扩环酶"（一种恰当的描述），它将青霉素的 4-5 双环系统转化为头孢菌素抗生素系列中稠合的 4-6 双环。在这种非血红素铁耗氧酶中，依然是自由基化学引发催化反应的多样性。催化作用始于青霉素 N 的环外甲基中一个 C–H 键发生均裂（异青霉素 N 转化为青霉素 N 的过程中涉及异构酶事先作用于氨基己二酰片段）。据推测碳自由基再次与硫的奇数电子结合，从而产生新的 C–S 键（在这种情况下为环硫化物）。三元的环硫化物中 C–C 键的均裂完成扩环步骤。所产生的碳自由基可以通过将相邻的 H' 转移到铁中心而淬灭，并形成头孢烯结构中特征性的双键。青霉素和头孢菌素共同占据了全球每年 400 亿美元的抗生素市场。这两种神秘的加氧酶 IPNS 和 DAOCS 作为装配线后修饰的关键酶，是这类重

A. 加氧酶
B. 氧依赖型卤代酶

要抗生素生物合成中必要的催化剂。

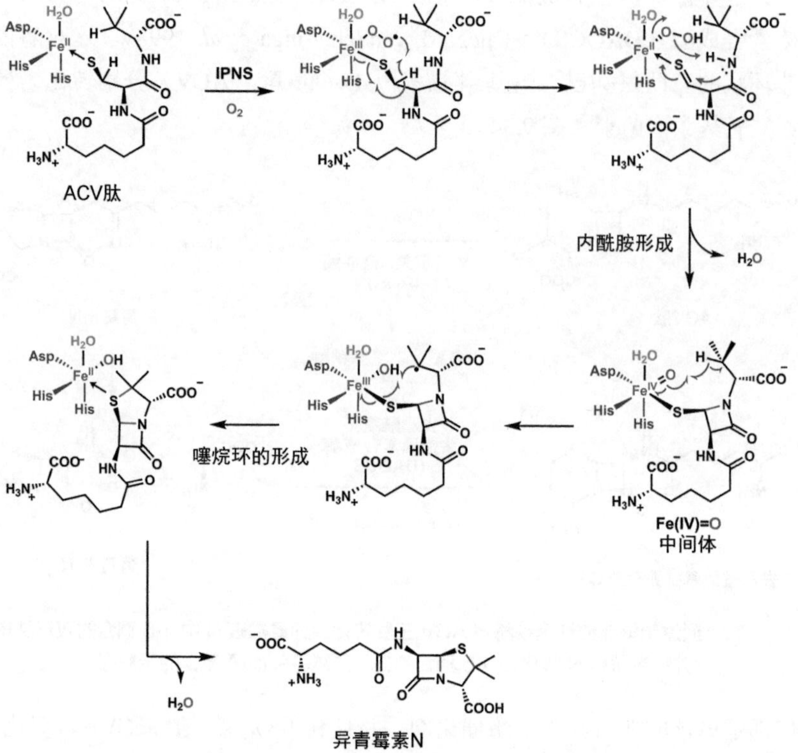

图 9.35　ACV 三肽氧化环化成异青霉素 N：通过在 O_2 还原性活化过程中产生的自由基中间体形成内酰胺骨架中的两个环。形成四元内酰胺之后通过 Fe(Ⅳ)=O 单电子转移反应形成五元噻烷环

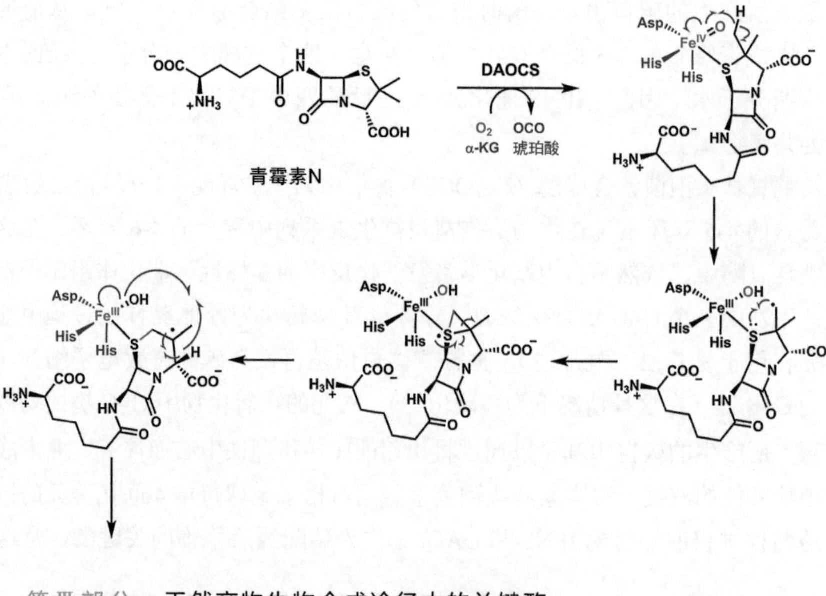

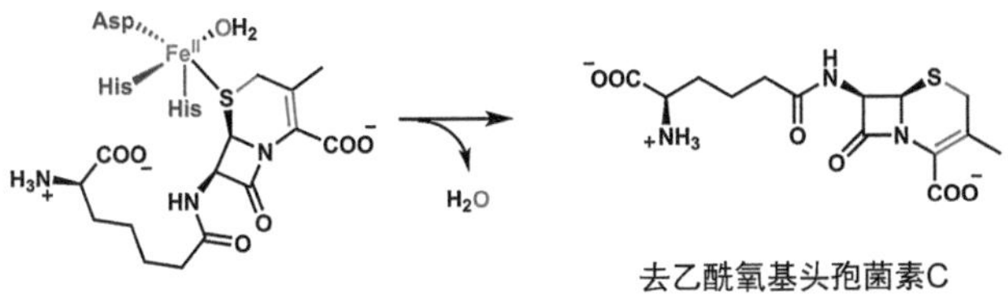

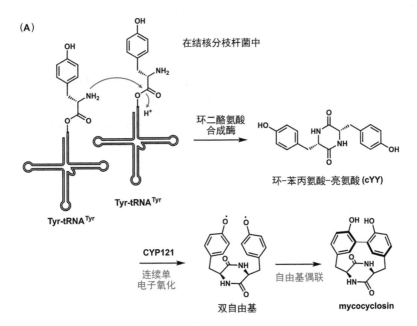

图 9.36   4,5- 青霉素骨架经氧化扩环生成 4,6- 头孢菌素骨架：一种未插入氧的加氧酶催化反应

9.7.3   氧化的二酮哌嗪

第三类例子可以追溯到第 8 章中提到的二酮哌嗪（DKP）骨架，它们是吲哚萜烯生物合成途径的一部分。这些 DKP 类化合物是从双模块的 NRPS 装配线上释放出来。另一种平行的策略是在环缩酚酸肽合酶（cyclodepsipeptide synthases）（Gondry, Sauguet *et al.* 2009; Sauguet, Moutiez *et al.* 2011）的作用下，由氨酰基-tRNA 产生 DKP。图 9.37（A）中描述了两个实例。第一个实例是发生在结核分枝杆菌（*Mycobacterium tuberculosis*）的代谢中，其中两分子的酪氨酰-tRNA 并没有经由核糖体肽生物合成途径进入正常的多肽合成，而是偶联产生环-Tyr-Tyr。第一个 Tyr-tRNA 上活化的 Tyr 片段被转移至该环缩酚酸肽合酶活性位点的丝氨酸侧链上。之后结合第二个 Tyr-tRNA 并形成肽键，然后游离的氨基经分子内进攻 Tyr-Tyr-O-酶酯键，释放出 Tyr-Tyr-DKP。之后 DKP 作为分枝杆菌细胞色素 P450（CYP121）的底物，其在两个酚基侧链上分

图 9.37

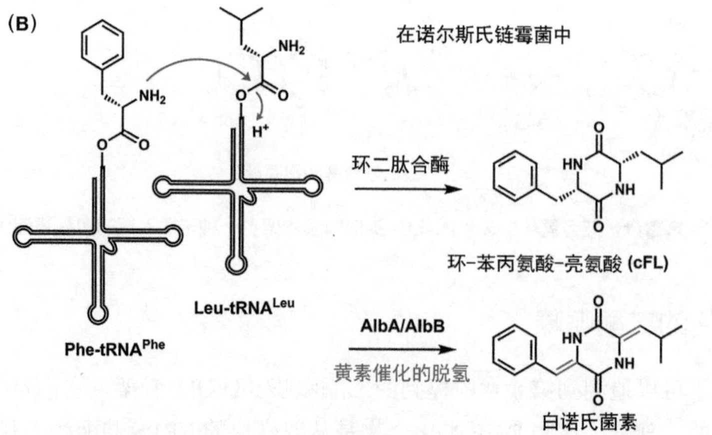

图 9.37 tRNA 依赖性合成二酮哌嗪天然产物：（A）mycocyclosin 和（B）白诺氏菌素

在 mycocyclosin 途径中，P450（CYP121）参与环 -Tyr-Tyr（cYY）的连续单电子氧化
以产生双自由基，其可经历 C–C 偶联以产生刚性结构；在白诺氏菌素途径中，
产物 cFL 被黄素酶 AlbA 和 AlbB 氧化，产生去饱和的最终产物。在两种途径中
虽然都没有将氧引入最终产物中，但它是氧化反应所必需的

别通过单电子氧化产生苯氧自由基，然后以 C–C 键的形成将它们偶联（Belin, Le Du *et al.* 2009）。

产生一对离域并可持久存在的苯氧自由基是这类 P450 的常见策略，其中来自 O_2 的氧原子不掺入产物中，也不参与新形成的碳自由基所引发的反应中。在其他类别天然产物骨架的生物合成中也有类似的情况发生（Mizutani and Sato 2011）。结果是分枝杆菌终产物 mycocyclosin 中没有掺入氧气来源的氧原子。

相应的，在诺尔斯氏链霉菌（*Streptomyces noursei*）中，则是将苯丙氨酸和亮氨酸偶联形成相应的 DKP 化合物，然后利用黄素依赖的氧化酶使环-苯丙氨酸-亮氨酸（cFL）发生两次去饱和作用生成脱氢代谢产物白诺氏菌素（albonoursin）（Sauguet, Moutiez *et al.* 2011）［图 9.37（B）］。两种后修饰酶都可氧化最初的 DKP 产物，都不掺入氧原子，并且生成不同的产物结构。

9.7.4 生物碱

在第 5 章和第 8 章中已对生物碱生物合成途径中的至少五个实例进行了评论，在数量众多的加氧酶中，大部分都可以催化完成向共底物中转移氧，但也存在一些 P450 加氧酶，虽然必须通过经由氧气产生的铁氧高价物种去形成共底物的碳自由基，但却不催化后续的氧转移反应。这些隐性的耗 O_2 转化包括将 N-甲基去甲乌药碱的 S-异构体经自由基二聚化为筒箭毒碱（见图 5.12）以及在吗啡生物合成过程中通过形成 C–C 键将 R-网状番荔枝碱转化为萨卢它定醇（图 5.15）。同样地，细胞色素 P450 酶 StaP 和 RebP 在生成吲哚并咔唑骨架的最后一步中涉及通过吲哚自由基之间的偶联形成 C–C 键（参见图 5.32 和图 5.33）。在第 8 章中已提到，在 tryprostatin A 转化为烟曲霉震颤素 A 过程中，在 DKP 的氮原子和异戊二烯基双键之间通过均裂形成 C–N 键（图 8.13）。吲哚萜结构类中的第五个实例涉及在鞘丝藻毒素合成过程中形成吲哚内酰胺 V，其中通过色氨酸-缬氨醇片段中的一对自由基产生新的 C–N 键（图 8.22）。

9.7.5 苯丙素类

苯丙素类的次级代谢产物中，隐性 P450 酶消耗 O_2 产生底物自由基，但未将氧原子插入产物中的两个突出的例子分别是单木质醇二聚化为木脂素，以及将黄酮经酶催化转化为异黄酮过程中发生的 1,2-芳基迁移（见图 7.8 和图 7.25）。

9.8 氧依赖型卤代酶

已知有超过 4000 种天然产物含有碳卤键（Gribble 2004; Vaillancourt, Yeh *et al.* 2006）。大多数是氯代，但是一些海洋代谢产物是溴代，这反映出海水中溶解的溴代盐的含量更高。碘化的代谢产物很少，氟化的代谢产物更少（图 9.38）。图 9.39 显示了五种卤代的代谢产物，包括两种聚酮类化合物金霉素和刺孢霉素、非核糖体七肽

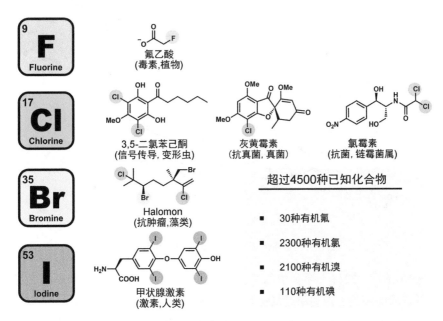

图 9.38　卤代的代谢产物：氯代分子占主导地位；溴代分子存在于海洋生物中；碘代和氟代的代谢产物很少见

数据来源于：Gribble, G. W. (2004). "Natural Organohalogens: A New Frontier for Medicinal Agents." *J. Chem. Educ.* **81**(10): 1441-1449.

化合物万古霉素、吲哚生物碱二聚的蝴蝶霉素以及最近表征的海洋链霉菌来源的 sali-nosporamide。

抗生素

金霉素

万古霉素

抗癌剂

salinosporamide A

蝴蝶霉素

卡奇霉素(calicheamicin)

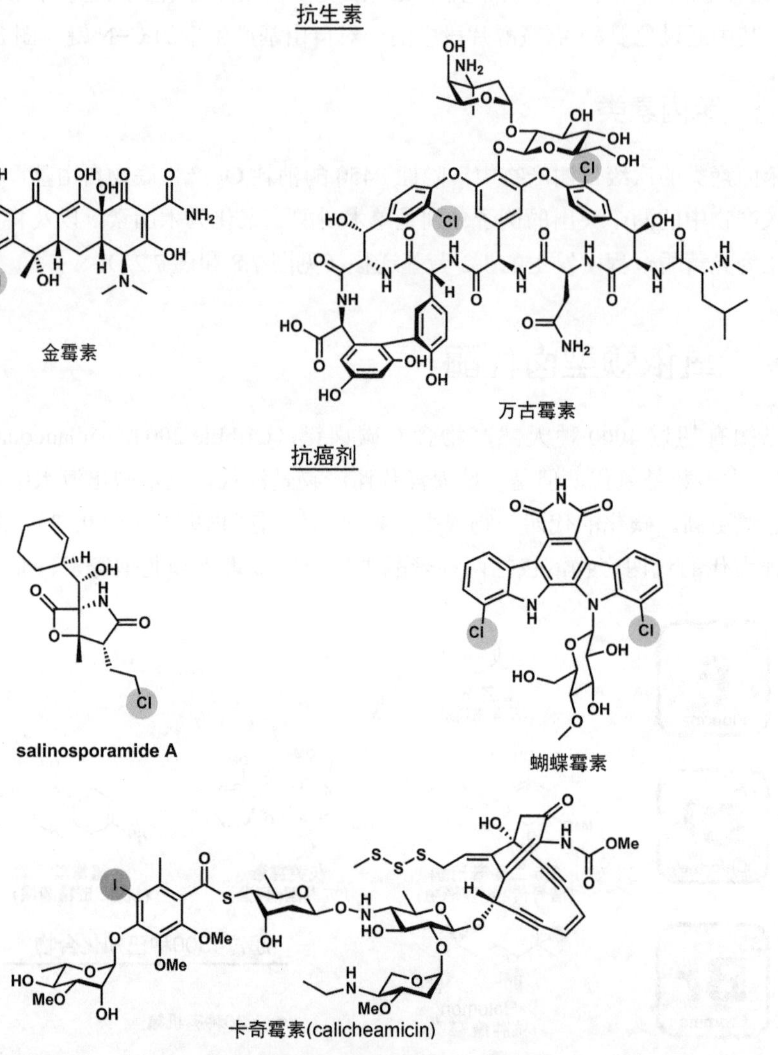

图 9.39　卤代的天然产物包括聚酮类、非核糖体肽类以及吲哚并咔唑类

图 9.40 显示了四种主要类型的卤代酶（Vaillancourt, Yeh *et al*. 2006）。钒依赖的和血红素依赖的卤代酶都利用过氧化氢作为共底物，因此它们被称为卤代过氧化物酶（haloperoxidases）。另外两种酶，$FADH_2$ 依赖的酶和单核铁酶，则利用 O_2 作为共底物。四碘甲状腺原氨酸（tetraiodothyronine）是一种被称为 T4 的哺乳动物激素，它分子中的碘是通过碘代过氧化物酶引入的。两个酪氨酸残基的碘化反应和形成芳基醚的反应是在大蛋白甲状腺球蛋白的存在下发生的，之后被降解并释放出 T4。次碘

酸盐作为血红素的顶部轴向配体是 [I⁺] 的供体，用于酪氨酸残基的酚基邻位碳原子的碘化。

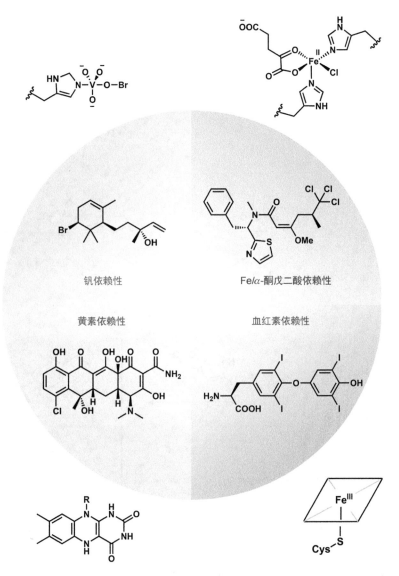

图 9.40　具有不同辅因子的四种不同类型的卤代酶，所有这些卤代酶都将卤素离子转化为次卤酸盐，同时将卤素的极性从阴离子变为阳离子

　　钒依赖的过氧化物酶含有 +5 价氧化态的钒酸。如图 9.41（A）所示，它可以结合 HOOH，取代两分子水配体。溴离子进攻配位的过氧部分产生次溴酸盐（HOBr）。这就是活性卤化剂。与血红素碘过氧化物酶一样，HOX 次卤酸是 X⁺ 的供体，在本例中 X⁺ 即为 Br⁺。图 9.41（B）显示了 [Br⁺] 的加成机制以产生萜烯醇异构体 α-snyderol

和 β-snyderol（Butler and Carter-Franklin 2004; Carter-Franklin and Butler 2004）。

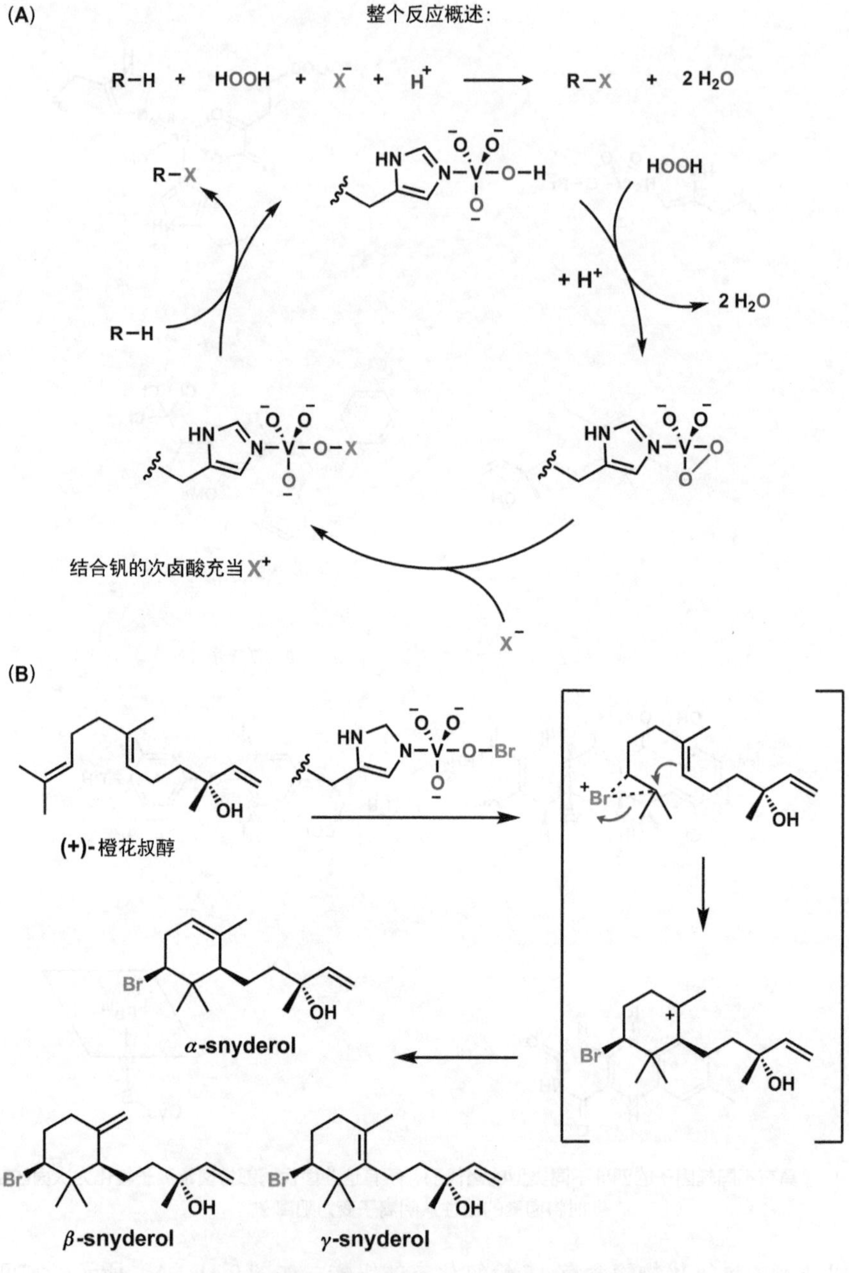

图 9.41 （A）钒依赖的卤过氧化物酶与 H₂O₂ 和卤离子结合，然后在 snyderol
的实例（B）中形成与钒（V）配位的结合 HOX，并递送 Br⁺

　　另外两种卤化酶类，即含黄素酶和含铁酶，几乎完全适用相关加氧酶的原理和机
制。因此，黄素依赖的卤代酶只能氯化可产生碳亲核体的活化底物，这与黄素依赖的

加氧酶的应用范围相同（图 9.42）。色氨酸 7- 卤代酶产生典型的 FAD-4a-OOH 中间体，但该中间体并不是被底物直接进攻，而是被氯离子进攻并新产生 HOCl。该步骤将富电的氯负离子的极性反转为缺电的 HOCl（其中的氯等价为 Cl$^+$）。有间接证据表明 HOCl 被活性位点中关键的 Lys 残基的侧链捕获（Yeh, Garneau *et al.* 2005; Yeh, Cole *et al.* 2006）（图 9.43）。N_6-氯代赖氨酸（N_6-Cl-Lys）被认为是 Cl$^+$ 的真正供体。

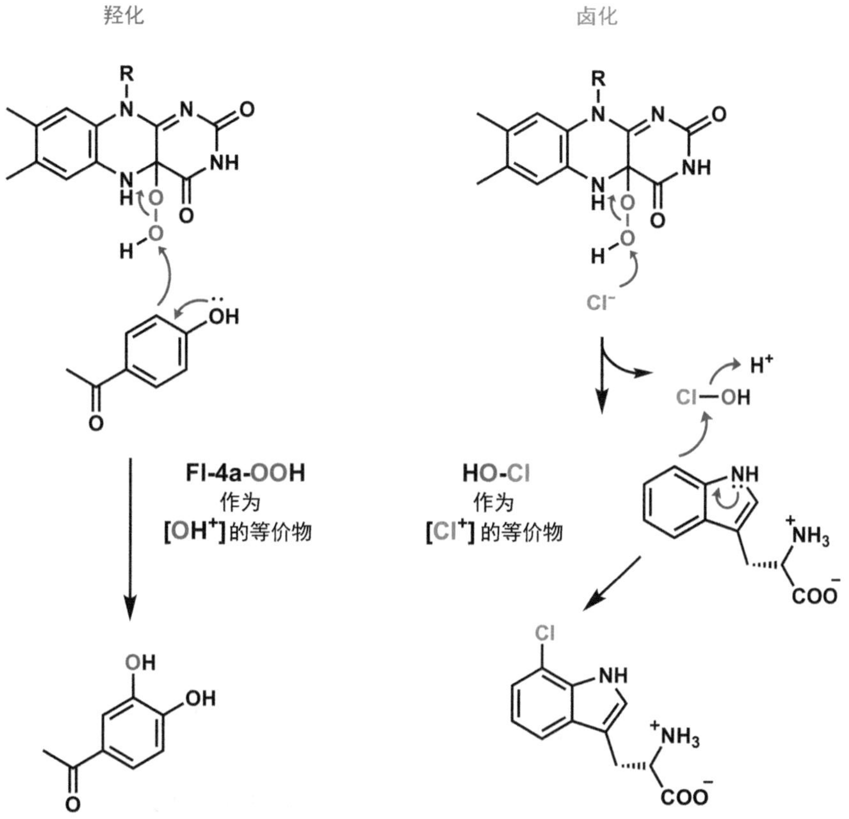

图 9.42　黄素依赖的单加氧酶：将黄素 -4a-OOH 中间体分化为 [OH$^+$] 或 [Cl$^+$] 并转移至活化的共底物上

已知卤代酶可催化游离色氨酸 5 位、6 位或 7 位的氯代。此外，吡咯可在 C2 或 C3 处被氯代。类似地，万古霉素中的 3- 氯酪氨酸，灰黄霉素中的氯酚（参见图 9.32），蝴蝶霉素和刺孢霉素中的氯代芳烃均是通过黄素加氧酶 / 卤代酶机制所产生。图 9.42 和图 9.43 显示了为何 FADH$_2$ 依赖的卤代酶必须消耗 O$_2$。共底物氯离子攻击黄素氢过氧化物，从而转化为所需的 Cl$^+$ 等价物。

充当卤代酶的非血红素单核酶其实也是相应加氧酶的变种。主要区别在于卤代酶中的 Fe 配位层缺少 Asp 配体（Blasiak, Vaillancourt *et al.* 2006）（图 9.44）。它通常被 Ala 或 Ser 取代，这种较短的侧链为 Cl 成为铁第一配位层中的配体提供了空间。当高价 Fe(Ⅳ)=O 夺取底物 C–H 中氢原子后，不是 [OH·] 回补形成羟化产物，而是通过均裂产生 [Cl·] 并选择性地转移到底物中形成 C–Cl 键。因此，如图 9.44 所示，惰性碳可以被羟化（由脯氨酸生成 3- 羟基脯氨酸）或卤化（由 L-allo-Ile 生成 4-Cl-allo-Ile），这取决于酶活性位点是否可以结合氯离子作为其第一配位层的配体。不同于将 Cl⁺ 或 Br⁺ 转移到底物碳负离子的黄素卤代酶，铁酶可以将 Cl· 或 Br· 转移到共底物的惰性碳上，包括丁香霉素（syringomycin）途径中 NRPS 装配线上苏氨酸残基的甲基侧链被氯代（Vaillancourt, Yin *et al.* 2005）或 welwitindolinone 生物合成中仲碳的氯代（Hillwig and Liu 2014）（图 9.45）。

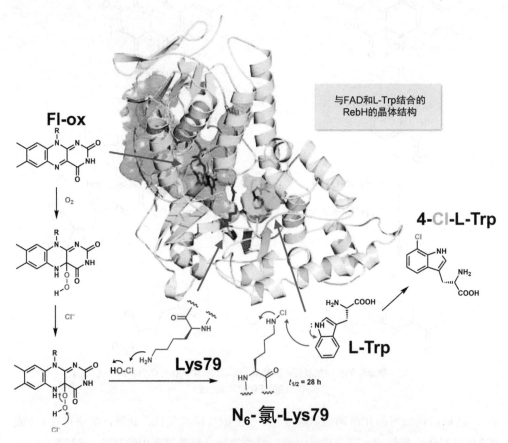

与FAD和L-Trp结合的 RebH的晶体结构

图 9.43　色氨酸 7- 卤代酶中真正的卤化剂被推测是活性位点的 N₆-Cl-Lys 残基
晶体结构转载自：Yeh, E., L. C. Blasiak, A.Koglin, C. L. Drennan and C. T. Walsh (2007).
"Chlorination by a long-lived intermediate in the mechanism of flavin-dependen halogenases".
Biochemistry 46(5):1284-1292. 版权 (2007) 美国化学会.

冠菌素（coronatine）中冠烷酸（coronamic acid）单元的环丙烷环的形成过程中发生了完全隐蔽的氯化反应，冠毒素是由植物病原性假单胞菌产生的植物激素茉莉酸（jasmonic acid）的类似物（图 9.46）。首先对别异亮氨酰-S-肽基载体蛋白上的惰性 δ-碳进

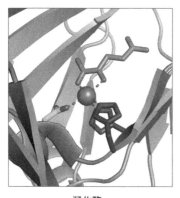

羟化酶	卤代酶
Asp 或 **Glu**	**Ala** 或 **Gly**

PHYHD1	PHFGGEVSPHQDASFLYTEP
TauD	DNPPDNDNWHTDVTFIETPP
Evdo2	PRYGAPTPWHQDEAYMDPRW

SyrB2	PGDEGTDWHQADTFANASGKP
CmaB	PGDEGTDWHQADNFSNVAGSK
ThaC2	PGDEGTDWHQADTFANASGKP

羟化酶机制

卤代酶机制

图 9.44 由于活性位点的 Asp/Glu 突变成了 Ala/Ser，非血红素铁卤代酶在 Fe(Ⅱ) 配位层含有开放的配体位置。图中示意性比较了加氧酶和卤代酶中活性位的配基与铁。一旦 O_2 被用来产生高价的氧铁中间体，卤代酶与羟化酶的结果取决于卤化物是否结合在氧铁中间体的第一配位层中，并使 Cl⁻ 转移胜于 OH⁻ 转移。所示的水解酶结构是 PHYHDA（PDBID：3OBZ）。所示的氯化酶结构是 SyrB2 (PDBID：2FCT)
图片由 Allena Goren 提供

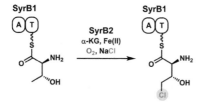

图 9.45

A. 加氧酶
B. 氧依赖型卤代酶

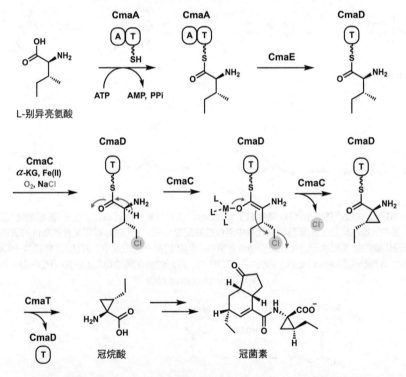

丁香霉素E
(from *Pseudomonas syringae*)

12-*epi*-fisherindole U

WelO5
α-KG, Fe(II)
O₂, NaCl

12-*epi*-fisherindole G

welwitindolinone A isonitrile

图 9.45 不同于将 Cl⁺ 或 Br⁺ 转移到底物碳负离子的黄素卤代酶，铁酶可以将 Cl· 或 Br· 转移到共底物的惰性碳上，包括丁香霉素途径中 NRPS 装配线上苏氨酸残基的甲基侧链被氯代（Vaillancourt, Yin *et al.* 2005）或 welwitindolinone 生物合成中仲碳的氯代（Hillwig and Liu 2014）

L-别异亮氨酸

CmaA
A T

ATP   AMP, PPi

CmaA
A T
SH

CmaE

CmaD
T

CmaC
α-KG, Fe(II)
O₂, NaCl

CmaD
T

CmaC

CmaD
T

CmaC

CmaD
T

Cl⁻

CmaT

CmaD
T

冠烷酸

冠菌素

图 9.46 别 -L- 异亮氨酸 -S-PCP 的 C4 经隐蔽性氯化后形成环丙环，所产生的冠烷酸与聚酮片段经酶促偶联产生冠菌素（一种由丁香假单胞菌的细胞病变菌株诱发的植物激素类似物）

行氯代，然后通过硫酯 α-碳烯醇化物经分子内亲核取代脱去氯离子，从而形成氨基环丙基硫酯（Vaillancourt, Yeh *et al.* 2005）。该单元完整地嵌入最终的冠菌素骨架中。

9.9 底物氟化的非氧化途径：氟化酶

如图 9.38 所示，天然产物中已知有碳氟键存在，但它们很少见。据推测，这是因为与氯离子，溴离子和碘离子相比，氟离子的电负性如此之强，以至于它不能被酶氧化剂所氧化。无论是 F⁻ 还是 F⁺ 在生物反应中都难以获得。因此，任何 C–F 键必须由作为亲核试剂的氟离子进攻亲电性的碳源而来。在微生物中发现了一种这样的酶，称为氟化酶（它也将起到氯化酶的作用）（O'Hagan and Deng 2015）。它利用 *S*-腺苷甲硫氨酸作为共底物。酶活性位点的氟离子必须充分去溶剂化，以充当游离的亲核试剂进攻核糖的 C5′ 位，从而置换甲硫氨酸并产生 5′-氟（5′-脱氧）腺苷 [图 9.47（A）]。相应地，氯离子可被用于产生 5′- 氯代腺苷。

氟代腺苷和氯代腺苷均可进一步代谢为卤乙基丙二酸单酰辅酶 A 代谢产物。它们是天然产物 salinosporamide（氯取代）和 fluorosalinosporamide（Eustaquio, Mc-Glinchey *et al.* 2009）生物合成的前体 [图 9.47（见下页）]。而这些化合物之所以受到关注，是因为它们是蛋白酶体的不可逆强效抑制剂。蛋白酶体活性位点的苏氨酸羟基攻击并打开活泼的 β-内酯。这样形成的酰基化修饰的酶就含有游离的羟基，该羟基可以取代分子内的氟或氯取代基，并形成新的环系，从而使得酰基化修饰的酶中间体能持久存在（图 9.47B）。这是在酶催化的分子内取代反应中使用卤化物作为易离去基团的第二个实例（上述冠烷酸的形成是第一个例子）。

9.10 小结：高价铁（高价铁氧物种）反应中间体的化学多功能性

含铁酶通过创造进化，使其可以还原活化 O_2 并将其裂解成水分子和高价铁氧物种（称为高价铁中间体），赋予了这类蛋白强大的催化能力，可以催化多种多样的化学反应（图 9.48）。自高价铁中间体形成后的第一个半反应通常是从共底物中夺取一个氢原子，从而形成碳自由基。

而接下来的第二个半反应则形式多样。我们刚刚比较了羟化和卤化途径的异同之处。sp^2 碳的环氧化反应类似于 sp^3 碳的羟化机制。同时，内过氧化反应在前列腺素系列化合物中得到了很好的研究，而在青蒿素和烟曲霉震颤素的生物合成中则相应较弱。图 9.48 给出的七种情况中有三种没有将氧原子嵌入共产物中。在青霉素的生物合成以及头孢烯抗生素的扩环反应中，其相应的结果是形成不同环系。而在碳青霉烯

A. 加氧酶
B. 氧依赖型卤代酶

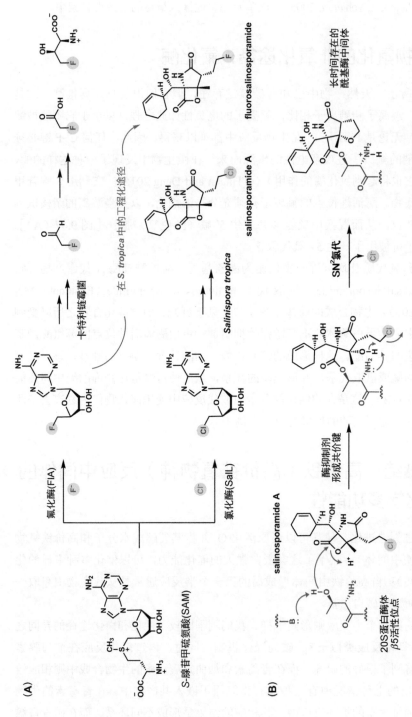

图 9.47 （A）SAM 中的核糖 C5 碳可以作为亲电性的碳与包括卡特利链霉菌（streptomyces cattleya）的氟化酶（FIA）在内的亲核性卤化酶发生加成，其产物可以转化为氟乙酸。在 Salinispora tropica 的 salinosporamide A 生物合成途径中存在与氯化酶 SalL 相同的反应。将氟化酶导入 S. tropica 可引发 fluorosalinosporamide 的生物合成。（B）Salinosporamide 通过形成稳定形成去基团的酰基-酶中间体而成为 20S 蛋白酶体的强效抑制剂。这是在酶催化的分子内取代反应中使用卤化物作为易离去基团的实例

（carbapenem）和克拉维酸（clavulanate）的生物合成中则是去饱和化与差向异构化。我们在本章中还额外提到了几种苯氧自由基的二聚化反应（Mizutani and Sato 2011），其结果也是没有嵌入氧原子。

从还原活化并裂解 O_2 的角度来看，植物显然致力于利用氧来增加产物的极性和水溶性。从生物合成途径中的碳自由基的角度来看，数十种植物和微生物 P450 通过单电子反应来进行数百个不同的生物合成步骤。虽然 P450 和非血红素铁加氧酶可能已经进化为有效并高产地为底物碳自由基递送氧原子，但是当 OH˙ 回补不再是动力学上有竞争力的时候，底物碳自由基将通过不同的反应类型进行转变而形成结构更为多样的产物，这种方式在创造新结构及新功能化合物上具有更强大的优势。

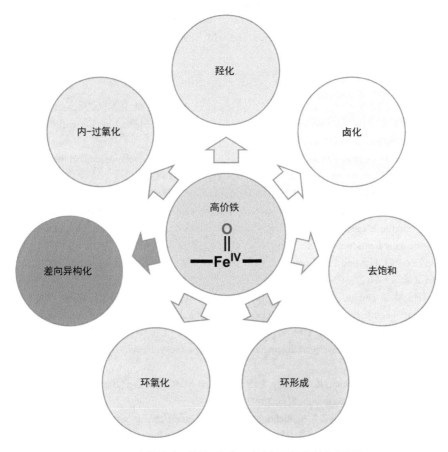

图 9.48　高价铁（高价铁 - 氧）反应中间体的化学多功能性

参考文献

Andersen, J.F., K. Tatsuta, H. Gunji, T. Ishiyama and C.R. Hutchinson (1993). "Substrate specificity of

A. 加氧酶
B. 氧依赖型卤代酶

6-deoxyery-thronolide B hydroxylase, a bacterial cytochrome P450 of erythromycin A biosynthesis". *Biochemistry* **32**(8): 1905-1913.

Bak, S., F. Beisson, G. Bishop, B. Hamberger, R. Hofer, S.Paquette and D.Werck-Reichhart (2011). "Cytochromes p450" *Arabidopsis Book* **9**:e0144.

Beam, M.P., M.A. Bosserman, N. Noinaj, M. Wehenkel and J.Rohr (2009). "Crystal structure of Baeyer-Villiger monooxygenase MtmOIV, the key enzyme of the mithramycin biosynthetic pathway". *Biochemistry* **48**(21): 4476-4487.

Belin, P., M.H.Le Du, A.Fielding, O.Lequin, M.Jacquet, J.B.Charbonnier, A.Lecoq, R.Thai, M.Courcon, C.Masson, C.Dugave, R.Genet, J.L.Pernodet and M.Gondry (2009). " Identification and structural basis of the reaction catalyzed by CYP121, an essential cytochrome P450 in Mycobacterium tuberculosis". *Proc. Natl. Acad. Sci. U.S.*A. **106**(18): 7426-7431.

Blasiak, L.C., F.H. Vaillancourt, C.T. Walsh and C.L. Drennan (2006). "Crystal structure of the non-haem iron halogenase SyrB2 in syringomycin biosynthesis". *Nature* **440** (7082): 368-371.

Broderick, J.B., B.R. Duffus, K.S. Duschene and E.M. Shepard (2014). "Radical S-adenosylmethionine enzymes". *Chem.Rev.* **114** (8): 4229-4317

Bugg, T.D. (2003). "Dioxygenase enzymes: catalytic mechanisms and chemical models". *Tetrahedron Lett.* **59**: 7075-7101.

Burzlaff, N.I., P.J.Rutledge, I.J.Clifton, C.M.Hensgens, M.Pickford, R.M.Adlington, P.L.Roach and J.E.Baldwin (1999). "The reaction cycle of isopenicillin N synthase observed by X-ray diffraction".*Nature* **401**(6754): 721-724.

Butler, A.and J.N. Carter-Franklin (2004). "The role of vanadium bromoperoxidase in the biosynthesis of halogenated marine natural products". *Nat. Prod. Rep.* **21**(1): 180-188.

Carlson, J.C., S. Li, S.S. Gunatilleke, Y.Anzai, D.A.Burr, L.M.Podust and D.H.Sherman (2011). "Tirandamycin biosynthesis is mediated by co-dependent oxidative enzymes". *Nat. Chem.* **3** (8): 628-633.

Carter-Franklin, J.N.and A. Butler (2004). "Vanadium bromoperoxidasecatalyzed biosynthesis of halogenated marine natural products". *J. Am. Chem. Soc.* **126** (46): 15060-15066.

Chelikani, P., I. Fita and P.C. Loewen (2004). "Diversity of structures and properties among catalases". *Cell. Mol. Life Sci.* **61**(2): 192-208.

Chen, H., M.G. Thomas, S.E.O'Connor, B.K. Hubbard, M.D. Burkart and C.T. Walsh (2001) "Aminoacyl-S-enzyme intermediates in betahydroxylations and alpha, beta-desaturations of amino acids in peptide antibiotics". *Biochemistry* **40**(39): 11651-11659.

Cox, R.J. (2014). "Oxidative rearrangements during fungal biosynthesis". *Nat .Prod. Rep.* **31**(10): 1405-1424.

Croteau, R., R. E. Ketchum, R. M. Long, R. Kaspera and M. R. Wildung (2006). "Taxol biosynthesis and molecular genetics". *Phytochem. Rev.* **5**(1): 75-97.

Cryle, M.J., A. Meinhart and I. Schlichting (2010). "Structural characterization of OxyD, a cytochrome P450 involved in betahydroxytyrosine formation in vancomycin biosynthesis". *J. Biol. Chem.* **285**(32): 24562-24574.

Dewick, P. (2009). *Medicinal Natural Products, a Biosynthetic Approach.*UK, Wiley.

Emsley, J. (2001). *Nature's Building Blocks: An A-Z Guide to the Elements.* Oxford, England, Oxford University Press.

Eustaquio, A.S., R. P. McGlinchey, Y. Liu, C. Hazzard, L. L. Beer, G. Florova, M. M. Alhamadsheh, A. Lechner, A. J. Kale, Y. Kobayashi, K. A. Reynolds and B. S. Moore (2009). "Biosynthesis of the salinosporamide A polyketide synthase substrate chloroethylmalonylcoenzyme A from S-adenosyl-L-methionine". *Proc. Natl. Acad. Sci. U.S.*A. **106**(30): 12295-12300.

Faber, K. (2011). *Biotransformations in Organic Chemistry.*Springer Science and Business Media.

Gondry, M., L. Sauguet, P. Belin, R. Thai, R. Amouroux, C. Tellier, K. Tuphile, M. Jacquet, S. Braud, M. Courcon, C. Masson, S. Dubois, S. Lautru, A. Lecoq, S. Hashimoto, R. Genet and J. L. Pernodet (2009). "Cyclodipeptide synthases are a family of tRNA-dependent peptide bond-forming enzymes". *Nat. Chem. Biol.* **5**(6): 414-420.

Grandner, J. M., R. A. Cacho, Y. Tang and K. N. Houk (2016). "Mechanism of the P450-Catalyzed Oxidative Cyclization in the Biosynthesis of Griseofulvin".*ACS Catal.***6**(7): 4506-4511.

Gribble, G. (2004). "Natural Organohalogens: A new frontier for medicinal agents?", *J. Chem. Educ.* **81**: 1441-1449.

Harrison, P.J.and T.D. Bugg (2014). "Enzymology of the carotenoid cleavage dioxygenases: reaction mechanisms, inhibition and biochemical roles". *Arch. Biochem. Biophys.* **544**: 105-111.

Helliwell, C. A., P. M. Chandler, A. Poole, E. S. Dennis and W. J. Peacock (2001). "The CYP88A cytochrome P450, ent-kaurenoic acid oxidase, catalyzes three steps of the gibberellin biosynthesis pathway". *Proc. Natl. Acad. Sci. U.S.*A. **98**(4): 2065-2070.

Herbert, R. (1989). *The Biosynthesisof Secondary Metabolites.*Springer.

Hillwig, M.L.and X. Liu (2014). "A new family of iron-dependent halogenases acts on freestanding substrates". *Nat. Chem. Biol.* **10**(11): 921-923.

Hu, Y., D. Dietrich, W. Xu, A. Patel, J. A. Thuss, J. Wang, W. B. Yin, K. Qiao, K. N. Houk, J. C. Vederas and Y. Tang (2014). "A carbonateforming Baeyer-Villiger monooxygenase". *Nat. Chem. Biol.***1 0**(7): 552-554.

Jensen, K.and B.L. Moller (2010). "Plant NADPH-cytochrome P450 oxidoreductases". *Phytochemistry* **71**(2-3): 132-141.

Kapoor, A., M. Shandilya and S. Kundu (2011). "Structural insight of dopamine beta-hydroxylase, a drug target for complex traits, and functional significance of exonic single nucleotide polymorphisms". *PLoS One* **6**(10) e26509.

Kaspera, R.and R. Croteau (2006). "Cytochrome P450 oxygenases of Taxol biosynthesis". *Phytochem. Rev.* **5**(2-3): 433-444.

Kells, P. M., H. Ouellet, J. Santos-Aberturas, J. F. Aparicio and L. M. Podust (2010). "Structure of cytochrome P450 PimD suggests epoxidation of the polyene macrolide pimaricin occurs via a hydroperoxoferric intermediate". *Chem.Biol.* **17**(8): 841-851.

Kern, F., T. K. Dier, Y. Khatri, K. M. Ewen, J. P. Jacquot, D. A. Volmer and R. Bernhardt (2015). "Highly Efficient CYP167A1 (EpoK) dependent Epothilone B Formation and Production of 7-Ketone Epothilone D as a New Epothilone Derivative". *Sci.Rep.***5**: 14881.

Kim, H.J., E. Ono, K. Morimoto, T. Yamagaki, A. Okazawa, A. Kobayashi and H. Satake (2009). "Metabolic engineering of lig-nanbiosynthesis in Forsythia cell culture" .*Plant Cell Physiol.* **50**(12): 2200-2209.

Kim, T. W., J. Y. Hwang, Y. S. Kim, S. H.J oo, S. C. Chang, J. S. Lee, S. Takatsuto and S. K. Kim (2005). "Arabidopsis CYP85A2, a cytochrome P450, mediates the Baeyer-Villiger oxidation of castaste-rone to brassinolide in brassinosteroid biosynthesis". *Plant Cell* **17**(8): 2397-2412.

Kovaleva, E. G.and J. D. Lipscomb (2008). "Versatility of biological nonheme Fe(ll) centers in oxygen activation reactions". *Nat. Chem. Biol.* **4**(3): 186-193.

Kozikowski, A., C. Chen, J.-P. Wu, M. Shibuya, C. G. Kim and H. G. Floss (1993). "Probng Alkaloid

Biosynthesis: Intermediates in the Formation of Ring C". *J. Am. Chem. Soc.* **115**: 2482-2488.

Kudo, F., Y. Matsuura, T. Hayashi, M. Fukushima and T. Eguchi (2016). "Genome mining of the sordarin biosynthetic gene cluster from Sordaria araneosa Cain ATCC 36386: characterization of cy-cloaraneosene synthase and GDP-6-deoxyaltrose transferase". *J. Antiobiot.* DOI:10.1038/ja.2016.40 10.1038/ja.2016.40.

Laden, B. P., Y. Tang and T. D. Porter (2000). "Cloning, heterologous expression, and enzymological characterization of human squalene monooxygenase". *Arch. Biochem. Biophys.* **374**(2): 381-388.

Lambalot, R. H., D. E. Cane, J. J. Aparicio and L. Katz (1995). "Overproduction and characterization of the erythromycin C-12 hydroxylase, EryK". *Biochemistry* **34**(6): 1858-1866.

Lin, H. C., Y. H. Chooi, S. Dhingra, W. Xu, A. M. Calvo and Y. Tang (2013). "The fumagillin biosynthetic gene cluster in Aspergillus fumigatus encodes a cryptic terpene cyclase involved in the formation of beta-trans-bergamotene". *J. Am. Chem. Soc.* **135**(12): 4616-4619.

Lin, H. C., Y. Tsunematsu, S. Dhingra, W. Xu, M. Fukutomi, Y. H. Chooi, D. E. Cane, A. M. Calvo, K. Watanabe and Y. Tang (2014). "Generation of complexity in fungal terpene biosynthesis: discovery of a multifunctional cytochrome P450 in the fumagillin pathway". *J. Am. Chem. Soc.* **136**(11): 4426-4436.

Loenen, W. A. (2006). "S-adenosylmethionine: jack of all trades and master of everything?". *Biochem. Soc. Trans.* **34**(Pt 2): 330-333.

Mao, X. M., Z. J. Zhan, M. N. Grayson, M. C. Tang, W. Xu, Y. Q. Li, W. B. Yin, H. C. Lin, Y. H. Chooi, K. N. Houk and Y. Tang (2015). "Efficient Biosynthesis of Fungal Polyketides Containing the Dioxabicyclo-octane Ring System". *J. Am. Chem. Soc.* **137**(37): 11904-11907.

Martinez, S. and R. P. Hausinger (2015). "Catalytic Mechanisms of Fe(II)- and 2-Oxoglutarate-dependent Oxygenases". *J. Biol. Chem.* **290**(34): 20702-20711.

McCord, J. M. and I. Fridovich (1988). "Superoxide dismutase: the first twenty years (1968-1988)". *Free Radical Biol. Med.* **5**(5-6): 363-369.

Mehta, A. P., S. H. Abdelwahed, N. Mahanta, D. Fedoseyenko, B. Philmus, L. E. Cooper, Y. Liu, I. Jhulki, S. E. Ealick and T. P. Begley (2015). "Radical S-adenosylmethionine (SAM) enzymes in cofactor biosynthesis: a treasure trove of complex organic radical rearrangement reactions". *J. Biol. Chem.* **290**(7): 3980-3986.

Minami, A., M. Shimaya, G. Suzuki, A. Migita, S. S. Shinde, K. Sato, K. Watanabe, T. Tamura, H. Oguri and H. Oikawa (2012). "Sequential enzymatic epoxidation involved in polyether lasalocid biosynthesis". *J. Am. Chem. Soc.* **134**(17): 7246-7249.

Mizutani, M. and D. Ohta (2010). "Diversification of P450 genes during land plant evolution". *Annu. Rev. Plant Biol.* **61**: 291-315.

Mizutani, M. and F. Sato (2011). "Unusual P450 reactions in plant secondary metabolism". *Arch. Biochem. Biophys.* **507**(1): 194-203.

Morrone, D., X. Chen, R. M. Coates and R. J. Peters (2010). "Characterization of the kaurene oxidase CYP701A3, a multifunctional cytochrome P450 from gibberellin biosynthesis". *Biochem. J.* **431**(3): 337-344.

O'Hagan, D. and H. Deng (2015). "Enzymatic fluorination and biotechnological developments of the fluorinase". *Chem. Rev.* **115**(2): 634-649.

Ortiz de Montellano P. ed. (2015). *Cytochrome P450*, 4th edn. Germany, Springer.

Pandey, A. V. and C. E. Fluck (2013). "NADPH P450 oxidoreductase: structure, function, and pathology of diseases". *Pharmacol. Ther.* **138**(2): 229-254.

Pohle, S., C. Appelt, M. Roux, H. P. Fiedler and R. D. Sussmuth (2011). "Biosynthetic gene cluster of the non-ribosomally synthesized cyclodepsipeptide skyllamycin: deciphering unprecedented ways of unusual hydroxylation reactions". *J. Am. Chem. Soc.* **133**(16): 6194- 6205.

Pylypenko, O., F. Vitali, K. Zerbe, J. A. Robinson and I. Schlichting (2003). "Crystal structure of OxyC, a cytochrome P450 implicated in an oxidative C-C coupling reaction during vancomycin biosynthesis". *J. Biol. Chem.* **278**(47): 46727-46733.

Que Jr., L. and R. Y. Ho (1996). "Dioxygen Activation by Enzymes with Mononuclear Non-Heme Iron Active Sites". *Chem. Rev.* **96**(7): 2607- 2624.

Riddick, D. S., X. Ding, C. R. Wolf, T. D. Porter, A. V. Pandey, Q. Y. Zhang, J. Gu, R. D. Finn, S. Ronseaux, L. A. McLaughlin, C. J. Henderson, L. Zou and C. E. Fluck (2013). "NADPH-cytochrome P450 oxidoreductase: roles in physiology, pharmacology, and toxicology". *Drug Metab. Dispos.* **41**(1): 12-23.

Sauguet, L., M. Moutiez, Y. Li, P. Belin, J. Seguin, M. H. Le Du, R. Thai, C. Masson, M. Fonvielle, J. L. Pernodet, J. B. Charbonnier and M. Gondry (2011). "Cyclodipeptide synthases, a family of class-I aminoacyl-tRNA synthetase-like enzymes involved in non-ribosomal peptide synthesis". *Nucleic Acids Res.* **39**(10): 4475-4489.

Solomon, E. I., A. Decker and N. Lehnert (2003). "Non-heme iron enzymes: contrasts to heme catalysis". *Proc. Natl. Acad. Sci. U. S. A.* **100**(7): 3589-3594.

Suzuki, G., A. Minami, M. Shimaya and H. Oikawa (2014). "Analysis of Enantiofacial Selective Epoxidation Catalyzed by Flavin-containing Monooxygenase Lsd18 Involved in Ionophore Polyether Lasalocid Biosynthesis". *Chem. Lett.* **43**: 1779-1781.

Tang, L., S. Shah, L. Chung, J. Carney, L. Katz, C. Khosla and B. Julien (2000). "Cloning and heterologous expression of the epothilone gene cluster". *Science* **287**(5453): 640-642.

Tang, M.-C., Y. Zou, K. Watanabe, C. T. Walsh and Y. Tang (2017). "Oxidative Cyclization in Natural Product Biosynthesis". *Chem. Rev.,* DOI: 101021/acs.chemrev.6b00478.

Uhlmann, S., R. D. Sussmuth and M. J. Cryle (2013). "Cytochrome p450sky interacts directly with the nonribosomal peptide synthetase to generate three amino acid precursors in skyllamycin biosynthesis". *ACS Chem. Biol.* **8**(11): 2586-2596.

Vaillancourt, F. H., E. Yeh, D. A. Vosburg, S. Garneau-Tsodikova and C. T. Walsh (2006). "Nature's inventory of halogenation catalysts: oxidative strategies predominate". *Chem. Rev.* **106**(8): 3364-3378.

Vaillancourt, F. H., E. Yeh, D. A. Vosburg, S. E. O'Connor and C. T. Walsh (2005). "Cryptic chlorination by a non-haem iron enzyme during cyclopropyl amino acid biosynthesis". *Nature* **436**(7054): 1191-1194.

Vaillancourt, F. H., J. Yin and C. T. Walsh (2005). "SyrB2 in syringomycin E biosynthesis is a nonheme Fe Ⅱ alpha-ketoglutarate-and O_2-dependent halogenase". *Proc. Natl. Acad. Sci. U. S. A.* **102**(29): 10111-10116.

Valegard, K., A. C. van Scheltinga, M. D. Lloyd, T. Hara, S. Ramaswamy, A. Perrakis, A. Thompson, H. J. Lee, J. E. Baldwin, C. J. Schofield, J. Hajdu and I. Andersson (1998). "Structure of a cephalosporin synthase". *Nature* **394**(6695): 805-809.

van der Donk, W. A., A. L. Tsai and R. J. Kulmacz (2002). "The cyclooxygenase reaction mechanism". *Biochemistry* **41**(52): 1545115458.

Walsh, C. T. (1980). "Flavin-Coenzymes: At the Crossroads of Biological Redox Chemistry". *Acc. Chem. Res.* **13**: 148-155.

Walsh, C. T. and Y. J. C. Chen (1988). "Baeyer-Villiger Oxidations by Flavin-Dependent Baeyer-Villiger Monooxygenases". *Angew. Chem., Int. Ed.* **27**: 333-343.

Walsh, C. T. and T. Wencewicz (2016). *Antibiotics Challeneges, Mechanisms, Opportunities.* Washington DC, ASM Press.

Walsh, C. T. and T. A. Wencewicz (2013). "Flavoenzymes: versatile catalysts in biosynthetic pathways". *Nat. Prod. Rep.* **30**(1): 175-200.

Yeh, E., L. J. Cole, E. W. Barr, J. M. Bollinger Jr., D. P. Ballou and C. T. Walsh (2006). "Flavin redox chemistry precedes substrate chlorination during the reaction of the flavin-dependent halogen-ase RebH". *Biochemistry* **45**(25): 7904-7912.

Yeh, E., S. Garneau and C. T. Walsh (2005). "Robust in vitro activity of RebF and RebH, a two-component reductase/halogenase, generating 7- chlorotryptophan during rebeccamycin biosynthesis". *Proc. Natl. Acad. Sci. U. S. A.* **102**(11): 3960-3965.

Zerbe, K., O. Pylypenko, F. Vitali, W. Zhang, S. Rouset, M. Heck, J. W. Vrijbloed, D. Bischoff, B. Bister, R. D. Sussmuth, S. Pelzer, W. Wohlleben, J. A. Robinson and I. Schlichting (2002). "Crystal structure of OxyB, a cytochrome P450 implicated in an oxidative phenol coupling reaction during vancomycin biosynthesis". *J. Biol. Chem.* **277**(49): 47476-47485.

Zi, J., S. Mafu and R. J. Peters (2014). "To gibberellins and beyond! Surveying the evolution of (di)terpenoid metabolism". *Annu. Rev. Plant Biol.* **65**: 259-286.

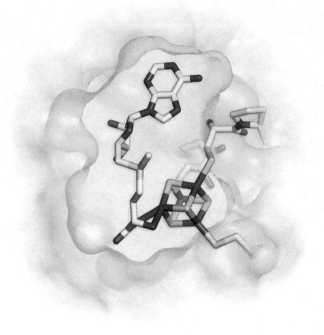

生物素合酶活性位点自由基 SAM 的晶体结构（PDB ID: 1R30）

第10章 S-腺苷甲硫氨酸：生物合成中单电子和双电子反应形式

10.1 引言

  S-腺苷甲硫氨酸（图 10.1）是初级代谢和次级代谢过程中应用最广泛的辅酶之一（Chiang, Gordon *et al*. 1996; Fontecave, Atta *et al*. 2004）。许多特异性的甲基转移酶能够作用于生物大分子（DNA>RNA、蛋白质、膜磷脂）和各种小分子代谢产物，将数百种甲基转移到亲核性共底物中的氮、氧或亲核碳原子上，在该过程中 S- 腺苷甲硫氨酸被认为是甲基的供体（Struck, Thompson *et al*. 2012）。近年来，最显著的发现之一是一类甲基转移酶，它能够作用于染色质中组蛋白富含赖氨酸的尾部，从而影响介导基因转录的伴侣蛋白发生聚集的（Trievel 2004; Zhang, Wen *et al*. 2012）。

  细胞内 SAM 的浓度大约可从低至 1 μmol/L，到高至 228 μmol/L（SAM 合成酶在呈指数型生长的大肠杆菌细胞内过度表达时），此时在每个细胞分裂周期内可能会有成百上千（乃至数百万）的 SAM 依赖性甲基化反应发生。因此，如图 10.1 所示，在细胞代谢中 SAM 的生物合成、利用和再生是相当的广泛（Fontecave, Atta *et al*. 2004）。

  SAM 可由 ATP 和甲硫氨酸经 SAM 合成酶催化生成（Komoto, Yamada *et al*. 2004）（图 10.2）。甲硫氨酸的硫原子被 ATP 核糖 5′-*C*-烷基化后形成三价的热力学活泼的硫鎓阳离子，从而易受到亲核试剂的进攻。一般 SAM 的能态从热力学的角度来讲是足够高的，故在每次催化循环中 ATP 侧链中一个"高能"磷酸酐键都伴随着 5′位 C–O 键的断裂而断裂，以此来推动 SAM 的积累。虽然 C–S 键形成的机制尚不完全清楚，但可以认为是由甲硫氨酸结构中硫醚硫原子的一对孤电子亲核进攻 ATP 核糖上的 C5′ 形成的。反应新生成的无机三磷酸盐在释放前就被水解为 PP$_i$ 和 P$_i$，从而使反应正向进行。SAM 的类似物 *S*-腺苷乙硫氨酸结合在 SAM 合成酶活性位点的构象如图 10.3 所示（Murray, Antonyuk *et al.* 2016）。

理论上，亲核进攻 SAM 可以使三个 C–S 键中的任何一个断裂。在前面章节中，特别是生物碱和苯丙素类这两章中，我们列举了很多甲基转移的例子，主要是氧和氮原子的甲基化。这是真核细胞和原核细胞中绝大部分 SAM 作用的主要断裂方式。

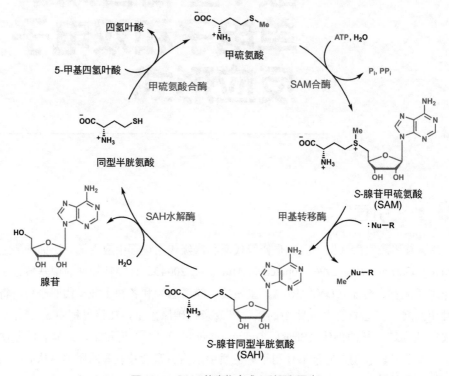

图 10.1　SAM 的生物合成、利用和再生

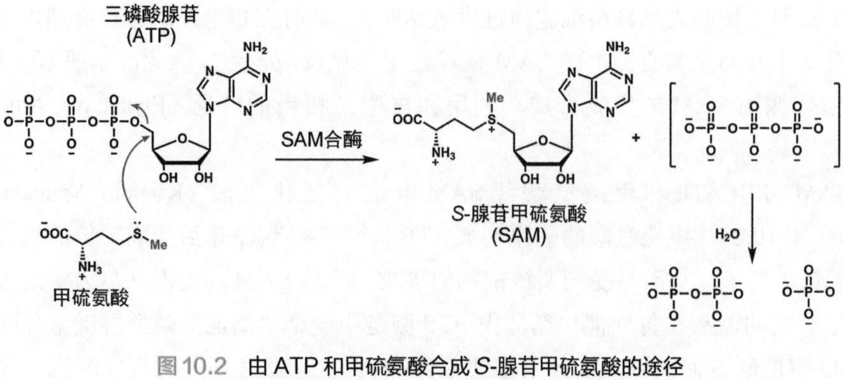

图 10.2　由 ATP 和甲硫氨酸合成 *S*-腺苷甲硫氨酸的途径
ATP 侧链磷酸酐键的断裂使反应向生成 SAM 的方向进行，
形成热力学上活泼的硫鎓阳离子结构

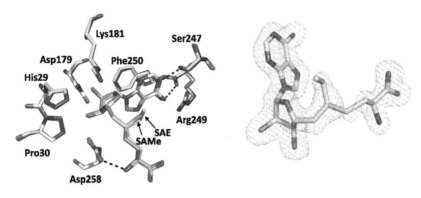

图 10.3 SAM 合成酶的 X 射线晶体结构及结合在其活性位点的 SAM
类似物 S-腺苷乙硫氨酸的构象

经许可转载自 Murray, B., S. V. Antonyuk, A. Marina, S. C. Lu, J. M. Mato, S. S. Hasnain
and A. L. Rojas (2016). "Crystallography captures catalytic steps in human methionine
adenosyltransferase enzymes" *Proc. Natl. Acad. Sci. U. S. A.* 113 (8): 2104-2019.

然而，如图 10.4 所示，在 SAM 骨架中任何一部分都是至关重要的（Fontecave,
Atta *et al.* 2004）。除 SAM 中 S–CH$_3$ 键断裂之外，S–Cγ 键断裂后形成的甲硫氨酰基
臂可转移到 tRNA 分子中尿苷的 N3 位。在革兰氏阴性菌中 N-乙酰基高丝氨酸内酯是
菌群感应信号分子。它们可由 SAM 结构中的甲硫氨酰基单元转移到酰基-S-ACP 上所
形成。

另外，在 SAM 脱羧酶作用后生成的氨基丙基可转移到腐胺（第 5 章中提到可由
鸟氨酸经酶催化脱羧生成），进而生成亚精胺。由 SAM 形成的多胺代谢物很有意义，
特别是对原核生物，因其能够中和游离 DNA 上的负电荷。SAM 中的氨基基团可参
与转氨酶反应，尤其是在维生素 / 辅酶生物素组装期间二氨基壬酸骨架的生物合成。
SAM 结构中的每一部分都被充分利用（Roje 2006）。

图 10.4 还描述了由 SAM 的结构片段生成环丙三元环的两种路线。在大肠杆菌
Δ^9- 烯脂肪酸（如油酸）的环丙烷形成过程中，SAM 甲基中的亚甲基部分被转移到不
饱和脂肪酸底物 9,10-双键的 π 电子上。氨基环丙烷羧酸（ACC）的生成过程更为复杂，
将会在后面有氧双酶途径生成果实催熟激素乙烯的内容中详细论述。

图 10.4 中最后一个途径是 SAM 的核糖部分转移到 tRNA-preQ1 的氨甲基侧链
上（McCarty and Bandarian 2012, McCarty, Krebs *et al.* 2013）。可能的反应机理如图
10.5 所示，首先前手性碳 C5′ 被夺取一个质子，引起 SAM 中腺嘌呤部分与核糖部
分之间相连的 1′ 位 C–N 键断裂。原缩酮的 1′ 位 C–O 键在甲硫氨酸基链消除时形成
环氧结构。

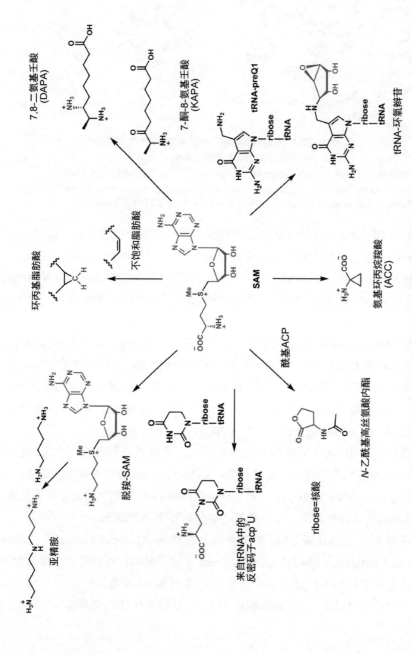

图10.4 SAM 结构中多个片段可转移至细胞代谢物和 tRNA 中

数据源自：Fontecave, M., M. Atta and E. Mulliez (2014). "S-adenosylmethionine: nothing goes to waste". *Trends Biochem. Sci.* **29**: 243-249.

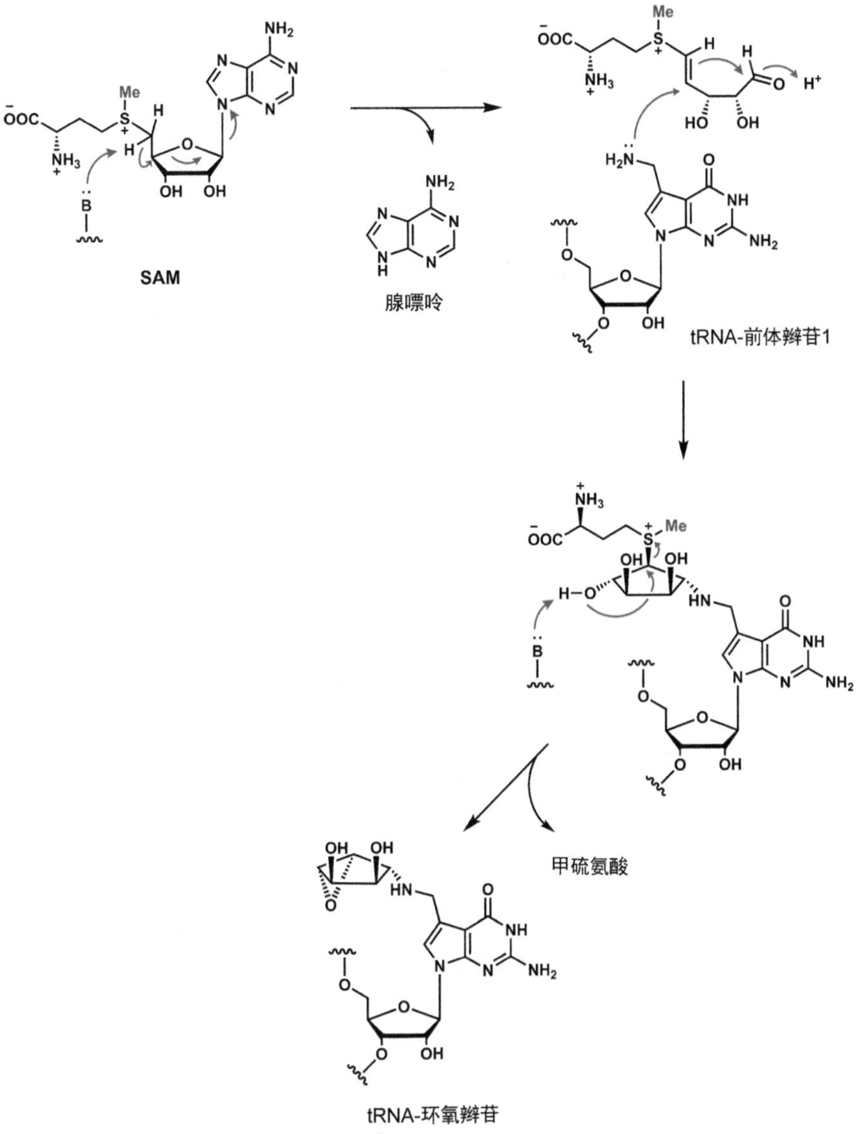

图 10.5　在 tRNA 分子中环氧辫苷的生物合成中 SAM 作为核糖部分的供体

10.2　SAM 的有氧自由基化学反应

尽管这章后面部分会讲述 SAM 的单电子反应形式，即无氧条件下 SAM 自由基的化学反应，但是在植物体内存在着另一种重要的代谢转化，即 SAM 在有氧条件下转化为果实催熟激素乙烯。这是我们在第 9 章中论述过的一类非血红素铁加氧酶单电子化学原理的例子。

植物体产生乙烯是对一系列信号的响应，包括损伤和胁迫。乙烯还涉及叶脱落和果实成熟的信号转导。植物体内乙烯的生物合成在 1984 年得到解析，其化学逻辑和酶学机制很大程度上是由 S. F. Yang 实验室来完成（Peiser, Wang *et al.* 1984; Yang and Hoffman 1984; Byers, Carbaugh *et al.* 2000; Alexander and Grierson 2002）。

植物体内乙烯的生物合成受到一系列信号的调节（图 10.6），这些信号能分别调节氨基环丙烷羧酸（ACC）合酶（Wang, Li *et al.* 2002）和氨基环丙烷羧酸氧化酶（Charng, Chou *et al.* 2001）这两个酶的表达量和活力。SAM 先被转化为 1-氨基-1-羧基环丙烷（由整个甲硫氨酰基臂转化生成），最后甲硫氨酰基臂的 β-碳和 γ-碳（C3 和 C4）转化为乙烯（Yang and Hoffman 1984）。

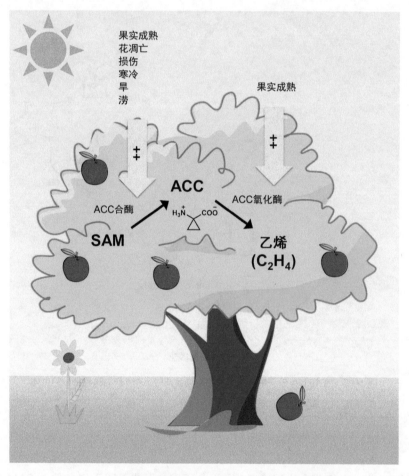

图 10.6　多种传入信号调节 SAM 转化成果实成熟激素乙烯

ACC 合酶和 ACC 氧化酶都表现出一些有趣的化学反应机理。ACC 合酶在活性位点通过亚胺键将赖氨酸的 6-氨基与磷酸吡哆醛（PLP）连接（图 10.8）。磷酸吡哆醛作为辅因子的催化机理在第 5 章氨基酸代谢中已经介绍。底物 SAM 先经转亚胺醛作用生成底物 -PLP 亚胺醛，接着亚胺键的 Hα 作为质子离去。因为形成的 α-碳负离子的电子会离域到苄基碳上或辅酶的整个吡啶环上，使得底物 -PLP 亚胺醛处于低能量状态。α-碳负离子可作为内部亲核试剂进攻 γ- 碳导致 γ 位 C–S 键断裂，使甲硫腺苷作为离去基团离去，产生含有环丙基环的 ACC-PLP 产物亚胺醛。活性位点的赖氨酸侧链氨基进攻 ACC-PLP 亚胺醛使得 ACC 合酶恢复到基态以便参与下一次催化循环并且释放出游离的 ACC（Zhang, Ren *et al.* 2004）。

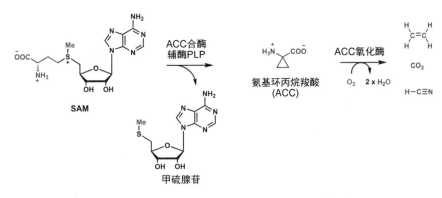

图 10.7　SAM 转化为乙烯：ACC 合酶和 ACC 氧化酶

ACC 氧化酶是第 9 章中详细描述的非血红素单核铁加氧酶家族中的一员。ACC 和 O$_2$ 是共底物，产物是乙烯、氰化物（来自 α-C 和氨基基团）、CO$_2$（来自羧基）以及两分子的水。原型的 Fe(Ⅳ)=O 对配位的 ACC 起着单电子氧化的作用。这是一个非常值得注意的裂解反应。其反应机理的具体细节尚不完全清楚，但认为是自由基中间体引起了环丙基环的一个 C–C 键发生均裂，而另一个 C–C 键则成为产物乙烯（图 10.9）。在 ACC 氨基酸底物中连接 C2–N 的单键被转化为副产物氰根离子中的 C≡N 三键，其反应机制仍然尚不清楚（详见专题 10.V1，第二条途径是由铁 - 氢化酶催化生成氰化物）（Murphy, Robertson *et al.* 2014）。尽管有推测认为 O$_2$ 参与了引起单电子氧化的高氧化态的铁 - 氧复合物的生成，但在产物中并没有增加氧原子。

在模式植物拟南芥中有五个乙烯受体，它们都是植物细胞内质网上的跨膜蛋白（Lacey and Binder 2014）。受体中含有金属亚铜离子 [Cu(Ⅰ)]，能与乙烯产生纳摩尔级的配位亲和力。尽管这些受体具有跨膜组氨酸或丝氨酸 / 苏氨酸蛋白激酶的特征，但尚不清楚磷酰基转移与下游信号传递之间如何联系，而这被认为可调节解除数百个基因转录的抑制。

控制植物乙烯的释放，包括果实的成熟，对实际市场有着重大的影响。有两类分子作为乙烯诱导激素效应的抑制剂已被商业化应用。第一种是氨基酸类的氨基乙氧基乙烯基甘氨酸（aminoethoxyvinylglycine），其商品名是 ReTain。它是乙烯生物合成中第一个酶 ACC 合酶的竞争性抑制剂，通过共价修饰酶的活性位点而发挥作用。第二种是 1- 甲基环丙烯，即乙烯封阻剂，它能与乙烯竞争受体。乙烯基甘氨酸分子是在果实收获前使用，而乙烯封阻剂是在果实收获后期使用（Alexander and Grierson 2002）。

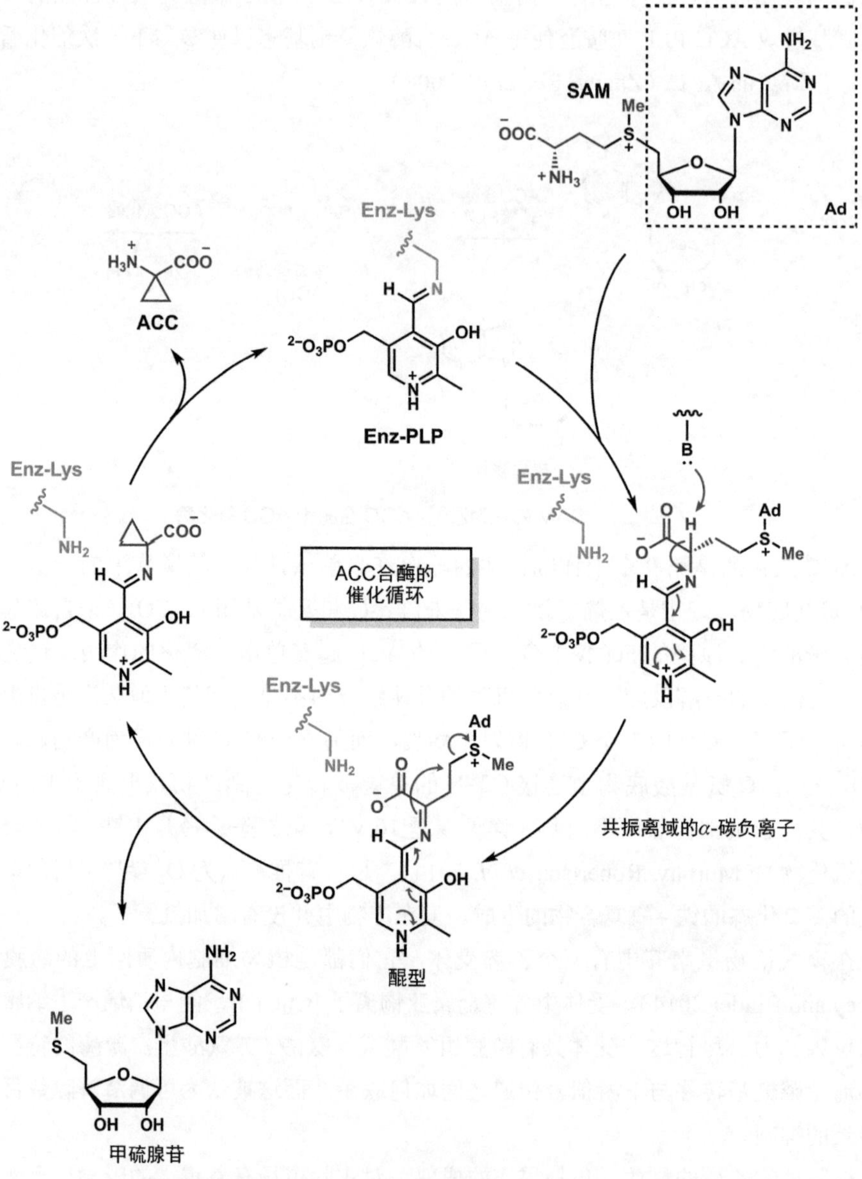

图 10.8 从 SAM 到 ACC：底物的 α-碳负离子等效物内部进攻 γ-碳原子，同时脱除甲硫腺苷形成环丙基环

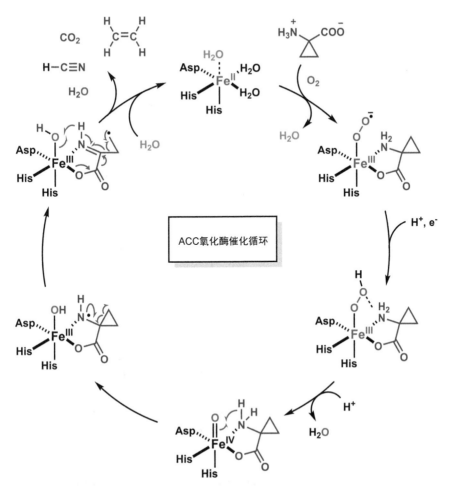

图 10.9 有氧条件下经高氧化态铁 - 氧中间体将 ACC 裂解成乙烯、氢氰酸和二氧化碳的可能自由基途径

10.3 SAM 的厌氧自由基化学反应

10.3.1 产生碳自由基的两条路径

自然界已经进化出两条路径来产生碳自由基中间体：有氧环境下的分子氧路径，正如刚刚提到的 ACC 氧化酶；或者厌氧环境下的自由基 SAM 酶路径（图 10.10 和图 10.11）。相比于上面提到的作用于 SAM 氨基丁基臂的唯一已知的有氧加氧酶，在基因数据库中有成千上万的基因预测具有自由基 SAM 酶的功能（Sofia, Chen *et al.* 2001）。在过去的 20 年里，它们中只有一小部分被纯化并表征功能活性，以单电子反

应路径作用于多种多样的底物。

天然产物生物合成中底物C–H键均裂的两条路径

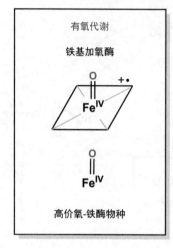

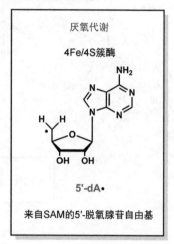

图 10.10　次级代谢中的自由基：底物 C–H 键均裂的两条途径

图 10.11　根据酶和共底物的情况，SAM 可以转移 [CH₃⁺] 或者[CH₃·]等效物

10.3.2　4Fe/4S 簇作为自由基引发剂：5′- 脱氧腺苷自由基是直接反应剂

对于这种使用 SAM 来引发自由基的一大类酶来说，其中大概有很大一部分是用于转移CH₃·而非 CH₃⁺。因三个半胱氨酸能构成氧化还原活性的 4Fe/4S 簇的配体，它们可由基因序列中三个半胱氨酸 CX₃CX₂C 序列来预测。由于缺少典型的第四个半胱氨酸配体，使得 SAM 可以作为 4Fe/4S 簇中的一个铁原子的双配位配体（图 10.12）（Broderick, Duffus *et al.* 2014）。

在发现的所有含铁硫簇的蛋白中，铁硫簇基本上起着单电子转移的作用。自由基 SAM 酶的反应中第一步就是将一个电子供给配位的 SAM，电子从与 SAM 配位的铁原子转移到 S⁺–C5′ 键的反键轨道（图 10.13）。铁硫 4Fe/4S 簇相应地从净氧化态 +1 价变到 +2 价，而 S–C5′ 键则断开。甲硫氨酸依然与铁硫簇配位，但是 5′- 脱氧腺苷自由基此时被释放出来用于与共底物发生作用。

图 10.12　SAM 作为自由基剂需要与 4Fe/4S 中开放配体位点配位来催化
4Fe/4S 的单电子转移（PDB ID:3IIZ）

数据来自：Broderick, J. B., B. R. Duffus, K. S. Duschene and E. M. Shepard (2014). "Radical
S-Adenosylmethionine Enzymes". *Chem. Rev.* **114**(8): 4229-4317，图片由 Yang Hai 制作

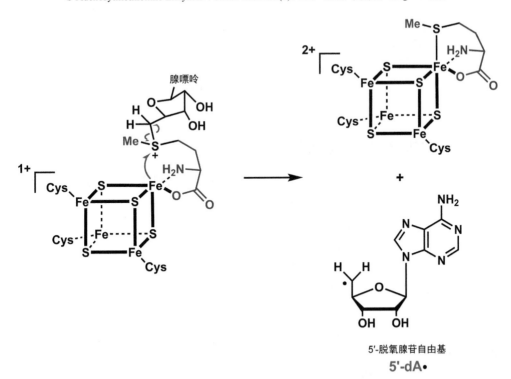

图 10.13　单电子通过内轨机理从 4Fe/4S 簇转移到配位的 SAM 硫原子上，
使得 C5′–S 键断开释放出甲硫氨酸并生成 5′- 脱氧腺苷自由基

大家也许会疑惑是不是 SAM 中与硫相连的其他两个键断开时也是类似的发生均裂而不是异裂。如图 10.14 所示，Dph2 酶事实上可以使 γ 位 C–S 键均裂产生甲硫腺苷和相应的 2- 氨基丁酸基 -4- 碳自由基，自由基最终转移到白喉酰胺（diphthamide）翻译后修饰中蛋白质合成延伸因子 EF-2 的组氨酸残基上（Zhang, Zhu *et al.* 2010）。

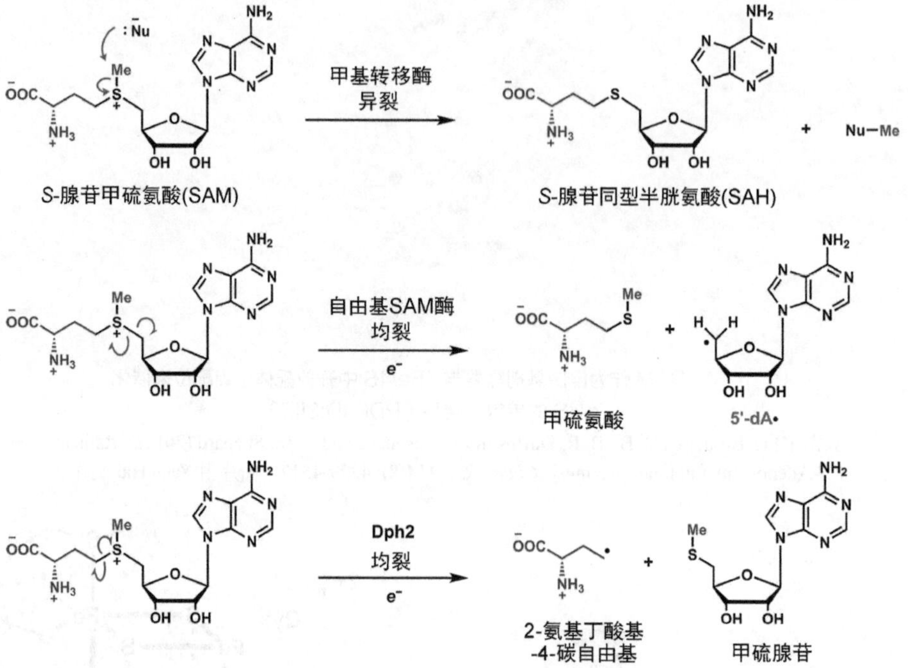

图 10.14　SAM 的两种均裂模式和一种异裂模式

10.3.3　对厌氧反应条件的需求

迄今为止，本质上所有表征的自由基 SAM 酶的失活和铁硫簇的分解对氧是极敏感的（Frey, Hegeman *et al.* 2008; Broderick, Duffus *et al.* 2014）。5′- 脱氧腺苷自由基（5′-dA·）同样易自动氧化而淬灭。这类酶中自由基生成的内在机制，从铁硫簇到 SAM 键断裂、到 5′- 脱氧腺苷自由基、再到底物自由基最后到产物自由基，表明这些自由基形成机制发生在厌氧生物体中。

在蛋白质数据库中，有大于 50000 个开放阅读框能编码催化以双电子反应方式难以完成的新颖化学反应的蛋白。在下一阶段将提到，维生素杂环骨架的前体作为辅酶可参与脱辅基蛋白自身不能催化的反应，这表明由 SAM 及其产生的脱氧腺苷自由基形成的单电子化学可能在厌氧微环境中发挥重要的作用（图 10.15）。也许，现在可以根据现有微生物及大型生物产生和使用的维生素与辅酶建立一个相应的数据库。毫无疑问，很多现存的微生物可以在酶空腔内形成无氧环境以发生单电子脱氧腺苷自由基引发的化学反应。

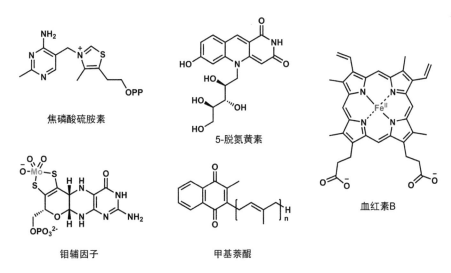

焦磷酸硫胺素

5-脱氮黄素

血红素B

钼辅因子

甲基萘醌

图 10.15　利用自由基 SAM 酶化学构建的五种维生素和辅酶

这可能表明这些代谢途径是在厌氧环境下演变而来

10.4　自由基 SAM 酶的反应范畴

5′-脱氧腺苷自由基一旦被释放（Jarrett 2003），它就会在结合的共底物上引起大范围的自由基均裂反应。图 10.16 介绍了一些由此引发的化学反应。早期表征的许多自由基 SAM 酶都参与了几类维生素的生物合成，包括生物素、硫辛酸（lipoic acid）、甲基萘醌和硫胺素（Mehta, Abdelwahed *et al.* 2015）。自由基 SAM 酶同样参与了叶绿素和细菌叶绿素形成过程中血红素部分的成熟过程，以及钼蝶呤辅因子、5-脱氮黄素辅酶以及蛋白质结合的吡咯喹啉醌辅助因子的生成（Broderick, Duffus *et al.* 2014）。图 10.17 展示了目前为止根据自由基转迁方式对 SAM 最全面的分类，当然这仅仅只触及了无数生物信息学预测到但未表征的开放阅读框（ORFs）的皮毛而已。

根据 SAM 参与反应的方式和化学计量数可以对自由基 SAM 酶家族进行有效的分类（图 10.17）。在图 10.16 中，赖氨酸变位酶和孢子光产物裂解酶催化的两个反应中 SAM 行使辅酶的功能参与反应而没有被消耗，因此不列出参与反应的化学计量数。SAM 在那些酶活性位点处会断键生成 5′- 脱氧自由基（Jarrett 2003），因此在底物转化为产物的单电子反应的末期必定会重新生成 SAM。我们将探究在赖氨酸氨基变位酶和孢子产物裂解酶催化的反应中这一过程是如何实现的（Frey, Hegeman *et al.* 2008）。

在第二大类 SAM 酶中，SAM 作为底物在反应过程中会发生不可逆的裂解，生成甲硫氨酸和 5′- 脱氧腺苷（图 10.17）。在研究脱氧腺苷 5′ 位甲基上氢的来源进行时，发现其中一个氢是由底物传递给了 5′-脱氧腺苷这个副产物（Hutcheson and Broderick 2012; Broderick, Duffus *et al.* 2014）。在下一节，我们将通过实例来阐述。

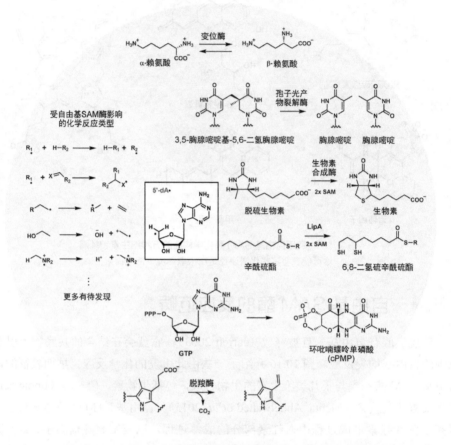

图 10.16 受自由基 SAM 酶影响的化学反应类型及其催化的若干反应
在赖氨酸变位酶中，SAM 作为自由基引发剂发挥催化作用；在其他反应中充当共底物，
裂解生成脱氧腺苷和甲硫氨酸

还有另外一类 SAM 酶，SAM 也作为底物被消耗。这是一类只催化共底物甲基化的酶。在这些反应中，两分子 SAM 被消耗并生成两种不同的产物（图 10.17）。其中一分子的 SAM 与第二类的相同，也是经过断键生成甲硫氨酸和 5′-脱氧腺苷自由基。底物的一个H·转移到 5′-脱氧腺苷上后生成底物自由基。然后底物自由基与另一分子的 SAM 反应获得一分子的[CH·$_3$]。相应生成的 *S*- 腺苷同型半胱氨酸自由基可将一个电子回传给处于 +2 价氧化态的 4Fe/4S 簇，从而转变成产物 SAH，4Fe/4S 簇则被还原为基态的 +1 氧化态。下面将列举一些具体的例子介绍这一类 SAM 酶。在无亲核性的惰性碳原子上发生甲基化，通常是由 SAM 介导的[CH·$_3$]转移而不是典型的 [CH$_3^+$] 转移。

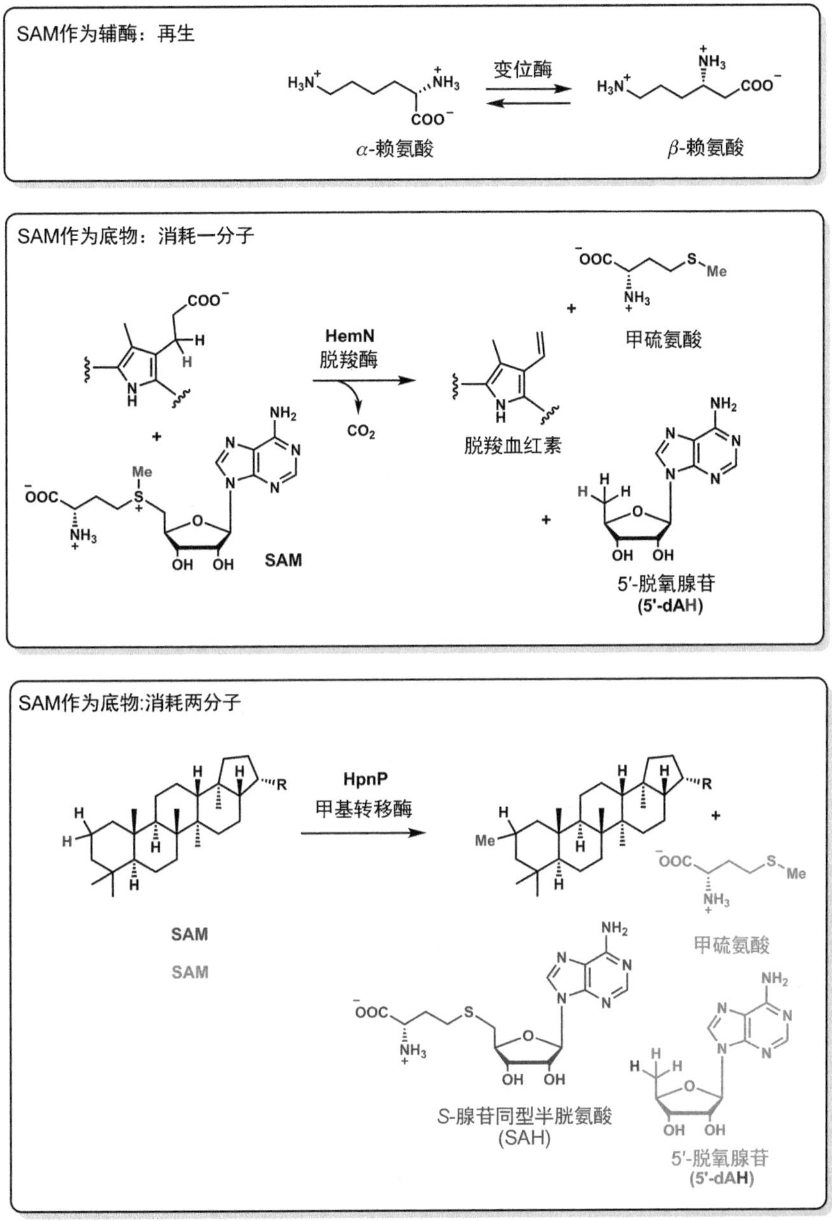

图 10.17　在催化循环中 SAM 可产生 5′- 脱氧腺苷自由基并以两种方式参与反应。SAM 以辅酶的形式发挥作用并在每次催化循环后可以再生；或者它可以作为底物被消耗，经过不可逆的裂解为甲硫氨酸和 5′-脱氧腺苷。在发生 C-甲基化反应时，两分子 SAM 作为底物，最后裂解为两种机理生成的产物

10.5 SAM 用作辅酶

10.5.1 赖氨酸-2,3-氨基变位酶

某些细菌菌株产生的肽类抗生素骨架中会含有非蛋白源氨基酸 β-赖氨酸。赖氨酸-2,3-氨基变位酶能够将细胞中的初级代谢产物 α-赖氨酸转变为 β-赖氨酸。如图 10.18 所示，赖氨酸-2,3-氨基变位酶是一个含有完整 4Fe/4S 簇的 SAM 自由基催化酶，它需要在厌氧条件下纯化出活性形式。在基态下，它还与一当量醛形式的维生素 B_6（即磷酸吡哆醛）在活性位点赖氨酸残基侧链上形成醛亚胺结构。正向反应（反应可

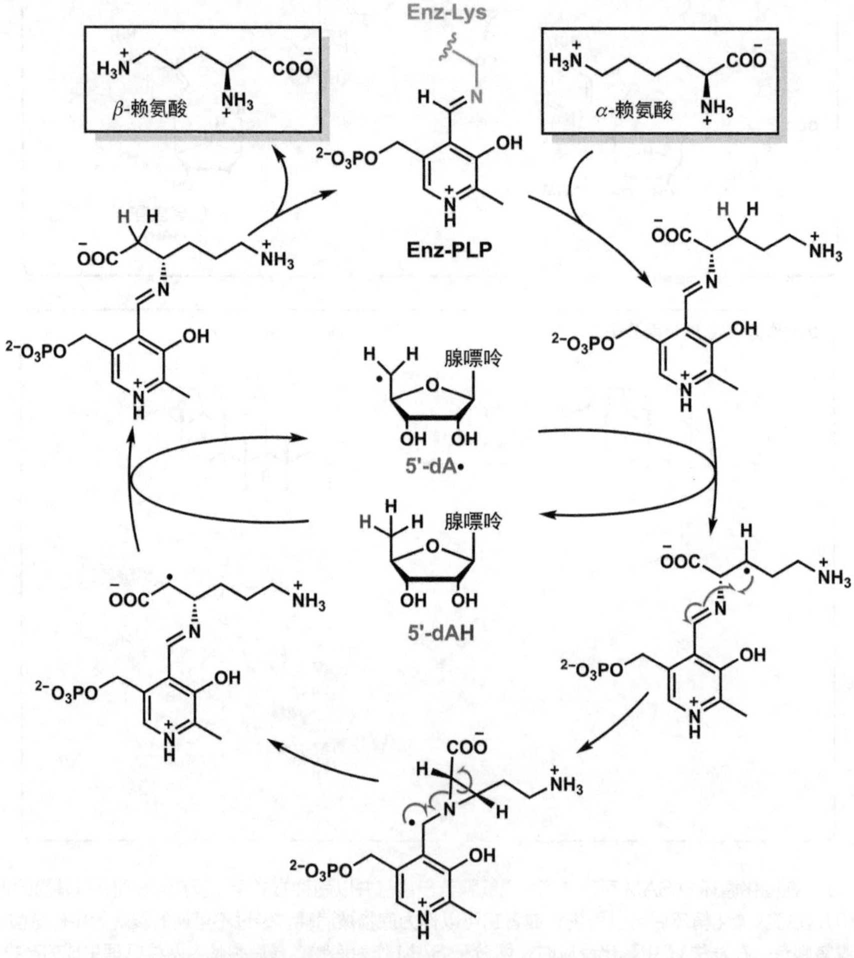

图 10.18　赖氨酸 -2,3- 氨基变位酶是一种自由基 SAM 酶，同时在其活性位点赖氨酸处通过亚胺键与辅酶磷酸吡哆醛结合。5'- 脱氧腺苷自由基作为引发剂可使底物 β-H 以 H· 形式离去。辅酶会先形成吖丙啶苄基自由基，之后 β- 赖氨酸 α 位自由基从 5'- 脱氧腺苷中夺回一个 H·

逆）的底物是 α-赖氨酸。最后，该酶对 SAM 的绝对需求仅是催化量，因为在催化的反应中 SAM 不会被消耗（Frey, Hegeman et al. 2008）。

该反应始于标准的转亚胺作用，即底物赖氨酸代替辅酶侧链形成 Lys-PLP 亚胺醛，这是所有 PLP- 依赖性酶默认的出发点。此时开启单电子转移模式。从 4Fe/4S 簇上转移来电子将配位的 SAM 裂解为甲硫氨酸和 5′- 脱氧腺苷自由基。5′-脱氧腺苷自由基以 H'的形式夺去 Lys-PLP 加合物的 C3 位亚甲基基团的一个前手性氢生成 5′-脱氧腺苷，并继续结合在酶活性位点上。当有适当的底物和类似物时，在催化循环期间可通过电子顺磁共振（EPR）测量法检测到赖氨酸 C3 和 C2 位以及 PLP 苄基碳上的自由基密度。因此，吖丙啶基自由基既可以开环回到原来的底物，也可以开环形成 C2 自由基形式的 Lys-PLP。

上述过程同时完成了氨基从 C2 位到 C3 位的迁移，即 α-赖氨酸到 β-赖氨酸的骨架转换。C2 自由基可以被从 5′-脱氧腺苷上回传的一个 H'淬灭。在这一阶段形成 β-赖氨酸，接着通过转亚胺醛作用形成基态的酶 -PLP 亚胺，并释放出氨基酸。在此之前，SAM 通过最初单电子转移形成的逆反应获得再生。甲硫氨酸仍然与铁硫簇配位。当甲硫氨酸的 γ-碳重新形成 C–S 键时，5′-脱氧腺苷自由基可回传一个电子给 +2 价氧化态的 4Fe/4S 簇。因此，从反应化学计量上看不出 SAM 的催化作用。

10.5.2　孢子光产物裂解酶

SAM 裂解为甲硫氨酸和 5′-脱氧腺苷自由基后经逆反应重生的第二个例子发生在 UV 照射引起两个胸腺嘧啶残基交联造成的 DNA 损伤的光修复过程中。图 10.19 描述了氢原子转移到瞬时 5′-脱氧腺苷自由基的机理路径（Cheek and Broderick 2001）。胸腺嘧啶 4,4-二聚体自由基发生如图所示断键后，其中一个胸腺嘧啶恢复原样，而另一个则形成环外亚甲基自由基。以 H'形式从 5′-脱氧腺苷回传一个氢给该自由基，得到 DNA 链中第二个被修复的胸腺嘧啶残基。由此产生的 5′-脱氧腺苷自由基将一个电子回传给 +2 价氧化态的 4Fe/4S 簇进而再生 SAM，以便在下一个催化循环中继续作用。

10.5.3　吡咯赖氨酸和辫苷的生物合成

SAM 经可逆的单电子路径裂解并以产生的 5′-脱氧腺苷自由基作为近端催化剂的另两个例子分别是吡咯赖氨酸（pyrrolysine）和辫苷（queueosine）的 7-脱氮鸟嘌呤结构骨架的重排。吡咯赖氨酸在一些微生物中是第 22 种蛋白源氨基酸，图 10.20 显示了在其合成途径中 L-赖氨酸重排为 3- 甲基-D-鸟氨酸的示意图（Gaston, Zhang et al. 2011）。

就如赖氨酸氨基变位酶的反应，形成赖氨酸-β 位自由基，而此处的氨基酸是游离的。均裂裂解生成了一分子甘氨酰自由基和一分子的烯烃片段。在双键的另一端重

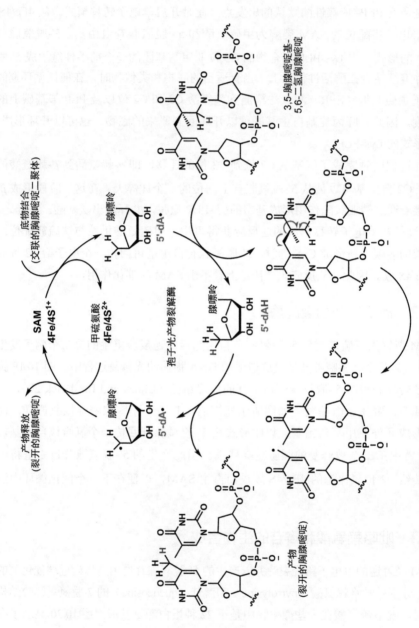

图 10.19　由 5'-脱氧腺苷自由基引发单电子路径修复链间 4,4'-交联胸腺嘧啶从而释放两个修复的胸腺嘧啶

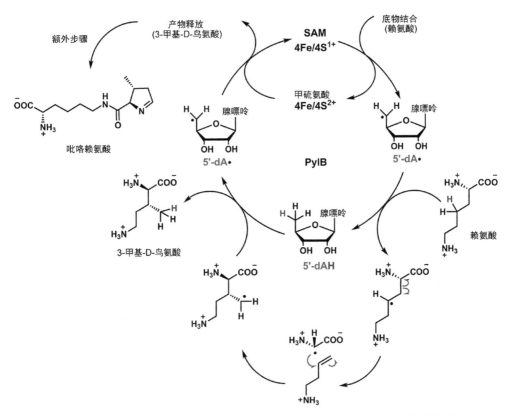

图 10.20　赖氨酸经酶结合的 5'- 脱氧腺苷自由基引发自由基裂解和重组生成吡咯赖氨酸

组产生支链鸟氨酰基CH·₂自由基。5'-脱氧腺苷中的H·回传产生重排的 3- 甲基 -D-鸟氨酸产物，而 5'-脱氧腺苷自由基再次和甲硫氨酸结合重新形成 SAM。

　　辫苷是一种 tRNA 修饰碱基，图 10.21（见下页）描述了由 6-羧基蝶呤转变为辫苷结构中 7- 脱氮鸟嘌呤骨架的路径（也可见图 6.14）。其关键步骤是 6-6 双环系统发生缩环变成 6-5 双环系统，具体的过程是底物蝶呤的 6 位 C–H 键先均裂导致开环，然后环缩合生成环外氨基自由基。5'-脱氧腺苷上的H·回传产生中性胺产物，接着 5'-脱氧腺苷自由基用于 SAM 的再生。氨基以氨的形式脱去可能是由嘧啶环外亚胺这一邻近基团协助完成的。互变异构产生重排的产物羧基脱氮鸟嘌呤（McCarty, Somogyi et al. 2009; Dowling, Bruender et al. 2014）。

10.6　SAM 作为可消耗的底物：无甲基转移

10.6.1　生物素合成酶和二氢硫辛酸合成酶

　　在这类自由基 SAM 酶中，生物素合成酶和硫辛酸合成酶是被研究时间最长的两

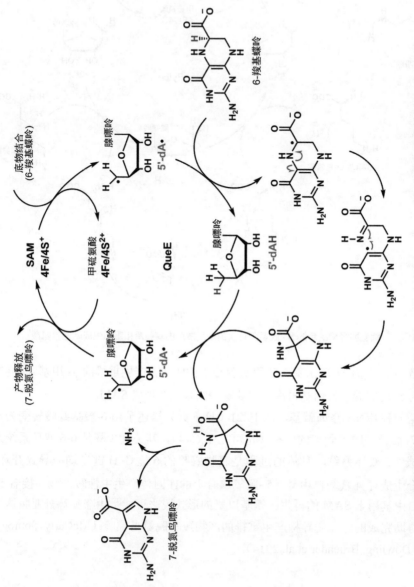

图 10.21 喋呤合成途径中由 6- 羧基喋呤转变为 7- 脱氮鸟嘌呤；SAM 作为自由基辅酶在每次催化循环中再生

个酶（Booker 2009）（Broderick, Duffus *et al.* 2014）。辅酶生物素中噻吩环的硫原子来自 2Fe/2S 簇。在噻烷环形成过程中发生两次串联自由基反应，每次反应消耗一分子 SAM 共底物并将其裂解为 5′- 脱氧腺苷和甲硫氨酸，从产物可侧面看出是 5′- 脱氧腺苷自由基中间体夺取了底物的氢原子。底物脱硫生物素中位于下方的 CH_3 先被夺去一个氢，接着–CH_2 结合 2Fe/2S 簇中硫原子形成 C–S 键（图 10.22）。为实现关环形成噻烷环需要通过第二次催化循环形成另一个碳自由基，并且需通过从 –SH 取代基发生单电子转移形成第二个 C–S 键（Booker, Cicchillo *et al.* 2007）。

二氢硫辛酸酯（dihydrolipoate）中两个 C–SH 键的产生遵循单电子逻辑（见图 10.16）（Cicchillo, Iwig *et al.* 2004）。每构建一个 C–S(H) 键需要消耗一分子 SAM 共底物，因为辛酰硫酯共底物的 C6 位的亚甲基碳和 C8 位的甲基碳要将 H′原子转移给过渡态的 5′- 脱氧腺苷自由基。C6 位 CH′自由基和 C8 位 CH_2 自由基通过均裂方式与 Fe/S 簇中的硫发生耦合形成 C–SH 键。

10.6.2 血红素和叶绿素的生物合成中由粪卟啉原Ⅲ生成原卟啉原Ⅸ的脱羧反应

在利用叶绿素进行光合作用的生物体中有 15 个酶参与叶绿素的生物合成，其中前 9 个酶与血红素组装的酶一致，而后 6 个酶是特异地催化血红素核形成叶绿素。在血红素和叶绿素共有合成路径的前期，有两种不同类型的粪卟啉原（coproporphyrinogen Ⅲ）氧化脱羧酶参与。

HemF 是一种氧依赖性酶，可催化粪卟啉原Ⅲ的两个丙酰基侧链（在 A 环和 B 环上）转变为原卟啉原Ⅸ（protoporphyrin Ⅸ）中的乙烯基侧链（Breckau, Mahlitz *et al.* 2003）。HemF 的催化机制尚不明确（在多种可能的机制中有一种可能是羟化和脱水）。同样的，源自大肠杆菌中的 HemN 在厌氧条件下催化相同的反应。HemN 并不是氧依赖性的酶，它可以通过 O_2 氧化降解其 4Fe/4S 簇而被失活。电子从一个 NADH-还原性的黄素蛋白和一个以双 / 单电子递减方式作用的黄素蛋白转移给 HemN 中的 4Fe/4S 簇（随后一次一个将单电子传递给配位的 SAM）。如图 10.23 所示，5′-脱氧腺苷自由基立体选择性地夺取一个丙酰基侧链（如底物 A 环上的）中 C2 位两个前手性氢原子中的一个。下一步可能以单电子或双电子反应形式进行，但是有证据表明自由基密度更有利于单电子路径。未配对的电子传回 4Fe/4S 簇，恢复吡咯的芳香性。B 环的脱羧反应是重复这样的催化循环，在每次催化循环中消耗一分子 SAM，生成甲硫氨酸和 5′-脱氧腺苷（Layer, Moser *et al.* 2003; Layer, Kervio *et al.* 2005）。

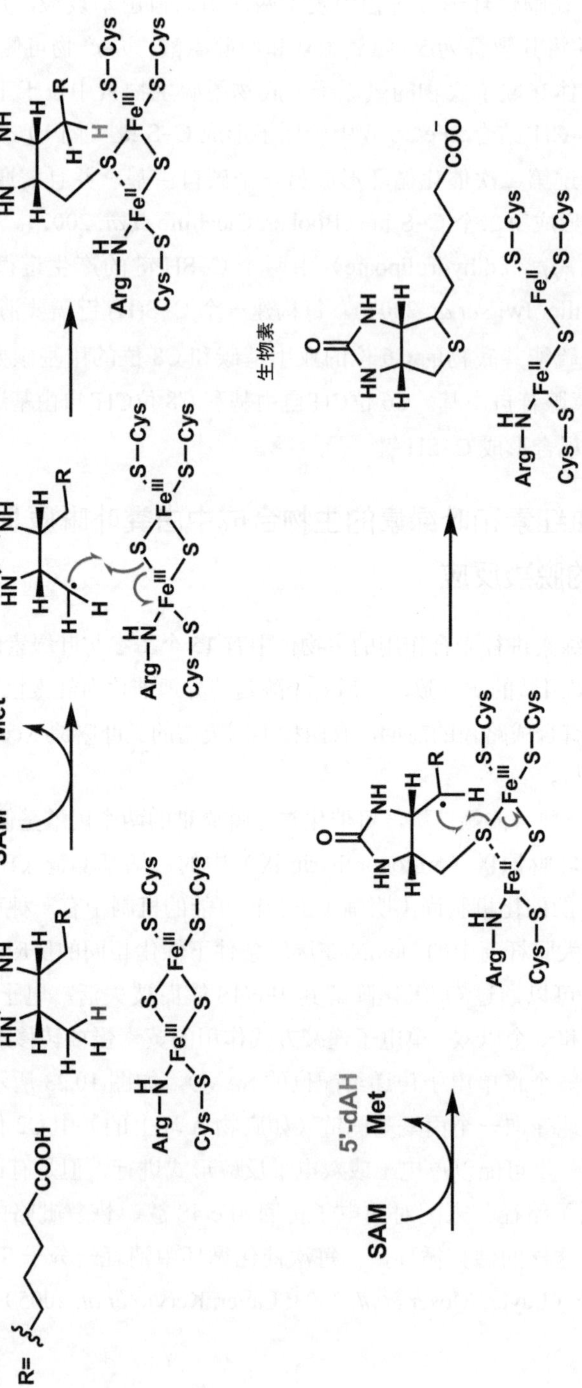

图10.22 生物素形成过程中硫原子的引入

两个C—S键的形成都以5'-腺苷自由基的形式消耗一分子的SAM，而该自由基被底物转移来的H+淬灭

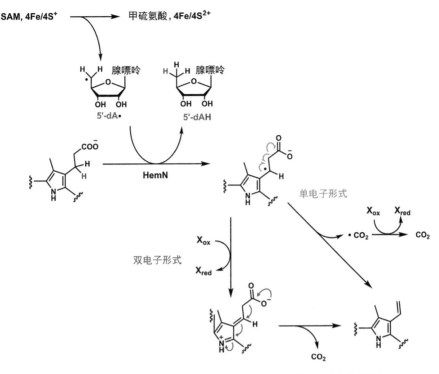

图 10.23　原卟啉原Ⅸ形成过程中丙酰基脱羧变为乙烯基侧链的自由基路径

专题 10.1　酪氨酸裂解为 CO 和 CN

　　分子量最低的天然产物是氢气（H_2）。微生物中的氢化酶利用镍-铁、铁-铁和铁簇将质子和电子转化为 H_2，反之亦然。铁-铁氢化酶催化 H_2 产生的速率常数为10000/ 秒。在活性位点处有一个常规的 4Fe/4S 簇连接一个不寻常的 2Fe 簇，该2Fe 簇含有三个一氧化碳配体（CO）、两个氰根离子配体（CN）和一个不完全确定的桥联硫醇盐的配体（图 10.V1）（Mulder, Boyd *et al.* 2010）。

　　氰化物和 CO 分子可在成熟酶作用下产生，例如来自奥奈达希瓦氏菌（*Shewanella oneinodensis*）的 HydG，并用于构建 Fe-Fe 氢化酶中的 2Fe 簇（Kuchenreuther, Myers *et al.* 2013）。由自由基 SAM 酶释放出一分子 *S*-腺苷甲硫氨酸（SAM）结合到 HydG 酶的两个 4Fe/4S 簇之一。一个电子从 4Fe/4S 簇的 N 末端传递给结合的 SAM，使其裂解为甲硫氨酸和 5′-脱氧腺苷自由基。在分子内胺基氮的协助下，酪氨酸自由基的 C2–C3 键断裂生成对醌自由基形式的对甲基苯酚和结合在第二个 4Fe/4S 簇（图中未显示）上的亚氨基乙醛酸。单个电子传递和质子化产生甲基苯酚。同时，亚氨基乙醛酸经 C1–C2 键断裂可产生与 4Fe/4S 簇配位的配体 CO 和 CN，它们可能随即从 HydG 转移到 Fe-Fe 氢化酶。

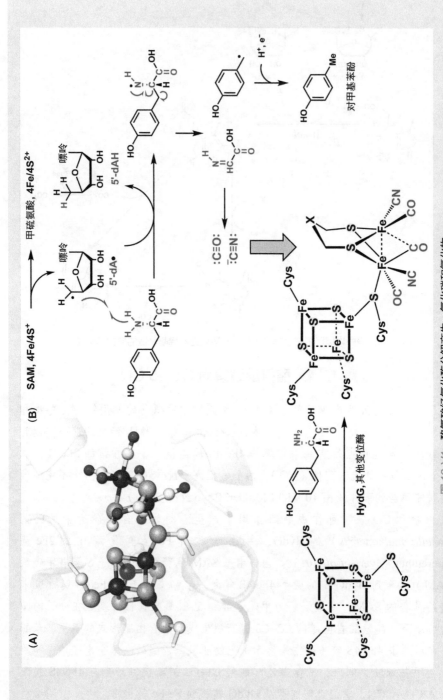

图 10.V1 酪氨酸经氢化酶分解产生一氧化碳和氰化物

图 (A) 中晶体结构 (PDB ID：3C8Y) 数据来自：Mulder, D. W., E. S. Boyd, R. K. Lange, J. A. Endrizzi, J. B. Broderick and J. W. Peters (2010). "Stepwise [FeFe]-hydrogenase H-cluster assembly revealed in the structure of HydA Δ EFG". *Nature*. **465**: 248-251. 图片由 Yang Hai 提供

10.6.3　由 futalosine 生成萘醌

萘醌类化合物甲基苯醌（menaquinone）是细菌电子传递链的关键成员，它在原核生物中可从前芳香性的核心代谢产物分支酸经两条独立的路径合成。除了熟知的经典 *Men* 途径（MenFDHCEB）外，最近又发现了一条新颖的四酶途径可合成 1,4-二羟基-2-萘甲酸（MqnABCD）（Hiratsuka, Furihata *et al.* 2008）（图 10.24）。MqnABCD

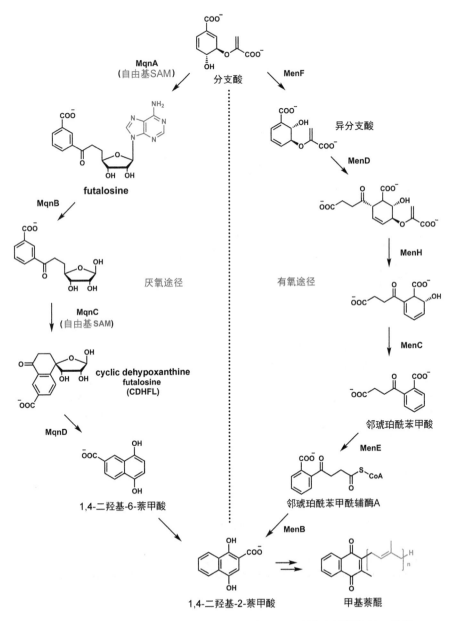

图 10.24　甲基萘醌的两条生物合成途径：有氧的 *Men* 途径和厌氧的 *Mqn* 途径

路径涉及一个在厌氧菌中似乎很普遍的核苷 futalosine，因此它可能先于有氧途径进行（Zhi, Yao *et al*. 2014），并且该路线涉及三个预测为自由基 SAM 酶的 MqnA、MqnC 和 MqnE（Mahanta, Fedoseyenko *et al*. 2013）。

MqnA 产生 5′-脱氧腺苷自由基并与 3-羟基苯甲酸中烯醇式丙酮酰醚部分的双键反应，将脱氧腺苷骨架与分支酸骨架结合。生成 futalosine 过程中可能的单电子重排反应如图 10.25 所示。这是第一例 SAM 不仅可以裂解产生 5′-脱氧腺苷自由基作为引发剂促使底物参与的单电子反应流路，而且 5′- 脱氧腺苷部分还与反应的中间体共价结合。该路径后期在腺嘌呤碱基水解失去后，MqnC 利用新形成的 5′-脱氧腺苷自由基夺去核糖环上 C4′ 位的氢原子（图 10.25）。自由基的传递使得途径中的产物萘醌所需的 6-6 双环系统得以形成。

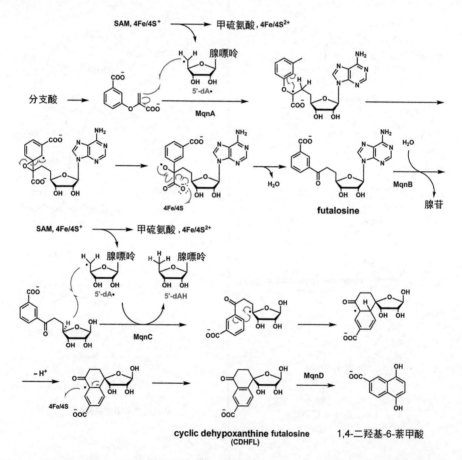

图10.25　MqnA 通过将 5′- 脱氧腺苷自由基与 3- 烯醇式丙酮酰基 - 苯甲酸结合并发生后续重排反应来产生 futalosine；MqnC 产生 5′- 脱氧腺苷自由基作为引发剂来构建甲基萘醌中的双环骨架

10.6.4 SAM 作为自由基引发剂的其他例子

在结束调研这类由 SAM 来源的 5'-腺苷自由基参与的反应之前，我们注意到第 6 章中的两种转化反应也可归到这一类当中。SAM 发生不可逆裂解并最终转化为反应的副产物甲硫氨酸和 5'-脱氧腺苷。其中，第一种是自由基反应引起尿苷的 C5' 位形成 C–C 键产生衣霉素类化合物（见图 6.23），或是引起辛糖酸基磷酸盐 C5' 位形成 C–C 键生成肽基核苷类抗生素 malayamycin、多抗霉素（polyoxin）和尼可霉素（图 6.24）。第二种是 Jawsamycin 中环丙基环的迭代形成过程（图 6.25），其中每个环丙烷都是在自由基 SAM 介导下生成的。

10.7 惰性碳中心的甲基化：消耗两分子 SAM 生成两组不同的产物

有一部分自由基 SAM 酶实际上催化了共底物的甲基化（Zhang, van der Donk *et al.* 2012; Broderick, Duffus *et al.* 2014）。它们几乎都是在惰性碳原子上发生甲基化，即不能作为亲核试剂获得一个转移性的 $[CH_3^+]$，因此它们是被来自 SAM 的 $[CH_3^·]$甲基化。这些包括图 10.26 所示的六个分子，以及在细菌核糖体 23S rRNA 中发现的具有抗生素抗性的 2- 甲基腺嘌呤和 8- 甲基腺嘌呤。

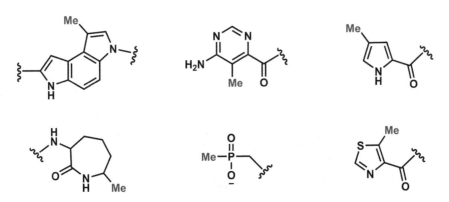

图 10.26 由反应中消耗的第二个 SAM 转移来的 $[CH_3]$ 引起碳甲基化的天然产物

这一类自由基 SAM 酶与前面所述的自由基 SAM 酶的不同之处在于这一类酶在每次催化循环中不是消耗一分子 SAM，而是消耗两分子 SAM。如图 10.27 所示，两个甲硫氨酸产生不同的产物。第一个（绿色）充当全章一直讨论的角色：作为 5'-腺苷自由基的来源，从共底物中以 H·的方式夺取特定位置的 C–H，生成相应的底物碳自由基。第二分子的 SAM（紫色）被该碳自由基进攻：这分子 SAM 中 CH_3–S 键均裂完成自由基引起的 *C*-甲基化，并瞬间以在硫原子形成自由基的 SAH 离去。硫原子上的自由基电子可回传给 4Fe/4S 簇而完成整个催化循环。

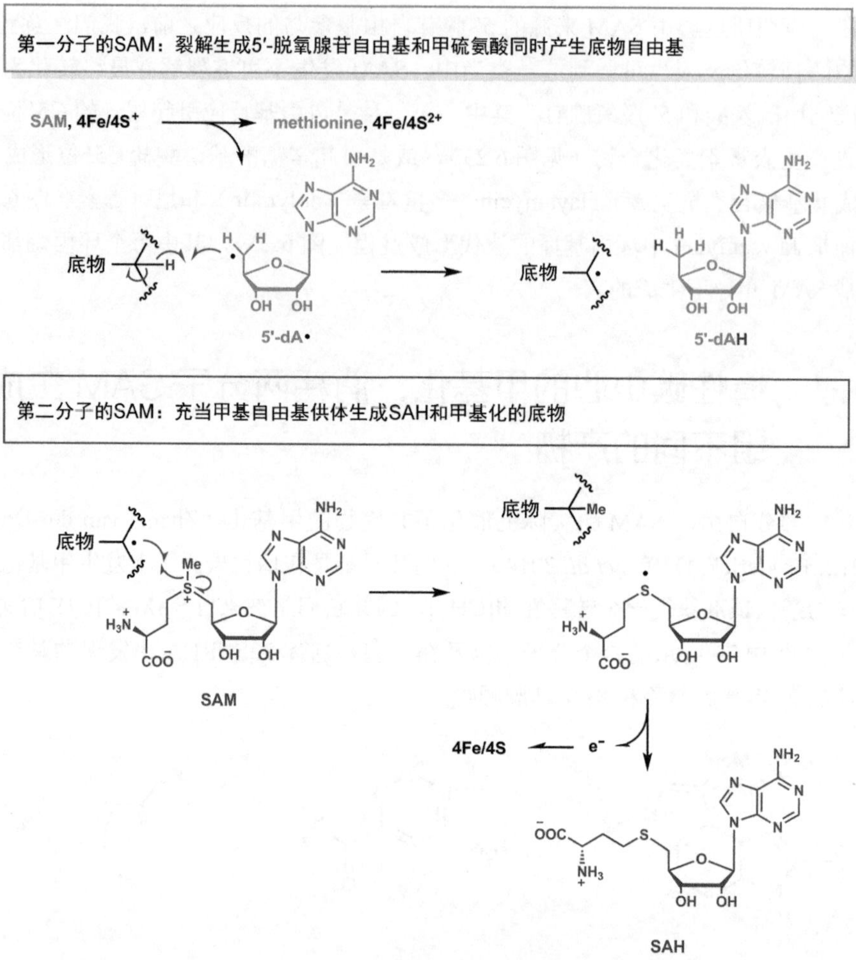

图 10.27　第一分子的 SAM 被裂解生成甲硫氨酸和 5′- 脱氧腺苷；
第二分子的 SAM 是[CH₃]的供体并裂解生成 SAH

下面四个例子能让我们对以两个 SAM 自由基实现甲基化的体系范围有所了解。（Broderick, Duffus *et al.* 2014）。第一个是产甲烷细菌中的辅因子甲烷蝶呤（methanopterin），结构上与叶酸类似。在大多数原核生物和真核生物中通常作为辅酶的叶酸具有双环蝶呤环系，其结构如图 10.28 所示。图 10.28 也给出了四氢甲烷蝶呤（tetrahydromethanopterin）的结构。在 C7 和 C9 位用紫色标注的两个甲基都是由自由基 SAM 酶消耗两分子的 SAM 所形成。

下一个例子是氨基糖苷类抗生素的生物合成成熟过程。如图 10.29 所示，在合成庆大霉素 X_2 的过程中，GenK 酶先将庆大霉素 C_1 转变为 G418。G418 分子已在 GlcNAc 环的 C6 位醇碳上形成了 C–CH₃ 键（紫色）。这一步通过自由基中间体进行，

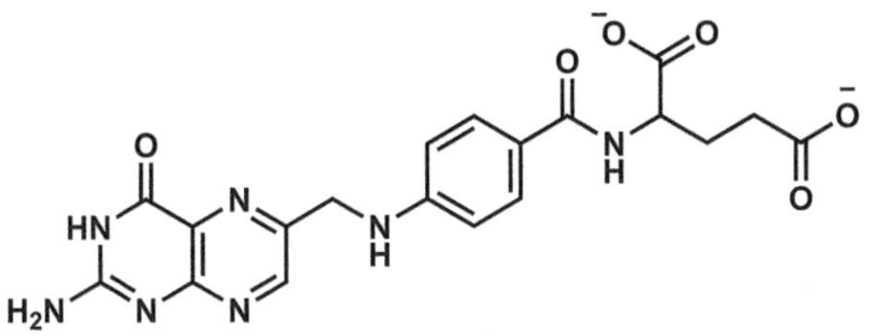

叶酸

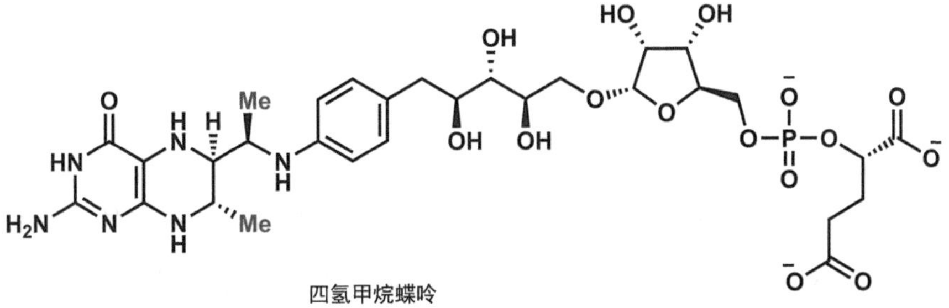

四氢甲烷蝶呤

图 10.28　通过自由基 SAM [CH₃]转移酶在四氢甲烷蝶呤的 C7 和 C9 位引入甲基基团

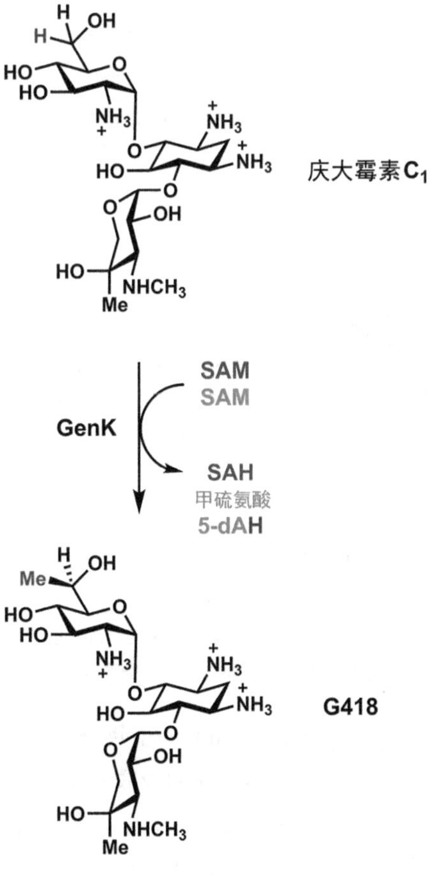

庆大霉素 C₁

GenK

SAM
SAM

SAH
甲硫氨酸
5-dAH

G418

图 10.29

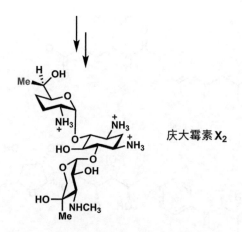

图 10.29　庆大霉素 X₂

图 10.29　庆大霉素结构成熟期间发生在非亲核性碳上的自由基 *C*-甲基化

消耗两分子 SAM，除了产生 G418 以外，还产生 SAH、5′-脱氧腺苷和甲硫氨酸（Kim, McCarty *et al.* 2013）。GenK 酶利用辅酶 B₁₂ 分子作为底物的最终甲基供体，可能与图 10.31 中的路径类似。

第三个例子发生在细菌何帕烯代谢过程中。图 10.30 显示了五环的何帕烯骨架中 A 环 C2 位的 *C*-甲基化。该位置很明显是一个惰性碳中心。由此可推测可能是一个自由基 SAM 酶催化了这样的转化，并在此过程中消耗两分子 SAM（Welander, Coleman *et al*. 2010）。

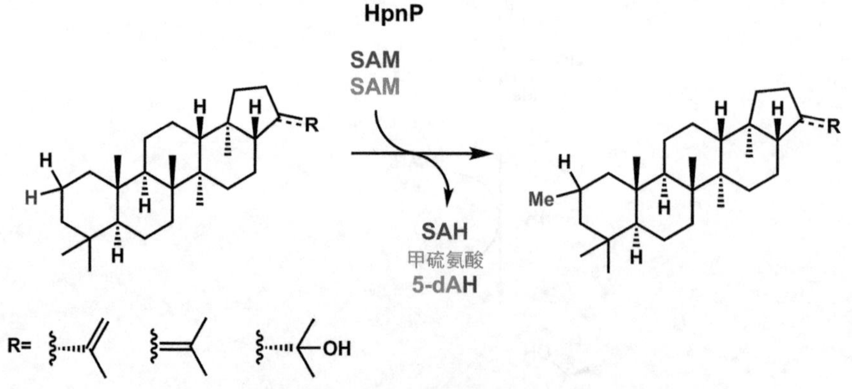

HpnP
SAM
SAM

SAH
甲硫氨酸
5-dAH

R=

图 10.30　何帕烯 C2 位的甲基团来自 SAM 的[CH₃]转移。
其他四个甲基来自异戊烯基焦磷酸合成砌块

第四个例子是草铵膦（phosphinothricin）的生物合成。这种抗生素值得关注，尤其是结构中有两个 C–P 键，是一个天然存在的亚膦酸酯。第一个 C–P 键是由门控酶 PEP 变位酶催化形成的（见第 13 章 C–P 键的形成）。第二个 C–P 键是由一类自由基 SAM 酶的变型酶催化形成的，此酶既含有产生自由基的 SAM 又含有辅酶 B₁₂（Ding,

Li *et al.* 2016）（图 10.31）。第一个 SAM 用于产生亚膦酸自由基。第二个 SAM 是将其甲基转移到辅酶 B_{12} 的钴上，接着将甲基自由基转移到底物自由基上，从而生成产物甲基亚膦酸（酯）。

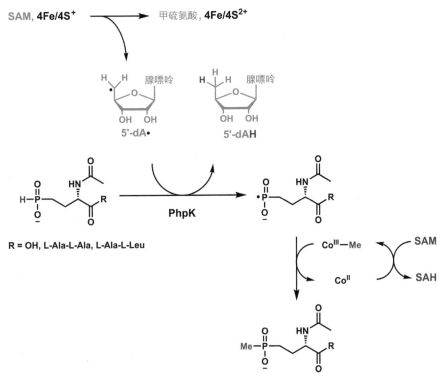

图 10.31　草铵膦的生物合成
CH_3-P 键是由产生磷自由基的脱氧腺苷自由基生成；
[CH_3^-]的供体是甲基辅酶 B_{12} 中的甲基钴原子

专题 10.2　怀丁苷的形成：*S*-腺苷甲硫氨酸在六步反应中发挥多功能作用

　　三环骨架的碱基被修饰的怀丁苷（wybutosine）是最著名的天然变异的乌苷核苷合成砌块之一（图 10.V2），该核苷位于真核生物苯丙氨酸 tRNAs 的 37 位，尤其是靠近反密码子。这是参与蛋白质合成的 tRNA 的成熟过程中对典型的嘌呤和嘧啶碱基的几种修饰之一。

　　尽管乌苷转化为怀丁苷的每一步细节还不完全确定，然而还是能清楚地观察到在其形成过程中消耗了六分子的 *S*-腺苷甲硫氨酸（SAM）。这一系列酶促转化过程表明 SAM 具有化学多功能性（Noma, Kirino *et al.* 2006）（Perche-Letuvee, Molle *et al.* 2014）。

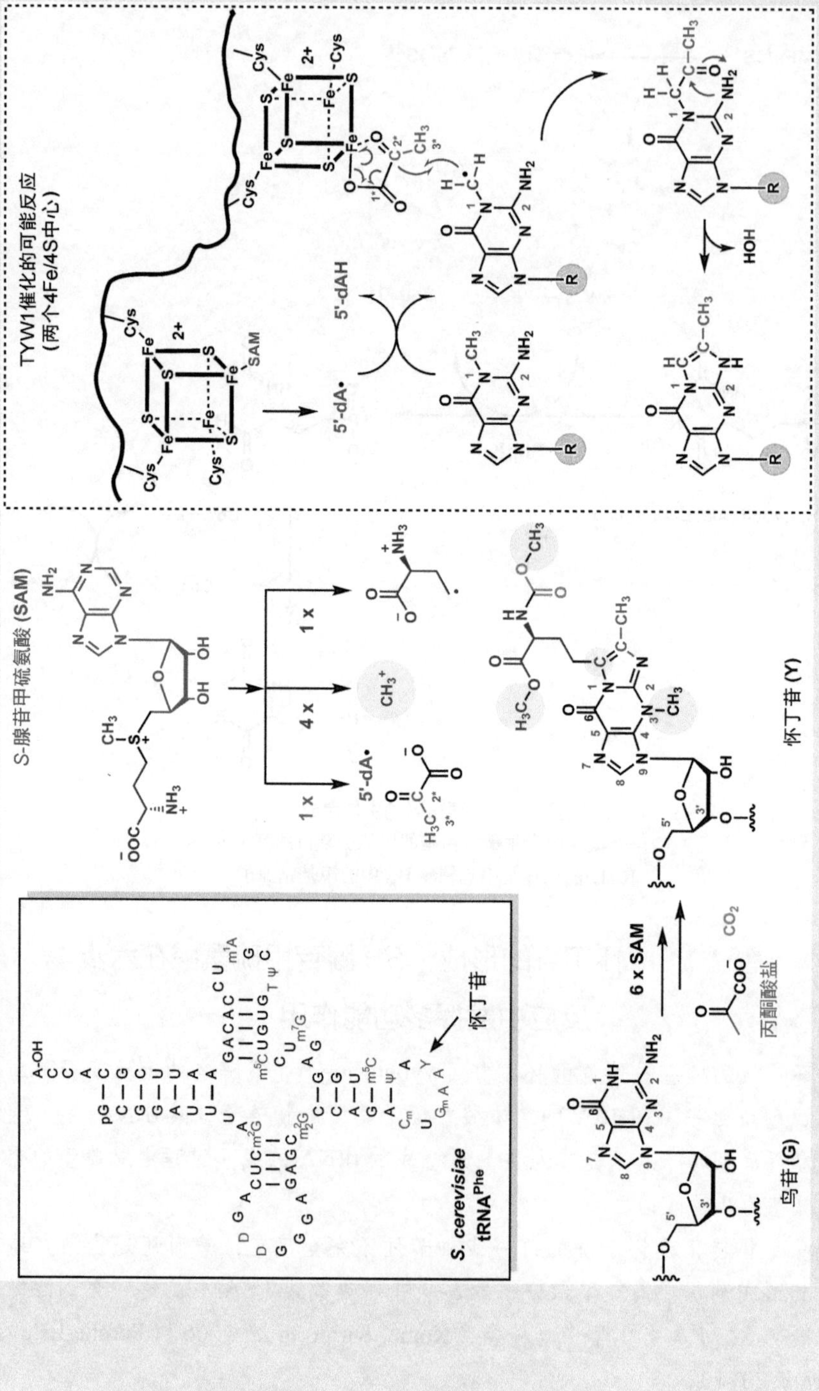

图 10.V2 怀丁苷合成过程中 S- 腺苷甲硫氨酸的多功能性

其中两个 SAM 分子作为甲基供体以生物合成中 SAM 最典型的方式提供 [CH₃⁺]。这两个甲基化是由 TYW 酶催化的氨基羧丙基侧链的 *O*-甲基化和 *O*-甲氧基羧基化（黄色）。Perche-Levetuvee 等（2014）也认为，TRM5 酶催化的 G37-tRNA 酰胺 N1 位的甲基化，以及后面在成型三环 7- 氨基羧基丙基去甲基怀俄苷（7-aminocarboxy-propyldemethyl-wyosine）N3 上由 TYW3 酶催化的甲基化，也可能是由来自另外两分子 SAM 的典型[CH₃⁺]转移所形成（黄色）。

第五个 SAM 却是 TYW1 催化过程中 5′- 脱氧腺苷自由基的来源。正如图 10.V2 方框（虚线）中所示，SAM 结合在一个 4Fe/4S 簇上而共底物丙酮酸结合在第二个此类 4Fe/4S 簇上。源自 SAM 的 5′- 脱氧腺苷自由基从 *N*3-甲基基团上夺取一个 H˙。该碳自由基被认为是调节了丙酮酸部分的 C1* 和 C2* 之间发生均裂，同时将乙酰基部分转移到 CH₂⁺等价物上，产生过渡态的 *N*-CH₂COCH₃⁺取代基。环外氨基的分子内进攻形成咪唑啉环，由此生成 4-去甲基怀俄（4-demethyl-wyosine）苷中独特的三环骨架。共底物丙酮酸中的 C2* 和 C3* 原子用粉色标识。

所利用的六个 SAM 中的最后一个 SAM 反映了第三种独特的反应模式：在酶 TYW2 催化下，裂解并将源自 SAM 的甲硫氨酰基臂（见图 10.14）（Umitsu, Nishimasu *et al.* 2009）的 *C*4-氨基丁酸单元（棕色）而非 *C*1-甲基单元转移到 4-去甲基怀俄苷的三环骨架的 C7 位。尽管互变异构反应能使相应碳具有充分的亲核性，但是与氨基丁酰基侧链连接处的咪唑碳原子是否具有足够的亲核性来进行双电子 / 碳负离子反应路径还不清楚。Perche-Letuvee 等人（2014）更倾向于离子型机理而非自由基机理，但至今尚无结论性数据报道。

10.8 SAM 的反应性和功能总结

S-腺苷甲硫氨酸可能是一种古老的辅酶。它的确具有化学多功能性。在甲基氧化态下，SAM 是一碳单元卓越的生物源供体。初级代谢中源自 SAM 的甲基大多数以 [CH₃⁺] 等价物的形式转移到亲核共底物上，大多是转移到氮原子和氧原子上。苯酚的邻位碳有足够强的亲核性，能够通过此机理发生烷基化。在本章中我们也简要地介绍了氨基丁酰基和核糖基同样可以转移到具有亲核性的共底物上。

本章大部分都在讨论 SAM 的正交作用方式。生物信息学预测显示，有成千上万的酶在其中一个铁原子上有开放配位点的 4Fe/4S 簇的存在下，使用 SAM 作为自由基引发剂。原位生成的 5′-脱氧腺苷自由基促使相邻特定底物上的 C−H 键发生均裂，由此生成的碳自由基可以发生三类反应：①重排以及随后的 SAM 再生；②重排以及 SAM 不可逆地裂解为 5′-脱氧腺苷和甲硫氨酸；③由第二分子的 SAM 捕获底物自由基，引起[CH₃⁺]的转移。

与第 9 章中讨论的铁加氧酶形成的碳中心自由基有着类似的逻辑，即在酶活性位点处的微环境中产生了强反应活性的氧化剂：高氧化态的氧-铁或者 5'-脱氧腺苷自由基。它们直接的任务是使共底物 C–H 键发生均裂，将带有单电子的氢原子转移到氧化剂上（并使其失活）。碳自由基在不同的情况下可以发生不同的反应。在加氧酶中，我们已经列举了若干例子，其中重排或自由基偶联与氧回补产生有效的竞争，碳自由基产生的有效解偶联以便转移OH·。在自由基 SAM 酶中，我们在分子内自由基重排和被CH₃转移所捕获之间进行了相似的划分。也许最引人注目的是，自然界已经进化出在两种极端大气条件下进行化学键均裂的不同机制，即厌氧条件下利用 SAM，而在空气条件利用 O_2。这两种方式在天然产物生物合成中都起着很重要的作用。

参考文献

Alexander, L. and D. Grierson (2002). "Ethylene biosynthesis and action in tomato: a model for climacteric fruit ripening". *J. Exp. Bot.* **53**(377): 2039-2055.

Booker, S. J. (2009). "Anaerobic functionalization of unactivated C-H bonds". *Curr. Opin. Chem. Biol.* **13**(1): 58-73.

Booker, S. J., R. M. Cicchillo and T. L. Grove (2007). "Self-sacrifice in radical S-adenosylmethionine proteins". *Curr. Opin. Chem. Biol.* **11**(5):543-552.

Breckau, D., E. Mahlitz, A. Sauerwald, G. Layer and D. Jahn (2003). "Oxygen-dependent coproporphyrinogen Ⅲ oxidase (HemF) from Escherichia coli is stimulated by manganese". *J. Biol. Chem.* **278**(47): 46625-46631.

Broderick, J. B., B. R. Duffus, K. S. Duschene and E. M. Shepard (2014). "Radical S-adenosylmethionine enzymes". *Chem. Rev.* **114**(8): 4229- 4317.

Byers, R., D. Carbaugh and L. Combs (2005). "Ethylene Inhibitors Delay Fruit Drop, Maturity, and Increase Fruit Size of 'Arlet' Apples". *Hortic. Sci.* **40**(7): 2061-2065.

Charng, Y. Y., S. J. Chou, W. T. Jiaang, S. T. Chen and S. F. Yang (2001). "The catalytic mechanism of 1-aminocyclopropane-1-carb-oxylic acid oxidase". *Arch. Biochem. Biophys.* **385**(1): 179-185.

Cheek, J. and J. B. Broderick (2001). "Adenosylmethionine-dependent iron-sulfur enzymes: versatile clusters in a radical new role". J. Biol. Inorg. Chem. **6**(3): 209-226.

Chiang, P. K., R. K. Gordon, J. Tal, G. C. Zeng, B. P. Doctor, K. Pardhasaradhi and P. P. McCann (1996). "S-Adenosylmethionine and methylation". *FASEB J.* **10**(4): 471-480.

Cicchillo, R. M., D. F. Iwig, A. D. Jones, N. M. Nesbitt, C. Baleanu- Gogonea, M. G. Souder, L. Tu and S. J. Booker (2004). "Lipoyl synthase requires two equivalents of S-adenosyl-L-methionine to synthesize one equivalent of lipoic acid". *Biochemistry* **43**(21): 63786386.

Ding, W., Q. Li, Y. Jia, X. Ji, H. Qianzhu and Q. Zhang (2016). "Emerging diversity of the cobalamin-dependent methyl-transferases involving radical-based mechanisms". *ChemBioChem* **17**(13): 1191- 1197.

Dowling, D. P., N. A. Bruender, A. P. Young, R. M. McCarty, V. Bandarian and C. L. Drennan (2014). "Radical SAM enzyme QueE defines a new minimal core fold and metal-dependent mechanism". *Nat. Chem. Biol.* **10**(2): 106-112.

Fontecave, M., M. Atta and E. Mulliez (2004). "S-adenosylmethionine: nothing goes to waste". *Trends Biochem. Sci.* **29**(5): 243-249.

Frey, P. A., A. D. Hegeman and F. J. Ruzicka (2008). "The Radical SAM Superfamily". Crit. Rev. *Biochem. Mol. Biol.* **43**(1): 63-88.

Gaston, M. A., L. Zhang, K. B. Green-Church and J. A. Krzycki (2011)."The complete biosynthesis of the genetically encoded amino acid pyrrolysine from lysine". *Nature* **471**(7340): 647-650.

Hiratsuka, T., K. Furihata, J. Ishikawa, H. Yamashita, N. Itoh, H. Seto and T. Dairi (2008). "An alternative menaquinone biosynthetic pathway operating in microorganisms". *Science* **321**(5896): 1670-1673.

Hutcheson, R. U. and J. B. Broderick (2012). "Radical SAM enzymes in methylation and methylthiolation". *Metallomics* **4**(11): 1149-1154.

Jarrett, J. T. (2003). "The generation of 5′-deoxyadenosyl radicals by adenosylmethionine-dependent radical enzymes". *Curr. Opin. Chem. Biol.* **7**(2): 174-182.

Kim, H. J., R. M. McCarty, Y. Ogasawara, Y. N. Liu, S. O. Mansoorabadi, J. LeVieux and H. W. Liu (2013). "GenK-catalyzed C-6′ methylation in the biosynthesis of gentamicin: isolation and characterization of a cobalamin-dependent radical SAM enzyme". *J. Am. Chem. Soc.* **135**(22): 8093-8096.

Komoto, J., T. Yamada, Y. Takata, G. D. Markham and F. Takusagawa (2004). "Crystal structure of the S-adenosylmethionine synthetase ternary complex: a novel catalytic mechanism of S-adenosylmethio-nine synthesis from ATP and Met". *Biochemistry* **43**(7): 1821-1831.

Kuchenreuther, J. M., W. K. Myers, T. A. Stich, S. J. George, Y. Nejatyjahromy, J. R. Swartz and R. D. Britt (2013). "A radical intermediate in tyrosine scission to the CO and CN- ligands of FeFe hydrogenase". *Science* **342**(6157): 472-475.

Lacey, R. F. and B. M. Binder (2014). "How plants sense ethylene gas-the ethylene receptors". *J. Inorg. Biochem.* **133**: 58-62.

Layer, G., E. Kervio, G. Morlock, D. W. Heinz, D. Jahn, J. Retey and W. D. Schubert (2005). "Structural and functional comparison of HemN to other radical SAM enzymes". *Biol. Chem.* **386**(10): 971-980.

Layer, G., J. Moser, D. W. Heinz, D. Jahn and W. D. Schubert (2003). "Crystal structure of coproporphyrinogen III oxidase reveals cofactor geometry of Radical SAM enzymes". *EMBO J.* **22**(23): 6214-6224.

Mahanta, N., D. Fedoseyenko, T. Dairi and T. P. Begley (2013). "Menaquinone biosynthesis: formation of aminofutalosine requires a unique radical SAM enzyme". *J. Am. Chem. Soc.* **135**(41): 15318- 15321.

McCarty, R. M. and V. Bandarian (2012). "Biosynthesis of pyrrolo- pyrimidines". *Bioorg. Chem.* **43**: 15-25.

McCarty, R. M., C. Krebs and V. Bandarian (2013). "Spectroscopic, steady-state kinetic, and mechanistic characterization of the radical SAM enzyme QueE, which catalyzes a complex cyclization reaction in the biosynthesis of 7-deazapurines". *Biochemistry* **52**(1): 188-198.

McCarty, R. M., A. Somogyi, G. Lin, N. E. Jacobsen and V. Bandarian (2009). "The deazapurine biosynthetic pathway revealed: in vitro enzymatic synthesis of PreQ(0) from guanosine 5′-triphosphate in four steps". *Biochemistry* **48**(18): 3847-3852.

Mehta, A. P., S. H. Abdelwahed, N. Mahanta, D. Fedoseyenko, B. Philmus, L. E. Cooper, Y. Liu, I. Jhulki, S. E. Ealick and T. P. Begley (2015). "Radical S-adenosylmethionine (SAM) enzymes in cofactor biosynthesis: a treasure trove of complex organic radical rearrangement reactions". *J. Biol. Chem.* **290**(7): 3980-3986.

Mulder, D. W., E. S. Boyd, R. Sarma, R. K. Lange, J. A. Endrizzi, J. B. Broderick and J. W. Peters (2010). "Stepwise [FeFe]-hydrogenase H-cluster assembly revealed in the structure of Hy-dA(DeltaEFG)". *Nature* **465**(7295): 248-251.

Murphy, L. J., K. N. Robertson, S. G. Harroun, C. L. Brosseau, U. Werner-Zwanziger, J. Moilanen, H. M. Tuononen and J. A. Clyburne (2014). "A simple complex on the verge of breakdown: isolation of the elusive cyanoformate ion". *Science* **344**(6179): 75-78.

Murray, B., S. V. Antonyuk, A. Marina, S. C. Lu, J. M. Mato, S. S. Hasnain and A. L. Rojas (2016). "Crystallography captures catalytic steps in human methionine adenosyltransferase enzymes". *Proc. Natl. Acad. Sci. U. S. A.* **113**(8): 2104-2109.

Noma, A., Y. Kirino, Y. Ikeuchi and T. Suzuki (2006). "Biosynthesis of wybutosine, a hyper-modified nucleoside in eukaryotic phenylalanine tRNA". *EMBO J.* **25**(10): 2142-2154.

Peiser, G. D., T. T. Wang, N. E. Hoffman, S. F. Yang, H. W. Liu and C. T. Walsh (1984). "Formation of cyanide from carbon 1 of 1- aminocyclopropane-1- carboxylic acid during its conversion to ethylene". *Proc. Natl. Acad. Sci. U. S. A.* **81**(10): 3059-3063.

Perche-Letuvee, P., T. Molle, F. Forouhar, E. Mulliez and M. Atta (2014). "Wybutosine biosynthesis: structural and mechanistic overview". *RNA Biol.* **11**(12): 1508-1518.

Roje, S. (2006). "S-Adenosyl-L-methionine: beyond the universal methyl group donor". *Phytochemistry* **67**(15): 1686-1698.

Sofia, H. J., G. Chen, B. G. Hetzler, J. F. Reyes-Spindola and N. E. Miller (2001). "Radical SAM, a novel protein superfamily linking unresolved steps in familiar biosynthetic pathways with radical mechanisms: functional characterization using new analysis and information visualization methods". *Nucleic Acids Res.* **29**(5): 1097-1106.

Struck, A. W., M. L. Thompson, L. S. Wong and J. Micklefield (2012). "S-adenosyl-methionine-dependent methyltransferases: highly versatile enzymes in biocatalysis, biosynthesis and other biotechnological applications". *ChemBioChem* **13**(18): 2642-2655.

Trievel, R. C. (2004). "Structure and function of histone methyl-transferases". *Crit. Rev. Eukaryotic Gene Expression* **14**(3): 147-169.

Umitsu, M., H. Nishimasu, A. Noma, T. Suzuki, R. Ishitani and O. Nureki (2009). "Structural basis of AdoMet-dependent amino-carboxypropyl transfer reaction catalyzed by tRNA-wybutosine synthesizing enzyme, TYW2". *Proc. Natl. Acad. Sci. U. S. A.* **106**(37): 15616-15621.

Wang, K. L., H. Li and J. R. Ecker (2002). "Ethylene biosynthesis and signaling networks". *Plant Cell* **14**: Suppl: S131-151.

Welander, P. V., M. L. Coleman, A. L. Sessions, R. E. Summons and D. K. Newman (2010). "Identification of a methylase required for 2- methylhopanoid production and implications for the interpretation of sedimentary hopanes". *Proc. Natl. Acad. Sci. U. S. A.* **107**(19): 8537- 8542.

Yang, S. F. and N. E. Hoffman (1984). "Ethylene Biosynthesis and its Regulation in Higher Plants". *Annu. Rev. Plant Physiol.* **35**: 155-189.

Zhang, Q., W. A. van der Donk and W. Liu (2012). "Radical-mediated enzymatic methylation: a tale of two SAMS". *Acc. Chem. Res.* **45**(4): 555-564.

Zhang, X., H. Wen and X. Shi (2012). "Lysine methylation: beyond histones". *Acta Biochim. Biophys. Sin* **44**(1): 14-27.

Zhang, Y., X. Zhu, A. T. Torelli, M. Lee, B. Dzikovski, R. M. Koralewski, E. Wang, J. Freed, C. Krebs, S. E. Ealick and H. Lin (2010). "Diph- thamide biosynthesis requires an organic radical generated by an iron-sulphur enzyme". *Nature* **465**(7300): 891-896.

Zhang, Z., J. S. Ren, I. J. Clifton and C. J. Schofield (2004). "Crystal structure and mechanistic implications of 1-aminocyclopropane-1-carboxylic acid oxidase-the ethylene-forming enzyme". *Chem. Biol.*

11(10): 1383-1394.

Zhi, X. Y., J. C. Yao, S. K. Tang, Y. Huang, H. W. Li and W. J. Li (2014). "The futalosine pathway played an important role in menaquinone biosynthesis during early prokaryote evolution". *Genome Biol. Evol.* **6**(1): 149-160.

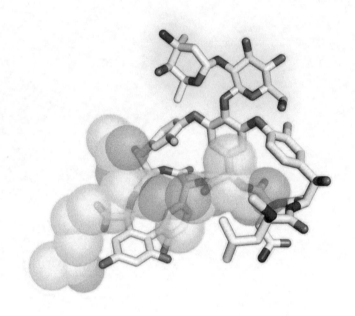

万古霉素与二乙酰基-L-赖氨酸-D-丙氨酸（PDB-ID:1FVM）结合的
晶体结构，万古霉素的二糖（葡萄糖-万古霉素）用蓝色标注（万古
霉素是糖肽大家族中的一员）

第11章 低聚糖和糖苷类天然产物

11.1 引言

虽然多糖如纤维素、葡聚糖如淀粉以及真菌细胞壁中的 1,3-葡聚糖都是丰富的生物聚合物，但很少有低聚糖属于活性天然产物的范畴。相反地，糖单元可与各大类天然产物以糖苷键形式共价结合，其中糖单元（通常是源自葡萄糖的己糖）结构中的 C1 与苷元结构中的一个或更多位置的亲核性原子相连。以糖苷键相连的糖单元通常可从单糖到三糖（蒽环类，地高辛类），甚至多达七糖的聚酮 angucycline。

氨基糖苷类抗生素属于不含苷元的三糖，是在抗生素天然产物黄金时期的 20 世纪四五十年代被发现，并对它们的结构和作用机制进行了表征（图 11.1）（Walsh and Wencewicz 2016）。默诺霉素类（moenomycins）是糖脂类五糖，是细菌细胞壁转糖基酶的有效抑制剂（Ostash and Walker 2010）（图 11.2）。正糖霉素类（orthosomycins）包括六糖的阿维霉素（avilamycins）、七糖的扁枝衣菌素（everninomicins）到含 17 个糖合成砌块的 saccharomicins（McCranie and Bachmann 2014）（图 11.3）。正糖霉素类靶向作用于细菌 50S 核糖体上的 rRNA 位点。在阿维霉素和扁枝衣菌素 A 中，有两个原酸酯键和一个亚甲基二氧桥。我们在前面的章节中已经提到了酶促形成亚甲依赖的二氧桥结构的化学逻辑，包括通过铁依赖的加氧作用将松脂醇转化为芝麻素（第 9 章）。类似地，原酸酯键的形成似乎需要单核非血红

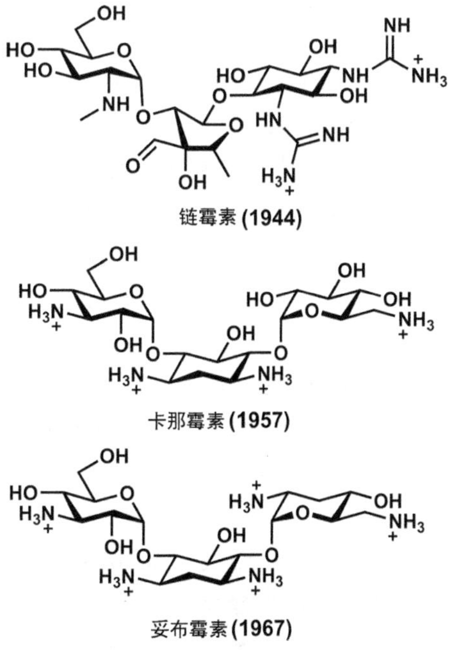

链霉素 (1944)

卡那霉素 (1957)

妥布霉素 (1967)

图 11.1　三代三环的氨基糖苷类抗生素

素铁加氧酶。尽管目前还不清楚原酸酯结构形成的细节，但这确实对已知的 Fe(Ⅳ)=O 酶催化剂的功能进行了拓展。

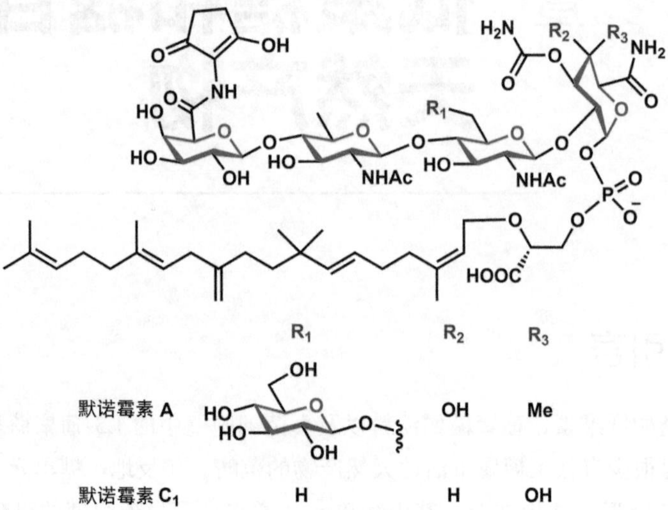

图 11.2　默诺霉素类家族的五糖类抗生素

　　氨基糖苷类和正糖霉素类的合成砌块是己糖单元，但不是在初级代谢中发现的最丰富的己糖单元：葡萄糖、甘露糖、半乳糖。然而，它们反映了由核心的核苷二磷酸酯 UDP-葡萄糖或与之密切相关的 TDP-葡萄糖（图 11.4）生成脱氧糖的专门生物合成路线，以实现在疏水和亲水表面达成平衡，这表明它们在识别生物靶标中发挥了积极的作用（Thibodeaux, Melancon *et al.* 2007; Thibodeaux, Melancon *et al.* 2008）。含有 17 个糖单元的 saccharomicin 类化合物的生物合成基因簇中只编码了 10 个糖基转移酶，这表明这些糖基转移酶在作用时有些可能是特异性的而有些可能具有杂泛性（McCranie and Bachmann 2014）（图 11.5）。

　　我们将深入研究 NDP-葡萄糖的形成及反应性，以及其在生物合成中作为亲电性葡萄糖基单元的糖基供体对亲核性共底物发挥的作用。这将有助于深入了解第 2 ～ 8 章中所有类型天然产物的酶促糖基化的化学逻辑，并解释糖单元如何通过 C1 与天然苷元中各种 O、N、S 甚至 C 原子连接。然后，在本章结束时讨论三糖和五糖结构的组装。

　　图 11.6 ～图 11.9 展示了一系列的天然产物，它们中的很大一部分因为苷元部分已在前面章节里提到。聚酮类化合物以大环内酯类红霉素和伊维菌素为代表，分别含有两个脱氧单糖和一个被修饰了的双糖残基。红霉素以 *O*- 糖苷键连着两个被高度修饰的己糖——去氧糖胺（desosamine）和红霉糖（cladinose）（图 11.6）。在第 2 章中，我们认为聚烯类聚酮制霉菌素（nystatin）结构中的单糖对其抗真菌活性至关重要。图 11.6 中的第四个聚酮是乌达霉素（urdamycin），它的结构中除了更传统的 *O*- 糖苷键外，还具有 *C*- 糖苷键（红色）。

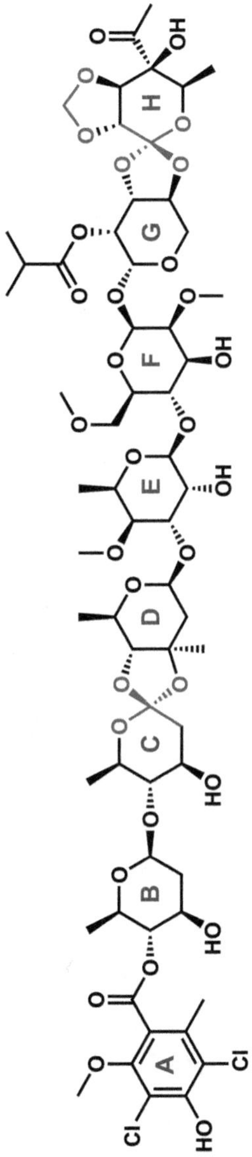

图 11.3 阿维霉素和扁枝衣菌素 A（红色标示的是原酸酯键而不是糖苷键）

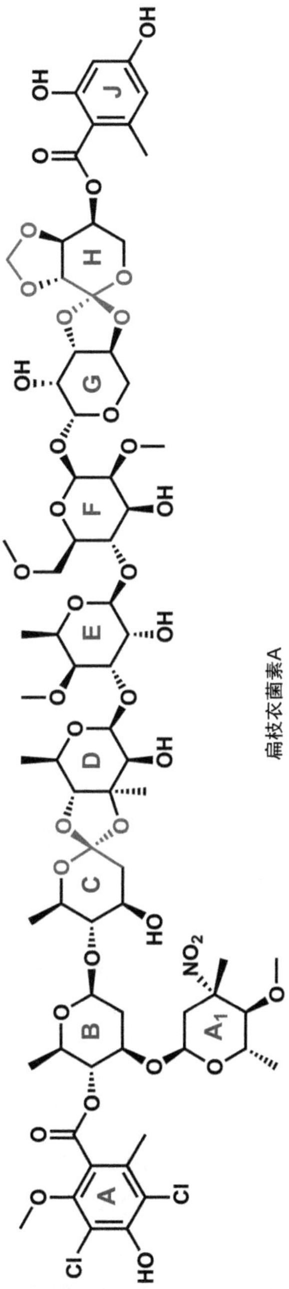

阿维霉素A

扁枝衣菌素A

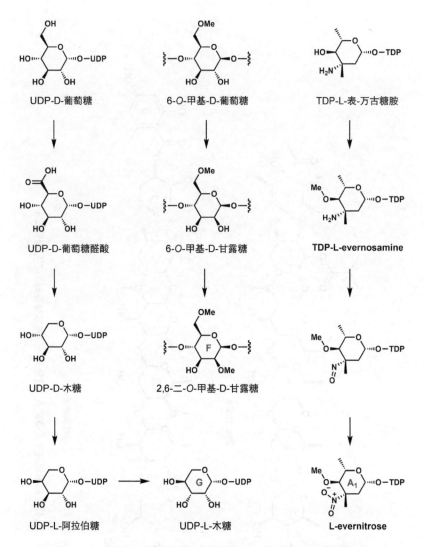

图 11.4 形成图 11.3 中阿维霉素的糖单元 F 和 G 以及扁枝衣菌素中的糖单元 A₁ 的 UDP- 己糖基本合成砌块

糖肽类抗生素万古霉素结构中有一个 1,2-葡萄糖基-L-万古糖胺二糖以 O-糖苷形式连接在七肽骨架的 4-羟基苯基甘氨酸残基 4 上（第 3 章）。NRP-PK 杂合产物博来霉素结构中有一个 L-葡萄糖-O-氨甲酰-D-甘露糖的二糖结合在 β-OH-组氨酸残基上。最后一个例子是异黄酮葡萄糖苷，美迪紫檀素-3-O-葡萄糖苷-6'-丙二酸酯。在这个化合物中，葡萄糖的引入增加了溶解性并有利于植物抗毒素的储存。

由核糖体生成并经大量翻译后修饰的噻唑基肽类抗生素诺卡硫星 I 结构中氨基脱氧己糖单元通过 O- 糖苷键连在抗生素的第三个大环上（图 11.7）。甜菊醇中的二萜骨架（与贝壳杉烯骨架相关）与二葡萄糖单元的缩醛处的羟基形成糖苷键，同时以酯键

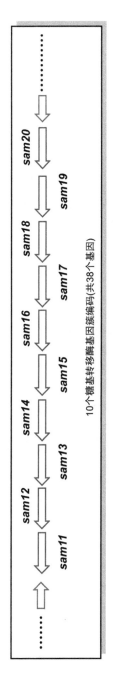

图 11.5 Saccharomicin 生物合成基因簇编码 10 个预测的糖基转移酶以组装十七寡糖产物

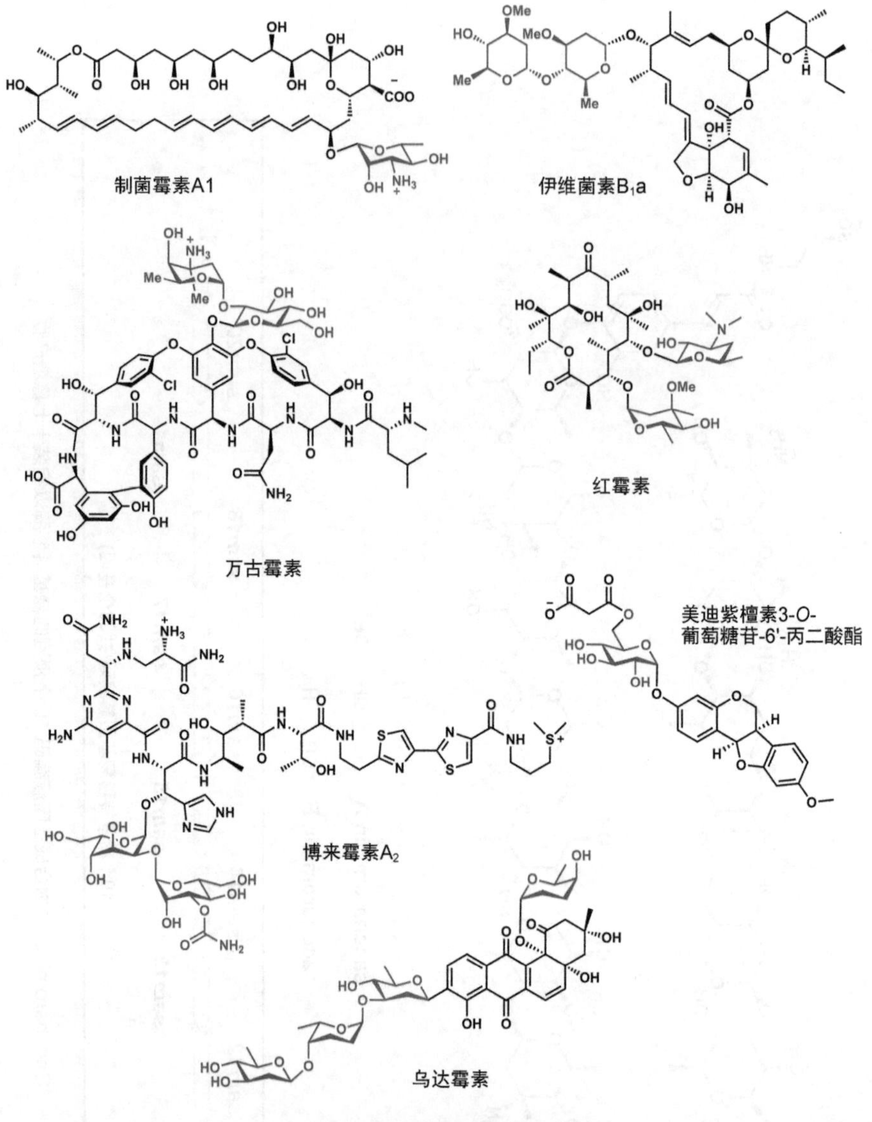

图 11.6　被糖基化的七种成熟天然产物

的形式与一个葡萄糖相连。甜菊苷储存在植物的液泡中，甜度是蔗糖的 30 ~ 300 倍；saphenate 的 2′-和 3′-L-异鼠李糖苷是吩嗪代谢产物的储存形式（图 11.7）。

　　在图 11.6 所示的 7 种天然产物的苷元周围连接的 14 个己糖基中，只有两个是简单的葡萄糖基（在万古霉素和植物抗毒素美迪紫檀素中）。其他 12 个非葡萄糖单元的出现表明有专门的糖修饰酶机制能够创造特异性的糖单元与生物合成途径中的苷元结合（Thibodeaux, Melancon et al. 2007）。在研究了 NDP-葡萄糖的形成及被糖基转在移酶利用之后，我们将介绍生物合成过程中出现过的脱氧己糖。图 11.8 显示了植物激素的三大类——生长素、脱落酸和细胞分裂素，它们都是以糖苷的形式储存的，二苯乙烯的代谢产物白藜芦醇也是如此。

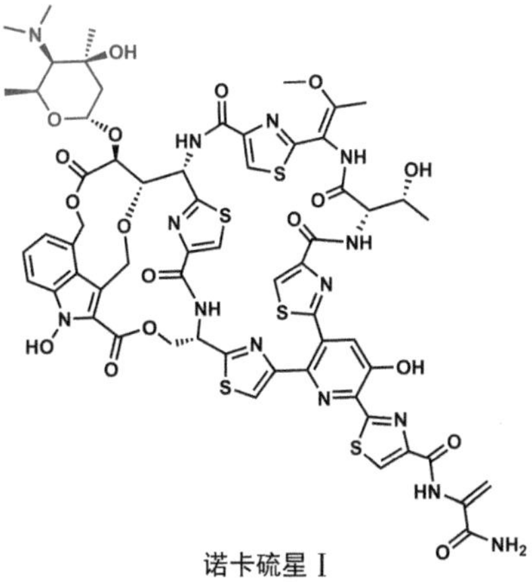

诺卡硫星 Ⅰ

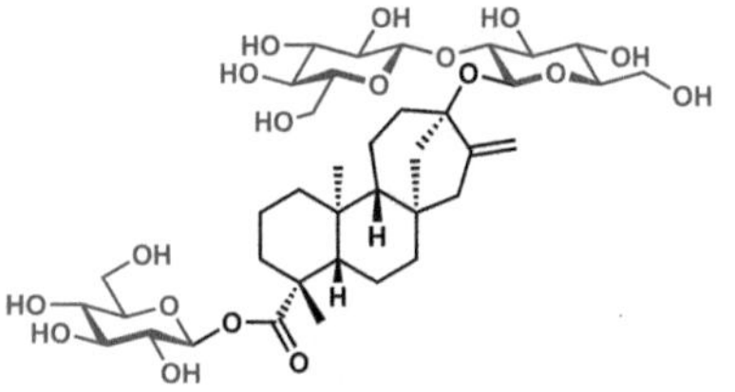

甜菊苷

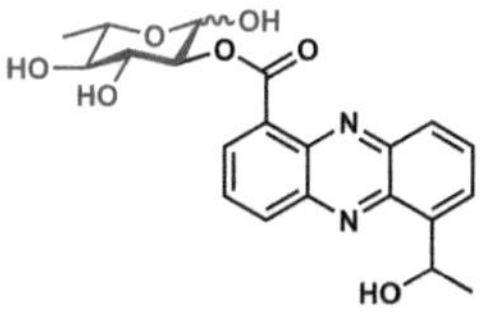

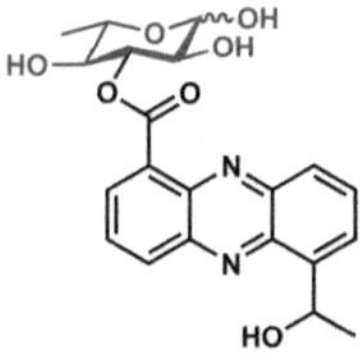

saphenate的2'-L-异鼠李糖苷　　saphenate的3'-L-异鼠李糖苷

图 11.7　其他类型天然产物发生的糖基化，包括噻唑肽类化合物抗生物诺卡硫星 Ⅰ
（nocathiacin Ⅰ）和二萜甜菊苷的 *O*-糖基化。Saphenate 结构中的吩嗪骨架
（由邻氨基苯甲酸二聚而成）可与异鼠李糖形成两个不同位置酰化的异构体

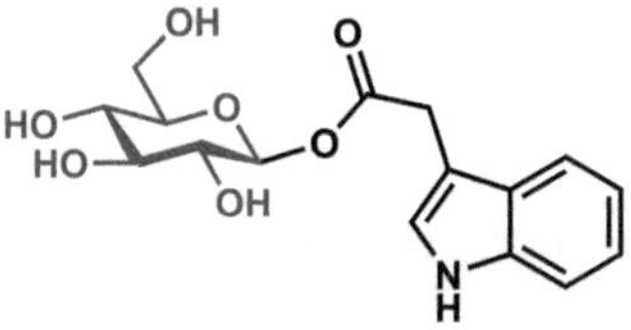

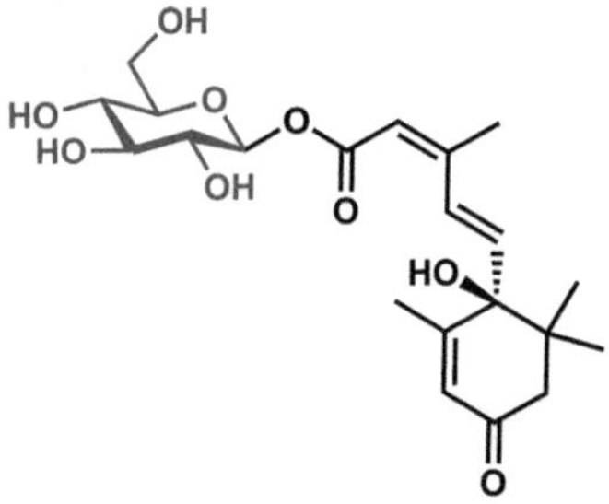

生长素-*O*-葡萄糖苷　　　　　　　脱落酸-*O*-葡萄糖苷

图 11.8

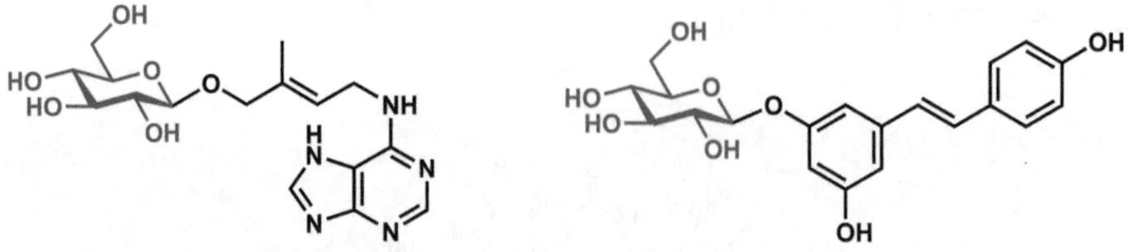

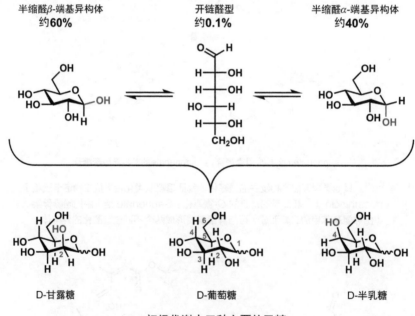

细胞分裂素-O-葡萄糖苷   白藜芦醇-3-O-葡萄糖苷

图 11.8 植物激素和二苯乙烯代谢产物白藜芦醇以 O- 糖苷的形式累积和储存

11.2 葡萄糖是初级代谢中主要的己糖

葡萄糖是许多细胞的核心能源，可以以快速平衡的开链醛和一对六元环吡喃糖异构体的混合物形式存在。根据吡喃糖形式中 C1 位羟基位于环的下方还是上方，相应地认定为 α-构型和 β-构型（如图 11.9 所示）。在生理条件下，葡萄糖中 99% 以上是以无张力的六元环状半缩醛吡喃糖形式存在。尽管事实上糖酵解途径中的葡萄糖都以

半缩醛β-端基异构体   开链醛型   半缩醛α-端基异构体
约60%   约0.1%   约40%

D-甘露糖   D-葡萄糖   D-半乳糖

初级代谢中三种主要的己糖

图 11.9 葡萄糖是主要的生物源己糖，主要以 α- 和 β- 环半缩醛（吡喃环形式）以及开链醛三者平衡的形式存在

D-甘露糖是 D-葡萄糖 C2 位的羟基位于直立键的差向异构体；D-半乳糖则是 C4 位的羟基位于直立键的差向异构体

低含量的醛形式参与（在关键酶果糖-1,6-二磷酸醛缩酶的作用下），但情况就是如此。初级代谢中另外两种常见的己糖，C4 位轴向差向异构体半乳糖和 C2 位轴向差向异构体甘露糖，轴向的 –OH 基团使它们能量更高（图 11.9）。

11.2.1 葡萄糖-6-磷酸盐和葡萄糖-1-磷酸盐

葡萄糖一旦通过一组跨膜转运蛋白扩散到细胞中就被捕获，从而发生酶促的磷酸化。己糖激酶 / 葡萄糖激酶是负责磷酸化的酶，可特异的将活性最强的伯羟基磷酸化生成葡萄糖-6-磷酸（G-6-P），并仍以吡喃糖端基异构体与少量开链 C1 醛形式的混合物存在。G-6-P 是第一个磷酸化的主要区域异构体，它经糖酵解、三羧酸循环和线粒体呼吸链释放能量，同时它可通过酶促反应转化为葡萄糖-α-1-磷酸（G-α-1-P）。

催化这步转化的酶是磷酸葡萄糖变位酶。这种酶在基态下是磷酸与蛋白的共价结合物磷酰基 - 蛋白。当 G-6-P 结合到活性位点时，Enz-PO$_3^{2-}$ 将磷酰基转移到底物上生成葡萄糖 -1,6- 二磷酸和脱磷酶。葡萄糖 -1,6-二磷酸紧密结合在活性腔中，可旋转并将 6-PO$_3$ 转移回活性位点处的 Ser-OH 侧链。在催化循环结束时，Enz-PO$_3^{2-}$ 已经再生并释放出 G-α-1-P。该酶还可以催化逆反应。由图 11.10 可看出磷酸葡糖变位酶仅能催化产生 G-1-P 的 α-端基异构体，表明在活性位点处底物和 Enz-PO$_3^{2-}$ 的作用受到空间方位的限制。

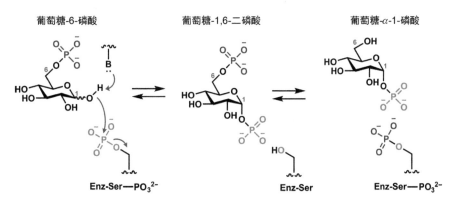

图 11.10　磷酸葡萄糖变位酶通过 1,6-二磷酸-葡萄糖中间体
使葡萄糖-6-磷酸和葡萄糖 -α-1-磷酸相互转化

11.2.2 葡萄糖-1-磷酸生成 UDP-葡萄糖

葡萄糖-α-1-磷酸是可以与葡萄糖基转移代谢途径中第一个确定的酶 UTP- 葡萄糖焦磷酸化酶反应的区域异构体。该酶使用尿苷三磷酸（UTP）作为共底物，催化 G-α-1-P 的磷酸基团中的一个氧原子进攻 UTP 中的亲电性 α 位磷原子。如图 11.11 所示，

当五价的磷烷加合物正向分解时，产物是 PP_i 和 UDP-G（葡萄糖）。

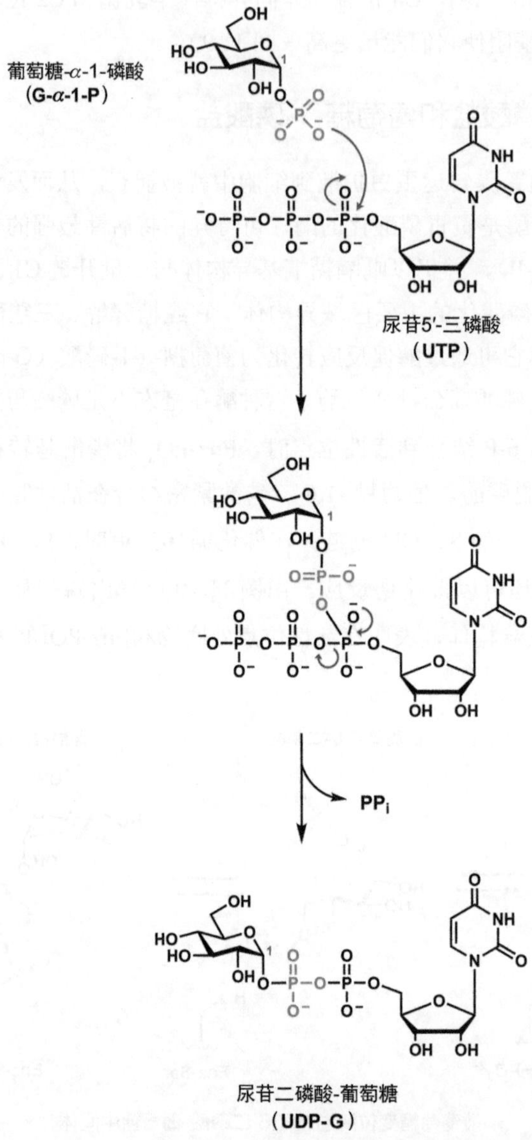

葡萄糖-α-1-磷酸
（G-α-1-P）

尿苷5'-三磷酸
（UTP）

PP_i

尿苷二磷酸-葡萄糖
（UDP-G）

图 11.11　由葡萄糖-α-1-磷酸和尿苷二磷酸形成尿苷二磷酸-葡萄糖

　　植物中的一些酶能使 ADP-葡萄糖发生己糖低聚化形成淀粉颗粒。我们在图 11.4
中提到，微生物中生成脱氧己糖和氨基脱氧己糖的途径中使用胸腺嘧啶三磷酸而非
UTP。由此可能会区分出次级代谢中一些 G-α-1-P 的来源。有些相关的酶可以生成
UDP-半乳糖，用于随后的半乳糖转移。甘露糖-1-磷酸转化为 GDP-甘露糖而非 UDP-
甘露糖，这也许是为该转移酶提供特异性；也可能是为了平衡核苷三磷酸使得 UTP

不会被这些途径过度消耗。在博来霉素中，GDP-甘露糖作为 L-古洛糖和氨甲酰-D-甘露糖残基的供体（Shen, Du *et al.* 2002）（图 11.12）。

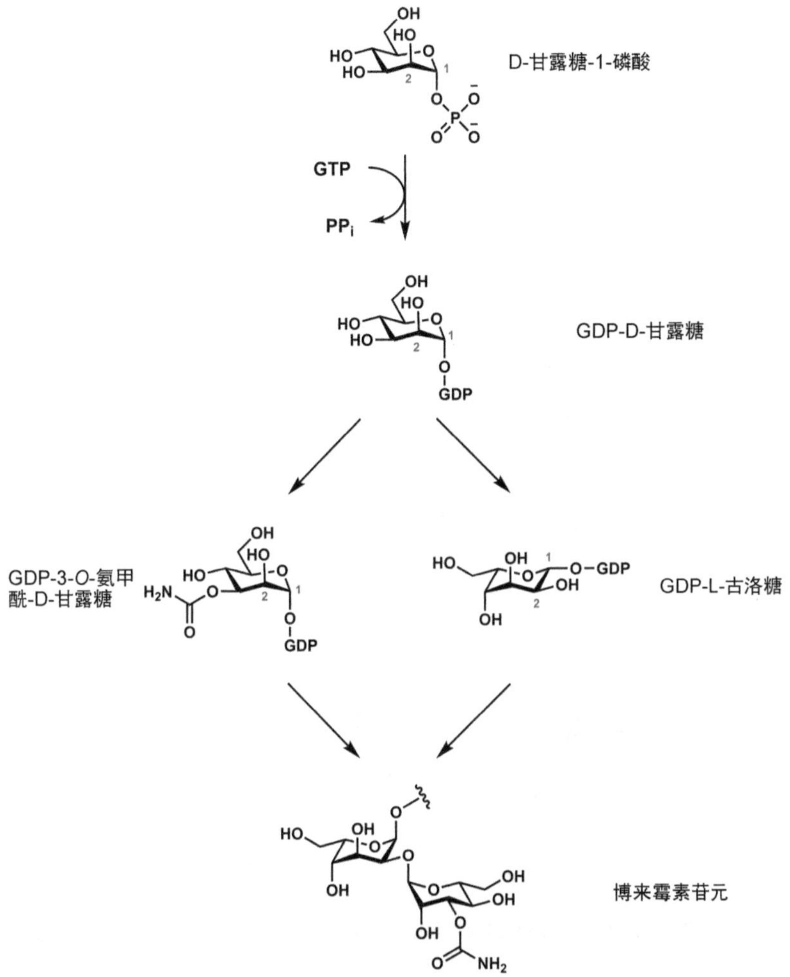

图 11.12　GDP- 甘露糖是博来霉素二糖上 L- 古洛糖和 *O*- 氨甲酰 - 甘露糖残基的前体

11.2.3　糖基转移酶利用 NDP- 己糖将糖基单元转移到亲核共底物中

核苷二磷酸糖是初级代谢和次级代谢途径中糖的主要生物源供体。如图 11.6 所示，糖基转移酶的共底物可以具有各种各样的化学结构。它们结构中都必须有一个能发动亲核进攻的点。如图 11.13 所示，*O*-糖苷、*N*-糖苷和 *C*-糖苷分别来自于通过亲核的氧、氮或碳进攻底物核苷二磷酸糖的糖基部分的 C1 位。

由于通用的供体 NDP 糖（几乎总是 NDP 己糖）在糖的 C1 位具有潜在的亲电性，所有的天然糖苷都是天然亲核苷元与糖单元的 C1 位相连。随后糖单元向低聚糖的延伸也总是在每个添加的糖基单元的 C1 处发生相连。

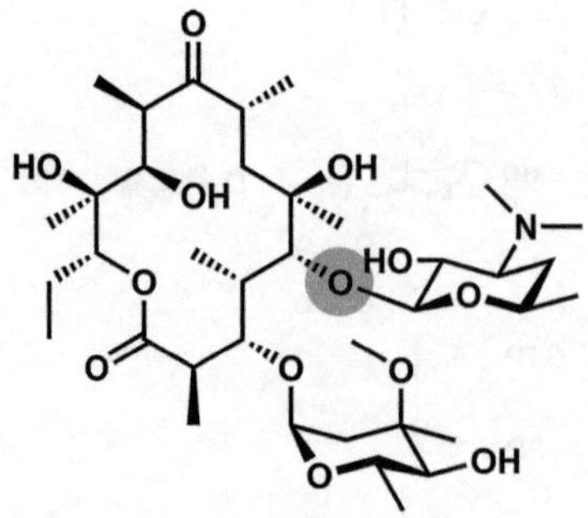

红霉素(O-糖苷)

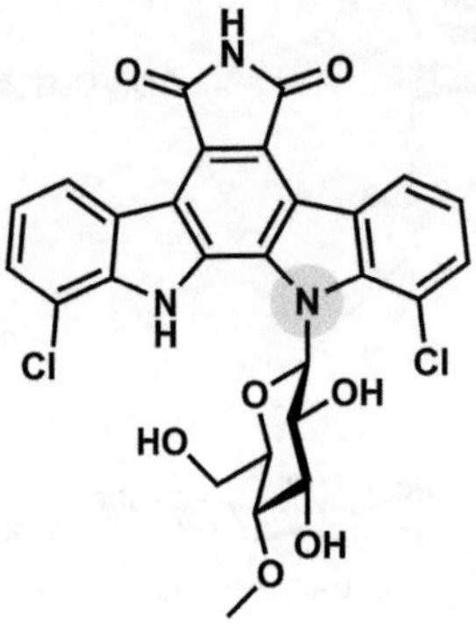

蝴蝶霉素(N-糖苷)

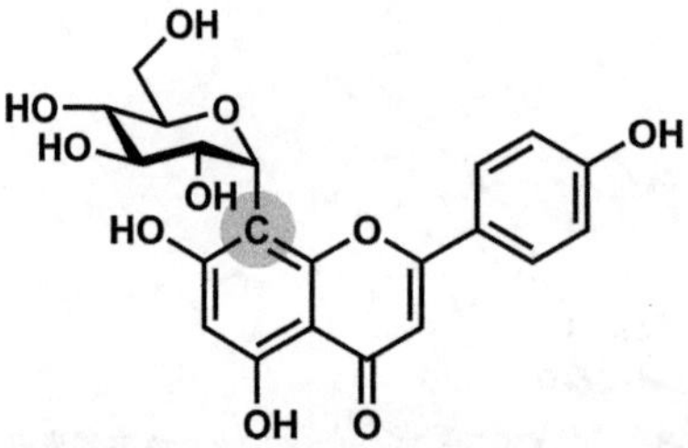

牡荆素(C-糖苷)

图 11.13　与 O、N 或 C 原子相连的糖基分别由亲核性的醇、胺和碳负离子过渡态进攻所产生

　　NDP-己糖底物将糖基单元作为亲电片段在 C1 处传递。将葡萄糖转化为 G-1-P 接着再转化为 G-1-UDP 衍生物的策略是为了降低 C1–O 键断裂的能垒。如图 11.14 所示，断裂 C1–O 键的推测发生在反应坐标的早期，这样形成的含氧碳正离子很快受到所述亲核试剂的攻击。这是蛋白质数据库中数千个糖基转移酶（Gtfs）的典型机制（Lairson, Henrissat *et al.* 2008）。直接的 S_N2 样攻击会在转移的糖基单元 C1 处生成立体构型翻转的产物，同样也有许多生成保守型产物的例子。在非双取代共价糖基转移酶反应机制情况下，早期形成的含氧碳正离子使得离去基团离去后，亲核试剂可以从同一面进攻。

　　拟南芥中有着较多的葡萄糖基转移酶，大约有 125 个 *gtf* 基因，而蒺藜状苜蓿（*Medicago truncatula*）中有 165 个 *gtf* 基因。大部分编码的糖基转移酶可能参与次级代谢产物的糖基化，从而发挥增溶、储存、运输或代谢产物区室化的作用（Keegstra and raikhel 2001）。

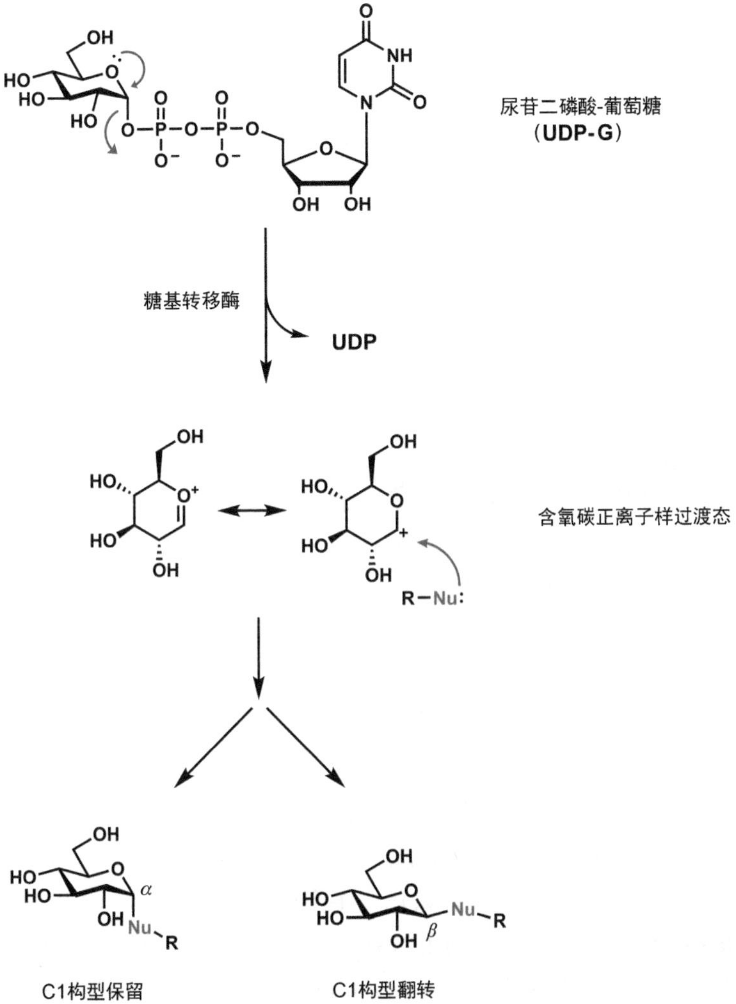

尿苷二磷酸-葡萄糖
（**UDP-G**）

糖基转移酶

UDP

含氧碳正离子样过渡态

R—Nu:

C1构型保留

C1构型翻转

图 11.14　数万糖基转移酶的作用机制。糖基转移酶先催化 C1-O 键断裂形成含氧碳正离子过渡态，然后得到被转移的糖基处于两种构型的产物，分别为 C1 处保留型和翻转型两种立体构型

　　植物中经糖基化修饰的次级代谢产物包括植物抗菌素，这类分子在植物中起到防御作用［与植物抗毒素不同，植物抗菌素是植物对感知到的威胁实时响应合成的］（VanEtten, Mansfield *et al.* 1994）。橡树根中的燕麦素 A（avenacin A）和番茄中的 α-番茄苷是两个糖基化的植物抗菌素（两者苷元均为甾体生物碱）（图 11.15）。糖基化的分子可分为糖基部分和苷元。燕麦素（Bowyer, Clarke *et al.* 1995; Osbourn, Bowyer *et al.* 1995）和 α-番茄苷均含有三萜苷元，并都在苷元的 3-OH 处与寡糖链以缩醛形式相连（见图 5.36）。三萜糖苷类因具有两性性质（结构中同时存在疏水和亲水部分）被命名为皂苷，它们在植物细胞膜适当的位置上起保护作用。

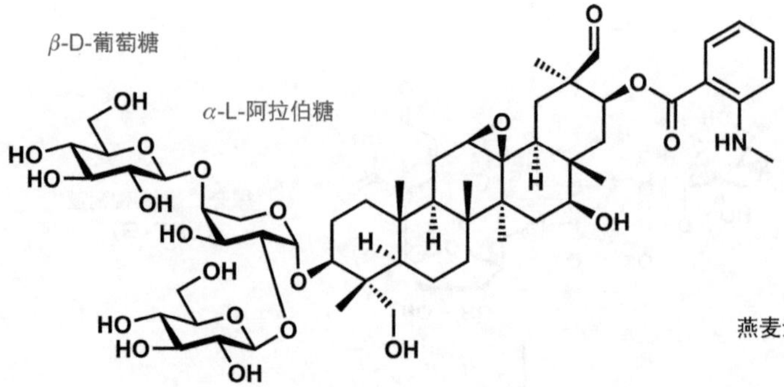

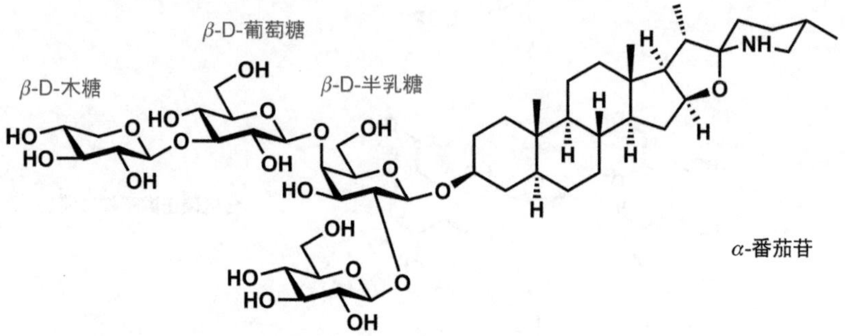

图 11.15　植物抗菌素：来自橡树根的燕麦素 A1 和来自番茄的
α- 番茄苷是以寡糖缩醛形式储存的甾体生物碱（见第 5 章）

　　燕麦碱和 α- 番茄苷中的糖基支链含有两个戊糖（分别为木糖和阿拉伯糖）、葡萄糖和半乳糖。如图 11.16 所示，这两种戊糖都可由 UDP-葡萄糖获得。将 C6 位醇氧化成酸可生成 UDP-葡萄糖醛酸。随后氧化成 4-酮以便于脱羧后经手性还原产生 UDP-D-木糖。UDP-木糖-4-差向异构酶利用 NAD，重新产生 4-酮中间体并生成 UDP-D-阿拉伯糖。UDP 木糖和 UDP 阿拉伯糖是燕麦根和番茄植株中特定糖基转移酶的共底物。

　　植物代谢中酶催化的糖基化的其他特征包括：通过 3-O-糖基化增加花青苷类花色素的化学稳定性，以及维持图 11.8 中激素-O-糖苷与游离激素之间的平衡。糖基化的植物激素所在位置及其转运不同于糖苷酶作用后的分布。

　　换而言之，糖基化形式与它们苷元之间的平衡，取决于生物合成途径中糖基转移酶与水解糖苷酶的有效催化比（Bowles, Isayenkova et al. 2005; Bowles, Lim et al. 2006; Osbourn and Lanzotti 2009）。这将是一个多参数比，取决于转移酶和水解酶在组织和子室中的位置以及它们本身的催化效率。这可能是因为经 UDP-葡萄糖而非一些被修饰了的 UDP-己糖糖基化的植物代谢产物，更容易发生糖苷酶介导的逆向水解，从而释放出游离的苷元（图 11.17）。在本章后面一节中提到的硫代葡萄糖苷（即芥子油苷，glucosinolates）和氰苷就与之相关。

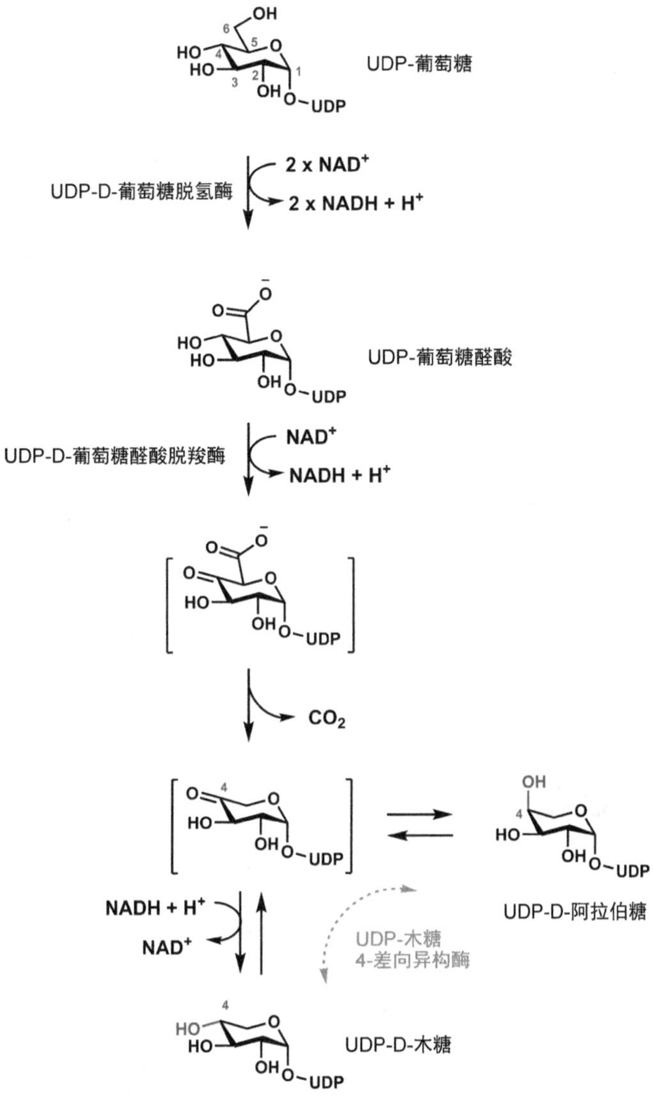

图 11.16 UDP- 阿拉伯糖和 UDP- 木糖是由 UDP- 葡萄糖氧化为 UDP- 葡萄糖醛酸后脱羧而成

11.2.4 NDP- 己糖与 5- 磷酸核糖 -1- 二磷酸

在第 6 章中，我们提到在 RNA 和 DNA 的合成砌块中由三部分组成的核苷酸（嘌呤或嘧啶碱基 / 糖 /5′-磷酸）中的糖单元是 D-核糖而不是 D-葡萄糖。在这一章提到的一些小分子天然产物中含有由葡萄糖组成的核苷部分，但这样的化合物非常少见。

D-核糖的活化方式与 D-葡萄糖的活化形式相似但也存在不同。两者都在 C1 处发生焦磷酸化使 C1 转变成亲电位点，以确保亲核的共底物区域选择性的进攻该位置。

然而，5-磷酸核糖直接被焦磷酸激酶焦磷酸化，在这一过程中 5-磷酸核糖的 α-端基异构体的 $C1$-OH 对 ATP 的 β 位磷原子发生进攻（Eriksen，Kadziola *et al.* 2000）。而对于己糖，则是由葡萄糖-α-1-磷酸更常规地定向进攻 UTP 的 α 位磷原子，而不是 β 位磷原子（Kleczkowski, Geisler *et al.* 2004）。其结果是取代的 C1 位焦磷酸基连到 UDP-葡萄糖上。

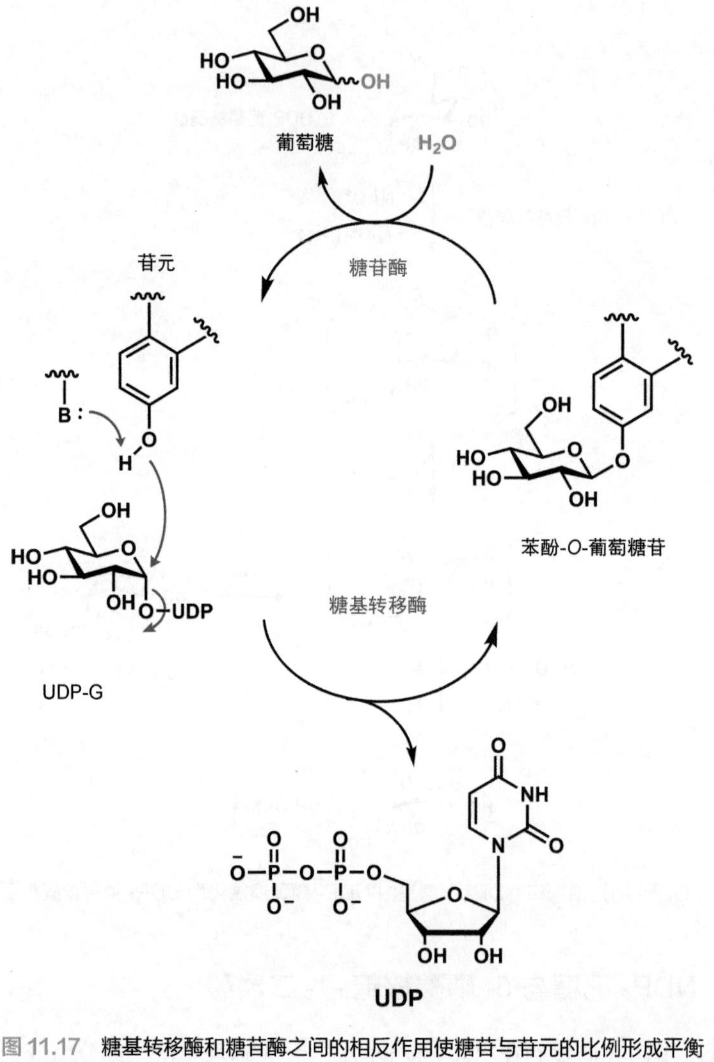

图 11.17　糖基转移酶和糖苷酶之间的相反作用使糖苷与苷元的比例形成平衡

在核糖和葡萄糖两个体系中，1-C–OPP 键的作用是使其在 1-C–O 键断裂时形成含氧碳正离子过渡态，并确保亲核试剂通常以缩醛键与戊糖和己糖的 C1 相连。正如我们在本章前面所提到的，UDP- 核糖可以形成并用作核糖供体。

11.3 糖基化天然产物的展示

　　最令人熟知的一类甾体糖苷类化合物不是植物抗菌素（如前面的图 11.15），而是洋地黄属植物的强心苷类代谢产物。地高辛（Soldin 1986）的结构如图 11.18 所示，它是由三个洋地黄己糖单元组成的三糖链，连接在生源上来自 2,3-氧化角鲨烯的甾体骨架的 3-羟基上（见第 4 章）。夹竹桃含有与它同名的夹竹桃苷（oleandrin），这是一种甾体 3-O-单糖（Kumar, De *et al.* 2013）（图 11.18）。芦丁是由黄酮醇槲皮素与芸香糖（葡萄糖基-*β*-1,6-L-鼠李糖）连接而成（也可见图 7.21），它在许多植物包括荞麦中含量丰富。添加了双糖单元后可以提高水溶性，帮助从产生的植物细胞运输到不同的细胞器和组织，并有助于发挥清除氧的防御保护作用。

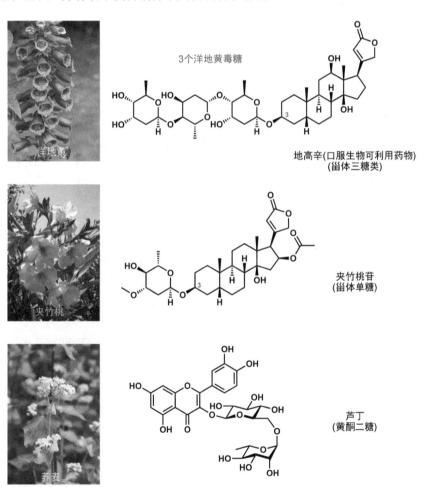

3个洋地黄毒糖

地高辛(口服生物可利用药物)
(甾体三糖类)

夹竹桃苷
(甾体单糖)

芦丁
(黄酮二糖)

图 11.18　甾体糖苷和黄酮糖苷。洋地黄中的强心苷类成分包括地高辛

　　图 11.19 所示的另外两种甾体糖苷属于图 11.15 中燕麦素和 *α*-番茄苷那一亚类的

皂苷。葫芦巴籽（fenugreek）（咖喱调味料）中的主要皂苷是图中的三萜四糖苷（De-wick 2009）。含三糖的三萜类化合物茄碱具有昆虫拒食活性，由于其具有两亲性，从而位于马铃薯和番茄植物细胞膜上。图 5.35 展示了从胆固醇开始合成苷元茄啶的生物合成途径。这些两亲性的皂苷具有起泡特性，可用于肥皂和洗发水（Hostettmann and Marston 1995）。

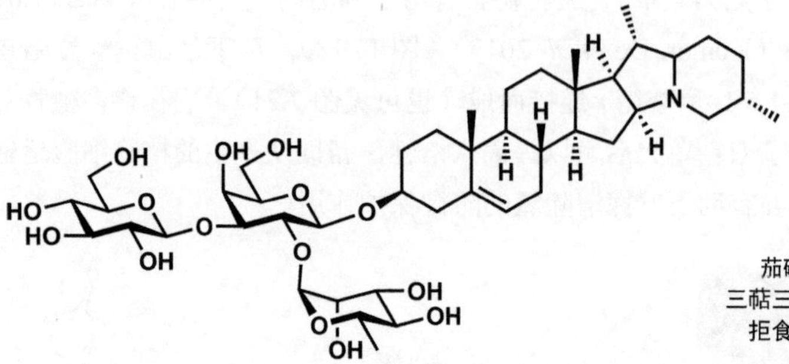

茄碱
三萜三糖苷
拒食剂

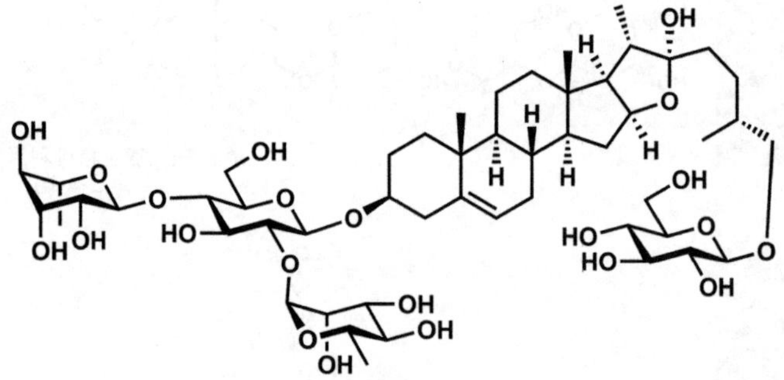

葫芦巴籽(希腊干草/咖喱)中的三萜四糖苷

图 11.19　两种皂苷的结构
茄碱存在于马铃薯叶、花和芽中，是茄啶的三糖苷

在聚酮三环蒽环类家族中，道诺霉素和阿克那霉素 A（aclacinomycin A）的糖基化通常发生在 7-羟基上，而后者具有一种不寻常的脱氧三糖，这有助于与靶向 DNA 结合（图 11.20）。

吲哚咔唑类生物碱二聚体在其结构中的任何一个或两个吲哚氮原子上可发生 N- 糖基化（图 11.21）。如在星形孢菌素结构成熟过程中，两个氮原子都与利托胺（ristosamine）结合。TDP-L-利托胺在典型的糖基转移酶（StaG）的作用下完成 C1 处的连接，从而生成 holyrine A。另一方面，另一个吲哚的氮与利托胺的 C5 之间的连接则需要一种不同的化学反应。StaN 被鉴定为一种细胞色素 P450 血红素蛋白（Salas, Zhu et al. 2005; Sanchez, Zhu et al. 2005）。它属于利用高价 Fe(V)=O 氧化剂作自由基引发剂但不完成 [OH·] 转移的一类 P450（见第 9 章）。相反，双重束缚的糖-苷元骨架中的 N–C 键被认为是通过氮自由基和 C5 自由基偶联形成的（路径 a）。另一种方案（路径 b）是在 ristosamine 的 C5′ 进行羟基化，然后脱水过程中形成氧鎓离子，最后被氮原子进攻形成 C-N 键。两个 SAM 依赖性甲基化反应可实现星形孢菌素结构的成熟。

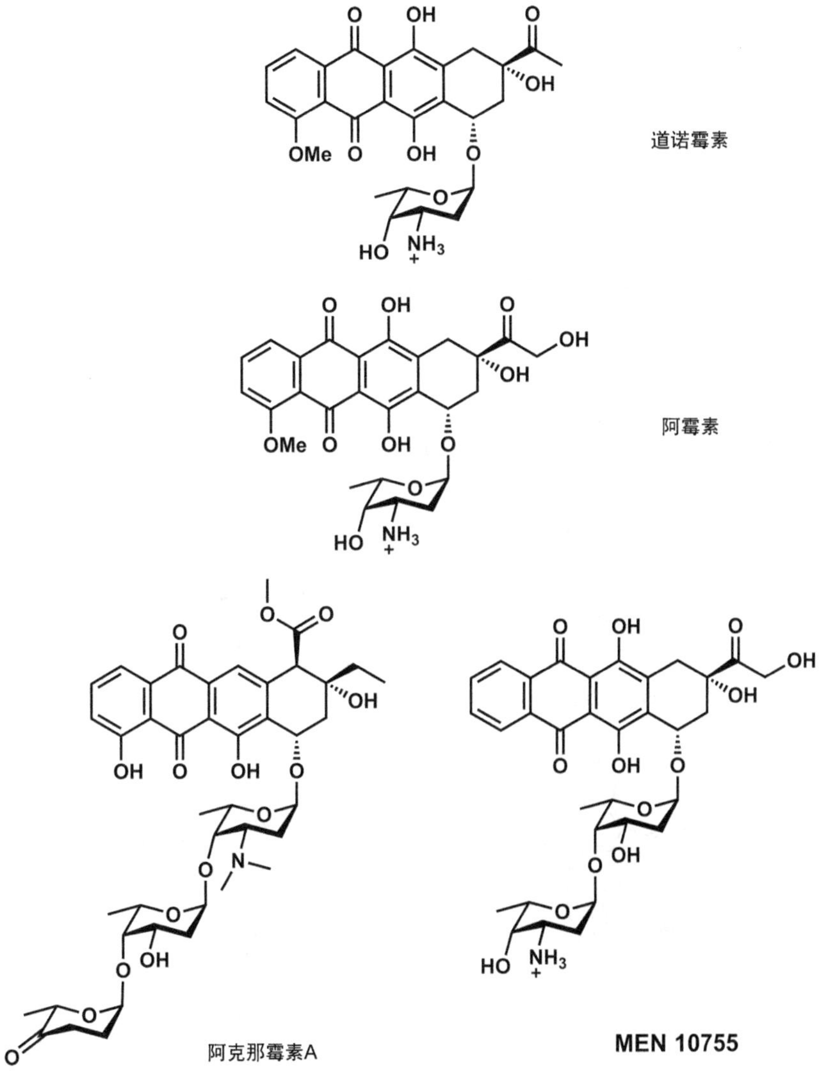

道诺霉素

阿霉素

阿克那霉素A

MEN 10755

图 11.20　蒽环类天然产物中常见的糖基化形式

　　下面四个不同类型聚酮骨架糖基化的例子将说明在这类天然产物中糖基转移酶的作用范围。红霉素系家族化合物（见图 11.6）在 NDP 糖基供体和糖苷形成时机方面表征最好。TDP-碳霉糖在一个专属的糖基转移酶（Gtf）作用下结合在脱氧红霉内酯（de-oxyerythronolide）苷元的 C3 位的羟基上。和往常一样，连接的方式是将 3-O 连到转移来的碳霉糖的 C1 位上。然后，去氧糖胺转移酶（desosaminyl transferase）利用 TDP-

去氧糖胺将去氧糖胺通过 C1 连接到 14 元大环内酯的 O5 上。制霉菌素作为一种通过破坏细胞膜产生抗真菌作用的聚烯类抗真菌剂，其结构中含有一个以 *O*- 糖苷键连接的单糖 D- 海藻糖胺（图 11.6）。糖基单元是在生物合成途径的后期在糖基转移酶 Nysd1 作用下由 GDP- 海藻糖胺而来。抗寄生虫药伊维菌素（图 11.6）是治疗河盲症的一线药物，它在大环内酯的两个羟基之一上连有一个二糖夹竹桃糖（oleandrose）。

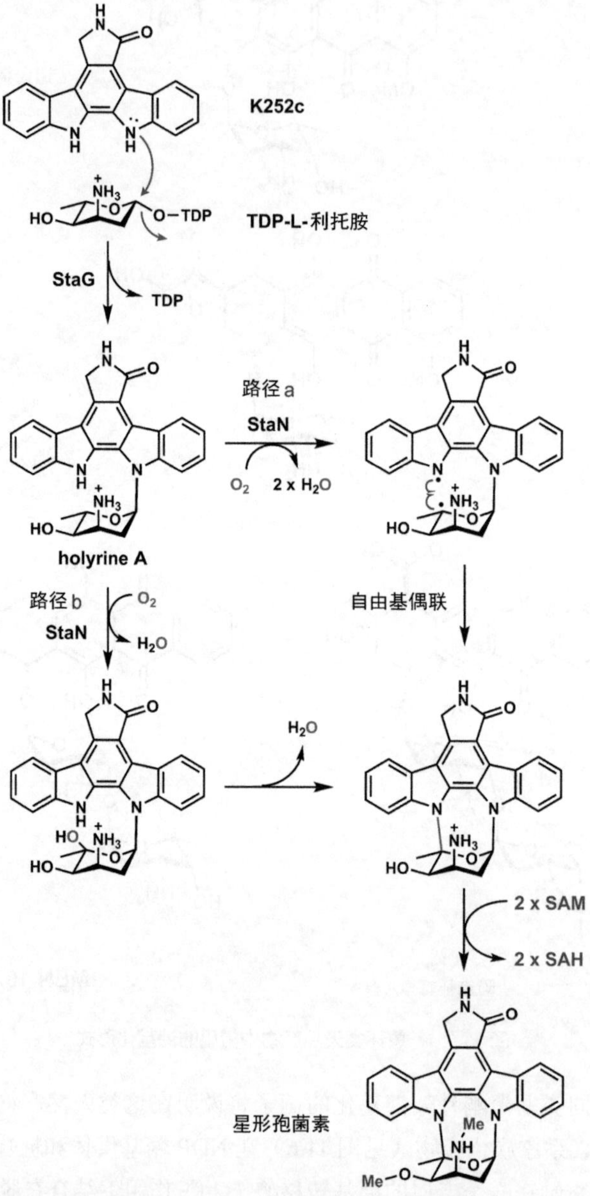

图 11.21　星形孢菌素：在 L- 利托胺的 C1′ 和 C5′ 处形成两个 *N*- 糖苷键。C1′ 处的糖苷键是通过一个 *N*-糖基转移酶形成的。图中给出了 P450 酶 StaN 催化形成 N–C5′ 键的两种可能的机制：路径 a，通过双自由基中间体偶联；路径 b 通过一个过渡的 C5′ 羟基化

此处举例说明的第四个聚酮糖苷是乌达霉素 A，它的生物合成基因簇中编码了四个糖基转移酶，从而特异性地引入四个被修饰的己糖残基（图 11.6）。其中三个残基

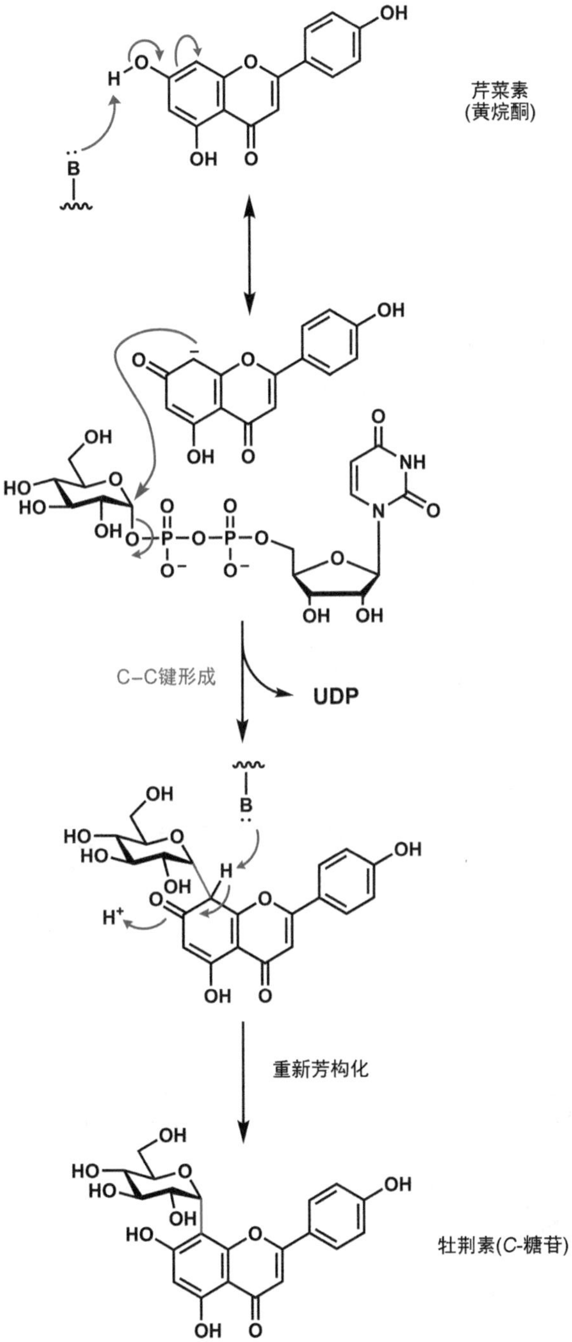

图 11.22　黄酮酚羟基邻位的 C- 糖基化

以 O-糖苷键连接，而第四个以不寻常的 C-糖苷键连接（三糖链上的第一个残基）（Trefzer, Hoffmeister *et al.* 2000）。形成 C-糖苷键的碳原子与角形四环结构中 A 环的酚氧相邻，因此可以作为碳亲核剂来进攻 NDP 己糖共底物的 C1 位（Mittler, Bechthold *et al.* 2007）。另一个形成 C-糖苷键的例子见黄酮类化合物，其形成机制如图 11.22 所示（Falcone Ferreyra, Rodriguez *et al.* 2013; Nagatomo, Usui *et al.* 2014）。

博来霉素是一种由聚酮 - 非核糖体肽杂合酶生成的抗肿瘤药物，其结构中组氨酸残基 β-OH 上结合了一个双糖单元。该双糖单元由 L-葡萄糖和 O-氨基甲酰-D-甘露糖残基组成，它们都来自 GDP-甘露糖（见图 11.12）。在非核糖体肽类天然产物万古霉素及其同系物中，葡萄糖基-1,2-L-万古糖胺二糖单元形成的详细过程如图 11.23 所示。香豆素类抗生素以 DNA 旋转酶的 GyrB 亚基为靶点。如图 11.24 所示，它们都至少含有一种修饰的己糖。在新生霉素、氯新生霉素（clorobiocin）和二聚香豆霉素中，糖基单元是 L-诺维糖（L-noviose）。在新生霉素系统中，已对诺维糖基转移酶

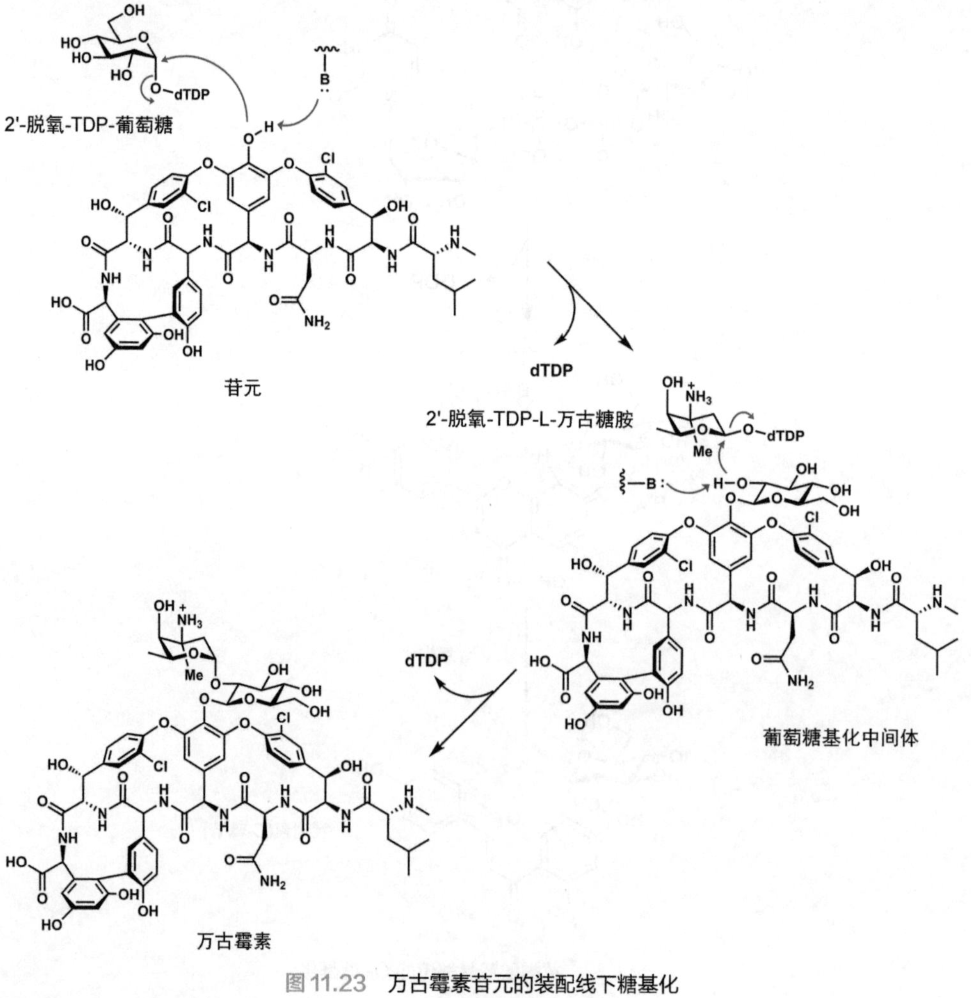

图 11.23　万古霉素苷元的装配线下糖基化

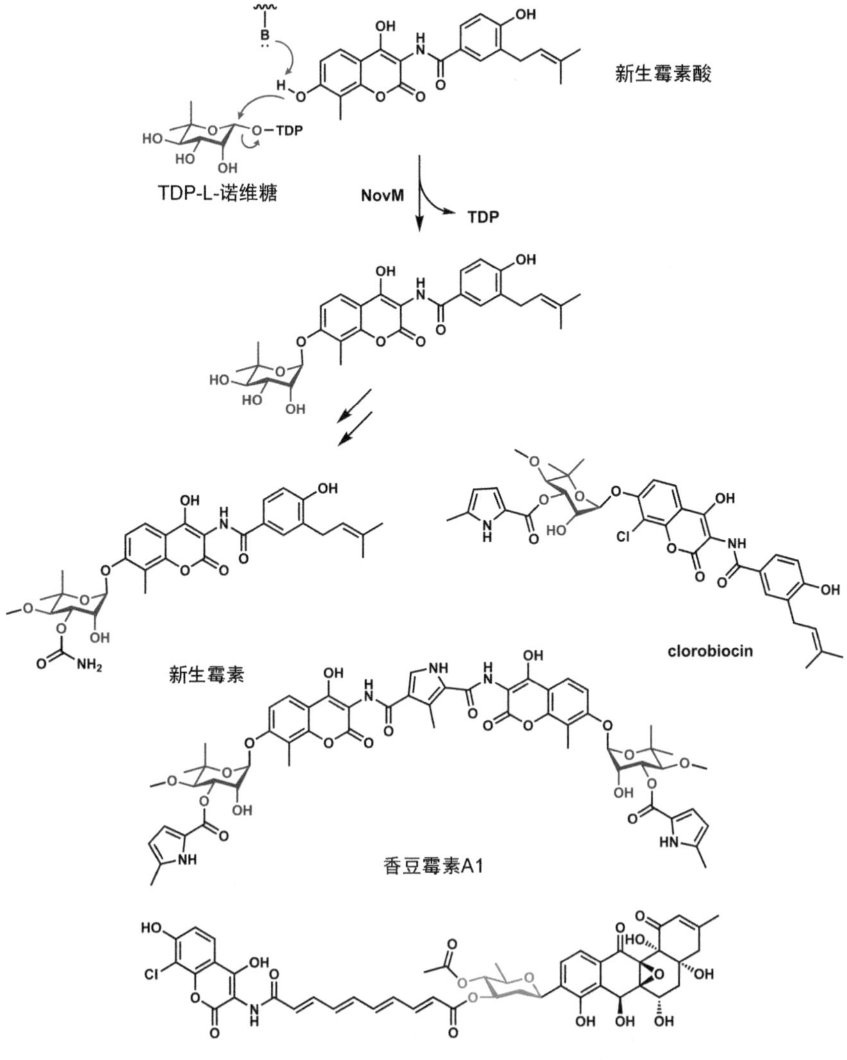

图 11.24　糖基化的香豆素类抗生素含有脱氧己糖 L- 诺维糖；在新生霉素生物合成的第三步到最后一步，新生霉素酸的酚羟基亲核进攻 TDP-L- 诺维糖从而捕获诺维糖基单元

NovM（图 11.24）的作用时机、机制和特异性进行了详细的验证（Freel Meyers, Oberthur *et al*. 2003; Albermann, Soriano *et al*. 2003）。随后在诺维糖基单元上发生 *O*-甲基化和 *O*-氨甲酰化修饰，形成该抗生素的最终结构（Freel Meyers, Oberthur *et al*. 2004）。

11.4　NDP- 葡萄糖转变为 NDP- 修饰己糖的化学逻辑

正如本章前面图中的几个例子，许多结合在微生物和植物苷元上的己糖并不是普通的葡萄糖、N-乙酰葡萄糖胺、半乳糖或甘露糖等这些初级代谢的主要己糖。糖苷形成中涉及的所有被修饰了的己糖都来源于 NDP-葡萄糖，通常在细菌和真菌中是 TDP-葡萄糖而在高等植物中是 UDP-葡萄糖。在细菌系统中，它们共同的早期步骤和晚期分支途径已被广泛研究（He and Liu 2002a, b）。

所有的多样化都始于最初由 TDP-葡萄糖到 TDP-4-酮-6-脱氧葡萄糖的酶促转化（Thibodeaux, Melancon *et al.* 2007; Thibodeaux, Melancon *et al.* 2008）。4-酮的形成是关键的官能团变化，使其随后可在 C2、C3、C4、C5 和 C6 进行化学修饰。该途径中第一个明确的酶是 NDP-己糖-4,6-脱水酶，它含有紧密结合的 NAD^+。一旦 TDP-葡萄糖结合到酶的活性位点，C4 位羟基被氧化为酮，而 NAD^+ 被还原为 NADH（图 11.25）。酮基的存在使得 C5 位的氢可以以质子的形式被夺去，因为生成的 C5 碳负离子可异构成稳定的烯醇。负电荷有利于 C6 位羟基的离去，C–O 键断裂后生成共轭的 6-烯-4-

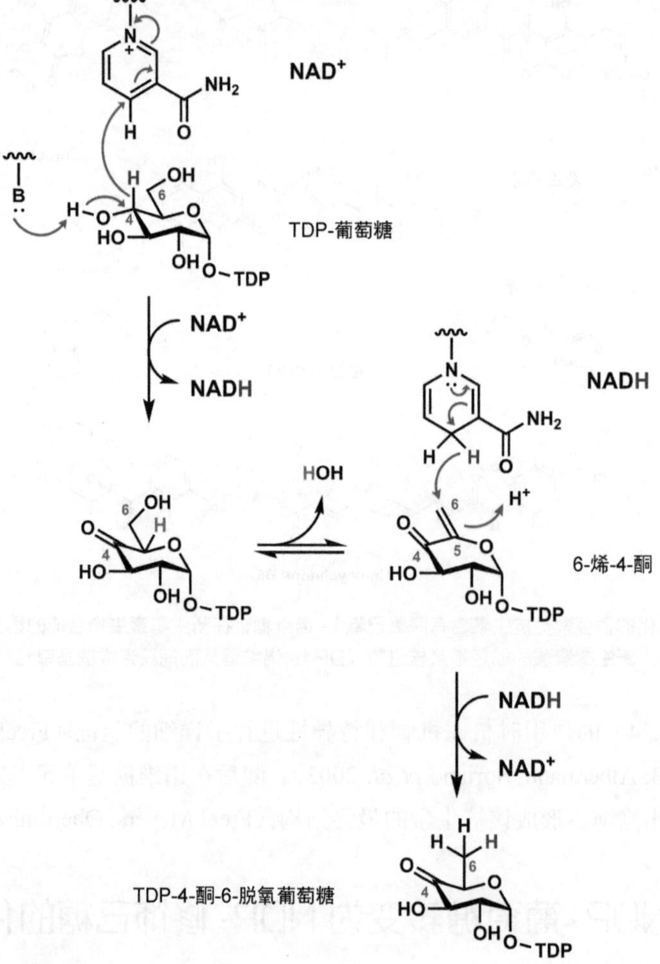

图 11.25　TDP 脱氧己糖形成过程中第一个明确的酶将 TDP-葡萄糖转化为 TDP-4-酮-6-脱氧葡萄糖

酮。接着该酶将 NADH 上的氢转移到烯 - 酮中烯键末端的 C6 上，而不是回到原来形成酮的 C4 位碳。至此催化循环结束，生成的 TDP-4-酮-6-脱氧葡萄糖可作为下游所有 NDP-脱氧己糖和氨基脱氧己糖等的前体。

这些转化仅由氧化还原酶、脱水酶、差向异构酶和 *C*-甲基酶这四类酶所引起（图 11.26）。在细菌系统中，编码这些酶的基因通常与苷元生物合成的基因分布在一起，特异性的糖基转移酶基因也是如此。其中，这些基因定位在一起，表明糖基化对成熟形态的天然产物活性的重要性。

如图 11.27 所示，在万古霉素类似物氯化伊瑞霉素的生物合成基因簇中，有五个

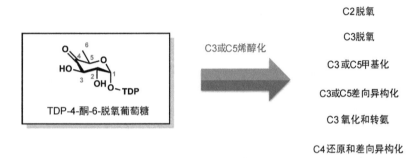

图 11.26　次级代谢过程中 NDP- 己糖发生的脱氧、差向异构化、转氨和 *C*- 甲基化酶促反应的若干情况

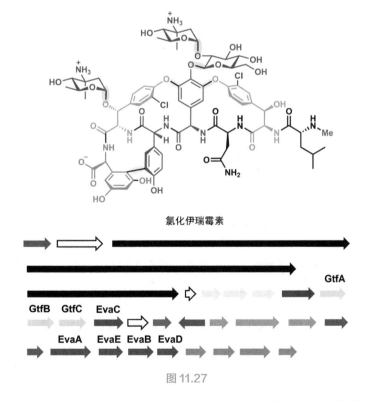

图 11.27

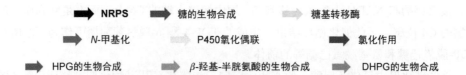

図 11.27 细菌来源的氯化伊瑞霉素生物合成基因簇中的基因编码三个后修饰的糖基转移酶和五个将 TDP-4-酮-6-脱氧葡萄糖转化为 TDP-L-万古糖胺的酶

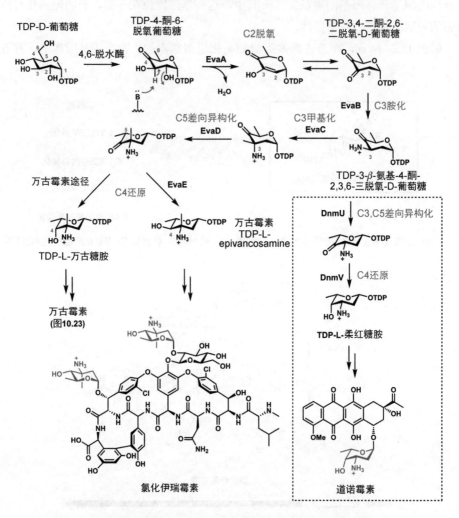

图 11.28 TDP-L-柔红糖胺、TDP-L-表万古糖胺和 TDP-L-万古糖胺的逐步形成过程
一个关键的步骤是 NDP-4- 酮 -6- 脱氧己糖通过 C3 烯醇和 3,4- 二酮
（在 NADH 还原 C3 之前）转化为 NDP-4- 酮 -2,6- 二脱氧己糖

基因 *evaA* ~ *E* 编码的酶依次作用于第一个确定的中间体 TDP-4-酮-6-脱氧葡萄糖。TDP-L-表万古糖胺（TDP-L-eremosamine）和 TDP-柔红糖胺的形成过程如图 11.28 所示（Thibodeaux, Melancon *et al.* 2008）。第一步是 EvaA 以质子的形式脱去 C3–H，形

成稳定的 3 位碳负离子以便于 2-OH 的消除（与上述 6- 脱氧基团的形成高度类似）。第一个产物是 2,3-烯醇，它将异构化为 TDP-3,4-二酮-2,6-二脱氧-D-葡萄糖。下一个酶 EvaB 催化还原性的转氨反应将 3-酮立体选择性的转化为 TDP-3-β-氨基-4-酮-2,3,6-三脱氧-D-葡萄糖。下一步是 EvaC 催化的 SAM 介导的 C-甲基化。同样，4- 酮基有利于形成 3 位碳负离子来进攻 SAM 完成 [CH_3^+] 的转移，甲基化的立体选择性如图中所示。到目前为止，C4 位酮基已经促成了 2-脱氧形成过程中的脱水消除和 3-甲基化。下一步是 EvaD 将 C5 位的甲基差向异构化生成 L 型糖。途径中的最后一步是将 L-脱氧糖中的 C4 酮基还原为 α-OH（在 L-万古糖胺途径中）或 β-OH（L-表万古糖胺），后者由 EvaE 催化。图 11.29 以表格的形式显示了 TDP-D-葡萄糖转化为 TDP-L-epivancosamine 近端糖基供体过程中 C2 到 C6 发生的每一步变化（Chen, Thomas *et al.* 2000）。

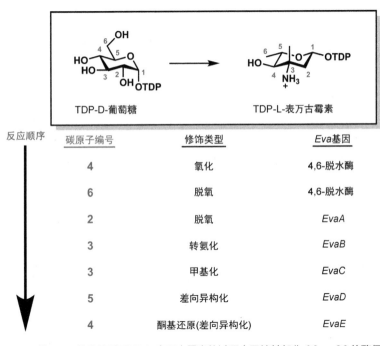

反应顺序	碳原子编号	修饰类型	Eva基因
	4	氧化	4,6-脱水酶
	6	脱氧	4,6-脱水酶
	2	脱氧	*EvaA*
	3	转氨化	*EvaB*
	3	甲基化	*EvaC*
	5	差向异构化	*EvaD*
	4	酮基还原(差向异构化)	*EvaE*

图11.29 从 TDP 葡萄糖到 TDP-L-表万古霉素的过程中己糖基部分 C2 ～ C6 的酶促变化

万古糖胺生成途径中的 TDP-3-β-氨基-4-酮-2,3,6-三脱氧己糖代谢产物可发生差向异构化转变为 3-α-氨基异构体（图 11.28）。将 4-酮还原为 4-α- 醇生成 TDP-L-柔红糖胺（daunosamine）。TDP-L-柔红糖胺作为近端糖基供体在四环聚酮苷元的 7-OH 形成糖苷键，生成抗肿瘤剂道诺霉素（daunomycin）（见图 11.20）。通过类似的逻辑和酶学机制（图 11.30），新生霉素形成途径中的 TDP-4-酮-6-D- 脱氧葡萄糖可差向异构化生成 L 型糖，接着在 C5 处可甲基化（通过烯醇化阴离子化学），然后将 C4 酮基还原（Thibodeaux, Melancon *et al.* 2007; Thibodeaux, Melancon *et al.* 2008），C4 酮的还原几

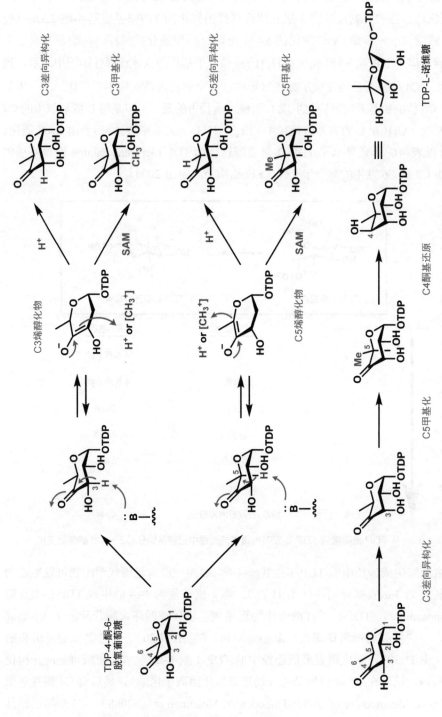

图 11.30　TDP-4- 酮 -6- 脱氧己糖中 C4 酮的烯醇化使 C3 或 C5 处能够发生 C-甲基化

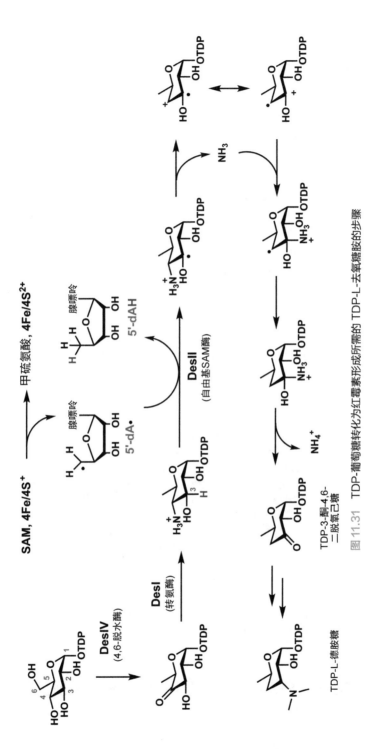

图 11.31 TDP-葡萄糖转化为红霉素形成所需的 TDP-L-去氧糖胺的步骤

乎总是 TDP- 己糖修饰的最后一步，因为它在 C3 和 C5 位碳负离子形成中的化学作用是发生差向异构化和 *C*-甲基化的核心要素。在本例中，产物为 TDP-L-诺维糖，接着可由 NovM 糖基转移酶催化发生糖基化（见图 11.24）。

最后一个例子是 TDP-葡萄糖经 4-酮-6-脱氧代谢产物转化为三脱氧氨基糖 TDP-L-去氧糖胺，这对红霉素的抗生素活性至关重要。转化过程中的关键酶是 DesII，它是第 10 章中详述的自由基 SAM 酶家族的一员。DesII 催化一组复杂的转化，其中由 4-C-胺到 4-C–CH$_2$ 这种不明显的转化是通过自由基机理来实现的。

如图 11.31 所示，由 SAM 断键产生的 5′- 脱氧腺苷自由基可将 C3 位的氢以H·的形式夺去，产生C3·自由基（Szu, He *et al.* 2005; Szu, Ruszczycky *et al.* 2009），其中相邻的 C4 位 NH$_3$ 取代基可能会失去。由此产生的阳离子自由基具有共振形式，如图所示将自由基置于 C3 或 C4。刚生成 NH$_3$ 加成到 C3 阳离子上，C3 处形成醇胺结构，而邻近的 C4 处形成自由基。H·从 5-脱氧腺苷转移回 C4 后，醇胺分解生成 3-酮-4,6-脱氧糖。最终形成 TDP-L-去氧糖胺还需再经 3- 酮到 3- 氨基的酶促转氨作用和 *N*-二甲基化。

上面提到的例子是 NDP 己糖发生修饰改性己糖的一小部分。最近的一篇综述报告称，"在已知的 15940 种细菌天然产物中，有 3426（21%）被糖基化，其中有 344 种不同的糖基。"（Elshahawi, Shaaban *et al.* 2015）（图 11.32）。

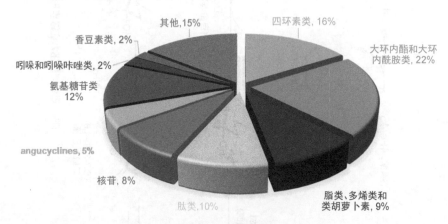

图 11.32　糖基化天然产物类型的分布情况

经英国皇家化学学会许可，转载自：Elshahawi, S. I., K. A. Shaaban, M. K. Kharel and J. S. Thorson（2015）."A comprehensive review of glycosylated bacterial natural products". *Chem. Soc. Rev.*, 44: 7591-7697.

11.5　糖基转移酶与糖苷酶的平衡：氰苷和硫代葡萄糖苷

在一些（也许是多数）糖基化的天然产物中，从单糖到七糖的糖基单元是它们必要的组成部分。它们不能被酶水解逆向地除去。本章前面提到的抗生素如红霉素、万古霉素和诺维霉素，杀寄生虫药阿维菌素，抗癌药道诺霉素、吲哚咔唑类蝴蝶霉素和星形胞菌素都是如此。

另一方面，有两类植物次级代谢产物氰苷（Gleadow and Moller 2014）和硫代葡萄糖苷（Halkier and Gershenzon 2006），它们糖基化的形式是用于贮存可被糖苷酶激活的潜在官能团（图11.33）。在这些分子中，负责生物合成的 Gtf 和负责水解的糖苷酶之间的平衡，反映了在植物应对捕食者的快速防御响应中将释放预先形成的毒素（氰化物离子或异硫氰酸盐离子）。顾名思义，氰苷能从受保护的氰醇缩醛中产生氰化氢。硫代葡萄糖苷被定义为"在十字花科植物（如花椰菜、卷心菜和芥末）中发现的有各种各样苦味的含硫糖苷，水解时能生成具有生物活性的化合物（如异硫氰酸盐），包括一些具有抗癌作用的化合物"（定义见 *the Webster Medical Dictionary*）。

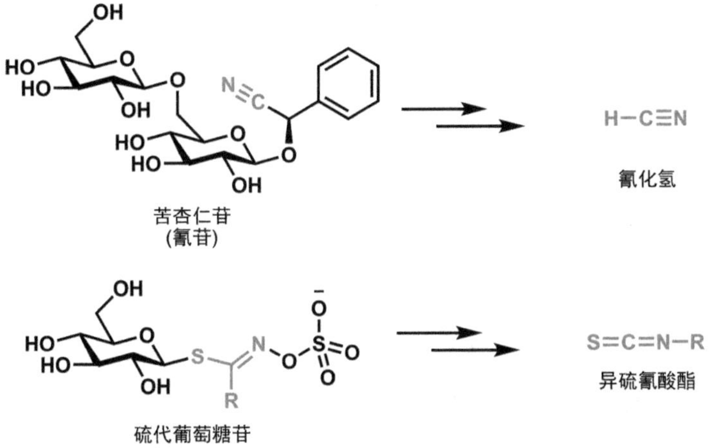

图 11.33　硫代葡萄糖苷和氰苷类：糖基化是具有潜在活性的毒素氰化物和异硫氰酸盐离子的可逆性保护策略

图 11.34 显示了一些常见的氰苷的植物来源。图中还显示了杏仁中的苦杏仁苷（amygdalin）、高粱中的蜀黍苷（dhurrin）和亚麻苦苷（linamarin）的结构。这些苷元是非常简单的氰醇骨架。它们由氨基酸发生 *N*- 氧化所形成，如两个细胞色素 P450 将酪氨酸转化为对羟基扁桃腈（图11.35）。呈四面体形的氰醇可以分解释放出与血红素蛋白有效结合的氰化物离子和母体醛。在产生这些羟基腈（氰醇）的细胞中，它们被葡萄糖基转移酶所捕获。

在这个例子中，羟基腈的第二个羟基作为亲核基团进攻 UDP-葡萄糖的 C1 位。由此生成的蜀黍苷（Halkier and Moller 1989; Halkier, Olsen *et al.* 1989）从而与葡萄糖部分形成缩醛连接的方式将氰醇阻断。它们在化学上是稳定的，并且在非酶作用时不会从这些糖苷中释放氰化物。逆转生成氰醇是由特异的氰苷酶介导的，而氰醇是对呼吸系统有毒害的氰化物离子的直接来源。可以通过在不同的亚细胞 / 细胞室中合成和 /

或分布来对这些水解酶进行调节，直到收到适当的信号。

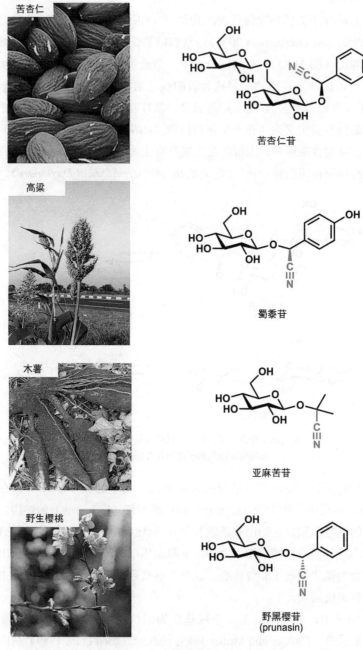

图 11.34　若干氰苷的植物来源及结构

　　类似地，图 11.36 所示的代谢产物野黑樱苷（Nahrstedt and Rockenbach 1993）（日本樱桃灌木是其来源之一，如图 11.34 所示）可被特定的葡萄糖苷酶作用。反过来说，在酶的作用下可加快氰醇的分解。

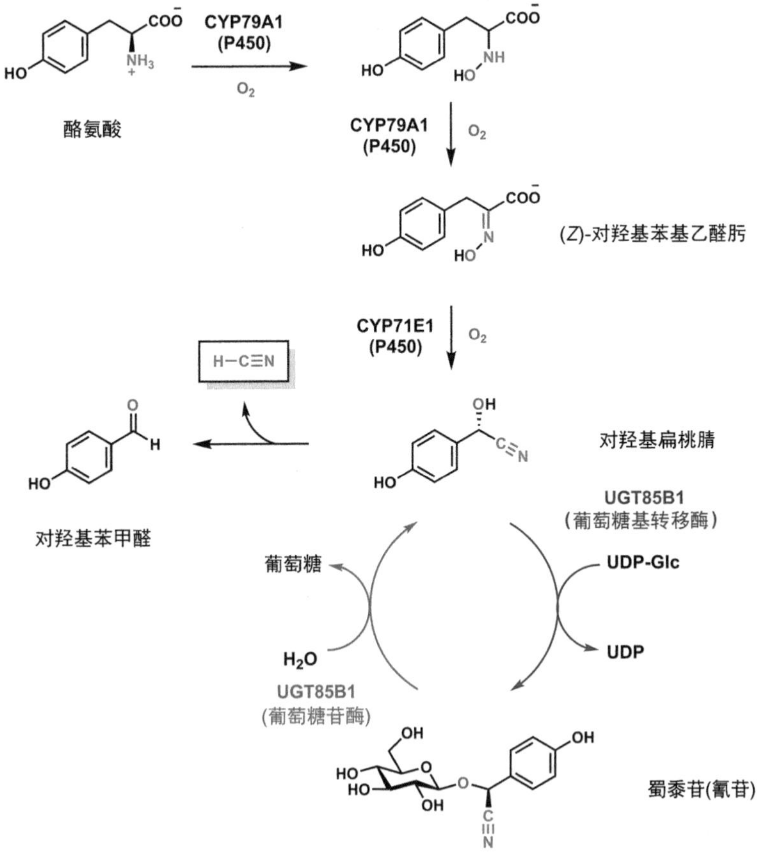

酪氨酸

(Z)-对羟基苯基乙醛肟

对羟基扁桃腈

对羟基苯甲醛

蜀黍苷(氰苷)

图 11.35　酪氨酸通过两个 *N*- 氧化的 P450 和一个葡萄糖基转移酶生成蜀黍苷

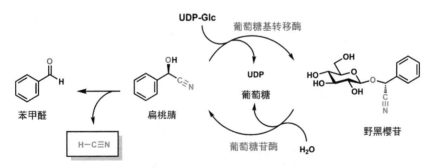

苯甲醛

扁桃腈

野黑樱苷

图 11.36　日本樱桃灌木（见图 11.34）含有潜在防御分子野黑樱苷，野黑樱苷与葡萄糖苷酶接触后，糖苷键被水解生成苯甲醛和氰化物离子

　　硫代葡萄糖苷类的生物合成以相同的逻辑进行，起始单元氨基酸经 *N*-氧化后脱羧生成醛肟（图 11.37）。醛肟的羰基是亲电的，可以被硫醇基攻击，例如被半胱氨酸

或还原的谷胱甘肽攻击，生成 S-烷基硫代氧肟加合物。C–S 裂解酶将硫醇供体的侧链脱去，得到硫代氧肟（thiohroximate）。这是 UDP-葡萄糖依赖性的葡萄糖基转移酶的底物。硫醇阴离子是结构中最强的亲核基团，因此产物是 S-葡萄糖苷而不是更为典型的 O-葡萄糖苷。成熟过程的最后一步是磺酰基从磷酸腺苷磷酰硫酸（PAPS）转移到肟基的氧上。形成的硫代葡萄糖苷随后被储存起来，直到植物意识到需要对化学防御做出响应。

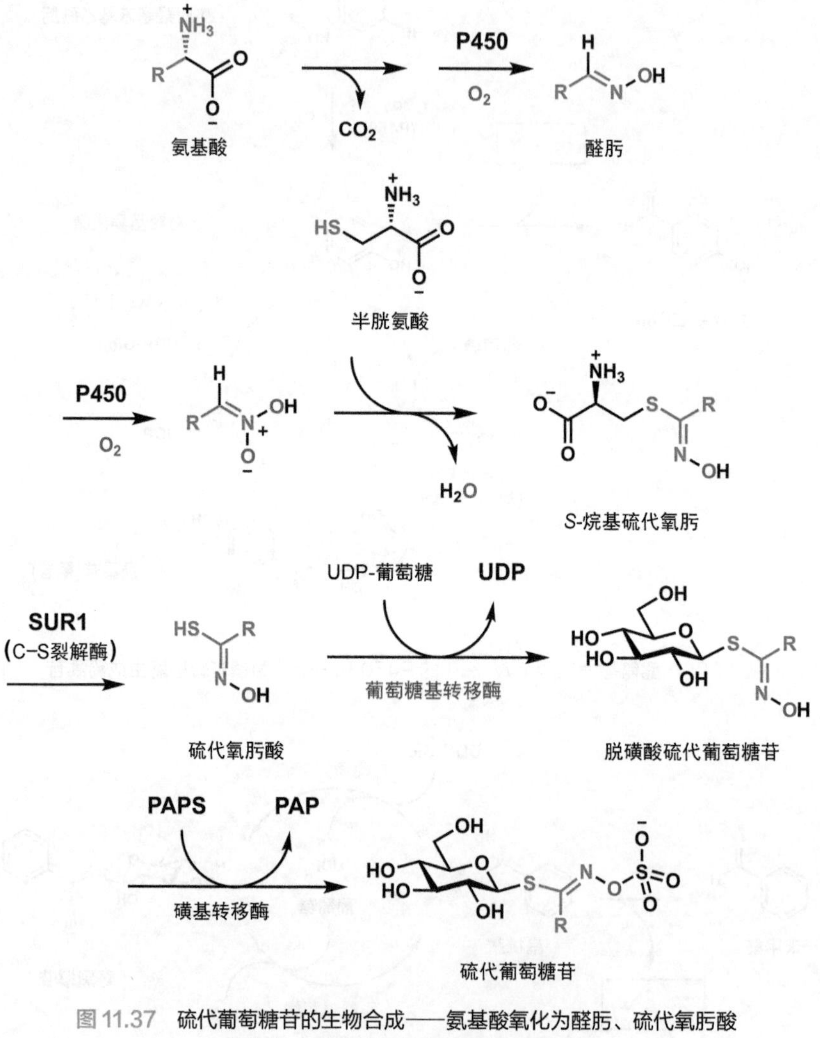

图 11.37　硫代葡萄糖苷的生物合成——氨基酸氧化为醛肟、硫代氧肟酸并发生 S-葡萄糖基化生成硫代葡萄糖苷

植物中 S-葡萄糖基化的逆反应是通过水解来实现的，通常是由硫葡萄糖苷酶催化，如黑芥子酶（myrosinase）（图 11.38）。黑芥子酶的反应机理可能涉及共价结合的葡萄糖基 - 酶中间体（Burmeister, Cottaz *et al.* 1997）。释放的苷元可以消除磺基（非酶促）

生成亲电的异硫氰酸酯作为近端防御剂。生物合成途径中磺酸化的优点在这种水解逆转模式中很明显，其促进了异硫氰酸形成过程中 N–O 键的断裂。硫代葡萄糖苷被隔离在植物细胞液泡中，在平静期远离黑芥子酶。在应激条件下，来自液泡与其他囊泡或细胞膜的共同调节使其与细胞内或细胞外黑芥子酶接触从而实现可控的防御响应。

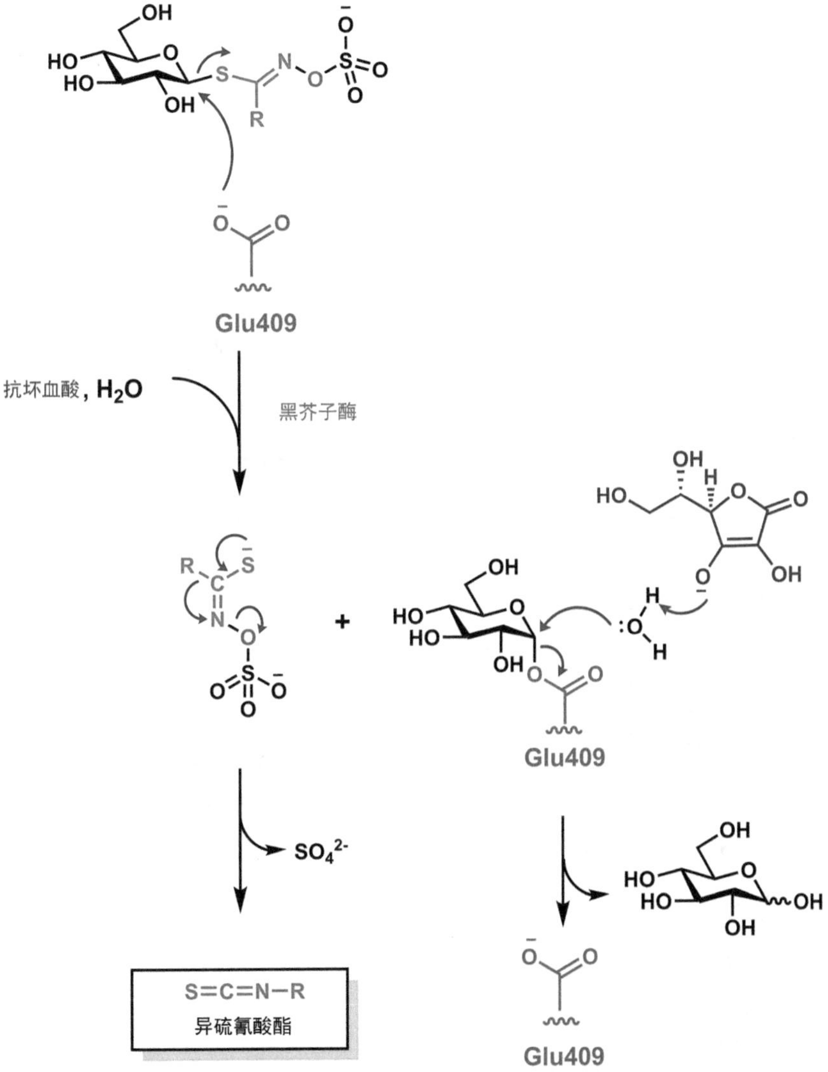

图 11.38　黑芥子酶属于硫葡萄糖苷酶，水解过程是通过一个共价结合的葡萄糖基 - 酶中间体进行的，其释放的第一个产物是异硫氰酸酯

在大蒜芥（garlic mustard）中存在生成潜在毒素的组合路径（图 11.39）。甲硫氨酸是硫代葡萄糖苷类黑芥子苷的前体。烯丙基侧链由甲硫氨酸发生 β,γ-消除而来，最可能是经磷酸吡哆醛依赖性的酶催化。磺化氧化作用很可能是由一个黄素依赖性的

S,N-加氧酶催化进行的，但是还不完全确定。大蒜芥中的伴侣蛋白可引导黑芥子酶催化生成烯丙基硫氰酸和烷基腈。除了黑芥子苷以外，该植物还可以产生一个 *O*-葡萄糖苷类化合物 alliarinoside。

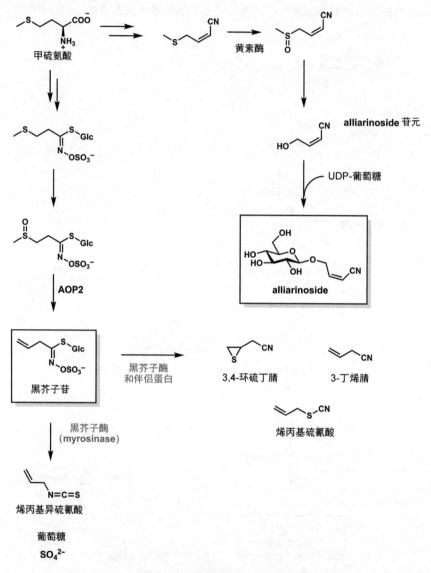

图 11.39　在大蒜芥中甲硫氨酸是两种不同结构类型潜在活性分子（alliarinoside 和黑芥子苷）的前体

11.6　氨基糖苷类：没有苷元的寡糖

氨基糖苷类抗生素在天然抗生素的发现中占有重要地位。在 20 世纪 40 年代中期青霉素大规模发酵之后，链霉素是从自然界中获得的第二类商业化的重要抗生素。Waksman 和他的同事在 1947 年首次分离得到链霉素。另外两个家族成员包括 1957 年发现的卡那霉素和 1967 年发现的妥布霉素（见图 11.1）。

氨基糖苷类靶向作用于细菌的核糖体 30S 亚基中 16S rRNA 骨干的特定区域，促使氨酰 -tRNA 错误编码，引入错误的氨基酸，形成缺陷蛋白，导致细胞死亡。氨基糖苷的氨基与 rRNA 磷酸骨架上的负电荷通过核心的静电引力和氢键网络相互作用。因此，酶法引入氨基是三糖骨架组装的一个关键战略（Walsh and Wencewicz 2016）。

这些三糖类抗生素的中心环是环己烷（肌肉肌醇），而不是吡喃糖。它是在肌肉肌醇-3-磷酸合成酶催化下由葡萄糖-6-磷酸经开环的醛式而成。5-OH 经酶催化的氧化反应（仅在开环的醛形式可行）生成酮，从而使 6-烯醇与 1-醛基发生分子内羟醛缩合反应（图 11.40）。5-酮基在完成它的工作后，被重新还原成醇生成肌肉肌醇-3-磷酸，之后再经磷酸酶作用生成肌醇。

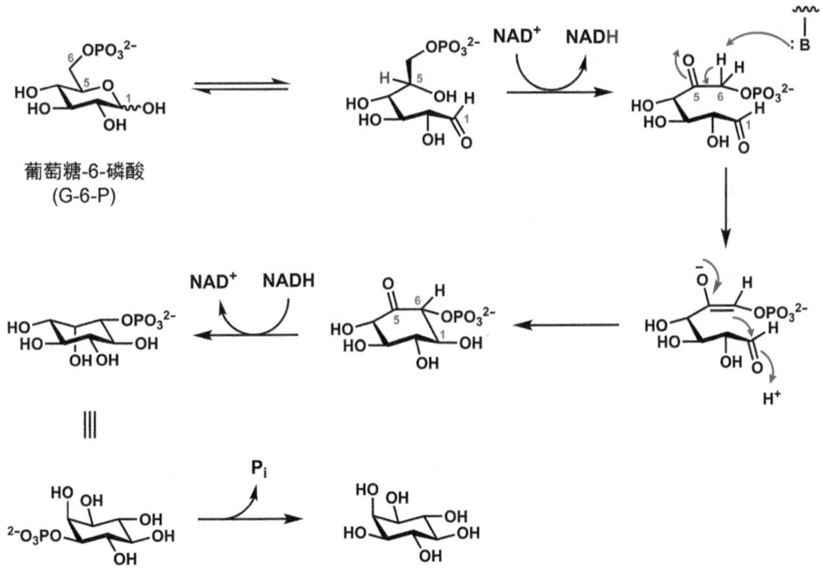

图 11.40　氨基糖苷类抗生素的生物合成：链霉素和卡那霉素形成过程中共有的早期步骤是将葡萄糖-6-磷酸的吡喃糖环转化为肌醇的羟基环己烷环。这个反应是由肌醇-3-磷酸合成酶催化的，在磷酸酶作用下形成肌肉肌醇

11.7　卡那霉素、妥布霉素、新霉素

卡那霉素骨架的酶促组装过程如图 11.41 所示，其关键步骤是酮基还原性转氨

化生成阳离子胺以及两个糖基转移酶的级联作用。葡萄糖-6-磷酸转化为酮-肌醇，随后由氨基酸共底物作为供体发生还原性转氨反应。然后再按照醇-酮-胺重复一次，得到 2-脱氧链霉胺（2-DOS）。在糖基转移酶作用下，2-DOS 的 4-OH 作为亲核基团与 UDP-*N*-乙酰氨基葡萄糖（UDP-GlcNAc）发生缩合反应。脱乙酰基酶催化 *N*-乙酰基部分的去保护作用产生三个氨基的巴龙霉胺（paromamine）。最近的研究表明，巴龙霉胺首先在 C6 位被还原胺化，得到四个氨基的化合物新霉胺（neamine）（Park, Park *et al.* 2011）。第二个糖基转移酶可特异性地识别由 UDP-葡萄糖还原胺化而来的 C3 位胺化的 UDP-kanosamine，使新霉胺发生糖基化以完成卡那霉素 B 的生物合成。最后形成的分子有五个氨基，其在生理 pH 下均为阳离子。

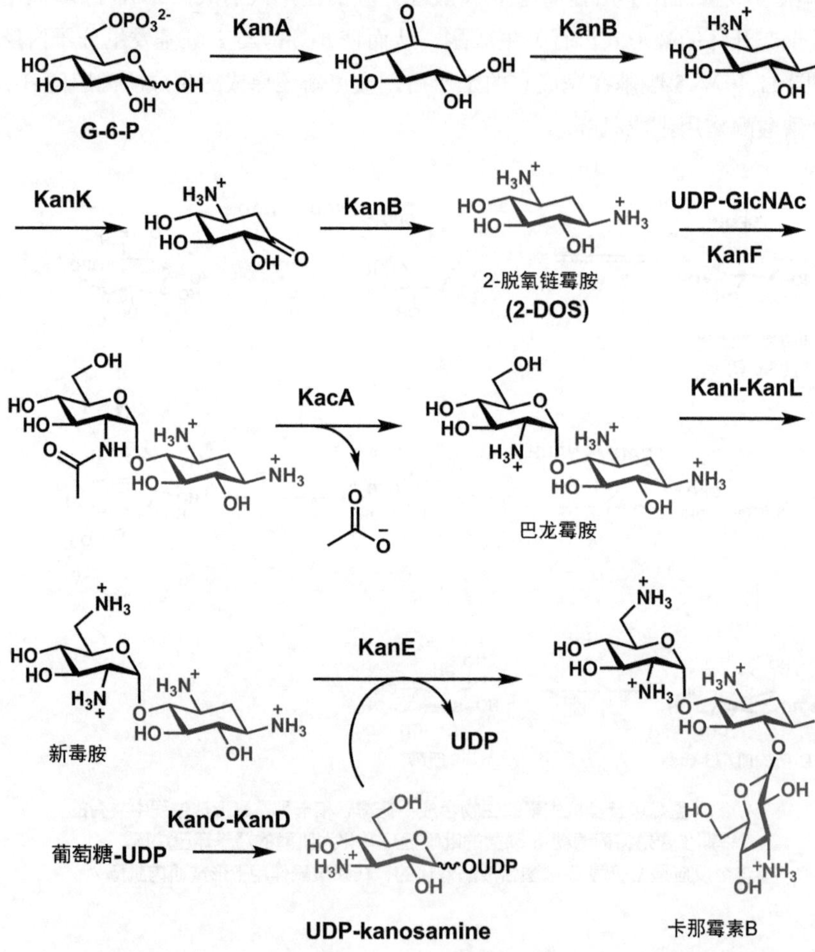

图 11.41　葡萄糖-6-磷酸、UDP-GlcNAc 和 UDP-葡萄糖经酶催化反应生成卡那霉素 B 的过程

　　妥布霉素和含有核糖的氨基糖苷新霉素（eneomycin）的产生过程如图 11.42 所示。卡那霉素 B 可能是通过酶催化的一步自由基依赖性 SAM 还原反应（见第 10 章）发

生区域特异性脱氧，从而生成妥布霉素（3′-脱氧卡那霉素 B）。也可能是巴龙霉胺先在同一位置脱氧，然后与卡那霉素 B 平行发生糖基化，得到妥布霉素（未显示途径）（Kudo and Eguchi 2016）。巴龙霉胺是核糖霉素（ribostamycin）的前体，它通过发生一次核糖基（来自 UDP-核糖）转移，然后一次葡萄糖基转移和氧化 / 还原胺化生成新霉素（局部抗生素软膏 Neosporin 中的一种成分）。

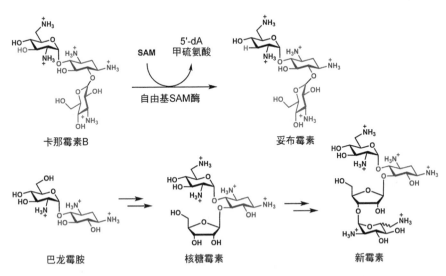

图 11.42　妥布霉素和新霉素的生物合成

11.8　链霉素

图 11.43 描述了链霉素-6-磷酸中 3 个六碳糖单元的来源及其组装（Walsh 和 Wencewicz 2016）。葡萄糖-6-磷酸是共同的起始源头。图中最左边一列表示它先通过图 11.40 所示的分子内羟醛缩合途径转化为肌肉肌醇，然后先后两次经氧化 / 还原胺化反应以及脒基转移和磷酸化反应，最后生成链霉脒-6-磷酸。

第二栏表示由葡萄糖-1-磷酸（G-1-P）经标准路线形成 TDP-葡萄糖，通过 4-酮-6-脱氧葡萄糖和差向异构酶作用可转化为 TDP-L-鼠李糖。由吡喃糖转化为五元呋喃糖环产生 TDP-L-双氢链酶糖，它可以与链霉脒-6-磷酸发生偶联。第三个己糖以 CDP-葡萄糖和 CDP-N-甲基-L-葡萄糖胺的方式出现。最初的三糖是双氢形式的链霉素-6-磷酸，在生物合成途径中的倒数第二步被氧化成醛。如图 11.44 所示，链霉素-6-磷酸与 6-磷酸酶一样被运输到生产细胞之外。断开磷酸保护基并去除负电荷，会产生具有活性的阳离子链霉素，但只在链霉菌细胞外产生，这是自我保护策略的体现。

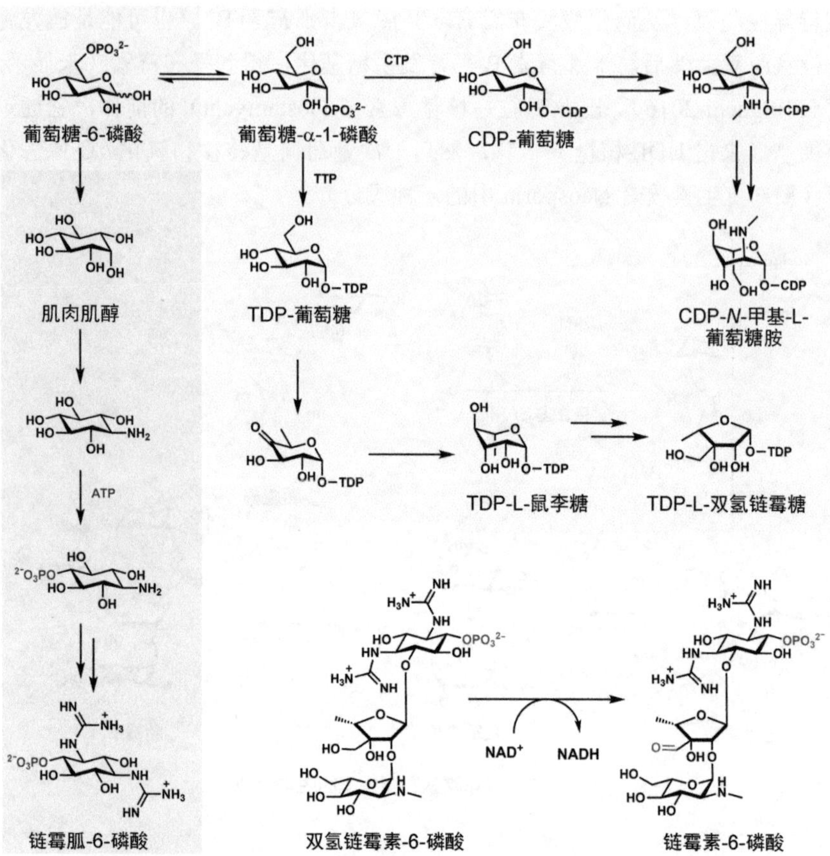

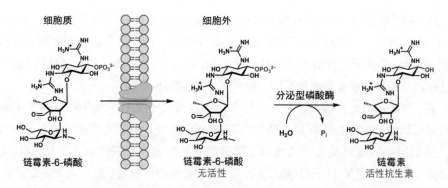

图 11.43　链霉素 -6- 磷酸的组装

图 11.44　链霉素-6-磷酸在生产细胞外发生酶催化的脱磷酸作用生成活性抗生素

11.9　默诺霉素类

链霉菌代谢产物默诺霉素类（moenomycins）（见图 11.2）是已知最有效的细菌细

胞壁转糖基酶抑制剂（Ostash and Walker 2010）。由于药代动力学不好，它们对人体的毒性太大。如果能优化治疗指数，这类骨架确实能开发成在危及生命的革兰氏阴性细菌感染中大量临床应用的药物。生物合成途径的重新设计被认为是一条获得中间体来进行药物化学研究的路径。默诺霉素类可被称为糖磷脂，结构中含有一个甘油磷酸核心，在其上连有一个 C_{25} 的类异戊二烯脂质和一个五糖。另一种看法认为五糖是结构中的关键元素。

它的生物合成始于初级代谢产物甘油-3-磷酸的 1-OH 基团捕获金合欢基 1- 烯丙基碳正离子（图 11.45）。接着，由五个糖基转移酶催化连续加入己糖基单元，其中磷酸中的氧作为最初的亲核基团进攻第一个 UDP-己糖。两个糖基转移酶发挥作用以构建三糖，之后由 C_{10} 焦磷酸香叶酯供体加入第二个异戊二烯基单元，同时发生尚未被证明的重排反应，形成 C_{25} 的 moecinol 脂链。另外两个糖基转移酶完成五糖核心的构建，随后与氨基环戊二酮加成完成默诺霉素的组装。

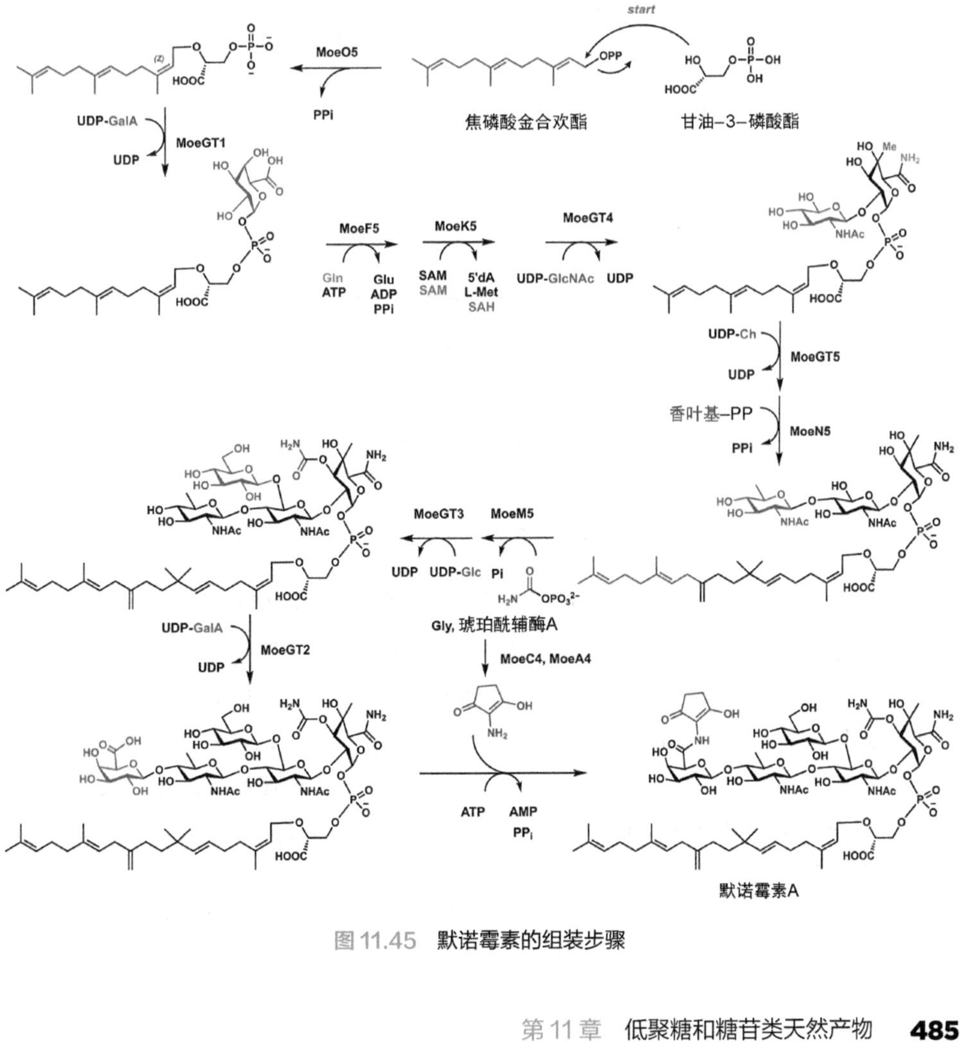

图 11.45　默诺霉素的组装步骤

专题 11.1   蛔苷——线虫中一种集成的化学语言

同分异构体 3,6-二脱氧己糖：蛔糖（ascarylose）和泊雷糖（paratose），是革兰氏阴性菌脂多糖外链的组成部分，可以作为抗原决定因子。它们来源于 NDP-葡萄糖修饰，是 CDP-葡萄糖衍生物，而不是脱氧糖生物合成中更典型的 UDP-或 TDP-葡萄糖（图 11.V1）。它的成熟过程中有一步独特反应是在酶催化下利用磷酸吡哆醛、NADPH 和自由基化学来实现 3-OH 的还原性离去，从而将 CDP-4-酮-6-脱氧葡萄糖转化为 CDP-4-酮-3,6-二脱氧葡萄糖（Thibodeaux, Melancon *et al.* 2007; Thibodeaux, Melancon *et al.* 2008）。

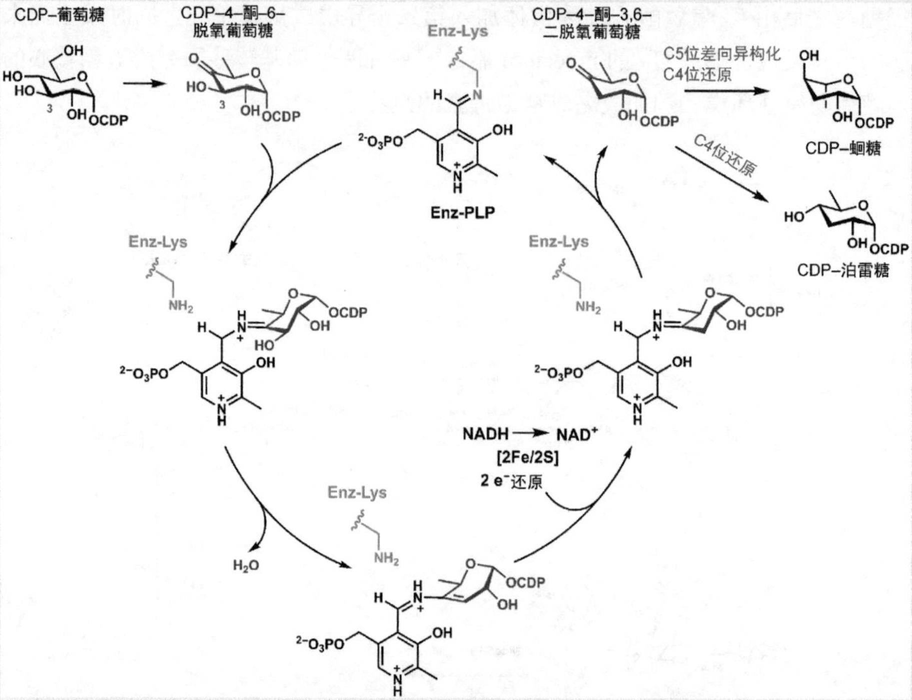

图 11.V1   由葡萄糖生成蛔糖和泊雷糖的生物合成途径

研究发现，在一个单独的生物环境下蛔糖与一个长链脂质相连，成为蛔虫卵壳的结构组成成分（图 11.V2）。更有趣的是，在过去的 10 年中，已经检测到超过 100 种蛔苷（ascaroside）可作为秀丽隐杆线虫的化学通讯信号。蛔糖作为分子结构中的核心，可以结合来自氨基酸代谢、三羧酸循环和脂肪酸生物合成的合成砌块（Ludewig and Schroeder 2012）。蛔苷变种可能反映了有机体的代谢状态和可利用的合成砌块。

这些蛔苷最初被鉴定为营养限制条件下积累的分子，并驱使线虫进入多尔阶段，在这个阶段它们限制新陈代谢和发育。最近发现的不同形式的蛔苷，可能作为不同神经元细胞群中 G 蛋白偶联受体的配体，驱动多种复杂的行为，包括性交配、发育、代谢选择和寿命（图 11.V3）。不同种类的线虫也会产生相关的蛔苷；

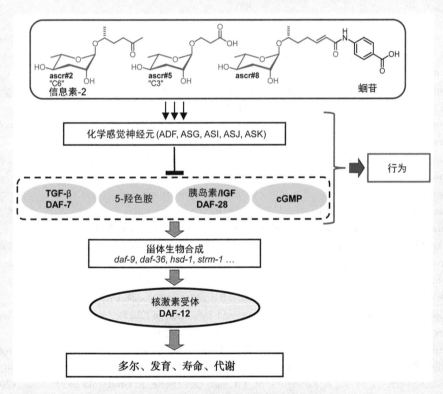

蛔虫卵壳类脂样蛔苷

osas#9(蛔苷)
饥饿的L1期幼虫产生的化合物

npar#1(泊雷糖苷)
*P. pacificus*中诱导产生的多尔形态

图 11.V2　蛔虫中的蛔苷和泊雷糖苷

ascr#2
"C6"
信息素-2

ascr#5
"C3"

ascr#8

蛔苷

化学感觉神经元 (ADF, ASG, ASI, ASJ, ASK)

行为

TGF-β
DAF-7

5-羟色胺

胰岛素/IGF
DAF-28

cGMP

甾体生物合成
daf-9, daf-36, hsd-1, strm-1 …

核激素受体
DAF-12

多尔、发育、寿命、代谢

图 11.V3　蛔苷参与线虫的神经元信号传导
图片来自：Ludwig, A. H. and F. C. Schroeder（2013）. "Ascaroside signaling in C. elegans".
Wormbook, DOI:10.1895/wormbook.1.155.1. Image under Creative Commons License
（https://creativecommons.org/licenses/by/2.5/legalcode）.

其中一些线虫，如npar#1，含有异构的泊雷糖核心而不是蛔糖，这可能是由于物种不同的选择。

11.10　小结

糖基转移酶是大部分天然产物的关键修饰酶之一。许多糖基转移酶基因编码在生物合成核心基因附近，表明它们在产生功能性终产物中发挥重要作用。糖基单元可从单糖到庚糖，可以是直链糖也可以是支链糖，其中特殊的己糖单元在天然产物的疏水/亲水平衡中起着重要作用。它们能决定在细胞、亚细胞和组织中的分布，如植物激素。虽然大多数天然产物糖基化在功能上是不可逆的，但氰苷和硫代葡萄糖苷是预先形成的潜在防御化学武器。通过在时间和空间上控制这些潜在的活性代谢产物与糖苷酶的接触，使得植物能够对当前的捕食进行快速地响应，释放这些活性"弹头"。

参考文献

Albermann, C., A. Soriano, J. Jiang, H. Vollmer, J. B. Biggins, W. A.Barton, J. Lesniak, D. B. Nikolov and J. S. Thorson (2003). "Substrate specificity of NovM: implications for novobiocin biosynthesis and glycorandomization". *Org. Lett.* **5**(6): 933-936.

Bowles, D., J. Isayenkova, E. K. Lim and B. Poppenberger (2005). "Glycosyltransferases: managers of small molecules". *Curr. Opin. Plant Biol.* **8**(3): 254-263.

Bowles, D., E. K. Lim, B. Poppenberger and F. E. Vaistij (2006) . "Glycosyltransferases of lipophilic small molecules". *Annu. Rev. Plant Biol.* **57**: 567-597.

Bowyer, P., B. R. Clarke, P. Lunness, M. J. Daniels and A. E. Osbourn (1995). "Host range of a plant pathogenic fungus determined by a saponin detoxifying enzyme". *Science* **267**(5196): 371-374.

Burmeister, W. P., S. Cottaz, H. Driguez, R. Iori, S. Palmieri and B. Henrissat (1997). "The crystal structures of Sinapis alba myrosinase and a covalent glycosyl-enzyme intermediate provide insights into the substrate recognition and active-site machinery of an *S*-glycosidase". *Structure* **5**(5): 663-675.

Chen, H., M. G. Thomas, B. K. Hubbard, H. C. Losey, C. T. Walsh and M. D. Burkart (2000). "Deoxysugars in glycopeptide antibiotics: enzymatic synthesis of TDP-L-epivancosamine in chloroeremomycin biosynthesis". *Proc. Natl. Acad. Sci. U. S.* A. **97**(22): 11942-11947.

Dewick, P. (2009). *Medicinal Natural Products, a Biosynthetic Approach.* UK, Wiley.

Elshahawi, S. I., K. A. Shaaban, M. K. Kharel and J. S. Thorson (2015). "A comprehensive review of glycosylated bacterial natural products". *Chem. Soc. Rev.* **44**(21): 7591-7697.

Eriksen, T. A., A. Kadziola, A. K. Bentsen, K. W. Harlow and S. Larsen(2000). "Structural basis for the function of Bacillus subtilis phosphoribosyl-pyrophosphate synthetase". *Nat. Struct. Biol.* **7**(4): 303-308.

Falcone Ferreyra, M. L., E. Rodriguez, M. I. Casas, G. Labadie, E. Grotewold and P. Casati (2013). "Identification of a bifunctional maize C-and O-glucosyltransferase". *J. Biol. Chem.* **288**(44): 3167831688.

Freel Meyers, C. L., M. Oberthur, J. W. Anderson, D. Kahne and C. T. Walsh (2003). "Initial characterization of novobiocic acid noviosyl transferase activity of NovM in biosynthesis of the antibiotic novobiocin". *Biochemistry* **42**(14): 4179-4189.

Freel Meyers, C. L., M. Oberthur, H. Xu, L. Heide, D. Kahne and C. T. Walsh (2004). "Characterization of NovP and NovN: completion of novobiocin biosynthesis by sequential tailoring of the noviosyl ring". *Angew. Chem., Int. Ed.* **43**(1): 67-70.

Gleadow, R. M. and B. L. Moller (2014). "Cyanogenic glycosides: synthesis, physiology, and phenotypic plasticity". *Annu. Rev. Plant Biol.* **65**: 155-185.

Halkier, B. A. and J. Gershenzon (2006). "Biology and biochemistry of glucosinolates". *Annu. Rev. Plant Biol.* **57**: 303-333.

Halkier, B. A. and B. L. Moller (1989). "Biosynthesis of the Cyanogenic Glucoside Dhurrin in Seedlings of Sorghum bicolor (L.) Moench and Partial Purification of the Enzyme System Involved". *Plant Physiol.* **90**(4): 1552-1559.

Halkier, B. A., C. E. Olsen and B. L. Moller (1989). "The biosynthesis of cyanogenic glucosides in higher plants. The (*E*)-and (*Z*)-isomers of phydroxyphenylac*et al*dehyde oxime as intermediates in the biosynthesis of dhurrin in Sorghum bicolor (L.) Moench". *J. Biol. Chem.* **264**(33): 19487-19494.

He, X. and H. W. Liu (2002 a). "Mechanisms of enzymatic C-O bond cleavages in deoxyhexose biosynthesis". *Curr. Opin. Chem. Biol.* **6**(5): 590-597.

He, X. M. and H. W. Liu (2002 b). "Formation of unusual sugars: mechanistic studies and biosynthetic applications". *Annu. Rev. Biochem.* **71**: 701-754.

Hostettmann, K. and A. Marston (1995). *Saponins.* Cambridge, UK, Cambridge University Press. Keegstra, K. and N. Raikhel (2001). "Plant glycosyltransferases". *Curr. Opin. Plant Biol.* **4**(3): 219-224.

Kleczkowski, L. A., M. Geisler, I. Ciereszko and H. Johansson (2004). "UDP-glucose pyrophosphorylase. An old protein with new tricks". *Plant Physiol.* **134**(3): 912-918.

Kudo, F. and T. Eguchi (2016). "Aminoglycoside Antibiotics: New Insights into the Biosynthetic Machinery of Old Drugs". *Chem. Rec.* **16**(1): 4-18.

Kumar, A., T. De, A. Mishra and A. K. Mishra (2013). "Oleandrin: A cardiac glycosides with potent cytotoxicity". *Pharmacogn. Rev.* **7**(14): 131-139.

Lairson, L. L., B. Henrissat, G. J. Davies and S. G. Withers (2008). "Glycosyltransferases: structures, functions, and mechanisms". *Annu. Rev. Biochem.* **77**: 521-555.

Ludewig, A. H. and F. C. Schroeder (2013). "Ascaroside Signaling in C. elegans". In *WormBook,* ed. P. Kuwabara. The C. elegans Research Community, WormBook, doi/10.1895/wormbook.1.155.1, http://www.wormbook.org.

McCranie, E. K. and B. O. Bachmann (2014). "Bioactive oligosaccharide natural products". *Nat. Prod. Rep.* **31**(8): 1026-1042.

McCulloch, K. M., E. K. McCranie, J. A. Smith, M. Sarwar, J. L. Mathieu, B. L. Gitschlag, Y. Du, B. O. Bachmann and T. M. Iverson (2015). "Oxidative cyclizations in orthosomycin biosynthesis expand the known chemistry of an oxygenase super-family". *Proc. Natl. Acad. Sci. U. S. A.* **112**(37): 11547-11552.

Mittler, M., A. Bechthold and G. E. Schulz (2007). "Structure and action of the C-C bond-forming glycosyltransferase UrdGT2 involved in the biosynthesis of the antibiotic urdamycin". *J. Mol. Biol.* **372**(1): 67-76.

Nagatomo, Y., S. Usui, T. Ito, A. Kato, M. Shimosaka and G. Taguchi (2014). "Purification, molecular cloning and functional characterization of flavonoid C-glucosyltransferases from Fagopyrum escu-lentum M. (buckwheat) cotyledon". *Plant J.* **80**(3): 437-448.

Nahrstedt, A. and J. Rockenbach (1993). "Occurrence of the cyanogenic glucoside prunasin and II corresponding mandelic acid amide glucoside in Olinia species (oliniaceae)". *Phytochemistry* **34**(2): 433-

436.

Osbourn, A., P. Bowyer, P. Lunness, B. Clarke and M. Daniels (1995). "Fungal pathogens of oat roots and tomato leaves employ closely related enzymes to detoxify different host plant saponins". *Mol. Plant-Microbe Interact.* **8**(6): 971-978.

Osbourn, A. and V. Lanzotti, eds. (2009). *Plant Derived Natural Products: Synthesis, Function, Application.* Springer Science and Business Media.

Ostash, B. and S. Walker (2010). "Moenomycin family antibiotics: chemical synthesis, biosynthesis, and biological activity". *Nat. Prod. Rep.* **27**(11): 1594-1617.

Park, J. W., S. R. Park, K. K. Nepal, A. R. Han, Y. H. Ban, Y. J. Yoo, E. J. Kim, E. M. Kim, D. Kim, J. K. Sohng and Y. J. Yoon (2011). "Discovery of parallel pathways of kanamycin biosynthesis allows antibiotic manipulation". *Nat. Chem. Biol.* **7**(11): 843-852.

Salas, A. P., L. Zhu, C. Sanchez, A. F. Brana, J. Rohr, C. Mendez and J. A. Salas (2005). "Deciphering the late steps in the biosynthesis of the antitumour indolocarbazole staurosporine: sugar donor substrate flexibility of the StaG glycosyltransferase". *Mol. Microbiol.* **58**(1): 17-27.

Sanchez, C., L. Zhu, A. F. Brana, A. P. Salas, J. Rohr, C. Mendez and J. A. Salas (2005). "Combinatorial biosynthesis of antitumor indolocarbazole compounds". *Proc. Natl. Acad. Sci. U. S. A.* **102**(2): 461-466.

Shen, B., L. Du, C. Sanchez, D. J. Edwards, M. Chen and J. M. Murrell (2002). "Cloning and characterization of the bleomycin bio-synthetic gene cluster from Streptomyces verticillus ATCC15003". *J. Nat. Prod.* **65**(3): 422-431.

Soldin, S. J. (1986). "Digoxin-issues and controversies". *Clin. Chem.* **32**(1 Pt 1): 5-12.

Szu, P. H., X. He, L. Zhao and H. W. Liu (2005). "Biosynthesis of TDPD-desosamine: identification of a strategy for C4 deoxygenation". *Angew. Chem., Int. Ed.* **44**(41): 6742-6746.

Szu, P. H., M. W. Ruszczycky, S. H. Choi, F. Yan and H. W. Liu (2009). "Characterization and mechanistic studies of DesII: a radical Sadenosyl-L-methionine enzyme involved in the biosynthesis of TDP-Ddesosamine". *J. Am. Chem. Soc.* **131**(39): 1403014042.

Thibodeaux, C. J., C. E. Melancon 3rd and H. W. Liu (2008). "Naturalproduct sugar biosynthesis and enzymatic glycodiversification". *Angew. Chem., Int. Ed.* **47**(51): 9814-9859.

Thibodeaux, C. J., C. E. Melancon and H. W. Liu (2007). "Unusual sugar biosynthesis and natural product glycodiversification". *Nature* **446**(7139): 1008-1016.

Trefzer, A., D. Hoffmeister, E. Kunzel, S. Stockert, G. Weitnauer, L. Westrich, U. Rix, J. Fuchser, K. U. Bindseil, J. Rohr and A. Bechthold (2000). "Function of glycosyltransferase genes involved in urdamycin A biosynthesis". *Chem. Biol.* **7**(2): 133-142.

VanEtten, H. D., J. W. Mansfield, J. A. Bailey and E. E. Farmer (1994). "Two Classes of Plant Antibiotics: Phytoalexins versus 'Phytoanticipins'". *Plant Cell* **6**(9): 1191-1192.

Walsh, C. T. and T. Wencewicz (2016). *Antibiotics Challeneges, Mechanisms, Opportunities.* Washington DC, ASM Press. Walsh, C. T. and T. Wencewicz (2016). *Antibiotics Challeneges, Mechanisms, Opportunities.* Washington DC, ASM Press, ch 17.

第 IV 部分

基因组非依赖性和基因组依赖性的天然产物发现

前面的章节主要关注具体的反应，最后一部分的两章着重介绍过去和如今在天然产物分离时所用的一般策略。

第 12 章首先阐述了 6 种生物碱首次被作为纯天然产物分离之后，历经数十年才确定其结构，反映出从自然界中发现有用活性物质的人类药物学发展的漫长历史。该章接着对一些药用活性天然产物的生产和分离进行简单总结，以阐明植物与微生物来源的天然产物面临的不同挑战，特别是对于规模化生产。这些药用活性天然产物包括五种植物天然产物：奎宁、吗啡、地高辛、紫杉醇及一对长春花生物碱——长春碱和长春新碱。三种值得注意的微生物代谢产物是 β- 内酰胺型的青霉素和头孢菌素、万古霉素以及环孢菌素。

第 12 章最后讲述通过非依赖基因的方法扩充天然产物库，包括从新的生境中寻找并培养不可培养的微生物。在第 13 章中强调单菌株多化合物（OSMAC）策略作为基因组分子操作的前奏。

没有任何单独的章节能够公正地描述后基因组时代对天然产物研究所产生的影响。事实上，关于植物、真菌和细菌生物合成基因簇的最新文献，显示这一跨学科的科学领域的活动急剧增加。特别是方法学的快速更新很可能使得具体的方法学描述几乎立即过时。

为此，我们没有深入研究基因簇预测的许多特定方法，克隆和表达的众多方法，或合成生物学技术的工具箱对构建异源表达所产生的影响。相反，我们对于如何在研究中"已知基因未知化合物"过程中寻找"未知基因未知化合物"骨架提出了一些策略性问题。我们注意到膦酸酯类天然产物的类型虽然有限，但从 40000 个放线菌基因组中发现更多该类化合物仍然具有无限的可能。这可能是从生物领域如何发现更多天然产物类型的示范性例子。

第 13 章最后介绍一些在烟草模式植物而非通常使用的酵母中重构植物生物碱生物合成途径的成功案例。当然，在酵母中工程化生产商业水平的青蒿酸也代表代谢工程改造的一条成功途径。由于发现全新骨架才是最有用的，未来的首要问题就是如何在已知结构骨架的干扰中提高发现和表达新型天然产物骨架的效率。

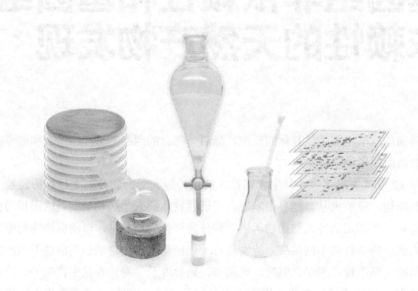

天然产物的实验室培养、分离和结构鉴定

第**12**章 天然产物的分离和表征：不依赖基因的方法

12.1 引言

在本章中，我们主要介绍采用传统和现代的不依赖基因的方法分离一些著名的天然产物，以及它们生产中面临的特定要素和挑战。我们还总结了从真菌和细菌培养物中增加次级代谢产物数量方面的研究工作。

在下一章中，我们将阐述在生物合成基因大都已知或有疑似功能的基因组时代所使用的方法。在这样的背景下，基于基因的信息学和分子生物学的方法可以用于解密未知的生物合成途径，以及通过基因组挖掘的方式发现新途径。

12.2 天然产物分离方法的历史和现状

天然产物有三种主要生物来源：植物、真菌和细菌。在 19 世纪之前，长寿植物是天然产物的主要来源，人类已收集了数百种植物，并可以通过植物混合物或天然草药泡剂（草药用开水冲泡、浸泡）的形式用于药物治疗。从罗马帝国的普林尼（Pliny）和盖伦（Galen）时代开始，经 7 ～ 12 世纪的阿拉伯医学研究，及同一时期中国中药研究和印度阿育吠陀传统研究，植物医疗资源一直占主导地位。公元前 2600 年的美索不达米亚，有超过 1000 种基于植物的药方。在埃及，公元前 1500 年的埃伯斯纸草文稿中已记载超过 700 种植物医疗资源（Atanasov, Waltenberger *et al.* 2015）。

18 世纪末和 19 世纪初，从 W. Withering 在英国治疗充血性心力衰竭（"水肿"）开始，到 1817 年 Serturner 从罂粟籽中分离出吗啡（Serturner 1817），这一时期便是从植物混合物、提取物和泡剂过渡到开始分离单一活性成分。

1928 年发现青霉素，20 世纪 30 年代后期 Chain 和 Florey 进行了后续研究之后，微生物、真菌和细菌便成为更重要的天然产物来源。氨基糖苷类、四环素类、红霉素大环内酯类和万古霉素所代表的糖肽类天然产物均在 20 世纪 40～60 年代的天然抗生素分离的黄金时期被分离出来（Walsh and Wencewicz 2016）。

图 12.1 中列出了从 19 世纪早期开始，生物碱类天然产物中分离出纯化合物的时间线。在 1816—1826 的十年间，分离得到六种植物来源的纯生物碱，一定程度上是由于这些碱性含氮骨架受 pH 值的控制在水相和有机溶剂相的分配能力不同。这些化合物在很大程度上也代表着人类药物学发展一直以来的目标，即植物中存在着生物活性物质。另外的关键点是植物资源的可供性和分离化学家结晶的能力，即天然产物在有机溶剂中接近高浓度和高纯度时化学家获得其晶体的能力。这一系列化合物的分离，将长达千年对于天然产物复杂混合物的研究转变成后来的传统化学研究：纯化合物分离、结构表征和通过全合成对结构进行独立验证。

图 12.1 还表明对上半部分列出的药理学上多变的天然产物的发现、分离及结晶的能力远远超出其结构确定的能力。毒芹碱是一种结构相对简单的生物碱，其结构在 1870 年被表征。但是像奎宁、吗啡和士的宁的复杂分子骨架结构到了 20 世纪才完全确定。

17 世纪，南美洲金鸡纳（cinchona）树皮中分离得到、后来确定为奎宁的物质，该物质作为解热的药物于 1677 年被列入伦敦药典（Atanasov, Waltenberger *et al.* 2015）。类似的，15 世纪，来自远东的香料对欧洲国家的经济价值，也是哥伦布远航西印度群岛希望寻找一条新路线去印度的重要因素。在 1493 年的第二次旅行中，哥伦布和船员在海地发现了黑胡椒（胡椒碱是其主要的香料分子）和辣椒，从而引发了对辣椒素的最终鉴定（第 7 章）。

图 12.1 的下半部分列出了七种非生物碱天然产物的子集，以及它们被分离和 / 或结构确定的日期。除了来自毛地黄花的甾体强心苷洋地黄毒苷（digitoxin）外，其他六种分子都在 20 世纪中期发现。虽然青霉素在 20 世纪 20 年代末被发现，并于 20 世纪 40 年代初大规模发酵，但其结构直到 1945 年由 Dorothy Crowfoot Hodgkin 完成 X 射线分析后才最终确定。

最近有一些关于"改变世界的分子"的书籍和文章（Le Couteur and Burreson 2004; Nicolaou and Montagnon 2008）。各种各样的候选化合物的作用领域已经从生物学和治疗学跨越到了材料科学。这些化合物包括天然产物、半合成产物（阿司匹林是天然产物水杨酸酯的乙酰化衍生物）和合成产物（尼龙）。在更有限的天然产物领域，图 12.1 中的 13 个分子代表了对世界产生重大影响的天然产物的一个子集。和我们前几章中已提到的其他化合物一样，它们中的许多药物已列入世界卫生组织（WHO）基本药物清单。

至少在治疗领域，过去 30 年批准用于人类临床应用的分子清单将是评估天然产物重要性的依据。图 12.2 列出了清单中的一部分，包括抗疟天然产物青蒿素（1987年），治疗疼痛的辣椒素（1999 年），治疗阿尔茨海默病的加兰他敏（2001 年），镇

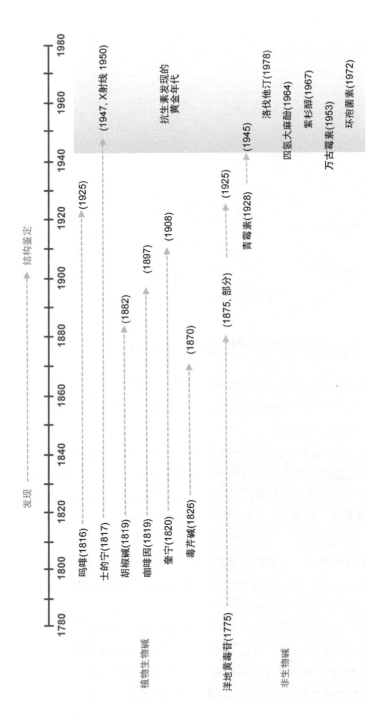

图 12.1 上半部分列出标志性天然产物——高等植物来源的生物碱；下半部分列出可能 "改变世界" 的七种非生物碱天然产物

痛的四氢大麻酚（2005年），以及最值得注意的卵巢癌治疗药物——紫杉醇（1993年）。

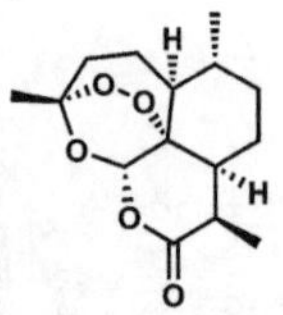

青蒿素(1987) 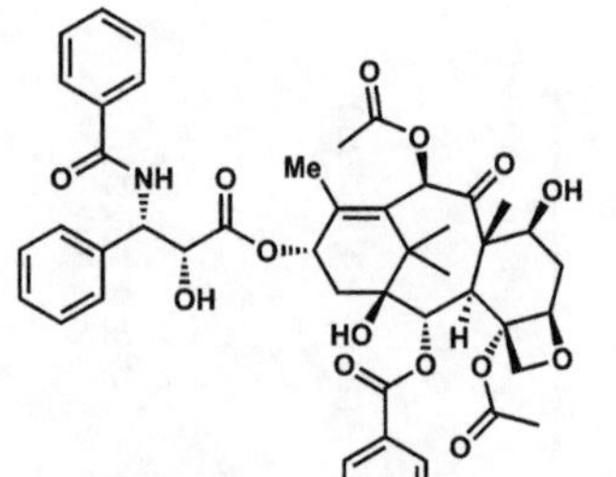　　　紫杉醇(1993)

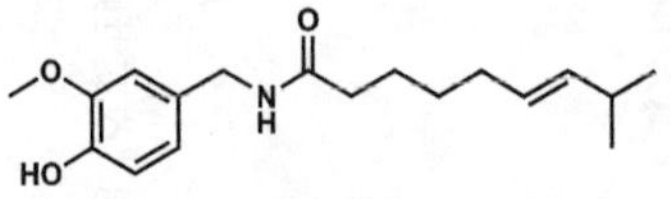

辣椒素(1999) 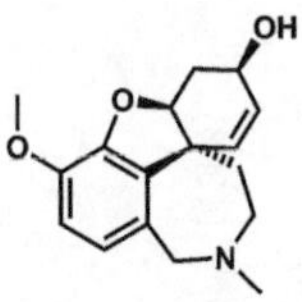　　　加兰他敏(2001) 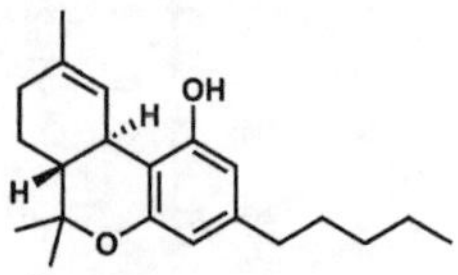　　　四氢大麻酚(2005)

图12.2　1987年以来被批准作为治疗药物的五种天然产物

12.3　特定天然产物的分离和表征

本书将不会阐述植物和微生物来源的天然产物的分离技术所涉及的详细方法和步骤，因为这本书并不是天然产物纯化或结构测定的技术手册。在 *Natural Product Reports* 中有两篇全面的综述，一篇在2008年由 Sticher 发表（Sticher 2008），另一篇由 Bucar 等人（Bucar, Wube *et al.* 2013）于2013年发表，这两篇综述阐述了从植物和微生物来源的天然产物中分离次级代谢产物的策略和方法。文章中回顾了当前各种提取方法的最新技术，包括超临界流体萃取、微波辅助萃取，以及从非极性到极性溶剂与水层分配的方法。还描述了获得纯天然产物的各种高通量、高分辨率的色谱方法，包括液-固相分离柱色谱、亲水相互作用色谱和手性固定相树脂。

核磁共振和质谱分析只需极少量的化合物（数百纳克到微克），即可得到精确的分子量、骨架连接性，并完成立体化学测定。天然产物 X 射线单晶衍射可作为结构确定/证实的最终方法。

目前，基本上任何复杂小分子的结构问题都可以用核磁共振和质谱（MS，MS^2 和 MS^3）来解决，但是二三十年前核磁和质谱并未发展到如今的程度。当时，单晶 X 衍射结构测定解决了多种复杂分子的结构不确定性问题，如石房蛤毒素（saxitoxin）（Schantz, Ghazarossian *et al.* 1975）、苔藓虫素（Petit, Herald *et al.* 1982）、裸藻毒素（Lin, Risk *et al.* 1981; Shimizu, Bando *et al.* 1986）、冈田酸（okadaic acid）（Tachibana, Scheuer *et al.* 1981）和烯二炔 dynemicin（Konishi, Ohkuma *et al.* 1990）（图12.3）。

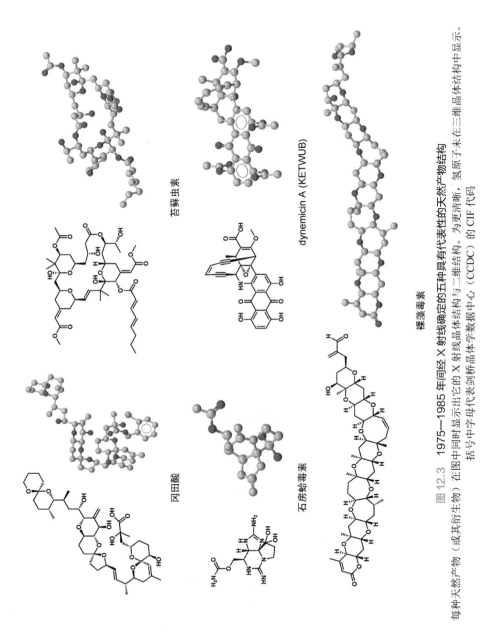

苔藓虫素

dynemicin A (KETWUB)

裸藻毒素

冈田酸

石房蛤毒素

图 12.3　1975—1985 年间经 X 射线确定的五种具有代表性的天然产物结构

每种天然产物（或其衍生物）在图中同时显示出它的 X 射线晶体结构与二维结构。为更清晰，氢原子未在三维晶体结构中显示。括号中字母代表剑桥晶体学数据中心（CCDC）的 CIF 代码现在 X- 衍射分析已不再是结构测定的三大主流方式之一，因为在 1960—2010 年间 NMR 和质谱技术发展迅猛（图 12.4），使得核磁共振和质谱技术成为有机化合物结构测定的主要方式，并且一般情况下这两种检测手段足以确定化合物结构（Gaudencio and Pereira 2015）。对 MS 和 NMR 技术感兴趣的读者会发现 Gaudencio 和 Pereira 发表的这篇综述是了解化合物结构测定的突破口。

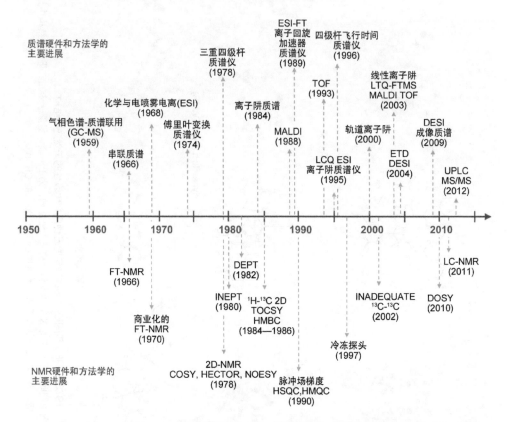

图 12.4　1960—2010 年间，与天然产物结构测定相关的核磁共振和质谱硬件及方法发展的时间线
经英国皇家化学学会授权引用自：Gaudêncio, S. P. and F. Pereira (2015). "Dereplication: racing to speed up the natural products discovery process". *Nat. Prod. Rep.* **32**: 779-810.

2007 年，核磁共振方法已经非常先进，甚至可以通过二维核磁共振的方法确定枯草芽孢杆菌（*Bacillus subtilis*）中聚酮 / 非核糖体肽 bacillaene 的结构，结果表明 bacillaene 是随着碳骨架的延伸来装配合成（Butcher, Schroeder *et al.* 2007）。如图 12.5 所示其结构包括五个 E 型和三个 Z 型烯烃。图中还显示了用于 bacillaene 生物合成的 10 种 NRP-PK 杂合型蛋白的组装线。第 3 章介绍了杂合型 NRPS-PKS 装配线的原理。

图 12.5 中非常规的起始模块有以下几点值得注意：首先，PksJ 的腺苷酰化结构域加载的起始单元是支链 α-酮酸，而不是其支链氨基酸衍生物 L-缬氨酸（Calderone, Bumpus *et al.* 2008）。第三模块的酮基还原酶意外地将 α-酮基还原为 α-羟基。其次，

五个 Pks 蛋白 PksCFGHI 构建了一种非常规的 β-甲基烯基辅酶 A，它通过 PksL 插入延伸的碳链中（Calderone 2008）。

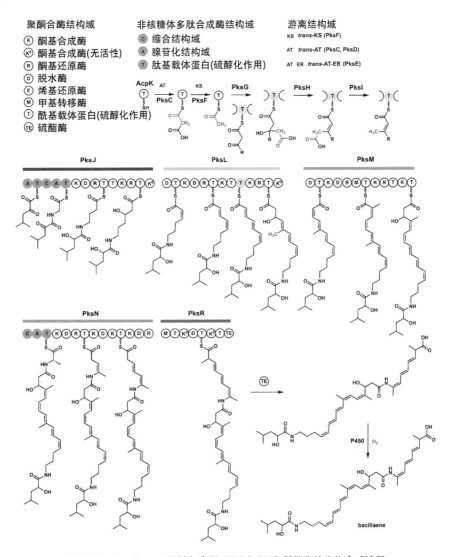

图 12.5　Bacillaene 和其杂合型 NRPS-PKS 所催化的生物合成途径

12.4　研究实例：历史与现状

图 12.6 显示了从植物、真菌或细菌的提取物中分离纯化合物的通用方案（Sarker, Latif *et al.* 2005）。利用质谱和核磁共振的方法对粗组分进行早期检测，如果发现新结构的分子，则对其进行进一步纯化和结构表征并测试其生物活性。每一类天然产物都

有其经验、规律和纯化要求；下面我们选取几种化合物分子作为例子。

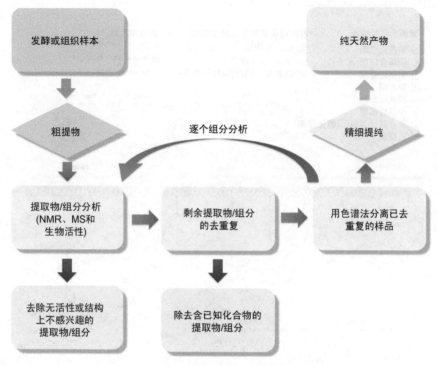

图 12.6　天然产物分离和结构表征的通用方案
图片来源于：Sarker, S. D., Z. Latif and A. I. Gray (2005). *Methods in Biotechnology, Natural Product Isolation.* Totowa New Jersey, Humana Press, vol. 20.

　　第一组例子包括植物来源的几种化合物，它们最初的分离可能跨越了四个世纪，是从 16 世纪分离的奎宁到 20 世纪下半叶分离的长春新碱和紫杉醇。第二组例子是几种在 20 世纪被分离出来的微生物代谢产物，并且可以通过在大罐中发酵用于商业生产。

12.5　五种植物来源的天然产物

12.5.1　奎宁

　　奎宁生物碱发现自南美洲特有的金鸡纳树树皮中。在西班牙人登陆西印度群岛和南美洲之前，当地的土著印第安部落早已开始将其用作一种治疗发热的草药。在 17 世纪中叶，秘鲁的耶稣会士采用了这种治疗方法。到 17 世纪末，奎宁已成为欧洲人治疗疟疾的一线药物（C&E News Top Pharmaceuticals, 2005; Kaufman and Ruveda 2005）。

奎宁这一活性分子是由 Pelletier 和 Caventou 于 1820 年从树皮中分离出来的。20世纪 40 年代，von Doering 和 Woodward 正式合成奎宁，从战略和战术上都被视为一部力作。并且使得之后两代化学家迎来将全合成作为一种高级艺术形式的黄金年代，特别是复杂天然产物的全合成。Stork 于 2001 年首次完成奎宁的立体控制性全合成（Stork, Niu *et al.* 2001）。奎宁作为抗疟药于 20 世纪中叶被氯喹和甲氟喹这些合成的类似物所取代，直到广泛的疟疾耐药性出现才使青蒿素成为一线联合治疗的首选药物。

奎宁分离的起始原料是金鸡纳树皮（图 12.7）。添加生石灰对树皮进行碱浸渍（Roth and Streiler 2013），然后可以在高温高压下用超临界 CO_2 萃取，或者用热石蜡油萃取碱性粗提物，过滤后与硫酸混合，接着用碳酸钠中和，冷却时可以得到不溶性的硫酸奎宁。通过氨水滴定硫酸奎宁，从而获得游离型奎宁。

图 12.7　奎宁分离的起始原料——金鸡纳树皮

另一种方法是用芳烃 - 醇混合物处理浸渍过的树皮的碱性溶液，然后用 5% 的盐酸水溶液萃取。水层用滴定法滴定至 pH 4 ～ 5，可沉淀析出粗品奎宁盐酸盐。得到的沉淀可再溶解，用活性炭处理脱色，然后在室温下结晶最终得到奎宁的盐酸盐（Patent Appl PCT/IN2011/000404）。

12.5.2　吗啡

生物碱吗啡（图 12.8）是从全球多种罂粟属植物中分离出的 2500 种苄基异喹啉分子之一。罂粟（*Papaver somniferum*）可以产生大约 80 种生物碱，其中吗啡是最主要的成分（Chemical & Engineering News, Special Issue on Top Pharmaceuticals that Changed the World, Volume 83, Issue 25, 2005）。早在公元前 3000 年苏美尔人已开始种植罂粟，其耕种历史预计已有 4600 年（Blakemore and White 2002）。据记载，在 16 世纪 Paracelsus 将鸦片酊引入欧洲，鸦片酊是一种添加了香精油的罂粟碱的酒精溶液。

全世界范围内，每年以合法和非法途径生产的含吗啡的鸦片秸秆产量可能达 3 万至 5 万吨。鸦片中约 10% 的成分为吗啡。

如在第 5 章中提到的，在 19 世纪早期，Serturner 分离得到吗啡纯品，并以希腊睡眠之神吗啡斯（Morpheus）的名字对其命名。吗啡被用于镇痛和止痛（Kapoor 1995）。吗啡的 O,O-二乙酰衍生物从 1898 年开始在德国上市销售，商标名为海洛因（Blakemore and White 2002）。海洛因具有高成瘾性，在体内经代谢脱乙酰基而转化为吗啡的进程中，会产生这种成瘾性物质所特有的令人上瘾的"冲动"（神经兴奋）。吗啡类生物碱中值得注意的第三个分子是吗啡生物合成前体可待因，其药理作用与海洛因不同，可待因是一种镇痛作用温和的止咳药。图 12.8 显示了吗啡、可待因和海洛因的分子结构。

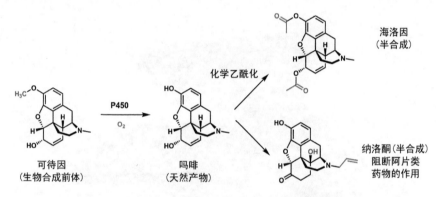

图 12.8　吗啡、可待因、纳洛酮和海洛因的化学结构

吗啡是一系列能与阿片受体亚型结合的小分子肽——内啡肽（内源性吗啡）的外源模拟物。吗啡是 μ 受体亚类的选择性激动剂，而其半合成配体如纳洛酮（naloxone）（图 12.8）是所有阿片受体亚型的拮抗剂（Kapoor 1995）。

距吗啡首次分离 100 多年后，Robinson 终于在 1925 年通过降解实验和综合前人 60 年的研究推测出吗啡的正确结构。1952 年首次实现吗啡的化学全合成，但与从天然来源中分离的方法相比并不具有竞争性（Blakemore and White 2002）。

吗啡的分离方法很可能在千年间只是略有变化。以前的分离方法是：将罂粟种子割破果皮，并风干流出的乳胶，风干后获得的黑色树脂即是印度鸦片（生鸦片）。树脂中有多种生物碱，通常 10%～15% 为吗啡、3%～4% 是可待因、还含有少量罂粟碱以及高达 2% 的蒂巴因（thebaine）。现在的分离方法：通过控制最适 pH，使吗啡以游离碱或胺盐形式存在于溶液中，从而能在有机相和水相之间来回分配使纯度提高 6～10 倍，得到高纯度吗啡。

将吗啡的酚羟基甲基化可以转化为 O-甲基化的吗啡生物合成前体可待因。可待因可能通过细胞色素 P450 单加氧酶催化甲基转化为 -CH$_2$OH，然后发生自发反应产生甲醛和吗啡。吗啡通过双乙酰化产生海洛因，同时可以通过单乙酰化产生两个中间体。其中，中间体 3-单乙酰吗啡药理活性较弱，而 6-O-乙酰吗啡药理活性较强。

12.5.3　植物洋地黄中地高辛及其相关甾体强心苷类化合物

毛地黄（*Digitalis lanata*）是甾体强心苷洋地黄毒苷和地高辛的最佳来源（Fonin and Khorlin 2003）（图 12.9）。将毛地黄包括花在内的地上部分干燥、研磨后可以得到粗制的洋地黄粉。两性皂苷类化合物中的亲脂性物质可以用石油醚萃取除去。用水和乙醇水溶液洗涤时皂苷类进入水相。鞣质能利用氢氧化铅沉淀，而强心苷类的纯化可以通过氧化铝凝胶过滤，然后用极性有机溶液（如甲醇）洗脱。

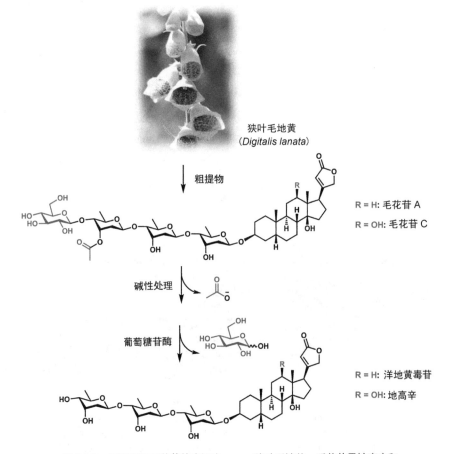

图 12.9　天然产物毛花苷的来源之一——狭叶毛地黄；毛花苷是地高辛和洋地黄毒苷这两种次生苷的前体，可以通过脱乙酰化和去糖基化获得

毛地黄最初形成的强心苷实际上是具有四糖侧链的毛花苷 A ～ C（lanatosides A ～ C），包括三个洋地黄毒糖（digitose）残基和一个末端葡萄糖。毛花苷、地高辛

和洋地黄毒苷之间的其他差异是其第三个洋地黄毒糖残基上存在乙酰基（图 12.9）。碱处理选择性地去除 *O-* 乙酰基，而粗提物中的葡萄糖苷酶催化除去葡萄糖，从而获得纯品地高辛和洋地黄毒苷。原始的洋地黄糖苷通过化学酶法转化为所需的次生苷是分离方案中必不可少的一部分。

专题 12.1 梵高和洋地黄

　　1994 年 *Clinical Chemistry* 有一篇报道，保罗·沃尔夫（Paul Wolf，1994）推测如果贝多芬（Beethoven）、莫扎特（Mozart）、肖邦（Chopin）、乔治三世（George Ⅲ）和文森特·梵高（Vincent Van Gogh）的有生之年能出现临床分析基础设施，也许可以对他们的疾病进行诊断和治疗。他研究画家梵高（1853—1890）时注意到梵高在最后一幅画《麦田》中狂热的构图。沃尔夫提出关于梵高所得疾病的各种推测包括"癫痫、精神病、梅毒、脑瘤和中暑……"，"松节油中毒…癫痫…谵妄性急性躁狂"。

　　梵高治疗癫痫时使用了洋地黄提取物制得的药物。1925 年的后续研究指出"黄视和绿视是洋地黄中毒的主要症状"。梵高的房子完全是黄色的，而且他后期的主色调也主要是黄色。梵高的最后一位医生 Paul Ferdinand Gachet 捧着洋地黄花的这幅肖像画，外界一直认为梵高的关注点是狭叶毛地黄和洋地黄（图 12.V1）。

图 12.V1 **梵高和洋地黄**
左：梵高于 1890 年绘制的 Paul Ferdinand Gachet 手持洋地黄的肖像画。
经巴黎奥赛博物馆许可临摹。右：Vincent van，《星夜》，1889。现存于纽约，
现代艺术博物馆。油画布，29×36 盎司（73.7×92.1 厘米）。Lillie P. Bliss 遗赠物。
Acc. n.:472.1941.1 2016。数字图像，现代艺术博物馆，纽约 / 斯卡拉，佛罗伦萨

　　由于扩张和收缩引起的瞳孔大小不同的瞳孔不等症是洋地黄（digitalis）的副作用，Wolf 注意到梵高的自画像中瞳孔大小不等，因此认为他应该患有该病症。也有其他理论认为梵高是因为床垫、枕头以及饮用的松节油中都含有樟脑，而导

致菇中毒。但是，因过量服用洋地黄引起瞳孔不等这个说法可能最令人信服，因为梵高可能有瞳孔不等症从而对视觉产生影响，使得他在 1889 年（去世前一年）绘制的《星夜》中恒星周围有围绕的黄色日冕和光晕。

12.5.4 紫杉醇：从紫杉树到植物细胞培养

1962 年，在太平洋红豆杉（*Taxus brevifolia*）提取物中检测到紫杉醇，1971 年紫杉醇纯化成功。研究发现由于紫杉醇对微管蛋白的作用，使得紫杉醇具有极强的抗肿瘤活性（第 4 章）。在英国紫杉（*Taxus baccata*，欧洲红豆杉）中主要的紫杉烷是 10-去乙酰基巴卡亭Ⅲ（10-deacetylbaccatin Ⅲ，10-DAB Ⅲ）结构如图 12.10，其含量在松针的提取物中约占 1/1000。10-DAB Ⅲ作为紫杉醇及其类似物的合成前体，经过 C10 的乙酰化和在 C13 位与 *N*-苯甲酰基-*α*- 羟基-*β*-苯丙氨酸链的酰化反应可以生成紫杉醇，C13 也可以与 *N*-叔丁酰基-*α*-羟基-*β*-苯丙氨酸侧链发生酰化连接合成紫杉特尔 [taxotere；多烯紫杉醇]。Indena 以及其他公司现在大多是采用这种半合成法方式生产紫杉醇。

原材料短缺是广泛使用紫杉醇最大的障碍。3000 棵太平洋红豆杉中才能提取 1 kg 紫杉醇，一个病人每个疗程大约需要 6 棵红豆杉。中国 Yewcare 公司种植了 30 km^2 的中国红豆杉（*T. chinensis*），这是中国湖南省紫杉醇产业化的第一步（Malik, Mirjalili *et al.* 2011）。在紫杉烷生产条件下培养红豆杉悬浮植物细胞是另一种很有竞争力的生产方法。通过这种方式，Phyton Biotech 公司每年的紫杉烷产量已达到 500 kg。通过选择合适的红豆杉细胞系作为细胞工厂、优化营养和培养条件，其中包括诱导分子、植物激素和诱导因子的选择，使得利用植物悬浮细胞培养法可获得大约 20 mg/L 的紫杉醇。植物悬浮细胞如果采用两相培养方式则可以直接萃取出植物细胞中的紫杉醇，同时防止细胞内发生反馈抑制。在商业化植物细胞发酵生物反应器中，每发酵 75 000 L 可通过脱乙酰巴卡亭Ⅲ中间体产生 1.5 kg 紫杉烷。

12.5.5 马达加斯加长春花中的长春碱和长春新碱

1953 年和 1961 年分别在长春花中发现长春碱（商品名 Velban）和长春新碱（商品名为 Oncovorin），这两种生物碱可能是目前已被商业化并被批准作为人类治疗药物的最复杂天然产物之一（1963 年经 FDA 批准）。我们已在第 8 章中提到，在马达加斯加长春花中长春碱由文多灵和长春质碱两个单体连接而成。生成长春碱后，其 *N*-甲基可以通过两步氧化被转化为吲哚醛生成罕见的代谢物——长春新碱（图 12.11）。

长春新碱和紫杉醇的靶标都是微管蛋白。长春新碱作为药物常用于多种癌症（包括白血病和淋巴瘤）的联合化疗。长春新碱已成为治疗睾丸癌和霍奇金氏病的方法之一（Moudi, Go *et al.* 2013）。以前，即使不清楚长春花中治疗相应病症的活性化合物成分，非洲已开始将这种植物作为药物使用，在过去长春花是一种民间药物，主要是用于糖尿病治疗。

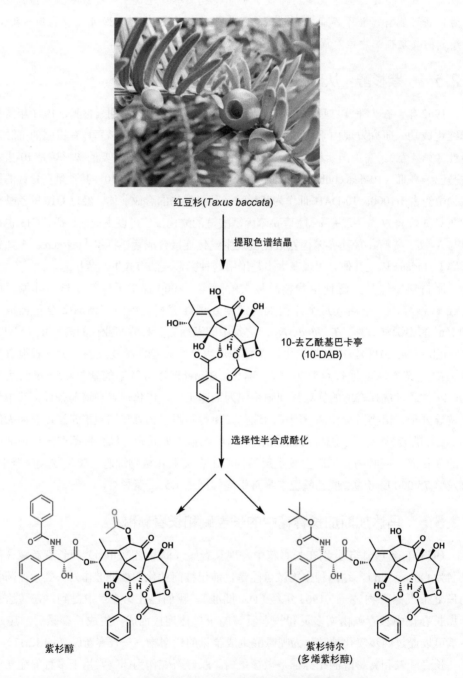

红豆杉(*Taxus baccata*)

提取色谱结晶

10-去乙酰基巴卡亭
(10-DAB)

选择性半合成酰化

紫杉醇

紫杉特尔
(多烯紫杉醇)

图12.10 从红豆杉中分离 10-去乙酰基巴卡亭从而合成紫杉醇，
10-去乙酰基巴卡亭也是半合成紫杉特尔的前体

长春花(*Catharanthus roseus*)

长春碱　　　　2 x O₂　　　　长春新碱

图 12.11　**长春碱向长春新碱的代谢转化**
（长春花为长春新碱和长春碱的来源植物）

　　之前提到太平洋红豆杉的植物资源与紫杉醇的市场需求之间一直存在极大的供求矛盾，而长春新碱、长春碱与紫杉醇一样也面临着相似的情况，因为这些二聚生物碱含量低（长春新碱在植物组织中大约占 1 µg/g），其中还包含着大约 80 种其他生物碱。但是 Oncovorin 的疗效非常好，据估计只需要 5 ～ 6 kg 的纯长春新碱就足以治疗某一年份美国所有的癌症患者。据估计在中国，每年需要 200 万磅新鲜长春花产生大约 25 万磅长春花干叶，以供应国内医疗所需长春新碱的起始物料。从植物来源获取长春新碱和长春碱这类生物碱时，通常采用传统的生物碱分离方法，包括叶子的溶剂萃取，以及水相的酸碱度调节，使得生物碱以游离碱或盐形式在两相之间来回分配，从而实现与其他类型化合物的分离。此外，在应用紫杉醇植物细胞培养法的同时也在探索其他方式，但迄今为止这些方法的紫杉醇产量都未能达到商业水平。

12.6 三种微生物代谢产物

在第一次世界大战时期的美国，大规模微生物发酵成为商用化学品生产的常见方式，其中包括柠檬酸和丙酮的生产。因为已经证明细菌和真菌都适合大规模高密度发酵，与前面提到的药用植物直接提取法的低产量相比，这种通过发酵方式不仅产量更高而且起始物料的获取也容易很多。

12.6.1 β-内酰胺类抗生素

在青霉素发酵工艺（图 12.12）经过 75 年发展以及头孢菌素扩环研究的 60 年中，许多生产参数被逐步优化，其中包括：通过非定向突变和筛选优化菌株以提高产量，开发原料和优化发酵参数，以及分离大量分泌的 β-内酰胺类抗生素，并用溶剂萃取（青霉素 G 溶于乙酸丁酯）、柱色谱分离和 / 或结晶和重结晶方式提高最终纯度。内酰胺类抗生素是几十年来最畅销的一类抗生素，自商业化生产以来总产量近一百万吨（Gordon, Grenfell *et al.* 1947）。

由于青霉素和头孢菌素的广泛使用，耐药菌株不断出现，导致需要不断研发新一代的半合成青霉素和头孢菌素以领先耐药菌株发展。双环的 4,5-青霉烷和相应稠合的 4,6-头孢烯母核作为药效的核心需保持不变。酰基链的改变是药物化学家最常见的合成改良方式。为此，在青霉素 G 和头孢菌素 C 等代谢产物中，天然存在的酰基链的去乙酰化变得至关重要。特异的青霉素脱酰基酶和头孢菌素脱酰基酶能分别催化青霉素 G 和头孢菌素 C 脱酰基侧链，产生 6-氨基青霉烷酸（6-aminopenicillanic acid, 6-APA）和 7-氨基头孢烷酸（7-aminocephalosporonic acid, 7-ACA）（多吨规模），如图 12.13。6-APA 和 7-ACA 分别是半合成青霉素和头孢菌素化学酰化的底物，例如用于生产当代内酰胺类抗生素如哌拉西林（piperacillin）和头孢吡普（ceftobiprole）（在头孢烯母核的胺和 3′ 位都带有合成基团）。

12.6.2 万古霉素

在 20 世纪 50 年代，礼来公司以及其他制药组织都在对可能产生新型抗生素的土壤生物进行大规模筛选。有一份采集自婆罗洲丛林深处的土壤样品中含有一种细菌，最初称为东方链霉菌（*Streptomyces orientalis*）后来更名为 *Amycolocaptosis orientalis*，这种细菌能产生一种分子，化合物 05865，对致病性链球菌具有杀菌作用。因此，化合物 05865 作为一种可以 "vanquish（征服）" 链球菌感染的物质被重新命名为万古霉素。作为当时纯化过程的一个指标，用苦味酸沉淀含万古霉素的发酵液得到一种俗称 "Mississippi mud" 的物质（图 12.14）（Griffith 1981）。以 Mississippi mud 出售的溶液与万古霉素中间品及最终产品差异明显，如图的右侧所示。苦味酸沉淀法被离子交换色谱法所取代，形成结晶的铜-万古霉素复合物，最后结晶为白色粉末状盐酸万古霉素。

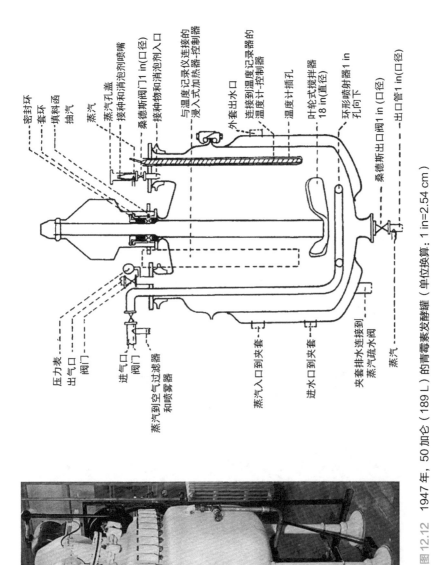

图12.12 1947年，50加仑（189 L）的青霉素发酵罐（单位换算：1 in=2.54 cm）

已得到设计者 Gordon, J. J., E. Grenfeel, E. Knowles, B. J. Legge, R. C. A. Mcallister and T. White (1947) 的重新印刷许可。"Methods of Penicillin Production in Submerged Culture on a Pilot-Plant Scale". *J. Gen. Microbiology* 1: 187–202. 版权 (1947) Microbiology Society.

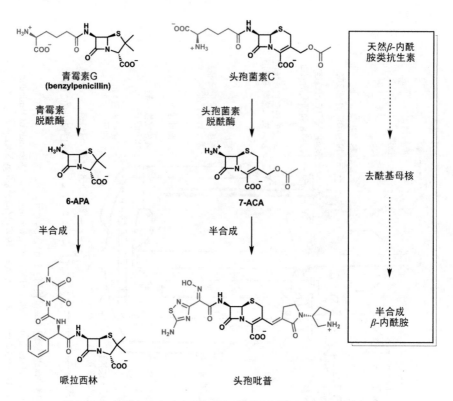

图12.13　青霉素 G 和头孢菌素 C 经酶法脱酰基以及合成再酰化反应。
6-APA 和 7-ACA 是化学再酰化作用生成半合成 β-内酰胺的中间体

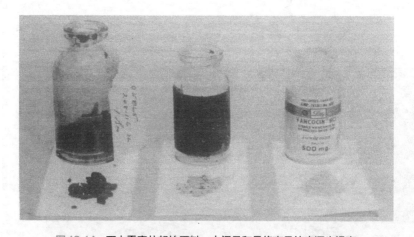

图12.14　万古霉素从起始原料、中间品和最终产品纯度逐步提高

左边："Mississippi mud"；中间：离子交换色谱产物；右边：最终制剂盐酸万古霉素
经牛津大学出版社许可转载自：Griffith, R. (1984). "Vancomycin use - a historical perspective."
J. Antimicrob. Chemother. **14**.

1993 年美国有一份专利是关于更先进的万古霉素生产和纯化方案，包括用 8L 的

甘油 - 大豆花和葡萄糖酸钙产物以产生 3.7kg 万古霉素，培养液滤液中的万古霉素被 Amberlite IRC 50（阳离子相）吸附，然后用 0.5mol/L NH_4OH 洗涤和洗脱。经过调节 pH 并经活性炭澄清后将糖肽吸附到阳离子交换柱上，然后从阳离子交换柱中洗脱下来，最后用 11 倍体积的丙酮沉淀，干燥得到 2.9kg 纯化的万古霉素（US Patent 5223413）。

12.6.3　环孢菌素 A

　　第二个要讨论的真菌代谢产物是环孢菌素 A，它与 β-内酰胺（beta lactams）和万古霉素糖肽类似都是非核糖体肽。如第 3 章（图 3.23）所述，环孢菌素 A 不是抗生素而是第一种免疫抑制药物，能阻断 T 细胞发育并且获准作为器官移植后的治疗药物，同时已成为该领域主要的治疗药物。1970 年，这种 *N*- 甲基化的十一肽在威斯康星州和挪威的土壤样品中被发现，产自多孔木霉（*Tolypocladium inflatum*）[后更名为雪白白僵菌（*Beauvcria nivea*）] 和光泽柱孢菌（*Cylindrocarpon lucidum*）。典型的非核糖体肽合成酶的腺苷酰化结构域缺乏编辑功能，但环孢菌素合成酶具有较高的杂合性。目前已分离得到的与环孢菌素 A 密切相关的天然类似物一共有 32 种，其疏水性氨基酸合成砌块发生了某些保守的取代，环孢菌素 A 的 8 个氨基酸残基中有一个或多个没有被 *N*-甲基化（Survase, Kagliwal *et al.* 2011）。

　　为了获得产量更高和更适宜的发酵参数，通过突变和筛选方式对传统菌株进行改良，使多孔木霉成为生产环孢菌素的细胞工厂。在规模化生产的 35 年中，前人已经就前体氨基酸的添加、通气和搅拌速率对发酵的影响等问题进行了充分的研究（Survase, Kagliwal *et al.* 2011）。典型的下游纯化方案是用乙酸丁酯从固体发酵团中萃取环孢菌素 A，并经过凝胶过滤色谱、硅胶和 / 或氧化铝柱色谱以及重结晶等纯化方法，最终获得药品纯的环孢菌素 A。

12.7　天然产物库的扩充

　　植物、真菌和细菌来源的新结构天然产物不断被报道，但是过去 30 年间真菌和细菌已经成为新天然产物的主要来源。大多数新分离的产物都是现有天然产物骨架和结构的同系物。一方面，这种现象可能说明大自然资源库以及利用简单的初级代谢合成砌块构建一组有限的分子骨架和功能基团的生物合成能力的饱和。另一方面，这可能反映传统的天然产物分离方法的局限性，传统方法通常从有机溶剂萃取起始材料，尤其是植物材料开始。待检测的代谢物的复杂性能通过对粗提物（包含大量未识别的精确分子质量峰）进行液相色谱 - 质谱联用（LC-MS）分析得到初步鉴定结果。

　　就如下一章将提到的，输入参数即可通过基因组分析对将要表征的天然产物进行分子预测。迄今为止，已完成全基因组测序的植物非常少，而且在植物中化合物的生物合成基因通常不是以基因簇形式存在，这使得新化合物的预测变得很困难。相比之下，真菌和细菌的生物合成基因成簇存在，使得利用生物信息学预测分析该生物能合成哪种类型化合物成为常规手段。据估计，在未来十年内可能会有数以百万计的微生物基因簇被测序，这些微生物产生的大多数天然产物都是尚未表征的化合物。

如何选择生物原料作为新颖天然产物有前途的来源，尤其是具有新颖的连接方式、骨架结构和罕见的功能基团（比如重氮基团或 N–N 键）的化合物，这个问题还将继续成为创新性天然产物表征研究的一个挑战。其中一种解决的办法是寻找新的或未被开发的生物原料以发现特殊的天然产物。

12.7.1　海洋放线菌

与陆地生物相比海洋生物在过去半个多世纪里一直是新型天然产物骨架的重要来源，比如海绵，生存在其中的细菌种群可能是"最负责任的化学家"。列举两个例子：

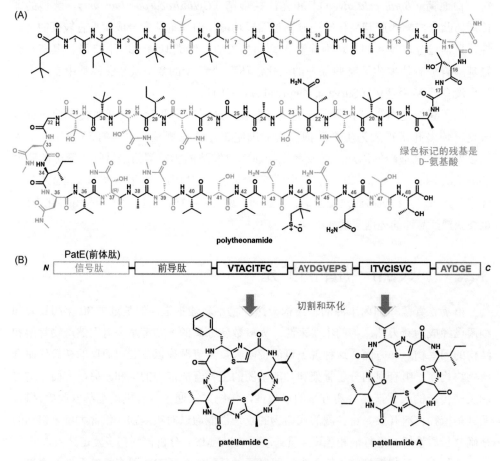

图 12.15　（A）插入靶细胞膜的螺旋肽——polytheonamide A；（B）patellamide A 和 patellamide C 的同一前体蛋白——PatE

polytheonamides（含有 18 个 D-氨基酸残基，使分子形成跨膜离子通道，图 3.17）
（Hamada, Matsunaga *et al.* 2005）和 patellamides 的生物合成。从结构分析，它们都含有包裹在大环骨架中的噻唑和噁唑啉杂环（图 3.7 和图 12.15）。如图 12.15 所示，两种 patellamides（patellamide A 和 patellamide C）都是由单一蛋白前体 PatE 通过酶法合成（Schmidt, Nelson *et al.* 2005）。与此类似的，polytheonamide A（48 个氨基酸残基高度修饰的多肽）来源于核糖体产生的前体蛋白，尤其是该前体蛋白的侧链氨基酸残基经历了自由基 SAM 介导的 22 次 *C*-甲基化修饰（见第 10 章）。

海洋放线菌中的盐孢菌属（*Salinospora*）是新天然产物的多产菌，Fenical 及其同事的分离和鉴定工作也能证实这一点（Jensen, Williams *et al.* 2007）。图 12.16 中展示了的几种来源于盐孢菌属的代谢产物，包括已知化合物如利福霉素（rifamycin）和

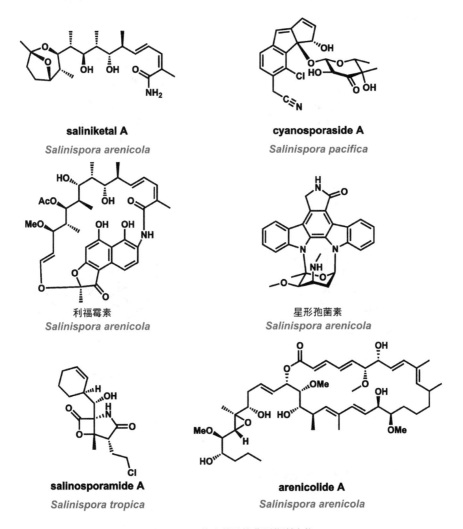

saliniketal A
Salinispora arenicola

cyanosporaside A
Salinispora pacifica

利福霉素
Salinispora arenicola

星形孢菌素
Salinispora arenicola

salinosporamide A
Salinispora tropica

arenicolide A
Salinispora arenicola

图 12.16　盐孢菌属的典型代谢产物

星形孢菌素，同时也列举了如 salinosporamide（一种蛋白酶体抑制剂，见图 9.47）、sporalide A 和 cyanosporates 这些具有罕见骨架类型的化合物。

12.7.2　内生真菌

植物内部存在微生物群落，比如众所周知的内生真菌（常见于某些禾本植物中），但其实植物体内还有许多与植物具有功能协同作用的内生细菌（Hardoim, van Overbeek *et al.* 2015）。它们可以产生多种天然产物，比如生长素（auxins）、紫杉醇等，还有许多其他天然产物已经从类似这样的内生真菌中成功分离（Strobel, Daisy *et al.* 2004）。图 12.17 中显示了四种来源于不同内生真菌且具有不同生物活性的天然产物：具有抗真菌活性的 cryptocin 和 ambuic acid、具有抗癌活性的 torreyanic acid 和免疫抑制剂 subglutinol。

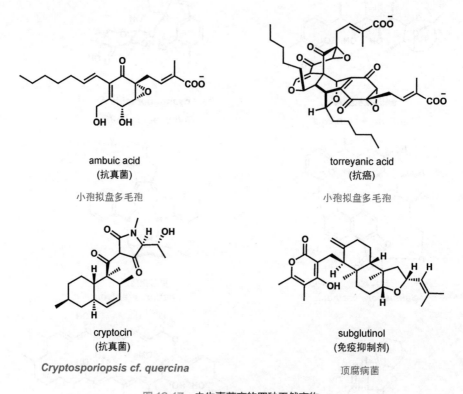

ambuic acid
(抗真菌)

小孢拟盘多毛孢

torreyanic acid
(抗癌)

小孢拟盘多毛孢

cryptocin
(抗真菌)

Cryptosporiopsis cf. quercina

subglutinol
(免疫抑制剂)

顶腐病菌

图 12.17　内生真菌产的四种天然产物

12.7.3　昆虫 - 真菌 - 细菌共生

为防止潜在微生物病原体的侵害，昆虫、真菌和放线菌之间存在许多互利共生的例子（Poulsen, Erhardt *et al.* 2007; Poulsen, Oh *et al.* 2011）。放线菌产生的抗真菌化合物能为其共生生物提供化学保护，比如由假诺卡氏菌属（*Pseudonocardia*）细菌产生的环缩肽 dentigerumycin，该细菌就与受真菌侵害的蚂蚁 *Apterostigma dentigerum* 共生（图 12.18）（Oh, Poulsen *et al.* 2009）。类似地，南方松甲虫与真菌 *Entomocorticum* sp. 保持着有益的共生关系，该菌产生 mycangimycin 以对抗真菌病原菌 *Ophiostoma minus*（图 12.18）（Oh, Scott *et al.* 2009）。

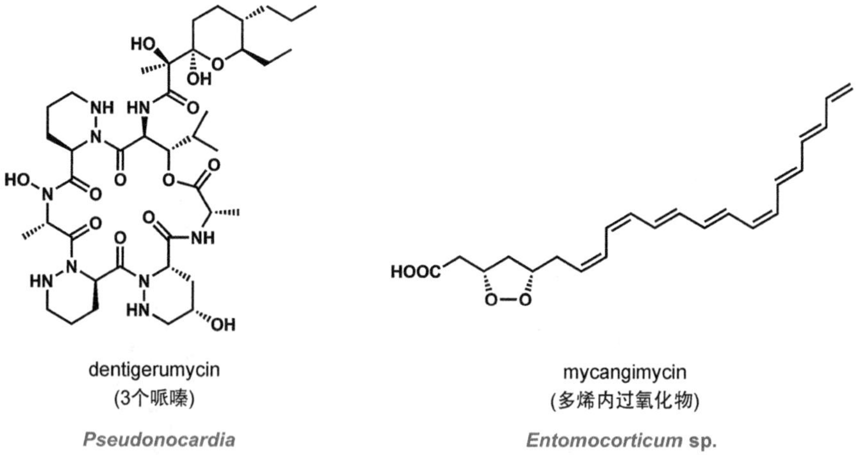

dentigerumycin
（3个哒嗪）
Pseudonocardia

mycangimycin
（多烯内过氧化物）
Entomocorticum sp.

图 12.18　来自微生物和昆虫共生的天然产物

与昆虫共生的微生物所产生的每一种抗真菌代谢产物都具有不寻常的化学功能。mycangimycin 是一种多烯内过氧化物，而且可作为一种光活化自由基发生剂。dentigerumycin 是一种缩酚酸肽，属于非核糖体肽-聚酮杂合大环内酯类家族，含有罕见的哒嗪酸结构单元。哒嗪酸是一种具有罕见的氮氮单键骨架（六元环中）的哌啶甲酸类似物；它的生物合成起源尚不完全清楚。

12.7.4　深海天然产物

该小节主要通过例举来自日本深海采集的土壤样本中分离得到的天然产物，进而阐述对新的生物领域的探索可以增加新骨架天然产物的可能性这一观点 (Bister, Bischoff *et al.* 2004; Riedlinger, Reicke *et al.* 2004)。深海土壤样品中分离得到的放线菌可以生成 abyssomycin（图 12.19）及其阻转异构体，两者可以根据大环旋转受限的性质进行分离。这两种天然产物都是 4-氨基-4-脱氧分支酸合成酶（4-amino-4-deoxychorismate synthase, ADS 合成酶）的灭活剂（Keller, Schadt *et al.* 2007），而 4-氨基-4-脱氧分支酸合成酶是叶酸生物合成的关键酶，且反过来又作用于 DNA 生物合成，但是这对异构体中 *atrop*-abyssomycin 与 ADS 合成酶的活性位点半胱氨酸侧链共价结合能力更强。Abyssomycin 和 *atrop*-abyssomycin 不仅骨架新颖，而且因大环存在导致的旋转限制性为这对天然产物增加另一个功能特征。这个实例证明新的自然化学机制仍有待发现。

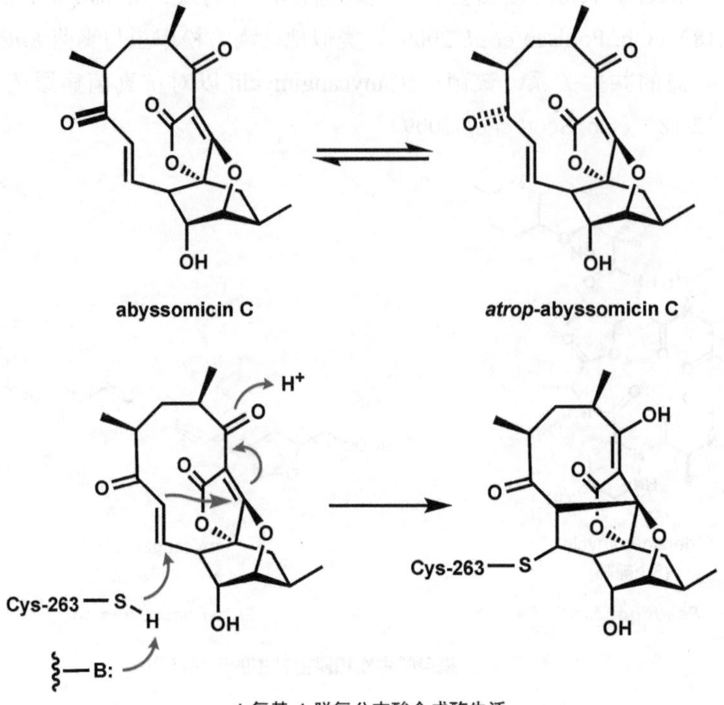

图 12.19 日本海深处发现的 abyssomycin C 及其阻转异构体。
其作用机理是通过 4-氨基-4-脱氧分支酸合成酶的共价失活

12.7.5 经两条以上生物合成途径的融合合成的化合物

相比较于常规研究更感兴趣的是由两种以上生物合成途径融合合成的一系列天然产物，而不仅仅是现在为大家所熟知的吲哚-萜烯或 NRP-PK 生物合成途径的交叉。对于这一点，leupyrrin A（一种来源于 *Sorangium cellulosum* 的非对称抗真菌大环内酯）和 kibdelomycin 代表了三种或三种以上类型的生物合成机制，并已经创造一些新骨架天然产物（Bode, Irschik *et al.* 2003; Phillips, Goetz *et al.* 2011）（图 12.20）。下一章的生物信息学方法将重点分析这种在微生物基因组中存在的多途径融合。

12.7.6 培养不可培养的微生物

真菌和细菌的微生物世界很可能拥有许多尚未被发现的天然产物生物合成能力。经过七八十年的培养研究，人们已经对全球微生物多样性的一小部分进行取样。预计检测的 100 万株真菌中已检测出 10 万株（Schueffler and Anke 2014）。目前尚不清楚用现代培养方法获取的真菌菌株比例，但是人们认为只有 1% 的细菌可在常规实验室条件下进行培养。这是微生物基因组测序的驱动力之一，将在下一章详细介绍。即使与基于基因的微生物栖息地复杂度指数无关，扩大可培养微生物的范围很可能会带来回报，比如可能会发现新的微生物和新的天然产物。

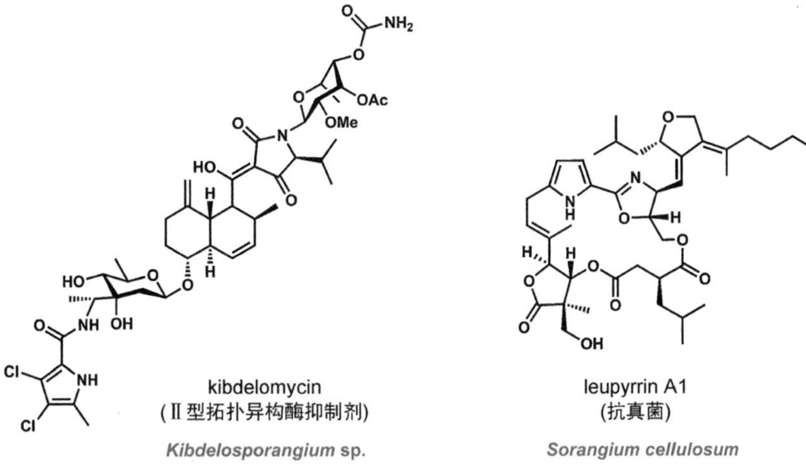

图 12.20　Kibdelomycin 和 leupyrrin A：天然产物化学逻辑和汇聚式
生物合成机制的几种元素的代谢性融合

　　为此，细菌培养方法的最新技术已能在实验室条件下筛选一些以前难以获得且稀有的微生物，例如分离获得十一环的缩肽内酯：泰斯巴汀（teixobactin）（Ling, Schneider et al. 2015）（图 12.21）。该天然产物的 11 个氨基酸残基中有 4 个残基为 D-构型，符合非核糖体起源，但不是用以证明的证据（回忆一下本章前面提到的 polytheonamide 的核糖体起源）。泰斯巴汀的靶点是脂质 Ⅱ，细菌细胞壁组装中延长肽聚糖链的一个关键载体分子。如果先进的培养方法可以增加可培养细菌的种类（即使是已被充分研究的生物），那也很可能从中分离得到新的分子结构。

12.7.7　氧化还原酶 - 天然产物新功能的预测因子

　　在编码基因和次生代谢物的结构之间，无论是其通路中间体还是终产物，它们都是由生物合成的相关酶将官能团通过化学键连接在一起并形成骨架结构。正如在前几章中提到的，酶利用的一些化合物通常是应用于初级代谢途径的化学物质。

　　然而，其他的酶在条件代谢途径中更为普遍。例如我们已经提到的在聚酮化合物装配中可能存在的狄尔斯-阿尔德环化酶（第 2 章），以及高硫青霉素家族的噻唑基多肽的三噻唑基吡啶环核心的吡啶环的构建中，可能存在的氮杂狄尔斯-阿尔德环化酶（第 3 章）。在第 9 章和前几章中，我们已经强调过在所有主要类型天然产物中，过多的加氧酶被分散在生物合成关键节点处。

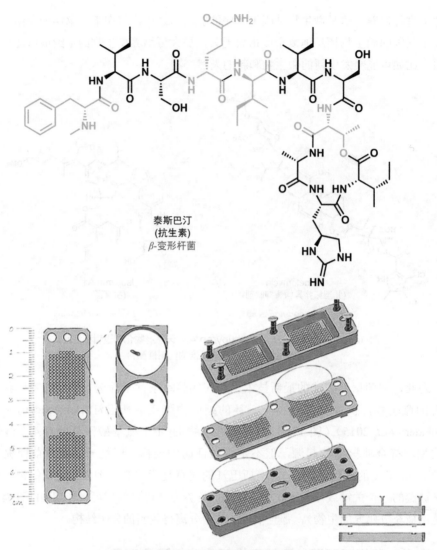

泰斯巴汀
(抗生素)
β-变形杆菌

**图 12.21　培养"不可培养微生物"获得泰斯巴汀：
利用分离芯片技术（iChip）直接在土壤中培养细菌**

经麦克米伦出版有限公司许可转载：Nature [Ling, L. L., T. Schneider, A. J. Peoples, A. L. Spoering, I. Engels,
B. P. Conlon, A. Mueller, T. F. Schäberle, D. E. Hughes, S. Epstein, M. Jones, L. Lazarides, V. A. Steadman, D. R.
Cohen, 12.7.7 C. R. Felix, K. Ashley Fetterman, W. P. Millett, A. G. Nitti, A. M. Zullo, C. Chen and K. Lewis (2015).
"A New Antibiotic Kills Pathogens Without Detectable Resistance". *Nature* **517**: 455- 459], 版权 (2015).

　　氧还原酶产生底物自由基的能力也开辟了不含氧的骨架重构途径。类似地，在第
10 章中提到，数据库中存在成千上万的具有自由基 SAM 催化特征的酶。同时，这些
自由基 SAM 酶和铁依赖的加氧酶，包括细胞色素 P450 单加氧酶家族和非血红素单
核铁家族（例如异青霉素 N 合成酶），也许是天然产物形成过程中最可能执行新化学
反应的催化剂。

紧随其后的可能是黄素依赖的加氧酶，该家族已知的酶在酶催化反应的范围内表现出意想不到的化学技艺。这些酶包括 Baeyer-Villigerases 和肠道菌素（enterocin）生物合成中的酶 EntM，EntM 作为新型 FAD-5-*N*-氧化物氧转移剂的中介，用于法沃尔斯基酶（favorskiiase）转化反应（Teufel, Miyanaga *et al.* 2013）（图 12.22）。对吲哚环具有环氧酶活性的黄素酶也可能是异常氧化化学重排的标志（如在第 8 章中提到的从烟

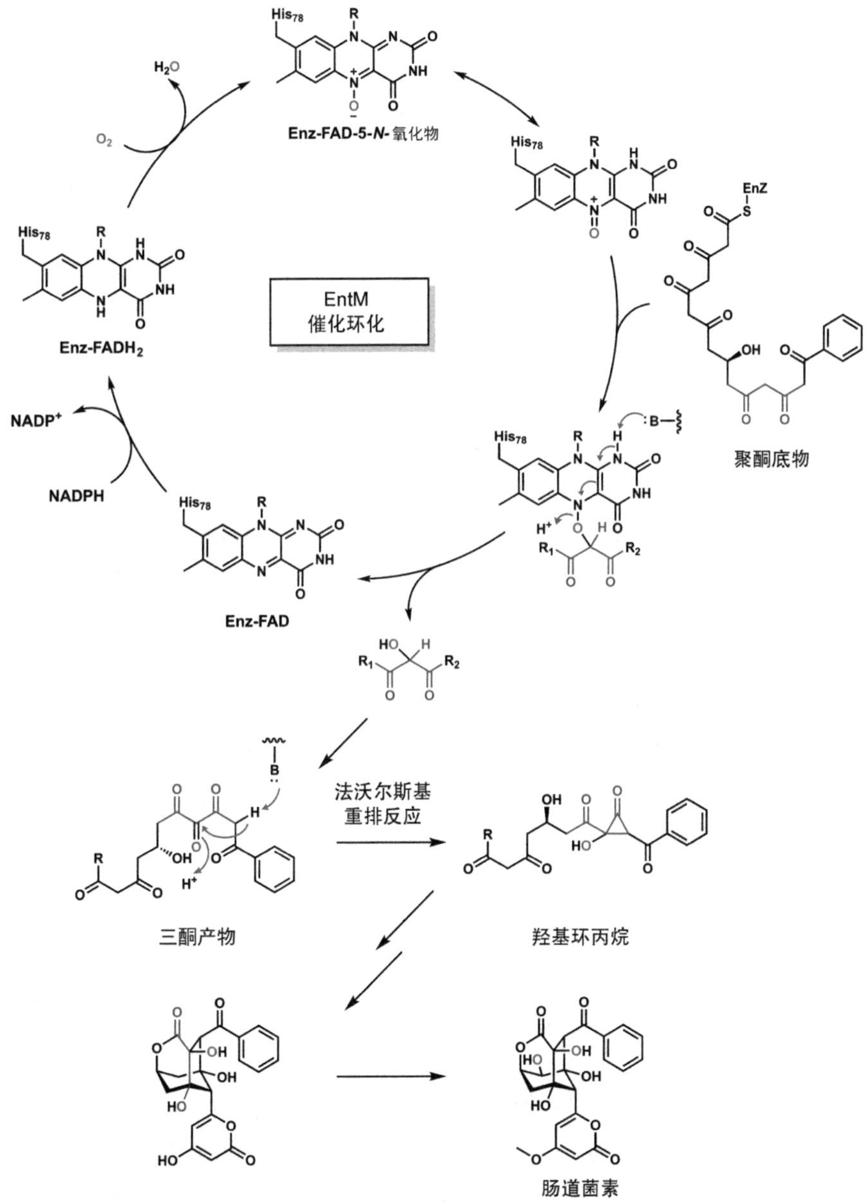

图 12.22　肠道菌素生物合成中的一种黄素酶 EntM，EntM 催化一个三酮中间体发生法沃尔斯基型重排

曲霉毒素到 spirotryprostatin 骨架形成）。通过寻找这些特殊催化的标志酶，也许可以提高发现罕见重排反应途径及重排分子骨架的概率。

第 13 章中基于基因的方法（扫描上述各种氧化酶基因组）来扩充天然产物库原则上是理想的方式，特别是当这些基因位于已知天然产物的生物合成基因簇附近。然而，即使没有任何基于基因的锚定点，这些基因也值得研究。在第 11 章中提到了一些值得特别关注的特异的糖基转移酶，特别是那些可能在苷元中加入稀有的戊糖和己糖单元的酶，这种酶可以作为一种增加新型以及复合型天然产物骨架的途径。

12.7.8 被忽视的合成砌块：NRPS 装配线

利用来自 NRPS 装配线的肽单元来构建天然产物骨架，而不是通过初生核糖体蛋白的翻译后成熟的方式，其潜在的优势之一是免于细胞的氨酰 -tRNA 合成酶库对蛋白源氨基酸合成砌块的限制。的确，对于原核生物和真核生物遗传密码重组方面所做的所有努力都在迅速推进到这样的一天：可以随意在任何目的蛋白质的特定位点插入若干种非蛋白源氨基酸。

然而，作为这些方法的补充，NRPS 装配线的腺苷酰化结构域可以选择和激活多达数百种非蛋白源氨基酸。此外，某些腺苷酰化结构域可以选择性地作用于相应 α-酮酸和 α-羟基酸（Magarvey, Ehling-Schulz *et al.* 2006）。我们已经注意到 PKS 和 NRPS 途径的杂合可以构建一些非蛋白源氨基酸单体，如抑胃酶氨酸和异抑胃酶氨酸（isostatine）类（图 3.24），以及乙烯基酪氨酸。值得指出的是，在过去的几年里，来自初级代谢的两种额外的非蛋白源氨基酸作为 NRPS 合成砌块受到广泛关注，同时也加深了我们对于随之将产生的新颖天然产物骨架的期待。

图 12.23 中用颜色标注的组成部分都是氨基苯甲酸的邻位和对位异构体，它们都是微生物初级代谢中的关键代谢产物。如第 8 章所述，邻氨基苯甲酸是重要的色氨酸的前体，而 PABA（对氨基苯甲酸）是构建叶酸骨架的关键组成部分。如第 5 章所述，邻氨基苯甲酸和对氨基苯甲酸现在还被认为是真菌和细菌 NPRS 装配线的链式反应的引发剂和增链剂分子（Walsh, Haynes *et al.* 2013）。六个对氨基苯甲酸残基

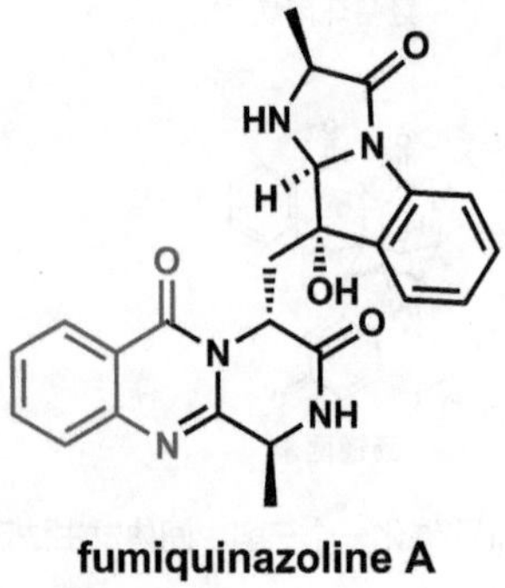

fumiquinazoline A

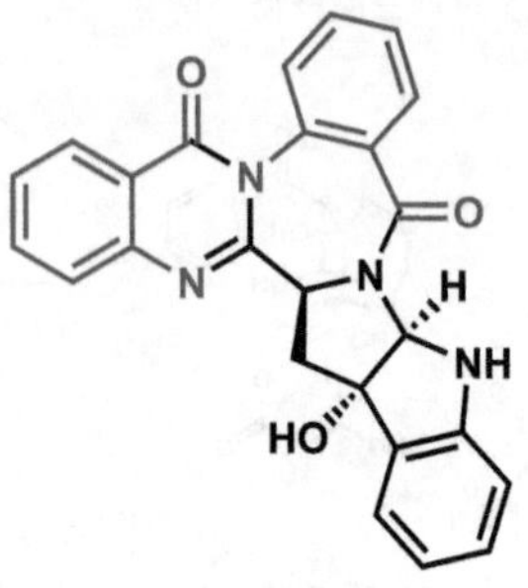

asperlicin E

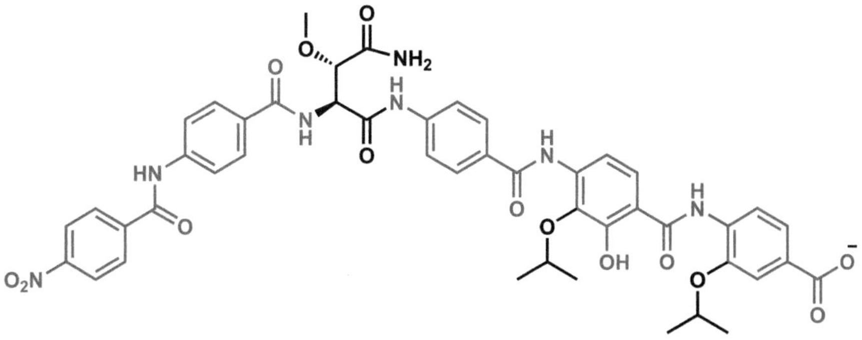

cystobactamid 9 19-2

图 12.23 以邻氨基苯甲酸（蓝色）或对氨基苯甲酸（红色）
作为 NRPS 装配线合成砌块的三种天然产物

组合得到线性七肽 cystobactamid 919-2（来源于黏性菌 *Cystobacteria*），cystobactamid 919-2 是一种新型的抗生素，能抑制细菌 DNA 旋转酶（Baumann, Herrmann *et al.* 2014）。真菌产物 fumiquinazoline A 和 asperlicin E 分别具有一个或两个邻氨基苯甲酸残基（第 5 章）。

12.7.9　OSMAC（单菌株多化合物）

在获得细菌和真菌基因组之前，许多研究已经发现，在不同的条件下培养一些真菌和细菌菌株可以从发酵物中得到不同数量甚至不同成分的天然产物。当在这些微生物基因组中检测到多个生物合成基因簇时，这些研究的分子基础随之被揭示。由于对不同的培养参数也许可以激活沉默的次级代谢途径的，Zeeck 和他的同事提出 OSMAC（单菌株多化合物）这一术语，从而使得通过改变培养过程中容易操作的参数进而发现不同的天然产物谱这一假设定形（Bode, Bethe *et al.* 2002）。参数的变化可以很简单，如培养容器的变化、改变搅拌速率（不同的溶氧量）、控制 pH、从液体培养基到固体培养基的变化、温度变化、使用特定的酶抑制剂等。例如，改变真菌尖小丛壳菌（*Glomerella acutata*）生长的液体和固体基质的性质，不仅可以改变尖小丛壳菌的宏观形态，而且改变了被激活天然产物代谢途径的化学库（图 12.24）（Vandermolen, Raja *et al.* 2013）。总之，任何可能影响真菌或细菌对外界环境应答的条件都可能被用于改变转录组，进而改变蛋白质组，并最终在改变的次级代谢产物中被读取出来。

自 Bode 等人在 2002 年发表的论文中提出 OSMAC 这一概念以来的 15 年里，许多研究人员已经验证 OSMAC 这一概念，并探索了细菌和真菌的生物合成能力。下面给出三个例子。第一个例子是对 Bode 等人于 2002 年发表文章的小回顾（Bode, Bethe *et al.* 2002）。他们注意到，对两种真菌和四种放线菌菌株培养条件的简单改变导致了 25 个结构亚类中超过 100 种新代谢产物的产生，而以前在每个发酵过程中

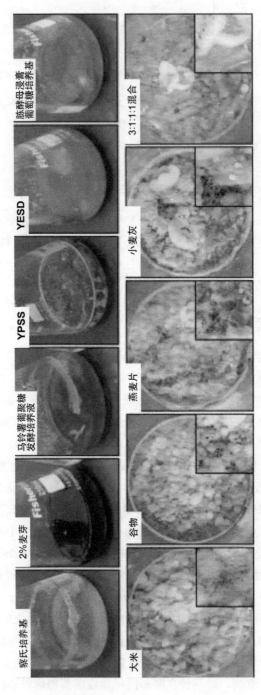

图 12.24　不同的固体基质诱导产生不同的真菌生长发育形态以及不同的天然产物表达途径

转载和修改自：VanderMolen, K. M., H. A. Raja, T. El-Elimat and N. H. Oberlies (2016). "Evaluation of Culture Media for the Production of Secondary Metabolites in a Natural Products Screening Program". *AMB Express* **3**: 71. Original article distributed under CC-BY 2.0 license (https://creativecommons.org /licenses/by/2.0/).

都有一种化合物占主导地位。图 12.25 中显示了不同培养条件下赭曲霉 DSM 7428（*Aspergillus ochraceus* DSM 7428）菌株培养物中发现的 11 种新代谢产物。这些代谢产物的产生表明在最初的培养条件下许多沉默的生物合成途径被激活。Bode 等人指出，OSMAC 的实现是改变一个或多个培养条件参数，其本质是对次级代谢通路的选择性去沉默的一种随机选择。当微生物基因组已知时，就有可能采取更有针对性的遗传方法来降低抑制或对给定途径的基因进行选择性激活（如下一章所述）。

第二个例子是从中国云南省地衣生物中分离得到的地衣内生真菌 *Myxotrichium*

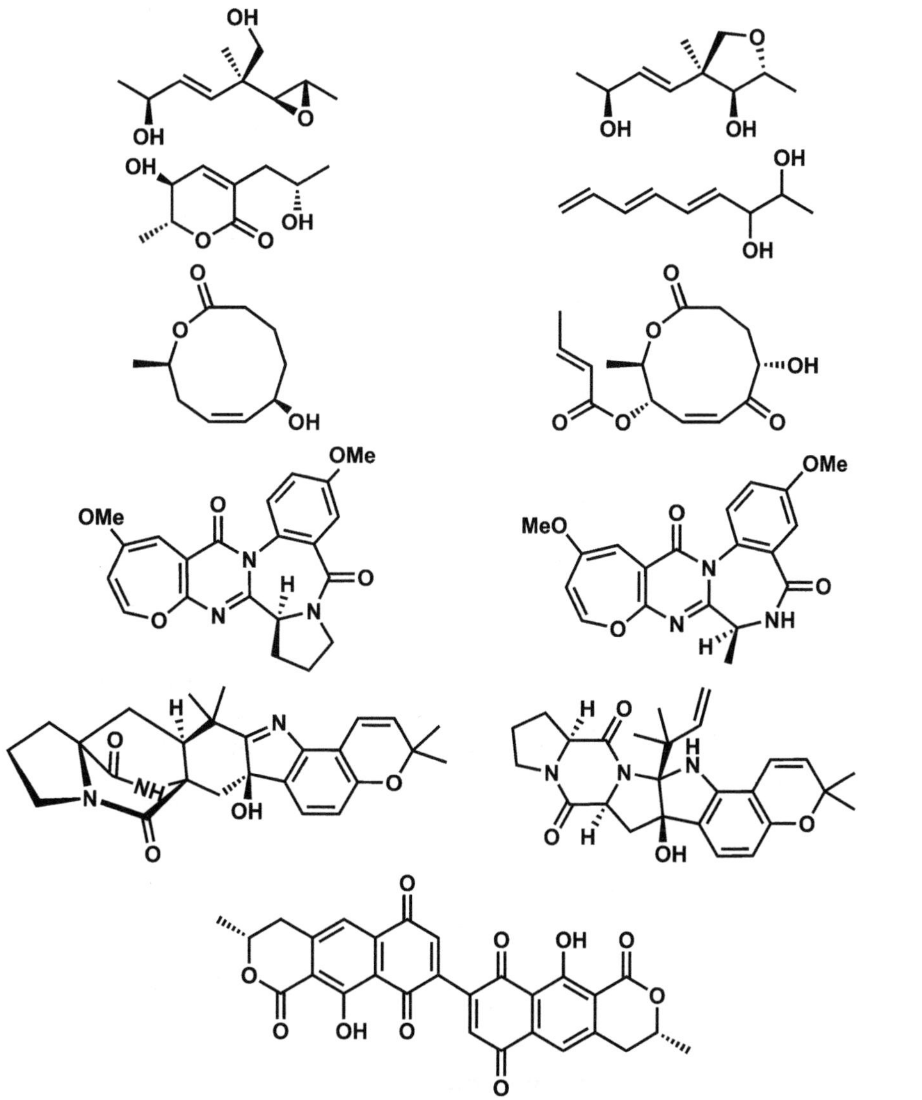

图 12.25　改变赭曲霉 DSM 7428 培养条件后分离得到的新代谢产物

sp.，用典型的马铃薯葡萄糖发酵培养液（PDB）培养时可产生三种聚酮化合物，如图12.26 所示。当地衣内生真菌以大米作为培养基培养 45 天后可以产生 4 种新的聚酮产物（Yuan, Guo *et al.* 2016）。该真菌的基因组尚未测序，因此不知道被这两种培养基各自激活了哪些生物合成的能力。第三个例子是内生真菌 *Dothideomycete* sp.。与前一个例子类似，将马铃薯葡萄糖肉汤液体培养基转变为麦芽固体培养基导致产生许多新的天然产物骨架，如图 12.26 所示，这种固体基质很有可能代表着真菌实际生长培养基质的模拟（Hewage, Aree *et al.* 2014）。

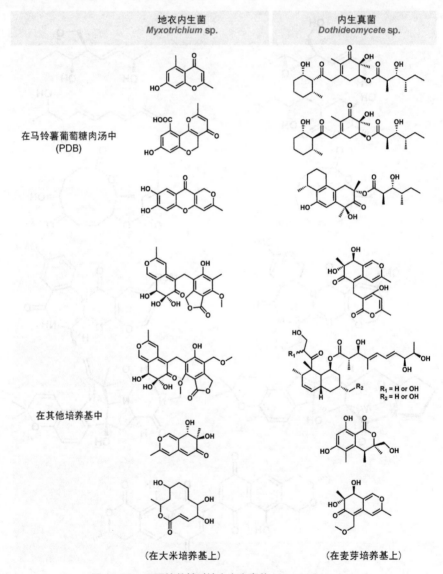

图 12.26　不同培养基对地衣内生真菌 *Myxotrichium* sp.
和内生真菌 *Dothideomycete* sp. 代谢产物谱的影响

迄今为止积累的证据表明，放线菌和真菌于标准实验室条件下生长时只表现出 10% ～ 15% 的生物合成能力。因此无论是否获取目标微生物基因组信息，OSMAC 都将继续作为一种有价值的系统方法以引发更大比例的细菌和真菌的生物合成潜力。对培养条件的改变可以向多个方向扩展。对于真菌这种具有组蛋白和染色质重塑的真核生物，组蛋白乙酰化和甲基化状态的调节剂可以改变其次级代谢通路的激活（Netzker，

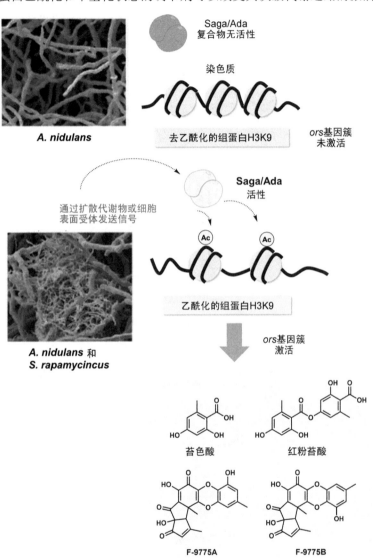

图 12.27　构巢曲霉暴露于 *Streptomyces rapamycincus* 产生四种新的天然产物。这些代谢产物反映了组蛋白乙酰转移酶在染色质组蛋白的 N 端尾部的赖氨酸侧链上的作用所开启的通路

经过 Nutzmann 的许可转载真菌和带有细菌的真菌的 SEM 图像: H.-W., Y. Reyes- Dominguez, K. Scherlach, V. Schroeckh, F. Horn, A. Gacek, J. Schümann, C. Hertweck, J. Strauss and A. A. Brakhage (2011). "Bacteria-induced natural product formation in the fungus *Aspergillus nidulans* requires Saga/Ada-mediated histone acetylation". *Proc. Natl. Acad. Sci. U. S. A.* **108**(34): 14282.

Fischer *et al.* 2015）。

在这方面，诱导细菌或真菌天然产物途径激活的方法之一是两种微生物共培养。将构巢曲霉（*Aspergillus nidulans*）暴露于 *Streptomyces rapamycincus* 可激活聚酮化合物生物合成途径以生成四种天然产物（如图 12.27 所示）。组蛋白 H3 赖氨酸侧链通过天然产物生物合成反应所必需的信号 Saga/Ada 复合物（SAGA 是一种转录辅助复合体；Ada 是腺苷脱氨酶）从而发生乙酰化（Nutzmann, Reyes-Dominguez *et al.* 2011）。

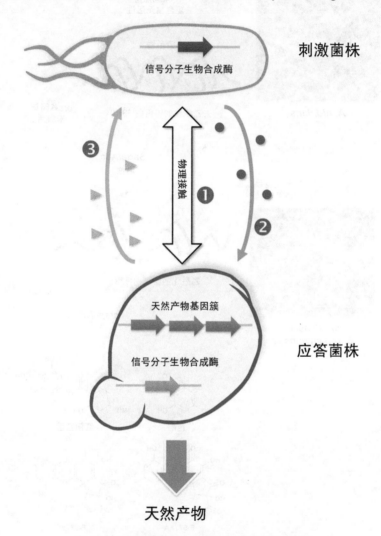

图 12.28　刺激菌株和生产菌株之间的双向化学通信
第一个途径是直接的菌体接触导致细胞内信号传导；第二种途径是刺激菌株产生一种可扩散分子，
该分子可导致应答菌株中一个基因簇的激活；第三种途径是双向通信，
应答菌株可以产生自己的信号分子，从而触发刺激菌株产生信号分子
经英国皇家化学学会许可改编自：Scherlach, K. and C. Hertweck (2009). "Triggering Cryptic
Natural Product Biosynthesis in Microorganisms". *Org. Biomol. Chem.* 7: 1753.

一般情况下，在与应答菌株的双向化学通信（图 12.28）中，刺激菌株有可能产生和调节来回传递的信号分子，并相互干扰刺激菌株和应答菌株的化合物库（Scherlach and Hertweck 2009）。

已经有很多在共培养中发现新代谢产物的例子被报道，包括混合真菌培养中发现的 acremostatin lipopeptides 和 aspergicins（Netzker, Fischer *et al.* 2015）（图 12.29）。将细菌 *Thalassopia* sp. 与海洋真菌 *Pestalotia* 共培养导致产生氯化聚酮醛 pestalone（图 12.29）（Cueto, Jensen *et al.* 2001）。类似的，*Streptomyces bulli* 与烟曲霉共培养时，真菌产生了第 8 章中提到的二酮哌嗪生物碱 brevianamide F、spirotryprostatin A、6-methoxytryprostatin B、烟曲霉震颤素 B、verruculogen 等分子（Rateb, Hallyburton *et al.* 2013）。

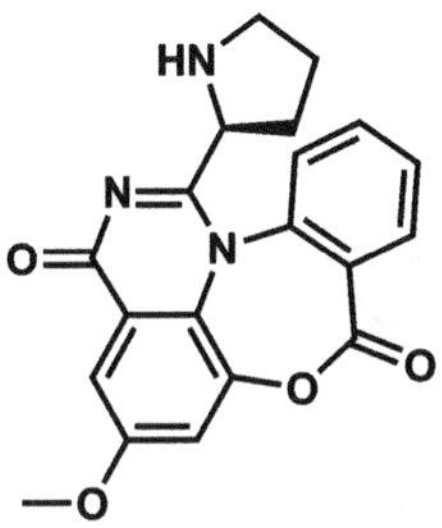

aspergicin
来源于两种海洋曲霉菌混合发酵

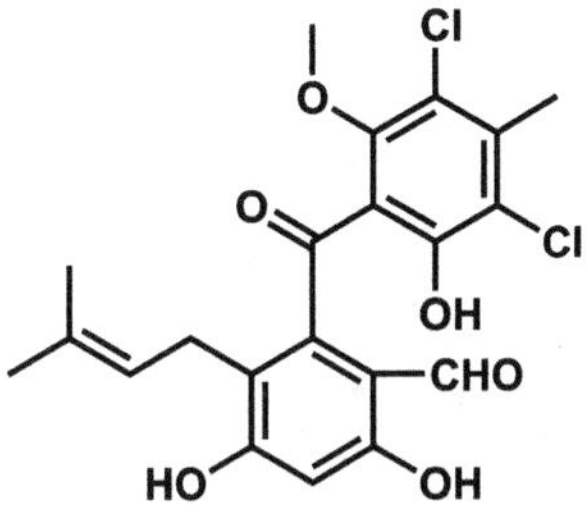

pestalone
盘多毛孢菌与细菌共培养产生的天然产物

图 12.29　不同微生物共培养时产生的真菌代谢产物：aspergicin 和 pestalone

专题 12.2　人类鼻腔内葡萄球菌间的抗菌肽战

约 30% 的人类前鼻孔内存在金黄色葡萄球菌（*Staphylococcus aureus*），而金黄色葡萄球菌是人类最常见的致病菌之一（Walsh and Wencewicz, 2016）。前鼻孔是一个典型的寡营养生态圈，生存于此的各种细菌很可能处于竞争关系。研究人员对一系列鼻葡萄球菌分离产物进行筛选，结果显示路邓葡萄球菌 IVK28（*Staphylococcus lugdunensis* IVK28）具有强烈的抗金黄色葡萄球菌生长活性。同时，分离得到一株无抑制活性的路邓葡萄球菌突变株，显示一个拟定为非核糖体肽合成酶［四个 ORFs（lugD, A, B, C）之一］的编码基因被插入失活（图 12.V2）（Zipperer, Konnerth *et al.* 2016），表明该酶催化反应的终产物是有抗金黄色葡萄球菌活性的抗生素。

LugDABC 四个 ORF 装配线上只有 5 个腺苷酰化结构域，但是编码一个七肽的路邓素（lugdunin）（分子量 =783），暗示 LugC 的腺苷酰化结构域被重复利用 3 次，以激活 3 个 L-缬氨酸残基，其中第 2 个残基通过差向异构化结构域（E）被差向异构化。在 LugC 中还存在多个载体蛋白（硫醇化）结构域（T），表明其

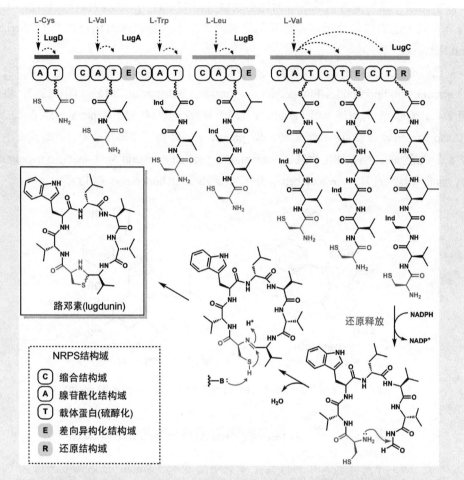

图12.V2　*Staphylococcus lugdunensis* IVK28 中路邓素的生物合成途径

为非典型的非核糖体肽合成酶组装线结构。LugC 以还原酶结构域结束，这与线性七肽醛可能是初期产物的预期一致（见第 3 章）。

　　分离得到的路邓素是一种环肽，其中 Cys₁ 的 N-端游离胺与 L-Val₇-醛基发生反应，然后生成的亚胺与巯基侧链环合形成环状的五元噻唑烷杂环。

　　路邓素对包括致病性耐甲氧西林金黄色葡萄球菌（methicillin resistant *Staphylococcus aureus*，MRSA）在内的一系列革兰氏阳性菌都具有杀菌活性。在易感金黄色葡萄球菌的多个传代中未发现耐药性。路邓素在小鼠皮肤感染模型中具有疗效，并且产生路邓素的路邓葡萄球菌与金黄色葡萄球菌共培养时不仅更具竞争优势还能将其杀灭。对 187 人的分析发现，9% 的人携带路邓葡萄球菌，32% 的人呈金黄色葡萄球菌阳性。与阴性对照相比，携带路邓葡萄球菌的个体对于金黄色葡萄球菌的感染率降低 5 倍。

路邓素的杀伤作用方式仍有待确定（低的耐药率可能暗示路邓素参与细菌的膜组装或维护，与泰斯巴汀对脂质 II 的作用类似）（Ling, Schneider *et al.* 2015）。这一研究结果提高了路邓葡萄球菌作为一种预防金黄色葡萄球菌感染的益生菌的发展前景。Zipper 等人认为路邓素是发现的第一个大环噻唑烷肽类抗生素，并认为混合培养压力下的人源微生物群可能是产生抗生素的新来源（Zipperer, Konnerth *et al.* 2016）。

12.7.10 平板和平台上微生物的实时质谱分析

解吸附电喷雾电离（DESI）成像质谱法是一种新型的，尤其适用于微生物共培养所产生的代谢产物的检测方法（Fang and Dorrestein 2014; Hsu and Dorrestein 2015），DESI 还可以通过分析化合物在培养介质中的空间分布以检测在生物体间转运的情况（图 12.30）（Esquenazi, Yang *et al.* 2009; Moree, Phelan *et al.* 2012）。质谱分析收集的大量信息可以网络连接形成一个数据库，该数据库既有助于粗提物中分子信号的去重复化，也有助于利用碎片化模式确认已知的分子结构和相关分子结构，例如通过 14 个质量单位间隔的 *m/z* 的嵌套集合以确定脂肽的不同脂酰链，以及通过片段测序确定多肽的氨基酸变异。

另一个方法学的最新进展是一个开放的表面微代谢组学平台（Barkal, Theberge *et al.* 2016），这个方法可以降低培养体积，并允许真菌和 / 或细菌培养矩阵化，同时可以通过微流体为基础的 LC/MS 对代谢产物进行评估（图 12.31）。该微代谢组学装置用烟曲霉和构巢曲霉进行校准，可快速检测 33 种天然产物。这种方法可以便捷地对数千种真菌样品进行简单表征，包括对 OSMAC 研究的系统处理。例如，培养物不仅

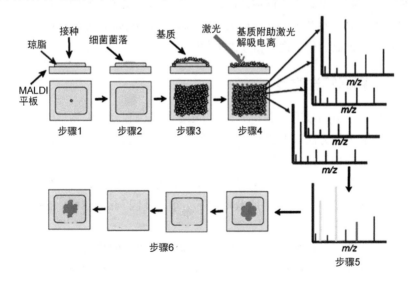

图 12.30

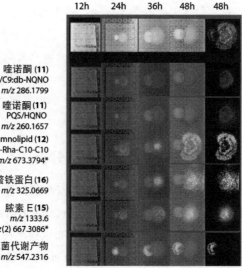

图 12.30 微生物成像质谱法检测微生物间的代谢转化

图的上半部分是成像质谱技术的工作流程，经英国皇家化学学会许可转载自：Esquenazi, E., Y.-L. Yang, J. Watrous, W. H. Gerwick, P. C. Dorrestein (2009). "Imaging Mass Spectrometry of Natural Products". *Nat. Prod. Rep.* **26**: 1521.

图的下半部分是基于质谱的铜绿假单胞菌（*Pseudomonas aeruginosa*）与烟曲霉经种间相互作用产生的代谢产物图像。该图像经允许后重印，Moree, W. J., V. V. Phelan, C.-H. Wu, N. Bandeira, D. S. Cornett, B. M. Duggan and P. C. Dorrestein (2012). "Interkingdom metabolic transformations captured by microbial imaging mass spectrometry". *Proc. Natl. Acad. Sci. U. S. A.* **109**(34), 13811.

用氯仿或 1-戊醇进行提取，还用到了天然产物分离中非传统的溶剂 γ- 己内酯。代谢物 asperfuranone 仅在己内酯萃取液中检测到，提醒我们可以从选择萃取溶剂的第一步就对代谢物检测施加限制。该设备也很容易配置成研究微生物间的相互作用，无论是物理接触（上文提到的 *Streptomyces rapamycincus - Aspergillus nidulans*），还是相邻的两个生物体仅有扩散的化学物质相互作用的区域。

12.7.11 靶标筛选改良

作为本综述章节的最后一小节，本章介绍了与基因和分子生物学无关的天然产物的生产、分离和表征方法，天然产物领域的历史和许多当代研究成果，最后介绍一种最近为现有天然产物和新分子的宿主靶标的识别提供捷径的表型方法。这种高图像表型筛选补充了一种 siRNA 方法，以比较敲除给定基因的表达以及天然小分子对细胞表型产生相匹配的影响。后一种技术将在下一章（基因 / 信使 RNA 依赖领域）进行阐述。

有一项初步研究是在细胞学平台中针对有丝分裂停止的特定终点进行高内涵图像筛选（Ochoa, Bray *et al.* 2015）。该方法是使用自动化图像分析细胞形态的改变，这些

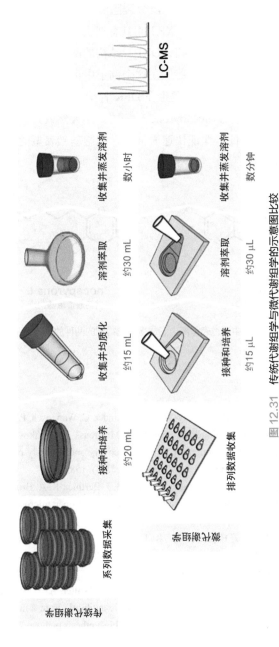

图 12.31　传统代谢组学与微代谢组学的示意图比较

细胞形态的改变是特定靶标阻断的特征，并且与已知的 480 种化合物参考分子 / 天然产物提取物对培养的 Hela 细胞的作用机制相关联。在 5300 份海洋放线菌预分离提取物中鉴定得到两种化合物，一种用于介导有丝分裂阻滞，另一种是钙通道阻滞剂。

图 12.32 中显示的有丝分裂阻滞分子 XR334 具有双去氢二酮哌嗪骨架。在第 9 章中，我们已经提到形成这种去氢二酮哌嗪（DKP）结构的两种途径，即 NRPS 装配线定向释放二肽和氨酰-tRNA 环二肽合成酶。在这个例子中可能苯丙氨酸和酪氨酸都是合成砌块，氧甲基化和两次脱氢很可能发生在 DPK 骨架形成后。第二个分子鉴定为钙通道阻滞剂，与已知的聚酮分子 nocapyrone L 相同。当天然或人工合成的分子显示出足够的细胞基础效能和选择性以保证快速表征时，细胞基础表型的高内涵成像可能会成为作用机制研究的核心。

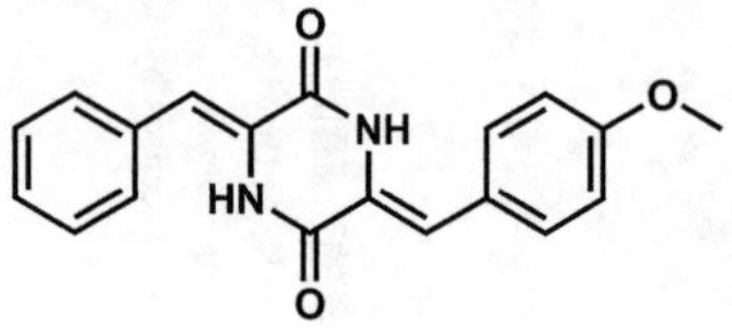

XR334
（抗有丝分裂表型）

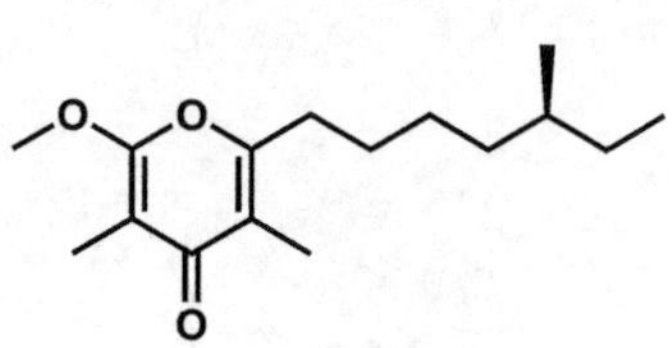

nocapyrone L
（钙通道阻滞剂）

图 12.32　HeLa 细胞中通过表型高内涵成像筛选得到的两种放线菌代谢产物

参考文献

Atanasov, A. G., B. Waltenberger, E. M. Pferschy-Wenzig, T. Linder, C. Wawrosch, P. Uhrin, V. Temml, L. Wang, S. Schwaiger, E. H. Heiss, J. M. Rollinger, D. Schuster, J. M. Breuss, V. Bochkov, M. D. Mihovilovic, B. Kopp, R. Bauer, V. M. Dirsch and H. Stuppner (2015). "Discovery and resupply of pharmacologically active plant-derived natural products: A review". *Biotechnol. Adv.* **33**(8): 1582-1614.

Barkal, L. J., A. B. Theberge, C. J. Guo, J. Spraker, L. Rappert, J. Berthier, K. A. Brakke, C. C. Wang, D. J. Beebe, N. P. Keller and E. Berthier (2016). "Microbial metabolomics in open microscale platforms". *Nat. Commun.* **7**: 10610.

Baumann, S., J. Herrmann, R. Raju, H. Steinmetz, K. I. Mohr, S. Huttel, K. Harmrolfs, M. Stadler and R. Muller (2014). "Cystobactamids: myxobacterial topoisomerase inhibitors exhibiting potent antibacterial activity". *Angew. Chem., Int. Ed.* **53**(52): 14605-14609.

Bister, B., D. Bischoff, M. Strobele, J. Riedlinger, A. Reicke, F. Wolter, A. T. Bull, H. Zahner, H. P. Fiedler and R. D. Sussmuth (2004). "Abyssomicin C-A polycyclic antibiotic from a marine Verrucosispora strain as an inhibitor of the p-aminobenzoic acid/tetrahydrofolate biosynthesis pathway". Angew. Chem., Int. Ed. **43**(19): 2574-2576.

Blakemore, P. R. and J. D. White (2002). "Morphine, the Proteus of organic molecules". *Chem. Commun.* **11**: 1159-1168.

Bode, H. B., B. Bethe, R. Hofs and A. Zeeck (2002). "Big effects from small changes: possible ways to explore nature's chemical diversity". *ChemBioChem* **3**(7): 619-627.

Bode, H. B., H. Irschik, S. C. Wenzel, H. Reichenbach, R. Muller and G. Hofle (2003). "The leupyrrins: a structurally unique family of secondary metabolites from the myxobacterium Sorangium cellulosum". *J. Nat. Prod.* **66**(9): 1203-1206.

Bucar, F., A. Wube and M. Schmid (2013). "Natural product isolationhow to get from biological material to pure compounds". *Nat. Prod. Rep.* **30**: 525-545.

Butcher, R. A., F. C. Schroeder, M. A. Fischbach, P. D. Straight, R. Kolter, C. T. Walsh and J. Clardy (2007). "The identification of bacillaene, the product of the PksX megacomplex in Bacillus subtilis". *Proc. Natl. Acad. Sci. U. S. A.* **104**(5): 1506-1509.

Calderone, C. T. (2008). "Isoprenoid-like alkylations in polyketide biosynthesis". *Nat. Prod. Rep.* **25**(5): 845-853.

Calderone, C. T., S. B. Bumpus, N. L. Kelleher, C. T. Walsh and N. A. Magarvey (2008). "A ketoreductase domain in the PksJ protein of the bacillaene assembly line carries out both alpha- and betaketone reduction during chain growth". *Proc. Natl. Acad. Sci. U. S. A.* **105**(35): 12809-12814.

Cueto, M., P. R. Jensen, C. Kauffman, W. Fenical, E. Lobkovsky and J. Clardy (2001). "Pestalone, a new antibiotic produced by a marine fungus in response to bacterial challenge". *J. Nat. Prod.* **64**(11): 1444-1446.

Esquenazi, E., Y. L. Yang, J. Watrous, W. H. Gerwick and P. C. Dorrestein (2009). "Imaging mass spectrometry of natural products". *Nat. Prod. Rep.* **26**(12): 1521-1534.

Fang, J. and P. C. Dorrestein (2014). "Emerging mass spectrometry techniques for the direct analysis of microbial colonies". *Curr. Opin. Microbiol.* **19**: 120-129.

Fonin, V. S. and Y. Khorlin (2003). "Preparation of Biologically Transformed Raw Material of Woolly Foxglove (Digitalis lanata Ehrh.) and Isolation of Digoxin Therefrom". *Appl. Biochem. Microbiol.* **39**: 519-523.

Gaudencio, S. P. and F. Pereira (2015). "Dereplication: racing to speed up the natural products discovery process". *Nat. Prod. Rep.* **32**(6): 779-810.

Gordon, J. J., E. Grenfell, E. Knowles, B. J. Legge, R. C. A. Mcallister and T. White (1947). "Methods of Penicillin Production in Submerged Culture on a Pilot-Plant Scale". *J. Gen. Microbiol.* **1**(2): 187-202.

Griffith, R. S. (1981). "Introduction to Vancomycin". *Rev. Infect. Dis.* **3** (Supplement 3): S200-S204.

Griffith, R. S. (1984). "Vancomycin use-an historical review". *J. Antimicrob. Chemother.* **14**(Suppl D): 1-5.

Hamada, T., S. Matsunaga, G. Yano and N. Fusetani (2005). "Polytheonamides A and B, highly cytotoxic, linear polypeptides with unprecedented structural features, from the marine sponge, Theonella swinhoei". *J. Am. Chem. Soc.* **127**(1): 110-118.

Hardoim, P. R., L. S. van Overbeek, G. Berg, A. M. Pirttila, S. Compant, A. Campisano, M. Doring and A. Sessitsch (2015). "The Hidden World within Plants: Ecological and Evolutionary Considerations for Defining Functioning of Microbial Endophytes". *Microbiol. Mol. Biol. Rev.* **79**(3): 293-320.

Hewage, R. T., T. Aree, C. Mahidol, S. Ruchirawat and P. Kittakoop (2014). "One strain-many compounds (OSMAC) method for production of polyketides, azaphilones, and an isochromanone using the endophytic fungus Dothideomycete sp". *Phytochemistry* **108**: 87-94.

Hsu, C. C. and P. C. Dorrestein (2015). "Visualizing life with ambient mass spectrometry". *Curr. Opin. Biotechnol.* **31**: 24-34.

Jensen, P. R., P. G. Williams, D. C. Oh, L. Zeigler and W. Fenical (2007). "Species-specific secondary metabolite production in marine actinomycetes of the genus Salinispora". *Appl. Environ. Microbiol.* **73**(4): 1146-1152.

Kapoor, L. (1995). *Opium Poppy: Botany, Chemistry, and Pharmacology.* United States, CRC Press.

Kaufman, T. S. and E. A. Ruveda (2005). "The quest for quinine: those who won the battles and those who won the war". *Angew. Chem., Int. Ed.* **44**(6): 854-885.

Keller, S., H. S. Schadt, I. Ortel and R. D. Sussmuth (2007). "Action of atrop-abyssomicin C as an inhibitor of 4-amino-4-deoxychorismate synthase PabB". *Angew. Chem., Int. Ed.* **46**(43): 8284-8286.

Konishi, M., H. Ohkuma, T. Tsuno, T. Oki, G. Van Duyne and J. Clardy (1990). "Crystal and molecular structure of dynemicin A: a novel 1,5-diyn-3-ene antitumor antibiotic". *J. Am. Chem. Soc.* **112**: 3715-3716.

Le Couteur, P. and J. Burreson (2004). Napoleon's Buttons. Tarcher Perigree/Penguin Group.

Lin, Y. Y., M. Risk, S. M. Ray, D. Van Engen, J. Clardy, J. Golik and K. Nakanishi (1981). "Isolation and structure of brevetoxin B from the "red tide" dinoflagellate Ptychodiscus brevis (Gymnodinium breve)". *J. Am. Chem. Soc.* **103**: 6773-6775.

Ling, L. L., T. Schneider, A. J. Peoples, A. L. Spoering, I. Engels, B. P. Conlon, A. Mueller, T. F. Schaberle, D. E. Hughes, S. Epstein, M. Jones, L. Lazarides, V. A. Steadman, D. R. Cohen, C. R. Felix, K. A. Fetterman, W. P. Millett, A. G. Nitti, A. M. Zullo, C. Chen and K. Lewis (2015). "A new antibiotic kills pathogens without detectable resistance". *Nature* **517**(7535): 455-459.

Magarvey, N. A., M. Ehling-Schulz and C. T. Walsh (2006). "Characterization of the cereulide NRPS alpha-hydroxy acid specifying modules: activation of alpha-keto acids and chiral reduction on the assembly line". *J. Am. Chem. Soc.* **128**(33): 10698-10699.

Malik, S., H. M. Mirjalili, E. Moyano, J. Palazon and M. Nonfil (2011). "Production of the anticancer drug taxol in Taxus baccata suspension cultures: A review". *Process Biochem.* **46**: 23-34.

Moree, W. J., V. V. Phelan, C. H. Wu, N. Bandeira, D. S. Cornett, B. M. Duggan and P. C. Dorrestein (2012). "Interkingdom metabolic transformations captured by microbial imaging mass spectrometry". *Proc. Natl. Acad. Sci. U. S. A.* **109**(34): 13811-13816.

Moudi, M., R. Go, C. Y. Yien and M. Nazre (2013). "Vinca alkaloids". *Int. J. Prev. Med.* **4**(11): 1231-1235.

Netzker, T., J. Fischer, J. Weber, D. J. Mattern, C. C. Konig, V. Valiante, V. Schroeckh and A. A. Brakhage (2015). "Microbial communication leading to the activation of silent fungal secondary metabolite gene clusters". *Front Microbiol.* **6**: 299.

Nicolaou, K. C. and T. Montagnon (2008). *Molecules that Changed the World.* Wiley.

Nutzmann, H. W., Y. Reyes-Dominguez, K. Scherlach, V. Schroeckh, F. Horn, A. Gacek, J. Schumann, C. Hertweck, J. Strauss and A. A. Brakhage (2011). "Bacteria-induced natural product formation in the fungus Aspergillus nidulans requires Saga/Ada-mediated histone acetylation". *Proc. Natl. Acad. Sci. U. S. A.* **108**(34): 14282-14287.

Ochoa, J. L., W. M. Bray, R. S. Lokey and R. G. Linington (2015). "Phenotype-Guided Natural Products Discovery Using Cytological Profiling". *J. Nat. Prod.* **78**(9): 2242-2248.

Oh, D. C., M. Poulsen, C. R. Currie and J. Clardy (2009). "Dentigerumycin: a bacterial mediator of an ant-fungus symbiosis". *Nat. Chem. Biol.* **5**(6): 391-393.

Oh, D. C., J. J. Scott, C. R. Currie and J. Clardy (2009). "Mycangimycin, a polyene peroxide from a mutualist Streptomyces sp". *Org. Lett.* **11**(3): 633-636.

Petit, G. R., C. L. Herald, D. L. Doubek, D. L. Herald, E. Arnold and J. Clardy (1982). "Isolation and Structure of Bryostatin 1". *J. Am. Chem. Soc.* **104**: 6846-6848.

Phillips, J. W., M. A. Goetz, S. K. Smith, D. L. Zink, J. Polishook, R. Onishi, S. Salowe, J. Wiltsie, J. Allocco, J. Sigmund, K. Dorso, S. Lee, S. Skwish, M. de la Cruz, J. Martin, F. Vicente, O. Genilloud, J. Lu,

R. E. Painter, K. Young, K. Overbye, R. G. Donald and S. B. Singh (2011). "Discovery of kibdelomycin, a potent new class of bacterial type II topoisomerase inhibitor by chemical-genetic profiling in Staphylococcus aureus". *Chem. Biol.* **18**(8): 955-965.

Poulsen, M., D. P. Erhardt, D. J. Molinaro, T. L. Lin and C. R. Currie (2007). "Antagonistic bacterial interactions help shape hostsymbiont dynamics within the fungus-growing ant-microbe mutualism". *PLoS One* **2**(9): e960.

Poulsen, M., D. C. Oh, J. Clardy and C. R. Currie (2011). "Chemical analyses of wasp-associated streptomyces bacteria reveal a prolific potential for natural products discovery". *PLoS One* **6**(2): e16763.

Rateb, M., I. Hallyburton, W. Houssen, A. Bull, M. Goodfellow, R. Santhanam, M. Jaspars and R. Ebel (2013). "Induction of diverse secondary metabolites in Aspergillus fumigatus by microbial coculture". *RSC Adv.* **3**: 14444-14450.

Riedlinger, J., A. Reicke, H. Zahner, B. Krismer, A. T. Bull, L. A. Maldonado, A. C. Ward, M. Goodfellow, B. Bister, D. Bischoff, R. D. Sussmuth and H. P. Fiedler (2004). "Abyssomicins, inhibitors of the para-aminobenzoic acid pathway produced by the marine Verrucosispora strain AB-18-032". *J. Antibiot.* **57**(4): 271-279.

Roth, K. and S. Streiler (2013). From Pharmacy to the PUb: A Bark Conquers the World: Part 1. Chem Views, May 7, 2013, Chemie in unserer Zeit/Wiley-VCH.

Sarker, S. D., Z. Latif and A. I. Gray, eds. (2005). *Methods in Biotechnology, Natural Product Isolation.* Totowa, NJ, Humana Press.

Schantz, E. J., V. E. Ghazarossian, H. K. Schnoes, F. M. Strong, J. P. Springer, J. O. Pezzanite and J. Clardy (1975). "Letter: The structure of saxitoxin". *J. Am. Chem. Soc.* **97**(5): 1238.

Scherlach, K. and C. Hertweck (2009). "Triggering cryptic natural product biosynthesis in microorganisms". *Org. Biomol. Chem.* **7**(9): 1753-1760.

Schmidt, E. W., J. T. Nelson, D. A. Rasko, S. Sudek, J. A. Eisen, M. G. Haygood and J. Ravel (2005). "Patellamide A and C biosynthesis by a microcin-like pathway in Prochloron didemni, the cyanobacterial symbiont of Lissoclinum patella". *Proc. Natl. Acad. Sci. U. S. A.* **102**(20): 7315-7320.

Schueffler, A. and T. Anke (2014). "Fungal natural products in research and development". *Nat. Prod. Rep.* **31**(10): 1425-1448.

Serturner, F. (1817). "Über das Morphium, eine neue salzfa ̈ hige Grundlage, und die Mekonsa ̈ ure, als Hauptbestandteile des Opiums". *Ann. Phys.* **25**: 56-90.

Shimizu, Y., H. Bando, H. N. Chou, G. Van Duyne and J. Clardy (1986). "Absolute configuration of BT-B". *J. Chem. Soc. Chem. Commun.* 1656.

Sticher, O. (2008). "Natural product isolation". *Nat. Prod. Rep.* **25**(3): 517-554.

Stork, G., D. Niu, R. A. Fujimoto, E. R. Koft, J. M. Balkovec, J. R. Tata and G. R. Dake (2001). "The first stereoselective total synthesis of quinine". *J. Am. Chem. Soc.* **123**(14): 3239-3242.

Strobel, G., B. Daisy, U. Castillo and J. Harper (2004). "Natural products from endophytic microorganisms". *J. Nat. Prod.* **67**(2): 257-268.

Survase, S. A., L. D. Kagliwal, U. S. Annapure and R. S. Singhal (2011). "Cyclosporin A-a review on fermentative production, downstream processing and pharmacological applications". *Biotechnol. Adv.* **29**(4): 418-435.

Tachibana, K., P. Scheuer, Y. Tsukitani, H. Kikuchi, D. Vanengen, J. Clardy, Y. Gopchand and F. Schmitz (1981). "Okadaic acid, a cytotoxic polyether from2 marine sponges of the genus halichondra". *J. Am. Chem. Soc.* **103**: 2469-2471.

Teufel, R., A. Miyanaga, Q. Michaudel, F. Stull, G. Louie, J. P. Noel, P. S. Baran, B. Palfey and B. S. Moore (2013). "Flavin-mediated dual oxidation controls an enzymatic Favorskii-type rearrangement". *Nature* 503(7477): 552-556.

Vandermolen, K. M., H. A. Raja, T. El-Elimat and N. H. Oberlies (2013). "Evaluation of culture media for the production of secondary metabolites in a natural products screening program". *AMB Express* 3(1): 71.

Walsh, C. T., S. W. Haynes, B. D. Ames, X. Gao and Y. Tang (2013). "Short pathways to complexity generation: fungal peptidyl alkaloid multicyclic scaffolds from anthranilate building blocks". *ACS Chem. Biol.* 8(7): 1366-1382.

Walsh, C. T. and T. Wencewicz (2016). *Antibiotics Challeneges, Mechanisms, Opportunities*. Washington DC, ASM Press.

Wolf, P. L. (1994). "If clinical chemistry had existed then". *Clin. Chem.* 40(2): 328-335.

Yuan, C., Y. H. Guo, H. Y. Wang, X. J. Ma, T. Jiang, J. L. Zhao, Z. M. Zou and G. Ding (2016). "Allelopathic Polyketides from an Endolichenic Fungus Myxotrichum SP. by Using OSMAC Strategy". *Sci. Rep.* 6: 19350.

Zipperer, A., M. C. Konnerth, C. Laux, A. Berscheid, D. Janek, C. Weidenmaier, M. Burian, N. A. Schilling, C. Slavetinsky, M. Marschal, M. Willmann, H. Kalbacher, B. Schittek, H. Brotz- Oesterhelt, S. Grond, A. Peschel and B. Krismer (2016). "Human commensals producing a novel antibiotic impair pathogen colonization". *Nature* 535(7613): 511-516.

生物信息学分析在后基因组时代的天然产物生物
合成中发挥重要作用

第 13 章 后基因组时代的天然产物

13.1 引言

自从 1984 年首个克隆基因簇发表以来，至今已有 30 多年。该基因簇编码来自 *Streptomyces coelicolor* 的具有抗菌活性的天然产物——放线紫红素（actinorhodin）的生物合成途径（Malpartida and Hopwood 1984）。Malpartida 和 Hopwood 从 *S. coelicolor* 中分离出一段连续的 DNA 片段，并将该片段通过质粒转移到微小链霉菌（*Streptomyces parvulus*）中，该菌现在已经生产出具有深蓝 - 紫色特征的二聚聚酮类抗生素（图 13.1）。编码在 Act Ⅰ -ORF2 上的聚酮合酶是一种 Ⅱ 型 PKS，它将一个八酮链和 ACP 相连。经环化和芳香化释放产生二氢卡拉真菌素（dihydrokalafungin）中的三环单体骨架。通过形成苯氧自由基以及区域选择性二聚化作用来调节其氧化还原程度，从而形成放线紫红素。该研究还证实了该化合物的必要生物合成基因是聚集在天蓝色链霉菌（*S.coelicolor*）一段连续的 DNA 片段上，并且可以被包装在质粒中，从而转移到一个异源的（尽管是相关的）宿主上。

在 1990 年和 1991 年，Abbott 的 Leonard Katz 小组（Donadio, Staver *et al.* 1991）和剑桥大学的 Peter Leadlay（Cortes, Haydock *et al.*1990）在 *Nature* 上发表的两篇文章中发现，组装红霉素 14 元大环内酯核心结构的基因在糖多孢红霉菌（*saccharopolyspora erythraea*）中是连续的，并且编码了一组包含 6 个脂肪酸合成酶样模块的 3 个蛋白质。这是一个 Ⅰ 型聚酮合酶早期的例子（图 13.2），它具有共线性的模块，可用于预测每个模块中链延伸和加工的过程。在这 25 年中，原核生物和真核生物基因组测序的潮流已经开启，这将会涌现出数以千计的完整基因组序列或 / 和基因组草图。

在人类病原体烟曲霉（*Aspergillus fumigatus*）菌株 Af293 的 Ⅷ 染色体上发现了一个有趣的结构扭曲，在那里发现了真菌次级代谢产物超级基因簇（Wiemann, Guo *et al.* 2013）。三种天然产物——烟曲霉震颤素、烟曲霉素和 pseurotin（图 13.3）的基因交错在一起。它们分别是双吲哚生物碱、聚酮以及非核糖体肽-聚酮杂合途径，这可能也体现了同时产生这三种物质的经济性。

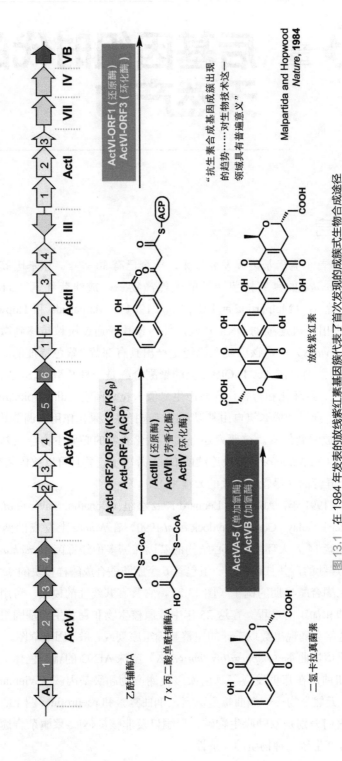

图 13.1　在 1984 年发表的放线紫红素基因簇代表了首次发现的成簇式生物合成途径

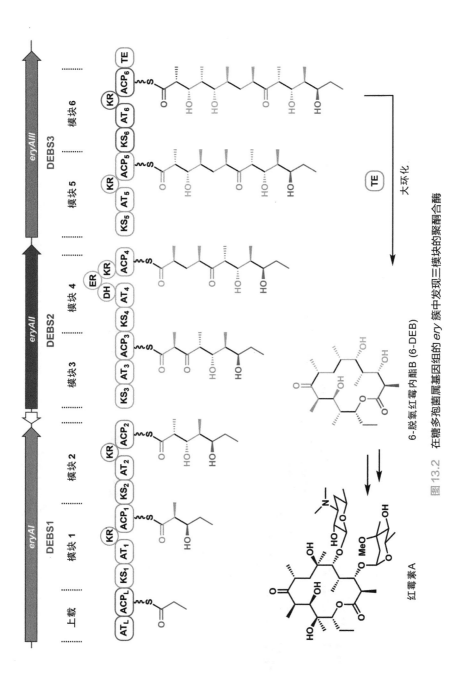

图 13.2　在糖多孢菌属基因组的 ery 簇中发现三模块的聚酮合酶

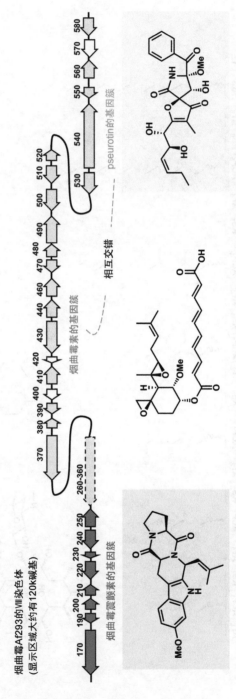

烟曲霉Af293的Ⅷ染色体
（显示区域大约有120k碱基）

pseurotin 的基因簇

烟曲霉素的基因簇

相互交错

烟曲霉震颤素的基因簇

图13.3 烟曲霉震颤素、烟曲霉素和 pseurotin 这三种天然产物的基因交错在烟曲霉 Af293 的染色体上

细菌和真菌中从初级代谢合成砌块到次级代谢最终产物的完整途径的生物合成基因通常是紧密成簇的，这可能反映了启动完整途径的有效调控以及曾经发生的基因水平转移。有人提出，植物中类似的基因组排布不是那么紧密，至少部分植物中次级代谢产物完整途径的成熟所需的基因分散在整个基因组中。在一定程度上，这使得植物天然产物生物合成途径的确定和重构变得更加困难。

然而，Nutzmann 和 Osbourn（Nutzmann and Osbourn 2014）已经收集到了一些例子，表明在特定代谢途径中存在大量的基因簇。正如图 13.4 所示，这些例子包括：萜类如拟南芥醇（thalianol）、氰苷类（cyanogenic glycosides），甾体苷类如 α-番茄苷和燕麦素，还有苯丙素类如那可丁，它们属于不同的天然产物骨架。三萜基因

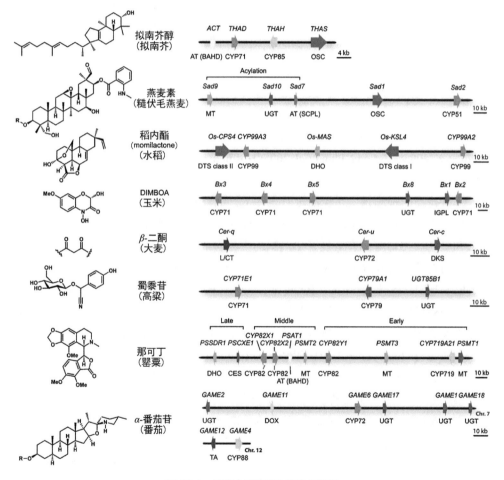

图 13.4　植物中成簇的生物合成途径

经 John Wiley & Sons 许可转载自：Nützmann, H.-W., A. Huang and A. Osbourn (2016). "Plant metabolic clusters - from genetics to genomics". *New Phytol.* **211**. © 2016 The Authors. New Phytologist © 2016 New Phytologist Trust.

成簇现象在文献（Thimmappa, Geisler *et al.* 2014）中有更详细的分析。这种基因成簇现象可使研究人员将注意力集中于生物合成途径的核心，但是一些必要的基因通常分散在其他染色体位置。与这些在植物基因组中三萜类和苯基异喹啉生物碱的一些核心基因成簇相比，黄酮类、类胡萝卜素、硫代葡萄糖苷的生物合成基因通常不是成簇的（Nutzmann, Huang *et al.* 2016）。最近的一篇综述中讨论了基因簇的模式及其对具有这种基因分布方式的植物的潜在价值（Nutzmann, Huang *et al.* 2016）。

13.2　利用生物信息学和计算来预测生物合成基因簇

从早期大基因组的真菌和细菌（比如放线菌和黏细菌，但不包括小基因组，如大肠杆菌）的基因组序列中产生的一个持久的惊喜是预测了许多 PKs、NRPs 和杂合 NRPS-PKS 簇，这些预测超越了生产菌株已知的生物合成能力。例如，阿维菌素的生产菌阿维链霉菌（*Streptomyces avermitilis*）的工业菌株已知能生产 3 ～ 5 种天然产物。它的基因组序列却显示了 22 个非核糖体肽合成酶基因簇和 30 个聚酮合酶基因簇（Omura, Ikeda *et al.* 2001）。烟曲霉和构巢曲霉的基因组测序后，情况也类似，预测其可产生 PKS、NRPS、NRPS-PKS 的生物合成能力为 30 ～ 50 个天然产物（Galagan, Calvo *et al.* 2005; Nierman, Pain *et al.* 2005; Hoffmeister and Keller 2007; Inglis, Binkley *et al.* 2013）。

目前普遍的预测是，在标准培养条件下，细菌和真菌可能表现出它们 10% 的生物合成能力。这是在第 12 章讨论的 OSMAC 策略的遗传基础。调整生长条件、信号输入和染色质修饰等都有可能开启沉默的生物合成通路。图 13.5 以图表的形式展示了真菌细胞及其胞内信号蛋白伴侣的几种输入方式，这些输入可能会影响沉默的 PKS 和 NRPS 基因簇的转录（Bode, Bethe *et al.* 2002; Brakhage 2013）。图 13.6 详尽说明了应用于 OSMAC 中的探针以及激活沉默生物合成基因簇所做的努力，包括过度表达基因簇内及周围转录因子，交换启动子用于特异性诱导，替换和调节全局性调控因子，对染色质进行修饰以影响组蛋白甲基化和乙酰化状态，以及在第 12 章关于 OSMAC 讨论中提到的生理条件的改变（Bode, Bethe *et al.* 2002, Brakhage 2013）。

最近对 2700 个微生物基因组的计算分析，使用了诸如 cluster finder、antiSMASH 1, antiSMASH 2（Blin, Medema *et al.* 2013）和 antiSMASH 3（Weber, Blin *et al.* 2015）的算法，用于寻找 NRPS、PKS 和萜类的生物合成基因，其中，出现 3300 种 PKS、NRPS 和杂合的 NRPS-PKS 代谢产物的预测基因簇，基本上所有预测的基因簇（>90%）都是未知的（Wang, Fewer *et al.* 2014）。最近 581 个真菌基因组的汇编计算出 4984 个 PKS，2983 个 NRPS，550 个二甲基烯丙基转移酶和 336 个焦磷酸香叶基香叶酯（GGPP）合成酶（Li, Tsai *et al.* 2016）（图 13.7）。预计在不久的将来，真菌和潜在的细菌天然产物生产者的基因组序列将达到 2 万个，届时将有多达 100 万个预测的生物合成基因簇，能编码 99% 以上未知的次级代谢产物。

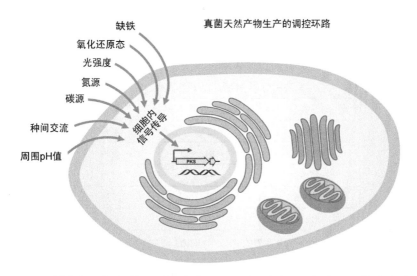

图 13.5　对真菌细胞的外部输入及随之产生的细胞内信号传导可影响天然产物基因簇的转录
引用自：Brakhage, A. A. (2013). "Regulation of fungal secondary metabolism". *Nat. Rev. Microbiol.* **11**: 21-32.

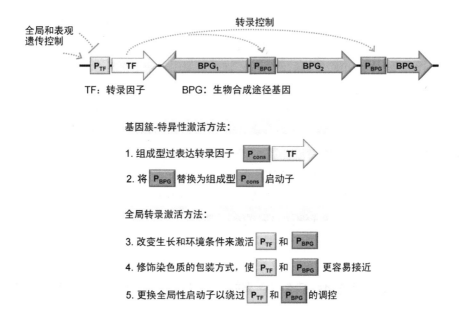

图 13.6　用来激活微生物中沉默基因的方法及对真菌的激活策略概述
引用自：Brakhage, A. A. (2013). "Regulation of fungal secondary metabolism". *Nat. Rev. Microbiol.* **11**: 21-32.

　　随着如此多的预测基因簇有待被激活并获取样品，就会有两个问题出现。第一个问题是对于待研究的基因簇的优先级别。优先的一个标准是被预测结构的新颖性。另一个问题可能是分离出所有预测的万古霉素和替考拉宁类糖肽类化合物，看看哪种骨架变化可为给定的治疗应用提供最佳效果，或者作为针对新出现的病原体而半合成下一代抗生素的起点。许多其他标准可以应用，包括结构类别的选择，例如更多萜类，或更多利用邻氨基苯甲酸作为合成砌块的真菌肽基生物碱等等，这就仅受限于研究者的创造性和目标。

大约 97% 的真菌生物合成基因簇未被表征		
途径类型	已被表征	合计
聚酮类	127	4984
非核糖体肽类	81	2983
生物碱类	44	550
二萜类	25	336
合计	227(3.1%)	8853

图 13.7　预测的来自不同生命界的 PKS、NRPS 和 PKS-NRPS 杂合基因簇的数量

追求结构新颖性作为一种逐渐形成的标准可能会演变为"已知基因未知化合物（known unknowns）"与"未知的未知物（unknown unknowns）"两类范畴。已知基因未知化合物将纳入预测结构类型的范畴，例如聚酮类、异戊二烯类或吲哚萜类天然产物类型。这些类别的核心开放阅读框（ORFs）是已知的，是构成预测生物信息算法的基础。这种沉默基因簇的表达很可能提供已知的核心结构骨架。从已知分子中分离出来的酶类可能是一类特定的后修饰酶，这是代谢工程的一个机会。

找到"未知基因未知化合物"的分子类别要更加困难，而且有可能开辟天然产物化学研究的新领域。在这种搜索中，人们可能需要忽略 / 避免确定为主要已知天然产物类别的核心区域的 ORFs，从而搜索那些不可识别的初级或次级代谢分子的 ORFs 簇。我们在第 9 章和第 10 章以及第 12 章中提到的氧化还原酶的种类可能是特殊化学转化的线索，但这些能否成为预测规则将取决于实验结果。后者涵盖在一个先天未知的问题中，即新的小分子天然产物骨架还有多少尚未被发现。未知 ORFs 可能存在新颖的酶学转化和非酶化学（例如自发的狄尔斯-阿尔德反应，或者克莱森缩合或科普重排反应）的融合，分子结构一旦被构建起来，这些化学反应就会发生。

13.3　膦酸酯类天然产物：基因组学能定义出完整的集合吗？

高通量微生物基因组测序的潜在能力之一可能是探索指定分子类型中完整系列的天然产物结构变体。这个类别必须足够小，以至于数万个基因组的采集就会使新化合物的数量接近饱和状态，从而能计算出目前微生物制造的完整分子阵列。

含有直接相连的 C-P 键的天然产物——膦酸酯（盐）和亚膦酸酯（盐）（图 13.8），是细菌中的代谢产物，其中 -PO₃ 或 -PO₂ 充当羧基的类似物，这些天然产物由土壤放线菌产生并分泌出对抗它们的邻居。含磷代谢产物的最大优势在于具有 C-O-P 键（最常见的是磷酸酯键），而不是该类天然产物中直接相连的 C-P 键（Metcalf and van der Donk 2009; Peck and van der Donk 2013; Walsh and Wencewicz 2016）。

C-O-P键	直接相连的C-P键	两个C-P键
磷酸酯	膦酸盐	亚膦酸盐
（常见）	（罕见）	（非常罕见）

图 13.8　天然存在的含 C-P 键的分子，已知约有 80 种膦酸酯和亚膦酸酯

能使代谢流从大量的磷酸酯类转向罕见膦酸酯类的门控酶是 PepM，它使初级糖酵解的中间体磷酸烯醇丙酮酸酯（PEP）和膦酸丙酮酸酯之间发生相互转化（图 13.9）。反应平衡有利于 PEP，因此进入 C-P 途径的代谢流可由下一种酶激活，这种酶在典型的硫胺二磷酸依赖性反应中以非氧化性的方式将膦酸丙酮酸经脱羧转化成相

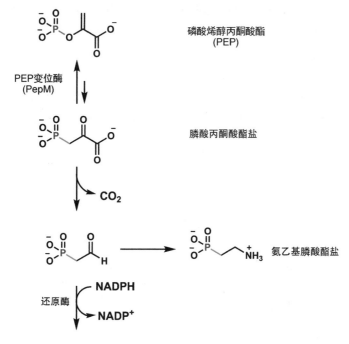

图 13.9

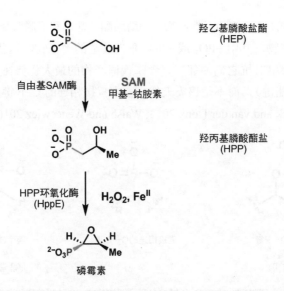

羟乙基膦酸盐酯
(HEP)

自由基SAM酶　　**SAM**
　　　　　　甲基-钴胺素

羟丙基膦酸酯盐
(HPP)

HPP环氧化酶　　**H₂O₂, Feⁱⁱ**
(HppE)

磷霉素

图 13.9　PepM 作为生成包括抗生素磷霉素在内的膦酸酯代谢产物的门控酶

应的醛。醛可以经转氨作用生成氨乙基膦酸酯，在组织如四膜虫（tetrahymena）中作为磷脂头部基团，或还原为羟乙基膦酸酯（HEP）。

　　如图 13.9 所示，HEP 随后可以通过自由基 SAM 和钴依赖的酶进行甲基化，然后关环生成含有环氧化物的抗生素磷霉素（Fosfomycin，一种作用于细菌细胞壁肽组装第一步的临床批准使用的抑制剂）。这两个酶促步骤都揭示了罕见的生物化学机制。C-甲基化涉及 5′-脱氧腺苷自由基引发剂和随后的甲基钴中间体，用于形成 C–CH₃ 键。磷霉素途径中的最后一个酶是 Fe(Ⅱ) 利用酶，它将过氧化氢（而不是分子氧）还原为水，从而生成一种高价 Fe(Ⅳ)=O。这种强氧化剂能够在形成新的 O–C 键位置上对 C–H 键发生两次单电子的氧化。这种环氧化闭环步骤的特征是捕获一个碳正离子（图 13.10）。因此，这种天然产物生物合成的隐藏之处揭示了一些新的不同寻常的

(A)

HEP　　　　　　HPP

5′-dAH　　　　　　　Me

　　　　　　　　　　Co(III)

SAM　　　　　　　　　Co(II)　　SAM

[4Fe4S]²⁺　　　　L-Met + 5′-dA·　　　　　e⁻

　　　　　　　　　　　　　SAH

e⁻　　[4Fe4S]⁺

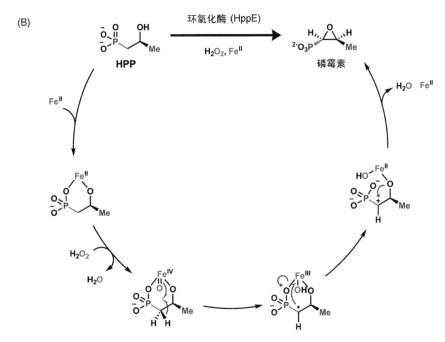

图 13.10 在磷霉素途径中的最后两个酶催化罕见的化学转化：（A）甲基转移酶可以将 HEP 转化为 HPP，这种酶是自由基 SAM 家族中钴依赖酶；（B）环氧化酶 HppE 是一种非辅因子的铁依赖酶，利用 H_2O_2 作为氧化剂将 HPP 转化为磷霉素

化学机制。

美国伊利诺伊州的 William Metcalf 领导了一个调查小组，历时 20 多年去探索生物学上生成膦酸酯的领域（Metcalf and van der Donk 2009）。他们使用 *PepM* 作为由磷酸酯到碳磷代谢产物的第一步的标记，并且报道了对 10000 种放线菌的筛选（Ju, Gao *et al*. 2015）。结果检测到 278 株具有 *PepM* 基因的菌株，这意味着可能会具有制备膦酸脂和亚膦酸酯天然代谢产物的潜力（丰度约为 3%）。生物信息学聚类表明 64 个亚型和 ORFs 可能会制造出 55 种新的 C-P 产物。其中对五株菌的研究发现了 11 个新的磷酸盐代谢产物。图 13.11 显示了通过独特膦酸酯天然产物基因簇（红色）或氨基酸含量（蓝色）来外推目前 278 株菌株中该类化合物的数量。作者推测放线菌有能力利用 125 种不同的途径去形成膦酸酯和亚膦酸酯。这种外推法是从筛选的 10000 株放线菌外推到 40000 株这类菌株，这些菌株需要涵盖这个相对紧凑的天然产物家族的所有结构变化。

这是基因组信息和算法的一个有趣应用，它基于单一门控基因／酶的逻辑，建立关键的直接相连的 C-P 键，从而定义这一类天然产物。这提供了一个视角，让我们可以类比地预测现有生物领域的其他天然产物子类。天然产物子类越大，推断天然产物家族多样性的渐近极限所需的基因组序列数据量也相应越大。

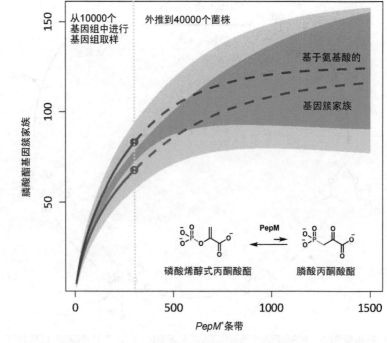

从10000个基因组中进行基因组取样　　外推到40000个菌株

基于氨基酸的

基因簇家族

磷酸烯醇式丙酮酸酯　　PepM　　膦酸丙酮酸酯

PepM⁺条带

从*PepM*⁺菌株中发现新的膦酸酯和氢-亚膦酸酯

argolaphos A　　phosphonocystoximic acid　　valinophos　　2-膦酸亚甲基羟基丁二酸

图 13.11　利用磷酸烯醇丙酮酸变位酶（PepM）基因序列作为指示物，从细菌物种中发现新的膦酸酯和亚膦酸酯天然产物的潜力。从 *PepM*⁺ 菌株中分离出 4 种新的代谢产物

经过许可引自：Ju, K.-S., J.Gao, J. R. Doroghazi, K.-K. A. Wang, C. J. Thibodeaux, S. Li, E.Metzger, J. Fudala, J. Su, J. K. Zhang, J. Lee, J. P. Cioni, B. S.Evans, R. Hirota, D. P. Labeda, W. A. van der Donk and W. W.Metcalf (2015). "Discovery of phosphonic acid natural productsby mining the genomes of 10,000 actinomycetes". *Proc. Natl.Acad. Sci. U. S. A.* **112**(39): 12175-12180.

13.4　异源表达系统概述

图 13.12 展示了一张简单的逻辑图来显示生物合成基因簇表达的两种方案，这些生物合成基因簇是经 DNA 测序后由基因组挖掘的生物信息学分析来确定（Kim, Charusanti *et al.* 2016）。原生宿主有时可获得，有时不能获得，如宏基因组和 / 或环境 DNA 样本。如果原生宿主（例如真菌或细菌菌株）可以被重复培养，并且在可实现的生长条件下能表达生物合成基因，那么人们可能认为该菌值得作为宿主，系统利用合成生物学工具来优化在该情况下生产编码的天然产物。或者，在决策图表的几个点

上，可以选择一个或多个异源宿主来代替表达生物合成基因簇（和后修饰酶）。如果成功地检测到产品，那么就可以进行系统代谢工程研究以优化生产。

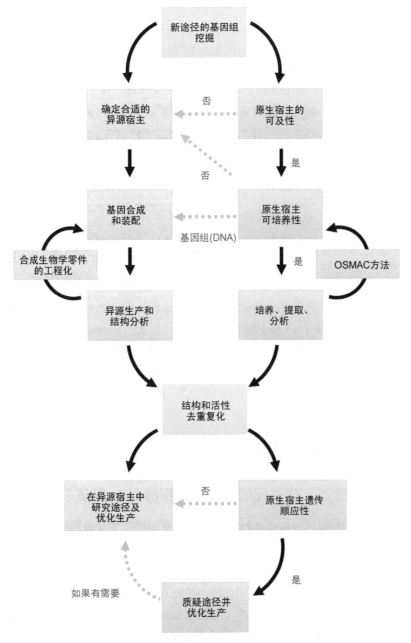

图 13.12　经 DNA 测序、基因组挖掘及生物信息学预测确定的生物合成基因簇，异源表达时其宿主选择的逻辑图

经英国皇家化学学会许可，引自：Kim, H. U., P. Charusanti, S. Y. Lee and T. Weber (2016). "Metabolic engineering with systems biology tools tooptimize production of prokaryotic secondary metabolites". *Nat. Prod. Rep.* **33**: 933.

下一节将阐述对于特定基因簇的各种选择，很大程度上是由基因簇的源头决定的（图 13.13）。一个值得注意的植物例子是从盾叶鬼臼木脂素途径中鉴定和收集的 6 个基因，用于将松脂醇转化为高级苯丙素骨架 4-脱氧-表鬼臼毒素。其所选择的异源系统是烟草植株本氏烟（Nicotiana benthamiana），利用农杆菌（Agrobacterium）作为过表达载体（Lau and Sattely 2015）。另外三个例子中，生物碱途径中重要部分的基因用酿酒酵母（Saccharomyces cerevisiae）是首选异源宿主，用于表达如蒂巴因、氢可酮（hydrocodone）、异胡豆苷，以及水甘草碱（tabersonine）和文多灵（vindoline）。这一选择反映出遗传学、载体和酵母菌放大发酵的潜力的大量知识。

原生宿主（生物合成起源）	相关异源宿主	模式异源宿主
植　物	烟草（本氏烟）	酿酒酵母
真　菌	构巢曲霉 米曲霉	酿酒酵母
细　菌	变铅青链霉菌 白色链霉菌	大肠杆菌

图 13.13　特定基因簇异源表达宿主的不同选择在很大程度上是由基因簇的源头决定的

对于真菌基因簇的表达来说，酵母也是异源表达中的一种主流，但是敲除了几个大基因簇的构巢曲霉菌株简化了粗提物中代谢产物的检测分析，并且减少了在异源生物合成基因表达中竞争 PKS 和 NRPS 合成砌块的对手（Chiang, Oakley et al. 2013）。对许多链霉菌和其他放线菌等细菌的生物合成基因簇的表达而言，链霉菌菌株有利于兼容密码子的使用，以及启动子和合成砌块代谢产物的潜在可及性。另一方面，对大肠杆菌的深入了解和丰富的分子生物试剂已经使大肠杆菌成为一个早期频繁尝试的系统。

13.5　途径重构的精选实例

13.5.1　苯丙素类：在本氏烟中表达松脂醇到 4- 脱氧表鬼臼毒素途径

作为木质素松脂醇代谢过程的例子，在第 7 章中提到了从鬼臼草中提取的天然产物鬼臼毒素的生物合成。由于抗肿瘤药物依托泊苷是由鬼臼毒素骨架半合成而来的，因此该骨架具有特殊的意义。

最近，在缺乏真正获得这些鬼臼果基因的情况下，编码催化从松脂醇到 4′- 去甲基表鬼臼毒素的酶的全部 6 个基因已被阐明（Lau and Sattely 2015）。有两条推理路线是行之有效的。一条路线是基于化学上的展望，即随着骨架的形成，氧化反应可能由铁基加氧酶催化，而甲基化反应将由 SAM 依赖的甲基转移酶所介导。第二条路线是在产生鬼臼毒素期间对鬼臼果进行转录组分析，以产生候选的缺失基因。因此，P450 编码基因、非血红素铁加氧酶编码基因和在适当时间段具有转录活性的甲基转移酶将作为候选。

鬼臼果不是一个发展成熟的宿主，因此候选基因是通过本氏烟的农杆菌感染进行组合转移的。随后通过高分辨率、高灵敏度的质谱（MS）分析植物的提取物，以寻找在鬼臼毒素途径中的中间体。以这种方式，将 4 个 *O*-甲基转移酶、12 个细胞色素 P450 酶和 2 个非血红素铁加氧酶候选酶与一个或多个作为底物渗透的途径中间体共表达。如图 13.14 所示，10 个基因导致松脂醇转化成 4′-去甲基表鬼臼毒素，其中 6 个基因是以更高级的中间产物 5′-去甲氧基亚太因（5′-desmethoxy-yatein）为起始底物。

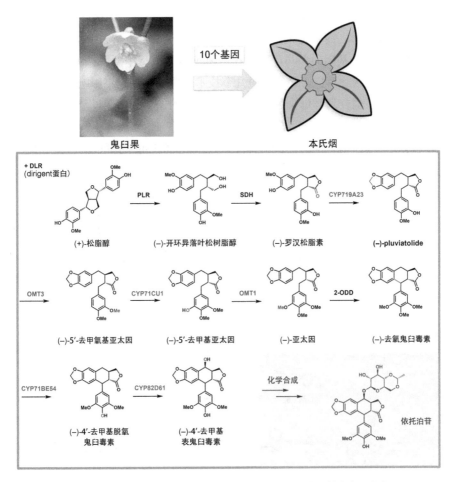

图 13.14　引入 10 个鬼臼果基因可使松脂醇形成 4′-去甲基表鬼臼毒素。
从更高级的中间产物 5′-去甲氧基亚太因开始需要发现 6 个新的基因

因此，该策略确定了这一药物重要骨架生物合成中缺失的基因，从而为避免将鬼臼果植物作为最终起始原料提供了希望，并为通过喂养替代中间体和/或蛋白质工程的特异性改变来进行骨架模拟提供了机会。值得注意的是，依托泊苷具有表鬼臼毒素的结构，所以烟草的表达结果为实现半合成提供了理想的框架。转录水平上活跃的基因与参与生物合成步骤中的后修饰酶之间的配对信息，似乎是用于识别植物途径中未成簇的基因的一种有效方法。

13.5.2 在酵母中表达生物碱：从酪氨酸到蒂巴因和氢可酮

在过去的五年中，已经发表了一些在酵母中重构部分植物生物碱途径的实例。一个特别值得注意的例子是吗啡生物碱途径的重构，它可通向与吗啡相距三步反应的蒂巴因和氢可酮（图13.15）。为了得到蒂巴因，需要汇集一系列不同生物来源的21种酶，包括一种用于平衡 S-和 R-网状番荔枝碱的异构酶的发现，这是因为途径中的相应中间体是 R-异构体，而不是 S-异构体（Galanie, Thodey *et al.* 2015）。继续往后生成氢可酮需要另外两个基因的参与，因此在产氢可酮的酵母中要总共编码23种具有功能的酶。为了实现这一目标，必须克服几个技术问题，包括在不影响生长或生物碱生产的情况下将基因整合到酵母染色体上、辅助因子的循环利用，以及嵌合蛋白的蛋白质折叠能力。

最终的收率非常低，每升产约 6 μg 的蒂巴因或 0.3 μg 的氢可酮。作者指出，这

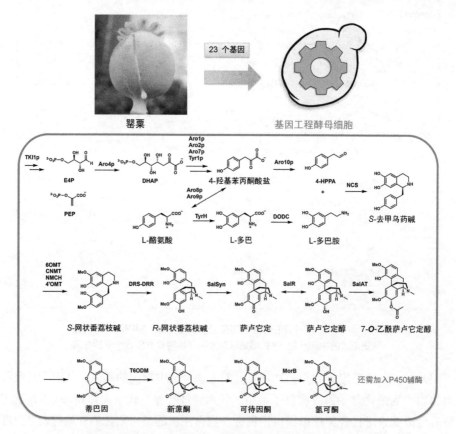

图 13.15　在酵母中重构吗啡生物碱途径以通向与吗啡相距三步反应的蒂巴因和氢可酮

一收率需要提高接近 10^7 倍以达到商业水平。因此目前它代表一种原理上可行的证据，即一个非常复杂的 21～23 个基因的生物合成途径可以在酵母中重构，并为采用多因素的方法来提高产量奠定基础，从而了解酿酒酵母生产阿片类生物碱的能力有多强。

酵母生产蒂巴因 / 氢可酮的例子是建立在 Smolke 团队和其他科学家广泛的实验工作基础上，包括在载体设计、染色体整合方法、调节特定基因转录的工具、RNA稳定性的转录后和翻译后控制、蛋白质的翻译后修饰以及最终利用空间调控将特定蛋白质递送到其发挥途径中预期功能的细胞室中（图 13.16）。

酿酒酵母中基因表达调控工具			
DNA 的引入和维护	质粒拷贝数	染色体整合	人工酵母染色体
转录调控	组成型启动子	诱导型启动子	启动子库
转录后和翻译后调节	RNA 降解率	双顺反式表达	蛋白质降解率
空间调控	蛋白质融合	骨架锚定	细胞器定位

图 13.16　酵母中控制基因表达和蛋白质定位的工具

引用自：Siddiqui, M. S., K. Thodey, I. Trenchard and C. D. Smolke (2012). "Advancing secondary metabolite biosynthesis in yeast with synthetic biology tools". *FEMS Yeast Res.* **12**(2): 144-1710. © 2012 Federation of European Microbiological Societies. Published by Elsevier B.V.

13.5.3　酵母中表达生物碱：十个长春花基因在酵母中产生异胡豆苷

在酵母中重构生物碱途径的第二个和第三个例子（这些例子中的部分途径经过重建）是长春花生物碱代谢过程中的前期和后期。图 13.17 提醒我们，异胡豆苷是下游

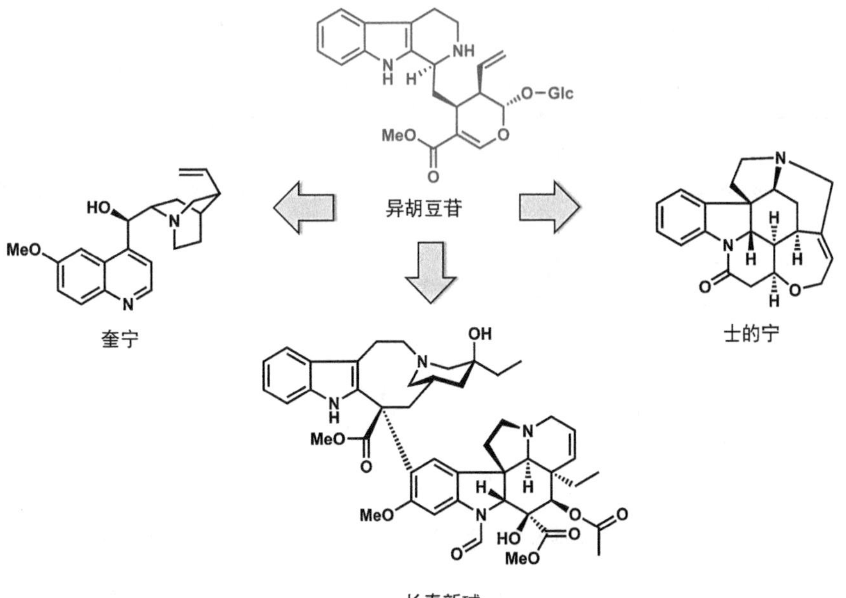

异胡豆苷

奎宁

士的宁

长春新碱

图 13.17　异胡豆苷是下游 1000 多个复杂生物碱骨架（包括士的宁、奎宁和长春新碱）的一个关键中间体

1000 多个复杂生物碱骨架（包括士的宁、奎宁和长春新碱）的一个关键中间体。

英国 John Innes Center 的 O'Connor 小组报道了长春花（长春花生物碱的生产植物）中 14 种已知萜类和吲哚生物碱合成途径的基因的组装，这些基因编码了由初级代谢产物异戊二烯基焦磷酸异构体合成砌块来生产异胡豆苷所需的酶 (Brown, Clastre *et al.* 2015)。此外，在酵母菌株中还进行了策略性的基因缺失，以提高 SAM 和 NADPH 在途径中的可用性。细胞色素 P450 的还原伴侣蛋白也被设计用来增加这条途径的通量。对途径中间体的监测可以洞察哪些下游酶催化步骤可能受到限制，这些问题都得到了认真的解决。最终，由 15 个植物来源的基因，3 个被缺失的酵母基因，1 个动物源基因和 5 个增强酵母基因拷贝组成了最佳生产菌株（图 13.18），它可以大约 0.5 mg/L 的产量产生异胡豆苷。这个产量虽然低却是真实的效价，并代表了一个可优化的起始平台。

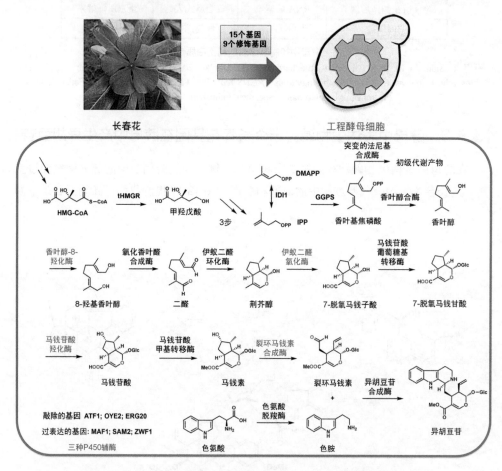

图 13.18　由 15 个基因和 9 个其他修饰基因在酵母中完整重构异胡豆苷

鉴于异胡豆苷对于近千种文献报道的下游吲哚生物碱所起的核心作用，这是一项值得继续深入的领域。在第 5 章中已提到，由焦磷酸香叶酯转化为异胡豆苷骨架的过程中会涉及活性二醛，并涵盖多种加氧型转化。异胡豆苷与色胺的缩合反应是由异胡豆苷合成酶催化的皮克特-斯宾格勒缩合反应。这是一种有趣的化学反应，可在基因上可操作的酵母中进行重构。

13.5.4　在酵母中表达生物碱：水甘草碱到文多灵

接近长春花生物碱途径的后期，水甘草碱在其四环结构的外围 N1、C3、C4 和 C16 处经历了七次酶催化的系列后修饰反应，从而产生文多灵，这是生成二聚型化合物长春碱和长春新碱的两个缩合底物之一。这一后修饰作用包括三次加氧反应（分别作用于 C3、C4 和 C16，之后 C16 位的羟基被甲氧基修饰，而 C4 位的羟基被乙酰氧基修饰）（图 13.19）。此外，吲哚部分的 N1 发生甲基化。当代谢产物转移至产乳菌丝/异细胞层（idioblast layer），C4 处就会发生羟基化/乙酰化，而之前的转化是发

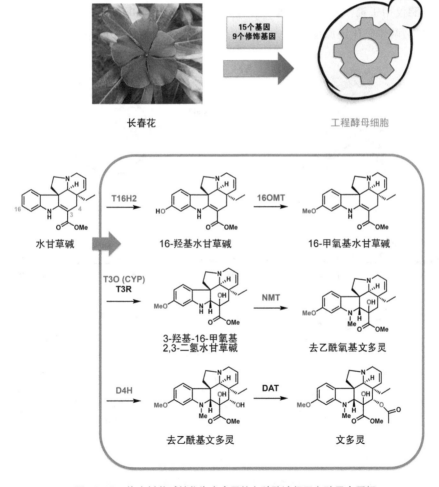

图 13.19　将水甘草碱转化为文多灵的七种酶途径已在酵母中重组

生在长春花表皮层。上述七步反应已经在酵母中进行了重建（Qu, Easson *et al.* 2015），这已接近长春花生物碱途径中段（异胡豆苷到水甘草碱）中剩余的、尚未完全表征的部分。

13.5.5　在酵母中生产青蒿酸并通过化学转化获得青蒿素

在更早的章节中我们已提到，青蒿中的代谢产物异戊二烯环状内过氧化物青蒿素是简单疟疾感染一线治疗（全球超过 2 亿例）的关键成分。在 2006 年的早期出版物中，Keasling 和其团队（Ro, Paradise *et al.* 2006）就报道了在酿酒酵母中生产高级前体青蒿酸（图 13.20），这是通过将合成异戊二烯基焦磷酸异构体合成砌块的改良甲羟戊酸途径工程化、添加一种植物紫穗槐二烯合酶（第 4 章）和一种细胞色素 P450，从而经三步连续加氧作用将紫穗槐二烯的甲基转化为青蒿酸的羧基（图 13.20）。这些工程操作可使青蒿酸产量达 1.7 g/L。在 2013 年的后续工作中，Amyris 的商业团队通过改良菌株大大提升了产量（Paddon, Westfall *et al.* 2013），其中最值得注意的是将细胞色素 P450 酶仅用于第一步羟化步骤，并导入一种醇脱氢酶和一种醛脱氢酶的基因，从而完成最后两步氧化还原反应生成青蒿酸。为了避免青蒿酸在上述生产水平上存在的

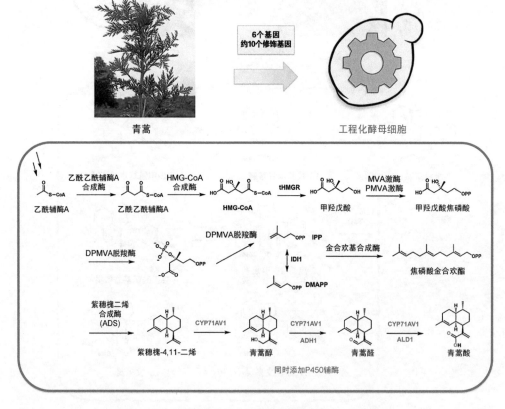

图 13.20　通过改良的甲戊酸途径在酿酒酵母中生产青蒿酸

结晶问题，在发酵时加入肉豆蔻酸异丙酯油，使之溶解积累的细胞外产物，从而在分批补料模式下使产量提高 7 倍。可达到 25 g/L 的效价。在该篇文章中，作者还报道了以 40% ～ 45% 的收率（图 13.21）通过可放大的四步反应将青蒿酸经化学转化生成环内过氧化物青蒿素，重结晶后其纯度可达 99.6%。作者总结到："这种化学转化过程以其简单、可放大、试剂经济性以及获得高收率而著称。"

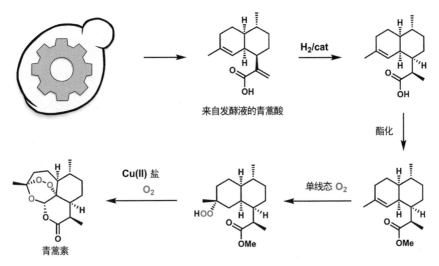

来自发酵液的青蒿酸

酯化

单线态 O$_2$

Cu(II) 盐
O$_2$

青蒿素

图 13.21 将酵母发酵中分离出的青蒿酸经化学转化生成环内过氧化物青蒿素是一个可放大的四步反应过程，产率为 40% ～ 45%

13.5.6 酵母作为表达未知真菌基因簇的异源表达宿主：进一步改进并用作工具

以上实例表明，酵母是一个合适的真核单细胞宿主用于表达来源于生物碱、异戊二烯和吲哚 - 异戊二烯生物合成途径的酶。酵母还可用于聚酮（比如洛伐他汀和 6- 甲基水杨酸）以及 NRP 基因簇的表达（比如 fumiquinazoline F）。酵母遗传学和分子生物学的大量知识储备使我们可以选择几种不同强度的启动子、质粒和载体来导入和维持外源的 DNA 序列。

在技术上的发展包括识别和重构生物合成基因簇，例如，可以使它们分散到适当大小的载体中。这包括设计和组装所需的生物合成途径，之后在工程酵母菌株中表达，并利用 LC-MS 对甚至微量水平的天然产物进行分析（Siddiqui, Thodey *et al.* 2012; Billingsley, DeNicola *et al.* 2016）（图 13.22）。如图 13.22 右侧所示，所需要的工具包括遗传部件库（通常来自合成的 DNA），高效且基本无错误的 DNA 组装方法，合成 DNA 密码子优化程序，一系列用于 DNA 组装和表达的酵母平台菌株，以及蛋白质工程能力（包括将蛋白质递送到所需酵母亚细胞室的序列）。最终，需要利用自动、

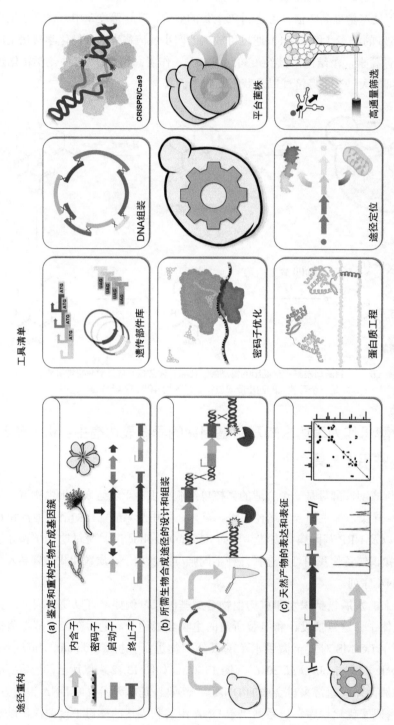

图 13.22 在酿酒酵母中异源生产天然产物的技术发展

平行培养生长以及分析型 LC-MS 用于待检菌株的高通量筛选，从而检测天然产物。

对真核生物来源的基因簇途径进行重构需要除去非编码的内含子序列。例如，天然产物途径中的真菌基因通常含有多达 5～9 个内含子。虽然有几种方法可以成功从基因组序列中预测 *in silico* 内含子，但即使是一个未正确注释的内含子也可能因蛋白质翻译错误而破坏途径表征。无内含子互补的 (c) DNA 可以由转录水平上活跃的基因簇来获得，但是沉默的基因簇不能通过这种方法获得。酿酒酵母的天然剪接体没有能力从真菌和植物中去除内含子，并且已证明即使是与酵母内含子只有一个碱基不同，它也能排斥外来的内含子。随着基因组数据的不断积累以及酵母作为平台宿主的应用，开发新的计算和实验工具来解决内含子问题将变得越来越重要。其中一种有前景的方法是通过引入异源的剪接体元件或通过不相容成分的定向进化，使酵母剪切机制朝着识别外来内含子的方向发展。

专题 13.1　利用萜环化酶和细胞色素 P450 配对的合成基因产生非天然分子复杂性

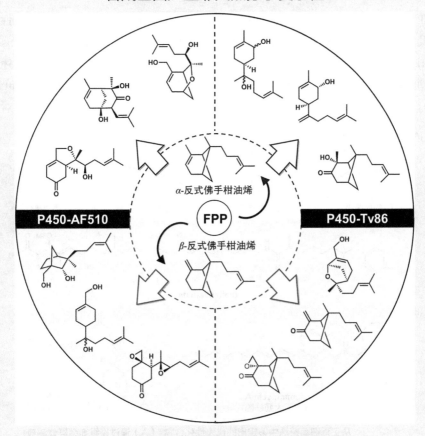

图 13.V1　由基因组挖掘的酶产生非天然分子的复杂性

基于一类新的膜结合而不是可溶性的胞质萜环化酶进行基因组挖掘，以识别潜在未知功能的环化酶亚类以及氧化修饰碳氢骨架的相关 P450 酶。为了证明其产生化学多样性的潜力，从真菌基因组中准备了编码两种不同萜环化酶和两种不同 P450 酶 (AF510 和 Tv86) 的合成 DNA。利用基因组装和人工启动子，构建了酿酒酵母萜环化酶和 P450 酶的不同配对组合，并进行表达。两种萜环化酶产生倍半萜异构体：α-构型和 β-构型的反式佛手柑油烯（bergamotene）（图 13.V1）。在两种不同 P450 酶的存在下，烯类萜烯可转化为大量含氧的萜类产物，其中一些是新的天然产物。P450 酶在分子的不同位置上对 C–H 活化和 C–C 重排所发挥的作用表现得尤为显著，可能对其他骨架的加氧转化和重排也有价值。这项研究阐明了利用合成基因组合产生天然产物多样性和复杂性的能力，并指出酵母应该是合适的宿主用于这种组合的合成生物学操作。

13.6　细菌基因组中基于生物信息学的天然产物发现

　　在激活真菌中沉默生物合成基因簇的同时，许多研究也在探索如何选择性地开启实验室条件下培养的生物体中未被利用的细菌基因簇。最近的综述（Zarins-Tutt, Barberi *et al.* 2016）概述了细菌中隐秘天然产物途径的上调方法。图 13.23 描述了两个成功的例子。图的顶部显示了可被引用的多种结构中的四种结构（Zarins-Tutt *et al.* 2016），它们是由群体感应信号分子在不同细菌中诱导产生的（群体感应是对局部

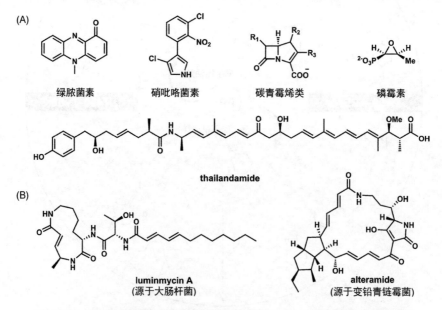

(A)

　　绿脓菌素　　　　硝吡咯菌素　　　碳青霉烯类　　　　磷霉素

thailandamide

(B)

luminmycin A
（源于大肠杆菌）

alteramide
（源于变铅青链霉菌）

图 13.23　从工程细菌菌株中鉴定出的代表性化合物：（A）通过操纵细菌群体感应系统确定的五种化合物；（B）在异源细菌宿主中表达的两个分子

细菌细胞密度的测定，这与足够营养物质的耗尽有关）。这些群体感应分子是控制特定基因转录的 DNA 结合蛋白的已知配体。所示的四种产物分子——绿脓菌素、硝吡咯菌素、碳青霉烯类和磷霉素涵盖了各种不同的天然产物途径，突出了理解细菌发育的（通常是分级的）调节回路将为开启多种天然产物生产提供培养条件。

图 13.23 的下半部分列举了第二种方法，显示了在异源细菌宿主中表达的两个分子。Luminmycin A 是由发光杆菌（*Photorhabdus luminescens*）中沉默的基因簇编码的一系列相关分子之一，该基因簇在大肠杆菌中表达时被激活（Bian, Plaza *et al.* 2012）。许多例子涉及将基因簇从一个链霉菌（因缺乏成熟的分子生物学试剂而在遗传上难以操作）转移到另一个分子生物学工具可用的链霉菌上来表达异源基因。其中一个例子是由灰色链霉菌（*S. griseus*）中的隐秘基因所编码的 alteramide。该复杂天然产物是在一株被改造的变铅青链霉菌（*Streptomyces lividans*）中产生并检测到（Olano, Garcia *et al.* 2014）。

Sean Brady 及其团队已经用其他菌株作为表达宿主来检测从宏基因组细菌 DNA 样本中获得的基因簇的表达。这些菌株可作为一种快捷方法，去评估替代宿主细胞是否具有必要的机制来转录和翻译外源 DNA，以及可能对特定途径必需的任何辅助代谢产物和辅酶（Charlop-Powers, Milshteyn *et al.* 2014; Milshteyn, Schneider *et al.* 2014）。

13.7 大肠杆菌中的异源表达

13.7.1 脱氧红霉素内酯 B

鉴于 70 年来与大肠杆菌菌株相关的遗传和分子生物学试剂的开发，该细菌通常作为默认菌株用来测试引入异源细菌基因和评估新天然产物的产生 (Ahmadi and Pfeifer 2016)。已知的局限性之一是大肠杆菌细胞或许不能在适当的水平产生必要的合成砌块来为天然产物途径提供代谢流。

这一点在下述例子中得到了说明和解决，即在大肠杆菌中表达来自红霉糖多孢菌（*S. erythraea*）的三个脱氧红霉素内酯合酶基因（图 13.24）（Pfeifer, Admiraal *et al.* 2001）。尤其是在大肠杆菌中没有 *2S*-甲基丙二酸单酰辅酶 A，因此它将不能生产任何使用这种合成砌块的聚酮化合物。具有三个亚单位和六个模块的 DEB 合成酶在所有六步延伸过程中均利用 *2S*-甲基丙二酸单酰辅酶 A。因此，过表达生产所用的候选菌株配备了将丙酸活化为丙酰辅酶 A 的酶以及之后将丙酰辅酶 A 转化为 *2S*-甲基丙二酸单酰辅酶 A 的含生物素的多亚单位羧化酶的编码基因。同时还配备了催化 *2R*-向 *2S*-甲基丙二酰辅酶 A 转化的差向异构酶。14 元的大环脱氧红霉素内酯 B 一旦生成，就可以对相应基因同时进行优化和简易化操作从而用于蛋白质工程，例如生产类似物（Jiang, Fang *et al.* 2013）。

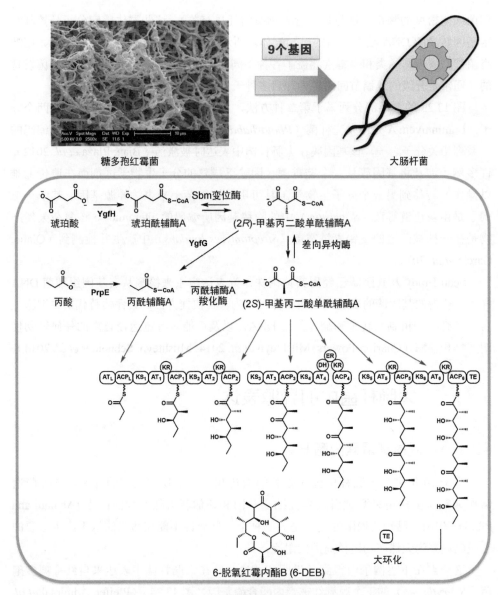

图 13.24　大肠杆菌中 6-脱氧红霉内酯 B 的工程生物合成
糖多孢红霉菌菌丝体的电子显微照片由剑桥大学的 Jeremy Skepper 提供

13.7.2　在大肠杆菌细胞中生产苯丙素

　　植物基因编码的苯丙素类代谢产物在大肠杆菌细胞中也成功生产过（Santos, Koffas *et al*. 2011; Trantas, Koffas *et al*. 2015）。简单的黄酮类、二苯乙烯类和姜黄素类分别由查尔酮合成酶、二苯乙烯合成酶和姜黄素合成酶的作用所产生（第 7 章）。图 13.25 显示了在大肠杆菌细胞中生产黄酮类 *2S*-松属素（pinocembrin）的详细示意图，其中 8 个相关基因成对分布到 4 个载体中 (Wu, Du *et al.* 2013; Guo, Chen *et al.* 2016)。

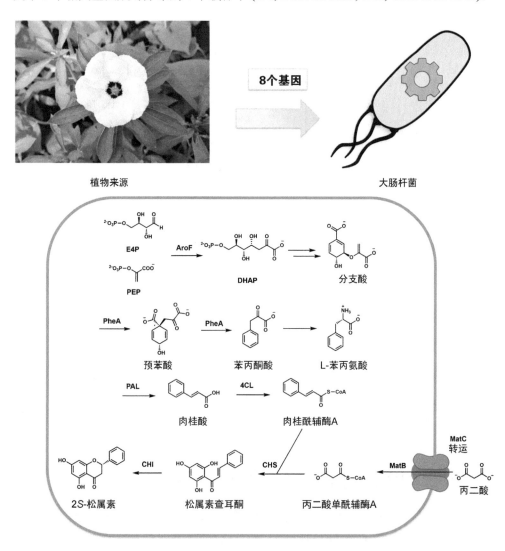

图 13.25　大肠杆菌中黄酮类 *2S*- 松属素的工程化生物合成
（表达 MatC 以增加丙二酸转运进入细胞）

13.7.3　在大肠杆菌细胞中的将莫纳可林 J 转化为辛伐他汀

在多样化利用大肠杆菌作为生产宿主的例子中，使用诱变的酯化酶 LovD 在 24 小时内将 30 g/L 的莫纳可林 J 转化为辛伐他汀（图 13.26），该酶接受低分子量的替代底物 2,2- 二甲基丁酰硫酯作为 LovD 缩合反应中的亲电配体，完成商业化他汀类药物组装的最后一步（Jimenez-Oses, Osuna *et al.* 2014）。

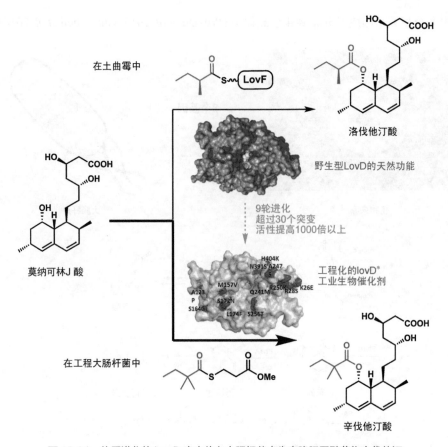

在土曲霉中

洛伐他汀酸

野生型LovD的天然功能

莫纳可林J 酸

9轮进化
超过30个突变
活性提高1000倍以上

H404K
N391S A247
S
M157V
A123
P Q241M R250K K26E
R28S
S164G S172N
L174F S256T

工程化的lovD*
工业生物催化剂

在工程大肠杆菌中

辛伐他汀酸

图13.26 使用进化的 LovD 突变体在大肠杆菌中生产降胆固醇药物辛伐他汀

13.8 利用代谢工程产生多样化产物

天然产物的代谢工程在全基因组序列信息出现之前和之后已经实践了几十年（Pickens, Tang *et al*. 2011）。不依赖于基因组信息进行修饰的经典例子包括通过酶催化的脱酰化将天然青霉素和头孢菌素分别转化为6-氨基青霉烷酸和7-氨基头孢菌素酸（见第 12 章）。文献报道的数百种不同侧链的化学再酰化反应已经获得成功，其中几个达到了数吨级。第二个商业上有用的例子是在分批发酵中将癸酸喂养到达托霉素生产者玫瑰孢链霉菌（*Streptomyces roseosporus*）中，以确保脂肽产物只有饱和的 C_{10} 链，而不是内源性脂肪酸生物合成途径的中间产物。

在后基因组时代，有三个例子，包括构建一个包含 380 个抗霉素衍生物的库，该库包含 C7 位连有修饰的烷基或 C8 位连有不同酰基（Yan, Chen *et al*. 2013）。C7 位的基团来源于不同的烷基化丙二酸单酰辅酶 A，它是在 AntE 催化下由前体烯酰辅酶 A（enoyl-CoA）经还原羧化而成。这些烷基丙二酸单酰辅酶 A 变体随后被接受为起始单元，并在链霉菌（*Streptomyces* sp. NRRL2288）的 PKS 装配线上进行加工。C8 位的这些约 25 个酰基链变体代表着抗菌素生物合成簇所编码的后装配线专用 8-*O*- 酰基转移酶 AntB 可以对酰基辅酶 A 变体进行加工（Yan, Chen *et al*. 2013）（图 13.27）。第二个例子也是后修饰基因交换的例子，在以 DNA 旋转酶的 GyrB 亚基为靶点的抗生素新生霉素和氯新生霉素的途径中，甲基转移酶和芳香环卤化酶的基因在两个途径之间进行交换，并得到变形的抗生素骨架［图 13.28（A）］（Heide 2009）。

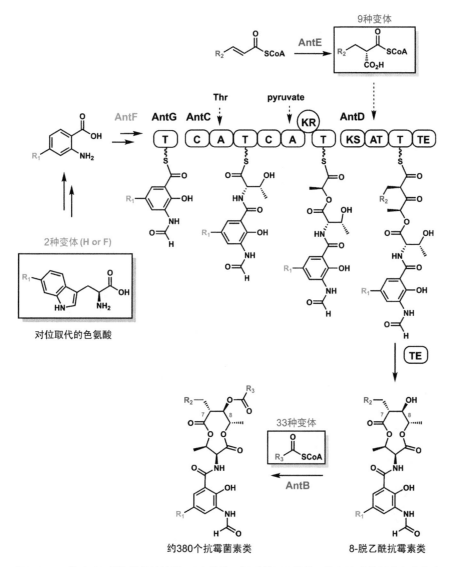

图 13.27　构建 C7 位连修饰的烷基、C8 位连不同酰基和取代苯环的 380 个抗霉素衍生物库
（采用组合方法研究门控酶的底物杂泛性）

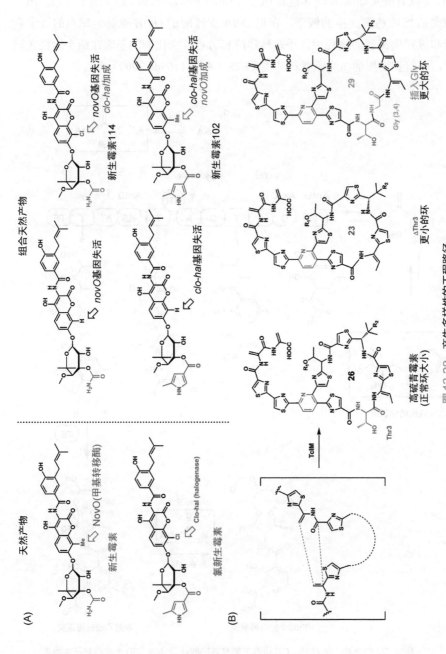

图 13.28 产生多样性的工程路径

（A）新生霉素和氯新生霉素途径中一个基因的混合和匹配导致杂交化合物的产生；

（B）合理改变高硫青霉素前体的肽长导致形成不同环大小的硫肽

第三个例子讨论了初期 52 个残基的 TclE 蛋白转化为抗生素高硫青霉素的三噻唑基吡啶核心的多步翻译后修饰步骤（第 3 章）。生产菌株蜡样芽孢杆菌（*Bacillus cereus*）的 Δ*tclE* 突变株可以回补 156bp（碱基对）*tclE* 基因的突变形式来评估成熟过程的一些构效特征。其中值得注意的结果是，使最后一步形成中心吡啶环的两个丝氨酸残基之间的距离（在相对位置 1 和 10 处，以产生 26 个原子的大环）发生改变，使之处于位置 1 和 9 或位置 1 和 11，从而形成具有不同环大小（23 个和 29 个原子）的大环内酰胺，并具有特征性的取代噻唑基吡啶核结构［图 13.28（B）］（Bowers, Acker *et al.* 2010; Bowers, Acker *et al.* 2012）。这些在基因层面对编码核糖体蛋白的操作可以直接对因结构复杂而难以全合成的骨架进行构效关系（SAR）研究（Walsh, Acker *et al.* 2010）。这种策略也适用于 patellamides 和其他 cyanobactins 衍生物。

13.9 采用即插即用的方法从细菌克隆转录沉默的未知功能基因簇

合成生物学方法和微生物基因组测序的交叉融合促使了从 DNA 到 RNA 再到蛋白质调控的完整分子工具箱的集成，以努力促进识别那些预测在转录上沉默的基因簇中编码的未知天然产物。这可能涉及孤立基因簇的重构，从完全合成的 DNA（每 20 kb 的 DNA 成本可能低至 1000 美元）的一端到另一端，其中需对天然的 DNA 序列进行改造，以优化启动子、转录调节、安装（改进的）核糖体结合位点，甚至对密码子进行优化，以适应对候选异源宿主的偏好。合成生物学工具箱中的工具可能将在近期内将继续进化和改进。

以下这个例子为降低捕获未知基因簇并将其转移到用于生物合成途径表达的工程化天蓝色链霉菌（*S. coelicolor* M1146）中的屏障提供了一些见解。具体目标是获取来自海洋放线菌糖单孢子菌属 *Saccharomonospora* sp. CNQ-490 的一段 67kb 的基因簇，该基因簇与一个非常成功的脂肽类抗生素达托霉素具有同源性（Yamanaka, Reynolds *et al.* 2014）。所用的克隆方法被称为转化偶联重组技术（transformation associated recombination, TAR），在本案例中涉及一种载体，它满足以下要点：①在酵母中进行同源重组，完成携带的 73kb 的 CNQ-490 外源 DNA 的捕获步骤。捕获的 20 个簇中的潜在抑制因子基因可以通过标签替换的方法在体内被酿酒酵母所替换。②构建的环形质粒可以穿梭到大肠杆菌中，用于任何其他重组实验，例如通过完善的 λ-RED 系统。③最后，定制的 DNA 重组质粒可以从大肠杆菌共轭转移到酿酒酵母宿主中，并检测其表达。如图 13.29 所示，产生了一种与达托霉素同源的脂肽，称为 taromycin。它在两个残基（TRP1 和 Kyneurine14）上发生了氯代，它对革兰氏阳性细菌具有钙依赖性的抗菌活性，这与达托霉素的作用一致。

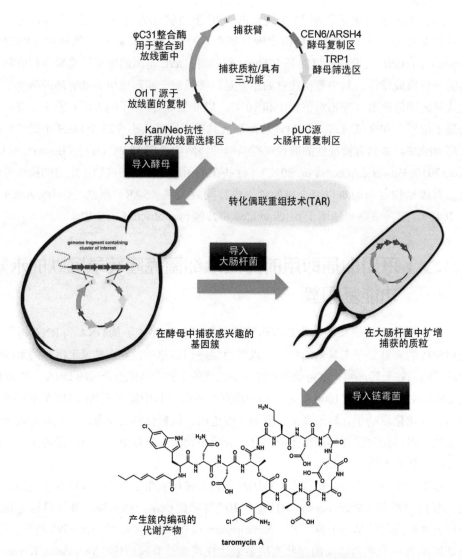

图 13.29　TAR 技术可用于从基因组 DNA 中快速捕获大基因簇，
用于异源生产天然产物，如图中所示的 taromycin A 的生产

　　捕获一个大小 70kb 的外来 DNA（可能编码绝大多数聚酮类、非核糖体肽和萜类的完整生物合成途径），并在酵母和大肠杆菌之间穿梭，并再转到指定的细菌宿主菌株的能力，降低了检测沉默的生物合成基因簇的许多技术障碍。它说明了基因组挖掘和合成生物学是如何融合，从而使得研究人员能够处理几乎所有沉默的、未知的微生物基因簇，并很大概率实现其异源表达。

13.10　后基因组时代的比较代谢组学

关于不同生理条件下代谢组分表征的许多现代进展，我们在本章总结并简要概括了 Frank Schroeder 研究小组对天然产物样品首创的称之为 DANS（differential analysis of 2D NMR spectra）的高灵敏度二维核磁共振技术的应用（Schroeder 2015）。其灵敏度可适用于粗提物中的少量物质，其中一个应用是分子的结构测定，这种分子可能过于不稳定，无法在不分解的情况下分离出纯品和 / 或大规模放大。图 13.30 显示了在不同的生物粗提液中测定其结构的四个分子：myrmicarin 430A（一种来自 myrmicine ants 的具有新颖骨架的七环生物碱）、蜘蛛毒液中的 2′,5′- 二磺酸核苷、第 12 章中提到的 PK-NRP 杂合的 bacillaene 以及人尿中的 xantheureyl glucoside (Robinette, Bruschweiler *et al*. 2012).

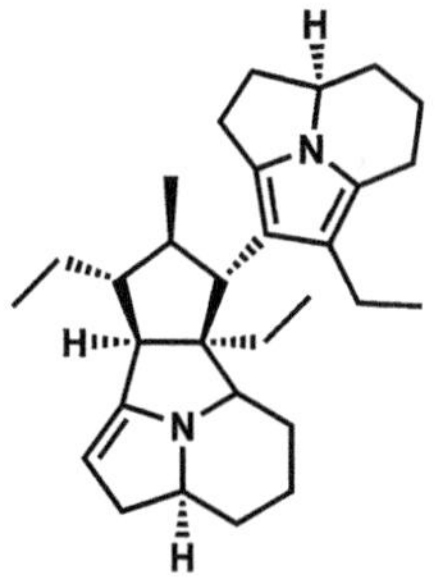

myrmicarin 430A
(myrmicine ants)

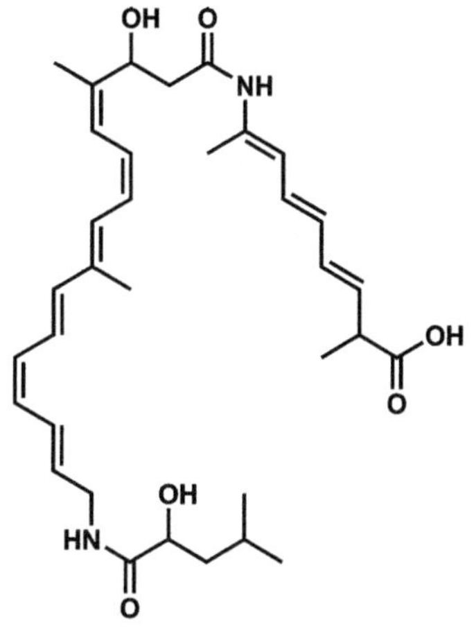

bacillaene
（枯草芽孢杆菌）

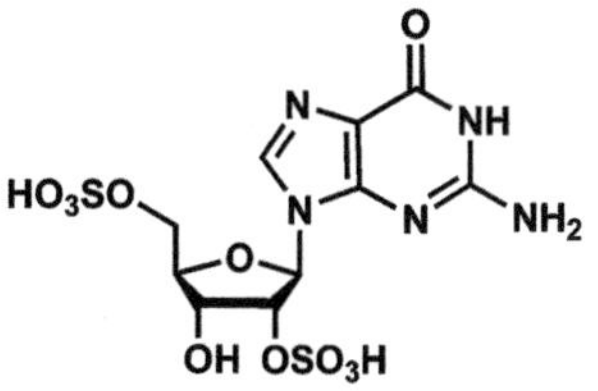

双磺酸核苷
（蜘蛛毒液）

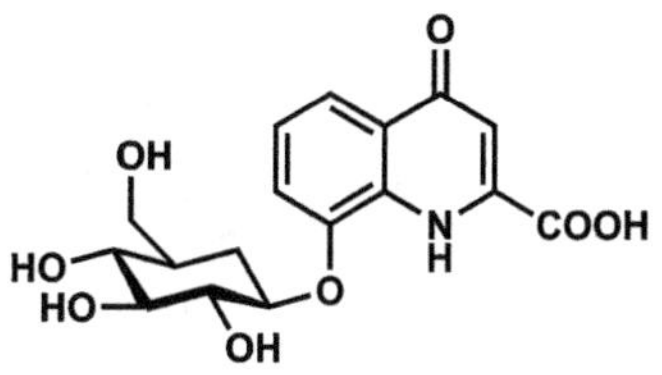

xantheurenyl glucoside
（人尿）

图 13.30　在不同生物粗提液中被测定的四个分子的结构

引用自：Robinette, S. L., R. Brüschweiler, F. C. Schroederand A. S. Edison (2012). "NMR in metabolomics and naturalproducts research: two sides of the same coin". *Acc. Chem. Res*. **45**(2): 288. http://pubs.acs.org/doi/full/10.1021/ar2001606.

通过 DANS 的比较功能对野生型和一个或多个基因突变体的相应提取物进行小分子化合物的核磁共振分析。图 13.31 说明了野生型秀丽隐杆线虫（*Caenorhabditis elegans*）提取物和 *daf* 22 突变株的代谢产物情况，该突变株对引发多尔（dauer）表型不起作用（见之前第 11 章中的讨论）。重叠谱可以鉴定在野生型中存在而突变株中不存在的峰，和 / 或在 *daf* 22 突变株中积累的分子。根据对活性蛔苷（ascaroside）类最终产物的了解，如 ascr#8，可以通过中间体 ascr#7 的结构（Ludewig and Schroeder 2012）来确定 *daf* 22 提取物中缺失的成分。通过一系列突变代谢组分的比较，结合遗传学（确定在一个途径中哪些基因在彼此的上游或下游），核磁共振谱可以连续地解析生物合成途径。Schroeder 和 Keller 小组也在胶霉毒素（gliotoxin）生物合成的中间产物中使用了 DANS 分析技术。胶霉毒素是一种二酮哌嗪生物碱，是曲霉菌株中认识最久的毒性代谢产物之一 (Forseth, Fox *et al.* 2011)。

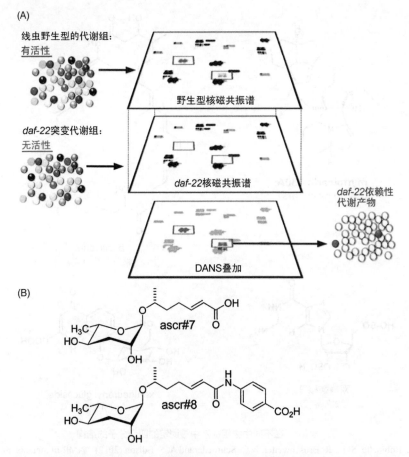

图 13.31　使用 DANS（2D NMR 的差异分析）技术鉴定秀丽隐杆线虫中的代谢产物

经允许转载自：Robinette, S. L., R.Brüschweiler, F. C. Schroeder and A. S. Edison (2012). "NMR inmetabolomics and natural products research: two sides of thesame coin". *Acc. Chem. Res.* **45**(2): 288. http://pubs.acs.org/doi/full/10.1021/ar2001606

专题 13.2　天然产物和 siRNAs/microRNAs 的作用模式匹配，
用于基于细胞的靶标确定

天然产物研究的应用目标之一是确定生物活性天然产物的作用靶标。从历史上看，这是将关于草药提取物有效性的人类药理学信息转化为鉴定特定人体靶标以及引起传染病的微生物靶点的重要部分。青蒿素就是典型的案例。

近年来，研究人员在通过细胞培养对纯天然产物药理作用的研究方面取得了很大的成功。其中一些天然产物已经成为主要的治疗药物，如环孢菌素、雷帕霉素和 FK506。另一些天然产物虽然并没有所需的特异性或治疗率来实现安全或有效地在人类中发挥作用，但它们对半合成优化具有启发作用，例如吲哚咔唑骨架的星形孢菌素可作为蛋白激酶抑制剂设计的核心结构，而依托泊苷则利用了鬼白毒素的核心结构。

如前几章中所讨论的，一些分子（如生物碱环巴胺）被鉴定为毒素，其作用机制的研究促进了对 hedgehog 信号通路的深入理解。类似地，真菌来源的甾体代谢产物渥曼青霉素被证明是磷脂酰肌醇-3-激酶细胞生物学的一个有效探针（见图 4.V2）。天然产物作为细胞生物学的工具分子，最成功的功能之一体现在哺乳动物细胞的分泌途径中。如图 13.V2 所示，聚酮化合物布雷菲德菌素 A（brefeldin A）已成为阻断分泌物从内质网向高尔基体细胞器转移的常用抑制剂。类似地，毒胡萝卜素（thapsigargin）是肌浆 Ca^{2+} 依赖性 ATP 酶的有效阻滞剂（如同环匹阿尼酸；见图 8.24）。环氧四肽内酰胺化合物 trapoxin 是组蛋白去乙酰化酶的共价抑制剂。

值得注意的是，最近的一项成果利用基因组数据从 microRNAs 和小干扰RNA（siRNA）试剂中读取信息，以加速天然产物靶标的识别（Potts, Kim et al. 2013）。该项研究是将天然产物的作用模式与一组 microRNAs 和 siRNAs 作用模式进行比较，这些 microRNAs 和 siRNA 是根据细胞中数百个信使 RNA 来设计并进行校准。目的是将特定 RNA 处理的基因表达特征与半纯化提取物中天然产物的基因表达特征进行模式匹配。当观察到紧密的匹配模式时，该天然产物将被进一步纯化，并在特定的靶标分析中确认其作用模式。作者在自噬试验、受体介导的趋化性试验和 AKT 蛋白激酶试验中验证了其匹配性。

如图 13.V2 底部所示，已知的微生物代谢产物巴佛洛霉素 A1（bafilomycin A1）已被纯化作为自噬所需的空泡 ATP 酶抑制剂。在另一组独立的实验中，基于其与抑制 DDR2 受体（控制细胞迁移）的 siRNAs 作用模式相匹配，纯化得到具有不同寻常骨架连接方式的化合物 discoipyrrole A。这种方法或许可转化为高通量的方式，用于分析已被细分为低复杂度（2 ~ 6 个化合物）的天然产物提取物，以快速确定其中是否含有良好活性的分子，从而值得纯化并进行结构测定。

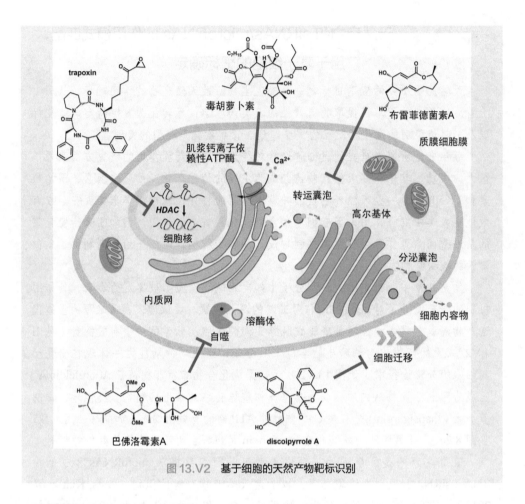

图13.V2 基于细胞的天然产物靶标识别

参考文献

Ahmadi, M. K. and B. A. Pfeifer (2016). "Recent progress in therapeutic natural product biosynthesis using Escherichia coli". *Curr. Opin. Biotechnol.* **42**: 7-12.

Bian, X., A. Plaza, Y. Zhang and R. Muller (2012). "Luminmycins A-C, cryptic natural products from Photorhabdus luminescens identified by heterologous expression in Escherichia coli". *J. Nat. Prod.* **75**(9): 1652-1655.

Billingsley, J. M., A. B. DeNicola and Y. Tang (2016). "Technology development for natural product biosynthesis in Saccharomyces cerevisiae". *Curr. Opin. Biotechnol.* **42**: 74-83.

Blin, K., M. H. Medema, D. Kazempour, M. A. Fischbach, R. Breitling, E. Takano and T. Weber (2013). "antiSMASH 2.0-a versatile platform for genome mining of secondary metabolite producers". *Nucleic Acids Res.* **41**(Web Server issue): W204-212.

Bode, H. B., B. Bethe, R. Hofs and A. Zeeck (2002). "Big effects from small changes: possible ways to explore nature's chemical diversity". *ChemBioChem* **3**(7): 619-627.

Bowers, A. A., M. G. Acker, A. Koglin and C. T. Walsh (2010). "Manipulation of thiocillin variants by prepeptide gene replacement: structure, conformation, and activity of heterocycle substitution mutants". *J. Am. Chem. Soc.* **132**(21): 7519-7527.

Bowers, A. A., M. G. Acker, T. S. Young and C. T. Walsh (2012). "Generation of thiocillin ring size variants by prepeptide gene replacement and in vivo processing by Bacillus cereus". *J. Am. Chem. Soc.* **134**(25): 10313-10316.

Brakhage, A. A. (2013). "Regulation of fungal secondary metabolism". *Nat. Rev. Microbiol.* **11**(1): 21-32.

Brown, S., M. Clastre, V. Courdavault and S. E. O′Connor (2015). "De novo production of the plant-derived alkaloid strictosidine in yeast". *Proc. Natl. Acad. Sci. U. S.* A. **112**(11): 3205-3210.

Charlop-Powers, Z., A. Milshteyn and S. F. Brady (2014). "Metage-nomic small molecule discovery methods". *Curr. Opin. Microbiol.* **19**: 70-75.

Chiang, Y. M., C. E. Oakley, M. Ahuja, R. Entwistle, A. Schultz, S. L. Chang, C. T. Sung, C. C. Wang and B. R. Oakley (2013). "An efficient system for heterologous expression of secondary metabolite genes in Aspergillus nidulans". *J. Am. Chem. Soc.* **135**(20): 7720-7731.

Cortes, J., S. F. Haydock, G. A. Roberts, D. J. Bevitt and P. F. Leadlay (1990). "An unusually large multifunctional polypeptide in the er-oryzae". *BMC Microbiol.* **13**: 91.

Jiang, M., L. Fang and B. A. Pfeifer (2013). "Improved heterologous erythromycin A production through expression plasmid re-design". *Biotechnol. Prog.* **29**(4): 862-869.

Jimenez-Oses, G., S. Osuna, X. Gao, M. R. Sawaya, L. Gilson, S. J. Collier, G. W. Huisman, T. O. Yeates, Y. Tang and K. N. Houk (2014). "The role of distant mutations and allosteric regulation on LovD active site dynamics". *Nat. Chem. Biol.* **10**(6): 431-436.

Ju, K. S., J. Gao, J. R. Doroghazi, K. K. Wang, C. J. Thibodeaux, S. Li, E. Metzger, J. Fudala, J. Su, J. K. Zhang, J. Lee, J. P. Cioni, B. S. Evans, R. Hirota, D. P. Labeda, W. A. van der Donk and W. W. Metcalf (2015). "Discovery of phosphonic acid natural products by mining the genomes of 10,000 actinomycetes". *Proc. Natl. Acad. Sci. U. S.* **A.** **112**(39): 12175-12180.

Kim, H. U., P. Charusanti, S. Y. Lee and T. Weber (2016). "Metabolic engineering with systems biology tools to optimize production of prokaryotic secondary metabolites". *Nat. Prod. Rep.* **33**(8): 933-941.

Lau, W. and E. Sattely (2015). "Six enzymes from mayapple that complete the biosynthetic pathway to the etoposide aglycone". *Science* **349**: 1224- 1228.

Li, Y. F., K. J. Tsai, C. J. Harvey, J. J. Li, B. E. Ary, E. E. Berlew, B. L. Boehman, D. M. Findley, A. G. Friant, C. A. Gardner, M. P. Gould, J. H. Ha, B. K. Lilley, E. L. McKinstry, S. Nawal, R. C. Parry, K. W. Rothchild, S. D. Silbert, M. D. Tentilucci, A. M. Thurston, R. B. Wai, Y. Yoon, R. S. Aiyar, M. H. Medema, M. E. Hillenmeyer and L. K. Charkoudian (2016). "Comprehensive curation and analysis of fungal biosynthetic gene clusters of published natural products". *Fungal Genet. Biol.* **89**: 18-28.

Ludewig, A. H. and F. C. Schroeder (2012). "Ascaroside Signaling in C. elegans". In *WormBook,* ed. P. Kuwabara. The C. elegans Research Community, WormBook, doi/10.1895/wormbook.1.155.1, http://www.wormbook.org.

Malpartida, F. and D. A. Hopwood (1984). "Molecular cloning of the whole biosynthetic pathway of a Streptomyces antibiotic and its expression in a heterologous host". *Nature* **309**(5967): 462-464.

Metcalf, W. and W. A. van der Donk (2009). "Biosynthesis of phos-phonic and phosphinic acid natural products". *Annu. Rev. Biochem.* **78**: 65-94.

Milshteyn, A., J. S. Schneider and S. F. Brady (2014). "Mining the metabiome: identifying novel natural products from microbial communities". *Chem. Biol.* **21**(9): 1211-1223.

Nierman, W. C., A. Pain, M. J. Anderson, J. R. Wortman, H. S. Kim, J. Arroyo, M. Berriman, K. Abe, D. B. Archer, C. Bermejo, J. Bennett, P. Bowyer, D. Chen, M. Collins, R. Coulsen, R. Davies, P. S. Dyer, M.

Farman, N. Fedorova, N. Fedorova, T. V. Feldblyum, R. Fischer, N. Fosker, A. Fraser, J. L. Garcia, M. J. Garcia, A. Goble, G. H. Goldman, K. Gomi, S. Griffith-Jones, R. Gwilliam, B. Haas, H. Haas, D. Harris, H. Horiuchi, J. Huang, S. Humphray, J. Jimenez, N. Keller, H. Khouri, K. Kitamoto, T. Kobayashi, S. Konzack, R. Kulkarni, T. Kumagai, A. Lafon, J. P. Latge, W. Li, A. Lord, C. Lu, W. H. Majoros, G. S. May, B. L. Miller, Y. Mohamoud, M. Molina, M. Monod, I. Mouyna, S. Mulligan, L. Murphy, S. O′ Neil, I. Paulsen, M. A. Penalva, M. Pertea, C. Price, B. L. Pritchard, M. A. Quail, E. Rabbinowitsch, N. Rawlins, M. A. Rajandream, U. Reichard, H. Renauld, G. D. Robson, S. Rodriguez de Cordoba, J. M. Rodriguez-Pena, C. M. Ronning, S. Rutter, S. L. Salzberg, M. Sanchez, J. C. Sanchez-Ferrero, D. Saunders, K. Seeger, R. Squares, S. Squares, M. Takeuchi, F. Tekaia, G. Turner, C. R. Vazquez de Aldana, J. Weidman, O. White, J. Woodward, J. H. Yu, C. Fraser, J. E. Galagan, K. Asai, M. Machida, N. Hall, B. Barrell and D. W. Denning (2005). "Genomic sequence of the pathogenic and allergenic filamentous fungus Aspergillus fumigatus". *Nature* **438**(7071): 1151-1156.

Nutzmann, H. W., A. Huang and A. Osbourn (2016). "Plant metabolic clusters-from genetics to genomics". *New Phytol.* **211**(3): 771-789.

Nutzmann, H. W. and A. Osbourn (2014). "Gene clustering in plant specialized metabolism". *Curr. Opin. Biotechnol.* **26**: 91-99.

Olano, C., I. Garcia, A. Gonzalez, M. Rodriguez, D. Rozas, J. Rubio, M. Sanchez-Hidalgo, A. F. Brana, C. Mendez and J. A. Salas (2014). "Activation and identification of five clusters for secondary metabolites in Streptomyces albus J1074". *Microb. Biotechnol.* **7**(3): 242-256.

Omura, S., H. Ikeda, J. Ishikawa, A. Hanamoto, C. Takahashi, M. Shinose, Y. Takahashi, H. Horikawa, H. Nakazawa, T. Osonoe, H. Kikuchi, T. Shiba, Y. Sakaki and M. Hattori (2001). "Genome sequence of an industrial microorganism Streptomyces avermitilis: deducing the ability of producing secondary metabolites". *Proc. Natl. Acad. Sci. U. S.* A. **98**(21): 12215-12220.

Paddon, C. J., P. J. Westfall, D. J. Pitera, K. Benjamin, K. Fisher, D. McPhee, M. D. Leavell, A. Tai, A. Main, D. Eng, D. R. Polichuk, K. H. Teoh, D. W. Reed, T. Treynor, J. Lenihan, M. Fleck, S. Bajad, G. Dang, D. Dengrove, D. Diola, G. Dorin, K. W. Ellens, S. Fickes, J. Galazzo, S. P. Gaucher, T. Geistlinger, R. Henry, M. Hepp, T. Horning, T. Iqbal, H. Jiang, L. Kizer, B. Lieu, D. Melis, N. Moss, R. Regentin, S. Secrest, H. Tsuruta, R. Vazquez, L. F. Westblade, L. Xu, M. Yu, Y. Zhang, L. Zhao, J. Lievense, P. S. Covello, J. D. Keasling, K. K. Reiling, N. S. Renninger and J. D. Newman (2013). "High-level semisynthetic production of the potent anti-malarial artemisinin". *Nature* **496**(7446): 528-532.

Peck, S. and W. A. van der Donk (2013). "Phosphonate biosynthesis and catabolism: a treasure trove of unusual enzymology". *Curr. Opin. Chem. Biol.* **17**: 580-588.

Pfeifer, B. A., S. J. Admiraal, H. Gramajo, D. E. Cane and C. Khosla (2001)."Biosynthesis of complex polyketides in a metabolically engineered strain of E. coli". *Science* **291**(5509): 1790-1792.

Pickens, L. B., Y. Tang and Y. H. Chooi (2011). "Metabolic engineering for the production of natural products". *Annu. Rev. Chem. Biomol. Eng.* **2**: 211-236.

Potts, M. B., H. S. Kim, K. W. Fisher, Y. Hu, Y. P. Carrasco, G. B. Bulut, Y. H. Ou, M. L. Herrera-Herrera, F. Cubillos, S. Mendiratta, G. Xiao, M. Hofree, T. Ideker, Y. Xie, L. J. Huang, R. E. Lewis, J. B. MacMillan and M. A. White (2013). "Using functional signature ontology (FUSION) to identify mechanisms of action for natural products". *Sci. Signaling* **6**(297) ra90.

Qu, Y., M. L. Easson, J. Froese, R. Simionescu, T. Hudlicky and V. De Luca (2015). "Completion of the seven-step pathway from tabersonine to the anticancer drug precursor vindoline and its assembly in yeast". *Proc. Natl. Acad. Sci. U. S. A.* **112**(19): 6224-6229.

Ro, D. K., E. M. Paradise, M. Ouellet, K. J. Fisher, K. L. Newman, J. M. Ndungu, K. A. Ho, R. A.

Eachus, T. S. Ham, J. Kirby, M. C. Chang, S. T. Withers, Y. Shiba, R. Sarpong and J. D. Keasling (2006). "Production of the antimalarial drug precursor artemisinic acid in engineered yeast". *Nature* **440**(7086): 940-943.

Robinette, S. L., R. Bruschweiler, F. C. Schroeder and A. S. Edison (2012). "NMR in metabolomics and natural products research: two sides of the same coin". *Acc. Chem. Res.* **45**(2): 288-297.

Santos, C. N., M. Koffas and G. Stephanopoulos (2011). "Optimization of a heterologous pathway for the production of flavonoids from glucose". *Metab. Eng.* **13**(4): 392-400.

Schroeder, F. C. (2015). "Modular assembly of primary metabolic building blocks: a chemical language in C. elegans". *Chem. Biol.* **22**(1): 7-16. Siddiqui, M. S., K. Thodey, I. Trenchard and C. D. Smolke (2012). "Advancing secondary metabolite biosynthesis in yeast with synthetic biology tools". *FEMS Yeast Res.* **12**(2): 144-170.

Thimmappa, R., K. Geisler, T. Louveau, P. O'Maille and A. Osbourn (2014). "Triterpene biosynthesis in plants". *Annu. Rev. Plant Biol.* **65**: 225-257.

Trantas, E. A., M. A. Koffas, P. Xu and F. Ververidis (2015). "When plants produce not enough or at all: metabolic engineering of flavonoids in microbial hosts". *Front. Plant Sci.* **6**: 7.

Walsh, C. T., M. G. Acker and A. A. Bowers (2010). "Thiazolyl peptide antibiotic biosynthesis: a cascade of post-translational modifications on ribosomal nascent proteins". *J. Biol. Chem.* **285**(36): 27525-27531.

Walsh, C. T. and T. Wencewicz (2016). *Antibiotics Challeneges, Mechanisms, Opportunities.* Wshington DC, ASM Press.

Wang, H., D. P. Fewer, L. Holm, L. Rouhiainen and K. Sivonen (2014). "Atlas of nonribosomal peptide and polyketide biosynthetic pathways reveals common occurrence of nonmodular enzymes". *Proc. Natl. Acad. Sci. U. S. A.* **111**(25): 9259-9264.

Weber, T., K. Blin, S. Duddela, D. Krug, H. U. Kim, R. Bruccoleri, S. Y. Lee, M. A. Fischbach, R. Muller, W. Wohlleben, R. Breitling, E. Takano and M. H. Medema (2015). "antiSMASH 3.0-a comprehensive resource for the genome mining of biosynthetic gene clusters". *Nucleic Acids Res.* **43**(W1): W237-243.

Wiemann, P., C. J. Guo, J. M. Palmer, R. Sekonyela, C. C. Wang and N. P. Keller (2013). "Prototype of an intertwined secondary-metabolite supercluster". *Proc. Natl. Acad. Sci. U. S. A.* **110**(42): 17065-17070.

Wu, J., G. Du, J. Zhou and J. Chen (2013). "Metabolic engineering of Escherichia coli for (2S)-pinocembrin production from glucose by a modular metabolic strategy". *Metab. Eng.* **16**: 48-55.

Yamanaka, K., K. A. Reynolds, R. D. Kersten, K. S. Ryan, D. J. Gonzalez, V. Nizet, P. C. Dorrestein and B. S. Moore (2014). "Direct cloning and refactoring of a silent lipopeptide biosynthetic gene cluster yields the antibiotic taromycin A". *Proc. Natl. Acad. Sci. U. S. A.* **111**(5): 1957-1962.

Yan, Y., J. Chen, L. Zhang, Q. Zheng, Y. Han, H. Zhang, D. Zhang, T. Awakawa, I. Abe and W. Liu (2013). "Multiplexing of combinatorial chemistry in antimycin biosynthesis: expansion of molecular diversity and utility". *Angew. Chem., Int. Ed.* **52**(47): 12308-12312.

Zarins-Tutt, J. S., T. T. Barberi, H. Gao, A. Mearns-Spragg, L. Zhang, D. J. Newman and R. J. Goss (2016). "Prospecting for new bacterial metabolites: a glossary of approaches for inducing, activating and upregulating the biosynthesis of bacterial cryptic or silent natural products". *Nat. Prod. Rep.* **33**(1): 54-72.

主题词索引

asperipin 117

asperlicin E 226,520,521

aspyridone 129

aszonalenin 228, 229, 231

atrop-abyssomycin 515,516

aurantioclavine 341

avinosol 260

bacillaene 236, 498-499, 571

brevianamide B 321,323

brevianamide F 326, 329, 334-335, 340, 341, 527

calcitroic acid 180

carlactone 185

cathenamine 220

chromopyrrolic acid 234-236, 241

communesin 341-343

cryptocin 514

cyanobactin 10, 11, 41, 102, 104-106, 328, 329, 569

cyanosporates 514

cyclomarin C 321, 322

cynosporaside 513

Cystobacteria 521

DDR2 573

dehydrosecodine 337, 338

dentigerumycin 515

dibrevianamide F 340, 341

discoipyrrole A 573, 574

ditryptophenaline 340, 341

Dothideomycete sp. 524

dynemicin 496-497

Entomocorticum sp. 515

eremosamine 470

evernitrose 448

evernosamine 448

FK506 13, 14, 138-140, 573

fluorosalinosporamide 397, 398

flustramine D 326

friulimicin 128

fumiquinazoline A 230-232, 364, 520, 521

fumiquinazoline F 229-231, 559

futalosine 431, 432

goadsporin 106, 107

holyrine A 462

Jawsamycin 265, 268, 269, 433

kibdelomycin 516, 517

Kutzneria spp. 118

kutzneride 118

kutzneride A 10, 11

leupyrrin A 516, 517

Luminmycin A 562, 563

Lyngbya majuscula 339

Macrophomate 65

malayamycin 266, 268, 433

malayamycin 266

mellamide 326, 327

MEP 途径 35, 153, 154, 155

methoxytryprostatin B 527

miraziridine A 118, 119

muraymycin 264, 265

mycangimycin 515

myceliothermophin E 140, 141

mycocyclosin 388

myrmicarin 430A 571

myrmicine ants 571

myxalamide 129, 130

myxochelin 129, 130

myxopyronin A 48, 49

Myxotrichium sp. 523, 524

neosporin 483

neplanocin A 261

nocapyrone L 532

nomofungin 341

nostocyclopeptide 129, 130